AF341214

ÉLÉMENTS

DE

ZOOLOGIE

PARIS. — IMPRIMERIE DE E. MARTINET, RUE MIGNON, 2.

ÉLÉMENTS

DE

ZOOLOGIE

COMPRENANT

L'ANATOMIE, LA PHYSIOLOGIE
LA CLASSIFICATION ET L'HISTOIRE NATURELLE
DES ANIMAUX

PAR

M. PAUL GERVAIS

PROFESSEUR D'ANATOMIE COMPARÉE AU MUSÉUM D'HISTOIRE NATURELLE DE PARIS

DEUXIÈME ÉDITION

ACCOMPAGNÉE DE 567 FIGURES INTERCALÉES DANS LE TEXTE

ET DE TROIS PLANCHES EN COULEUR

CONSACRÉES A L'ANATOMIE DE L'HOMME

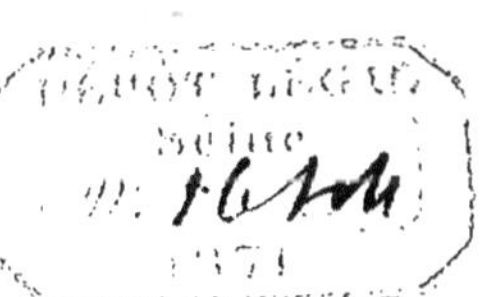

PARIS

LIBRAIRIE HACHETTE & Cie

BOULEVARD SAINT-GERMAIN, **79**

1871

Droits de traduction réservés

INTRODUCTION HISTORIQUE

Les sciences naturelles comprennent l'ensemble des notions relatives aux êtres organisés qui peuplent maintenant le globe ou qui ont vécu à sa surface à des époques antérieures; elles s'appliquent en même temps à nous faire connaître les matériaux dont notre planète est formée, ainsi que les grands phénomènes qui s'y sont accomplis depuis son origine et l'ont faite ce qu'elle est à présent. Dans le premier cas, elles prennent le nom de *Zoologie* ou de *Botanique;* dans le second, celui de *Géologie.*

Les progrès que ces sciences ont accomplis depuis Linné et Buffon en ont changé la face. Des lois fondamentales ont été reconnues, et les tendances des naturalistes sont devenues plus pratiques sans perdre le caractère élevé qui leur est propre ; aussi est-il aujourd'hui facile de ramener les notions ayant trait aux êtres vivants, ou celles qui ont rapport à l'écorce du globe, à un nombre relativement restreint de données fondamentales qui ne le cèdent en rien pour la certitude à celles des sciences qui se piquent le plus d'être exactes.

La méthode suivie par les naturalistes dans leurs investigations a été la cause principale de ces progrès. Elle a acquis de nos jours une telle supériorité, qu'on a pu l'appliquer avec un égal avantage aux autres branches des connaissances humaines. Sous le nom de méthode des naturalistes, elle a conquis sa place dans les ouvrages où l'on traite des procédés logiques à l'aide desquels l'esprit humain peut arriver plus sûrement à la découverte de la vérité.

Son moyen consiste à recourir simultanément à l'observation et à l'expérience, de manière à contrôler l'une par l'autre ces deux sources d'indications et de découvertes. En appréciant à leur valeur réelle les résultats fournis par ce double mode d'investigation, il devient aisé, dans beaucoup de circonstances, de tirer des faits démontrés exacts de précieuses indications qui mettent sur la voie de faits nouveaux. Dans ce cas, on procède à la fois par déduction et par induction, et l'on s'appuie sur le connu pour arriver à la découverte de l'inconnu et juger ensuite des lois qui régissent l'univers.

C'est ainsi que les naturalistes sont parvenus à comprendre les affinités de toutes sortes que les espèces animales ou végétales ont les unes avec les autres et qui les relient entre elles comme par une sorte de parenté; c'est aussi ce qui a permis d'établir des classifications qui nous font pour ainsi dire connaître ces espèces jusque dans leurs moindres particularités, par la seule indication de la place assignée à chacune d'elles. L'emploi de la même méthode a aussi conduit à de grandes découvertes en ce qui concerne l'appréciation de la nature intime des organes constituant les êtres vivants, les forces que ces organes mettent en jeu, et les changements considérables qui se sont effectués à diverses époques sur les différents points du globe, soit dans les climats ou dans la configuration du sol, soit dans les populations animales et végétales propres à chaque région. D'ailleurs, l'histoire naturelle ne reste pas étrangère aux autres sciences : elle a recours à la chimie pour l'analyse des matériaux de l'organisme et pour la connaissance des réactions dont les organes sont le siége; la physique, qui l'éclaire sur la nature des forces dont la vie dispose, explique particulièrement certaines fonctions, telles que l'ouïe et la vue. Il n'est pas jusqu'aux mathématiques dont l'étude des êtres vivants ne sollicite l'intervention. Qui ne sait que la théorie des mouvements des animaux et la notion des règles qui président à l'insertion des feuilles sur la tige des végétaux leur doivent l'une et l'autre de précieuses indications ?

Une place importante a donc été justement réservée aux différentes branches des sciences naturelles dans l'instruction publique chez toutes les nations ; en effet, elles ne le cèdent en importance, ainsi qu'en utilité, ni aux sciences physiques telles que la chimie et la physique proprement dite, ni aux sciences mathématiques elles-mêmes, et l'on pourrait dire que les sciences physiques ainsi que les sciences mathématiques ne sont à leur tour que des moyens nouveaux de mieux connaître les corps naturels et d'en compléter l'histoire.

Envisagées ainsi qu'elles doivent l'être dans l'enseignement élémentaire, c'est-à-dire comme destinées à nous offrir le tableau des grands phénomènes terrestres, et à nous donner la clef des détails infinis du monde matériel plutôt que l'énumération de ces détails, elles jouent un rôle considérable dans l'éducation. Elles acquièrent un nouveau degré d'intérêt en nous montrant le parti presque toujours avantageux que nous pouvons tirer des corps qu'elles étudient. Voilà pourquoi, à toutes les époques et chez tous les peuples, elles ont joui du privilége d'inspirer les méditations des esprits cultivés et d'exciter la curiosité du vulgaire. C'est donc une faute grave que de leur avoir retiré, dans les programmes officiels qui régissent l'enseignement dans notre pays, la place qu'on leur accorde partout ailleurs, quelque classe de citoyens qu'il s'agisse d'instruire.

Ces sciences offrent un autre genre d'utilité, celui de nous habituer au grand art de la méthode en nous donnant la pratique des classifications. Ainsi que l'a très-bien établi Cuvier, « cet art de la méthode, une fois qu'on le possède bien, s'applique avec un avantage infini aux études les plus étrangères à l'histoire naturelle. Toute discussion qui suppose un classement de faits, toute recherche qui exige une distribution de matières se fait d'après les mêmes lois ; et tel jeune homme qui n'avait cru faire de cette science qu'un objet d'amusement, est surpris lui-même, à l'essai, de la facilité qu'elle lui donne pour débrouiller tous les genres d'affaires. »

Mais la possession de ce précieux moyen d'étude qu'on appelle la *méthode des naturalistes* est relativement toute récente. Les anciens ne la connaissaient point, et le fondateur de l'histoire naturelle, Aristote, qui a écrit plus de trois cents ans avant l'ère chrétienne un traité des animaux dont on admire encore aujourd'hui l'exactitude, n'en eut qu'un sentiment trop vague pour pouvoir en tirer utilement parti et en formuler les règles.

Pendant longtemps les savants qui sont venus après lui n'ont pas été plus heureux. Au contraire, nous les voyons pour la plupart laisser perdre à la science le caractère sérieux et philosophique qu'Aristote lui avait donné, et l'un des plus renommés, Pline, est peut-être aussi celui qui lui a le plus nui, en sacrifiant, dans une foule de cas, la vérité des récits à l'élégance du style.

A part quelques rares exceptions, Pline a trouvé dans l'antiquité plus d'imitateurs que de critiques, et il faut arriver jusqu'à Albert le Grand, le célèbre encyclopédiste du moyen âge, pour voir reparaître dans la science les vues si sages qu'Aristote y avait introduites.

La Renaissance fut pour l'histoire naturelle une autre époque de progrès. Les voyages qui furent dès lors exécutés au cap de Bonne-Espérance, dans les Indes orientales, en Amérique, ont fourni des découvertes aussi curieuses qu'inattendues. On sait que la population animale et végétale de ces diverses régions diffère considérablement de celle qui occupe le pourtour de la Méditerranée, seul pays bien connu des anciens, et que, dans beaucoup de cas, les produits qu'on en tire ne ressemblent pas à ceux de nos contrées. Les savants y trouvèrent l'occasion de nombreuses découvertes, et l'agriculture ainsi que l'industrie ne tardèrent pas, de leur côté, à y voir de nouvelles sources de richesses. Ce fut aussi pour le commerce une cause puissante d'extension.

A la même époque, des recherches entreprises par Belon, Rondelet et quelques autres naturalistes dans les pays déjà explorés par les anciens, ont permis de vérifier les documents recueillis par Aristote ainsi que par son disciple Théophraste, et de rectifier les erreurs sans nombre dont Pline et quelques autres écrivains avaient embarrassé l'histoire naturelle.

Ces curieuses recherches sur les animaux et les plantes qui peuplent les différents continents ou qui habitent les eaux de la mer sont loin, même aujourd'hui, d'avoir donné tous les résultats qu'on peut en attendre, et le catalogue des êtres existants n'est encore qu'incomplétement dressé. Les pays en apparence les mieux connus fournissent chaque jour de nouvelles découvertes, et toute exploration de terres lointaines, toute expédition dont font partie des savants exercés possède des êtres dont on ignorait encore l'existence ou des produits qu'on n'avait point eu l'occasion d'utiliser. La découverte des terres australes, et les voyages autour du monde exécutés à diverses reprises sur des bâtiments appartenant à plusieurs nations, ont surtout ajouté aux découvertes des savants de la Renaissance.

Dès le commencement du xviiᵉ siècle, les observateurs ont disposé d'un instrument bien précieux. L'emploi du microscope a permis d'aborder un examen plus minutieux que précédemment des organes propres aux êtres vivants, ainsi que des parties élémentaires dont ces organes sont formés. Le même instrument a aussi dévoilé l'existence, jusqu'alors ignorée, de tous ces infiniment petits de la création qu'on nomme les infusoires, et il a eu pour les sciences naturelles la même utilité que le télescope pour l'astronomie.

Grâce aux progrès des sciences physiques, les grandes questions que soulève la physiologie purent aussi être traitées avec plus de précision et de certitude. Harvey avait enfin démontré aux plus incrédules la circulation du sang. Environ cent ans après lui, durant la première moitié du xviiiᵉ siècle, Réaumur étudia expérimentalement les phénomènes de la digestion, et plusieurs savants se sont à leur tour appliqués à la solution de questions également difficiles qui se rattachent à la théorie des fonctions envisagées soit chez les végétaux, soit chez les animaux. Les remarquables mémoires de Réaumur sur les insectes, dont tant d'espèces nuisent à nos cultures, méritent aussi d'être cités comme ayant largement concouru aux progrès de l'histoire naturelle.

Tous ces travaux justifiaient de grands perfectionnements accomplis dans l'art d'observer, et ils accumulaient dans la science des documents dont il importait de former un faisceau.

Durant la seconde moitié du xviiie siècle, Linné et Buffon, également riches par leur propre fonds et par les données qu'ils trouvaient consignées dans les ouvrages de leurs devanciers ou de leurs contemporains, élevèrent à l'histoire naturelle un double monument qui leur mérita, à l'un et à l'autre, une immense réputation. Linné intitula son ouvrage *Systema naturæ;* Buffon donna au sien le titre d'*Histoire naturelle générale et particulière*.

Cependant un grand pas restait à faire. Les procédés mis en usage pour l'étude de la nature étaient encore imparfaits à certains égards; la classification des êtres était toujours arbitraire et empirique, parce que les savants continuaient à ignorer la manière d'apprécier les affinités réciproques des espèces ou des genres, et qu'ils ne pouvaient les grouper d'une façon hiérarchique et conforme à leur nature même. Aussi Buffon ne craignit-il pas de contester l'utilité des classifications, et Linné, dans l'impuissance où il était de ranger les végétaux conformément à leurs véritables affinités, créa son système botanique, qui est resté le type des classifications artificielles.

C'est à l'école française qu'on doit le nouveau et important progrès qui s'accomplit bientôt. En 1789, Antoine Laurent de Jussieu formula, dans son *Genera plantarum*, les principes fondamentaux de la méthode naturelle, principes qui commençaient depuis quelque temps à germer dans l'esprit des naturalistes, et il en fit une heureuse application à la distribution méthodique du règne végétal.

Les zoologistes, qui depuis longtemps mettaient en pratique, mais d'une façon plus instinctive que scientifique, quelques-uns des préceptes dont la formule était enfin trouvée, n'ont pas tardé à marcher dans la voie ouverte par le botaniste célèbre que nous venons de citer, et encore aujourd'hui nous les voyons s'appliquer à perfectionner le classement des êtres dont ils s'occupent, comme le font de leur côté les savants qui étudient les plantes et continuent l'œuvre des Jussieu.

Lamarck, G. Cuvier et de Blainville doivent être cités en première ligne parmi les savants du XIXe siècle qui ont amélioré la classification zoologique, et donné par là une puissante impulsion à l'étude approfondie du règne animal, telle qu'on la poursuit maintenant sur tous les points du globe.

La minéralogie, de son côté, a trouvé ses législateurs dans deux autres naturalistes français, Romé de Lisle et Haüy. L'Allemand Werner, qui écrivait, comme de Lisle, vers la fin du dernier siècle, n'a pas été moins utile à la géologie qu'à la minéralogie par ses belles découvertes, et il a particulièrement facilité la marche de la première de ces sciences en réconciliant, pour ainsi dire entre elles, les deux théories de l'origine ignée et de l'origine aqueuse des roches qui pendant longtemps avaient été regardées comme exclusives l'une de l'autre, ce qui partageait les géologues en deux camps trop contraires dans leur opinion pour accepter ce qu'il y avait de vrai dans le système opposé. Alexandre Brongniart eut aussi une grande part dans les découvertes qui fondèrent la science de la géologie, et à Pallas, à Lamarck, ainsi qu'à Cuvier, revient l'honneur d'avoir su tirer de l'examen des débris fossiles laissés dans le sol par les différentes classes d'animaux des conclusions à la fois fécondes pour la géologie, ainsi que pour l'histoire générale des êtres organisés. Leurs travaux allèrent bien au delà du point auquel s'étaient arrêtés Réaumur, Guettard et les oryctographes, c'est-à-dire les géologues du siècle précédent.

Dès ce moment la géologie devint la véritable histoire du globe, au lieu d'en être le roman, et grâce aux infatigables recherches des anatomistes et des physiologistes, la biologie, qui comprend l'histoire de la vie et celle des êtres qui en jouissent, végétaux ou animaux, fut à son tour une science positive, aussi exacte dans ses investigations relatives aux organes et à leurs fonctions qu'habile à classer ces êtres ou apte à en établir la nomenclature.

C'est ainsi que les sciences naturelles ont réussi à retracer les phases diverses par lesquelles notre planète a passé depuis sa première apparition, à rétablir la succession des êtres organisés qui ont vécu à sa surface, et à nous faire connaître jusque dans les détails intimes de leur composition anatomique, ou dans leurs fonctions les plus obscures et dans les moindres particularités de leur genre de vie, toutes ces espèces, les unes animales, les autres végétales, dont la terre est maintenant peuplée ou qui l'ont autrefois habitée.

Si l'homme est bien, comme on l'a dit, le maître de la création, l'histoire naturelle est évidemment le plus sûr moyen qu'il ait à sa disposition pour bien connaître son domaine.

ÉLÉMENTS

DE

ZOOLOGIE

CHAPITRE PREMIER

CARACTÈRES QUI DISTINGUENT LES ÊTRES ORGANISÉS DES CORPS BRUTS OU INORGANIQUES.

DIVISION DES CORPS NATURELS EN ORGANISÉS ET INORGANIQUES. — Il y a dans la nature deux catégories bien distinctes de corps. Quels que soient d'ailleurs les éléments chimiques qui les constituent ou les forces agissant sur eux, certains de ces corps sont formés de matière à l'état brut et ils restent complétement inertes. Dépourvus d'organes pouvant servir à l'accomplissement de fonctions comparables à celles que nous voyons exécuter aux animaux et aux végétaux, ils n'ont qu'une existence passive et la vie ne les anime pas : ce sont les minéraux. La grande division qu'ils constituent a reçu le nom d'empire inorganique ; on les appelle à leur tour *corps bruts* ou *inorganiques*.

Au lieu de rester inertes, d'autres corps jouissent d'une activité propre, dite irritabilité, laquelle se traduit en actes spéciaux établissant des rapports nécessaires et constants entre ces corps et le monde extérieur ; ils sont doués de la vie, et les organes qu'ils possèdent sont les instruments qui leur permettent de se soustraire à l'inertie caractéristique des autres corps. Aussi exercent-ils un rôle spécial au sein de la nature, dont ils tirent incessamment des matériaux employés à leur accroissement, à leur entretien propre, ou bien encore à assurer la multiplication de leur espèce. Ce sont, si l'on veut, de véritables machines, mais des machines animées par une force spéciale, la vie, dont les corps bruts ne subissent pas l'impulsion, et ils portent en eux ce principe d'action. Les corps de cette seconde catégorie sont appelés *corps vivants* ou *organisés :* ce sont les animaux et les plantes.

L'homme appartient par sa substance corporelle et périssable aux êtres organisés ; il est le plus parfait d'entre eux et prend rang en tête du règne animal.

L'examen des corps organisés ou êtres vivants constituant les deux règnes animal et végétal, et celui des corps qui ne sont pas organisés, c'est-à-dire des corps bruts, forment deux grandes branches de l'histoire naturelle, qui correspondent aux deux empires organique et inorganique.

La première de ces branches comprend la *Zoologie* (histoire du règne animal) et la *Botanique* (histoire du règne végétal); elle a également reçu le nom général de *Biologie*, signifiant histoire de la vie, et serait mieux nommée *Biontologie*, c'est-à-dire histoire des êtres vivants.

L'autre est appelée *Minéralogie* (histoire des minéraux) lorsqu'elle s'applique spécialement à l'étude des roches ou des minéraux envisagés en eux-mêmes; on la nomme *Géologie* (histoire de la terre) lorsqu'elle cherche à découvrir les conditions anciennes ou nouvelles de la formation du globe terrestre et les relations des différentes parties qui le constituent. Dans ce second cas, elle joint à la description des couches diverses dont l'écorce de notre planète est formée l'énumération des corps organisés qui ont été contemporains de la formation de ces différentes couches ; elle constitue alors la *Stratigraphie paléontologique*.

Une comparaison plus étendue entre les corps vivants et les corps bruts fera mieux ressortir les différences qui distinguent l'une de l'autre ces deux grandes catégories de corps naturels; de plus, elle nous mettra à même de saisir le but élevé qu'on se propose en les étudiant, ainsi que la valeur des méthodes auxquelles on a recours pour les mieux connaître. Ces différences sont de plusieurs sortes : on les tire de l'origine de ces corps, de leur composition chimique, de leur forme, de leur mode d'existence, de leur structure et de leur fin ou mode de terminaison.

I. ORIGINES DES CORPS NATURELS. — Au lieu de n'avoir pour point de départ et pour cause prochaine de leur formation que la mise en jeu de certains agents physiques ou celle des phénomènes chimiques, point de départ des masses minérales ou cause de la décomposition de ces dernières, les corps organisés *naissent*, c'est-à-dire qu'ils sont engendrés par des êtres également doués de la vie. Ils ont donc eu des parents pourvus d'organes analogues aux leurs, jouissant des mêmes propriétés vitales et exerçant au sein de la nature un rôle semblable à celui que les nouveaux venus doivent accomplir à leur tour. Les affinités chimiques suffisent à la formation des corps bruts; elles sont impuissantes, aussi bien que les autres forces purement physiques, à produire des corps vivants, même très-simples.

De l'acide carbonique et de la chaux donnent lieu à l'apparition du carbonate de chaux en se combinant ensemble, et un fragment de cette substance peut aussi, par la division, fournir autant de particules ou échantillons du même sel qu'on le voudra, ayant tous les mêmes caractères et qui sont également doués des propriétés propres au carbonate de chaux en question, que ce carbonate soit naturel ou qu'il ait été obtenu artificiellement par la chimie. Tous les autres corps bruts sont aussi dans ce cas, et l'on peut dans les laboratoires ou dans l'industrie produire un grand nombre d'entre eux.

Au contraire, il n'apparaît de nouveaux individus animaux ou végétaux qu'à la condition que des parents, c'est-à-dire des êtres semblables, de même espèce et jouissant de la propriété de se reproduire, leur aient donné naissance. Il en résulte que nul être vivant n'apparaît s'il ne descend directement et par voie de génération d'êtres également doués de la vie et en général de parents semblables à lui. Tout corps organisé, c'est-à-dire tout être vivant, provient donc d'un autre être à la fois organisé et vivant (*omne vivum ex vivo*).

Chaque jour, les observations plus précises de la science tendent à mettre hors de doute la vérité de cette assertion. Elles conduisent à démontrer qu'il en est ainsi pour les espèces les plus petites ou les plus simples, telles que les plantes microscopiques ou les animaux infusoires, aussi bien que pour les animaux ou les végétaux de grande taille et d'une organisation plus parfaite dont il nous est toujours facile d'observer la filiation généalogique. On est ainsi amené à penser qu'il n'y a point, comme quelques auteurs le soutiennent, de génération spontanée, dans le sens rigoureux de ce mot, puisque dans aucun cas nous ne voyons les agents physiques ou chimiques suffire à la production de nouveaux êtres organisés.

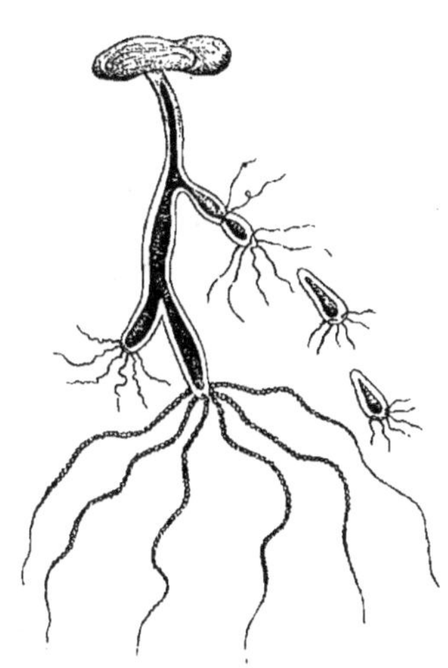

Fig. 1. — *Hydre*, ou polype des eaux douces (*).

II. Composition chimique des corps naturels. — Cependant les corps vivants ne sont pas formés de matériaux chimiques différents de ceux qui entrent dans la composition des corps bruts, et si les analyses comparatives qu'on a faites des uns et des autres ont montré qu'un certain nombre des éléments que la chimie nous apprend à reconnaître ne se sont rencontrés que dans les minéraux, ou du moins n'ont encore été rencontrés que là, elles ont aussi fait voir qu'un bon nombre de ces éléments entrent dans la composition des animaux et des végétaux, et que plusieurs sont absolument indispensables à leur existence et se retrouvent dans toutes les espèces des deux règnes. Ils y sont à l'état de

(*) *Hydre*, grossie. Elle est fixée sous une lentille d'eau et comprend trois individus, dont le plus grand a les bras ou tentacules plus étendus que les deux autres. La bande noire qui longe intérieurement le corps représente leur tube digestif. L'individu situé à droite a été lié au-dessous de son point d'insertion au reste de la colonie, pour montrer un des moyens par lesquels on peut obtenir la multiplication de cette espèce par division ou scissiparité. Au-dessous de lui sont deux individus détachés, supposés obtenus par ce procédé.

combinaisons plus ou moins différentes par leurs caractères chimiques de celles qu'ils constituent dans les corps bruts et dans les êtres organisés.

D'autres paraissent n'avoir dans les phénomènes vitaux qu'un rôle secondaire; mais, dans la plupart des cas, ils sont, comme les précédents, soumis à un renouvellement journalier, et, sous ce nouveau rapport aussi, une grande différence se remarque entre le mode d'existence des corps vivants et celui des corps bruts.

On observe d'ailleurs, dans la substance des animaux ainsi que dans celle des végétaux, des composés qui sont absolument identiques avec ceux que nous présente le monde inorganique. Ainsi il entre de l'eau et d'autres substances binaires comme partie intégrante de la constitution chimique de ces êtres organisés aussi bien que de celle des minéraux. Le chlorure de sodium n'est pas moins indispensable à certaines humeurs des êtres vivants, particulièrement au sang, qu'il ne l'est aux eaux de la mer; le phosphate de chaux forme la partie terreuse du squelette, et il se retrouve en masses dans certaines montagnes; les coquilles, ainsi que les polypiers, sont solidifiées par du carbonate de chaux qui ne diffère pas de celui de la plupart de nos pierres calcaires; la potasse, sous forme de sel, est fort répandue dans les végétaux ainsi que dans leurs fruits et dans leurs graines, et l'analyse la retrouve en abondance dans leurs cendres; la silice forme la charpente solide ou la carapace de beaucoup d'animaux et de végétaux inférieurs (fig. 2), ce

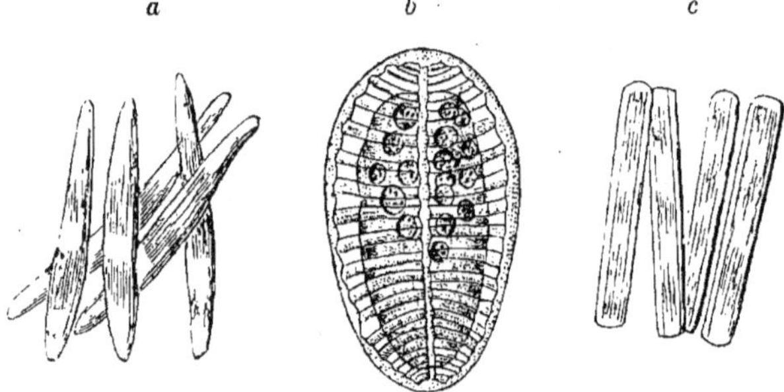

Fig. 2. — Carapaces siliceuses d'infusoires végétaux de la famille des Algues (très-grossies) (*).

dont nous avons la preuve par les tripolis, qui ne sont autre chose que des agglomérations de carapaces d'infusoires siliceux. Nous pourrions citer bien d'autres exemples analogues à ceux-là.

Mais toutes les combinaisons chimiques que l'on observe dans les corps organisés ne sont pourtant pas aussi semblables à celles que la chimie minérale nous fait connaître, et si l'analyse qualitative a montré que la moitié environ des éléments chimiques aujourd'hui connus se retrouve dans les animaux ou les végétaux, l'analyse quantitative nous fait voir, à son tour, que dans beaucoup de cas, et ces cas sont en

(*) a) *Navicules*. — b) *Surrirelle*. — c) *Bacillaires*.

réalité les plus importants pour la théorie des manifestations vitales les éléments chimiques forment dans les corps organisés et sous l'influence de la vie des composés différents de ceux de la nature minérale [1].

Le carbone est l'élément essentiel de ces nouvelles combinaisons. Il y est associé à de l'hydrogène et à de l'oxygène, auxquels s'ajoute, dans d'autres cas, une certaine quantité d'azote. On nomme ces substances, propres aux corps vivants et que la chimie ne reproduit pas encore ou qu'elle ne reproduit qu'avec peine, des principes immédiats, ou, pour rappeler leur origine, des substances organiques, et on les partage en deux groupes, dits quaternaires et ternaires, suivant qu'elles renferment ou non de l'azote, et qu'elles sont alors formées de quatre éléments ou de trois seulement.

Le soufre ou le phosphore, quelquefois l'un et l'autre de ces deux éléments, peuvent aussi faire partie intégrante de certains composés dits quaternaires, tels que l'albumine et autres principes qu'on a appelés protéiformes. La gélatine nous fournit l'exemple d'un principe immédiat purement quaternaire.

A la série des principes ternaires appartiennent les corps gras, les fécules, les sucres, les gommes et plusieurs autres substances encore dont nous tirons un très-grand parti pour notre alimentation ou qui jouent un rôle important dans l'industrie.

III. FORME DES CORPS NATURELS. — La forme n'est pas moins caractéristique lorsqu'il s'agit de distinguer les corps vivants d'avec les corps bruts. Un fragment de pierre enlevé à un rocher est un individu minéral au même titre que le rocher lui-même ; mais il peut avoir une forme totalement différente de la sienne. Ou bien la forme des minéraux est irrégulière et la manière dont le fragment a été séparé de la masse dont il provient, roulé par les eaux, poli par le contact de roches plus dures, travaillé par l'homme, etc., peut seule en rendre raison ; ou bien au contraire le minéral est régulier, et il constitue alors un solide géométrique parfaitement reconnaissable, terminé par des surfaces planes reliées entre elles au moyen d'arêtes vives (fig. 3) ; on le rendrait incomplet en en séparant un seul frag-

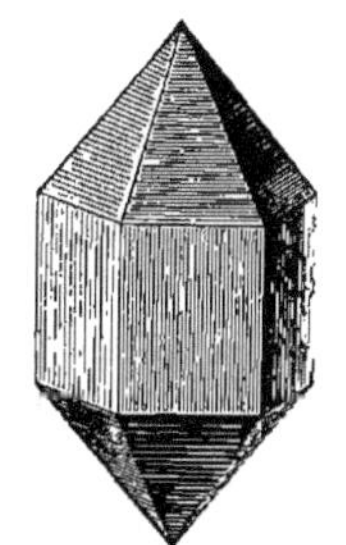

FIG. 3. — Cristal de roche (*).

ment, et les minéraux de même composition cristallisent habituellement dans une même forme.

<hr>

[1]. Liste des éléments chimiques observés chez les corps organisés, établie d'après l'ordre de leur fréquence :

Carbone.	Chlore.	Fluor.	Lithium.
Hydrogène.	Iode.	Aluminium.	Argent.
Oxygène.	Calcium.	Brome.	Cæsium.
Azote.	Potassium.	Cuivre.	Rubidium.
Soufre.	Silicium.	Plomb.	
Phosphore.	Fer.	Arsenic.	

(*) Forme dodécaédrique de la silice ou cristal de roche.

Les corps vivants ont aussi une forme déterminée, et cette forme, ou la série de ces formes, car ils en changent souvent avec l'âge, fait également partie de leurs caractères; une espèce diffère d'une autre espèce par la forme qui lui est propre. Mais ici il n'y a ni arêtes vives ni surfaces planes, et l'apparence extérieure n'a rien de ce qui distingue les cristaux. Les contours sont émoussés et l'ensemble est sphérique comme dans les œufs, dans les volvox et autres espèces inférieures; radiaires, comme dans l'étoile de mer, dans la fleur de fraisier et dans toute autre fleur dite régulière; ou bien encore symétriquement pairs, comme cela a lieu pour le corps de l'homme et de beaucoup d'autres animaux qu'on peut partager en deux moitiés inversement semblables entre elles. En outre, l'intérieur des corps vivants n'est point formé par une masse homogène, et ces corps ne sont pas composés de matière qui reste à l'état purement moléculaire; c'est ce que nous verrons en traitant de leur structure. Enfin, les matériaux chimiques des corps vivants sont dans un état constant de renouvellement rendu nécessaire par le travail vital, c'est-à-dire par l'usage qu'ils en font pour accomplir leurs actes physiologiques, et la forme, ainsi qu'on l'a dit souvent, en domine la substance, tandis que le contraire semble avoir lieu pour les corps bruts.

IV. MODE D'EXISTENCE DES CORPS NATURELS. — Subordonnés à la seule influence des agents physiques ou chimiques, et n'ayant d'autres propriétés que celles qui sont caractéristiques de la matière envisagée en dehors de toute action vitale, les corps bruts n'ont pas une existence indépendante. Ils restent sous l'action des agents dont nous venons de parler : un état de véritable inertie est leur caractère dominant ; ils s'accroissent, sans se nourrir, par simple juxtaposition de particules nouvelles, et leur existence ne comporte aucune dépense des matériaux qui les constituent. Aussi n'ont-ils ni évolution régulière, ni âges successifs, ni facultés nutritives, ni moyens de propagation, et tels ils ont été produits, tels ils resteraient, si aucune force extérieure ne venait agir sur eux.

Les êtres vivants ne sont pas dans le même cas. Ils reçoivent de leurs parents, avec la vie que ceux-ci leur transmettent, une activité incessante dont l'exercice les met dans un état constant d'action et de réaction par rapport au monde extérieur ; ils exécutent des fonctions plus ou moins complexes, mais toujours évidentes, et certaines forces spéciales surajoutées aux forces physiques qui régissent les corps bruts modifient l'action de ces dernières forces et président, chez les êtres vivants, à l'emploi des matériaux qui les composent; aussi ces êtres jouissent-ils de propriétés plus nombreuses que les minéraux.

Il en résulte que les êtres vivants sont toujours des individualités distinctes du monde extérieur et que leur activité se traduit en actes indépendants, ce qui donne à chacun d'eux un rôle spécial au sein de la nature.

L'absorption et l'exhalation des matières nutritives qu'ils tirent du monde ambiant sont la condition indispensable de l'existence des corps vivants, et leur accroissement se fait par intussusception, après élaboration intérieure, au lieu de s'accomplir par un simple rapprochement, comparable à la juxtaposition. Ils grandissent donc par l'accumulation de parties intérieures remplaçant celles qui les composaient d'abord ou en augmentant la masse. Ils se développent simultanément par tous les points de leur corps en en renouvelant concurremment les matériaux à l'intérieur aussi bien qu'à l'extérieur, et de nombreuses réactions chimiques s'accomplissent incessamment en eux.

La mise en jeu des forces qui animent les corps vivants est le point de départ d'une série de fonctions qui nécessitent la présence d'instruments spéciaux auxquels on donne le nom d'*organes*, et c'est de l'activité particulière de ces organes, ainsi que de celle des propriétés inhérentes aux éléments anatomiques qui les constituent, que résultent l'évolution de ces corps tant qu'ils sont vivants, et, par conséquent, les manifestations de la vie qui les distinguent.

V. STRUCTURE DES CORPS NATURELS. — Les organes ou instruments vitaux des êtres organisés ne sont pas formés de matériaux qui conservent l'état purement moléculaire à la manière des parties qui constituent les corps bruts. Une seule molécule, un atome même, s'il s'agissait de corps simples, représenterait à la rigueur chacun de ces derniers, pourvu que cette molécule ou cet atome fût de même nature chimique que les particules constitutives du corps lui-même. Au contraire, les principes immédiats des animaux et des végétaux, ainsi que les autres matériaux dont ces corps vivants sont formés, sont indispensables à leur constitution, et l'atome ou la molécule ne joue plus chez eux qu'un rôle secondaire. Les êtres vivants ont une structure anatomique spéciale due aux tissus qui sont les véritables éléments dont ils sont composés, et les éléments constitutifs de chaque tissu ont des caractères qui leur sont propres. Ils sont formés de petits corps ayant une forme particulière qu'il est possible de ramener par l'analyse microscopique, et en assistant à leur première formation, à des *cellules* ou *utricules* (fig. 4), et ces cellules jouissent, comme l'ensemble des êtres qu'elles constituent, de la pro-

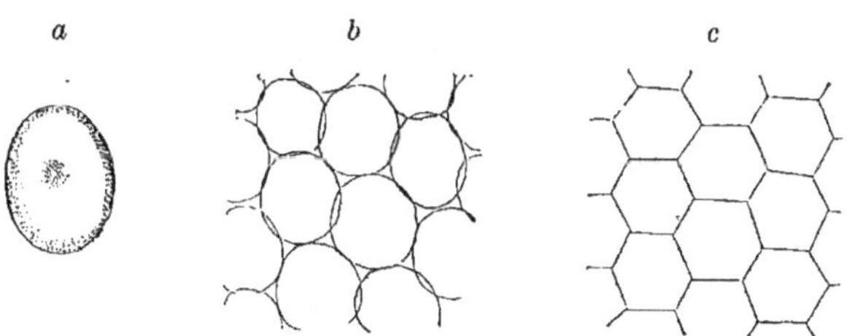

FIG. 4. — Cellules végétales (*).

priété d'absorber et d'exhaler. Ce sont les véritables matériaux organisés des êtres vivants, comme les molécules ou les atomes sont les matériaux

(*) *a*) cellule isolée montrant son nucléus ; — *b*) cellules tirées de l'asperge ; elles sont rapprochées, mais non pressées les unes contre les autres ; — *c*) cellules tirées de la balsamine ; elles sont plus serrées et sont devenues polyédriques.

chimiques des corps bruts, mais elles possèdent des propriétés plus complexes que celles réservées à ces derniers, et la vie réside dans chacune d'elles tout aussi bien que dans l'ensemble des animaux ou des végétaux qu'elles forment par leur agrégation. En outre, elles sont assujetties dans leur mode de production, ainsi que dans leur multiplication, à des lois tout à fait comparables à celles qui président à la production et à la multiplication des êtres organisés eux-mêmes.

Les principes immédiats et les matières salines ou autres qui font partie des corps vivants sont à la disposition de ces utricules, qui ont toutes leur vitalité propre, et les diverses transformations qu'elles subissent concourent, par une action commune, à la vie de tous ces agrégats plus ou moins complexes de cellules vivantes que nous appelons des animaux ou des végétaux, suivant le règne auquel ils appartiennent. Ce sont ces corps que nous regardons comme étant les véritables individus, quoiqu'ils résultent en définitive de l'association de cellules souvent fort différentes les unes des autres et en nombre presque toujours très-considérable. Ajoutons que de l'activité fonctionnelle des cellules constituant les tissus animaux et végétaux et de l'emploi des liquides qui les baignent dépend l'activité vitale. La complication de ces cellules et leur diversité concourent à établir la supériorité des organismes et celle des fonctions que ces organismes exécutent.

Il est un certain nombre d'êtres vivants si simples, les uns animaux, les autres végétaux, qu'ils ne consistent qu'en une seule cellule chacun. L'œuf et la graine commencent l'un et l'autre par une cellule unique, dans laquelle apparaissent bientôt d'autres cellules, et l'accumulation de ces cellules, ou la substitution de cellules nouvelles aux cellules mises hors de service par l'accomplissement des fonctions qui leur sont confiées, se continuera ainsi pendant toute la vie, depuis le moment où cet œuf ou cette graine aura commencé à germer, jusqu'à celui où l'être qui en est résulté sera arrivé au terme naturel de son existence et cessera de vivre.

VI. Fin ou mode de terminaison des corps naturels. — En effet, tandis que les corps bruts peuvent durer indéfiniment si les conditions au milieu desquelles ils se sont formés restent les mêmes, les êtres vivants, par cela seul qu'ils sont doués d'activité et qu'ils possèdent dans leurs cellules élémentaires, ou dans les organes formés par ces cellules, des instruments toujours en jeu, subissent la conséquence de leur propre activité. La durée possible de leur existence est limitée par l'usage dont leurs organes sont susceptibles, et, après s'être développés, après avoir fonctionné pendant un certain temps en vue d'un but physiologique déterminé, ils s'usent dans le sens vrai de ce mot, perdent l'activité dont ils étaient doués, et deviennent incapables de fonctionner davantage, ce qui détermine leur mort.

Les matériaux chimiques qui les constituaient, plus particulièrement leurs principes immédiats, se dissocient alors pour entrer dans de nouvelles combinaisons ou servir à l'alimentation d'autres êtres vivants.

La fermentation et la putréfaction en détruisent aussi une grande partie, et la seule condition susceptible d'en conserver des traces durables est la fossilisation. Dans ce cas, les débris minéralisés des corps organisés vont concourir à la formation de nouvelles roches, et l'on voit souvent des débris fossiles d'animaux ou de végétaux si petits, que le microscope seul peut en démontrer la présence, donner lieu, par leur accumulation, à l'apparition de dépôts sédimentaires qui constituent de puissantes masses de terrains (fig. 5). La craie blanche résulte d'une semblable

Fig. 5. — Foraminifères microscopiques de la craie de Meudon (très-grossis).

accumulation de corps organisés dont les débris se sont déposés au fond de l'Océan vers la fin de la période secondaire. Sur un grand nombre de points, les roches sédimentaires anciennes ou les dépôts que la mer accumule de nos jours n'ont pas une autre origine.

C'est de la même manière que les infusoires à carapaces siliceuses ou les bacillaires (fig. 2) donnent lieu par leur amoncellement à de nouvelles couches au fond des lacs, et, à toutes les époques géologiques, le rôle de ces infiniment petits a été aussi considérable qu'il l'est de nos jours.

La fossilisation nous a ainsi conservé les restes de beaucoup d'êtres organisés, très-différents de ceux d'aujourd'hui, qui se sont succédé sur notre planète depuis que la vie a commencé à se manifester à sa surface. Parfois on connaît non-seulement la forme de ces débris organiques, mais leur structure s'est aussi conservée. Certaines parties fossiles des animaux ou des plantes, comme les dents (fig. 6), les os et le bois, ont alors conservé jusqu'aux moindres particularités de leurs tissus solidifiés, ce qui permet de les comparer exactement aux parties correspondantes prises dans les espèces actuelles, et d'établir les analogies ou les différences que les êtres dont ces débris proviennent présentaient avec ceux qui vivent maintenant. Dans d'autres cas, ce sont les matériaux

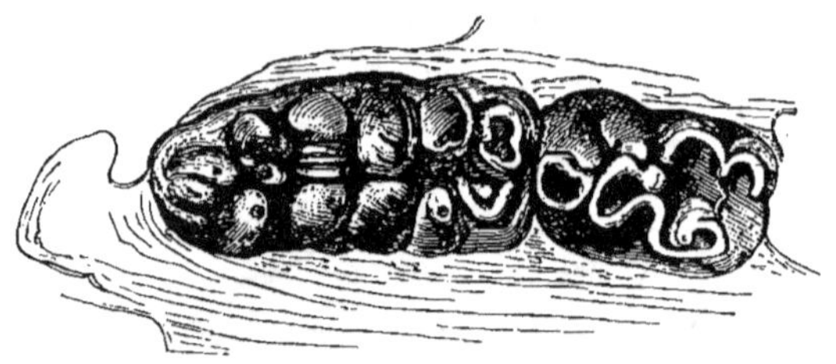

Fig. 6. — Deux dents fossiles encore en place sur la mâchoire inférieure d'un *Mastodonte*.

chimiques qui ont résisté à la destruction, et l'on retrouve dans le globe des couches sédimentaires ayant cette origine et d'une étendue non moins considérable, qui résultent de l'accumulation des principes immédiats à peine altérés ou n'ayant subi aucune modification. Ainsi, les houilles, les lignites, les succins, etc., sont plus particulièrement dans ce cas. Le guano, qu'on emploie aujourd'hui comme engrais, est aussi une substance d'origine organique, résultant de l'accumulation sur le sol de certaines îles des excréments des oiseaux marins qui viennent s'y reposer. L'ambre gris est également de provenance animale, et la turquoise occidentale, particulièrement celle de Simorre (Gers), est de l'ivoire fossile de mastodonte coloré par un sel de cuivre.

CHAPITRE II

DE L'ESPÈCE EN HISTOIRE NATURELLE, PARTICULIÈREMENT CHEZ LES ÊTRES ORGANISÉS. — NOMENCLATURE.

Une question domine toute l'histoire naturelle, c'est la question de l'*espèce*, que nous traiterons avant d'exposer en détail les particularités distinctives des animaux ou des végétaux, et de décrire les organes qui constituent les premiers de ces êtres ou les fonctions qu'ils exécutent.

OPINIONS DES ANCIENS. — Les anciens ne se sont pas arrêtés au problème, si important cependant, de l'origine des espèces vivantes, et l'on peut dire qu'ils n'en ont pas compris les difficultés, comme nous pouvons le faire aujourd'hui en présence du nombre presque infini des animaux et des plantes dont l'observation de la nature actuelle et les découvertes paléontologiques nous révèlent les affinités ainsi que les particularités caractéristiques. Placés d'ailleurs sous l'influence d'autres idées cosmogoniques que les nôtres, et peu au courant des lois de la filiation des animaux et des séries multiples que leur ensemble constitue, ils expliquaient par une génération équivoque ou même spontanée l'apparition journalière d'un grand nombre de ces derniers, sans se demander comment un semblable mode de production des êtres vivants peut donner des individus presque toujours si semblables les uns aux autres pour chaque espèce.

Quoique Aristote ait eu, sur la génération des êtres vivants, des idées beaucoup plus exactes que la plupart des naturalistes qui ont écrit sur ce sujet, il faut arriver jusqu'à Redi, savant observateur italien qui vivait au XVIIe siècle, pour voir démontrer scientifiquement que la corruption n'engendre pas des vers ou que la vase ne donne pas naissance à des poissons et à des grenouilles. Tout le monde sait pourtant que les grenouilles naissent sous l'état de têtards, et qu'après avoir accompli une métamorphose elles prennent leur forme définitive. On sait aussi que ce sont les œufs pondus par les grenouilles qui donnent naissance aux têtards. Le poëte latin Ovide, mort en l'an 17 de l'ère actuelle, avait déjà exprimé ces faits dans un très-joli style.

Redi, en montrant par une expérience bien simple que les vers cessent d'apparaître dans la viande si l'on empêche à l'aide d'une gaze les mouches de déposer leurs œufs sur cette viande, porta un coup funeste à la théorie des générations spontanées, et les observations dont la science s'est plus récemment enrichie, relativement aux zoophytes et aux entozoaires, n'ont pas été moins concluantes. Aussi le débat ne porte-t-il plus aujourd'hui que sur quelques animaux ou végétaux d'une organisation très-simple, tels que certains infusoires de l'un et de l'autre règne, et les auteurs qui admettent la génération spontanée de ces animalcules, ainsi que de ces microphytes, doutent même que les forces physico-chimiques soient suffisantes pour les produire; ce qui revient à dire qu'on ignore la manière dont ils sont engendrés.

La Genèse, en parlant de l'apparition des êtres organisés et de l'intervention directe de la volonté divine dans leur création, dit que les plantes, les poissons, les animaux terrestres et aquatiques, les oiseaux, les bêtes sauvages et les animaux domestiques, ont été créés, *chacun suivant son espèce*. C'est ce mot *espèce* (*species*) que les naturalistes ont choisi pour exprimer les différentes sortes d'êtres appartenant à l'empire organique; il fait alors allusion aux caractères propres, et par conséquent spécifiques ou spéciaux, présentés par toute plante ou par tout animal comparé aux autres plantes ou aux autres animaux de même sorte, caractères que se transmettent avec la vie, et de génération en génération, les individus de chaque espèce.

OPINION DE LINNÉ ET DE JUSSIEU. — Le mot *espèce*, pris dans ce sens, répond au mot *genre* (γενος), signifiant *lignée*, tel que l'emploie souvent Aristote. Linné y a eu recours de préférence à ce dernier, qui a dès lors servi à désigner uniquement des réunions d'espèces ayant entre elles une grande ressemblance. Comme les règles que Linné a données pour la nomenclature des êtres ont bientôt fait loi dans la science, le mot *espèce (species)* est ainsi passé dans le langage pour exprimer *l'ensemble des êtres vivants ayant les mêmes qualités et les mêmes formes, qui proviennent les uns des autres par voie de génération, et sont capables de produire à leur tour de nouveaux individus doués des mêmes caractères essentiels*. Tels sont, par exemple, les hommes, les lions, les tigres, les chevaux, et toutes les autres sortes d'animaux ou de végétaux, à quelque race ou à quelque pays qu'ils appartiennent. Aussi Linné a-t-il dit qu'il y a autant d'espèces qu'il est sorti primitivement de formes distinctes des mains du Créateur (*species tot numeramus quot diversæ formæ in principio sunt creatæ*).

Mais cette notion, en apparence si claire et si précise, de l'espèce orga-

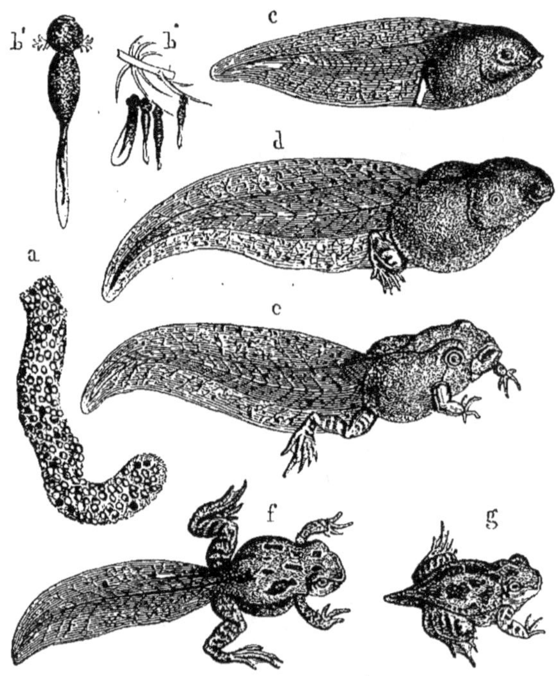

FIG. 7. — Métamorphoses du *Crapaud* (*).

(*) *a*) les œufs réunis en un long cordon ; — *b*) têtards au moment de l'éclosion ; — *b'*) l'un d'eux grossi pour faire voir ses branchies extérieures ; — *c*) le même ayant perdu ses branchies extérieures, mais ne possédant pas encore de pattes ; — *d*) pourvu de pattes postérieures ; — *e*) pourvu de pattes postérieures et de pattes antérieures ; — *f*) le corps commence à perdre la forme qu'il avait à l'état de têtard et à prendre son aspect définitif ; — *g*) la queue a presque entièrement disparu.

nique ne laisse pas d'offrir dans l'application pratique de fréquentes difficultés. Les naturalistes eux-mêmes l'ont souvent altérée ou modifiée, en supposant aux êtres de même espèce, et qui descendent par conséquent les uns des autres, sans subir d'autres modifications que celles qu'il nous est possible de constater, une similitude plus constante et plus grande que celle qu'ils ont réellement ; ce qui donne, dans certains cas, une idée fausse de la ressemblance que des individus issus les uns des autres ont entre eux. Il est évident, en effet, que la grenouille ou le crapaud et leur têtard, qui sont bien des animaux de même espèce, puisqu'un seul et même individu, vu à deux termes différents de son existence, se présente sous l'une ou l'autre de ces formes, sont pourtant bien loin de se ressembler. De même le coq et la poule diffèrent l'un de l'autre ; l'enfant n'a pas tous les caractères physiques de l'adulte ou ceux du vieillard ; les deux sexes d'une même espèce sont souvent faciles à distinguer entre eux, et, en mille autres circonstances, d'autres espèces nous montrent des différences pour le moins aussi considérables que celles-là. De Jussieu a donc exagéré la ressemblance que doivent avoir les individus d'une seule et même espèce, lorsqu'il a dit qu'ils étaient identiques dans la totalité de leurs parties, et qu'ils se reproduisaient avec une telle similitude de caractères que chacun d'eux est la représentation fidèle de son espèce dans le passé, dans le présent et dans l'avenir (*vera totius speciei præteritæ et præsentis et futuræ effigies*). Il est vrai que de Jussieu se préoccupait surtout des plantes.

Il n'y a qu'un certain nombre d'espèces animales qui soient dans ce cas ; encore les dernières observations auxquelles certaines d'entre elles ont donné lieu ont-elles montré que la ressemblance des individus qui les constituent était moins grande qu'on ne l'avait cru d'abord, et que, dans plusieurs circonstances, ils présentent des différences telles, qu'on a souvent rapporté leurs diverses formes à des genres ou même à des ordres distincts.

Les travaux qui ont eu pour objet la génération alternante des animaux inférieurs et celle des plantes, c'est-à-dire la diversité des formes qui se répètent régulièrement et comme par alternance, chez beaucoup d'espèces inférieures entre deux générations successives de ces espèces, ont révélé à cet égard des faits extrêmement curieux qui ont jeté un jour tout nouveau sur la véritable théorie de l'espèce. Dans un cas, les sujets produits sont pourvus d'organes sexuels et engendrent des œufs ; dans l'autre, ils sont privés de ces organes et ne se multiplient que par bourgeonnement ou division. Les individus nés ainsi ont souvent une forme très-différente de celle de leurs parents.

VARIÉTÉS ET RACES. — Si de Jussieu ne tient pas assez compte, dans le passage relatif à la fixité de l'espèce que nous venons de lui emprunter, des différences de l'âge, de celles des sexes et de certaines variations secondaires, qu'il connaissait cependant d'une manière parfaite, d'autres auteurs, à la tête desquels se place le célèbre naturaliste Lamarck, ont singulièrement exagéré la variabilité des espèces, et ils vont jusqu'à les faire descendre toutes d'une forme unique et primitive qui les aurait précédées; mais c'est là une hypothèse plus commode pour simplifier le grand problème de l'origine des êtres organisés que capable de nous éclairer sur cette obscure question.

Bornons-nous donc à établir qu'une variabilité relative existe dans la plupart des espèces, principalement dans celles qui vivent sous l'influence de l'homme, qu'elles appartiennent au règne animal ou au règne végétal, et que dans la nature on la remarque également si l'on compare des sujets provenant de climats différents. Il se produit des variétés ou des races distinctes parfois très-singulières, qui durent un temps plus ou moins long, et sont même susceptibles, dans certains cas, d'être prises pour des espèces véritables, différentes de celles auxquelles elles appartiennent, lorsqu'on ne se rend pas un compte exact de leurs caractères et des causes qui les ont produites. Cette erreur est surtout facile à commettre si l'on n'a pas la clef du mode d'apparition de ces fausses espèces, et si l'on ne constate pas la possibilité qu'elles ont de revenir à la souche typique dont elles dérivent, après s'en être écartées sans avoir pour cela cessé de lui appartenir.

On réserve habituellement le nom de *variétés* pour les modifications individuelles des espèces, quelle que soit la valeur des différences qui les distinguent, et l'on appelle *races* ces mêmes variétés lorsque, fixées par la reproduction, elles peuvent fournir pendant un laps de temps plus ou moins long une lignée particulière.

Quoi de plus fécond en variétés et en races que nos espèces domestiques de mammifères ou d'oiseaux, et que nos espèces de plantes alimentaires ou d'agrément ! La culture agit sur elles avec une promptitude qui pourrait faire croire à la possibilité de transformations plus profondes, et semble appuyer l'hypothèse des naturalistes qui attribuent la formation des espèces actuelles à la modification lente, mais successive et continue, de formes primitivement très-différentes de ce qu'elles sont ensuite devenues.

Moins parfaites lors de leur première apparition, ces formes perfectibles et surtout changeantes se seraient modifiées lentement sous l'influence des agents atmosphériques, par le fait d'une évolution graduelle inhérente à leur propre nature, ou par une sélection naturelle qu'il est bien difficile de ne pas appeler le hasard, quoiqu'on l'attribue à la lutte que tous les êtres doivent soutenir pour assurer leur propre existence, et, dans l'hypothèse que nous rappelons, cela aurait produit en elles des transfigurations bien autrement considérables que celles que la culture ou les climats peuvent leur faire éprouver sous nos yeux.

Mais l'établissement de ces théories n'a pas encore conduit les naturalistes à des conclusions définitives, et comme les espèces, quelle que soit leur origine, ont d'ailleurs des caractères propres, du moins pendant le temps qu'elles durent en leur qualité d'espèces particulières, nous ne devons pas entrer dans le détail des discussions, plus subtiles que profitables à la science, que ces théories soulèvent.

L'homme tire parti de la variabilité restreinte des espèces, mais sans avoir pour cela le pouvoir d'en créer de nouvelles; et si, par des soins bien entendus, il exagère certaines qualités utiles des races sur lesquelles il agit, ou s'il atténue certaines de leurs propriétés qui sont contraires au but qu'il se propose d'atteindre en les multipliant, son action est cependant limitée : il ne saurait transformer une espèce donnée en une espèce d'un genre différent, et, dès que son action cesse de se faire sentir, le retour à la forme initiale ne tarde pas à s'opérer. Le choix et la création des bonnes variétés constituent un art qui fait chaque jour de nouveaux progrès, grâce aux moyens d'intelligente sélection auxquels on a recours, et deviennent un élément précieux de la richesse agricole; mais combien d'artifices, de précautions et de soins l'entretien des variétés exige-t-il? C'est ce dont on ne peut se faire une idée qu'en voyant à l'œuvre les agriculteurs, les horticulteurs et tous les praticiens des différents arts qui relèvent des sciences naturelles.

LIMITE DE LA VARIABILITÉ. — Si nous exposions à fond la théorie de l'espèce, nous verrions que, même en accordant aux changements de formes dont ces collections naturelles d'individus sont susceptibles une étendue plus grande encore que celle dont elles jouissent, il ne nous serait pas possible d'admettre comme réelles, sans sortir des données de l'observation, les transformations extrêmes que divers auteurs ont supposées; cependant la variabilité est dans certains cas si étendue, qu'elle peut aboutir à la production de formes monstrueuses et même laisser subsister ces formes pendant plusieurs générations. Mais comme nous l'avons déjà dit, elle est impuissante, du moins dans les circonstances actuelles, à transformer une espèce en une autre espèce, à produire des transfigurations d'une valeur supérieure à celle des genres ou même simplement générique, et à modifier les êtres de manière à changer leurs caractères profonds, ainsi que les aptitudes physiologiques de quelque importance qui les distinguent. Il faut bien le reconnaître, il y a là des choses qui nous échappent, et nos connaissances d'aujourd'hui sont impuissantes à nous donner la clef du grand problème de l'origine des espèces.

HYPOTHÈSE DE LA VARIABILITÉ ABSOLUE. — Cependant il y a des savants qui n'ont pas craint d'affirmer que la variabilité des espèces animales et végétales était illimitée. Ils ont ainsi été conduits à supposer qu'en se modifiant pendant une longue série de siècles et sous l'influence de circonstances différentes, les animaux et les végétaux, plus simples et doués de fonctions peu actives, qui ont apparu les premiers sur le globe, étaient devenus à la longue et petit à petit les animaux ou les végétaux de genres plus parfaits qui caractérisent la nature actuelle et la mettent tant au-dessus des premiers âges du monde. Dans leur opinion, l'apparition des espèces les plus élevées n'aurait point eu d'autre cause, et ni l'intervention créatrice, ni les forces encore inconnues qui ont été mises en jeu lors de l'apparition des premiers organismes, n'auraient été nécessaires pour la formation de ces espèces, si supérieures qu'elles soient.

Le temps et la sélection naturelle auraient suffi à la production de toutes ces espèces, pourtant très-différentes les unes des autres, qui ont successivement apparu sur notre globe. Mais ici encore l'hypothèse se substitue à l'observation ou plutôt elle est contredite par elle, car on reconnaît déjà, parmi les formes les plus anciennes, des animaux des différents embranchements. Il est vrai que, devant cette objection, on invoque le temps ainsi que les faits encore inconnus de la science, et que l'on s'appuie sur ce que nous ignorons pour en déduire ce que nous ne saurons que plus tard.

Si, malgré la complication de leur structure ou l'importance du rôle qu'elles accomplissent, les espèces actuelles n'étaient qu'une évolution de celles qui les ont précédées, elles n'auraient eu qu'à subir les phases diverses d'une évolution naturelle pour acquérir les caractères que nous leur reconnaissons aujourd'hui, absolument comme un œuf de grenouille ou de crapaud passe par l'état de têtard avant de devenir une grenouille ou crapaud, ou un œuf de poule par celui d'embryon et de fœtus avant d'arriver à être poussin, poulet ou coq.

Cette manière de voir, plus en rapport que la précédente avec les faits connus, ne saurait cependant être encore donnée comme une explication satisfaisante, et il faut s'en remettre aux découvertes futures des savants pour la solution des questions qui s'y rattachent, tout aussi bien que pour celles de beaucoup d'autres problèmes devant lesquels la science d'aujourd'hui reconnaît son impuissance.

Mais les personnes peu familiarisées avec les notions fondamentales de l'histoire naturelle et qui ne se font pas une idée suffisamment exacte de la rigueur nécessaire aux démonstrations scientifiques, sont souvent disposées à accepter de confiance les hypothèses dont Lamarck a eu l'un des premiers l'idée, et que depuis lors E. Geoffroy, M. Darwin et beaucoup d'autres auteurs ont reproduites avec de légères variantes. Elles y trouvent le moyen d'expliquer comment ont apparu tous ces animaux et tous ces végétaux si multipliés et de structures si diverses peuplant aujourd'hui le globe, et dont l'étude offre tant de difficultés. Aussi admettent-elles volontiers que les animaux et les végétaux dont les restes fossiles se rencontrent dans les terrains secondaires et tertiaires ont servi de transition entre les espèces de la période primaire et celles d'aujourd'hui. Mais en fût-il ainsi, l'examen attentif de toutes ces formes transitoires que nous appelons des espèces n'en serait pas moins indispensable pour comprendre les lois de la succession des êtres à la surface de la terre, et l'idée neuve des transformistes consiste à regarder sans preuves certaines, comme le résultat d'une filiation généalogique directe, toutes ces ressemblances de caractères dans lesquelles les naturalistes ne voyaient d'abord que l'expression des affinités qui relient entre elles les espèces de chacune des grandes familles naturelles des êtres organisés, et rattachent en même temps ces familles entre elles, ou les organismes aujourd'hui existants à ceux d'autrefois.

A vrai dire, la science ignore quelles forces ont été mises en action lors de l'apparition des êtres vivants, même des plus simples, et elle ne sait pas davantage comment il a été procédé à leur renouvellement aux différentes époques que la géologie nous apprend à distinguer; l'ordre seul de ces apparitions successives et les affinités qui relient les espèces les unes aux autres commencent à être connus. La physiologie ne réussit pas davantage à établir comment le premier être vivant, ni même la première cellule organisée ont été formés. Ce sont là pour la science autant de mystères restés jusqu'à ce jour impénétrables. Pourquoi dès lors résoudre avec une pareille promptitude et en s'appuyant sur de pures hypothèses, comme le font les imitateurs de Lamarck, des problèmes restés si peu accessibles à nos moyens d'investigation ! C'est aller contre les principes mêmes de la science. Aussi Buffon, qui a donné le premier l'exemple de pareilles suppositions, se garda-t-il bien de leur attribuer l'importance que ses successeurs dans cette manière de raisonner ont voulu leur reconnaître.

Rappelons cependant un des meilleurs arguments que l'on puisse invoquer en faveur de la théorie des transformations successives : c'est l'impossibilité dans laquelle on se trouve d'expliquer scientifiquement par l'hypothèse, aujourd'hui reconnue erronée, des générations spontanées l'apparition d'animaux aussi compliqués que les vertébrés et tant d'autres propres aux différentes époques géologiques qui ont succédé à la première apparition connue des êtres organisés. Mais cela ne nous explique pas davantage d'une manière scientifique comment ont apparu les premiers êtres vivants.

Ainsi donc nul n'a le droit de dire au nom de la science que les êtres d'autrefois ont donné naissance en se transformant à tous ceux qui existent de nos jours, et encore moins que tous les êtres descendent d'un ancêtre commun, car la science elle-même ne nous apprend pas qu'il en ait été ainsi. Et quand des théoriciens affirment que les progrès croissants de l'organisme ont suffi à changer en espèces plus perfectionnées des espèces extrêmement simples qui auraient existé seules durant les premiers temps géologiques, ils sont en opposition avec les faits, puisqu'on trouve dans les plus anciennes formations des représentants de la plupart des grandes divisions de l'empire organique.

Il est d'ailleurs facile de constater que si certains genres ou certaines familles, comme les Fougères, les Cicadées, les Térébratules et les Nautiles, ont parcouru toute la série des temps géologiques et sont encore représentés parmi les êtres vivants, en conservant des caractères génériques peu différents de ceux qu'ils présentaient dès l'origine, d'autres formes animales ou végétales se sont éteintes durant la succession des précédents âges du globe, et que certaines autres ont apparu à des époques déterminées et plus ou moins rapprochées de la nôtre, sans qu'il paraisse avoir existé auparavant aucune espèce susceptible de leur donner naissance par sa propre transformation. Les bélemnites, les grands reptiles secondaires, les oiseaux et les mammifères, propres à la période tertiaire, sont en particulier dans ce cas. Apparitions et extinctions successives, telle est donc la loi des manifestations de la vie sur notre planète. L'hypothèse de Lamarck est un jeu de l'esprit plutôt que l'expression d'une doctrine réellement scientifique, et M. Darwin, dans son habile plaidoyer en faveur d'une théorie à laquelle il s'identifie jusqu'à se l'approprier, n'a pas emporté davantage la conviction des naturalistes qui ont approfondi ces difficiles questions. Le grand problème de l'apparition des espèces animales et végétales reste toujours sans solution, et tout porte à croire qu'en soutenant avec talent une thèse inverse de celle que défendaient de Jussieu et Cuvier, Lamarck et son école sont tombés de leur côté dans des exagérations aussi singulières.

Pour constater si certaines espèces se sont modifiées sensiblement dans leur organisation depuis le commencement des temps historiques,

Fig. 8. — Grand Pingouin (*Alca impennis*).

on a quelquefois eu recours aux momies enfouies il y a quatre mille ans et plus par les Égyptiens dans leurs catacombes, et l'on en a comparé les caractères à ceux d'animaux analogues morts de nos jours; des graines et plusieurs végétaux ont été aussi examinés de la même manière. Dans aucun cas, il n'a été observé de différences dignes d'être signalées, et il est même arrivé qu'on a pu reconnaître jusqu'aux variétés auxquelles appartenaient ces divers sujets, et constater que ces variétés existent encore dans le même pays ou dans des pays peu éloignés. On en a conclu que les caractères propres aux espèces vivantes sont plus fixes qu'on ne serait d'abord porté à le penser.

Les mêmes remarques ont été faites au sujet des animaux et des plantes remontant à des époques aussi anciennes, au moins, qu'on

trouve en Danemark, dans ces curieux dépôts, laissés par d'anciennes sociétés humaines, dont il a été souvent question dans les revues littéraires et scientifiques, sous le nom de *Kjökkenmœddings.* On y a recueilli
des restes d'espèces aujourd'hui existantes dans le pays et d'autres appartenant à des espèces qui en ont disparu depuis un certain temps, par
exemple du grand pingouin (fig. 8) ; mais dans aucun cas les caractères
spécifiques n'avaient varié. C'est aussi ce qu'on a observé pour les débris d'êtres organisés, enfouis dans les dépôts des *palafittes* ou habitations lacustres de la Suisse et des autres parties de l'Europe, habitations
qui remontent, comme les dépôts danois dont il vient d'être parlé, à
l'âge de pierre, c'est-à-dire à une époque antérieure aux données de
l'histoire pour les pays où on les observe.

Fig. 9. — Renne.

Il y a plus : certains animaux sauvages d'espèces encore existantes, tels
que le loup, la loutre, le blaireau, le castor, la marmotte, le hamster, etc.,
ont laissé des ossements dans les tourbières avec ceux de plusieurs espèces
éteintes, dans les cavernes, où ils sont aussi associés à des animaux d'espèces ou de races perdues, et dans le diluvium dont le dépôt ne remonte
pas à une époque moins ancienne. Ces animaux, contemporains des
grandes espèces anéanties dont la disparition a si singulièrement appauvri la faune européenne et celle de plusieurs autres parties du monde
depuis le commencement de la période quaternaire, présentent exactement dans les ossements qu'on en a recueillis à l'état fossile les particularités caractéristiques des loups, des loutres, des castors, des blaireaux et
des autres animaux actuellement vivants à l'espèce desquels ils appar

tiennent, ce qui est encore en opposition avec l'hypothèse de la variabilité continue. Le renne (fig. 9), dont tant de débris ont été enfouis à une date également très-reculée dans un grand nombre de localités du centre et du midi de l'Europe, n'est pas moins semblable dans toutes ses parties au renne actuellement relégué dans les régions polaires.

Il semblait donc inutile, après des preuves si variées et si concluantes, de discuter les conclusions auxquelles se sont arrêtés les naturalistes dont nous discutons les idées, à savoir que les espèces animales et végétales les plus parfaites ne doivent leur existence qu'à la transformation lente et progressive d'organismes primitivement imparfaits que le temps, les circonstances physiques et d'autres causes encore, au nombre desquelles on a même énuméré les mœurs particulières aux espèces ainsi modifiées, auraient successivement élevés à l'état de perfection qui les distingue dans la nature contemporaine. Nous verrons d'ailleurs, dans un autre chapitre, que l'étude de la structure anatomique de l'homme ne justifie pas davantage cette singulière proposition, et que le genre humain n'est certainement pas, comme on a voulu l'établir, la transformation d'une des espèces animales qui se rapprochent le plus de lui par leurs caractères anatomiques. Mais combien peu est reculée la date des kjökkenmœddings, ou celle des palafittes et du diluvium, par rapport aux âges pendant lesquels ont vécu les espèces enfouies dans les terrains crétacés ou dans les dépôts bien plus anciens encore des périodes jurassique et paléozoïque !

Ce serait bien ici le cas de faire intervenir la question de temps et d'invoquer ces innombrables séries de siècles durant lesquelles tous ces êtres ont vécu, au lieu de chercher à expliquer la similitude des caractères qui réunissent les espèces des kjökkenmœddings, des palafittes ou des cavernes avec celles d'à présent, puisque ces dernières sont identiques avec avec les nôtres, ou que l'on a la preuve que les autres ont cessé d'exister au lieu de se transformer; tandis que des temps incommensurables séparent ces espèces quaternaires de celles propres aux périodes primaire, secondaire et même tertiaire dont la géologie nous a révélé l'ancienne existence.

Dans cette intéressante revue rétrospective, nous constaterions, il est vrai, des apparitions et des disparitions successives d'espèces, et nous nous trouverions en présence de problèmes en tout semblables à ceux que soulèvent les questions relatives à l'origine des animaux ou des plantes qui peuplent maintenant le globe, questions non moins difficiles à résoudre.

Pour prouver combien la science zoologique est encore peu avancée sous ce rapport, ne pourrait-on pas ajouter qu'après avoir tranché, de par la théorie de Lamarck, modifiée par lui, les questions que soulève l'origine des différents embranchements du règne animal, et celle des classes diverses, des familles ou des genres de ce règne, envisagés dans leur ensemble, M. Darwin et son école se trouvent tout aussi embarrassés que Buffon, Linné, Georges et Frédéric Cuvier, ou de Blainville, lorsqu'ils

veulent expliquer la formation des animaux et des plantes domestiques?
N'est-ce pas là une preuve nouvelle de l'obscurité qui règne encore sur
ces difficiles questions?

Il résulte de la discussion qui précède, qu'en ce qui concerne les
espèces des animaux et des végétaux, dont le nombre est, comme chacun
sait, très-considérable, tout ce qu'on peut en dire de certain, c'est que
ce sont des réunions d'individus ayant des caractères propres et qui se
continuent par voie de génération avec ces mêmes caractères, depuis
leur première apparition jusqu'à leur extinction ou leur transformation,
tout en étant susceptibles, dans les conditions où nous les observons, de
variations secondaires qui ne leur enlèvent rien de leurs traits fondamentaux.

Fig. 10. — Chien de Terre-Neuve.

NOMENCLATURE DES ESPÈCES. — Nous montrerons, en traitant de la classification, que la réunion, conformément aux principes de la méthode
naturelle, de certaines espèces ayant des caractères communs, mais non
entièrement identiques, et des propriétés ou qualités qui les rapprochent
les unes des autres, forme ce qu'on appelle les *genres*. Ainsi les différentes espèces analogues au chien ou au chat donnent les genres Chien
(*Canis*) ou Chat (*Felis*). Le genre Chêne (*Quercus*) réunit les espèces analogues au chêne ordinaire; au genre *Canis* appartiennent le loup, le
chacal, l'isatis, le renard, etc., et l'on associe sous la dénomination
générique de *Felis* le tigre, le lion, le jaguar, la panthère, le couguar,
l'ocelot, le chat sauvage de nos forêts, le chat domestique, etc. Dans la

nomenclature telle que Linné l'a définitivement établie, et qu'on appelle
à cause de cela *nomenclature linnéenne*, chaque espèce reçoit deux noms,

FIG. 11. — Chien lévrier.

l'un générique (*Canis*, *Felis*, *Quercus*), qui conserve sa valeur substan-
tive; l'autre spécifique ou qualificatif. *Felis tigris* est le tigre; *Felis leo*,

FIG. 12. — Lion.

le lion; *Felis onça*, le jaguar; *Felis pardus*, la panthère; *Felis puma*, le
couguar. Le *Quercus robur* des botanistes est le chêne blanc ou chêne

ordinaire ; le *Quercus ilex*, l'yeuse ou chêne vert, etc.; et ainsi pour toutes les espèces, soit vivantes, soit fossiles, de tous les autres genres, quelle que soit la manière dont on établit les caractères de chacun d'eux et le nombre des espèces qu'on y rapporte. Remarquons seulement que le besoin d'une nomenclature plus rigoureuse et un examen plus appro-

FIG. 13. — Panthère.

fondi des caractères distinctifs propres aux espèces et aux genres a conduit à restreindre l'étendue des genres, tels qu'on les entendait autrefois, et que les anciens genres de Linné, souvent appelés *genres linnéens*, répondent plutôt aux familles naturelles des auteurs modernes qu'à de simples genres.

Quoi qu'il en soit, la réunion des espèces qui se ressemblent le plus

FIG. 14. — Jaguar.

entre elles forme les genres, et l'association de ceux de ces genres qui ont également des caractères communs et d'une valeur supérieure à ceux qui les constituent comme genres, forme des tribus, des familles ou des ordres, suivant l'importance des particularités communes à ces nouvelles associations. Les genres d'une même famille se ressemblent habituellement par certaines de leurs propriétés ou de leurs aptitudes, et ces nouvelles analogies servent aussi à les définir.

Il y a des règles pour la nomenclature de ces divisions, mais malheureusement les zoologistes ne s'astreignent pas toujours à les suivre. Ainsi les noms de tribus reçoivent souvent une terminaison en *ins* ou *iens* (*ini* en latin). Exemple : *Félins* ou *Féliens* (*Felini*) pour les animaux de la *tribu* des Chats ou *Felis*. Les noms des *familles* sont à leur tour terminés en *idés* (*idæ* en latin). Exemple : *Equidés* (*Equidæ*), la famille des Chevaux et genres voisins. Au-dessus des ordres sont les *classes*, et les associations de plusieurs classes constituent des groupes plus élevés encore dans la hiérarchie zooclassique, groupes auxquels on donne le

Fig. 15. — Cougouar.

nom de *types* ou *embranchements*. Les mammifères, les oiseaux, les reptiles, les batraciens et les poissons forment autant de classes; leur association constitue l'embranchement des Vertébrés. Les insectes, les arachnides, les crustacés, les annélides, etc., sont les classes qui forment l'embranchement des Articulés, et chacun des autres embranchements nommés Mollusques, Radiaires et Protozoaires, résulte aussi de l'association de plusieurs classes distinctes.

Hybrides. — Il arrive à quelques espèces rapprochées les unes des autres par leurs caractères de se mêler entre elles et de donner des *hybrides* ou *métis*. Quoique ces métis proviennent en général d'espèces congénères, ils sont habituellement inféconds, et, lorsqu'ils peuvent se reproduire, la forme intermédiaire aux deux espèces intervenantes que ces mélanges produisent ne saurait se perpétuer au delà de quelques générations; c'est ce qui a été observé pour les hybrides du chien et du loup. Mais le plus souvent la variété hybride cesse avec les premiers hybrides produits. Il en est ainsi du mulet, hybride résultant de l'union de deux individus appartenant l'un à l'espèce du cheval, l'autre à l'espèce de l'âne. Les mulets ne se multiplient pas entre eux et ne forment pas race.

Il est inutile d'ajouter que, dans la majorité des cas, la production des hybrides est le fait de l'intervention de l'homme. Cependant on trouve parfois dans la nature des oiseaux hybrides, particulièrement dans la famille des Canards, et des poissons hybrides, dans celle des Cyprinidés ; ils se sont produits en dehors de la domestication ou de la captivité.

Un des hybrides les plus curieux qu'on ait obtenus dans la classe des Mammifères est celui du lion et du tigre.

De l'espèce chez les corps bruts. — Une dernière question nous reste à traiter pour en finir avec la définition de l'espèce : elle est relative aux corps bruts.

Existe-t-il des espèces dans le règne minéral comme il y en a dans les deux règnes animal et végétal ? Les minéralogistes se servent du même mot que les zoologistes ou les botanistes pour indiquer les différentes sortes d'agrégats moléculaires formant les corps dont ils s'occupent ; mais les minéraux n'ont pas d'organes, leur structure intérieure est purement moléculaire ; les diverses parties qui les composent ne sont pas dans un état d'activité comparable à la vie, et leur existence n'est pas accompagnée de phénomènes de multiplication et de destruction de molécules, phénomènes d'où la vie dépend dans le monde organisé ; enfin ils n'ont pas la possibilité de se multiplier par la production de nouveaux individus issus de cellules qui leur soient propres et destinés à durer, comme les individus dont ils descendent, pendant un temps déterminé. On voit par là que l'espèce dans les corps bruts n'est pas comparable à l'espèce chez les êtres vivants.

Ces différences posées, peu importe, jusqu'à un certain point, qu'on se serve du même terme dans les deux cas, puisque le mot *espèce* reprend ici la signification qu'il a dans le langage usuel (*species*, apparence). Il n'indique plus une filiation d'êtres semblables, descendant les uns des autres par voie de reproduction généalogique. Les corps de même composition chimique, qu'on appelle alors des espèces, sont plutôt des corps de même sorte, et ils sont reconnaissables pour tels à la présence des caractères purement physiques et chimiques. Mieux vaudrait cependant employer deux mots, puisqu'il y a ici deux ordres bien différents de faits à indiquer ; mais c'est ce que les naturalistes n'ont pas encore jugé nécessaire.

CHAPITRE III

CARACTÈRES DISTINCTIFS DES ANIMAUX. — DÉFINITION DE LA ZOOLOGIE; SES DIFFÉRENTES BRANCHES.

LA PLUPART DES ANIMAUX SONT FACILES A DISTINGUER DES VÉGÉTAUX. — Les animaux, êtres organisés et par conséquent doués de la vie, comme le sont aussi les végétaux, possèdent en commun avec ces derniers plusieurs facultés importantes : les mêmes qui permettent de distinguer des corps bruts les corps vivants ou pourvus d'une organisation. Mais, dans beaucoup de cas, il n'en est pas moins facile d'établir entre la plupart des animaux et les végétaux une distinction tranchée et que l'on puisse saisir.

Le rôle que les premiers sont destinés à accomplir dans l'économie générale de la nature est, habituellement du moins, bien supérieur à celui qu'exercent les plantes; à certains égards il est même totalement différent. Aussi peut-on indiquer entre les deux règnes animal et végétal, envisagés l'un et l'autre dans leurs espèces les plus parfaites, des différences de plusieurs sortes.

CARACTÈRES TIRÉS DES FONCTIONS DE RELATION. — Pourvus, comme les végétaux, de fonctions nutritives, dont l'absorption et l'exhalation forment les conditions essentielles et fondamentales, et jouissant comme eux de la propriété de propager leur espèce par la procréation de nouveaux individus ayant des caractères semblables à ceux qu'ils possèdent eux-mêmes, la plupart des animaux sont, en outre, capables de percevoir, à des degrés qui diffèrent, il est vrai, suivant la complication de leur structure, leurs relations avec le monde extérieur, et ils peuvent modifier ces relations lorsqu'ils en reconnaissent la nécessité. De là la présence chez eux d'une série de fonctions tout à fait inconnues dans le règne végétal, les fonctions de relation, et celle d'organes spécialement affectés à l'exercice de ces nouvelles fonctions. Il en résulte pour les animaux des propriétés d'un ordre particulier, et des organes également particuliers se trouvent ajoutés à leur propre organisme, ce qui rend leur structure anatomique plus compliquée que celle des végétaux et concourt à en faire des êtres plus parfaits que ces derniers.

C'est par la *sensibilité,* dont le système nerveux est l'agent, que les animaux ont connaissance des conditions physiques au milieu desquelles ils se trouvent placés. Elle leur permet aussi de percevoir certains phénomènes qui se passent en eux, tels que la faim, la soif, la douleur, etc., ces sensations ayant pour objet de leur faire connaître les besoins de leur organisme.

A son tour, la *locomotilité,* ou propriété de se mouvoir, qui s'exerce principalement par le système musculaire, donne aux animaux le moyen de se soustraire aux conditions qui pourraient leur être nuisibles ou de se rapprocher, au contraire, de celles qui leur paraissent avantageuses et agréables.

Comme on le voit, cette double faculté de sentir et de se mouvoir place les animaux bien au-dessus des végétaux; et les organes particuliers qui en sont les instruments fournissent d'excellents caractères pour différencier le règne animal d'avec le règne végétal, si l'on se borne à envisager les principales espèces de ces deux règnes.

Les animaux sont, en général, des êtres doués de sensibilité et pouvant se mouvoir volontairement, ce qui n'a pas lieu pour les végétaux; à cet effet, les premiers sont munis de système nerveux et de système musculaire, tandis que les seconds en manquent [1].

La complication des organes nerveux et musculaires des animaux est d'ailleurs en rapport, dans chaque espèce de ce règne, avec la supériorité du rôle que cette espèce est appelée à remplir au sein de la création, et les espèces des premiers groupes ont une intelligence et des instincts supérieurs à ceux des espèces des dernières classes. Sous ce rapport comme sous celui de leur composition anatomique, les animaux supérieurs se rapprochent bien davantage de l'homme, tandis que les animaux inférieurs ont plus d'analogie avec les plantes.

PARTICULARITÉS DIVERSES. — Cependant il ne faudrait pas croire que la sensibilité ou la locomotilité, étudiées en elles-mêmes et dans leurs organes, soient toujours des moyens certains de reconnaître si l'être organisé que l'on examine est réellement un animal.

Diverses espèces de plantes phanérogames sont, en apparence du moins, douées d'une sorte de sensibilité; d'autres exécutent des mouvements très-apparents. Les germes d'un grand nombre de végétaux aquatiques, appartenant aux groupes inférieurs, ne sont pas moins actifs dans leurs mouvements de translation que les infusoires animaux, avec lesquels ils ont été souvent confondus [2]. Mais pas plus que les végétaux phanérogames auxquels nous avons tout à l'heure fait allusion, ils ne sont pourvus de nerfs ou de muscles, et si diverses plantes peuvent faire mouvoir certaines de leurs parties ou même changer de place et se porter avec rapidité d'un lieu dans un autre, elles le font par des organes différents de ceux qu'emploient les animaux.

Citons néanmoins quelques exemples. Des acacias et d'autres plantes appartenant aussi à la famille des Légumineuses ou à des familles plus ou moins rapprochées, ferment leurs feuilles le soir pour ne les rouvrir que lorsque le jour paraît; d'autres font exécuter à leurs fleurs des mouvements en rapport avec la marche du soleil, ou bien encore elles les

---

1. Autrefois on ne réunissait pas encore les animaux et les végétaux en un seul groupe primordial sous la dénomination d'empire organique, et l'on se bornait à dire que les corps naturels constituent trois règnes distincts. Linné caractérisait ainsi ces trois règnes : *Mineralia crescunt* : les minéraux croissent. — *Vegetalia crescunt et vivunt* : les végétaux croissent et vivent. — *Animalia crescunt, vivunt et sentiunt* : les animaux croissent, vivent et sentent.

2. Tels sont particulièrement les zoospores et les spores ciliées de certaines algues.

replient pendant la journée pour ne les épanouir que la nuit, ou inversement, et cela à des heures déterminées ; enfin, la sensitive jouit de la singulière propriété de fermer ses feuilles et de les abaisser au moindre attouchement. L'attrape-mouche (*Dionœa muscipula*) n'est pas moins célèbre par ses mouvements.

Mais ce ne sont pas là des preuves réelles de sensibilité, et il n'y a rien de volontaire dans les mouvements exécutés par les végétaux. On est d'accord pour n'y voir autre chose qu'une exagération de l'irritabilité propre à tous les êtres vivants, et point du tout un fait comparable dans sa nature à l'innervation des animaux. La cause et le mécanisme en sont d'ailleurs ignorés, et tout ce que l'on sait jusqu'à ce jour, c'est que la remarquable propriété dont jouissent ces végétaux n'a rien de commun avec les actions nerveuses ou musculaires des animaux.

D'autre part, il s'en faut de beaucoup que la sensibilité et la locomotion musculaire soient également développées dans toutes les familles du règne animal. Certaines espèces appartenant aux degrés inférieurs de l'échelle zoologique et chez lesquelles la structure anatomique est beaucoup plus simple que chez les autres, paraissent ne point avoir de système nerveux, ou du moins on n'a pas encore pu démontrer la présence de ce système parmi leurs tissus. Dans certains cas, leurs fibres musculaires ne sont pas plus apparentes. Par ces organismes plus simples que les autres, le règne animal se confond pour ainsi dire avec le règne végétal, et il existe un certain point par lequel ces deux grandes divisions des êtres organisés se réunissent l'une à l'autre. Autant il est aisé de distinguer les animaux des végétaux lorsqu'on a affaire à des espèces d'une organisation quelque peu compliquée, autant, au contraire, cette distinction devient difficile pour les espèces très-simples et dont la structure reste purement cellulaire. C'est là ce qui a empêché les naturalistes de décider si tels de ces êtres doivent être classés parmi les animaux ou au contraire parmi les végétaux, et l'on s'est plus d'une fois mépris sur la nature soit animale, soit végétale, de certaines familles.

Pour sortir de cette difficulté, Bory Saint-Vincent avait proposé la distinction d'un troisième règne de corps organisés, intermédiaire aux animaux et aux végétaux, pour lequel il a même imaginé un nom particulier, celui de règne psychodiaire ; mais le mieux est de reconnaître que les deux règnes généralement acceptés se touchent par leurs espèces les plus inférieures et qu'il n'y a pas entre eux de délimitation bien tranchée.

CARACTÈRES TIRÉS DES ORGANES DIGESTIFS. — On arrive au même résultat relativement aux espèces inférieures, les unes végétales et les autres animales, lorsqu'on examine ces espèces sous le rapport de leurs organes de nutrition. La faculté de digérer, ou la présence d'organes spécialement affectés à cette fonction, a cependant été signalée comme pouvant à son tour servir à séparer les animaux d'avec les végétaux. On a dit que les premiers seuls digèrent et qu'ils possèdent toujours à cet effet un canal intestinal, ou tout au moins un estomac, comme il s'en voit un chez les polypes (fig. 1); tandis que les végétaux n'ont jamais ni organes digestifs, ni même de digestion proprement dite. Mais il y a certains êtres qui, envisagés sous d'autres rapports, paraissent devoir être regardés comme des animaux et qui cependant manquent, comme les plantes, d'organes spéciaux de digestion. Ce sont aussi des espèces appartenant aux groupes inférieurs de l'animalité; elles comptent parmi celles qui établissent la jonction des deux règnes. En outre, malgré l'absence constante du tube digestif, il existe chez les végétaux des fonctions tout à fait comparables à la digestion des animaux et consistant de même dans l'élaboration de principes nutritifs venus du dehors. Ici la différence entre les deux règnes réside donc moins dans la nature des phénomènes de cet ordre que dans les conditions de leur accomplissement. Quant au mode suivant lequel la fonction digestive s'opère chez l'homme, ainsi que chez la plupart des espèces appartenant au règne animal, il cesse de se montrer dans les derniers groupes de l'animalité. On sait, en effet, que beaucoup de Protozoaires manquent de cavité digestive, et les éponges sont aussi dans ce cas.

Prétendus caractères chimiques. — Quant aux caractères de l'ordre chimique, on les a aussi donnés, dans certains cas, comme pouvant servir à faire séparer les animaux d'avec les végétaux. On a dit que les premiers de ces êtres étaient formés de principes immédiats pour la plupart quaternaires, c'est-à-dire azotés, tandis que les principes constituant les végétaux étaient essentiellement ternaires, et par conséquent dépourvus d'azote. Mais il est bien reconnu aujourd'hui que ces deux sortes de principes immédiats (les uns ternaires et les autres quaternaires) sont indispensables aux phénomènes nutritifs des végétaux comme à ceux des animaux, et les chimistes retrouvent les uns et les autres dans tous les corps organisés. Le caractère différentiel qu'on avait indiqué à cet égard entre les deux règnes est donc de nulle valeur, ou plutôt il n'existe pas.

Point de contact des deux règnes. — Nous l'avons déjà fait remarquer, il est facile, quand on envisage les animaux pris dans leurs espèces supérieures, les mieux douées sous le rapport des fonctions de relation, de les distinguer des végétaux phanérogames ainsi que de la plupart des cryptogames, et d'établir entre les deux règnes animal et végétal une ligne de démarcation tranchée; mais, ainsi qu'on a également pu le reconnaître par les détails qui précèdent, la distinction entre ces deux divisions primordiales des êtres organisés est loin d'être toujours aussi évidente qu'on le croirait, si l'on se bornait à l'examen des animaux et des végétaux qui nous sont le mieux connus.

Il existe entre ces deux règnes des points de contact tels, qu'il est parfois difficile de décider si l'on a sous les yeux des animaux ou au contraire des végétaux. Les bacillaires, les navicules et les vibrions, dont on fait la famille des Diatomées, paraissent être des algues, c'est-à-dire des végétaux inférieurs, et cependant quelques auteurs les regardent encore comme étant des animaux. Il y a peu d'années, on plaçait aussi avec ces derniers les corallines, les acétabules, etc., dont on a constaté depuis lors la nature végétale, et que leurs caractères rapprochent également des algues. Enfin les éponges (fig. 16) et certaines

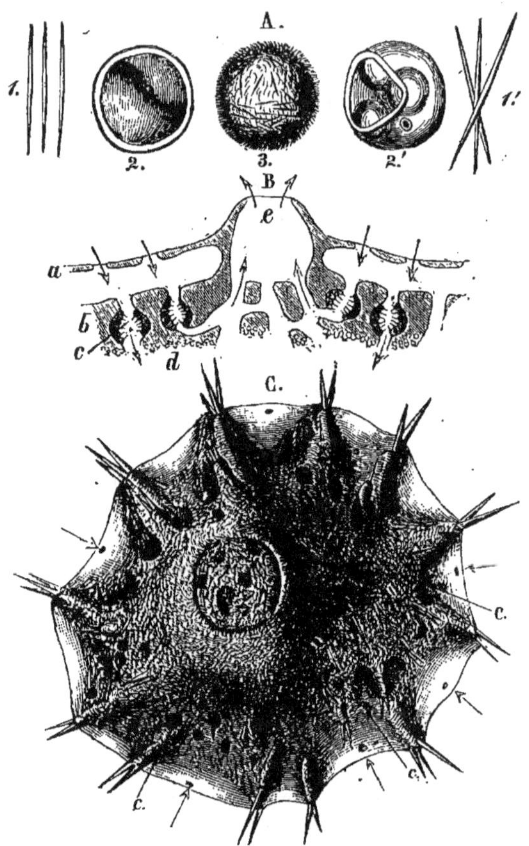

FIG. 16. — Spongille ou éponge des eaux douces (*).

(*) A = 1 et 1′) spicules siliceux formant le feutrage de la spongille ; — 2 et 2′) œufs hibernaux en forme de sporanges : celui de la figure 2′ a été ouvert pour montrer qu'ils peuvent renfermer plusieurs corps reproducteurs ; — 3) ovule mobile et cilié : on voit déjà des spicules dans son intérieur.

B = coupe d'une spongille en voie de développement : les flèches indiquent la direction des courants qui en parcourent l'intérieur pour la nourrir ; — a) substance extérieure de consistance gélatiniforme dont la spongille est entourée ; — b) masse formée par le feutrage des spicules ; — c, chambres ciliées, probablement respiratrices ; — e) orifice commun pour la sortie des courants ; — d) couche inférieure formée par les corps reproducteurs.

Tout autour de la masse commune se voit une expansion de la partie gélatiniforme soutenue par des faisceaux de spicules.

C = masse de la spongille, vue en dessus. Les flèches indiquent les oscules ou orifices servant à l'entrée des courants respiratoires ; — cc) sont les ouvertures des chambres ciliées ; — au centre de la masse est l'orifice de sortie des courants marqués e sur la figure B.

espèces d'êtres organisés de composition purement cellulaire, comme les volvoces (fig. 17), établissent entre les deux règnes une jonction plus évidente encore, ce qui rend difficile d'indiquer nettement le point de séparation des animaux d'avec les végétaux.

La série animale et la série végétale semblent donc partir d'un point unique, celui où l'organisme reste pour ainsi dire sous l'état purement cellulaire; mais bientôt elles divergent et toute confusion entre les espèces propres à chacune d'elles devient impossible, le règne animal et le règne végétal étant alors parfaitement séparables et reconnaissables.

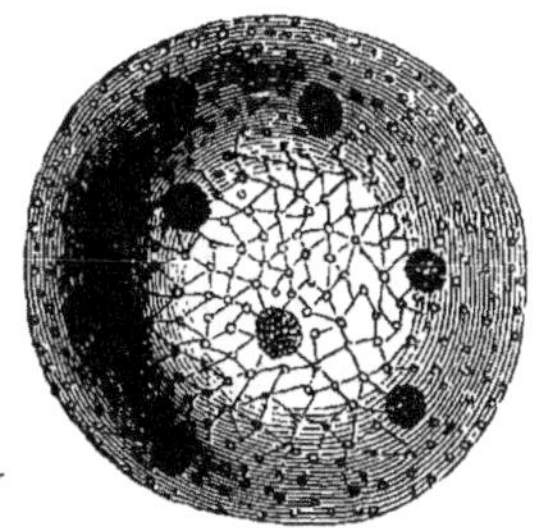

FIG. 17. — Volvoce.

DÉFINITION DE LA ZOOLOGIE. — La *zoologie* (de ζῶον, animal, et λόγος, discours) est la branche des sciences naturelles qui nous fait connaître les animaux. Elle embrasse l'ensemble des notions relatives à ces êtres envisagés sous tous les points de vue, en tant que corps organisés ayant un rôle au sein de la création et pouvant servir à nos besoins. Elle s'occupe donc de leur mode d'action dans la nature, conformément aux conditions dans lesquelles ils sont placés; elle s'applique aussi à bien connaître leurs organes, la manière dont ces organes sont constitués et comment ils fonctionnent. Elle nous guide dans l'exploitation des richesses tirées du règne animal, et nous dit si elles peuvent être employées pour servir à des usages industriels, agricoles ou autres; en outre, elle nous initie aux principales données que la connaissance approfondie des animaux peut fournir à la philosophie générale ainsi qu'à l'histoire du globe terrestre. Ses recherches ne sont pas limitées aux êtres qui existent actuellement. Remontant la série des âges du globe, elle nous fait connaître les animaux qui ont habité autrefois notre planète, signale les différences qui les distinguaient de ceux d'à présent, et recherche l'ordre de l'évolution des espèces dans la série des temps.

Cette belle science acquiert un degré d'élévation plus grand encore lorsque, comparant l'organisme humain à celui des animaux, elle nous révèle les conditions de notre propre nature, et nous montre l'harmonie qui existe entre la supériorité de nos organes et l'élévation intellectuelle ou morale dévolue à notre espèce.

Buffon, qui avait compris tout le parti que l'on peut tirer de ces comparaisons entre la structure anatomique de l'espèce humaine ou ses fonctions et celles des animaux, a dit avec beaucoup de sens que « s'il n'existait point d'animaux, la nature de l'homme serait encore plus incompréhensible ».

BRANCHES DIVERSES DE LA ZOOLOGIE. — La zoologie se partage en plusieurs branches secondaires dont on a quelquefois, mais bien à tort, fait des sciences distinctes, car elles représentent chacune un des principaux points de vue sous lesquels les animaux sont susceptibles d'être envisagés. C'est donc mal à propos que certaines personnes, prenant la partie pour le tout, regardent comme l'unique objet de cette grande division des sciences naturelles la description extérieure des animaux ou leur classification. Ce sont là deux des objets importants qu'elle se propose : mais l'*anatomie zoologique*, ou l'*organographie des animaux*, appelée aussi anatomie comparée, qui nous donne la notion exacte des différents organes propres à ces êtres, ainsi que celle de leurs rapports, et suit ces organes dans les phases diverses de leur développement en nous en montrant les métamorphoses pour chaque espèce, ainsi que les modifications propres aux différents âges de cette espèce ; la *physiologie*, qui en examine les fonctions, provoque des expériences pour mieux s'en rendre compte et cherche à apprécier les forces que l'organisme animal met en jeu ; enfin toutes les connaissances scientifiques relatives aux mœurs des animaux, à leur répartition sur le globe, aux lois de leur apparition successive et aux applications si importantes et si multipliées dont ils sont susceptibles, restent, au même titre que la description extérieure de ces êtres ou leur classification naturelle, des subdivisions fondamentales de la zoologie. Si donc l'histoire particulière de chaque classe porte souvent un nom spécial (mammalogie par exemple, lorsqu'il s'agit des mammifères, entomologie pour les insectes, malacologie et conchyliologie pour les mollusques et leurs coquilles), c'est aussi à cause de l'importance de ces différentes branches de la zoologie envisagées séparément, et parce qu'elles sont pour certaines personnes l'objet de recherches exclusives, justifiées par le grand nombre des êtres que ces divisions de la science zoologique nous font connaître.

De même aussi la détermination des animaux fossiles et l'examen anatomique de leurs caractères ne constituent pas une science à part [1]. Chaque classe d'animaux, chaque groupe ou chaque espèce de ces êtres organisés, soit vivants, soit fossiles, est susceptible d'être étudié sous les différents points de vue qui viennent d'être énumérés, et c'est par la comparaison attentive des animaux de toutes les époques avec ceux de tous les pays que l'on est arrivé aux grandes découvertes qui ont fait de la zoologie l'une des bases principales de la philosophie scientifique.

La branche de l'histoire naturelle dont nous traitons dans cet ouvrage constitue, comme on le voit, une science de première importance, aussi intéressante par la variété des notions qu'elle fournit que féconde dans les applications auxquelles elle conduit.

---

1. Il en est de même pour les végétaux éteints. Leur étude est inséparable de celle des végétaux existants, et c'est bien à tort qu'on diviserait l'histoire naturelle en deux branches, la paléontologie traitant des fossiles, et la néontologie qui ne s'étendrait qu'aux êtres actuellement vivants. Une pareille distinction serait aussi puérile que préjudiciable aux intérêts de la science.

CHAPITRE IV

TISSUS ET ORGANES.

Les parties solides de l'organisme animal, comme, par exemple, les dents, les os, etc., qui sont dures et semblent être des substances homogènes ; celles dont la consistance est plus ou moins molle, comme les chairs, le cerveau, l'enveloppe cutanée, etc., résultent les unes et les autres de l'assemblage d'une multitude de corpuscules élémentaires ayant chacun une organisation spéciale, des propriétés particulières et une vitalité propre. L'association de ces éléments anatomiques forme ce qu'on appelle des *tissus*.

Pour connaître les éléments anatomiques, il faut avoir recours aux verres grossissants ; certains réactifs chimiques en facilitent aussi l'examen. Mais la nécessité d'une étude aussi minutieuse des matériaux solides de l'organisme n'a été bien comprise que par les anatomistes modernes.

Cependant, peu de temps après l'invention du microscope, plusieurs observateurs se servaient déjà de cet instrument pour observer les particules constituantes des organes. Malpighi, Leeuwenhoek, Grew et quelques autres dont les travaux remontent également à la seconde moitié du dix-septième siècle, arrivèrent ainsi à des résultats dignes d'être signalés. Ils virent les cellules des plantes, ainsi que leurs vaisseaux, les trachées des insectes, les globules du sang et d'autres parties élémentaires non moins curieuses, dont les anciens n'avaient point eu connaissance.

Mais les tissus des animaux étant plus nombreux et d'une interprétation plus difficile que ceux des végétaux, à cause des transformations profondes qu'ils subissent pour réaliser la complication plus grande de ces êtres, il fallut un temps considérable et des recherches multipliées pour s'en faire une idée aussi exacte que celle que l'on eut bientôt acquise au sujet de la structure microscopique des plantes.

DE LA CELLULE. — On disait il n'y a encore qu'un petit nombre d'années que chez les animaux le tissu cellulaire engendre tous les autres tissus, et par tissu cellulaire on entendait, avec l'anatomiste Bichat, ce tissu facile à insuffler qui sépare les muscles ou leurs fibres secondaires d'avec les autres organes, c'est-à-dire le tissu actuellement nommé fibreux ou connectif. Bien que se servant encore de la même expression, les naturalistes actuels ont réellement introduit dans la science un tout autre ordre d'idées, et sur un grand nombre de points les faits ont déjà donné raison à leur manière de voir.

Par élément cellulaire, on entend maintenant non plus le tissu cellulaire des anatomistes de l'école de Bichat, mais de véritables cellules, c'est-à-dire des utricules distinctes les unes des autres, ayant chacune sa vie propre. Qu'on envisage les tissus dans un règne ou dans l'autre, on constate que ce ne sont pas des trames à la manière de celles des étoffes fabriquées par l'industrie avec les fibres tirées des végétaux ou des animaux ; ce sont quelquefois des feutrages, d'autres fois des masses compactes résultant de cellules simplement rapprochées ou complétement confondues entre elles, ou au contraire des fibres fasciculées.

Quoi qu'il en soit, il est presque toujours possible, en les prenant au début de leur apparition, de reconnaître que les tissus animaux résultent, comme on l'avait déjà vu pour ceux des végétaux, de cellules véritables, c'est-à-dire de très-petites utricules composées d'une membrane-enveloppe, dans laquelle est renfermée une substance particulière susceptible de phénomènes osmotiques s'exerçant à travers les parois qui la contiennent (fig. 4 et 8). Chaque cellule exécute, au moins pendant un certain temps, des phénomènes d'absorption et d'exhalation (endosmose et exosmose), et l'on sait que ces phénomènes sont la condition de toute activité vitale.

Lorsque les cellules restent distinctes pendant toute leur existence, elles peuvent être séparées par un liquide abondant qui parfois les tient en suspension et dans lequel elles peuvent alors nager librement (globules du sang, de la lymphe, etc.) ; ou bien elles sont simplement serrées les unes contre les autres (corde dorsale des embryons, épiderme, corne, etc.). Notre figure 4, B, montre de semblables cellules tirées d'un parenchyme végétal. Si la pression agit sur elles, leur forme devient polyédrique comme dans plusieurs organes des animaux et dans certains parenchymes végétaux (fig. 4, c), ou bien elles s'aplatissent et prennent une disposition tabulaire et polygonale, ce qui a lieu pour l'épiderme et différents épithéliums (fig. 19, a).

Il peut arriver encore que, la substance dans laquelle les cellules sont plongées venant à se solidifier au lieu de conserver sa consistance liquide, elles se confondent avec cette substance ou même entre elles, dans une gangue commune, ce qui a lieu, par exemple, pour les os. Enfin, il y en a d'allongées et d'étoilées qui se mettent en communication par leurs extrémités prolongées ou par des appendices comparables à des rayons, ce qui, lorsqu'elles restent creuses, permet aux liquides contenus dans les vaisseaux linéaires ou anastomotiques résultant de l'association de ces cellules de circuler dans leur intérieur.

Il était réservé à un physiologiste de l'école de Berlin, M. Schwann, aujourd'hui professeur à Liége, de formuler la loi fondamentale de l'histologie, ou histoire des tissus, et d'en découvrir la généralité pour les deux règnes végétal et animal. Dans un mémoire publié en 1838, M. Schwann établit que la constitution cellulaire est la règle commune de la formation histologique chez tous les êtres organisés et celle de la composition de tous leurs tissus. Il établit par conséquent qu'un même mode de développement des éléments anatomiques se retrouve chez les animaux aussi bien que chez les végétaux. Cette loi semble ne souffrir que de rares exceptions.

Reproduction des cellules. — Les différentes sortes de cellules ne sont pas susceptibles de se transformer les unes dans les autres, mais, semblables aux espèces vivantes dont elles sont les principaux éléments constitutifs, elles ont des phases diverses ou des âges, et, comme on l'a vu précédemment, elles commencent souvent par être plus simples, plus distinctes et plus évidemment cellulaires qu'elles ne le seront après avoir accompli leur évolution.

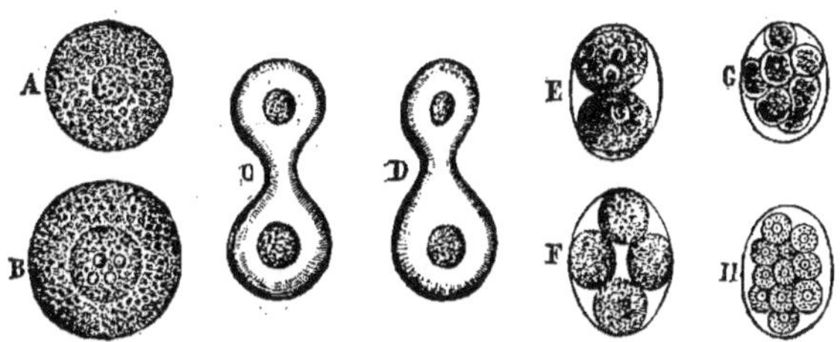

FIG. 18. — Développement des cellules (*).

De même que les cellules végétales, qui jouissent aussi de la faculté de se multiplier de manière à suffire à l'accroissement en volume de ces êtres organisés, les cellules animales renferment dans leur intérieur une petite masse distincte appelée *noyau* (*nucleus*) ou *cytoblaste*, et toute cellule pourvue de son noyau est capable d'en fournir à son tour de nouvelles (fig. 4, *a* et 18). Celles-ci se développent le plus souvent dans l'intérieur de la cellule mère, et ne deviennent libres que par la rupture de sa membrane-enveloppe. Alors elles remplacent les cellules qui leur avaient donné naissance, augmentent d'autant le nombre des cellules existantes et, par suite, la masse de l'organisme dont elles font partie s'accroît à son tour. Le liquide qui les entoure et dont elles tirent leur nourriture porte le nom de *blastème* ou *plasma;* il varie de nature suivant les tissus qu'on examine, et peut rester liquide ou devenir au contraire solide après la formation de l'organe. Dans ce dernier cas, il fait corps avec les cellules elles-mêmes, et le tissu prend une grande consistance, comme cela a lieu pour les os ou pour les dents.

Sauf quelques exceptions, toute cellule privée de son nucléus a perdu, par cela même, la faculté de produire des cellules nouvelles. L'épiderme superficiel est soumis à cette loi; il se détache et tombe pour être remplacé par la couche qui s'était formée au-dessous de lui au moyen des cellules encore actives, mais qui deviendront à leur tour des cellules stériles en perdant leur noyau.

(*) A = cellule pourvue de son noyau (*nucleus*).

B = cellule dont le noyau ou nucléus renferme des nucléoles.

C et D = deux cellules se multipliant par division (exemple tiré des globules sanguins l'embryon du poulet).

E à H = multiplication des cellules par segmentation dans le vitellus de l'œuf d'un ver intestinal du genre Ascaride. Il en apparaît d'abord deux, puis quatre, huit, seize, etc.

Les cellules se multiplient aussi par division ou segmentation. C'est une sorte de scissiparité de ces éléments de l'organisme.

Substitutions organiques. — Dans certains organes, la nature du tissu change avec l'âge, comme si le tissu qui compose ces organes se transformait en un tissu d'une autre nature : ainsi le squelette, d'abord cartilagineux, devient osseux dans la plupart des animaux vertébrés. Mais on se tromperait en croyant que ce sont les cellules cartilagineuses qui se transforment en cellules osseuses. Elles meurent, sont résorbées et disparaissent pour faire place à des cellules d'une autre sorte, de forme étoilée, dites *ostéoplastes*, qui sont les cellules osseuses. Il y a, dans ce cas et dans d'autres analogues, substitution d'un tissu à un autre tissu, mais non transformation du tissu primitif, comme on l'avait d'abord admis.

Les expériences de transplantation partielles de tissus ou même d'organes pris sur un animal différent ou sur un autre point du corps d'un même sujet, qu'on a faites dans ces derniers temps, sont une preuve nouvelle de la spécialité des tissus et de leur vitalité propre. Elles ont particulièrement réussi dans les essais entrepris à l'aide du tissu corné et du tissu osseux, et l'on est ainsi arrivé à produire de véritables greffes animales. C'est de cette même manière que l'on peut implanter les ergots d'un coq sur la tête d'un oiseau de cette espèce, et armer ainsi son front d'une véritable paire de cornes.

Énumération caractéristique des principaux tissus élémentaires propres aux animaux. — Il était naturel, après avoir réuni, au sujet des tissus, les notions que possède aujourd'hui la science, et que les détails précédents ne font connaître qu'en partie, d'établir une classification des différents tissus, comme on a établi la classification des espèces propres à l'un et à l'autre règne. On a donc été conduit à reconnaître différents genres de tissus renfermant chacun un certain nombre d'espèces et de

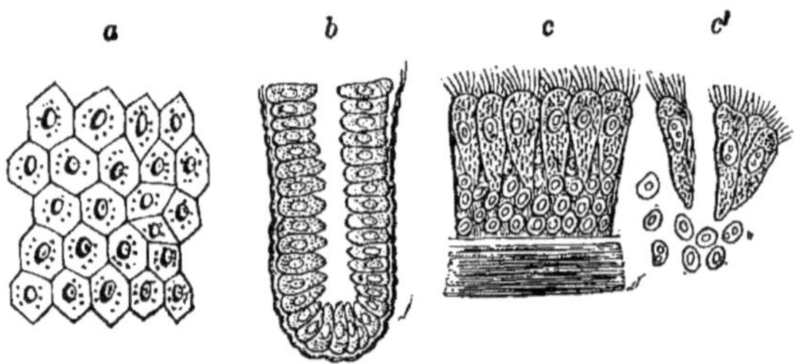

Fig. 19. — Tissus épidermoïdes (*).

variétés histologiques. Ceux qu'on observe le plus souvent dans les organes de l'homme et des animaux supérieurs sont les tissus *épidermoïdes, nerveux, musculaires, fibreux* et *squelettiques*.

(*) *a*) cellules de l'épiderme cutané, observées avant la naissance : elles sont encore pourvues de leur nucléus ou noyau ; — *b*) épithélium des villosités intestinales du *Lapin* ; — *c*) épithélium vibratile de la muqueuse des bronches : les cils sont placés sur la partie libre et superficielle ; — *c'*) cellules ciliées et non ciliées tirées du même épithélium.

1º Les *tissus épidermoïdes* ont pour type l'*épiderme* ou *surpeau*, dont
notre corps est entièrement recou-
vert. Ils comprennent aussi les épi-
dermes des muqueuses dits *épithéliums*, et dont il y a plusieurs sortes,
tels que l'épithélium pavimenteux ou
en pavés ; l'épithélium vibratile, dont
la surface libre est garnie de cils mou-
vants d'une extrême ténuité, etc.
L'étui de la corne des animaux ruminants, les ongles, les sabots, les
poils, les plumes, appartiennent également, par leur composition, aux
tissus de ce genre, dont les formes
sont du reste très-nombreuses et qui
ont toujours pour fonction principale
de protéger les organes. Aussi en
recouvrent-ils les surfaces externes,

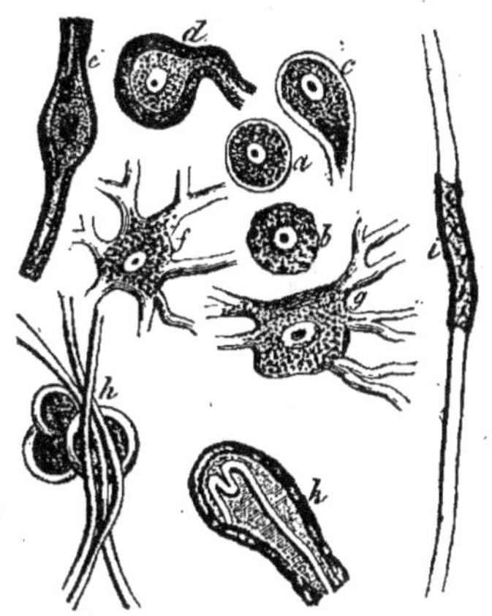

Fig. 20. — Tissus nerveux (*).

et, suivant les chances plus ou moins grandes que ces surfaces ont d'être
lésées, les tissus épidermoïdes sont plus ou moins développés (fig. 19).

2º Les *tissus nerveux*, dont les différentes dispositions seront exposées à propos du système nerveux,
forment aussi un groupe distinct; ils sont tantôt
cellulaires, tantôt transformés en tubes. Ils président aux fonctions de la sensibilité, ou sont
incito-moteurs, c'est-à-dire aptes à déterminer les
mouvements en excitant la contraction des muscles
auxquels ils se rendent (fig. 20).

3º Les *tissus musculaires* formant des fibres par
l'association de leurs éléments cellulaires, beaucoup
d'auteurs pensent que ces éléments anatomiques
sont superposés comme des disques qui seraient
empilés les uns sur les autres; ils deviennent des
faisceaux de fibres et des muscles, par la réunion
de ces fibres primitives sous des enveloppes communes. Leur propriété principale est de se contracter sous l'influence nerveuse (fig. 21).

4º Les *tissus fibreux*, dont fait partie le tissu dit
cellulaire par les anatomistes qui s'occupent exclusivement de l'homme. Les tendons terminant les

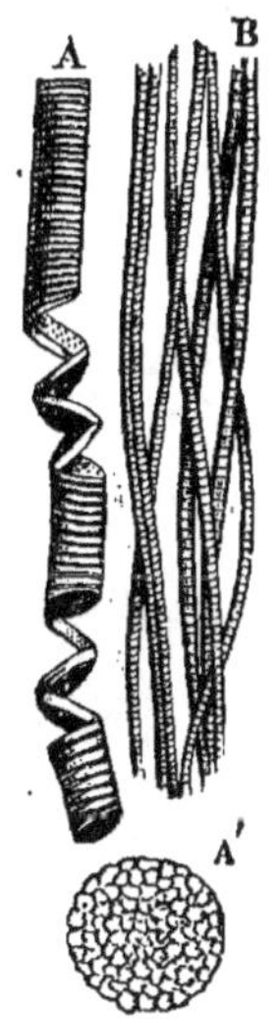

Fig. 21. — Tissus
musculaires (**).

(*) *a* et *b*) cellules nerveuses sphériques ; — *c* et *d*) cellules unipolaires ; — *e*) cellule
bipolaire ; — *f* et *g*) cellules multipolaires ; — *h*) cellules sphériques des ganglions et
fibres nerveuses ; — *i*) fibre nerveuse conductrice et son enveloppe ; — *k*) terminaison d'une
fibre nerveuse.

(**) A = fibrille musculaire dépouillée de son enveloppe ou sarcolemme, pour faire voir
les disques successifs considérés comme des cellules dont elle est constituée. — A', l'un
de ces disques. — B = plusieurs fibres moins grossies que dans les figures précédentes.

muscles et servant à les attacher au squelette, le tissu élastique qui existe entre les vertèbres ou dans d'autres points de l'économie, l'enveloppe blanche de l'œil appelée sclérotique, la tunique fibreuse des artères et le derme ou partie fondamentale de la peau que le tannage transforme en cuir, sont autant de formes du tissu fibreux (fig. 22).

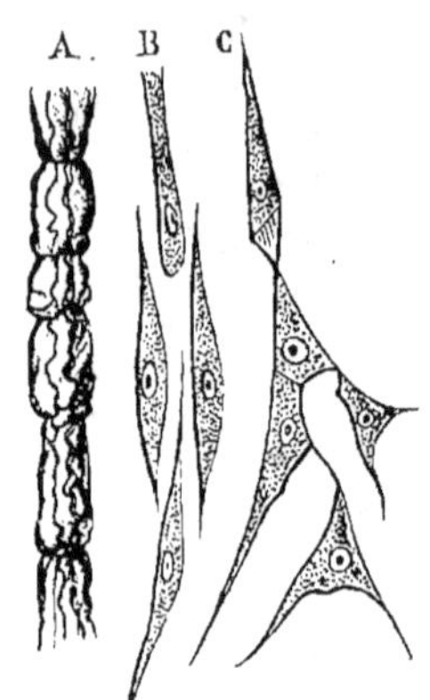

FIG. 22. — Tissus fibreux ou connectifs : cellules qu'on y observe et fibres (*).

5° Les *tissus squelettiques* ou *scléreux*. Ils comprennent les cartilages à cellules sphériques, et les os, caractérisés par des cellules étoilées. Dans les uns et les autres, les cellules tendent à se confondre entre elles par leur fusion avec la substance qui leur est interposée, cette substance se solidifiant plus ou moins complétement, ce qui donne à l'ensemble du squelette la résistance qui le distingue (fig. 23).

6° Il y a encore d'autres tissus, et en particulier le *tissu graisseux*, dans les utricules duquel s'accumulent des principes ternaires de nature grasse, qui sont comme des matériaux mis en réserve pour l'accomplissement des phénomènes de combustion respiratoire dont l'économie animale est le siége.

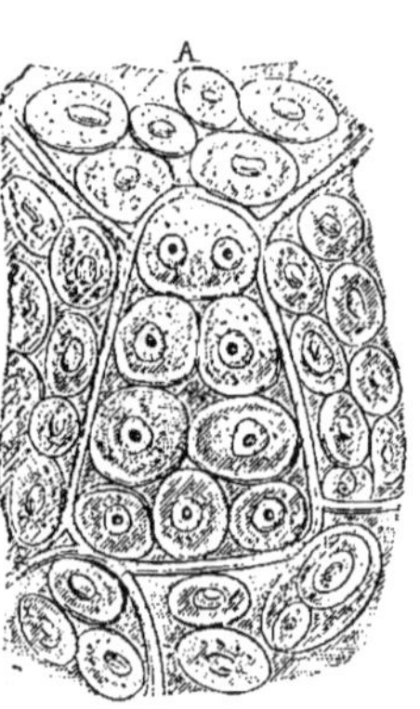
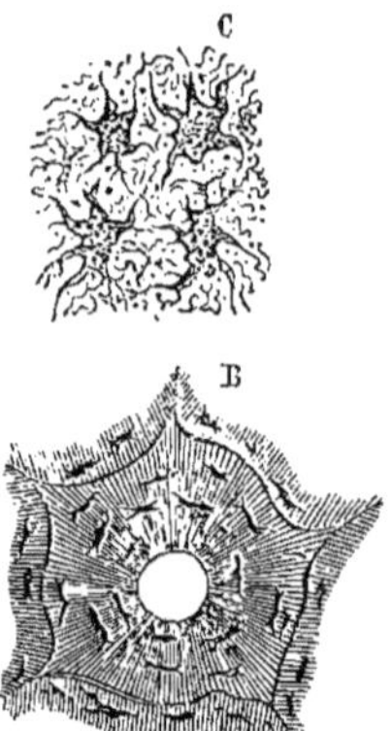

FIG. 23. — Tissus squelettiques (**).

(*) A = fibres constituantes de l'arachnoïde du cerveau humain.
B = cellules allongées et pourvues de leur nucleus, tirées de la peau de l'*Agneau* avant la naissance.
C = autres cellules, tirées de l'allantoïde de l'*Agneau*.

(**) A = cellules de cartilage, ayant encore leur nucléus ; — B = coupe d'un des canalicules osseux dits canalicules de Havers ; pour montrer la disposition des cellules étoilées qui caractérisent la substance osseuse ; — C = quelques cellules étoilées.

Du sarcode. — Dujardin, savant naturaliste français que la science a
perdu il y a quelques années, est du nombre des micrographes qui n'ont
pas accepté dans son entier la théorie cellulaire de M. Schwann comme
l'a fait l'école allemande. Ses objections sont tirées de ce que le corps de
certains animaux inférieurs, principalement celui de beaucoup de protozoaires, renferme souvent un élément anhiste, c'est-à-dire non comparable aux tissus proprement dits, et dépourvu, comme les plasmas, de
toute structure utriculaire.

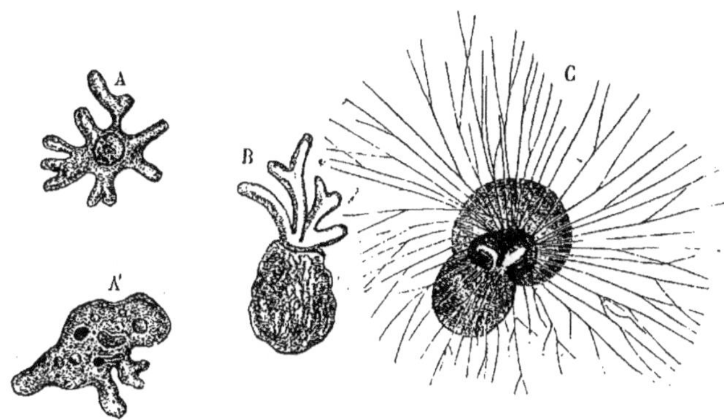

Fig. 24. — Animaux sarcodiques appartenant à l'embranchement des Protozoaires (*).

Dans beaucoup de cas, cet élément, que Dujardin appelait *sarcode*,
forme même, à l'exclusion de tout autre, la partie vivante de ces animaux. Leur corps, suivant lui, n'a pas de membrane limitante; il s'é-
tire et s'épanche, pour ainsi dire, dans tous les sens comme une glaire
douée d'irritabilité. Les foraminifères et les amibes sont des exemples
remarquables de cette conformation. Toutefois on a objecté à Dujardin
la possibilité de ramener ces organismes, si simples qu'ils soient, à la
forme cellulaire, et l'on a dit que ce n'étaient que des cellules douées
d'une extrême contractilité. On sait d'ailleurs que beaucoup d'organismes inférieurs, soit animaux, soit végétaux, ont une structure purement cellulaire, et qu'on ne constate en eux aucune trace de vaisseaux
ni d'organes distincts.

Des membranes. — Ainsi que nous l'avons vu, les tissus acquièrent
chez les animaux supérieurs une grande complication, et leur diversité
est surtout remarquable si on les étudie en tenant compte de la complication des fonctions que chacun d'eux est appelé à remplir; mais ce n'est
pas là seulement ce qui les distingue. Ils s'associent entre eux pour former les organes, et leur disposition la plus fréquente est celle de lames

(*) A et A' = deux formes de l'*amibe*, aussi appelé Protée par quelques auteurs.
B = *Difflugie*, genre fluviatile de foraminifères ou rhizopodes.
C = *Miliole* (genre marin de foraminifères) montrant ses expansions sarcodiques.

constituant la substance des principaux organes; c'est de cette disposition des tissus que résulte ce qu'on nomme les *membranes*.

Les membranes limitent le corps des animaux et sont externes,
comme nous le voyons pour la peau; dans d'autres cas, elles sont internes, comme les membranes digestive, respiratoire, etc., qui sont appelées des muqueuses; ou encore placées autour des gros viscères, ce
qui a lieu pour les séreuses. Elles forment encore d'autres parties de
l'organisme.

Les éléments histologiques y sont associés dans des proportions qui
varient suivant la membrane que l'on observe. Ainsi la peau, tout
en ayant, comme la muqueuse digestive, des cellules épidermoïdes, des
cellules fibreuses, des cellules musculaires, etc., ne les a ni dans la
même proportion, ni de nature précisément identique : ce qui concourt
à lui donner ses caractères particuliers ainsi que des propriétés dont ne
jouissent pas les membranes séreuses, telles que la plèvre qui enveloppe
les poumons, ou le péritoine qui enveloppe les intestins.

Chaque membrane présente donc plusieurs couches ou tuniques de
nature histologique différente. Sa couche superficielle, celle de la peau
comme celle des muqueuses, est de nature épidermoïde; c'est pour ainsi
dire une couche isolante et elle n'est pas sensible. On la retrouve aussi
dans les séreuses.

FIG. 25. — Structure de la peau (*).

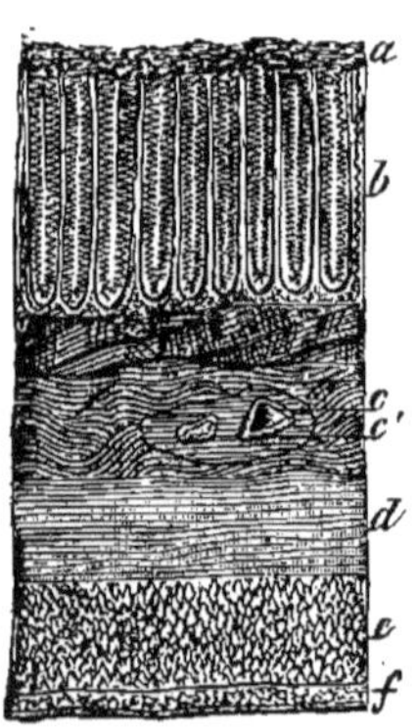

FIG. 26. — Coupe de la muqueuse
de l'estomac du *Cochon* (**).

(*) *a*) épiderme superficiel ou corné ; — *b*) partie profonde de l'épiderme ; — *c*) derme ;
— *c'*) vacuoles de sa partie profonde ; — *d*) couche musculaire formant le peaucier ; —
e, e') deux glandules sudoripares ; — *f*) follicule pileux et glandules sébacées.

(**) *a*) épithélium superficiel ; — *b*) glandes en tubes revêtues de leur épithélium ; —
c) chorion muqueux ; — *c'*) vaisseaux parcourant son tissu ; — *d*) couches de fibres musculaires transversales ; — *e*) couches de fibres musculaires longitudinales ; — *f*) tunique
séreuse fournie par le péritoine.

Au-dessous de la couche épidermoïde se voit la couche de tissu connectif (chorion ou cuir à la peau, chorion muqueux aux muqueuses), et au-dessous encore une couche musculaire chargée d'accomplir les mouvements de la membrane. La couche musculaire de la peau reçoit le nom de *peaucier*. Chez l'homme, elle est plus développée à la région occipito-frontale qu'ailleurs ; dans le cheval elle est surtout évidente à la peau du ventre, et elle en exécute les contractions. La couche musculaire du tube digestif n'est pas moins facile à reconnaître ; ce sont ses contractions qui déterminent les mouvements constamment exécutés par l'estomac et par les intestins (mouvements vermiculaires ou mouvements péristaltique et antipéristaltique).

La médecine attache à l'étude anatomique des membranes une très-grande importance, à cause de la sympathie qui existe entre ces surfaces quelle que soit d'ailleurs leur position ou leur rôle. On sait en effet que, suivant les conditions atmosphériques, telles membranes sont plus facilement affectées que telles autres, et que leurs maladies respectives sont souvent en rapport avec les saisons. Qui ignore que l'inflammation des voies respiratoires est plus fréquente en hiver ou par le froid humide, et qu'en été, au contraire, on est plus exposé aux maladies des voies digestives ou des membranes du cerveau? On sait aussi que dans certains cas l'un des procédés curatifs auxquels les médecins ont recours, consiste à dégager une membrane engorgée, si cette membrane enveloppe un organe délicat (le cerveau ou les poumons, par exemple), en exagérant momentanément la fonction d'un autre et le flux dont elle est le siége ; c'est là ce qui explique pourquoi l'on purge souvent pour guérir d'une irritation de poitrine ou d'un simple rhume, afin de déplacer l'irritation dont les membranes respiratoires sont atteintes et de la porter sur d'autres points.

Principaux organes des animaux. — Les fonctions que les membranes remplissent dans l'économie sont très-diverses, et les différents organes qu'elles forment, comme l'estomac, les intestins, les bronches, les méninges ou membranes du cerveau, etc., présentent des complications d'autant plus grandes dans leur structure qu'on a affaire à des animaux plus rapprochés de l'homme.

Mais ce ne sont pas là, il s'en faut de beaucoup, les seuls organes de l'économie. A la surface des membranes se développent des parties de plusieurs sortes, les unes affectées aux sécrétions, c'est-à-dire au dégagement de certains principes, tantôt odorants, tantôt digestifs, etc., qu'elles retirent du sang. Ces organes sécréteurs sont des espèces de petits sacs ou, d'autres fois, des amas de sacs sous forme de grappes, et ils versent leurs produits au dehors par un canal commun. Ils constituent un ordre distinct de parties anatomiques auxquelles on a donné le nom commun de *cryptes* et qui sont généralement connues sous les dénominations de glandes, glandules, follicules sébacés, follicules muqueux, etc. Il y en a à la surface externe du corps, aussi bien qu'aux muqueuses digestive, respiratoire, etc. Leurs sécrétions ont un rôle actif dans les phénomènes dont l'organisme est le siége.

C'est aussi à la surface des membranes que se développent des organes d'un autre ordre, les uns protecteurs, les autres sensoriaux, que de

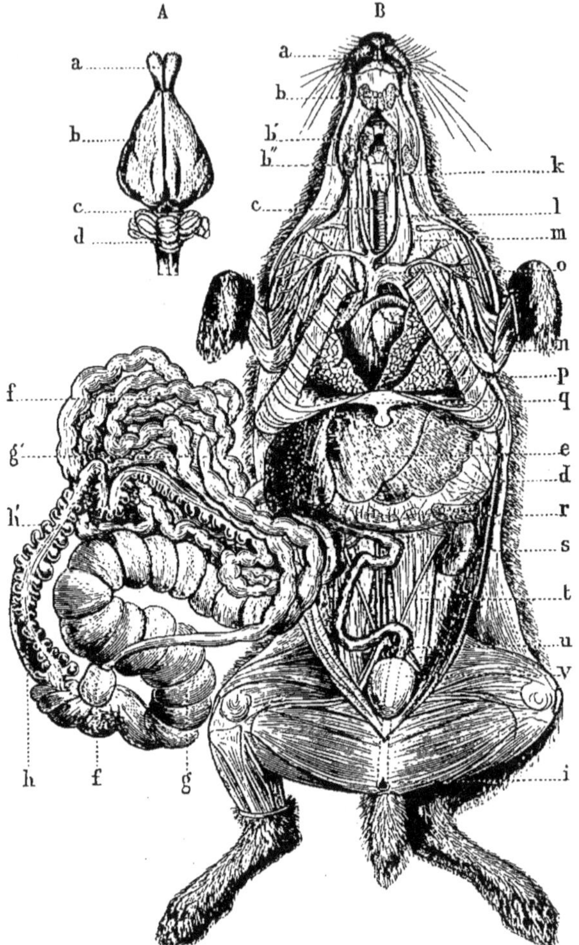

FIG. 27. — Anatomie du *Lapin* (*).

(*) A = Cerveau montrant :
a) les lobes olfactifs ; — *b*) les hémisphères ; — *c*) les tubercules jumeaux ; — *d*) le cervelet, suivi de la moelle.

B = Principaux organes nutritifs.

a) bouche ; — *b*) glandes sublinguales ; — *b'*) glandes sous-maxillaires ; — *b''*) glandes parotides ; — *c*) œsophage ; — *d*) estomac ; — *e*) foie ; — *ff*) intestin grêle ; — *g*) cæcum ; — *g'*) pointe du cæcum ; — *h h'*) gros intestin ; — *i*) anus ; — *k*) larynx ; — *l*) trachée-artère ; — *m*) carotide primitive du côté gauche ; — *n*) cœur ; — *o*) crosse de l'aorte ; — *p*) poumons ; — *q*) appendice xiphoïde du sternum et diaphragme ; — *r*) rate ; — *s*) rein gauche ; — *t*) uretère ; — *v*) vessie ; — *u*) urèthre.

Blainville a désignés sous le nom de *phanères*, signifiant apparents, parce que leur produit, au lieu de s'écouler au dehors ou de disparaître rapidement comme le font les fluides sécrétés par les cryptes, acquiert de la consistance et devient lui-même partie intégrante de l'économie. La

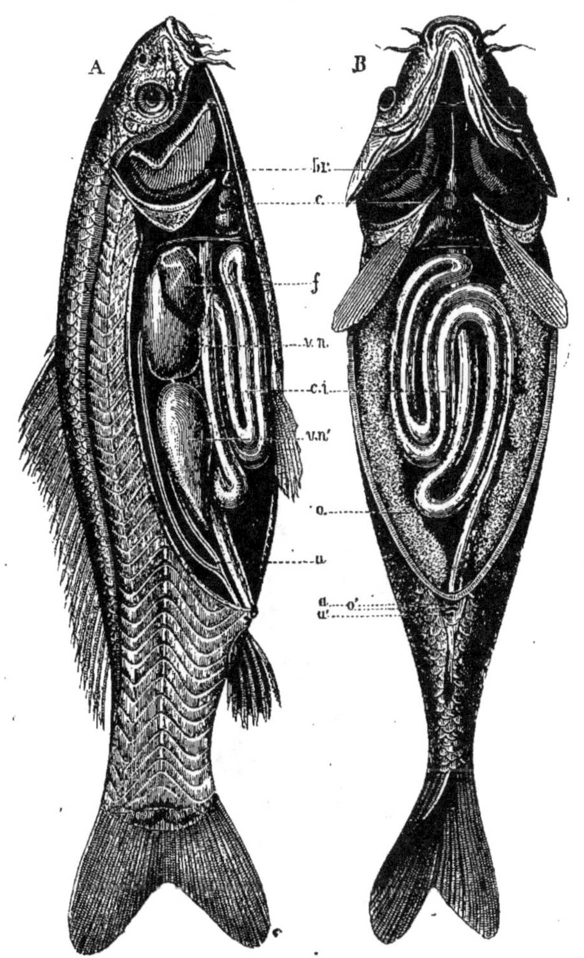

Fig. 28. — Anatomie de la *Carpe* (*).

(*) A = l'animal vu de côté. On a enlevé la plus grande partie de la peau pour montrer les viscères de la nutrition et mettre à nu la presque totalité des muscles de la région thoraco-abdominale, ainsi que ceux de la queue.

B = l'animal est vu en dessous et ouvert.

br) branchies ; — *c*) cœur ; — *f*) foie ; — *v n* et *v n'*) vessie natatoire ; — *c i*) canal intestinal ; — *o*) ovaire droit ; — *u*) point de réunion des uretères droit et gauche dont on voit le prolongement allant aux deux reins : la substance de ces derniers a été enlevée ; — *a*) orifice anal auquel aboutit l'intestin rectum ; — *o'*) l'orifice génital en communication avec les ovaires ; — *u*) l'orifice urinaire ou terminaison de l'uretère.

série de ces organes, qu'on appelle aussi du nom commun de *bulbes*, est plus variée encore que celle des cryptes ou organes sécréteurs : elle comprend le bulbe oculaire ou globe de l'œil, le bulbe auditif ou oreille interne, les bulbes dentaires, qui deviennent les dents, les plumes, les poils et différents autres organes, tels que les écailles des poissons, la coquille des mollusques, etc.

Comme on le voit, le corps de l'homme ou celui des animaux supérieurs est constitué par des organes bien différents entre eux, et qui, en général, ne sont pourtant que des dépendances des grandes membranes dont nous avons parlé en commençant cette énumération. Parmi ces organes les uns sont des cryptes ou moyens de sécrétion, et les autres des phanères ou moyens de sensation et de protection. On peut en distinguer encore d'autres sortes.

Les *os*, dont l'ensemble forme le squelette, sont en effet un autre genre d'organes, et il faut ajouter à cette liste les *muscles*, par lesquels les os sont mis en mouvement ; les *vaisseaux*, qui portent dans tous les points

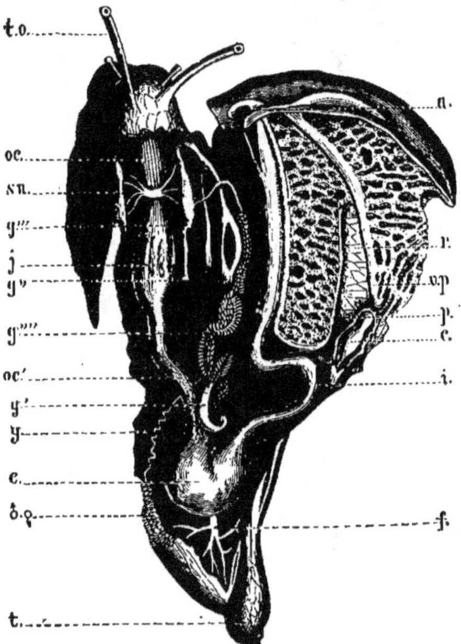

FIG. 29. — Anatomie de l'*Agathine de Maurice* (famille des Limaçons) (*).

(*) *to*) tentacules oculaires ; — *oe, oe*) œsophage ; — *sn*) cerveau ou système nerveux sus-œsophagien ; — *j*) jabot ; — *e*) estomac ; — *t*) tortillon formé par le foie ; — *f*) emplacement occupé par le foie dont on n'a laissé que les canaux biliaires et la partie terminale ; — *i*) intestin ; — *a*) anus ; — *r*) rein ; — *p*) poumon ; — *vp*) vaisseaux pulmonaires ; — *c*) les deux cavités du cœur.

Les mollusques de cette famille ont presque tous les deux sexes réunis sur le même individu. Les signes ♂ (mâle) et ♀ (femelle), ainsi que les lettres *g g' g'' g''' g''''*, indiquent les différentes parties de l'appareil reproducteur.

de l'économie les matériaux nécessaires à l'accroissement et à l'entretien des organes, ainsi que les parties d'ordre *nerveux*, comprenant le cerveau, les nerfs, qui sont spéciaux, sensibles ou moteurs, et les ganglions nerveux de diverses sortes.

C'est de l'agencement harmonique de ces parties, toutes élémentairement composées de cellules, et de leur action commune, mais subordonnée conformément à l'importance de leur rôle respectif, que résulte l'activité vitale, et cette activité est plus ou moins grande suivant la complication de l'édifice anatomique qu'elles constituent par leur réunion dans chaque espèce animale.

PARENCHYMES. — Les organes résultent, comme les membranes, de la combinaison des différents tissus, et souvent il est aisé d'y reconnaître des assemblages de parties également hétérogènes, qui peuvent être, à leur tour, des membranes différentes les unes des autres et disposées de façons très-diverses. Cette structure complexe caractérise particulièrement les *parenchymes*. Le poumon, le foie, etc., dans lesquels la dissection démontre aisément des parties de plusieurs sortes, telles que vaisseaux sanguins et lymphatiques, nerfs, enveloppe générale de nature fibreuse, cryptes pénétrant plus ou moins dans leur intérieur au moyen de leurs expansions, etc., sont autant d'exemples de parenchymes. La consistance des parenchymes, leur apparence, la multiplicité de leurs éléments constitutifs, varient suivant les différents viscères qu'ils forment, et leurs caractères peuvent même changer avec l'âge.

Une dissection délicate, pour laquelle l'emploi du microscope est souvent nécessaire, permet cependant de retrouver les éléments anatomiques entrant dans la composition de chacun d'eux et d'en reconnaître la véritable nature histologique. Chaque parenchyme se résout alors en un certain nombre des tissus élémentaires dont il a été question précédemment.

CHAPITRE V

FONCTIONS ET ORGANES DES ANIMAUX.

PRINCIPAUX LIQUIDES DE L'ORGANISME. — Dans leur état d'activité, les organes sont toujours imbibés de principes liquides, répandus comme de l'eau dans une éponge au sein des parenchymes qui les constituent, et, dans certains cas, ces liquides s'accumulent en masses plus ou moins considérables dans le sac des séreuses, dans le chyle, la lymphe ou le sang. Ils fournissent le produit des sécrétions. Leurs matériaux constituants sont, comme ceux du reste de l'organisme, des principes salins et des principes immédiats, dont il nous suffira d'énumérer plus tard les principaux.

ORGANES ET FONCTIONS. — On appelle *fonctions* chez les êtres organisés l'ensemble des actes que ces êtres accomplissent et qui constituent leurs propriétés distinctives en même temps qu'ils assurent leur existence, et l'on donne le nom de *Physiologie* à la branche des sciences naturelles qui nous fait connaître ces différentes manifestations de la vie. Quant aux instruments vitaux, c'est-à-dire aux *organes* qui servent à l'accomplissement des fonctions, leur étude constitue l'*Anatomie*. C'est par l'anatomie que nous nous faisons une idée de la conformation des animaux ou des plantes ; elle compare entre eux les différents organes envisagés dans la série des espèces ou dans chaque espèce prise en particulier, et apprécie l'importance de chacun d'eux, au sein de l'économie, ainsi que le rôle qu'il y accomplit. Dans ces conditions, l'anatomie est donc inséparable de la physiologie, puisqu'elle nous fait connaître les instruments de la vie ; elle est aussi la base principale de la classification naturelle, car c'est par ses indications que nous réussissons à distinguer les uns des autres les différents groupes propres à chaque règne, et que nous jugeons des affinités respectives de leurs espèces, soit éteintes, soit encore existantes. Sous ce double rapport, son importance ne le cède en rien à celle de la physiologie.

ABSORPTION. — La propriété la plus générale des corps doués de la vie, après celle inconnue dans son essence qui les soustrait à l'inertie caractéristique des corps bruts, est l'*absorption*. Pour vivre, s'accroître et exercer leurs différentes fonctions, les animaux et les végétaux doivent se procurer des matériaux nouveaux, qu'ils tirent du monde extérieur. Ces matériaux constituent les aliments, et c'est par le moyen de l'absorption qu'ils sont introduits dans l'économie. Des substances salines, des gaz et des principes immédiats entrent à tout instant dans le corps des animaux ou en sont rejetés, après y avoir subi certaines modifications en rapport avec les besoins de la vie et l'accomplissement de ses manifestations diverses. La vie ne s'entretient qu'au moyen de ces matériaux, et son activité est dans un rapport constant avec la consommation qu'elle en fait.

La propriété d'absorber, propriété caractéristique de tous les êtres vivants, est facile à démontrer chez les espèces les plus parfaites du règne animal comme chez les plus simples. Les empoisonnements par la respiration, par la peau ou par le tube digestif, nous en fournissent chaque jour des preuves aussi bien que les phénomènes ordinaires de la respiration et de la digestion. L'expérience suivante rendra compte de la manière dont se passent les phénomènes de cet ordre.

Si l'on tient un animal quelconque, soit une grenouille, plongé par ses extrémités inférieures dans une solution de prussiate de potasse, il y a absorption de cette substance à travers la peau et elle circule bientôt dans les autres parties du corps, de manière qu'après quelques instants toutes en sont imprégnées. Que l'on touche alors avec une baguette de verre chargée de perchlorure de fer la langue, les yeux ou quelque autre région n'ayant pas participé au bain de prussiate de potasse, il s'y formera aussitôt des taches noires par le précipité d'une certaine quantité de prussiate de fer, résultant de la réaction du premier de ces sels sur le second. Ces taches sont une preuve irrécusable de la diffusion dans toute l'économie du liquide absorbé par les pattes de derrière. Le sang s'en est chargé et il en a porté dans toutes les directions.

Des phénomènes analogues se passent dans tous les organes de l'économie, aussi bien à la surface externe du corps que dans ses différentes cavités ou dans l'intimité des parenchymes. Les cellules elles-mêmes dont l'organisme est en grande partie formé, sont le siége de semblables ac·tions.

Le fait encore inexpliqué de l'absorption particulière aux êtres vivants a été dé-signé sous le nom d'*osmose*, et l'on appelle *osmotiques* les phénomènes qui en dé-pendent. Ce nom est tiré d'un mot grec (ὀσμός) qui signifie passage ou action de pousser, parce que l'ab-sorption s'opère essentiel-lement à travers les mem-branes organiques, telles que la peau ou membrane cutanée, les muqueuses et les séreuses. Les enveloppes des cellules constituant les tissus sont aussi des sur-faces à travers lesquelles il se fait un semblable échange de liquides.

On démontre aisément les phénomènes de cet or-dre au moyen d'un petit appareil facile à établir que l'on nomme *osmomètre* ou *endosmomètre* (fig. 30).

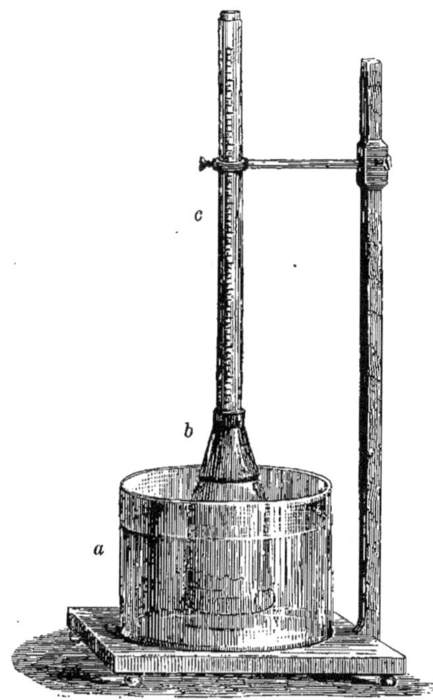

FIG. 30. — Endosmomètre (*).

Ces phénomènes jouent un grand rôle dans la physiologie, quel que soit le groupe d'êtres organisés que l'on examine, car un nombre considérable d'actes vitaux dépendent des différentes manières dont l'absorption s'exécute. Leur étude n'est pas moins utile à la con-

(*) *a*) vase rempli d'eau ; — *b*) récipient rempli de gomme ou de sucre. Sa partie infé-rieure a été fermée par une membrane à travers laquelle s'opérera le phénomène osmotique, et la partie supérieure garnie d'un tube béant *c*. Le liquide s'élève dans ce tube par suite de l'absorption d'une certaine quantité d'eau échangée contre du sucre ou de la gomme provenant du récipient.

naissance des maladies ou à la guérison de ces dernières qu'à l'explication des fonctions envisagées dans l'état de santé. C'est à un savant français nommé Dutrochet que l'on doit en grande partie la connaissance de l'osmose.

Un chimiste anglais, M. Graham, a dernièrement indiqué le moyen de tirer parti de la propriété osmotique des membranes pour la séparation des substances qui constituent les différents liquides de l'organisme, et il a imaginé, sous le nom de *dialyse*, un procédé d'analyse fort commode dans certains cas.

Il a montré qu'on pouvait partager les substances solubles de l'organisme en deux classes : celle des corps qu'il nomme *cristalloïdes* et qui sont doués d'une grande solubilité, et celles dites *colloïdes* ou analogues à la colle, au gluten et à l'albumine, lesquelles n'ont ni le caractère cristallin ni la solubilité prononcée des autres. Les substances cristalloïdes passent à travers la membrane du dialyseur qui est faite de papier parcheminé et les substances colloïdes restent au-dessous. On arrive par là à une séparation presque aussi complète que si, dans un autre mode bien connu d'analyse, on soumettait à l'action de la chaleur un mélange de substances volatiles et de substances fixes pour séparer les secondes d'avec les premières.

Diversité des fonctions des animaux. — La faculté d'absorber et d'exhaler, c'est-à-dire le pouvoir qu'ont les tissus d'emprunter au monde extérieur les particules chimiques nécessaires à l'organisme et de rejeter celles qui leur sont devenues inutiles, suffirait, dans certaines circonstances, à l'entretien de la vie, et elle est, avec la faculté de produire de nouveaux individus destinés à continuer l'espèce, la principale manifestation vitale des êtres les plus simples appartenant à l'un et à l'autre règne. Il s'en faut cependant de beaucoup que tous les végétaux et tous les animaux restent dans une condition aussi inférieure. La nutrition, réduite chez les espèces placées au bas de l'échelle organique aux seuls actes physico-chimiques de l'absorption et de l'exhalation, s'opère d'une manière d'autant plus compliquée qu'on l'étudie dans des plantes ou des animaux plus parfaits, et de nombreux actes physiologiques, exécutés par autant d'organes distincts, interviennent alors pour en assurer l'accomplissement. La chimie et la physique ne sont pas toujours en état d'en expliquer entièrement la nature ; mais le secours de ces deux sciences et l'emploi simultané de l'observation, ainsi que de l'expérimentation, ont déjà permis de comprendre bien des phénomènes physiologiques que leur complexité rendait autrefois inexplicables.

Classification des fonctions. — A mesure que les fonctions se multiplient et se compliquent par le fait d'une sorte de division du travail physiologique, le nombre des organes est aussi plus considérable et leur structure est plus parfaite. C'est ainsi que l'organisme et ses actes se perfectionnent concurremment ; mais de même qu'il est oiseux de discuter si c'est l'organisation qui fait la vie ou la vie l'organisation, de même aussi il semble, au premier abord, inutile de rechercher si la complication plus grande des organes est la cause de celle des fonctions ou si elle en est au contraire l'effet. Ces questions doctrinales n'ont d'ailleurs aucune importance pour les problèmes que nous avons à traiter ici ; nous nous bornerons donc à énumérer les diverses fonctions propres aux animaux, nous réservant de faire connaître leurs principales particularités anatomiques et physiologiques dans les chapitres qui vont suivre, en montrant comment à des organes plus parfaits correspondent toujours des actes physiologiques plus élevés.

Un premier ordre de fonctions comprend celles de la NUTRITION, qui sont plus particulièrement destinées à l'entretien de la vie individuelle, et se divisent en *digestion, circulation, respiration* et *urination* ou sécrétion urinaire. C'est à propos de ces fonctions qu'il sera question de la chaleur des animaux.

Un second ordre est celui des FONCTIONS DE REPRODUCTION, ayant pour but non plus d'entretenir l'existence des individus, mais de leur donner les moyens de propager leur espèce et d'en assurer la continuation malgré leur propre disparition. Ces fonctions et celles de l'ordre précédent ne sont pas spéciales aux animaux ; les végétaux les possèdent également. Elles constituent donc des propriétés communes à tous les êtres vivants ; on les appelle quelquefois *fonctions végétatives*.

Le troisième ordre répond aux FONCTIONS DE RELATION, qui sont spéciales aux animaux et leur donnent le moyen de connaître leurs rapports avec le monde extérieur et de les modifier au besoin. Ce sont la *sensibilité*, comprenant l'innervation et les sensations, ainsi que la *locomotion*, ou propriété qu'ont les animaux de se mouvoir. Comme les êtres vivants sont les seuls qui les possèdent, on les a aussi appelées *fonctions animales*.

Quelques remarques générales sur l'ensemble des fonctions et sur les organes qui les exécutent vont nous mettre à même de mieux comprendre leur importance et les particularités qu'elles présentent dans les principaux groupes d'animaux.

LA MÊME FONCTION PEUT ÊTRE REMPLIE PAR DES ORGANES DIFFÉRENTS. — La nature ne s'est pas assujettie dans l'organisme animal à charger toujours un même organe d'exécuter la même fonction. Il est des fonctions, comme celles de la sensibilité, dont un même tissu a constamment l'exercice et que nul autre ne saurait remplir à sa place ; car toute sensibilité implique la présence d'organes de nature nerveuse : ganglions, nerfs, etc. D'autres fonctions, au contraire, peuvent avoir pour agents des organes différents, suivant les classes chez lesquelles on les étudie. C'est ainsi que la respiration s'opère au moyen de poumons chez les vertébrés aériens, tandis que chez les poissons elle a lieu par des branchies dépendant de l'appareil hyoïdien ; chez les crustacés, par des branchies dépendant des pattes ou par les pattes elle-mêmes, et chez les insectes par des trachées qui s'ouvrent sur les parties latérales du corps, au lieu d'avoir, comme les poumons, leur orifice ouvert à la partie antérieure du tube digestif.

Les organes locomoteurs pourraient nous offrir d'autres exemples de ces changements de fonctions. Ainsi les membres, si différents entre eux chez l'homme et servant à des usages si variés, sont, au contraire, fort semblables chez beaucoup de quadrupèdes et dès lors affectés au seul usage de la marche. Ils servent à nager chez les mammifères marins et chez les poissons. Chez les chauves-souris et les oiseaux les membres antérieurs sont seuls modifiés pour le vol, et chez les insectes cette fonction s'exécute au moyen d'organes tout différents par leur nature, bien que désignés aussi sous le nom d'ailes. Les ailes, les nageoires ou les pattes des vertébrés répondent aux membres de l'homme; les pattes des insectes sont aussi les véritables membres de ces animaux, tandis que leurs ailes sont des expansions d'un tout autre ordre et qui n'ont aucun analogue dans le corps des animaux supérieurs.

Corrélation des organes. — Les animaux peuvent être comparés à des machines animées, ayant pour instruments de leurs fonctions les organes par lesquels ils sont constitués, et pour cause d'activité une force particulière, la vie, aussi inconnue dans son essence qu'admirable dans ses effets. Chacun d'eux est un tout harmonique, calculé par la nature en vue d'un résultat déterminé, et quoique le nombre des espèces organisées actuellement existantes s'élève à plusieurs centaines de mille, leurs formes et leurs caractères respectifs sont subordonnés à des règles fixes. Toutes les combinaisons d'organes ne sont pas possibles, mais dans chaque espèce les différentes parties ou organes sont toujours dans un état de corrélation qui les subordonne les unes aux autres, et assure l'exercice régulier de leurs fonctions.

Cette appropriation de l'organisme aux circonstances au milieu desquelles il est appelé à fonctionner a frappé tous les observateurs sérieux. Sa constatation a conduit à la théorie célèbre des causes finales dont, il faut bien l'avouer, on a fait dans plus d'une circonstance des applications erronées, mais qui a une portée philosophique qu'on ne saurait contester.

Elle suppose en effet une sorte d'harmonie préétablie entre les parties des animaux et les conditions de leur existence, et démontre que les organes sont entre eux dans un état de corrélation qui mérite d'être signalée. Dans son Discours sur les révolutions du globe, Cuvier a érigé ces faits en principe général, et il en a donné des exemples parfaitement choisis en comparant entre eux les carnassiers et les herbivores de la classe des Mammifères. « Si, dit-il, les intestins d'un animal sont organisés pour ne digérer que de la chair, et de la chair récente, il faut aussi que ses mâchoires soient construites pour dévorer sa proie; ses griffes pour la saisir et la déchirer; ses dents pour la couper et la diviser; le système entier de ses organes de mouvement pour la poursuivre et pour l'atteindre; ses organes des sens pour l'apercevoir de loin; il faut même que la nature ait placé dans son cerveau l'instinct nécessaire pour savoir se cacher et tendre des piéges à ses victimes. Telles sont les conditions du régime carnivore; tout animal destiné pour ce régime les réunira infailliblement, car sa race n'aurait pu subsister sans elles... Les animaux à sabots doivent tous être herbivores, puisqu'ils n'ont aucun moyen de saisir une proie. Nous voyons bien encore que, n'ayant d'autre usage à faire de leurs pieds de devant que de soutenir leur corps, ils n'ont pas besoin d'une épaule aussi vigoureusement organisée, d'où résulte l'absence de clavicule et d'acromion, l'étroitesse de l'omoplate ; n'ayant pas non plus besoin de tourner leur avant-bras, leur radius sera soudé au cubitus, ou du moins articulé par ginglyme, et non par arthrodie avec l'humérus. Leur régime herbivore exigera des dents à couronne plate pour broyer les semences et les herbages ; il faudra que cette couronne soit inégale et, pour cet effet, que les parties d'émail y alternent avec les parties osseuses. Cette sorte de couronne nécessitant des mouvements horizontaux pour la trituration, le condyle de la mâchoire ne pourra être un gond aussi serré que dans les carnassiers : il devra être aplati et répondre aussi à une facette de l'os des tempes plus ou moins aplatie ; la fosse temporale, qui n'aura qu'un petit muscle à loger, sera peu large et peu profonde, etc. »

Application du principe de la corrélation des organes a la reconstruction des animaux fossiles. — On dit souvent que la notion d'un organe, si peu important qu'il soit dans l'économie de l'animal auquel il a appartenu, une phalange par exemple ou une dent, peut permettre à un naturaliste exercé de reconstruire par la pensée tout l'animal dont cette partie provient et d'en opérer avec certitude la restauration, même si c'est une espèce perdue. On s'appuie à cet égard sur les magnifiques résultats obtenus par Cuvier lui-même et par d'autres anatomistes dans la reconstruction des animaux antédiluviens au moyen des débris fossilisés que le sol nous en a conservés.

Après avoir montré, dans son Discours sur les révolutions du globe, combien les ossements fossiles des quadrupèdes sont difficiles à déterminer, ce célèbre naturaliste ajoute en effet : « Heureusement, l'anatomie comparée possédait un principe qui, bien appliqué, était capable de faire évanouir tous les embarras : c'était celui de la *corrélation des formes* dans les êtres organisés, au moyen duquel chaque sorte d'être pourrait à la rigueur être reconnue par chaque fragment de chacune de ses parties. »

Rien n'est plus vrai, et l'on peut dire également avec Cuvier qu'aucune partie ne peut changer sans que les autres ne changent aussi ; mais il faut surtout l'entendre des parties importantes, et toutes ne sauraient offrir des indications d'une valeur égale. A notre avis, quand le même auteur dit plus loin : « Chacune d'elles prise séparément indique et donne toutes les autres », il cesse d'être dans le vrai.

Une dent, un os quelconque tirés du cheval ou du bœuf ordinaire, nous permettront sans doute de conclure à tous les autres caractères de ces deux quadrupèdes, parce que nous les connaissons déjà ; mais si cette pièce, tout en indiquant le genre Cheval ou le genre Bœuf, montre par quelque différence de valeur spécifique que nous n'avons pas affaire à l'une des espèces déjà connues du genre Cheval ou du genre Bœuf, il ne nous sera pas possible de juger, d'après elle, des autres caractères différentiels de l'espèce dont cette partie est seule soumise à notre observation. Chaque pièce prise séparément n'indique donc pas et ne donne donc pas toutes les autres. L'observation de l'animal entier pourra seule nous montrer les caractères propres à ces dernières. Si nous avons le squelette avec toutes ses parties osseuses, nous ne saurons pas davantage ce que les autres organes pouvaient présenter de particulier, et Cuvier est de cet avis lorsqu'il dit lui-même : « Je doute qu'on eût deviné, si l'observation ne l'avait appris, que les ruminants auraient tous le pied fourchu...; je doute qu'on eût deviné qu'il n'y aurait de cornes au front que dans cette seule classe; que ceux d'entre eux qui auraient des canines aiguës manqueraient, pour la plupart, de cornes; etc. »

A plus forte raison en sera-t-il ainsi lorsque, au lieu d'animaux peu différents de ceux de la nature actuelle, nous aurons à déterminer les ossements d'espèces appartenant à des genres ou à des familles disparues, comme la classe des Mammifères et surtout celles des Reptiles et des Poissons nous en fournissent un grand nombre d'exemples. Alors il sera constamment impossible de remonter des caractères connus aux caractères à connaître, et le principe de la corrélation des formes, appliqué avec trop de confiance, pourra même conduire à de graves erreurs. Il a souvent fait attribuer à des animaux différents des pièces que l'on a ensuite reconnues pour appartenir à un même animal, et d'autres fois il a fait considérer comme provenant d'une même espèce des parties qui étaient cependant d'animaux de genres différents.

De semblables méprises ne sont pas rares en paléontologie, et les plus grands naturalistes n'ont pas toujours su les éviter. C'est ainsi que des ossements du genre des Halithériums, sortes de mammifères marins analogues aux lamantins et aux dugongs, animaux de l'ordre des Sirénides qui ont vécu dans les mers de l'Europe pendant la période tertiaire, ont fait d'abord croire non-seulement à l'ancienne existence d'un lamantin ou d'un dugong, mais aussi à celle d'une espèce de phoques et d'une espèce d'hippopotames, et cependant il a été démontré depuis que les pièces d'après lesquelles ce phoque et cet hippopotame avaient été indiqués provenaient du même animal que celles reconnues de prime abord pour être d'un sirénide.

De même encore les premiers débris observés du squalodon, genre curieux de Cétacés marins propres à l'époque tertiaire moyenne, ont donné lieu à l'établissement d'un assez grand nombre de genres qu'on a depuis lors reconnus être identiques entre eux.

(*) *o. h.*) os hyoïde ; — *lx*) larynx ; — *c. thyr.*) le corps thyroïde recouvrant en partie le larynx ; — *tr. art.*) trachée-artère et sa division en bronches ; — *pl. p.*, *pl. p*) plèvre pariétale ; — *p. dr.*) poumon droit ; — *p. g.*) poumon gauche ; — *méd.*) médiastin et séparation des deux plèvres ; — *cr*) péricarde, enveloppant le cœur ; — *fe*) foie, renversé en haut pour montrer sa face concave ou profonde ; — *c. hép.*) canaux hépatiques ; — *v. bil.*) vésicule biliaire ; — *c. chol.*) canal cholédoque ; — *p.*) pancréas ; — *duod.*) duodénum ; — *rate* ; — *in.*) portion de l'intestin grêle ; — *c.*) cæcum ; — *app. v.*) appendice vermiforme du cæcum ; — *g. i.*, *g. i.*) gros intestin : côlon ascendant, côlon transverse et côlon descendant ; — *r.*) rectum ; — *ves.*) vessie urinaire.

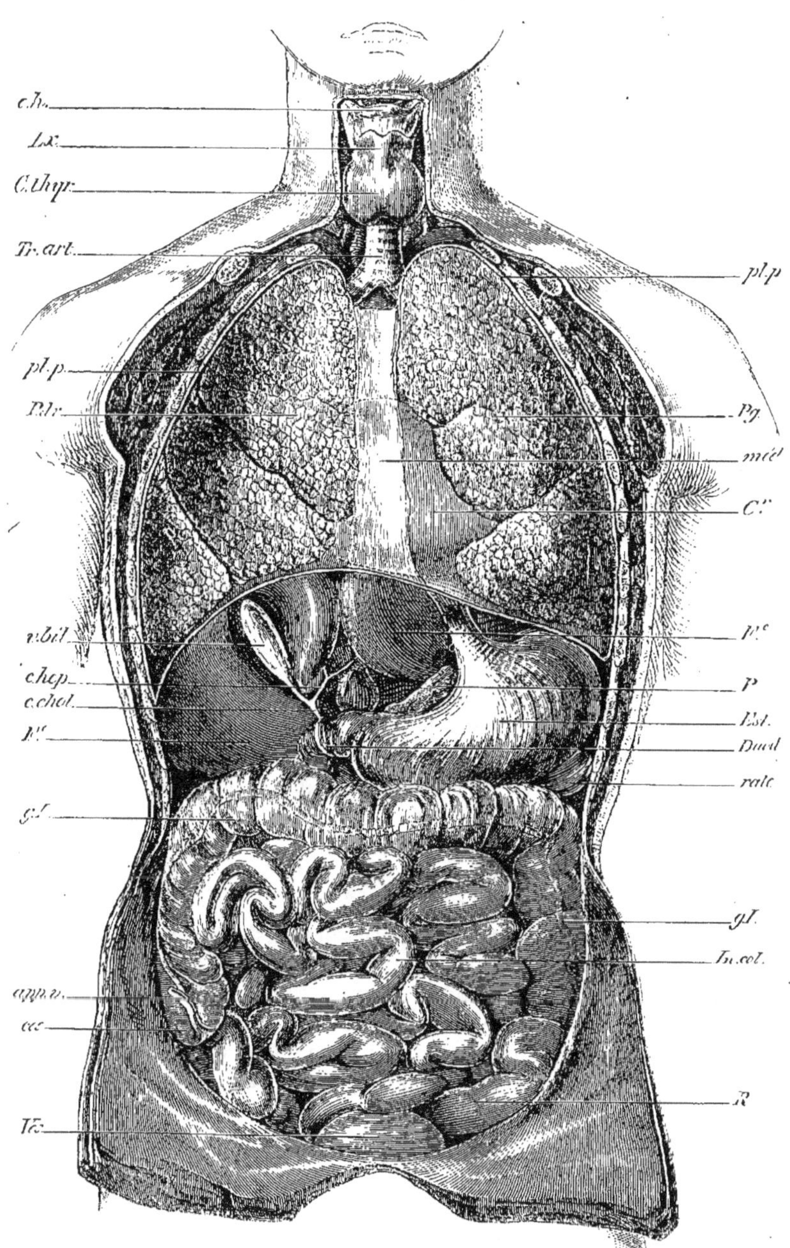

Fig. 34. — Principaux viscères contenus dans les cavités thoracique et abdominale de l'*Homme* et parties annexes (*).

Un autre exemple remarquable nous est offert par les simosaures, qui sont de singuliers reptiles propres à la période triasique, dont les os abondent en Alsace et dans certaines parties de l'Allemagne. Les premiers ossements observés de ces reptiles avaient fait supposer la présence dans les terrains triasiques de fossiles des genres Ichthyosaure, Plésiosaure et Chélonée, et l'on a reconnu que ces ossements étaient tous d'animaux appartenant à un même groupe naturel, celui de ces simosaures, qui diffère de ceux dont il vient d'être question. Cette rectification n'a pu être faite qu'après l'observation de squelettes à peu près complets appartenant aux animaux dont il s'agit, lorsque de nouvelles fouilles ont fait ultérieurement découvrir ces squelettes.

Supériorité relative des organismes. — Cuvier n'admettait pas qu'on pût tirer des différences existant dans l'ensemble des organes propres à chaque espèce d'animaux le moyen de juger de la supériorité relative de ces derniers les uns par rapport aux autres. C'est cependant un fait évident, et l'un des résultats les plus importants de la science est de pouvoir établir la place de chaque être dans les cadres méthodiques, en tenant compte du *degré d'organisation* qui distingue son espèce. Cuvier s'était servi surtout, pour classer les animaux, des caractères tirés de leurs organes de nutrition; mais, ainsi que l'a établi de Blainville, on arrive plus sûrement encore à ce résultat en tenant compte de leurs organes de relation et des particularités physiologiques en rapport avec la différence de structure de ces organes. C'est par les fonctions de relation que les animaux se distinguent des plantes, et l'on trouve dans les organes qui servent à ces fonctions d'excellentes indications pour juger de leur supériorité ou de leur infériorité relative.

Comparaison des organes de l'homme avec ceux des animaux. — L'anatomie, en comparant les organes de l'homme avec ceux des animaux, se propose un double but : elle cherche à constater les ressemblances que ces organes ont entre eux ou les dissemblances qui les caractérisent; elle essaye, en outre, d'en connaître le caractère réel et pour ainsi dire la nature propre.

Il y a plusieurs manières d'étudier les organes sous ce double rapport. On établit, par exemple, quelle est leur disposition particulière dans l'espèce soumise à l'observation et quels sont leurs usages dans cette même espèce, c'est-à-dire leur mode de participation aux phénomènes de la vie. Ce premier résultat obtenu, on recherche si chacun de ces organes de l'homme et de tel ou tel animal ne se retrouve pas chez d'autres espèces; on établit alors sous quelle forme il y existe et quelles

---

(*) *cr.*) crâne ; — *v. c.*) vertèbres cervicales ; — *cl.*) clavicule ; — *om.*) omoplate ; — *st.*) sternum ; — *ct.*) côtes ; — *ct'.*) fausses côtes ; — *v. l.*) vertèbres lombaires ; — *v. s.*) sacrum, formé par la réunion des vertèbres sacrées ; — *v. c. c.*) coccyx, formé par la réunion des vertèbres caudales ou coccygiennes ; — *o. i.*) os innommé, comprenant l'os des hanches, l'ischion et le pubis ; — *hs*) humérus ; — *rs*) radius ; — *cs*) cubitus ; — *ce*) os du carpe ; — *mtc*) métacarpiens ; — *ph.*) phalanges des doigts des mains ; — *fr*) fémur ; — *re*) rotule ; — *tb*) tibia ; — *pé*) péroné ; — *te*) tarse. dont *cm* est le calcanéum ; — *mtt.*) métatarsiens ; — *ph'.*) phalanges des orteils ou doigts des pieds.

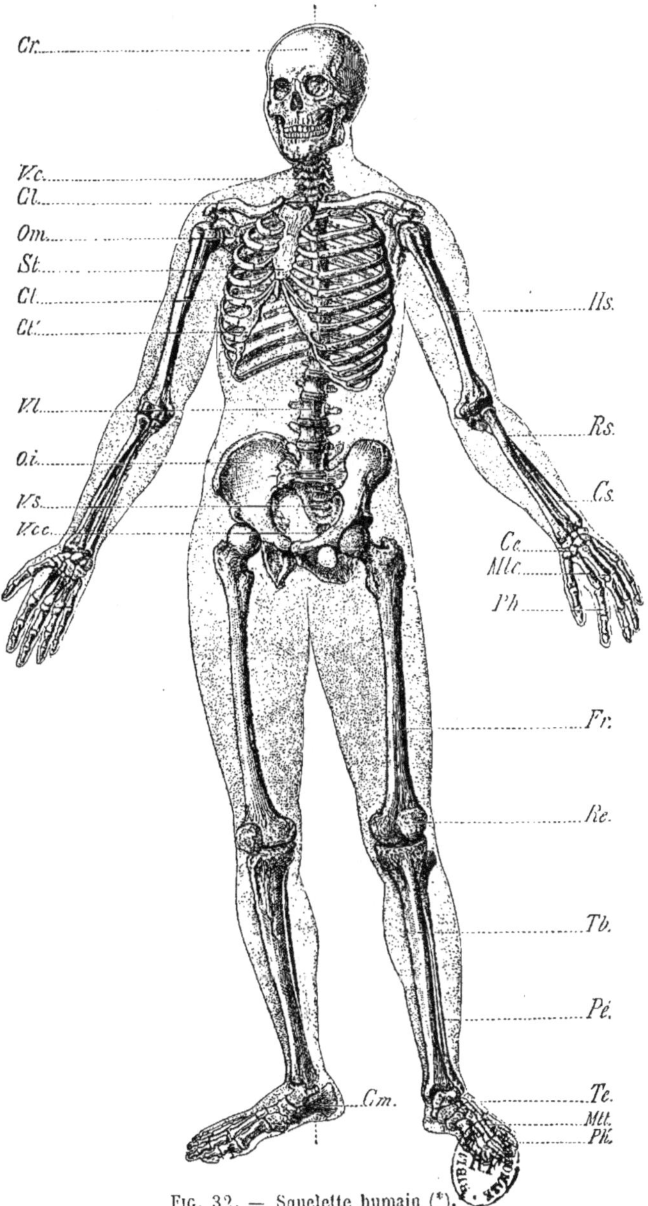

Fig. 32. — Squelette humain (*).

y sont ses fonctions; on tâche également d'apprécier les rapports de similitude qu'ont entre eux les différents organes d'un même animal envisagé isolément, et l'on établit la classification des organes par catégories distinctes.

De là deux sortes de recherches ou d'observations : celle des organes analogues et celle des organes homologues.

ORGANES ANALOGUES ET ORGANES HOMOLOGUES. — Un organe du corps humain étant donné, il s'agit de constater s'il se trouve aussi dans le corps des animaux et quelles sont les espèces chez lesquelles on le rencontre. Les données qui ressortent de cette comparaison sont un des buts principaux que se propose l'anatomie comparée. Elles sont aussi d'une grande utilité pour la classification naturelle. En même temps elles éclairent le physiologiste en lui montrant qu'un même organe, suivi dans la série des espèces qui en sont pourvues, depuis les moins parfaites jusqu'à celles qui se rapprochent le plus de l'homme ou à l'homme lui-même, subit une série correspondante de modifications souvent comparables à celles que l'on remarque en étudiant cet organe dans une même espèce appartenant aux classes supérieures, depuis sa première apparition dans l'embryon jusqu'à son développement définitif dans le sujet adulte et parfait. C'est ce qui a fait dire qu'un même organe examiné dans des espèces inférieures s'y montrait dans une sorte d'arrêt de développement, comparativement à ce qu'il est dans les espèces supérieures, et qu'il y restait dans tous les âges à un état qu'on a même appelé *embryonnaire*, pour indiquer sa ressemblance avec la disposition qu'il présente pendant la vie intra-utérine chez l'homme ou chez les animaux qui se rapprochent le plus de notre espèce.

On a nommé *recherche des analogues* cette comparaison d'un même organe suivie dans les différents termes de l'échelle animale. C'est une branche fort intéressante de l'anatomie comparée et dont les plus grands naturalistes se sont occupés avec une sorte de prédilection.

En rendant compte, dans l'*Histoire de l'Académie des sciences de Paris pour l'année* 1774, d'un mémoire relatif aux membres de l'homme et des animaux, que Vicq d'Azyr venait de soumettre à l'appréciation de cette compagnie, Condorcet s'exprimait ainsi à propos du double caractère des recherches dont il voulait signaler l'importance : « On entend ordinairement par anatomie comparée l'observation des rapports et des différences qui existent entre les parties analogues de l'homme et des animaux. M. Vicq d'Azyr donne ici un essai d'une autre espèce d'anatomie comparée qui jusqu'ici a été peu cultivée et sur laquelle on ne trouve dans les anatomistes que quelques observations isolées : c'est l'examen des rapports qu'ont entre elles les différentes parties d'un même individu. » Condorcet ajoutait, d'après Vicq d'Azyr, que « dans cette nouvelle espèce d'anatomie comparée, on observe, comme dans l'anatomie comparée ordinaire, ces deux caractères que la nature paraît avoir imprimés à tous les êtres, celui de la constance dans le type et celui de la variété dans les modifications. »

Il eût été difficile de mieux exprimer les tendances de ces deux points de vue de la science dont l'un nous fait connaître les différences qu'un même organe, envisagé dans la série des animaux, subit, suivant la manière dont il doit fonctionner dans chacun d'eux, et dont l'autre nous montre comment la nature a réussi à multiplier en apparence les organes des animaux les plus parfaits, tout en se servant d'un petit nombre de parties identiques au fond, mais qu'elle répète dans chaque espèce en leur imprimant des modifications secondaires qui en varient les caractères chez les animaux plus parfaits.

Depuis Vicq d'Azyr, beaucoup de recherches ont été entreprises dans cette double direction. L'examen du même organe suivi dans ses modifications diverses, d'un genre ou d'une famille à d'autres genres ou à d'autres familles, a donné lieu à la *théorie des analogues* et à celle de l'*unité de composition*, dont Étienne Geoffroy Saint-Hilaire a été l'un des principaux fondateurs. D'autre part, on a nommé *théorie des homologues* la classification des organes d'un même être en un certain nombre de groupes primordiaux.

Quelques exemples donneront une idée des résultats auxquels conduisent ces deux manières d'envisager les organes. C'est au moyen de la première que l'on démontre que les mains de l'homme, les membres antérieurs des mammifères ou des reptiles, les ailes des chauves-souris ou des oiseaux et les nageoires thoraciques des poissons sont des organes analogues et formés de semblables parties, malgré la différence de leurs formes. La seconde théorie nous permet d'établir que les membres postérieurs sont les homologues des membres antérieurs, c'est-à-dire la répétition d'organes de même ordre anatomique et qui sont formés de parties identiques. De même, on établit que les vertèbres sont également comparables entre elles, qu'elles appartiennent au cou, au thorax, aux lombes, au sacrum et à la queue ou coccyx. Enfin on arrive à conclure que la tête est à son tour composée de vertèbres comme le reste du tronc : ce qui conduit à y trouver des parties homologues à celles dont sont formées les vertèbres de ce dernier.

Les découvertes de plusieurs naturalistes français ont beaucoup contribué aux progrès de ces deux branches importantes de l'anatomie, qui se distinguent des autres par leur caractère éminemment philosophique.

CHAPITRE VI

DE LA NUTRITION EN GÉNÉRAL. — Bien différents des corps bruts dans leur mode d'existence, les êtres organisés ne subsistent qu'à la condition de s'assimiler incessamment, soit pour s'accroître, soit pour remplacer les particules qu'ils perdent par l'exercice de l'activité spéciale dont ils sont doués, de nouveaux matériaux qui servent ainsi d'aliments à la vie. Ils se débarrassent en même temps de ceux de leurs propres matériaux qui sont devenus inutiles à l'exercice des fonctions et dont quelques-uns pourraient même leur devenir nuisibles, à cause des modifications qu'ils ont subies. C'est donc à la condition de se maintenir dans un état constant d'échanges avec le monde extérieur que ces êtres continuent à vivre, et lorsqu'ils se sont séparés des parents qui leur ont donné naissance, ils doivent pourvoir eux-mêmes à leur propre subsistance, ce qui donne aux fonctions de nutrition un nouveau degré d'utilité.

Si, comme cela a lieu dans les premiers temps de leur vie individuelle, la somme de leurs acquisitions dépasse celle des pertes qu'ils éprouvent, il y a accroissement de la masse totale de leur corps. La balance exacte entre le gain et la dépense caractérise dans un autre âge l'exercice régulier des fonctions; mais il arrive toujours, après un certain temps, que des troubles fonctionnels et l'altération des instruments de la vie, c'est-à-dire des organes, font tomber chaque individu dans une sorte d'état de langueur et le conduisent à la décrépitude par le ralentissement naturel de ses fonctions. La mort est la conséquence plus ou moins prochaine, mais fatale, de ce nouvel état de choses.

On appelle *fonctions de nutrition* l'ensemble des actes physiologiques qui concourent à l'accroissement des corps vivants et entretiennent les organes dans un état permanent d'activité. Ces différents actes et les instruments qui les accomplissent peuvent être groupés dans plusieurs catégories secondaires, qu'il est convenable d'étudier séparément.

Ainsi, chez les êtres organisés les plus simples, tels que les animaux et les végétaux de structure purement cellulaire, tous les actes nutritifs se réduisent à des phénomènes osmotiques (absorption et exhalation), dont ces cellules sont le siége. Il n'y a pas chez eux d'organes particuliers pour les différentes fonctions dans lesquelles la nutrition se divise au contraire chez les êtres les plus parfaits. L'échange des liquides et celui des gaz nécessaires à l'entretien de la vie ou rejetés par elle s'opèrent ici à travers les seules parois des cellules.

Toutefois il n'en est pas ainsi dans la très-grande majorité des animaux, et si leurs éléments histologiques exécutent séparément des phénomènes comparables à ceux qui suffisent aux espèces les plus simples, espèces que l'on peut comparer à leur tour à des cellules vivant isolément et constituées en autant d'individus, l'ensemble de leur corps se compose d'organes qui exercent des fonctions à part, souvent très-diverses, dont chacune concourt d'une manière particulière à l'exercice de la vie. Le travail nutritif se trouve ainsi subdivisé et réparti entre plusieurs systèmes d'organes différents, exécutant séparément une partie des fonctions dévolues à l'être lui-même, et c'est de l'ensemble de ces fonctions combinées que résulte la vie de celui-ci. Cet ensemble acquiert une grande complication chez l'homme (fig. 34), ainsi que chez les animaux qui se rapprochent le plus de lui. Dans ce cas, cependant, la vie des cellules élémentaires dont les membranes et les parenchymes organiques sont formés n'est pas moins facile à constater que dans les espèces chez lesquelles l'organisme conserve à tous les âges sa simplicité primitive.

Dans les animaux, les intestins sont plus spécialement chargés de l'élaboration des aliments. Ils en tirent des matériaux utiles à l'accroissement des différentes parties du corps ou au renouvellement des éléments qui le constituent. D'autres parties exécutent le transport, depuis ces intestins jusqu'aux organes circulatoires proprement dits, de principes que la digestion a séparés des aliments, et la fonction des vaisseaux sanguins est particulièrement de porter dans les différentes régions du corps le sang nécessaire à l'activité des organes, aux sécrétions diverses, etc., ou de le conduire à des organes encore différents des précédents, qui lui permettent d'échanger son acide carbonique contre de l'oxygène, ou enfin de se débarrasser, par la sécrétion urinaire, de l'excédant des substances azotées qui s'y sont accumulées. De là plusieurs séries de fonctions et concurremment aussi plusieurs séries d'organes, qui demandent, pour être bien comprises, un examen particulier.

DIVISION DES FONCTIONS NUTRITIVES ET DE LEURS ORGANES EN PLUSIEURS GROUPES PRINCIPAUX. — On donne le nom de *digestion* à l'action exercée par les animaux sur les aliments, soit solides, soit liquides, que ces êtres se procurent pour subvenir aux besoins de leur nutrition.

Chez le plus grand nombre, la digestion a lieu dans le canal digestif ou tube intestinal, qui se partage dans beaucoup de cas en une suite d'organes dont la disposition et les principaux caractères varient d'ailleurs avec le régime spécial des espèces et le rang que chacune d'elles occupe dans l'échelle zoologique. C'est donc par l'étude de la digestion qu'on doit commencer celle des fonctions de nutrition, puisqu'elle fournit les matériaux que l'organisme devra consommer.

La *circulation* qui en est la conséquence, reçoit ces matériaux nutritifs, devenus assimilables, pour les ajouter à la masse du fluide nourricier, c'est-à-dire au sang. Elle a aussi pour but de promener ce liquide dans toutes les parties du corps et de ramener des différents organes dont ce dernier est formé les matériaux inutiles ou viciés dont sans cette opération ils resteraient engorgés au préjudice de la vie. Son rôle est par conséquent multiple. Aussi a-t-elle à sa disposition des organes de plusieurs sortes : les vaisseaux artériels, les vaisseaux capillaires, les vaisseaux veineux, le cœur, les vaisseaux chylifères et les vaisseaux lymphatiques.

Deux autres fonctions essentielles à la nutrition s'ajoutent à la digestion et à la circulation : ce sont la *respiration* et la *sécrétion urinaire*. L'une et l'autre opèrent l'épuration du sang qui a servi à la nutrition et le débarrassent des principes inutiles dont il s'est chargé pendant son passage à travers les tissus. Ces principes résultent en partie de la combustion, à l'aide de l'oxygène fourni au sang, du carbone entrant dans la composition des substances organiques dont l'économie est formée ; de là vient que le sang est chargé dans une portion de son trajet d'une quantité notable d'acide carbonique. Les autres principes du sang vicié par l'activité vitale ont pour origine la transformation des substances quaternaires en urée ou en acide urique, c'est-à-dire en une substance qui va bientôt se résoudre en eau, en acide carbonique et en ammoniaque.

Des organes spéciaux sont presque toujours chargés de l'accomplissement de ces deux fonctions, respiratrice et urinaire, qui se complètent l'une par l'autre.

Dans les organes respiratoires (poumons, branchies ou trachées) s'opère l'échange de l'acide carbonique dont le sang s'est chargé, contre une nouvelle quantité d'oxygène nécessaire à l'entretien des fonctions de ce liquide, et l'élimination de l'urine a lieu par l'intermédiaire des reins, au moyen d'une sorte de filtration du sang à travers ces organes.

De l'activité plus ou moins grande des fonctions nutritives résulte celle de la vie, et la complication des organes qui les accomplissent est toujours en rapport avec celle des systèmes d'organes affectés aux fonctions de relation.

Dans les espèces supérieures, plus particulièrement dans les mammifères et dans les oiseaux, l'exercice de la nutrition est accompagné de la production d'une quantité notable de chaleur, dont le degré reste à peu près fixe pour chaque espèce : c'est ce qu'on a appelé la *chaleur animale*.

Les combinaisons chimiques et les réactions diverses qui s'accomplissent sous l'influence de la vie chez les animaux à température élevée, ou animaux à sang chaud, sont au nombre des causes principales auxquelles est due cette production de calorique.

Chez les animaux supérieurs les organes principaux de la nutrition sont placés dans la cavité thoraco-abdominale (fig. 31), laquelle est soutenue par une sorte de cage osseuse destinée à les protéger et susceptible de mouvements qui servent à la respiration. Ces organes forment différents viscères. On a pu se faire une idée exacte de leur disposition chez l'homme par la figure 31, qui les représente presque tous dans leur situation naturelle.

Ce sont : les poumons, enveloppés dans une membrane séreuse appelée plèvre; le cœur, dont la séreuse propre a reçu le nom de péricarde; l'estomac, communiquant avec la bouche par l'œsophage; l'intestin grêle, qui commence par le duodénum faisant suite à l'estomac; le gros intestin, qui se termine par le rectum, et différents amas glandulaires dont l'un surtout a un volume considérable: c'est lui qui constitue le foie.

Les poumons et le cœur sont l'un et l'autre enfermés dans le thorax et ils sont séparés des viscères spécialement digestifs (estomac, intestins, foie) par le diaphragme qui forme une cloison transversale de nature musculaire, tendue entre la poitrine et l'abdomen. Les mouvements du diaphragme et ceux des muscles propres à la cage thoracique (intercostaux, etc.) ont un rôle important dans le mécanisme de la respiration.

A ces différents organes s'ajoutent les reins, placés en dehors du péritoine, ainsi que le reste de l'appareil urinaire, dont une seule partie, la vessie, se trouve représentée dans la figure tirée de l'anatomie de l'homme, à laquelle nous renvoyons.

CHAPITRE VII

DE LA DIGESTION.

Coup d'œil général sur cette fonction. Aliments. Conditions de l'alimentation. — La digestion a pour principal objet de fournir à l'économie animale de nouveaux matériaux destinés à remplacer ceux qu'elle consomme par l'accomplissement des fonctions. Elle subvient à une grande partie des dépenses de la vie, et, comme le sang a pour ainsi dire la responsabilité de cette dépense, c'est dans ce liquide que sont versés les produits assimilables que la digestion tire des aliments. Ceux-ci, à leur tour, sont empruntés au monde extérieur par l'animal lui-même, soit aux végétaux, soit à d'autres animaux.

Les différentes espèces ont recours, pour se procurer les aliments nécessaires à leur entretien, à des ruses souvent fort ingénieuses, qui nous montrent la variété infinie des ressources mises par la nature à la disposition des animaux. Ces ruses sont on ne peut plus variées. Les organes qui servent à la préhension des aliments présentent en outre de très-grandes différences, suivant les genres chez lesquels on les étudie ou les actes qu'ils sont destinés à accomplir; aussi est-ce une étude des plus intéressantes que celle des procédés employés par les différents animaux pour s'emparer de leur nourriture.

§ I. — Alimentation.

Aliments. — A en juger par les formes si diverses et si variées sous lesquelles elle est recueillie, la nourriture présenterait elle-même de bien grandes différences, suivant qu'elle est tirée du règne végétal ou du règne animal, ou encore de telle ou telle classe de chacun de ces deux règnes. Il y a des espèces qui ne vivent que de végétaux, et parmi elles on en distingue qui mangent presque uniquement des herbages : ce sont les *herbivores* proprement dits. D'autres préfèrent les racines, les écorces, les fruits ou les graines : on nomme *frugivores* les animaux qui se nourrissent plus particulièrement de fruits; ceux qui ne vivent que de graines sont dits *granivores*.

Parmi les animaux zoophages, ou qui mangent des matières animales, on distingue aussi plusieurs catégories : les *carnivores*, surtout avides de la chair des mammifères et de celle des oiseaux; les *piscivores* ou ichthyophages, s'attaquant aux poissons; les *insectivores*, qui ne mangent que des insectes.

Enfin, les animaux qui se nourrissent indifféremment de substances animales et de substances végétales sont appelés *omnivores*. L'homme et d'autres espèces de mammifères, tels que l'ours, le chien, le porc, sont dans ce cas.

A chacun de ces régimes correspond une conformation particulière des organes digestifs. On constate en effet que le canal intestinal des herbivores est beaucoup plus long et beaucoup plus compliqué dans ses différentes parties que celui des carnivores; les dents présentent aussi une conformation particulière suivant que l'animal se nourrit de chair, de fruits ou d'herbe, ou bien encore qu'il est plus ou moins

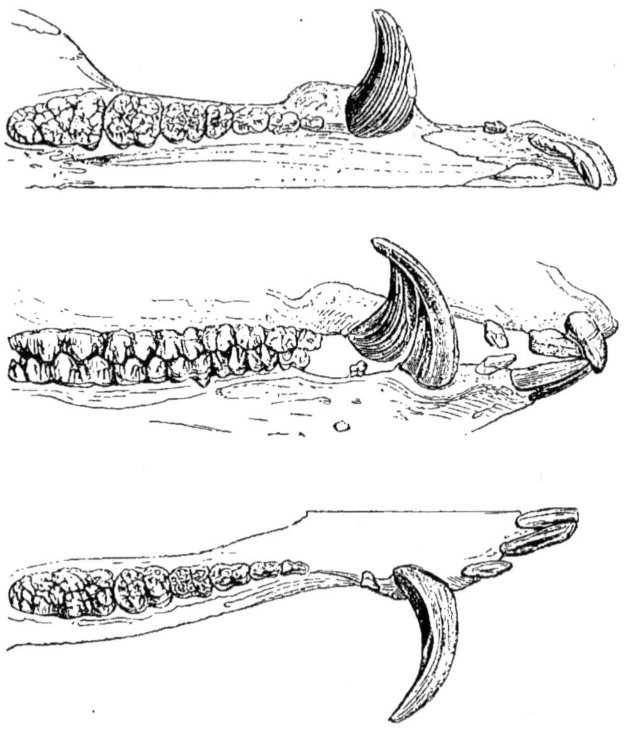

Fig. 33. — Dents du *Sanglier* (comme exemple d'un animal omnivore).

omnivore, comme le sont, par exemple, l'homme, le sanglier, le loup, etc. C'est d'ailleurs ce que nous constaterons en étudiant d'une manière particulière les animaux mammifères.

Mais, au fond, tous ces régimes ne donnent pas des résultats aussi différents qu'on pourrait le croire, et l'alimentation, quel qu'en soit le mode, peut être ramenée à des conditions identiques, son résultat définitif étant de procurer à l'économie des principes immédiats, les uns ternaires, les autres quaternaires, ainsi qu'un certain nombre de substances salines.

CLASSIFICATION DES ALIMENTS. — La différence du régime n'implique donc pas une différence correspondante et fondamentale dans les matériaux chimiques de l'alimentation, et tous les animaux, qu'ils vivent d'herbes, de fruits, de graines, d'insectes, de poissons, ou de la chair et du sang des quadrupèdes et des oiseaux, retirent, en définitive, de leur alimentation, des principes analogues qui sont toujours les mêmes. L'élaboration des aliments est plus ou moins longue; elle exige des actes plus ou moins nombreux, suivant la nature et l'origine de ces aliments; mais ses résultats ne changent pas pour cela. Le lion et le tigre assouvissant leurs appétits sanguinaires, ou le bœuf et l'antilope, qui paissent tranquillement l'herbe des prairies, demandent à leur alimentation des principes qui sont en réalité les mêmes, à savoir, des substances salines, qu'ils peuvent même prendre avec leur boisson, sans détruire en apparence nul être vivant, et des substances organiques, les unes ternaires, les autres quaternaires, que la chair des animaux ainsi que les tissus des végétaux renferment également.

Contrairement aux végétaux, qui tirent du monde minéral une grande partie de leurs matériaux de consommation, les animaux s'entretiennent au moyen de substances organiques déjà formées, et la nature trouve dans la destruction de tous ces individus des deux règnes, qui servent de pâture aux différents animaux, les uns herbivores, les autres carnassiers, le moyen de maintenir les espèces dans une juste proportion numérique. Par la férocité des carnivores, elle met obstacle à la trop grande abondance des herbivores, et ces derniers s'opposent, à leur tour, à la multiplication excessive des végétaux.

Une autre remarque intéressante peut donc être ajoutée à celles qui précèdent. Tandis que les végétaux jouissent de la propriété de former directement, à l'aide de matériaux empruntés au monde inorganique, la masse des principes immédiats nécessaires à la constitution de leurs organes, et de se nourrir au moyen des produits tirés du sol, les animaux ne créent point ces principes de toutes pièces, et leur substance ne s'accroît chimiquement qu'au détriment de celle d'autres êtres vivants, plus particulièrement des végétaux. Le règne végétal est pour ainsi dire le laboratoire dans lequel se fabriquent les principes immédiats. Ces principes passent des plantes dans les animaux herbivores pour arriver ensuite aux carnassiers lorsqu'ils se nourrissent de ces derniers. Ils peuvent, il est vrai, faire plus tard retour aux végétaux qui les absorbent alors sous forme d'engrais, mais après qu'ils ont été modifiés dans leur composition et réduits en grande partie en eau, en acide carbonique et en principes ammoniacaux.

On se tromperait donc si l'on jugeait de la nature chimique des aliments et de leur rôle dans l'économie par le régime des animaux. La proportion dans laquelle ces aliments contiennent les principes nécessaires à la vie des organes, et la facilité plus ou moins grande avec laquelle certaines espèces doivent les en extraire, motivent, il est vrai, des différences dans la conformation des organes de la digestion; mais ce ne sont encore là que des particularités de second ordre, et il est dans la nature des substances alimentaires dites organiques d'appartenir toutes soit à l'une soit à l'autre des deux catégories quaternaire et ternaire, quelle que soit leur provenance. Aussi est-ce en tenant compte de leurs caractères chimiques qu'il faut les classer, et non d'après leur origine animale ou végétale.

Envisagés ainsi, les aliments de nature organique peuvent être partagés en deux grandes catégories absolument correspondantes à celles dans lesquelles se divisent les principes immédiats constituant les organes. Les animaux, quel que soit leur régime, doivent, sous peine de périr dans un temps plus ou moins rapproché, trouver dans leur alimentation, indépendamment des principes qui suffiraient aux plantes, des aliments des deux catégories ternaire et quaternaire. Le fond l'emporte ici sur la forme, et, en réalité, si variés que soient en apparence les moyens auxquels les animaux ont recours pour se nourrir, leur alimentation se réduit constamment, si l'on fait abstraction des substances salines, à ces deux ordres d'aliments, dits aliments ternaires ou respiratoires et aliments quaternaires ou plastiques.

L'alimentation de l'homme n'échappe pas à ces conditions, et les mets les plus succulents ou les plus délicats des peuples civilisés peuvent être ramenés, en dernière analyse, à quelques principes ternaires ou quaternaires mêlés à un petit nombre de substances salines.

A la division des *aliments ternaires* appartiennent les corps gras : graisses, huiles diverses, etc., quelle que soit leur provenance. La cellulose, plus rare chez les animaux que chez les végétaux, les gommes, l'amidon ou fécule, les sucres, l'acide lactique, etc., sont aussi de ce groupe, dans lequel elles constituent des sous-divisions importantes. La plupart de nos boissons artificielles, le vin, la bière, le cidre et d'autres encore, en possèdent aussi les caractères principaux ou sont dues à leur transformation. La fécule donne une substance sucrée sous l'influence de la diastase, et le sucre, par sa fermentation, fournit de l'alcool, principe essentiel de presque toutes nos liqueurs. Envisagé dans sa composition moléculaire, le sucre peut être ramené aux éléments de l'eau et de l'acide carbonique; il est pour ainsi dire le type des aliments respiratoires.

La classe des *aliments quaternaires*, dits aussi aliments azotés ou plastiques, n'est pas moins riche en espèces. On y rapporte l'albumine, base des tissus nerveux, ainsi que du blanc d'œuf, etc. ; l'albumine se trouve aussi dans le suc propre de certains végétaux ou dans leurs graines. La chondrine des cartilages est encore un aliment de ce groupe, et il en est de même pour la fibrine du sang et des muscles, pour le gluten des graines des graminées, pour les mucilages végétaux, etc. La caséine en fait aussi partie. Ce dernier principe, que l'on extrait surtout du lait, existe également dans le sang des animaux et dans les graines de certaines légumineuses, telles que les haricots, les lentilles ou les pois ; enfin, la gélatine doit être également citée parmi les aliments quaternaires. Elle concourt à former la peau, les tendons, les os, ainsi que le tissu cellulaire, mieux nommé tissu connectif. Ce sont là autant de substances que les animaux recherchent avec avidité pour s'en nourrir.

Conditions de l'alimentation. — Toute alimentation doit comprendre des principes appartenant aux deux catégories dites ternaire ou respiratoire, et quaternaire ou plastique. Elle n'est réellement complète que s'il s'y trouve mêlées des substances d'origine purement minérale : de l'eau, si indispensable à tout organisme; du chlorure de sodium ou sel marin; du phosphate de chaux, pour la solidification des os; du carbonate de chaux, dont sont en particulier formés les coquilles et les polypiers; des sels de fer et d'autres corps simples ou composés.

On a montré, par des expériences faciles à répéter, que si l'on soumet des animaux d'une manière continue à une nourriture entièrement privée de sels calcaires, leurs os ne tardent pas à se ramollir. Il ne se fait plus de dépôt terreux dans la gangue organique qui en est la trame, et leur consistance diminue par suite de la résorption de leurs anciens matériaux. Il est également prouvé que la chlorose, maladie plus connue sous le nom de *pâles couleurs*, tient principalement à la diminution de la quantité normale du fer propre au sang. D'autre part, les recherches des physiologistes ont établi que ni l'albumine pure, ni la gélatine, qui sont des aliments quaternaires, ni l'amidon ou le sucre, aliments ternaires, pris séparément et comme unique nourriture, ne sauraient suffire à l'entretien de la vie. Le dépérissement et la mort sont la conséquence prochaine d'une semblable alimentation. La meilleure nourriture est celle où le plus grand nombre possible de substances nutritives se trouvent mêlées les unes aux autres, et nous nous efforçons chaque jour de mettre ce principe en pratique dans la préparation des mets que l'on sert sur nos tables; leur variété est la garantie d'une bonne alimentation, et le caractère essentiellement omnivore de notre espèce en facilite encore l'application.

Si le lait (fig. 34) peut constituer à lui seul la nourriture des jeunes mammifères, cela tient à la complexité de sa composition chimique. Il renferme en effet des principes quaternaires ou plastiques et des principes ternaires ou respiratoires unis à diverses substances salines, le tout en dissolution dans un liquide aqueux fort abondant. C'est à ces qualités qu'il doit aussi

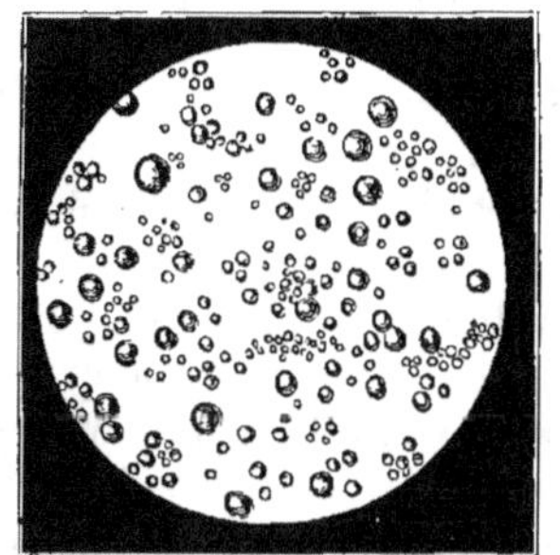

Fig. 34. — Goutte de lait; vue au microscope.

de pouvoir être substitué avantageusement à tout autre régime dans certains cas de maladie, puisqu'il possède tous les principes nécessaires à l'alimentation, et qu'il est d'une digestion facile.

Effets de l'inanition. — Le besoin d'aliments se trahit par une sensation douloureuse dont l'estomac est le siége principal. Une abstinence prolongée ne tarderait pas à occasionner des défaillances. L'anéantissement des forces suivrait bientôt et se manifesterait par des évanouissements, précurseurs de la mort.

La condition du travail digestif est de fournir incessamment au sang des matériaux nouveaux pour suppléer à ce qui se consomme et de remplacer au sein des organes les matériaux que l'activité vitale enlève incessamment aux tissus. L'absorption gastro-intestinale doit s'opérer d'une manière continue, et les vaisseaux chylifères des animaux privés d'aliments ne tardent pas à se vider des fluides blancs, c'est-à-dire du chyle qu'ils renfermaient. Mais chez les animaux hibernants, les fonctions se ralentissent pendant le sommeil auquel ils sont assujettis en hiver, et sont pour ainsi dire suspendues. Si leur combustion respiratoire et la transformation de leurs principes plastiques continuaient comme pendant la veille, ils ne tarderaient pas à périr après avoir consommé les matériaux qu'ils avaient accumulés par la digestion. Cependant, comme leur vie n'a pas été entièrement anéantie, ils sont souvent devenus très-maigres lorsqu'ils sortent de leur somnolence, attendu qu'ils ont employé une notable partie de leurs principes plastiques et respiratoires, en particulier la provision de graisse dont ils s'étaient chargés avant de s'endormir.

La privation de boissons agit plus promptement encore que celle des aliments solides, mais sans produire des accidents aussi graves. Si l'individu qui s'y trouve soumis est placé dans une atmosphère chaude et sèche, ou si, par surcroît de dépense, il est assujetti à une marche forcée ou à un travail actif, l'altération de ses traits, l'affaiblissement de ses membres, l'affaissement de ses tissus et d'autres signes de la déperdition qu'il éprouve, trahissent bientôt son état de souffrance. L'ingestion d'une forte quantité de liquide peut seule lui faire reprendre l'apparence de la santé, et de l'eau suffit pour arriver à ce résultat.

On observe fréquemment des faits de ce genre dans les caravanes, soit sur les hommes, soit surtout sur les animaux, principalement sur les chameaux et les dromadaires, qui sont cependant des espèces plus appropriées que les autres par la nature à supporter de longues privations. Lorsqu'ils sont arrivés au terme de leur marche ou aux oasis qui en marquent les longues étapes, ils reprennent bientôt leur apparence primitive, après avoir bu abondamment; ils ont par là fourni à leurs tissus le moyen de s'imbiber de nouveau, et la transformation que ces animaux subissent dans leur apparence extérieure est si prompte, qu'il arrive parfois à leurs propriétaires de ne pas les reconnaître.

La prétendue résurrection des tardigrades et de quelques espèces également inférieures qui sont exposées par leur mode d'existence à une dessiccation extrême, est le même phénomène poussé jusqu'à ses dernières limites. Les tardigrades sont un genre de mites vivant dans la poussière des toits et qui y subissent, par les alternatives du soleil et de la pluie, soit un extrême desséchement, soit une humidité exagérée. Ils résistent aux effets de ces singulières variations, jouissant de toute leur activité lorsque leurs tissus sont suffisamment imbibés, et se racornissant complétement dans le cas contraire. On a pu reproduire ces phénomènes artificiellement en desséchant les tardigrades dans des étuves dont la température était portée au-dessus de 100 degrés. Leur vitalité n'est que suspendue, et, si on les place ensuite à l'air extérieur, il suffit d'une goutte d'eau pour leur rendre la possibilité de se mouvoir et leur redonner toute leur activité. Ces animaux ont cependant des muscles, des nerfs, des globules sanguins, etc., et tout cela reprend son activité vitale en s'imbibant.

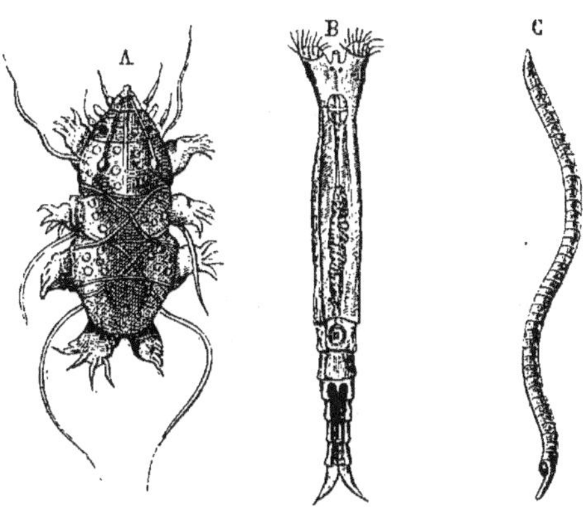

FIG. 35. — Animaux dits ressuscitants (*).

Les rotifères, genre de systolides qui vivent dans les mêmes conditions, jouissent aussi de cette singulière propriété, et il en est également ainsi des anguillules du blé niellé, qui sont de très-petits vers de la classe des Nématoïdes, analogues à ceux du vinaigre et de la colle.

§ II. — Tube digestif.

MUQUEUSE DIGESTIVE. — La partie fondamentale de l'appareil digestif est un canal ou tube, tantôt de diamètre à peu près égal dans toute sa longueur, tantôt dilaté sur différents points de son trajet, de manière à constituer des espèces de poches ou réservoirs dans lesquels la nourriture s'amasse en quantité plus considérable pour y éprouver des modifications qui la rendent susceptible d'être absorbée. Il s'opère dans ces cavités une séparation des parties assimilables d'avec celles qui doivent être rejetées au dehors sous forme de fèces ou excréments; le tube intestinal est donc le siége de la digestion.

STRUCTURE DE LA MUQUEUSE DIGESTIVE. — Par sa composition anatomique, le tube digestif appartient à la catégorie des membranes muqueuses, dont le caractère le plus apparent est d'avoir la surface lubrifiée par une sécrétion muqueuse plus ou moins abondante. Ses deux orifices, antérieur et postérieur, sont en continuité non interrompue avec l'enveloppe extérieure du corps, c'est-à-dire avec la peau, et l'on a souvent regardé le canal intestinal comme une simple rentrée de cette membrane.

(*) A = *Tardigrade*. — B = *Rotifère*. — C = *Anguillule.*

Une expérience curieuse de Trembley sur l'hydre, genre de petits polypes qui vit dans nos eaux douces, a longtemps servi d'argument principal en faveur de cette manière de voir, qui pourtant n'est pas exacte. Ce sagace observateur a réussi à retourner des hydres de telle façon que l'estomac de ces zoophytes devenait leur peau externe, et que leur surface précédemment extérieure occupait la place de l'estomac et se transformait de la sorte en un organe de digestion.

L'examen de la manière dont se développe le tube digestif des espèces supérieures a montré que telle n'est point l'origine de cet appareil, du moins chez ces animaux.

Envisagée sous le rapport des éléments anatomiques dont elle est constituée, la membrane digestive se laisse assez bien comparer à la peau, quoiqu'elle n'en soit pas la continuation directe. On y remarque plusieurs couches superposées qui constituent ses différentes tuniques. Ce sont :

1° Une sorte d'épiderme tantôt plus mince, tantôt plus épais, suivant les points observés, et qui appartient au même groupe histologique que l'épiderme cutané. On le désigne, comme tout épiderme propre aux membranes muqueuses, par le nom d'*épithélium*, et l'on en distingue plusieurs formes, suivant les portions de l'appareil digestif ou les espèces animales que l'on étudie.

2° Au-dessous de cet épithélium, et comme représentant à la muqueuse digestive le derme ou cuir de la peau extérieure, est le *chorion muqueux*. C'est une tunique de nature fibro-celluleuse, à mailles lâches et facilement perméables, présentant dans certains points des saillies coniques ou cylindriformes, molles et flottantes, qui sont ses *villosités*. Ce sont, pour ainsi dire, des papilles analogues à celles de la peau, mais de dimensions plus grandes et qui jouent un rôle important dans les phénomènes d'absorption intestinale. Chez certaines espèces, leurs dimensions sont plus considérables que chez les autres. Le rhinocéros, par exemple, en présente qui ont jusqu'à 3 centimètres de long sur 2 de large, et dont l'extrémité libre est bifurquée.

3° La troisième tunique de l'intestin est de nature *musculaire*. Elle se compose de deux couches de fibres le plus souvent lisses, dont l'une a ses faisceaux disposés longitudinalement, tandis que l'autre les a transversaux ou circulaires. Les contractions alternatives de ces deux systèmes de fibres raccourcissent partiellement l'intestin ou l'allongent, et c'est de leur jeu que résulte cette apparence vermiforme des mouvements intestinaux, qui ont reçu, à cause de cela même, le nom de *mouvements vermiculaires*. Ce double mouvement en sens inverse (péristaltique et antipéristaltique) est la principale cause du transport des aliments d'un point du tube intestinal à un autre; il assure leur marche à travers l'appareil digestif.

On remarque par endroits un développement plus considérable des fibres musculaires de l'intestin, là précisément où l'action mécanique doit se faire sentir davantage. Le pylore, ou orifice terminal de l'esto-

mac de beaucoup d'animaux, et le gésier des oiseaux, qui est une sorte
de pylore exagéré, en sont des exemples remarquables. On peut encore
citer la *valvule*, dite, suivant que le cæcum existe ou qu'il manque,
iléo-cœcale ou *iléo-colique;* elle sépare l'intestin proprement dit en deux
parties, l'une appelée *intestin grêle*, et l'autre *gros intestin*.

À l'entrée du canal intestinal est la *bouche*, organe de mastication et
d'insalivation, et l'orifice opposé constitue l'*anus*. On remarque à ces
deux orifices un développement du sys-
tème musculaire plus considérable que
sur la plupart des autres points. Il y
existe des muscles distincts souvent disposés en anneaux, et le nom de *sphincter*,
qu'on leur donne à la partie terminale
du tube digestif, rappelle qu'ils y forment des espèces de liens ou de cordons
destinés à l'occlusion de cet appareil. À
l'encontre de ceux de la tunique intestinale, ces muscles des orifices terminaux du tube digestif restent soumis à
l'action de la volonté, et les fibres qui
les constituent sont de nature striée,
au lieu d'être lisses comme celles de
la tunique musculaire de l'intestin proprement dit.

De même que les autres membranes,
la muqueuse intestinale reçoit des *vaisseaux* et des *nerfs*, les premiers chargés
de fournir à sa dépense vitale, les seconds ayant pour mission de veiller à
l'exécution de ses différentes fonctions.

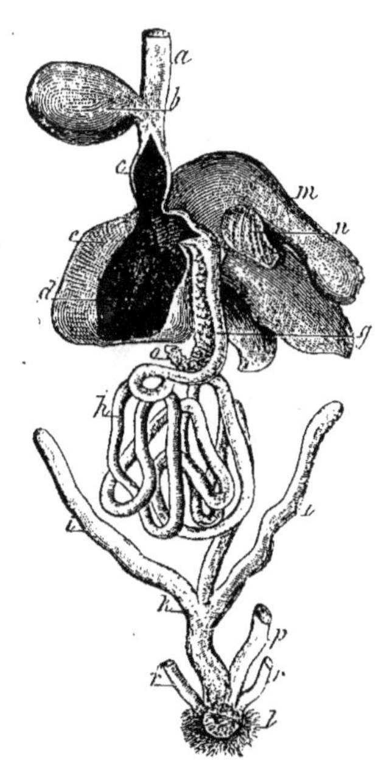

Fig. 36. — Appareil digestif
de la *Poule* (*).

Cavités diverses et conduits formant
le tube digestif. — Les modifications
que le tube intestinal présente sur son trajet ne sont pas inutiles
à connaître si l'on veut arriver à bien comprendre les différents actes
desquels résulte la digestion. En effet, chacune des dilatations ou chambres qu'on y remarque est le siége d'une élaboration particulière des
aliments, et l'appareil digestif conserve sa disposition en forme de tube
dans les parties où cette disposition est plus appropriée aux phénomènes
particuliers qui s'y accomplissent. Chez l'homme et chez beaucoup
d'autres animaux, le tube digestif est ainsi divisé en plusieurs organes

(*) *a*) partie inférieure de l'œsophage; — *b*) jabot; — *c*) ventricule succenturié; —
d) gésier; — *e*) sa paroi musculaire; — *g*) duodénum; — *h*) intestin grêle; — *i, i*) les deux
cæcums; — *k*) commencement du gros intestin; — *m*) foie rejeté à gauche; — *n*) sa vésicule biliaire; — *o*) pancréas.
On a aussi représenté la partie inférieure de l'oviducte (*p*) et celles des uretères (*r, r*),
pour montrer l'ensemble des parties qui aboutissent au cloaque (*l*) avec le rectum.

successifs : les uns constituant des dilatations ou cavités, comme la bouche et l'estomac ; les autres de forme tubulaire et toujours plus longs que larges, comme par exemple l'œsophage et l'intestin proprement dit.

C'est par une cavité que l'appareil digestif commence, et cette cavité s'appelle la BOUCHE. Limitée en avant par les lèvres, dont un muscle circulaire détermine le resserrement ou l'ouverture, elle a pour parois latérales les *joues*, dilatées en forme de sacs ou abajoues chez certaines espèces ; pour voûte, le *palais*, portant en arrière une sorte de voile (luette et voile du palais) qui empêche les aliments de remonter dans les fosses nasales. Inférieurement, la *langue*, ainsi que les muscles tendus au-dessous d'elle entre les deux branches de la mâchoire inférieure, constituent son plancher. Les mâchoires et d'autres os, tels que les palatins, en constituent la charpente, et ces mâchoires sont elles-mêmes des instruments de digestion, puisqu'elles contribuent, par les *dents*, qui arment leur bord libre, et par leur propre pression, à la mastication des aliments, ainsi qu'à la formation du bol alimentaire.

Le voile du palais sépare en arrière la bouche d'avec le PHARYNX, qui en est pour ainsi dire une dépendance. Le pharynx, appelé aussi *arrière-bouche* ou *gosier*, est placé entre la bouche et l'œsophage ; il constitue une sorte de carrefour auquel aboutissent aussi les orifices postérieurs des narines et le larynx. Ces parties ont besoin d'être mises en rapport entre elles pour conduire aux poumons l'air aspiré par les na-

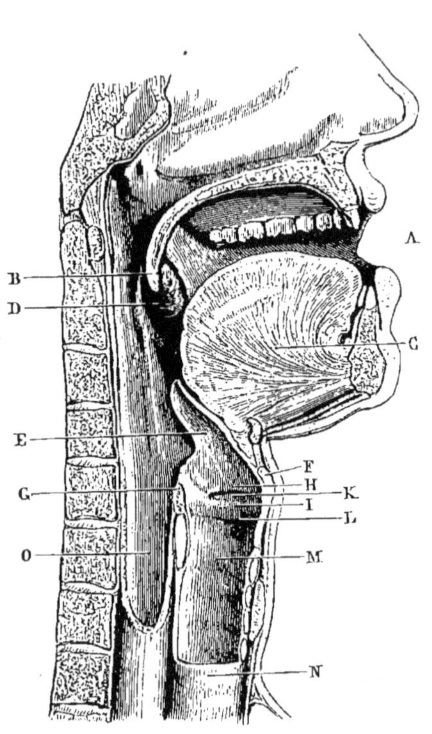

FIG. 37. — Cavité buccale, pharynx et larynx de l'*Homme* (coupe verticale) (*).

(*) *a*) ouverture buccale ; — *b*) voile du palais ; — *c*) muscles intrinsèques de la langue ; — *d*) amygdale ; — *e*) épiglotte ; — *f* et *g*) cartilages thyroïde et aryténoïde du larynx ; — *h*) corde vocale supérieure gauche ; — *i*) corde vocale inférieure du même côté ; — *k*) ventricule du larynx correspondant aux deux cordes vocales gauches ; — *l*) limite inférieure du larynx ; — *m*) face interne de la trachée-artère ; — *n*) face externe de la trachée-artère ; — *o*) l'œsophage coupé verticalement à la hauteur du cartilage cricoïde.

rines, mais elles doivent rester fermées pendant que s'opère la déglutition. Le voile du palais, rejeté en arrière, va boucher l'orifice postérieur des narines, et l'entrée de la trachée-artère, c'est-à-dire le larynx, est close par une sorte de soupape mobile soutenue par un cartilage. Cette soupape est l'*épiglotte*, qui s'abaisse lors du passage des aliments; elle n'est bien développée que chez l'homme et chez les mammifères.

Sans cette curieuse disposition, les aliments remonteraient dans le nez ou entreraient dans le larynx, ce qui arrive cependant quelquefois, malgré les précautions prises à cet égard par la nature.

C'est dans le pharynx que s'accomplit l'acte de la *déglutition*, c'est-à-dire l'action d'avaler les aliments et leur envoi à l'estomac à travers l'œsophage. Plusieurs muscles encore soumis à la volonté y concourent.

Après le pharynx vient l'œsophage, partie tubulaire allongée qui pourrait être comparée à la tige d'un entonnoir dont le pharynx serait la partie évasée. Son nom est tiré du grec et signifie : porte-manger. C'est lui en effet qui mène les aliments de la bouche dans l'estomac. Il descend au devant de la colonne vertébrale, en arrière et un peu à gauche de la trachée-artère, et suit intérieurement la cage thoracique pour aboutir à l'estomac. Chez les oiseaux il est dilaté vers son milieu en une grande poche dans laquelle les aliments s'accumulent pour subir une première action des sucs digestifs. Cette dilatation est appelée le *jabot*.

Quant à l'estomac, c'est un vaste réservoir musculo-membraneux dans lequel séjournent les aliments descendus par l'œsophage; il les garde un certain temps dans son intérieur pour agir sur eux et en séparer une première série de matières assimilables. Il est situé immédiatement au-dessous du diaphragme, sorte de vélum musculo-tendineux séparant la cavité thoracique de la cavité abdominale; sa forme est celle d'une cornue ou d'une cornemuse, et il a son grand axe dirigé transversalement, un peu obliquement de gauche à droite. Sa partie gauche est plus dilatée que l'autre. L'ouverture par laquelle l'estomac communique avec l'œsophage s'appelle le *cardia*. On reconnaît à l'estomac un grand cul-de-sac placé à gauche de son ouverture cardiaque, et un petit cul-de-sac plus rapproché au contraire de l'ouverture opposée, qui est le *pylore*. Le bord supérieur de l'estomac constitue sa petite courbure, et son bord inférieur sa grande courbure. Sa capacité est variable d'une espèce à l'autre; elle augmente d'ailleurs ou diminue incessamment par la dilatation ou la constriction de ses fibres, suivant la quantité des aliments qui lui sont transmis.

Estomacs simples et estomacs complexes. — L'estomac de l'homme, celui du chien, du chat, du cochon, etc., sont des estomacs simples, parce qu'ils ne sont pas partagés intérieurement en loges secondaires, et dans beaucoup d'autres animaux il en est également ainsi. Mais il y a des mammifères dont l'estomac se complique par la séparation de ses diverses parties, cardia, grand cul-de-sac, petit cul-de-sac et pylore, en autant de loges distinctes. Cette disposition est surtout évidente chez les ruminants (bœuf, chèvre, mouton, antilope, cerf, girafe, chevrotain et chameau); c'est elle qui a fait dire de ces animaux qu'ils ont plusieurs estomacs. Mais une comparaison attentive de ces estomacs prétendus multiples avec l'estomac simple des mammifères ordinaires, et l'observation de formes intermédiaires à ces deux conditions dans d'autres espèces, comme l'hippopotame, le pécari, le lamantin, conduisent à regarder la disposition propre aux ruminants comme résultant non pas de la présence de parties nouvelles et différentes de l'estomac simple de l'homme, mais de la complication plus grande des divisions reconnues dans l'estomac de ce dernier.

ESTOMAC DES RUMINANTS. — Chez les ruminants (fig. 38), le grand cul-de-sac se sépare en une première cavité, elle-même divisée en deux ou trois

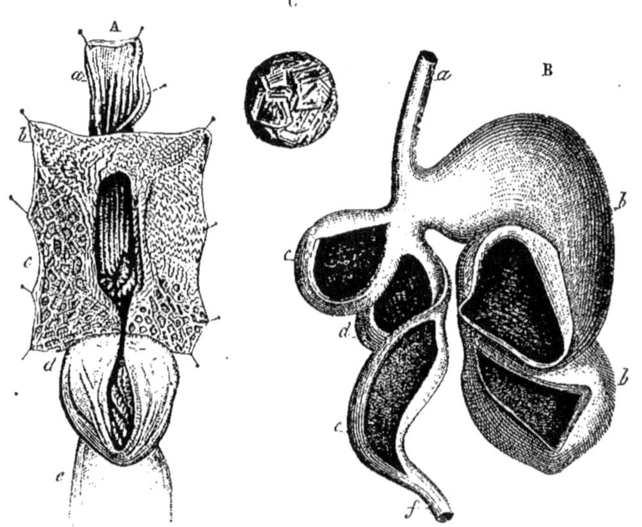

FIG. 38. — Estomac de ruminant (*Mouton*) (*).

chambres et constituant un réservoir considérable. Ces animaux y accumulent les aliments qu'ils recueillent en grande quantité, et que dans l'état de nature ils doivent ramasser avec précipitation, afin d'échapper à la poursuite des carnivores dont ils forment eux-mêmes la nourriture.

(*) A = a) la partie intérieure de l'œsophage fendue; — b) partie de la panse; — c) partie du bonnet : ces deux cavités ont été ouvertes pour montrer la gouttière ou rainure conduisant à l'œsophage, qui facilite la rumination; — d) feuillet fendu longitudinalement; — e) partie de la caillette.

B = a) œsophage; — bb) panse divisée en deux compartiments; — c) bonnet; — d) feuillet; — e) caillette; — f) commencement du duodénum : les quatre divisions de l'estomac ont été ouvertes pour en montrer l'intérieur.

C = pelote alimentaire que l'animal fait remonter de son estomac à sa bouche pour la mâcher de nouveau, ce qui constitue l'acte de la rumination.

Cette première cavité stomacale est la *panse* ou herbier, dont la face interne est garnie d'un épithélium gaufré, très-épais, destiné à la protéger contre le fourrage, les herbes, les graines ou les autres substances qui pourraient en léser la membrane.

La seconde cavité est le *bonnet*, ainsi appelé de sa forme. Sa surface est également papilleuse, et l'épithélium épais que ses saillies papilliformes recouvrent présente dans son ensemble une apparence réticulée. Le bonnet reçoit partiellement les aliments accumulés dans la panse ; il les moule petit à petit sous forme de pelotes qui remontent successivement à la bouche pour y être mâchées et insalivées de nouveau. Cette seconde mastication constitue l'acte de la rumination. Les animaux sauvages qui jouissent de cette faculté l'exercent lorsqu'ils se sont retirés dans un endroit isolé ou qu'ils ne craignent plus la poursuite de leurs ennemis ; c'est aussi pendant le repos que nos ruminants domestiques s'y livrent de préférence. On les voit alors mâcher sans prendre aucun aliment nouveau, et la pelote formée dans le bonnet passe le long de leur cou, allant du bonnet à la bouche, pour redescendre ensuite de cette dernière cavité dans la poche qui fait suite au bonnet, c'est-à-dire dans le feuillet. C'est par une rainure de la partie nommée chez l'homme grande courbure, que la pelote alimentaire, poussée de la panse dans le bonnet, sort de l'estomac pour remonter l'œsophage et gagner la bouche.

La troisième cavité stomacale des ruminants est le *feuillet*, ainsi nommé à cause des valvules longitudinales ou plis comparables aux feuillets d'un livre qu'il présente dans son intérieur. Les aliments ramenés dans la bouche et déglutis de nouveau y descendent directement en repassant par la gouttière formée par la grande courbure, et ils commencent à y subir l'élaboration qui constitue essentiellement la digestion stomacale. Le feuillet des ruminants répond en partie au petit cul-de-sac de l'estomac humain ; il est suivi d'une quatrième cavité.

Cette dernière est la *caillette*, ainsi nommée à cause de son action sur le lait, dont elle détermine la coagulation. Elle n'est autre que la portion de notre propre estomac la plus rapprochée du pylore.

De l'estomac chez quelques autres animaux. — Les dauphins et le paresseux ont aussi l'estomac multiloculaire.

Chez certaines espèces (semnopithèques, kangurous, etc.), cet organe présente dans sa longueur des brides musculaires qui le font ressembler au gros intestin.

Les oiseaux ont habituellement, après le jabot, une cavité, garnie de nombreux cryptes glanduleux, qui a reçu le nom de *ventricule succenturié*; elle est située avant le gésier, dont la partie charnue prend un développement considérable, et répond à la partie cardiaque de l'estomac humain. Son produit exerce une action dissolvante sur les aliments résistants dont les contractions musculaires du gésier déterminent ensuite la trituration définitive. Quant au gésier, on peut le considérer comme répondant à la partie pylorique.

Intestins. — La partie du tube digestif qui fait suite à l'estomac constitue les intestins proprement dits. Elle conserve une forme spécialement tubulaire. Sa longueur dépasse habituellement celle du corps, et comme elle est logée dans la cavité abdominale, elle est contournée sur elle-même et repliée en circonvolutions, de manière à n'occuper qu'une place peu considérable eu égard à cette longueur. Ses replis ne sont pas immédiatement en contact les uns avec les autres. Ils sont séparés entre eux au moyen d'une membrane de nature séreuse, le *péritoine*, et recouverts par les expansions de cette membrane, qui s'étend aussi sur les parois de toute la cavité abdominale. C'est dans les replis du péritoine que les intestins exécutent leurs mouvements. Il leur amène les vaisseaux sanguins fournissant les éléments des sécrétions digestives et le sang nécessaire à leur propre nutrition. Les nerfs qui les animent et les vaisseaux chylifères chargés de recueillir les matériaux rendus absorbables par la digestion intestinale suivent aussi les replis de cette membrane.

Nous avons déjà vu qu'on reconnaissait aux intestins deux parties différentes l'une de l'autre; ces deux parties sont en général faciles à distinguer. La première, dite *intestin grêle*, forme à elle seule les quatre cinquièmes du tube digestif, et ses différentes portions sont désignées par les noms de *duodénum, jéjunum* et *iléon*. La seconde, nommée *gros intestin*, comprend le *cæcum*, le *côlon* et le *rectum;* elle aboutit à l'anus; son diamètre est plus considérable que celui de l'intestin grêle; son apparence est également différente de la sienne.

Le cæcum est le commencement du gros intestin. C'est entre lui et le côlon que s'opère la jonction de ce dernier avec l'intestin grêle, jonction qui a précisément lieu au point occupé par la *valvule iléo-cæcale*, qui serait mieux nommée iléo-colique ; car, chez certaines espèces, comme l'ours, la plupart des insectivores, quelques oiseaux, beaucoup de reptiles, etc., il n'y a pas du tout de cæcum.

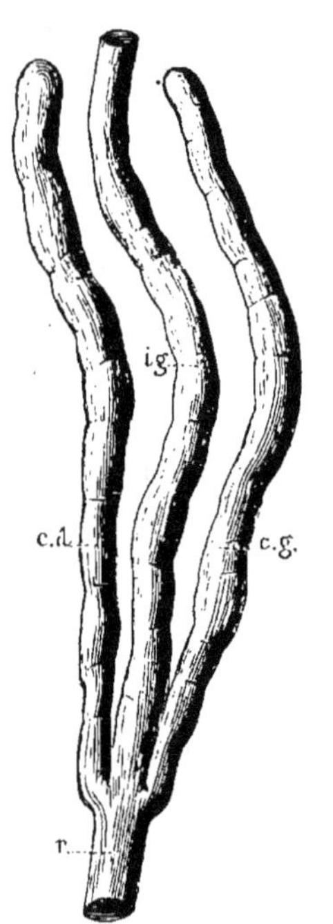

Fig. 39. — Cæcums pairs de l'intestin du *Canard* (*).

Dans l'espèce humaine, cette partie de l'intestin est de grandeur moyenne, et elle est terminée par un prolongement grêle auquel on a donné le nom d'*appendice vermiforme.* Il y a au contraire un cæcum

(*) *i.g.*) portion inférieure de l'intestin grêle ; — *r*) commencement du côlon ; — *c.d.* et *c.g.*) cæcums droit et gauche.

considérable chez les animaux herbivores ; exemple : le cheval, les ruminants, le lapin et beaucoup d'autres rongeurs, les kangurous,.etc. Il est alors dilaté de manière à simuler une sorte de second estomac qui serait placé au commencement du gros intestin, comme l'estomac proprement dit l'est en avant de l'intestin grêle [1]. Il s'y fait une digestion complémentaire de la digestion stomacale, et les matières alimentaires non encore attaquées par les sucs digestifs s'y accumulent aussi comme dans un réservoir pour y subir cette nouvelle action. Chez les oiseaux, il y a souvent deux cæcums (fig. 36, *i, i*, et fig. 39) au lieu d'un seul à la jonction des deux parties de l'intestin ; en outre, un petit cæcum peut exister, dans les mêmes animaux, sur le trajet de l'intestin grêle.

Certains poissons, au nombre desquels nous citerons les raies et les squales (fig. 40), ont l'intestin disposé intérieurement en forme de spirale et comparable à une vis d'Archimède ; il en résulte que la surface absorbante s'y trouve notablement augmentée, sans qu'il ait besoin d'avoir une longueur considérable.

Longueur proportionnelle des intestins. — D'autres particularités relatives aux intestins des animaux ne sont pas moins curieuses. Nous citerons spécialement les variations de longueur que ces organes présentent,

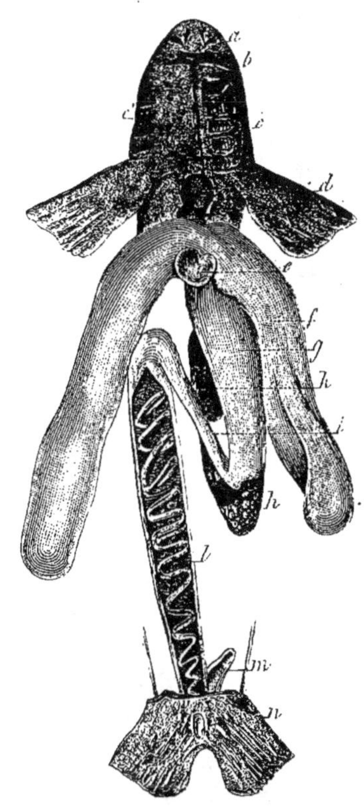

Fig. 40. — Viscères nutritifs d'un *Squale* du genre Roussette (*).

en rapport avec le régime des différents genres. L'intestin de l'homme mesure environ 12 mètres, les deux parties comprises. Chez le bœuf, il a près de 50 mètres et 20 fois au moins la longueur du corps ; chez le mouton, plus de 28 mètres ; chez le cheval, 25 mètres ; chez le cochon, 19 ou 20. On a établi pour un certain nombre d'autres animaux le rapport

(*) *a*) narines ; — *b*) bouche ; — *cc'*) branchies et fentes branchiales ; — *f*) portion gauche du foie : la portion droite ne porte pas de lettre ; — *e*) vésicule biliaire ; — *g*) estomac ; — *h*) rate ; — *k*) pancréas ; — *l*) intestin ouvert pour montrer sa valvule spirale ; — *m*) cæcum ; — *n*) anus ; — *d*) cœur.

1. L'estomac du desmode, espèce de chauve-souris de la famille des Vampires, propre à l'Amérique méridionale, a une forme très-semblable à celle du cæcum des mammifères herbivores.

existant entre la longueur de leurs intestins et celle de leur corps, et il est résulté de cette comparaison le fait suivant. Les animaux herbivores

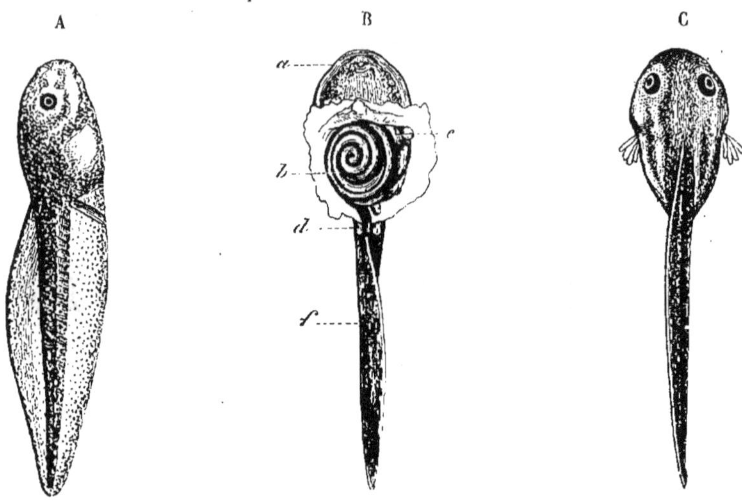

FIG. 41. — Têtard de *Grenouille* (*).

ont le tube digestif proportionnellement beaucoup plus long; les carni-

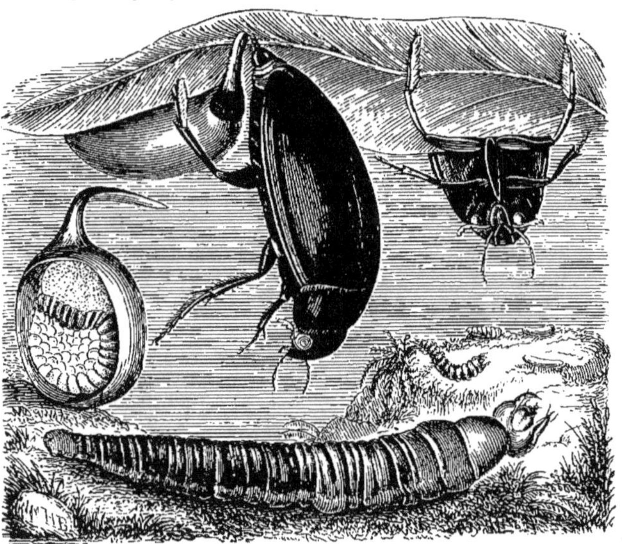

FIG. 42. — Hydrophile.

(*) *a*) bouche ; — *b*) tube digestif ; — *c*) foie, rejeté à gauche ; — *d*) anus s'ouvrant entre les deux pattes postérieures, encore rudimentaires ; — *f*) queue.
A = de profil.
B = vu en dessous, pour montrer l'intestin.
C = vu en dessus, avec ses branchies extérieures.

vores au contraire l'ont beaucoup plus court ; enfin, chez les omnivores, il est dans une condition intermédiaire. La grenouille, qui se nourrit de végétaux pendant qu'elle est à l'état de têtard, et de substances animales lorsqu'elle s'est métamorphosée, a dans son premier âge le tube digestif proportionnellement plus long que lorsqu'elle est arrivée à l'état adulte. La même remarque s'applique aux autres batraciens anoures.

Dans l'hydrophile, espèce de gros insecte coléoptère vivant dans l'eau, c'est le contraire qui a lieu. Sa larve, dite *ver assassin*, se nourrit de substances animales, et elle a le canal digestif de faible dimension ; tandis qu'étant devenu insecte parfait, l'hydrophile se nourrit de végétaux et a le même canal notablement plus considérable.

Les insectes (fig. 43 et 44), les crustacés, les arachnides, la plupart des vers, les mollusques (fig. 45 et 46) et les échinodermes (fig. 47 et 48), ont d'ailleurs le canal intestinal complet, c'est-à-dire pourvu de deux orifices terminaux, l'un répondant à la bouche des animaux vertébrés, l'autre à leur anus. La position de ces deux orifices est assez variable, et dans certaines espèces ils sont fort rapprochés l'un de l'autre ; ce qui se voit aussi déjà dans quelques poissons. Ces poissons, qui ressemblent pour la plupart aux anguilles par leurs caractères zoologiques, ont l'anus placé sous la gorge, à peu de distance de la symphyse des maxillaires inférieurs.

Appareil digestif des animaux les plus inférieurs. — Il existe des animaux dont l'appareil digestif ne présente qu'un seul orifice, lequel sert à la fois de bouche et d'anus. Les actinies et les autres polypes sont

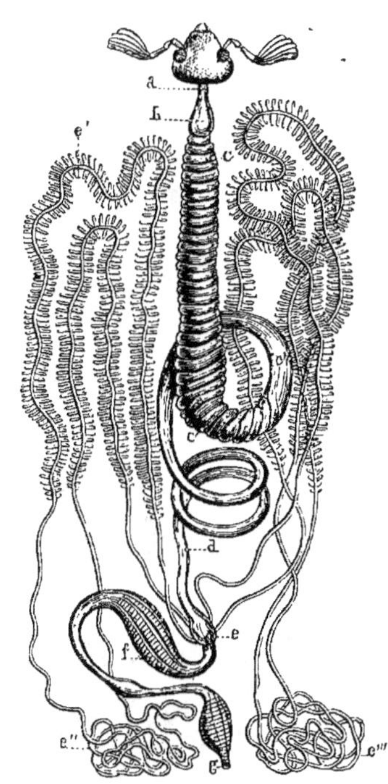

Fig. 43. — Le tube digestif du *Hanneton* (*).

dans ce cas. Chez certaines méduses, nommées à cause de cela rhizostomes, l'orifice digestif est multiple, et chacune de ses ouvertures est située à l'extrémité d'appendices en forme de racines, par le moyen desquels se fait la succion des aliments. Dans d'autres animaux plus simples encore,

(**) *a*) œsophage ; — *b*) jabot ; — *cc'*) estomac ; — *d*) intestin grêle ; — *e*) l'insertion des canaux dits de Malpighi, organes qui représentent le foie ; — *e'e''*) ses canaux ; — *f*) gros intestin et sa terminaison anale *g*.

tels que les éponges, certains infusoires, les foraminifères, etc., il n'y a

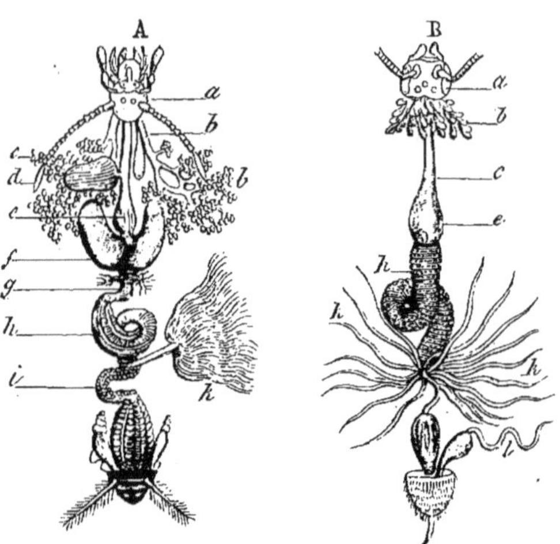

FIG. 44. — Appareil digestif des Insectes (*).

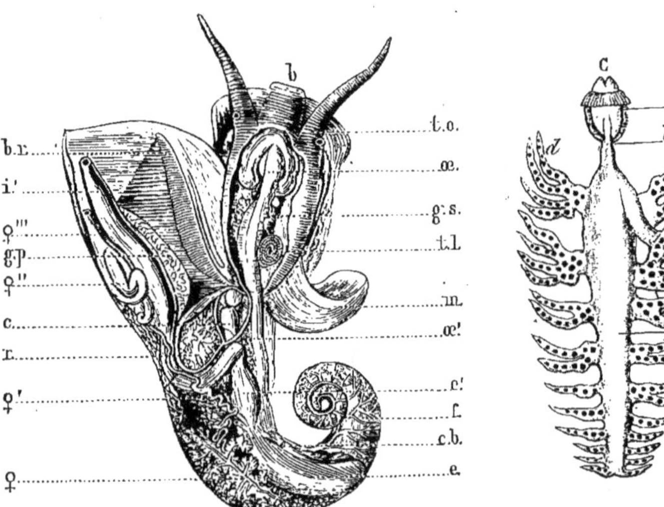

FIG. 45. — *Littorine vignot.* Anatomie (**).

FIG. 46. — Appareil digestif de l'*Éolide* (***).

plus de cavité digestive proprement dite ; il peut même arriver qu'il n'y

(*) A = *Taupe-grillon ;* *a*) la tête et ses appendices ; — *b*) glandes salivaires ; — *c*) granules sécréteurs des mêmes glandes ; — *d*) antennes ; — *e*) proventricule ou partie cardiaque de l'estomac précédée de l'œsophage qui porte le jabot sur son trajet ; — *f*) poches

ait pas d'orifice spécial pour l'entrée des aliments. Ceux-ci sont alors

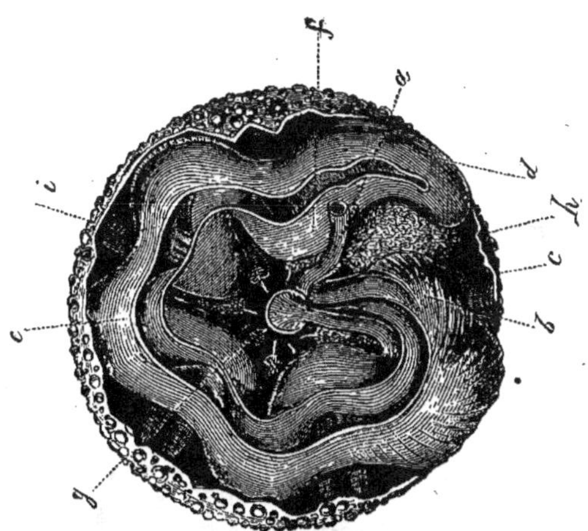

FIG. 47. — Principaux organes de l'*Oursin* (****).

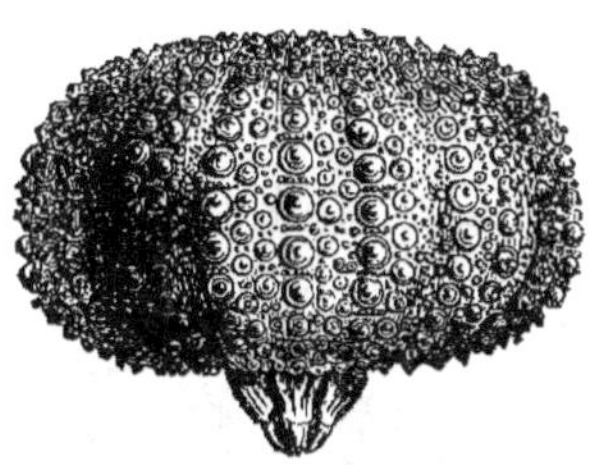

FIG. 48. — Le test calcaire de l'*Oursin*, au-dessous duquel se voit l'appareil dentaire
dit lanterne d'Aristote.

absorbés par simple endosmose ou introduits tantôt par un point du corps, tantôt par un autre.

accessoires de l'estomac ; — *g*) partie moyenne de l'estomac ; — *h*) ventricule chylifique ou partie pylorique de l'estomac ; — *i*) intestins ; — *k*) canaux de Malpighi représentant le foie.

B = *Abeille* : *a*) tête et bouche ; — *b*) glandes salivaires ; — *c*) œsophage ; — *e*) jabot ; — *h*) estomac ; — *k*) canaux de Malpighi remplaçant le foie ; *l*) — glande anale sécrétant le venin.

(**) *Littorine* : *b*) bouche ; — *t.o.*) tentacules oculifères ; — *œœ'*) œsophage ; — *g.s.*) glandes salivaires ; — *t.l.*) ruban lingual ; — *m*) muscles ; — *ee'*) estomac ; — *f*) foie ; — *c.b.*) canaux biliaires ; — *r*) rein ; — *e*) cœur, formé de deux cavités ; — *g.p.*) glande de la pourpre ; — *i*) rectum aboutissant à l'anus ; — *br*) branchie.

(***) *Éolide* : *a*) bouche et ses mâchoires chitineuses ; — *b*) œsophage ; — *c*) estomac ; — *e*) rectum ; — *d*) appendices représentant le foie.

(****) *Oursin* : *a*) œsophage ; — *b, e, f*) circonvolutions intestinales ; — *g*) anus ; — *g*) membrane enveloppant les viscères ; — *h*) un des ovaires ; — *i*) coque ou test calcaire.

§ III. — **Dentition.**

DES DENTS ; LEURS USAGES. — Les dents sont de petits organes plus durs que les os, placés à l'intérieur de la bouche et implantés par une ou plusieurs *racines* sur le bord des mâchoires, du moins chez l'homme et les animaux supérieurs ; elles servent à moudre ou à broyer les

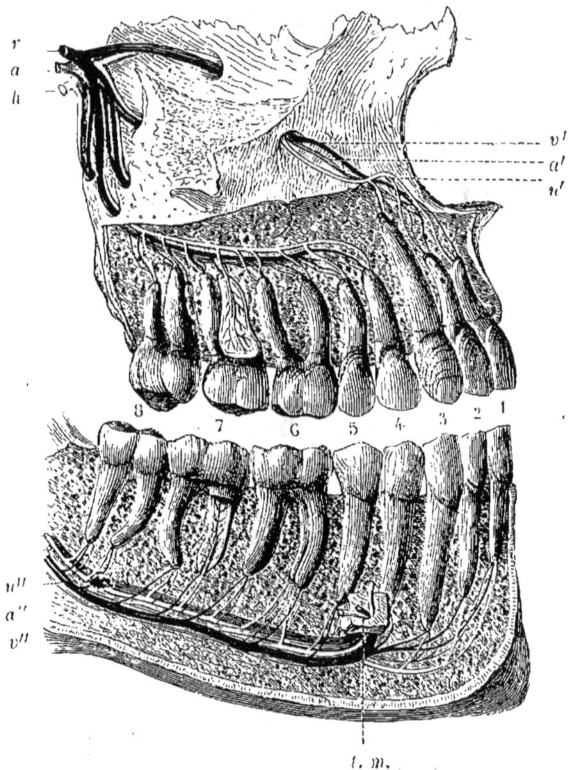

FIG. 49. — Les dents de l'*Homme* vues de profil, avec leurs racines, leurs vaisseaux et leurs nerfs (*).

aliments au moyen de leur partie extra-alvéolaire, dite la *couronne*. La ligne de séparation entre la couronne et les racines d'une même dent s'appelle le *collet*.

Ces organes sont de la catégorie de ceux que nous avons réunis sous

(*) 1 et 2) les quatre incisives droites des deux mâchoires ; — 3) les deux canines ; — 4 à 8) les dix molaires.

a) artères dentaires ; — v) veines dentaires ; — n) nerfs dentaires allant aux molaires supérieures ; — a', v', n') artères, veines et nerfs allant aux incisives et à la canine supérieures ; — a'', v'', n'') artères, veines et nerfs allant aux dents inférieures ; — tr. m.) trou mentonnier qui livre passage à des rameaux, issus des mêmes branches que les vaisseaux et les nerfs dentaires inférieurs, se rendant à la lèvre inférieure.

le nom commun de *phanères* (page 44). Ils résultent de l'ossification d'un
bulbe spécial et se forment dans des loges ou petites cavités de la muqueuse des gencives à peu près de la même manière que les poils, les
ongles ou les plumes le font dans le derme cutané. Leur bulbe est également renfermé dans une espèce de sac membraneux. Un nerf de sensibilité et des vaisseaux nourriciers aboutissent à chacun de ces petits
organes pour entretenir leur vitalité (fig. 49). C'est la présence de ce
nerf qui rend si douloureuses les moindres inflammations du bulbe
dentaire.

Les dents résultent de la solidification de leur bulbe pulpeux au
moyen d'une matière calcaire. Cette matière est principalement du
phosphate de chaux.

Le travail de la formation des dents commence de fort bonne heure
dans l'intérieur des follicules dentaires ; il est déjà en train de s'accomplir avant la naissance. Mais, chez la plupart des espèces, les dents

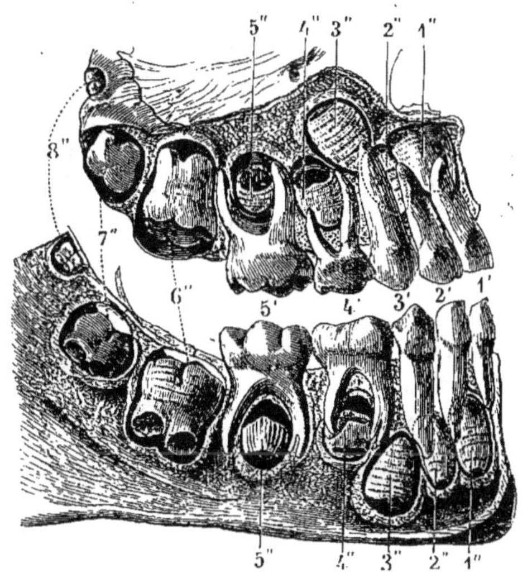

FIG. 50. — Première dentition de l'*Homme* et germes des dents
de la seconde dentition (*).

n'apparaissent pas au dehors avant que l'animal soit venu au monde, et
elles ne poussent que successivement. Il peut même exister deux denti-
tions : l'une composée de dents peu nombreuses et qui s'useront pendant la jeunesse de l'animal ; l'autre comportant un plus grand nombre

(*) 1′ 2′ 3′ 4′ et 5′ sont les dents de la première dentition, dites aussi dents de
lait, parmi lesquelles on distingue pour chaque côté $\frac{2}{2}$ incisives, $\frac{1}{1}$ canines, $\frac{2}{2}$ molaires. —
1″ à 8″ sont les germes des dents permanentes ou dents de la seconde dentition.

de ces organes et destinée à servir à la mastication pendant le reste de la vie. C'est ce qui a lieu chez la plupart des mammifères.

Les dents de la première apparition reçoivent chez l'homme et chez les autres animaux de la même classe le nom de *dents de lait*; mais on en trouve aussi chez certains reptiles et même chez les poissons. Celles de la deuxième apparition sont dites *dents de remplacement*, dents persistantes ou dents de seconde dentition.

La fonction de ces organes est essentiellement de servir à la mastication des aliments. Les dents peuvent aussi être employées par les animaux à leur propre défense, et, suivant leurs usages, elles ont des formes particulières qui fournissent de très-bons caractères pour la distinction des espèces.

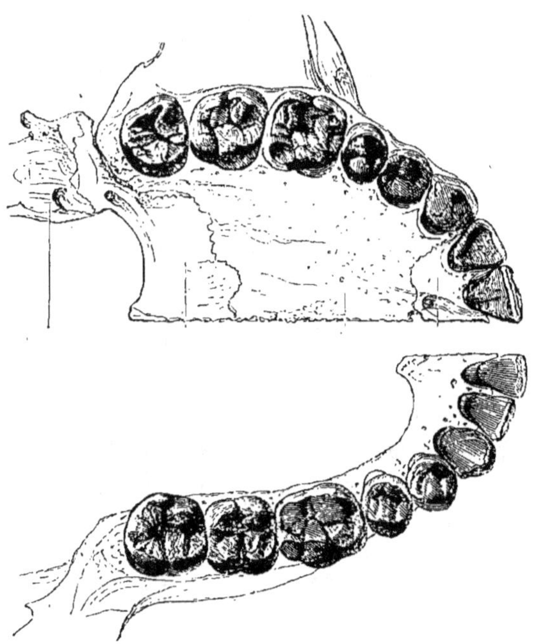

Fig. 51. — Les dents de l'*Homme* vues par la couronne.

Formule dentaire. — Les dents diffèrent également suivant le régime des animaux, la fonction qu'elles sont appelées à remplir, la place qu'elles occupent dans la bouche, etc. Chez les mammifères, il est ordinairement fort aisé de les distinguer, comme on le fait pour l'homme, en trois sortes, savoir : des incisives, des canines et des molaires; et, comme leur nombre ainsi que leur répartition sont fixes pour chaque espèce, souvent même pour chaque genre, on établit ce qu'on appelle leur *formule*, c'est-à-dire que l'on représente par des chiffres leur nombre, et leur répartition en incisives, canines et molaires. Cette formule est très-commode à consulter lorsqu'on veut d'un seul coup se faire une idée de la dentition d'une espèce de mammifères.

Chez l'homme adulte, où il y a 32 dents (fig. 49 et 51), 16 de chaque côté, la formule dentaire est la suivante :

$$\frac{2}{2}\;\text{i.}\;\;\frac{1}{1}\;\text{c.}\;\;\frac{5}{5}\;\text{m.}$$

Ce qui veut dire : 2 paires d'incisives supérieures et 2 inférieures, 1 paire de canines supérieure et 1 inférieure, et 5 paires de molaires supérieures et 5 inférieures; au total, 32 dents.

Pour l'enfant (fig. 50), antérieurement à l'apparition des dents persistantes et en ne considérant que les dents de lait, la formule dentaire est celle-ci :

$$\frac{2'}{2'}\;\text{i.}\;\;\frac{1'}{1'}\;\text{c.}\;\;\frac{2'}{2'}\;\text{m.}$$

C'est-à-dire : 2 paires d'incisives à la mâchoire supérieure et à l'inférieure, 1 paire de canines également à chaque mâchoire et 2 paires de molaires; au total, 20 dents. Le signe (') indiquera que c'est de la dentition de lait et non de la dentition persistante qu'il s'agit, et, dans la figure ci-jointe (fig. 50), où l'on voit les dents de lait marquées 1' à 5' pour l'une et l'autre mâchoire, nous avons aussi fait représenter les germes de la dentition permanente ou seconde dentition. Ils sont indiqués par les chiffres 1″ à 8″. Dans l'une et dans l'autre dentition, 1 et 2 sont les incisives, 3 est la canine, soit inférieure, soit supérieure, 4 à 8 sont les molaires.

Chez l'homme, ces dents justifient assez bien leurs noms : les incisives sont tranchantes et servent à couper; les canines rappellent jusqu'à un certain point la dent aiguë et saillante des chiens, et les molaires sont tuberculeuses, en forme de meule, particulièrement celles du n° 5 pour le jeune âge et celles des n°s 6″ à 8″ pour l'âge adulte.

La forme des dents humaines vues par la couronne, c'est-à-dire par leur surface triturante, est très-bien indiquée par la figure 51, donnant les dents de la mâchoire supérieure pour le côté droit et celles de la mâchoire inférieure pour le même côté.

L'ensemble des dents du côté droit avec leurs racines, leur mode d'implantation dans les alvéoles ou cavités osseuses creusées dans les os maxillaires, ainsi que les vaisseaux et les nerfs se rendant à chacune d'elles, se voient dans la figure 49, qui est aussi consacrée à la dentition humaine. Les chiffres 1 à 8 y désignent la série des dents marquées 1″ à 8″ de la figure 49, parvenues à leur état complet de développement et telles qu'on les observe chez l'adulte.

Dans les mammifères, il n'y a également de dents que sur les os maxillaires supérieur et inférieur, ainsi que sur l'os intermaxillaire, et dans la plupart des cas on peut aussi les distinguer en incisives, canines et molaires.

Ainsi que nous l'avons déjà dit, leur forme et leur formule présentent chez ces animaux une grande diversité, et, dans tous les genres, l'établissement de la formule dentaire offre une véritable utilité.

Chez les singes de l'ancien continent, le nombre de ces organes est

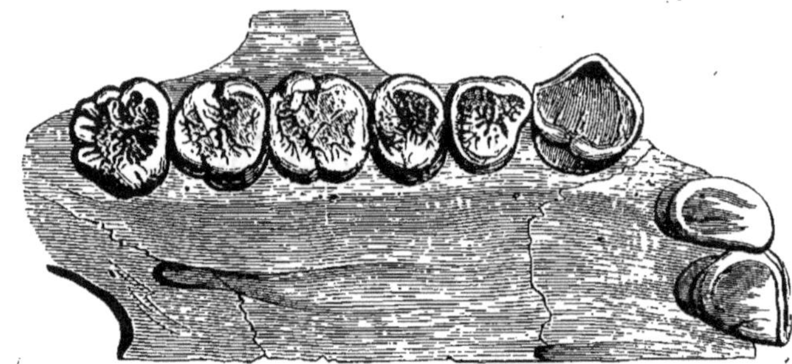
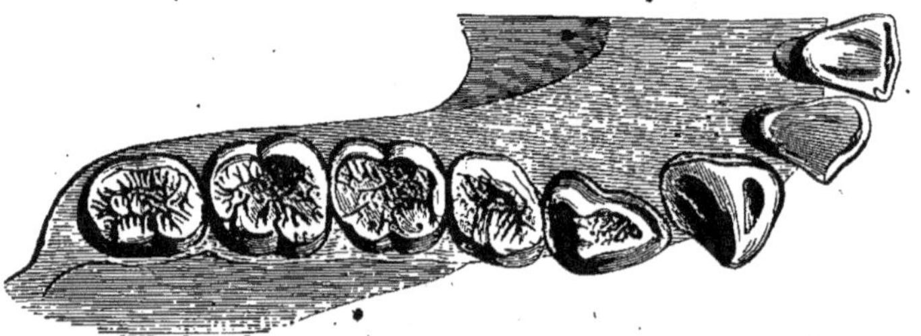

FIG. 52. — Les dents de l'*Orang-outan* vues par la couronne.

de 32 comme chez l'homme (fig. 52). Les sapajous ou singes d'Amérique (fig. 53) en ont au contraire 36. Les ouistitis, espèces également améri-

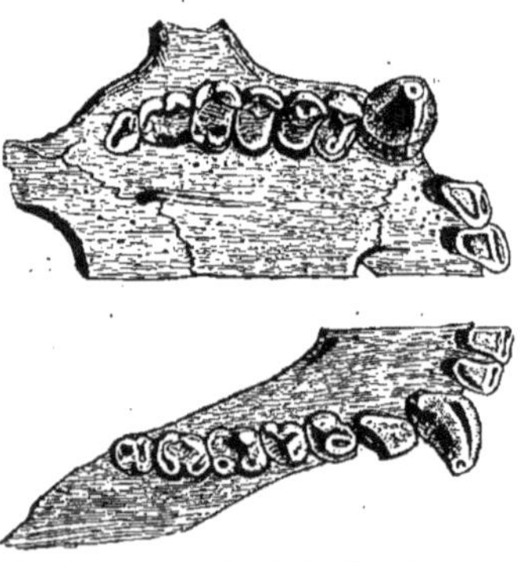
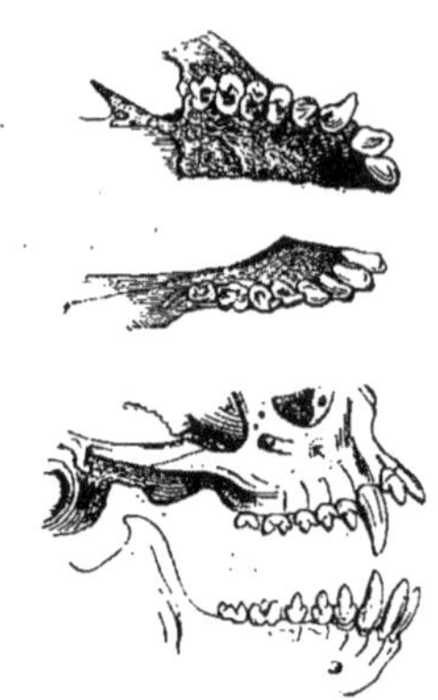

FIG. 53. — Les dents du *Sapajou* vues par la couronne.

FIG. 54 et 55. — Les dents de l'*Ouistiti* vues par la couronne et de profil.

caines, n'en ont cependant que 32 comme nous, mais avec une formule différente en ce qui regarde les molaires (fig. 54 et 55).

Voici des formules dentaires pour quelques espèces :

Chien (fig. 56)................ 42 dents : $\frac{3}{3}$ i. $\frac{1}{1}$ c. $\frac{6}{7}$ m.

Chat (fig. 57)................. 30 dents : $\frac{3}{3}$ i. $\frac{1}{1}$ c. $\frac{4}{3}$ m.

Cheval (fig. 58)...... .... 42 dents : $\frac{3}{3}$ i. $\frac{1}{1}$ c. $\frac{7}{6}$ m.

Bœuf, chèvre et mouton (fig. 59).... 32 dents : $\frac{0}{3}$ i. $\frac{0}{1}$ c. $\frac{6}{6}$ m.

D'autres mammifères n'ont que deux sortes de dents au lieu de trois : par exemple, les rongeurs, qui manquent de canines. Il peut aussi

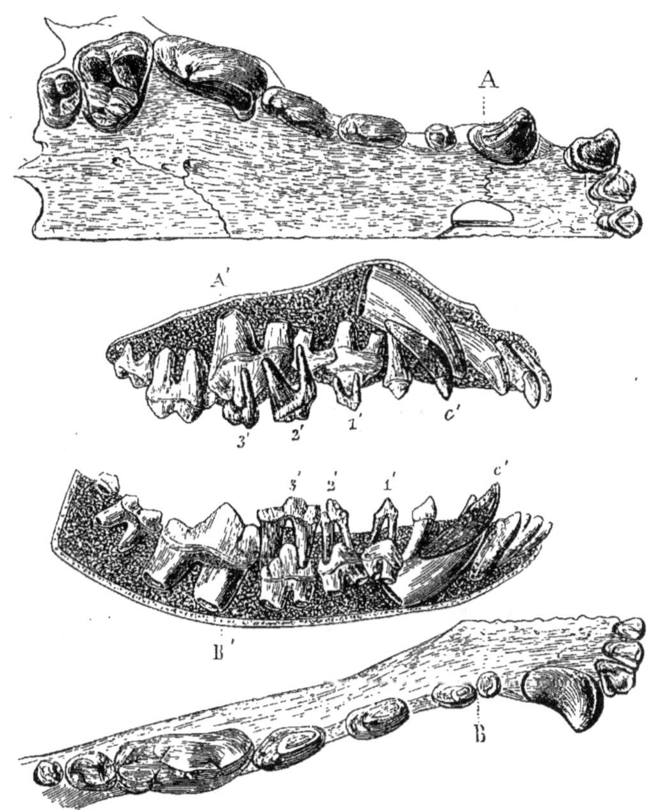

Fig. 56. — Dentition du *Chien* (*).

(*) A et B = les dents supérieures et les dents inférieures (incisives, canines et molaires) ; âge adulte.

A' et B' = les dents de lait, et avec elles une partie des dents de la seconde dentition en voie de développement au-dessous des canines (c' c') et des molaires (1' 2' et 3') de la première dentition ou dentition de lait.

n'exister que des dents d'une seule sorte, comme cela se voit chez les édentés, qui ne possèdent en général que des molaires, et l'on connaît même des cas d'absence complète de ces organes. Ils nous sont fournis par les édentés de la famille des Fourmiliers, ainsi que par l'échidné.

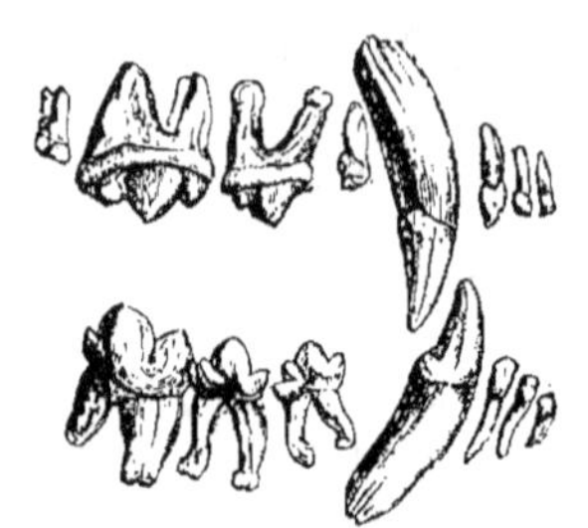

FIG. 57. — Les dents du *Chat* vues de profil, ainsi que leurs racines.

Certaines espèces de mammifères diffèrent des autres par l'uniformité de leurs dents : tels sont les dauphins, les tatous, etc. Il en est d'autres chez lesquelles ces organes n'acquièrent pas leur consistance ordinaire. Les dents restent alors cornées, comme on le voit chez l'ornithorhynque, singulier animal propre à la Nouvelle-Hollande. Chez les baleines proprement dites et chez les rorquals, les dents avortent, mais la bouche est garnie de fanons, qui sont des organes très-singuliers. La substance des fanons est employée dans l'industrie sous la dénomination de *baleine*.

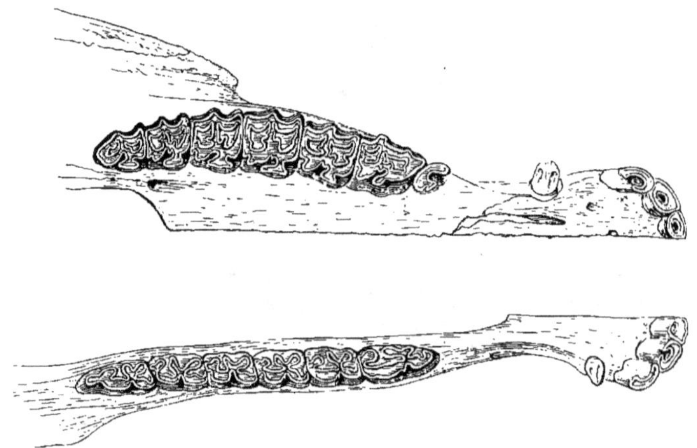

FIG. — 58. — Les dents du *Cheval* vues par la couronne.

APPROPRIATION DE LA FORME DES DENTS AUX DIFFÉRENTS MODES D'ALIMENTATION. — Ces particularités du système dentaire nous conduisent à parler de la différence de forme que les dents, surtout les molaires, présentent suivant que les animaux se nourrissent de chair, d'insectes, de fruits, de feuilles, etc., ou qu'ils ont au contraire un régime omnivore.

Les animaux dont le régime est omnivore (fig. 61) ont, comme l'homme, la couronne des dents molaires émoussée et tuberculeuse. Une disposition peu différente se retrouve chez ceux qui sont frugivores.

Beaucoup de singes, les ours, les chiens, les porcs, les rats, et un assez grand nombre d'autres, appartiennent à cette catégorie.

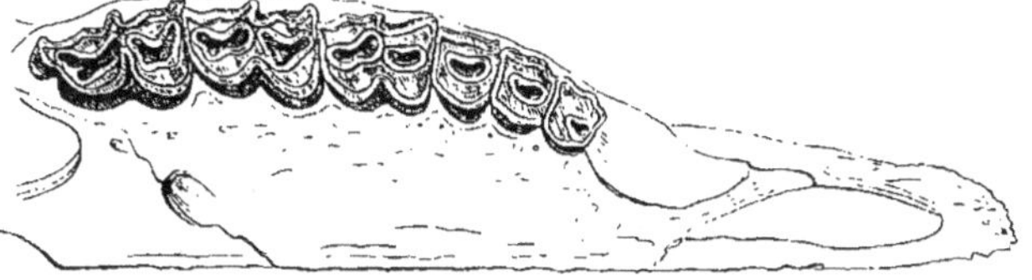

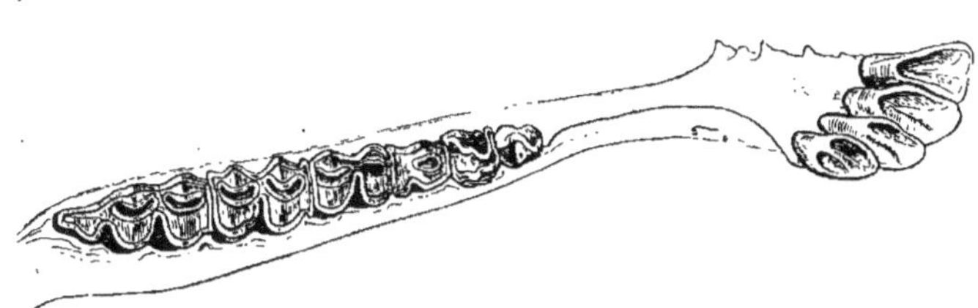

FIG. 59. — Les dents du *Mouton* vues par la couronne.

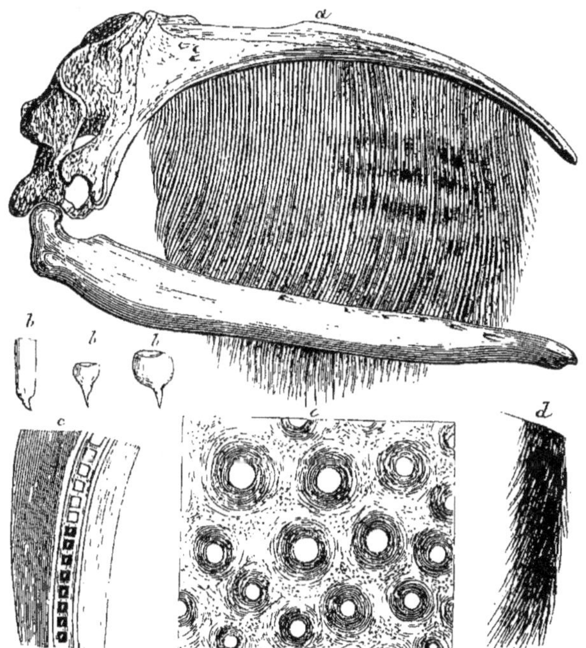

FIG. 60. — Crâne et fanons de la *Baleine* (*).

(*) *a*) le crâne et la mâchoire supérieure à laquelle sont attenants les fanons; — *b, b, b*) dents rudimentaires que l'on observe dans la mâchoire des fœtus de baleine; — *c*) un fragment de la mâchoire inférieure, vu par son bord dentaire pour indiquer le mode d'implantation des dents; — *d*) la partie filamenteuse des fanons; — *e*) lamelle de la substance cornée d'un fanon, vue au microscope pour en montrer les canalicules et les grains pigmentaires.

Les mammifères vivant d'insectes ont aussi les dents garnies de tubercules ; mais ces tubercules sont en général plus relevés, plus aigus et plus obliques : c'est ce qu'on voit chez les petites espèces de singes ou de lémuriens et chez les chauves-souris, les musaraignes, les taupes, cer-

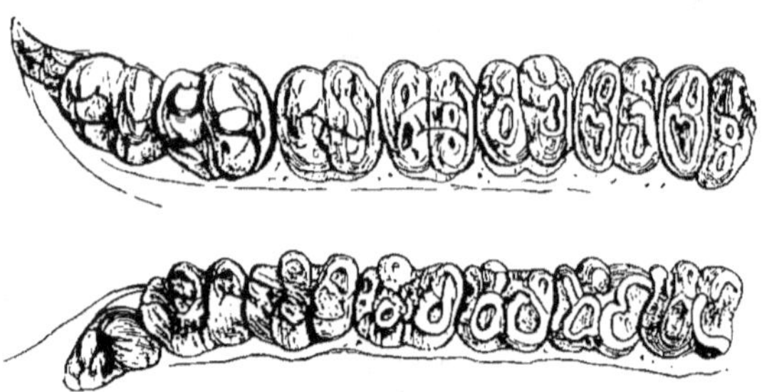

FIG. 61. — Dentition du *Lamantin*.

taines mangoustes, ainsi que les sarigues et les antéchines, qui sont de petites espèces du genre australien des dasyures.

Chez les herbivores, les dents ont leur couronne surmontée d'arêtes longitudinales ou transversales, et, dans certains cas, on y voit des re-

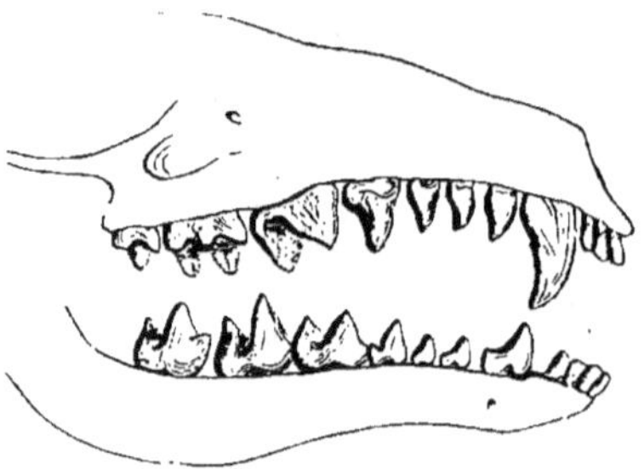

FIG. 62. — Dentition de la *Taupe*.

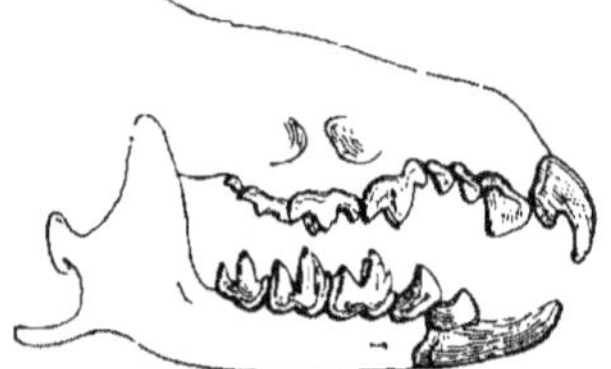

FIG. 63. — Dentition de la *Musaraigne des sables*.

plis de substance dure, c'est-à-dire d'émail, qui en augmentent la résistance : tels sont les jumentés (fig. 58), les ruminants (fig. 59), certains rongeurs, etc.

Celles des animaux piscivores sont comprimées et à couronne festonnée, afin de mieux retenir les poissons et en même temps de les couper (fig. 64).

Les dents des carnivores sont tranchantes : elles coupent comme des lames de ciseaux. Nous en citerons pour exemple celles du chat domestique (fig. 57), dont la formule a été indiquée plus haut.

On sait que les oiseaux manquent de dents, ou que du moins ils n'ont que des rudiments de ces organes cachés sous la corne de leur bec et très-difficiles à observer. La corne si dure de ce bec leur tient lieu d'organes de mastication, et ils n'ont pas non plus de lèvres. Il en est de même des tortues.

Les crocodiles possèdent au contraire de véritables dents, mais qui n'ont jamais qu'une seule racine ; et chez d'autres reptiles ces organes, au lieu d'être thécodontes, c'est-à-dire implantés dans des alvéoles, se

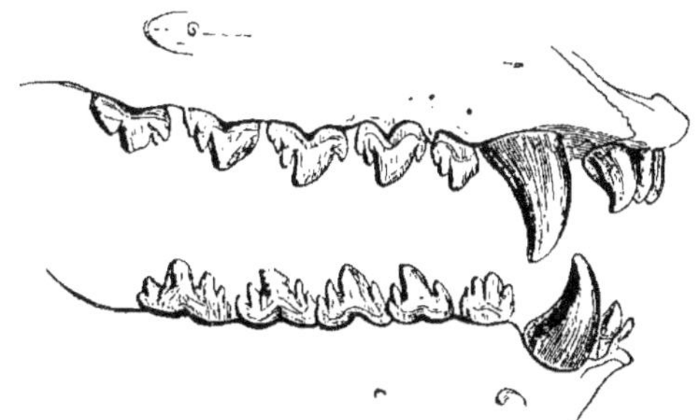

. Fig. 64. — Dentition du *Phoque*.

soudent au corps même des mâchoires ou bien ils sont appliqués contre leur face interne. Dans le premier cas, on dit que les reptiles sont acrodontes (caméléons, agames); et dans le second, pleurodontes (lézards, iguanes).

Le mode d'implantation des dents des serpents n'est pas moins remarquable (fig. 65).

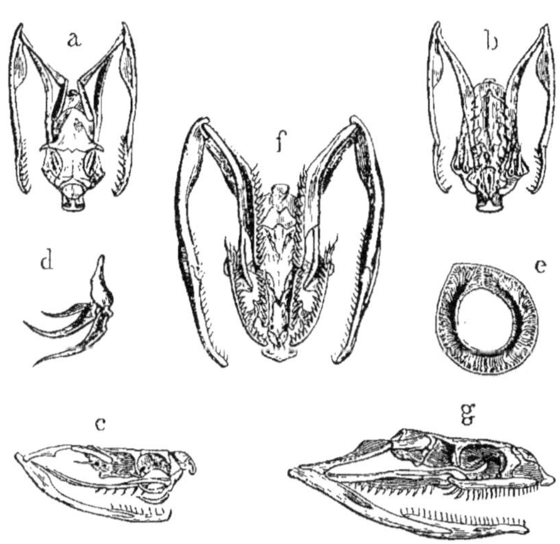

Fig. 65. — Crâne et dentition des Serpents (*).

(*) *a*, *b*, *c*) tête de la *Vipère*, vue en dessus, en dessous et de profil; — *d*) ses crochets ou dents venimeuses; — *e*) coupe d'une dent venimeuse pour montrer le canal qui la traverse.

f et *g*) tête de la *Couleuvre à collier*.

Les poissons présentent, sous le même rapport, des différences plus grandes encore que les reptiles ou les mammifères, mais dont le détail n'importe pas aux questions que nous avons à traiter en ce moment ; nous renvoyons donc pour ce qui les concerne aux ouvrages spéciaux d'ichthyologie, en nous bornant à dire que les animaux de cette classe ont souvent un très-grand nombre de ces organes, et que leurs dents peuvent être insérées sur des parties très-diverses et qui, pour la plupart, en sont toujours dépourvues chez les espèces supérieures.

STRUCTURE DES DENTS. — On a longtemps pensé que les dents ne différaient pas des os par leur structure, ou même qu'elles n'avaient pas de

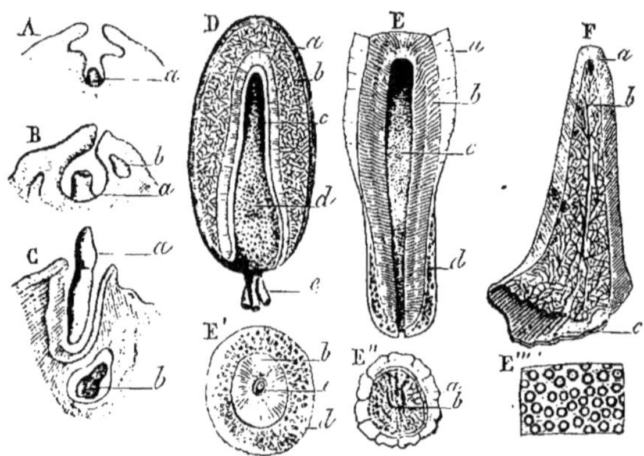

FIG. 66. — Développement et structure des dents (*).

structure propre ; et malgré les travaux du célèbre micrographe Leuwenhoeck, cette opinion était acceptée il n'y a encore qu'un petit nombre d'années. On sait maintenant que les dents sont composées de trois substances différentes : l'émail, l'ivoire et le cément.

(*) A, B et C. = phases diverses du développement d'une dent de lait. — *a*) est le germe de cette dent ; — *b*) la dent de la deuxième dentition qui devra la remplacer : celle-ci n'est visible que dans les figures B et C.

D = bulbe dentaire très-grossi. — *a*) est le sac ou follicule de ce bulbe ; — *b*) la membrane qui fournira l'émail ; — *d*) le bulbe qui se transformera en ivoire en se solidifiant ; — *c*) les vaisseaux et le nerf dentaire.

E = dent incisive de l'homme sciée verticalement pour en montrer la structure. — *a*) l'émail ; — *b*) l'ivoire et ses canalicules ; — *c*) la partie du bulbe non encore solidifiée, mais qui sera ultérieurement transformée en ivoire ; — *d*) le cément ou matière osseuse recouvrant la racine.

E′ = coupe transversale de la même dent, prise au milieu de la racine. — *b*) ivoire ossifié ; — *c*) partie encore molle de l'ivoire ; — *d*) cément.

E″ = coupe de la même dent, prise à la couronne. — *a*) émail ; — *b*) ivoire.

E‴ = une lamelle d'ivoire très-grossie, pour montrer les tubes calcigères ou canalicules dont il est creusé.

F = dent de Squale sciée verticalement. — *a*) émail ; — *b*) les tubes calcigères, qui sont moins réguliers et plus gros que chez les mammifères ; — *c*) partie inférieure du bulbe.

L'ÉMAIL est l'enveloppe extérieure et vitrée de la couronne dentaire. Il résulte de l'accolement, sous la forme d'une couche solide et comparable au vernis des faïences, d'une multitude de cellules allongées, d'abord molles et semblables aux filaments du velours, mais susceptibles d'acquérir promptement une consistance fort dure. C'est lui qui constitue la partie extérieure et protectrice des dents ; on pourrait la comparer à une sorte d'épiderme vitreux.

L'IVOIRE a plus de ressemblance avec les véritables os, mais sa consistance est plus grande que la leur. C'est la partie principale des dents ; on l'a quelquefois nommé pour cela *dentine*, ou, à cause des nombreux canalicules qui en parcourent la masse, *substance tubulaire*. Il répond à la pulpe dentaire ossifiée, et sa solidification se fait de l'extérieur à l'intérieur. De là résulte que, dans les dents qui ont été arrachées avant d'être complétement formées, la base est toujours plus ou moins évidée, la partie molle ayant disparu. C'est à Leuwenhoeck que l'on doit la découverte des canalicules calcigères de l'ivoire, canalicules si déliés, que leur ouverture n'admet pas même les globules du sang.

On emploie à différents usages l'ivoire de plusieurs espèces d'animaux : celui des éléphants, de l'hippopotame, du morse, du narwal et des cachalots, est surtout recherché, et l'on trouve dans certaines localités de la Sibérie, ainsi que dans l'Amérique boréale, des amas de dents fossiles d'éléphants, soit défenses, soit molaires, assez bien conservées pour qu'on les utilise comme celles des animaux fraîchement morts. Dans certains gisements, elles ont été rencontrées en très-grand nombre.

Le CÉMENT, aussi appelé *cortical osseux* est la troisième des substances qui concourent à la formation des dents. Il enveloppe surtout leurs racines, et, dans certains cas, on l'observe aussi dans les replis de leur couronne, entre ses lobes, au-dessus de l'émail, où il se développe dans des excavations ménagées naturellement à la surface de la dent. Il existe abondamment sur les molaires des éléphants (fig. 67 et 68), et c'est lui qui comble les intervalles de leurs crêtes ou collines ; par contre, les mastodontes (fig. 6), en sont privés, et le caractère différentiel entre ces deux genres consiste en ce que le premier, qui renferme à la fois des

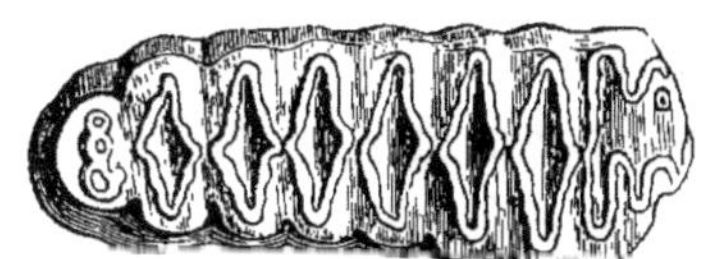

FIG. 67. — Dent molaire de l'*Éléphant d'Afrique*.

espèces vivantes et d'autres éteintes, a toujours la couronne des dents molaires cémentées, tandis que le second, dont les espèces sont toutes anéanties, a les molaires dépourvues de cément. Ce dernier caractère se retrouve chez les dinothériums, qui sont aussi des proboscidiens fossiles.

Le cément est une substance osseuse semblable à celle des os, et l'on y retrouve les corpuscules étoilés, visibles au microscope, qui font reconnaître ces derniers.

Les caractères fournis par la structure intime des dents ne sont pas moins importants que ceux que l'on tire de la forme extérieure de ces organes ou de la formule suivant laquelle ils sont disposés. On est arrivé, par l'étude microscopique des dents prises chez différents genres éteints d'animaux, à mieux comprendre leurs affinités zoologiques ou à les définir d'une manière plus précise qu'on ne l'avait fait d'abord. C'est ainsi que les zeuglodontes, gigantesques animaux marins, qui sont fos-

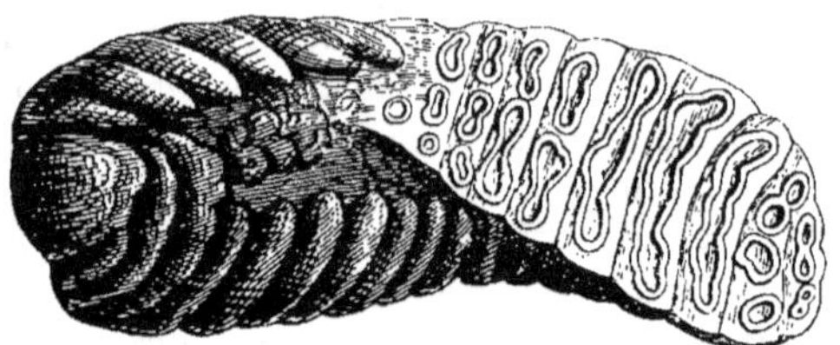

Fig. 68. — Dent molaire de l'*Éléphant de l'Inde*.

siles aux États-Unis, ont pu être reconnus pour des mammifères et retirés de la classe des Reptiles dans laquelle on les avait d'abord placés. Les dents des labyrinthodontes ou mastodonsaures, grands batraciens anéantis, dont les pistes, observées sous les grès du trias, ont été d'abord décrites sous le nom de chirothériums, présentent de leur côté un caractère qui leur est exclusivement propre : ce sont des rentrées flexueuses de l'émail séparant, comme par autant de rayons, l'ivoire en différents secteurs. Ce caractère permet de distinguer aisément une dent de ce genre de celles de tous les grands reptiles ou poissons des mêmes terrains.

§ IV. — Glandes du tube digestif et sécrétions qu'elles fournissent.

La membrane digestive doit ses qualités muqueuses non-seulement à la disposition facilement perméable de sa tunique fibreuse, mais encore à la présence dans cette tunique, au-dessous de l'épithélium qui la recouvre, d'une multitude de petits sacs glanduleux destinés à sécréter divers liquides qui viennent s'épancher à sa surface pour agir sur les aliments. Certains de ces sacs glanduleux restent séparés les uns des autres et conservent leur individualité propre ; d'autres sont associés sous la forme de petites grappes, et versent leur produit par un canal commun. Il en est de plus compliqués encore, acquérant un volume et une importance tels, par la multiplicité des éléments glandulaires dont ils sont formés, qu'ils deviennent des organes du premier ordre et prennent un volume considérable. Tel est le foie, qui possède une poche de dépôt, placée sur le trajet de son canal excréteur et destinée à retenir pendant un temps déterminé le fluide qu'il sécrète.

Tous les organes de sécrétion, cutanés, intestinaux ou autres, simples ou compliqués, possèdent, dans leur partie spécialement sécrétrice, un épithélium particulier dont les cellules sont elles-mêmes des agents de la sécrétion. Pour chaque sorte de glande sécrétrice, ces cellules élaborent un produit particulier, et, lorsqu'elles crèvent ensuite, leur produit se mêle au liquide exsudé à travers la membrane à la surface de laquelle s'opère la sécrétion ; de même nous voyons, dans la peau des oranges, de petites loges remplies d'utricules chargés du principe essentiel et de nature inflammable qui se développe dans le péricarpe de ces fruits.

Le phénomène des sécrétions ne se passe pas autrement chez les animaux. La différence réside seulement dans la grande simplicité de l'appareil sécréteur pour le fruit qui vient d'être cité comme exemple, et dans sa complication au contraire extrême, lorsqu'il s'agit d'une sécrétion animale ayant l'importance de la salive, de la bile ou du suc gastrique, étudiés chez les animaux les plus élevés. Mais la sécrétion biliaire elle-même, chez les espèces animales moins parfaites, a déjà une analogie évidente avec la sécrétion telle que nous la montrent les végétaux, et le foie résulte alors d'une multitude de glandules éparses le long de la partie de l'intestin de ces animaux qui répond au duodénum. De simples petits cryptes, disséminés sur cette portion du tube digestif, sont chargés de la sécrétion biliaire, et la structure de ces poches le cède encore en simplicité à celles qui fournissent le mucus intestinal ou le suc gastrique dans les espèces des premières classes.

Nous partagerons les organes sécréteurs placés sur le trajet du tube digestif en *glandules* et en *glandes conglomérées*. Cette division, tout artificielle qu'elle puisse paraître, nous permettra de mieux saisir l'importance relative de ces organes, et de nous rendre compte du rôle dont ils sont chargés.

1° GLANDULES DIGESTIVES. — Les cryptes ou poches de sécrétion qui les forment sont séparées les unes des autres, ou simplement réunies en petites grappes ne comprenant qu'un nombre peu considérable de granules sécréteurs.

Il y a dans la bouche plusieurs sortes de *glandules en grappe*, essentiellement destinées à la sécrétion du mucus. On les distingue, d'après leur position, en *labiales* ou des lèvres, *génales* ou des joues, *gingivales* ou des gencives, et *tonsillaires* ou des amygdales. Le pharynx et l'œsophage en présentent également, et il y en a sur tout le reste du canal digestif jusqu'auprès de l'anus.

Les glandules de l'estomac, spécialement chargées de la sécrétion du suc gastrique, rentrent dans cette catégorie ; il en est de même de celles de l'intestin, auxquelles on donne le nom de *glandules de Brunner*.

Les *glandules du suc gastrique* (fig. 69, B) sont plutôt branchues qu'en forme de grappes. Leur sécrétion est d'une importance spéciale pour la digestion stomacale. C'est un liquide limpide, d'une saveur acidule et salée, un peu plus dense que l'eau. Il agit sur les carbonates et sur les chlorates, ce qui a fait croire qu'il renfermait de l'acide chlorhydrique libre. Il est chargé d'une certaine quantité d'acide lactique, de chlorure de sodium et d'un petit nombre d'autres substances salines. Le suc gas-

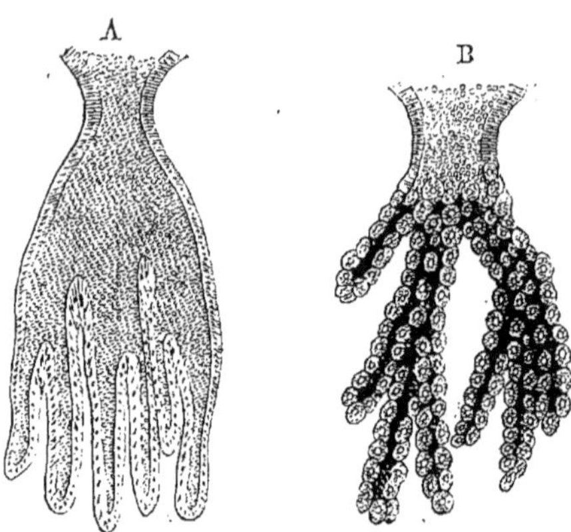

Fig. 69. — Glandules de l'estomac, très grossies (*).

trique doit surtout son action à la présence d'un principe azoté particulier agissant sur les matières albuminoïdes à la manière d'un ferment. Ce principe lui est fourni par les cellules épithéliales des glandules gastriques : c'est la *pepsine*, aussi nommée *gastérase* et *chymosine*.

Chez les oiseaux, une sécrétion abondante, ayant de même une action spéciale sur les aliments, est fournie par des glandules formant par leur réunion le ventricule succenturié. Le castor a le cardia pourvu d'un appareil assez analogue, mais qui constitue une plaque au lieu d'un anneau complet, comme le ventricule succenturié des oiseaux.

D'autres glandules intestinales sont dites *glandules tubiformes*, parce qu'au lieu d'être en grappes ou en branches raccourcies, elles sont en forme de tubes étroits et cylindriques serrés les uns contre les autres. A cette catégorie appartiennent les *glandules de Lieberkühn*, existant dans l'estomac, dans l'intestin grêle et dans le gros intestin (fig. 26, *b*).

Glandules closes. — Ces petits organes seraient mieux nommés *follicules clos*. Ils n'ont pas de communication avec l'extérieur. Ce sont des utricules fermés placés dans l'épaisseur de la muqueuse digestive et souvent relégués au-dessous des cryptes ouvertes à sa surface. On ignore leur véritable usage.

2° GLANDES DIGESTIVES CONGLOMÉRÉES. — Si l'on suppose des amas plus ou moins volumineux de glandules se réunissant par leurs canalicules

(*) A = glandule muqueuse de la partie pylorique; B = glandule du suc gastrique.

particuliers à des canaux secondaires, et ultérieurement à un canal excréteur unique auquel ceux-ci servent d'affluents, absolument comme les grappillons d'une forte grappe de raisins sont rattachés par leurs pédicelles au pédicule commun de cette grappe, on aura une idée assez exacte des *glandes conglomérées* ou glandes principales du tube digestif. Il faudra toutefois considérer qu'ici des vaisseaux artériels et veineux en nombre souvent fort considérable, des capillaires plus abondants qu'aux glandules, des lymphatiques, des nerfs et du tissu connectif interposé à toutes ces parties, viennent s'ajouter à la grappe sécrétrice pour en former une masse à part, ayant une enveloppe fibreuse propre et restant toujours séparée de la muqueuse digestive, à laquelle elle n'est plus rattachée que par le canal destiné à l'écoulement de sa sécrétion. Les glandes conglomérées deviennent ainsi de véritables parenchymes, et une dissection délicate, accompagnée d'une analyse microscopique attentive, permet seule de distinguer leurs divers éléments histologiques. Les principales glandes de cet ordre qui dépendent du tube digestif sont les *salivaires*, le *pancréas* et surtout le *foie*. Nous les examinerons successivement, ainsi que les sucs qu'elles fournissent à la digestion.

Glandes salivaires et salive. — Chez l'homme et chez les animaux supérieurs, les glandes qui versent la salive dans la cavité buccale sont de trois sortes : les *sublinguales*, les *sous-maxillaires* et les *parotides*.

Les dénominations sous lesquelles nous venons de les énumérer indiquent la place occupée par chacune de ces glandes. Leur fonction est de sécréter la *salive*, humeur fluide qui sert à ramollir les aliments et vient en aide à la mastication pour en rendre la déglutition plus facile. La salive est en outre douée d'une action chimique spéciale, analogue à celle de la diastase. Elle en est redevable à un principe particulier, la *ptyaline*, qui s'y trouve mêlée. La ptyaline commence la transformation des aliments amylacés en sucre.

Il importe de remarquer que la salive des trois glandes salivaires ne jouit pas de propriétés absolument identiques, et, après avoir parlé de la salive mixte constituée par leur mélange, nous devons aussi dire un mot de chacune de ces glandes prises en particulier et indiquer la nature spéciale de son produit.

1° *Glandes sublinguales.* — Elles forment un groupe placé sous la langue, en arrière de la symphyse du menton, et versent leur salive par plusieurs canaux qui s'ouvrent auprès du frein de la langue : ces canaux sont les *conduits de Rivinus*. La salive des sublinguales est visqueuse et filante ; elle sert principalement à la déglutition. La mucosité fournie par les glandules buccales se joint à elle pour faciliter ce résultat.

2° *Glandes sous-maxillaires.* — Il y en a deux, une pour chaque côté, placée à la face interne de la mâchoire inférieure. La salive qu'elles fournissent est portée séparément dans la bouche par un canal propre, dit *canal de Wharton*, qui s'ouvre par un orifice extrêmement étroit de chaque côté du frein de la langue, à peu de distance des canaux propres aux sublinguales. La salive fournie par les sous-maxillaires est plus abondante chez les animaux carnivores que chez les granivores. Son action paraît spécialement liée à la gustation. C'est elle qui s'échappe par jets dans l'intérieur de la bouche, lorsque quelque substance acidule ou certaines friandises excitent nos désirs. Elle est plus liquide que la précédente. Chez les édentés, les glandes qui la fournissent dépassent en volume les deux autres groupes de salivaires. Celles des fourmiliers sont triples pour chaque côté et possèdent trois paires de canaux; elles descendent jusque sur le sternum.

3° *Glandes parotides.* — Elles ont habituellement plus de développement que les autres, et il en est ainsi chez l'homme. Ces glandes doivent leur nom à la place qu'elles occupent auprès des oreilles. Il y en a une pour chaque côté; son canal, dit *canal de Stenon*, vient aboutir auprès de la deuxième molaire supérieure.

La salive parotidienne est particulièrement utile pour la mastication; elle humecte les aliments d'une quantité considérable de liquide. Aussi les parotides prennent-elles chez les mammifères herbivores et chez les granivores un volume considérable, tandis qu'elles sont beaucoup plus petites chez les carnassiers et surtout chez les animaux aquatiques, dont les aliments n'ont, pour ainsi dire, pas besoin d'être humectés.

On appelle *glande de Nuck* une glande salivaire supplémentaire propre à certains animaux (chien, chat, cheval, bœuf, mouton, etc.), dont le canal s'ouvre en arrière des dents molaires supérieures; sa salive est visqueuse comme celle des sublinguales.

Animaux sans vertèbres. — La sécrétion de la salive s'opère aussi chez les animaux sans vertèbres, et dans certains d'entre eux, particulièrement dans beaucoup d'insectes, elle a une action irritante.

Les glandes salivaires des insectes ont la forme de tubes qui sont souvent très-allongés, ou celle de grappes à grains bien séparés les uns des autres (fig. 44, A, *b*, et B, *b*).

Glandes du venin. — Les particularités des glandes salivaires sont nombreuses, toujours en rapport avec le régime des animaux ou les conditions au milieu desquelles ceux-ci sont appelés à vivre. Nous ne saurions en donner ici l'énumération détaillée. Nous rappellerons néanmoins que ce sont des glandes fort analogues aux salivaires, et versant comme elles leur produit dans la bouche, qui fournissent le venin des serpents dits venimeux. Cette salive présente, outre les caractères de la salive ordinaire, la particularité d'être chargée d'un principe spécial ayant sur les animaux une action toxique. C'est un alcaloïde particulier auquel on a donné les noms d'*échidnine* et de *vipérine.* On peut l'isoler des autres principes constitutifs de la salive, et l'on en obtient des effets comparables à ceux du venin lui-même, mais bien plus intenses, ce qui tient à ce qu'il est alors débarrassé de tous les éléments de la salive ordinaire auxquels il était associé dans l'organisme.

Pancréas. — Cette autre glande est située au commencement de l'intestin grêle; elle verse son produit dans le duodénum. Par ses caractères anatomiques, autant que par la nature et le mode d'action du fluide qu'elle sécrète, elle a une grande analogie avec les salivaires; aussi a-t-elle été appelée pendant longtemps *glande salivaire abdominale.* Son canal, dit *canal pancréatique* ou *de Wirsung*, est double, une partie des rameaux excréteurs de la glande se réunissant séparément des autres pour former une branche plus petite, qui est la plus rapprochée de l'estomac. Le principal canal du pancréas s'accole au canal cholédoque et débouche tout près de lui.

On a reconnu la présence du pancréas chez tous les vertébrés aériens. Quoi qu'on en ait dit, il existe aussi chez certains poissons, au nombre desquels on peut citer les raies, les squales, les brochets, etc.; et cela ne permet plus de considérer comme en étant une transformation dans les animaux de cette classe les appendices en cul-de-sac, dits cæcums pyloriques, que beaucoup d'entre eux présentent autour de la partie terminale de l'estomac.

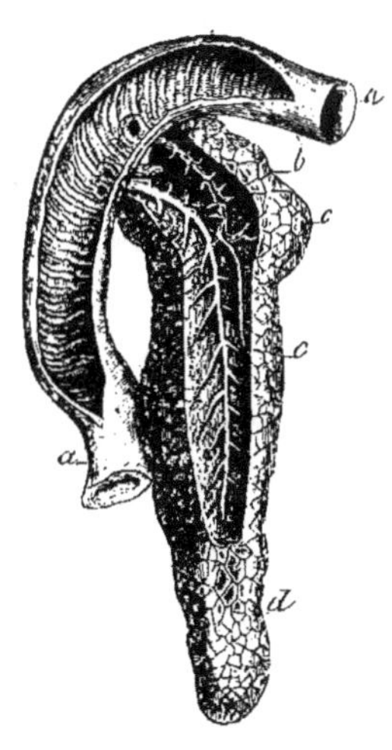

FIG. 70. — Pancréas
de l'*Homme* (*).

Le suc pancréatique renferme, comme la salive, des combinaisons salines et plusieurs substances quaternaires en dissolution dans une proportion considérable d'eau. Son principe actif est la *pancréatine*, fort analogue à la ptyaline, et opérant comme elle la transformation des fécules ou aliments amylacés en sucre; c'est une sorte de diastase. On démontre ses propriétés en ménageant le déversement du suc gastrique au dehors au moyen d'une fistule pratiquée artificiellement, et en le faisant agir à une température de 35 ou 40 degrés sur les substances dont il vient d'être question. Leur transformation s'opère aussi complétement que dans l'économie vivante, ce qui montre la nature purement chimique de ce phénomène. On sait depuis un certain nombre d'années que le suc pancréatique sert également à émulsionner les matières grasses, et que, par suite, il concourt à en faciliter l'absorption.

FOIE. — C'est la plus volumineuse de toutes les glandes. Quoique le foie soit primitivement double et placé sur la ligne médiane chez les animaux supérieurs, il se trouve refoulé à droite par le fait, également adventif, de l'enroulement des viscères digestifs. Sa fonction principale est de sécréter la *bile;* mais il en a une autre dont la démonstration et

(*) *aa*) partie du duodénum dans laquelle est versé le suc pancréatique; — *b*) petite branche du canal pancréatique dont on a montré, au moyen de la dissection, les principales origines dans l'intérieur du pancréas; — *cc*) grande branche du canal pancréatique; — *d*) la masse du pancréas.

P. G.   7

l'explication sont dues à MM. Claude Bernard, Barreswil et Schiff : c'est celle de fournir du sucre à l'économie, et d'être, dans les animaux supérieurs, le principal agent de la transformation en glycose ou matière sucrée des principes amylacés qui se développent dans son propre tissu. C'est là ce qu'on nomme sa *fonction glycogénique*, ce qui signifie que cette fonction est en rapport avec la production du sucre.

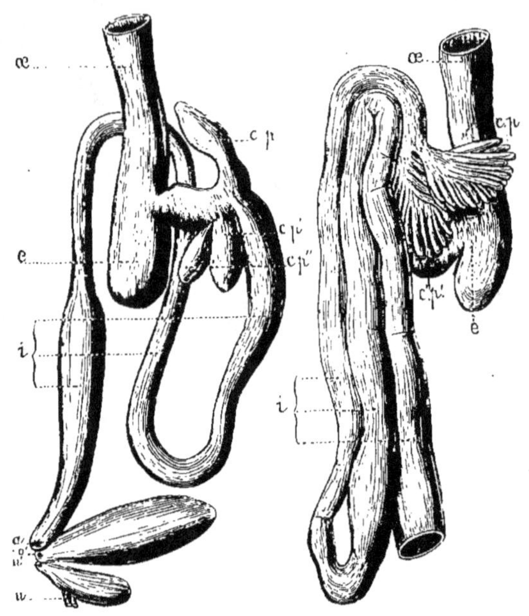

Intestin des Poissons osseux.

FIG. 71. — *Perche.*   FIG. 72. — *Maquereau* (*).

Il résulte de cette dernière propriété du foie que le sang amené à cet organe par les veines sous-hépatiques, lequel est pauvre en matière sucrée et chargé au contraire en plus grande abondance des principes de la bile, s'est pourvu, avant d'en sortir, d'une quantité notable de principes sucrés, et débarrassé d'un liquide jaune et amer qui n'est autre que la bile elle-même.

On juge de la quantité plus ou moins grande du sucre du sang par la quantité de matière fermentescible, c'est-à-dire transformable en acide carbonique et en alcool, que l'on peut en extraire. Le réactif cupro-

(*) Les lettres sont les mêmes pour les deux figures.

œ) œsophage ; — e) estomac ; — cp, c'p', c''p'') cæcums pyloriques ; — i) intestin ; — a) anus ; — o) ovaire ; — u) uretère ; — u') urèthre.

potassique fournit un autre moyen de reconnaître si le sang ou toute autre humeur organique renferme ou non du sucre.

Le foie se partage en plusieurs lobes et lobules, enveloppés les uns et les autres d'une capsule fibreuse (*capsule de Glisson*). Dans le capromys et le plagiodonte, gros rongeurs propres aux Antilles, ses lobules sont eux-mêmes décomposés en divisions secondaires, et l'ensemble de l'organe ressemble à une grappe aplatie. Le foie de l'homme pèse de 1500 à 2000 grammes, et il a de 28 à 33 centimètres de diamètre transversal sur 15 à 28 de développement antéro-postérieur. Le péritoine ne recouvre qu'en partie cet organe, dont la substance présente un aspect glanduleux. Les *granules* qu'on y remarque sont autant de points sécréteurs ou glandules, ici agglomérées en très-grand nombre, tirant la bile des vaisseaux qui se rendent au foie, pour la verser dans des canalicules qui se réunissent les uns aux autres pour constituer les *canaux biliaires* ou hépatiques, et, en fin de compte, dans le canal biliaire principal, qui, à son tour, verse en partie la bile dans un réservoir appelé *vésicule biliaire* ou poche du fiel, en partie dans le *canal cholédoque*. Ce dernier est le véritable canal conducteur de la bile vers l'intestin. Il porte au duodénum la bile hépatique, venant directement du foie, et la bile cystique, c'est-à-dire la bile qui a séjourné dans la vésicule biliaire.

Le système vasculaire est très-développé dans le foie. La veine qui y apporte le sang chargé des principes de la bile résulte de la réunion des veines de la rate, du pancréas, de l'estomac et des intestins; elle s'y ramifie à la manière des artères : c'est la *veine porte*, dont les différentes divisions réunies dans les veines sus-hépatiques vont, après leur sortie de l'organe, retrouver la veine cave.

Certains animaux ont une vésicule biliaire, tandis que d'autres en manquent; les premiers sont en plus grand nombre que les seconds.

Chez les poissons, le foie est souvent très-volumineux, et il forme dans certaines espèces deux énormes lobes, l'un à droite, l'autre à gauche (fig. 19, *fe*). Il se charge aussi d'une quantité considérable de principes huileux. L'huile retirée du foie de la morue, ainsi que de celui de plusieurs autres espèces de gades ou de différents squales, est employée en médecine sous le nom d'*huile de foie de morue*. C'est un principe dépurateur du sang, propriété qui tient sans doute à la présence dans cette huile d'une certaine proportion d'iode.

Le foie des mollusques est le plus souvent congloméré. Cependant celui des mollusques nudibranches, ordre dont les éolides (fig. 46, *d*) font partie, est décomposé en une succession de rameaux aboutissant à l'intestin, mais qui sont en rapport par leur extrémité libre avec les espèces de villosités branchiformes dont la peau de ces espèces est pourvue.

Le foie des animaux articulés est aussi formé d'expansions tubiformes qui sont même plus déliées encore que celles des mollusques nudibranches. On les décrit, en anatomie comparée, sous le nom de *canaux de Malpighi*, parce qu'ils ont été d'abord observés par ce célèbre anatomiste (fig. 43, lettre *e*, et fig. 44, A et B, lettre *k*).

Nous avons déjà dit que, chez des espèces plus inférieures encore, la bile était sécrétée par de simples follicules disséminés sur le trajet de l'intestin dans sa partie répondant au duodénum. Les derniers mollusques et la plupart des zoophytes présentent une semblable disposition.

La sécrétion de la *bile* sert à la dépuration du sang. Ce liquide a aussi une action émulsive sur les matières grasses, et il retarde la putréfaction des excréments jusqu'après leur expulsion hors des voies digestives. Il est de consistance visqueuse, coloré en jaune verdâtre chez l'homme et en vert brun chez le bœuf. On y trouve, comme base essentielle, de la soude combinée avec deux acides quaternaires : l'acide cholique et l'acide choléique. La taurine de la bile est un principe différent, mais qui résulte de la décomposition d'une certaine quantité d'acide choléique.

La bile donne aussi de la cholestérine, principe ternaire assez analogue aux corps gras, mais incapable de se saponifier ; la cholestérine forme la plus grande partie des calculs biliaires. Examinée au microscope, la bile montre des plaques de matière colorante jaune verdâtre, de petits cristaux de cholestérine et des globules de mucosité.

On possède la recette d'une liqueur propre à faire reconnaître la bile. Au moyen de cette liqueur, il est possible de démontrer que cette sécrétion existe toute formée dans le sang, et que le foie ne fait qu'en opérer la séparation. On sait d'ailleurs que si, par suite de quelque altération maladive, le sang traverse le foie sans s'y débarrasser de la bile, ou que celle qui y a été sécrétée est résorbée, les yeux, la peau, etc., prennent une couleur jaune très-prononcée : c'est là ce qui cause la jaunisse ou ictère. Les reins en opèrent alors l'élimination, et les urines ne tardent pas à en être abondamment chargées, tandis que les matières fécales sont décolorées par suite de la suppression du même principe dans les intestins.

§ V. — Théorie de la digestion.

Pendant longtemps on n'a eu, au sujet de la manière dont s'opèrent les phénomènes digestifs, que des notions fort peu exactes. Les uns, à l'exemple d'Érasistrate, petit-fils d'Aristote, ne voulaient y voir qu'un travail mécanique ; d'autres disaient avec Hippocrate que c'est une sorte de coction, ce qui signifiait qu'elle était plutôt chimique que mécanique, et Platonicus, disciple de Praxagore, la comparait à une putréfaction, c'est-à-dire à une sorte de fermentation. Il y a du vrai dans ces diverses opinions, mais aucune d'elles ne rend suffisamment compte de l'importante fonction dont nous venons de passer en revue les différents organes.

Des expériences, surtout entreprises par Réaumur et par Spallanzani, ont mis en évidence la complexité des phénomènes digestifs, dont quelques-uns sont réellement chimiques et comparables à ceux de la coction ou de la fermentation, et les autres de nature mécanique ou purement physiques et conformes à l'hypothèse d'Érasistrate. Plus récemment les progrès des sciences physico-chimiques ont conduit la théorie de la digestion bien au delà du point où l'avaient laissée les savants physiologistes du XVIII° siècle que nous venons de citer.

Parmi les actions mécaniques concourant à la digestion, la plus facile à constater est la mastication, dont le but est de concasser les aliments et de les broyer de manière qu'ils puissent ensuite être facilement pénétrés par les fluides sécrétés, soit par la salive dans la bouche, soit par les sucs gastrique, pancréatique ou biliaire dans l'estomac et dans le duodénum.

Nous avons déjà vu que les ruminants ramènent sous leurs dents, pour les mâcher de nouveau et d'une manière plus complète, les aliments qu'ils ont introduits à la hâte dans la première poche de leur estomac ; d'autres espèces ne les broient réellement que dans leur estomac, qui est alors garni de pièces dures, épithéliales ou autres, et muni de muscles puissants. C'est ce qui a lieu pour beaucoup d'oiseaux pourvus d'un gésier. Ces oiseaux sont principalement des espèces granivores ou insectivores.

On peut également citer comme ayant une action essentiellement mécanique l'estomac de certains crustacés, mieux encore celui des bulles, et genre de mollusques marins chez lesquels cet organe est soutenu par un appareil calcaire qui avait été pris par un naturaliste italien, Gioeni, pour une coquille de genre différent.

Cependant la mastication buccale n'est pas uniquement un acte mécanique. Si elle a pour complément indispensable, chez l'homme et chez beaucoup d'espèces, l'insalivation, destinée à rendre les aliments plus faciles à avaler, elle agit en même temps, par sa ptyaline ou principe actif, sur les substances amylacées ou féculentes, dont elle commence la transformation en glycose ou matière sucrée. Nous savons en effet que l'action de la ptyaline est une action analogue à celle de la diastase, et nous retrouvons la même métamorphose chimique chez les végétaux lorsque nous étudions leurs fonctions nutritives. Les principes amylacés dont les végétaux sont en partie formés éprouvent une modification analogue à celle que nous voyons subir aux aliments également amylacés des animaux ou aux cellules de même nature qui se développent dans le foie et dans d'autres parties du corps de ces derniers.

La mastication et l'insalivation étant accomplies, la déglutition intervient pour faire passer les aliments de la bouche dans l'estomac, en les obligeant à traverser l'œsophage. Cet acte est du nombre de ceux qui sont essentiellement mécaniques. Les aliments arrivent ainsi dans l'estomac sous la forme d'une pâte molle, mélange des substances salines avec les principes ternaires gras ou féculents et avec les principes quaternaires, tels que la gélatine, la fibrine, l'albumine, la caséine, etc. C'est sous l'influence de la sécrétion stomacale, ainsi que du ressassement opéré par les contractions de l'estomac, que le bol alimentaire prend une apparence homogène. On a donné à cette opération le nom de *chymification*.

Réaumur, voulant s'assurer si l'estomac agit en dissolvant les aliments ou au contraire en les broyant mécaniquement par la force de ses contractions, introduisit dans cet organe, chez des animaux, de petites sphères métalliques percées de trous et remplies de viande. Les mouvements de l'estomac, étant ainsi devenus impuissant par la résistance des boules, la viande n'en fut pas moins dissoute, grâce aux sucs versés par cette partie du tube intestinal, et l'on acquit la preuve que la digestion stomacale est avant tout un acte de dissolution.

Vers la même époque, Stevens répéta ces expériences sur un homme qui avait la faculté, propre à quelques bateleurs, de pouvoir introduire dans son estomac des corps étrangers, et de les rendre ensuite à volonté. Ses conclusions furent analogues à celles de Réaumur.

Il en fut de même pour Spallanzani, qui, en retirant, au moyen d'éponges, du suc gastrique de l'estomac de différents animaux, et en agissant ensuite en vase clos et à une température convenable au moyen du suc exprimé de ces éponges sur des substances alimentaires, réussit à opérer artificiellement et en dehors de l'organisme de véritables digestions de viande.

Plus récemment, W. Beaumont a pu répéter ces observations sur un Canadien qui avait une ouverture fistuleuse de l'estomac, suite d'un coup de feu. Il a aussi reconnu l'action dissolvante que cet organe exerce sur les aliments, et le docteur Blondlot (de Nancy) a entrepris des expériences analogues sur des animaux, en pratiquant des fistules stomacales artificielles.

C'est sur les substances de composition quaternaire que le suc gastrique agit particulièrement, et l'estomac est le siége de la digestion de ces aliments, ainsi que le lieu où ils sont absorbés. Il en détermine la dissolution et permet leur absorption par les veines à travers les parois de sa propre cavité.

La chymification est donc un phénomène complexe, duquel résulte la possibilité, pour les substances quaternaires et par conséquent azotées, d'être absorbées immédiatement, et pour les substances ternaires, soit grasses, soit amylacées, celle de continuer séparément leur route, c'est-à-dire de passer de l'estomac dans les intestins. C'est pourquoi l'expérience qui consiste à faire digérer artificiellement des aliments au moyen de suc gastrique retiré de l'estomac ne réussit pas lorsque, au lieu de chair musculaire, de cervelle, de caséum ou de toute autre substance analogue et de nature plastique, on emploie des fécules ou des corps gras.

L'absorption de ces derniers exige une seconde digestion, qui a lieu dans l'intestin au moyen du suc pancréatique et de la bile ; et cela est si vrai, que, si, au lieu d'employer inutilement du suc gastrique pour la digestion artificielle des aliments féculents, on a recours à du suc pancréatique, leur transformation s'opère aussi promptement que si elle avait lieu dans les intestins. Dans le but de faire plus aisément ces essais, on a pratiqué sur des ruminants des fistules permettant d'éconduire le suc fourni par le pancréas et de le recueillir extérieurement au fur et à mesure qu'il se produit.

M. W. Bush, médecin de l'hôpital de Bonn, a pu observer avec attention une femme chez laquelle un coup de corne de taureau avait déterminé une plaie fistuleuse du duodénum, et dans ce cas, pour ainsi dire complémentaire de celui décrit par Beaumont, il a constaté que le chyme arrive dans l'intestin après avoir perdu la plus grande partie des substances plastiques contenues dans les aliments ingérés, et qu'il ne se compose plus guère que des corps gras et amylacés.

Le suc pancréatique détermine la transformation des matières amylacées en un principe sucré qui est ensuite absorbé par les intestins. C'est le *chyle*, qui passe à travers les parois intestinales pour être reçu, non plus dans les veines, comme cela a lieu pour les aliments plastiques digérés dans l'estomac, mais dans des vaisseaux particuliers appelés *vaisseaux chylifères*. En outre, le suc pancréatique concourt, avec la bile, à l'émulsion des principes gras, et c'est après avoir été ainsi émulsionnés, que ces derniers sont à leur tour absorbés par les vaisseaux chylifères et versés par eux dans la masse du sang.

Cependant le chyle intestinal, tel qu'il est transmis par l'estomac au duodénum, possède encore une certaine quantité de principes plastiques ou azotés ; la digestion en est terminée dans les intestins, et chez beaucoup d'espèces le cæcum constitue sur le trajet de ces derniers un réservoir qu'on a souvent comparé à un second estomac. On le trouve rempli de la portion des aliments qui n'a pas encore subi l'action des sucs digestifs, et diverses glandules dont les parois de l'intestin sont garnies achèvent, en ce qui concerne les principes azotés, le travail commencé dans l'estomac proprement dit.

Peu à peu s'opère l'absorption, à travers les parois de l'intestin, des matières assimilables, et celles qui n'ont pas la propriété de pouvoir être utilisées par l'économie, ou qui ont résisté pour une cause quelconque à l'action des sucs digestifs, sont rejetées au dehors par l'anus. Tel est le mode de formation des excréments, ou fèces, dans lesquels on retrouve, avec les matières incapables de servir à la nourriture des animaux, celles qui n'ont subi pendant leur trajet aucune modification ou qui n'ont été qu'incomplétement transformées.

C'est par les parois de l'estomac que les boissons sont principalement absorbées ; elles passent directement dans les veines.

CHAPITRE VIII.

DE LA CIRCULATION ET DE SES ORGANES.

APERÇU GÉNÉRAL SUR CETTE FONCTION. — Le corps de l'homme et celui des animaux se composent de l'association de deux ordres de parties qui paraîtraient bien différentes les unes des autres si on ne les envisageait que sous le rapport de leur consistance. Les premières sont solides, formées par les tissus dont nous avons déjà parlé (p. 33), et disposées sous la forme d'instruments ayant chacun un rôle dans les manifestations vitales; on les regarde comme étant plus spécialement les agents de la vie. Les secondes sont liquides; au lieu d'occuper une place toujours identiquement la même, elles doivent à leur fluidité la possibilité de s'épancher entre les organes, d'en pénétrer la substance pour les imprégner et de s'y renouveler incessamment, parce que leurs particules se déplacent en roulant les unes sur les autres. Il y a une *circulation* plus ou moins active de ces fluides. Certains d'entre eux, et en particulier le sang, sont promenés dans les différentes parties du corps dont ils parcourent le parenchyme. Leur action sur les matériaux solides de l'organisme, ou organes proprement dits, est considérable; la nutrition trouve en eux un auxiliaire indispensable.

Cependant les liquides de l'organisme ne restent pas, comme on pourrait le croire, à l'état de simples principes chimiques qui seraient mis à la disposition des parties vivantes. Il ne leur suffit pas, pour exécuter leur rôle, d'être formés de principes immédiats, ni d'en contenir en proportion considérable pour être en état de fournir des matériaux nouveaux à la substance des organes. Ils sont toujours doués, dans quelqu'une de leurs parties, d'une certaine organisation, et l'on y trouve en général des cellules, c'est-à-dire des éléments histologiques tout à fait analogues à ceux dont l'anatomie microscopique nous démontre la présence dans les organes proprement dits. Ce sont aussi, à certains égards, de véritables organes, et, en réalité, la grande différence qui les distingue des instruments vitaux auxquels nous réservons ordinairement ce nom tient surtout à ce que, dans les liquides organisés, les cellules restent dissociées les unes par rapport aux autres, et qu'elles sont maintenues en suspension au sein d'un liquide abondant : ce qui leur permet de rouler les unes sur les autres lors de la circulation de ces liquides et de changer incessamment de place. Au contraire, dans les parenchymes, le liquide interposé aux cellules constituant les organes est peu abondant; ces cellules n'en sont qu'imbibées au lieu de flotter dans sa substance, et elles restent en contact entre elles; souvent même le liquide, formant plasma, peut, en se solidifiant, se transformer en une gangue résistante qui réunit les matériaux élémentaires des mêmes organes en une masse compacte et solide : c'est ce qui a lieu pour les os, les dents, les cartilages et diverses autres parties importantes de l'économie.

Le *sang* est de tous les liquides vivants le plus abondant et celui qui remplit le rôle le plus indispensable. Les cellules qu'il renferme l'ont fait comparer aux tissus proprement dits : ce sont les *corpuscules* ou *globules sanguins* qu'il charrie avec lui dans sa marche à travers les autres organes; ils forment sa partie solide et organisée. Le *sérum* ou plutôt le *plasma sanguin*, substance à la fois riche en sels inorganiques, en principes ternaires et en principes quaternaires, est la partie liquide du sang; il est dépourvu de véritable organisation. Le sang pourrait être défini un organe mobile visitant incessamment tous les autres, parce que tous ont quelque chose à lui emprunter pour vivre et remplir leurs fonctions. Sa fluidité devait seule lui permettre d'atteindre ce but, et depuis longtemps on l'a appelé de la *chair coulante*.

Différentes sortes de circulations. — Après avoir étudié les phénomènes digestifs et la préparation dans le canal intestinal des divers principes utiles à l'organisme, l'ordre naturel des phénomènes physiologiques nous conduit donc à traiter du sang et des actes, si multiples chez l'homme et chez beaucoup d'espèces, mais si simples comparativement chez les animaux inférieurs, qui assurent la circulation de ce fluide à travers toutes les parties du corps : c'est la *circulation sanguine* ou circulation proprement dite. Nous verrons ensuite quels sont les instruments (*cœur* et *vaisseaux*) à l'aide desquels cette importante fonction s'exécute, et nous en indiquerons le mécanisme.

Nous joindrons également au présent chapitre des remarques relatives aux actes complémentaires de la circulation sanguine et aux organes qui la produisent, ce qui nous conduira à parler, mais d'une manière abrégée, de la *circulation lymphatique* et de la *circulation du chyle*.

En outre, quelques lignes seront consacrées à certains organes d'apparence glandulaire qui manquent cependant de conduits excréteurs, et que l'on appelle des *ganglions sanguins*. Ces organes sont sans doute destinés à l'élaboration des éléments histologiques propres au sang; le principal d'entre eux est la *rate*.

§ I. — Du sang.

Le sang est le plus important des liquides de l'économie animale, et celui dont la masse est la plus considérable. C'est de lui que presque tous les autres liquides et tous les autres organes tirent leurs matériaux. Il trouve lui-même dans les produits de la digestion le moyen de réparer ses pertes, et dans la respiration ainsi que dans l'urination celui de se débarrasser en partie de la portion de ses principes que l'activité vitale et le jeu de l'organisme ont altérés.

Le sang est absolument indispensable à l'exercice de la vie. Lorsque, par suite d'une saignée abondante ou d'une blessure grave, l'homme ou les animaux ont perdu une quantité notable de ce liquide, ils ne tardent pas à s'affaisser sur eux-mêmes; ils tombent en syncope, et on les voit périr bientôt, parce qu'on est dans l'impossibilité de leur rendre immédiatement le liquide vivant qui vient de leur être enlevé.

On avait pensé autrefois qu'il serait possible de recourir, dans des cas de cette nature, à la transfusion, et l'on faisait passer, des veines d'un ou de plusieurs individus bien portants dans celles du sujet qu'un accident ou une maladie avait rendu exsangue, du sang en quantité suffisante pour le ramener à la vie. Dans plusieurs occasions on a vu ce procédé héroïque couronné de succès. Mais il s'en faut beaucoup que l'opération réussisse toujours, et malgré le retentissement qu'elle a obtenu, on n'y a plus recours que très-rarement. En physiologie, on la répète quelquefois sur des animaux, pour montrer que les différents principes du sang sont indispensables à l'entretien de la vie. Alors on transfuse, soit du sang auquel on n'a enlevé aucune de ses parties constituantes, ou bien du sang privé de ses globules ou de sa fibrine. La vie peut être ranimée par la première expérience; la mort est la conséquence plus ou moins prochaine, mais fatale, de la seconde.

Anatomiquement, le sang est composé de deux parties. L'une est liquide pendant la vie, quoique renfermant des principes coagulables : c'est le *sérum*, mieux nommé *plasma;* l'autre consiste en nombreux corpuscules microscopiques appelés *globules sanguins*, *globules blancs* et *globulins*, que la partie liquide charrie avec elle dans sa course à travers l'organisme. Nous commencerons par l'examen des éléments solides.

GLOBULES SANGUINS. — Chez l'homme et chez presque tous les autres vertébrés, les globules sanguins sont rouges; ce sont eux qui donnent au sang la couleur qui le distingue. Ces corpuscules, qu'on ne voit qu'à l'aide du microscope, furent aperçus en 1658 par Swammerdam, dans le sang des grenouilles; mais il ne publia pas sa découverte. En 1673, Malpighi les observa à son tour dans le sang du hérisson; il les prit pour des globules graisseux.

Les globules du sang (fig. 73) sont, au contraire, formés en grande partie de deux principes quaternaires. L'un est analogue à l'albumine, quoique différant de cette substance par quelques légères particularités: c'est la *globuline* ou matière fondamentale des globules; l'autre, appelé *hématosine*, en est la partie colorante : les quatre éléments ordinaires des principes immédiats y sont associés à une certaine proportion de fer.

L'hématosine donne aux globules sanguins la couleur qui les distingue, et c'est à ces corpuscules que le sang doit sa teinte rouge, le plasma étant incolore, comme on peut s'en assurer en recourant à la filtration du sang. L'action de l'oxygène donne aux globules la teinte rutilante ou vermeille qui se remarque dans le sang du système aortique (*sang rouge*, *oxygéné* ou *aortique*); mais l'acide carbonique dont il se charge dans les organes le rend plus foncé et d'un violet noirâtre (*sang noir*, dit aussi *sang veineux*, quoique les veines qui reviennent des poumons renferment du sang rouge). Le branchiostome, petite espèce de poisson d'une organisation très-inférieure à celle des autres animaux de la même classe, et peut-être aussi quelques autres poissons de mer qui se rapprochent des anguilles par leurs caractères génériques, sont les seuls vertébrés qui aient les globules sanguins incolores, et par suite le sang blanc.

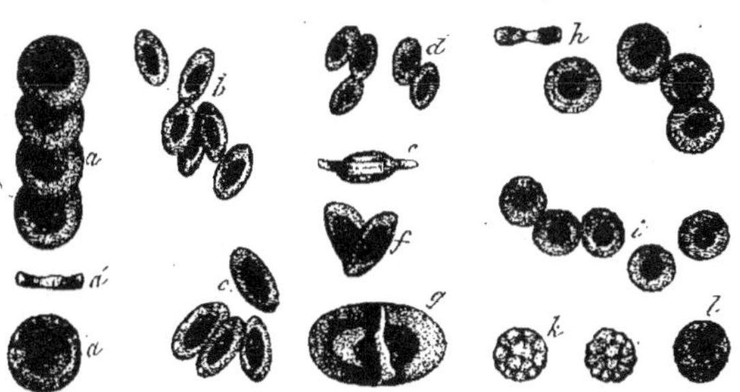

Fig. 73. — Globules sanguins (grossis) (*)..

Les globules du sang ne sont pas de forme sphérique, comme leur nom semblerait l'indiquer. Ce sont des disques aplatis, circulaires dans certains animaux, elliptiques dans d'autres. Les mammifères, sauf un très-petit nombre d'exceptions, parmi lesquelles nous citerons les chameaux et les lamas, ont les globules de forme circulaire.

Le diamètre de ceux de l'homme (fig. 74) n'est égal qu'à $\frac{1}{126}$ de millimètre; ceux du cheval, du mouton et du bœuf n'ont que $\frac{1}{200}$ de millimètre; ceux de la chèvre, $\frac{1}{270}$ de millimètre. Les globules du sang des chameaux et des lamas ont $\frac{1}{125}$ de millimètre dans leur plus grand diamètre et $\frac{1}{220}$ dans le plus petit.

La forme elliptique est ordinaire aux globules sanguins de tous les vertébrés ovipares, et les batraciens sont de tous ces animaux ceux qui possèdent les plus volumineux. Chez les poissons cyclostomes, ces petits organes sont de forme sphérique.

Voici quelques mesures des globules sanguins prises dans les différentes classes des vertébrés ovipares :

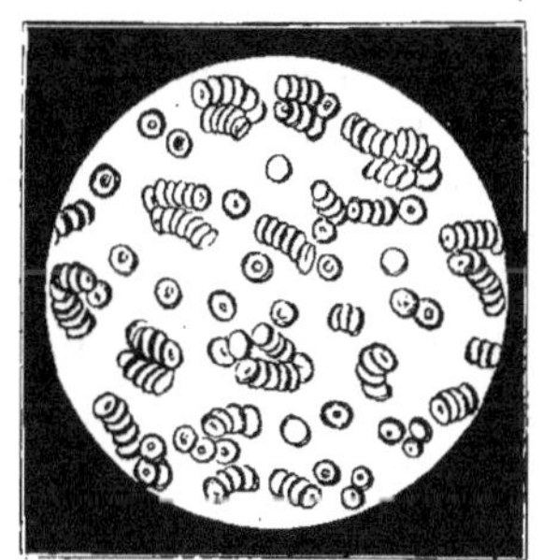

Fig. 74. — Globules sanguins de l'*Homme*.

Oiseaux : Paon, moineau et chardonneret, $\frac{1}{86}$ et $\frac{1}{100}$ de millimètre; mésange bleue, $\frac{1}{90}$ et $\frac{1}{162}$; pigeon, $\frac{1}{78}$ et $\frac{1}{143}$; autruche, $\frac{1}{66}$ et $\frac{1}{118}$.

(*) *a*) globules du sang de l'*Homme*; vus sous différents aspects; — *b*) globules du sang du *Chameau*; — *c* et *d*) id. des *Oiseaux*; — *e*) id. de la *Grenouille*; vus par la tranche ; — *f*) id. du *Protée*; — *g*) id. de la *Salamandre*, dont on a déchiré la membrane extérieure ; — *h*) id. de la *Lamproie*; — *i*) id. du *Homard*; — *k*) id. de la *Limace*. *l*) deux leucocytes ou globules blancs du sang humain.

Reptiles : Tortue grecque, $\frac{1}{49}$ et $\frac{1}{87}$; caïman, $\frac{1}{52}$ et $\frac{1}{84}$; lézard vert, $\frac{1}{67}$ et $\frac{1}{108}$; couleuvre à collier, $\frac{1}{54}$ et $\frac{1}{85}$.

Batraciens : Grenouille verte, $\frac{1}{45}$ et $\frac{1}{66}$; salamandre tachetée, $\frac{1}{28}$ et $\frac{1}{45}$; triton à crête, $\frac{1}{33}$ et $\frac{1}{57}$; grande salamandre du Japon, $\frac{1}{19}$ et $\frac{1}{32}$; protée, $\frac{1}{13}$ et $\frac{1}{44}$; sirène, $\frac{1}{16}$ et $\frac{1}{30}$.

Poissons : Perche, $\frac{1}{83}$ et $\frac{1}{111}$; carpe, $\frac{1}{65}$ et $\frac{1}{95}$; anguille, $\frac{1}{69}$ et $\frac{1}{112}$; raie bouclée, $\frac{1}{35}$ et $\frac{1}{60}$; lamproie, $\frac{1}{87}$ dans tous les sens.

Les globules sanguins sont bien de la nature des cellules, et à l'aide de réactifs on peut mettre en évidence leur membrane enveloppe, ainsi que leur noyau. Lorsqu'on veut en conserver pour les observer ultérieurement, il suffit de les laisser dessécher sur une lame de verre; on peut aussi en garder pendant longtemps en versant dans un sirop de sucre quelques gouttes de sang : les globules s'y maintiennent parfaitement. C'est ainsi que plusieurs physiologistes ont pu faire en Europe une étude attentive des globules sanguins de différents animaux exotiques qui n'avaient pas encore paru vivants dans nos ménageries.

En médecine légale, lorsqu'il s'agit de juger de l'origine humaine ou animale de certaines taches de sang constatées sur les vêtements d'un individu soupçonné d'être l'auteur de quelque crime, on a recours à la facilité avec laquelle les globules sanguins desséchés depuis longtemps reprennent leur forme primitive, et l'on cherche à constater, par l'observation microscopique, l'origine du sang de cette tache. On arrive ordinairement, en en mesurant les globules et en examinant leur forme, à reconnaître de quelle espèce il provient, homme, animal mammifère, oiseau, etc., et l'on en tire telles conclusions que comportent les circonstances de l'instruction.

Les globules rouges sont très-rares chez les animaux sans vertèbres; cependant on a constaté leur présence chez quelques espèces appartenant à des groupes assez différents les uns des autres (des annélides, des échinodermes, etc.). Quand les animaux sans vertèbres ont le sang rouge, c'est ordinairement au sérum que ce liquide doit sa couleur, tandis que chez les vertébrés il la tient des globules dont nous avons parlé dans ce paragraphe. La couleur rouge du sang de la plupart des annélides a pour cause la couleur rouge de leur sérum.

Globules blancs ou leucocytes. — Indépendamment des globules rouges dont il tire sa couleur, le sang des vertébrés renferme une quantité notable, mais cependant moins considérable, de petits globules blancs. Ces corpuscules, qui se retrouvent aussi dans la lymphe, sont plus nombreux dans les sujets très-jeunes que chez ceux déjà plus avancés en âge. Chez l'homme, ils sont aux globules rouges dans la proportion de $\frac{1 \text{ à } 2}{100}$. Ils ne circulent que par instants. Si l'on examine au microscope la circulation sanguine, on les voit le plus souvent fixés à la paroi interne des vaisseaux capillaires, et ils ne se mêlent à la masse des globules ordinaires que par intervalles et d'une manière intermittente. Ils ont environ $\frac{1}{100}$ de millimètre en diamètre.

Globulins. — Ce sont d'autres éléments anatomiques du sang qui se retrouvent aussi dans la lymphe et dans le chyle; ils sont encore plus rares que les globules blancs, et il n'y en a guère que 1 pour 10 ou même 20 de ces derniers; leur diamètre moyen ne dépasse pas $\frac{1}{400}$ de millimètre.

PLASMA DU SANG ; SA COMPOSITION CHIMIQUE. — La partie fluide du sang, ou le plasma sanguin, est un liquide très-complexe dans sa composition et très-facilement altérable. L'âge, le sexe, l'état physiologique du sujet, les conditions de l'alimentation et les influences de la santé ou de la maladie apportent certains changements dans la proportion relative des nombreux composés chimiques qui concourent à la former. Diverses substances peuvent également s'y mêler accidentellement, même chez des sujets bien portants, lorsqu'elles sont apportées par les absorptions alimentaire, respiratoire ou cutanée. Chez les malades, la médication introduit aussi dans le sang, par ces différentes voies, des substances qui peuvent aisément y être retrouvées par l'analyse chimique. Leur présence dans les urines, après un temps plus ou moins long, est une preuve non moins concluante de la facilité avec laquelle elles ont parfois été absorbées.

Les détails exposés dans les chapitres qui précèdent nous ont déjà conduits à supposer que le sang devait renfermer une certaine quantité des différents principes dont les organes sont eux-mêmes constitués, ainsi que les matériaux destinés à la formation des produits qui peuvent être rejetés au dehors par les sécrétions. C'est en effet ce qui a lieu.

Il y a dans le plasma du sang, outre l'eau qui en constitue près des $\frac{7}{10}$:

1° Des principes albuminoïdes ou protéiques, c'est-à-dire des matières de composition quaternaire, telles que de la fibrine, de l'albumine, de la globuline, de l'hématosine, etc.

2° Des matières grasses : acides gras divers, oléine, stéarine, etc.

3° De la glycose, matière sucrée, principalement due à la transformation, sous l'influence des diastases salivaire et pancréatique, des substances amylacées apportées par les aliments ou provenant du foie.

4° Des matières salines, telles que du chlorure de sodium, du carbonate de soude, du phosphate de soude, du phosphate de chaux, du phosphate de magnésie, etc.

On a aussi indiqué la présence normale dans le sang d'une certaine quantité de caséine et d'urée.

COAGULATION DU SANG. — Le sang tiré d'une veine ne tarde pas à se séparer en deux parties distinctes. En effet, la fibrine, soumise à des conditions différentes de celles où elle se trouvait dans les vaisseaux, se précipite immédiatement et se coagule. Elle descend comme un nuage au fond du vase, et entraîne avec elle les globules pour former ensemble une masse consistante, qui est le *caillot*. Le reste, ou la partie liquide du plasma sanguin, se sépare alors et constitue le *sérum* proprement dit, dans lequel restent en dissolution les autres principes du sang, plus particulièrement l'albumine et les substances salines.

On sait qu'un des caractères de l'albumine est de se coaguler par l'action de la chaleur ; aussi, en chauffant le sérum, le voit-on bientôt se prendre en masse.

Le caillot est rouge parce qu'il a emprisonné les globules sanguins, qui sont précisément les matériaux colorants du sang, et ce sont quelques-uns de ces corpuscules, restés en suspension dans le sérum, qui lui donnent la teinte plus ou moins rosée qui le distingue habituellement. En filtrant le sang, de manière à retenir tous les globules sur le filtre, on obtiendra du sérum parfaitement incolore.

Une solution de chlorure de sodium retarde la coagulation du sang ; c'est pour cela qu'une coupure ou une piqûre saignent plus longtemps si l'on tient la partie lésée dans l'eau de la mer ou dans de l'eau salée que si on la laisse exposée à l'air.

Quand on filtre le sang avant sa coagulation, la fibrine passe dans le sérum en même temps que l'albumine, mais elle se coagule bientôt après. Par suite de l'absence des globules, le caillot est alors dépourvu de toute couleur. C'est l'abondance de la fibrine dans les maladies inflammatoires qui produit la couche épaisse et blanche de cette substance, dont le caillot est alors surmonté, et qu'on appelle la *couenne inflammatoire*.

D'autres différences, mais d'une moindre importance, existent encore dans le sang humain suivant l'âge, le sexe, ou les conditions physiologiques, et diverses maladies, autres que l'état inflammatoire, y déterminent également des modifications remarquables que plusieurs médecins ont décrites avec soin.

Histoire de la circulation du sang. — L'auteur le plus ancien dans lequel on puisse chercher des renseignements à cet égard est Hippocrate, qui vivait au v⁰ siècle avant l'ère chrétienne. Ses écrits ont été pendant longtemps la base de la médecine, et il paraît s'être inspiré dans leur rédaction, non-seulement des connaissances propres de son temps à la Grèce, son pays, mais aussi de celles qu'avaient recueillies les Asiatiques, plus particulièrement les Chaldéens. Ce qu'il nous dit des organes de la circulation et de leurs fonctions est cependant très-peu exacte. Les vaisseaux sanguins, artériels et veineux, sont confondus par Hippocrate sous la dénomination commune de veines. Proxagoras, quelques siècles plus tard, distingua les artères des veines, et cette distinction se retrouve aussi dans Érasistrate. Le nom donné aux artères faisait sans doute allusion au rôle qui leur était alors attribué, celui de fournir de l'air au sang, et la trachée-artère passait pour être la voie principale par laquelle cet air leur arrivait, ce qui certainement rend mal compte de la manière dont les choses ont lieu, mais n'est cependant pas aussi faux qu'on semble le croire.

Aristote a su que le sang part du cœur pour aller trouver les divers organes du corps, mais il a considéré son retour à ce centre de l'impulsion circulatoire comme déterminant une simple oscillation et non comme produisant un véritable mouvement circulatoire. Le mot de *circulation* n'a même été employé que beaucoup plus tard.

Galien, anatomiste célèbre du II⁰ siècle et l'un des principaux fondateurs de la science médicale, n'alla pas beaucoup plus loin que ses prédécesseurs, et cependant il avait disséqué. On a de lui une Anatomie qui, jusqu'à Vésale, c'est-à-dire jusqu'à la Renaissance, a été la seule dont se soient servis les médecins ; il avait puisé une partie des matériaux de ses ouvrages au sein de la célèbre école d'Alexandrie, mais il s'était surtout guidé sur l'étude des animaux.

Une des premières notions exactes relatives au parcours du sang fut signalée en 1553 par l'Aragonais Michel Servet, et six ans plus tard par Colombo, anatomiste de Padoue. Elle faisait connaître le trajet de ce liquide allant du cœur aux poumons et des poumons au cœur : ce que l'on nomma la *petite circulation*. Servet est plus connu comme théologien que comme anatomiste. Les uns disent qu'il a lui-même fait cette découverte ; les autres assurent qu'il en a trouvé l'indication dans un manuscrit de Nemesius, évêque d'Émèse (Syrie), qui vivait au IV⁰ siècle. Servet a parlé de la petite circulation dans son ouvrage sur le renouvellement du christianisme. Il fut l'ami de Calvin, mais se brouilla plus tard avec lui et fut brûlé par ses ordres à Genève, en 1558.

Césalpin, médecin et naturaliste toscan, mort en 1603, a le premier introduit dans la science le mot de *circulation* pour indiquer le mouvement circulaire que le sang exécute à travers les vaisseaux, et l'on doit encore citer parmi les promoteurs de cette grande découverte Pierre Sarpi, religieux de Venise, qui passe pour avoir reconnu le premier le rôle des valvules des veines, et même donné la théorie de la *grande circulation*, c'est-à-dire du trajet exécuté par le sang, qui part du cœur pour aller dans les différentes parties du corps et revenir ensuite à cet organe, centre de toute la circulation. Toutefois George Ent, biographe de Harvey, assure que ce dernier avait exposé à Londres, en 1619, sa théorie de la *double circulation* (petite circulation ou circulation pulmonaire, et grande circulation ou circulation générale), et que Sarpi en eut connaissance par l'ambassadeur vénitien en ce moment en Angleterre. La découverte des valvules des veines est aussi attribuée à Fabricius d'Acquapendente (1574).

Toujours est-il que, dès l'époque de la Renaissance, l'école italienne avait, au sujet du cours accompli par le sang à travers les vaisseaux, des notions infiniment plus précises que celles des anciens, et que, si la théorie de la double circulation n'est pas née dans cette école, elle y a eu ses germes dans les travaux de Servet, de Colombo, de Césalpin, et des grands anatomistes qui professaient alors à Padoue, à Pise, à Florence, à Rome, etc. On commençait également à reconnaître l'importance d'étudier les organes du corps humain sur l'homme lui-même, au lieu de se borner, comme on l'avait fait depuis Galien, à des détails tirés des animaux. La gloire d'avoir jeté les fondements de la véritable anatomie humaine revient à Vésale (1514-1564), qui fit de nombreuses dissections à Paris, et mourut au moment où il était appelé à remplacer, à Padoue, Fallope, son propre élève, qui fut aussi un des plus savants anatomistes de la Renaissance.

Les découvertes scientifiques importantes sont rarement le travail d'un seul homme. De nombreuses expériences, des descriptions contradictoires, des remarques dont on n'apprécie pas d'abord toute la portée, sont indispensables à leur démonstration. Si dans bien des circonstances on ne cite, à propos de chacune d'elles, qu'un seul nom, l'histoire ne doit pas entièrement oublier les travaux préparatoires qui les ont rendues possibles, et elle a pour devoir de signaler aussi les hommes qui ont préparé ces grandes transformations de la science ; c'est ce qui nous a fait insister ici sur les travaux de l'école italienne.

L'anatomiste anglais Harvey (1578-1657), auquel revient en grande partie la gloire d'avoir démontré le cours véritable du sang dans l'homme et dans les mammifères, et celle d'avoir fait comprendre aux savants les phénomènes principaux de la circulation, avait d'ailleurs étudié pendant quelque temps en Italie, sous Fabricius d'Acquapendente, qui prit aussi une part réelle aux recherches qui devaient le conduire à cette grande découverte.

Favorisé par sa position de médecin du roi d'Angleterre (Jacques Ier et son fils Charles Ier), Harvey entreprit des expériences qui ne devaient plus laisser de doute. Il lia lés artères, et montra que le sang s'accumule entre la ligature et le cœur ; il lia des veines, et vit qu'il se trouve au contraire dans l'impossibilité d'opérer son retour vers le cœur et est arrêté au delà de la ligature, au lieu de l'être en deçà, comme dans l'expérience précédente. En outre, il s'appuya de nouveau sur la présence des valvules veineuses et sur leur direction, et il rattacha aux battements du cœur le phénomène du pouls, qui résulte de la dilatation et du resserrement alternatifs des artères. Harvey conclut de ses expériences et de ses remarques que le sang est successivement poussé par le ventricule gauche dans l'artère aorte et dans ses divisions pour aller dans les différentes parties du corps, et qu'il en revient par les veines dans l'oreillette droite, d'où il passe ensuite par le ventricule du même côté dans l'artère pulmonaire, traverse les poumons, et revient au côté gauche du cœur, exécutant de la sorte un circuit qui se continue sans interruption. Pour simplifier, on admet le dédoublement de ce circuit en deux temps principaux : la *petite circulation*, allant du ventricule droit du cœur à l'oreillette gauche du même organe, en passant par les poumons, où s'accomplit l'hématose, et la *grande circulation*, qui commence au ventricule gauche, va aux différents organes par le système aortique et ses divisions, et revient à l'oreillette droite par les veines générales. De là la théorie longtemps admise de la grande circulation ou circulation générale, et de la petite circulation ou circulation pulmonaire.

Ce n'est pas que Harvey n'ait eu à lutter contre de nombreux contradicteurs. En Angleterre même, et là plus qu'ailleurs, il rencontra des antagonistes intraitables. Mais peu à peu la nouvelle doctrine fit des prosélytes, et les découvertes ultérieures de la science la rendirent enfin évidente pour tout le monde. Leuwenhoeck, qui l'avait d'abord combattue, s'en fit le défenseur zélé dès qu'il eut observé les capillaires qui rejoignent les artères aux veines, et assurent le passage du sang des premiers de ces vaisseaux dans les seconds. Malpighi fit cesser tous les doutes lorsqu'il réussit à observer la marche même du sang dans les capillaires, où elle est rendue si sensible par la direction que suivent les globules en suspension dans le plasma (fig. 75, C).

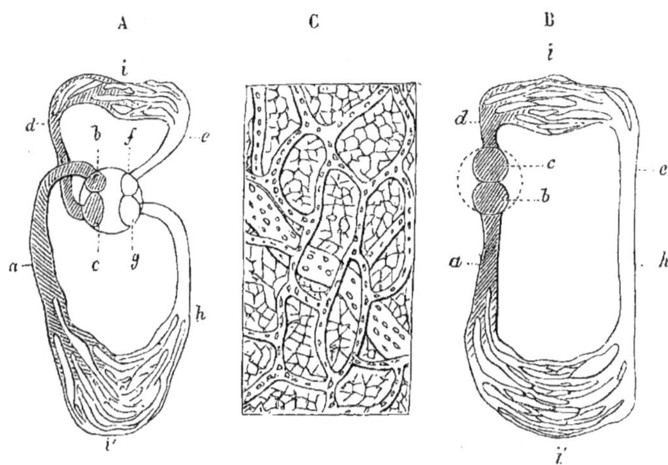

FIG. 75. — Théorie de la circulation et vaisseaux capillaires (*).

A une époque plus rapprochée de nous, l'étude attentive des modes de circulation propres aux reptiles et aux poissons, ainsi qu'aux principaux animaux sans vertèbres, est venue ajouter de nouvelles découvertes à celles auxquelles avait donné lieu l'examen comparatif des vertébrés à sang chaud, et montrer qu'on doit considérer dans le trajet du sang,

(*) A == théorie de la circulation chez les Mammifères et les Oiseaux.

a) le système des veines générales faisant retour au cœur par les veines caves ; — *b*) oreillette droite qui reçoit le sang noir ramené par ces veines ; — *c*) ventricule droit auquel l'oreillette l'envoie ; — *d*) artère pulmonaire qui le conduit au poumon ; — *e*) système des veines pulmonaires ramenant au cœur gauche le sang hématosé dans le poumon ; — *f*) oreillette gauche ; — *g*) ventricule gauche ; — *h*) système aortique recevant le sang du cœur gauche et le conduisant dans toutes les parties du corps pour les nourrir , — *i*) le système des vaisseaux capillaires du poumon, siége de l'hématose ; — *i'*) le système des vaisseaux capillaires des différentes parties du corps, siége de la nutrition et, par suite, de la transformation du sang rouge en sang noir.

B == théorie de la circulation du sang chez les Poissons.

a) le système des veines générales faisant retour au cœur ; — *b*) oreillette unique répondant à l'oreillette droite des mammifères ; — *c*) ventricule unique répondant au ventricule droit des mêmes animaux ; — *d*) système de l'artère branchiale répondant à l'artère pulmonaire des vertébrés aériens ; — *e*) la réunion des vaisseaux aortiques ramenant des branchies le sang qui s'y est pourvu d'oxygène pour le conduire à l'aorte *h* ; — *i*) les vaisseaux capillaires des branchies ; — *i'*) les vaisseaux capillaires des différentes parties du corps.

C == portion de parenchyme dans laquelle on aperçoit les anastomoses des vaisseaux capillaires et les globules sanguins circulant dans l'intérieur de ces vaisseaux.

non pas le grand et le petit circuit qu'il exécute dans sa double course, d'une part à travers les organes, et d'autre part à travers les poumons, mais plutôt son trajet, comme sang rouge, allant des poumons aux différents organes en passant par l'oreillette et le ventricule gauches, et son retour des mêmes organes aux poumons en traversant l'oreillette droite et le ventricule du même côté. Mais nous devons renvoyer l'exposé de cette manière d'envisager la circulation après la description du cœur et des différentes sortes de vaisseaux au moyen desquels cette fonction s'exécute chez les vertébrés supérieurs.

§ II. — Organes circulatoires.

Des différents organes qui composent le système vasculaire des vertébrés. — Chez ces animaux, de même que chez l'homme, qui appartient à la même division, le sang exécute ses mouvements circulatoires dans un système de vaisseaux clos. Ce sont des organes membraneux, disposés en forme de tubes, et qui fournissent des embranchements d'autant plus multipliés, qu'on les observe à une plus grande distance du cœur, agent central de la circulation.

Ces vaisseaux sont de deux sortes. Les uns, appelés *artères*, prennent le sang au cœur pour le porter, soit dans toutes les parties du corps, soit spécialement aux organes respiratoires ; les autres, ou les *veines*, ramènent le sang au cœur, qu'ils le reçoivent dans l'appareil respiratoire ou dans les différents organes qu'il est chargé de nourrir. Entre les extrémités des artères et les premiers rameaux des veines, sont les *vaisseaux capillaires*, autre sorte d'organes circulatoires.

Les parois de ces différentes catégories de vaisseaux, plus particulièrement celles des vaisseaux capillaires, doivent à leur nature membraneuse d'être perméables aux fluides mis en circulation ; aussi est-ce en les traversant que les particules nécessaires à la nutrition des organes ou cédées au sang par ces derniers sortent du plasma sanguin ou se mêlent à ce liquide.

Cœur. — Chez l'homme, le cœur (fig. 76) est placé dans la poitrine, vers sa partie moyenne, un peu à gauche de la ligne médiane et plus rapproché de la paroi antérieure que de la postérieure, dont il est en partie séparé par le poumon du même côté. Il est enveloppé par les deux feuillets du *péricarde*, membrane de nature séreuse qui le sépare des organes voisins et rend ses battements plus faciles. Sa grosseur est à peu près celle du poing, et il a une forme irrégulièrement conique, à sommet inféro-antérieur.

Le cœur est l'agent principal des mouvements circulatoires. On peut le regarder comme le centre ou le point de départ et le point d'aboutissement de tout le système vasculaire. Cependant il n'est lui-même qu'une portion très-limitée de ce système, mais renforcée par des muscles volumineux destinés à le transformer en un agent puissant d'impulsion.

CIRCULATION DU SANG

(Cœur, Artères et Veines.)

Il est creusé intérieurement de quatre cavités. Les deux supérieures, à parois moins résistantes, sont les *oreillettes;* les deux inférieures, plus charnues, sont les *ventricules.*

La membrane intérieure du cœur est une membrane fibreuse recouverte d'une lame épithéliale; on l'appelle *endocarde.*

Si l'on divise le cœur suivant un plan allant de la base au sommet de cet organe (fig. 77), on voit qu'il a une oreillette et un ventricule à droite, ainsi qu'une oreillette et un ventricule à gauche. Chacune de ses deux moitiés est elle-même en rapport avec l'une des deux grandes divisions du système vasculaire (planche I). A l'oreillette droite aboutit le sang noir ramené par les veines caves, et elle le lance dans le ventricule du même côté, qui l'envoie à son tour dans l'artère pulmonaire. Cette moitié du cœur est donc spécialement affectée à la circulation du sang noir ou sang chargé d'acide carbonique (fig. 75, A : *a, b, c, d*).

Au contraire, l'oreillette gauche reçoit des veines pulmonaires le sang qui a été s'oxygéner dans le poumon, c'est-à-dire le sang redevenu rouge, et elle le transmet au ventricule gauche pour que celui-ci le chasse ensuite dans le système aortique : la moitié gauche du cœur est ainsi particulièrement affectée à la circulation du sang rouge (fig. 75, A : *e, f, g, h*).

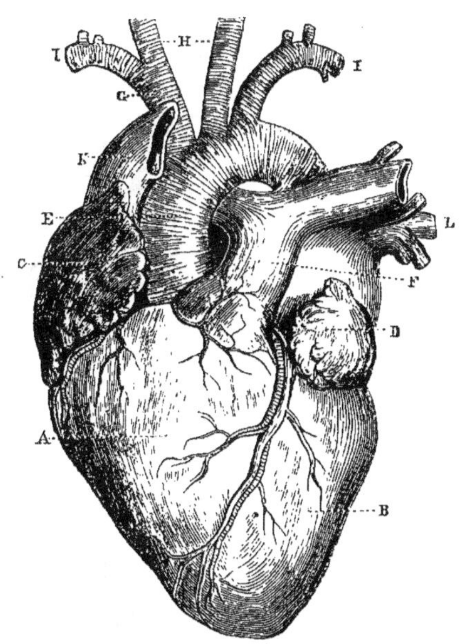

Fig. 76. — Le cœur de l'*Homme* (*).

C'est pourquoi, au lieu de diviser la circulation en deux temps principaux, la grande circulation et la petite, il est préférable de la partager en circulation du sang noir, ayant pour centre d'impulsion la moitié droite du cœur, et en circulation du sang rouge, dont l'organe moteur est la moitié gauche du même organe. Des faits tirés de l'anatomie comparée confirment pleinement cette classification.

(*) A) ventricule droit ; — B) ventricule gauche ; — C) oreillette droite ; — D) oreillette gauche ; — E) crosse de l'aorte ; — F) artère pulmonaire avant sa bifurcation ; — G) tronc brachio-céphalique fournissant l'artère sous-clavière droite et l'artère carotide primitive du même côté ; — H) artères carotides primitives droite et gauche ; — I) artère sous-clavière droite ; — K) veine cave supérieure ; — L) veines pulmonaires.

Les deux moitiés droite et gauche du cœur sont physiologiquement indépendantes l'une de l'autre dans leur destination ; elles le sont aussi

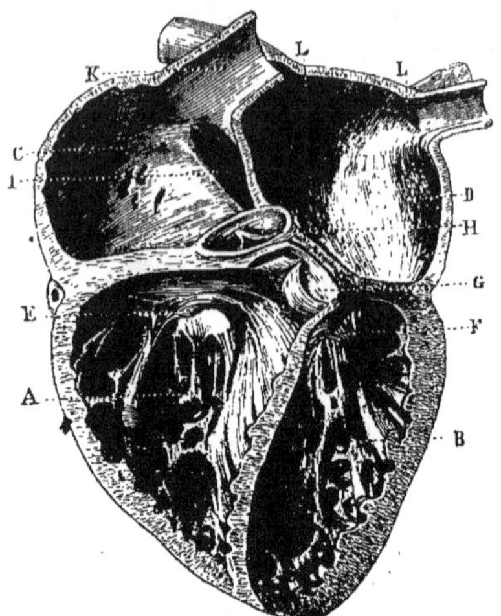

FIG. 77. — Le cœur de l'*Homme* ; coupe verticale montrant l'intérieur des quatre cavités (*).

dans leurs mouvements, et, jusqu'à un certain point, dans leur conformation anatomique. On a même été conduit, en faisant ces remarques,

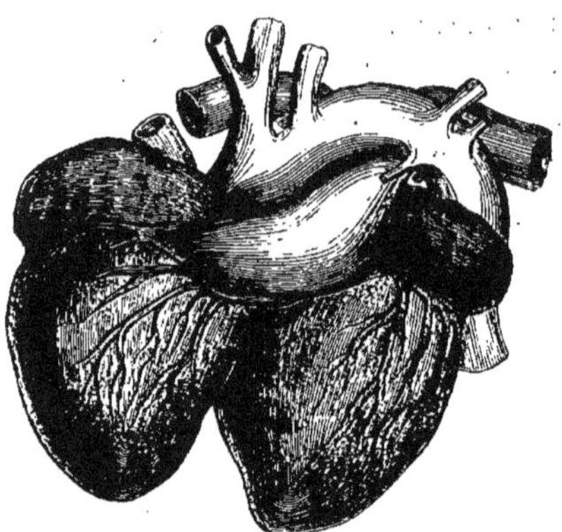

FIG. 78. — Cœur du *Dugong*.

à admettre que le cœur, au lieu d'être un organe simple, est anatomiquement double, et qu'il résulte de la jonction de deux parties distinctes,

(*) A) ventricule droit ; — B) ventricule gauche ; — C) oreillette droite ; — D) oreillette gauche ; — E) orifice auriculo-ventriculaire droit et valvule tricuspide ; — F) orifice auriculo-ventriculaire gauche et valvule mitrale ; — G) orifice de l'artère pulmonaire et ses valvules sigmoïdes ; — H) orifice de l'artère aorte et ses valvules sigmoïdes ; — I) veine cave inférieure ; — K) veine cave supérieure ; — L, L) veines pulmonaires.

ou plutôt de deux cœurs qui pourraient exister séparément l'un de l'autre,
le cœur droit et le cœur gauche.

Le cœur du dugong (fig. 78) a deux pointes, une pour chaque ventricule,
au lieu d'une pointe unique commune à tous les deux, comme cela se
voit au cœur de l'homme ou des autres mammifères, ainsi qu'à celui des
oiseaux, qui ont aussi cet organe pourvu de quatre cavités.

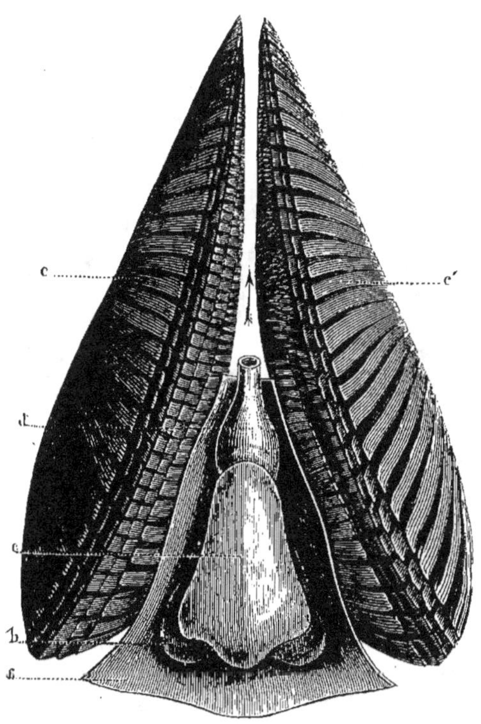

FIG. 79. — Cœur et branchies du *Thon* (*).

Les poissons nous fournissent une preuve nouvelle à l'appui de la
théorie qui admet la duplicité du cœur des vertébrés aériens, et cette
preuve est encore plus concluante que la précédente. Chez ces animaux
(fig. 79), le cœur n'a que deux cavités, l'une et l'autre situées sur le trajet
du sang noir, et ne répondant, par conséquent, qu'à la moitié droite
du cœur des vertébrés à respiration aérienne (fig. 75, B).

Cependant les lépidosirènes et les protoptères, qui sont des poissons
propres à certaines parties de l'Amérique méridionale et de l'Afrique,

(*) *a*) péricarde ouvert ; — *b*) oreillette unique ; — *c*) ventricule unique ; — *d*) bulbe
artériel ; — *e, e'*) branchies.

respirant à la fois par des poumons et des branchies, ont deux oreillettes au cœur, bien que ne possédant qu'un seul ventricule (fig. 81).

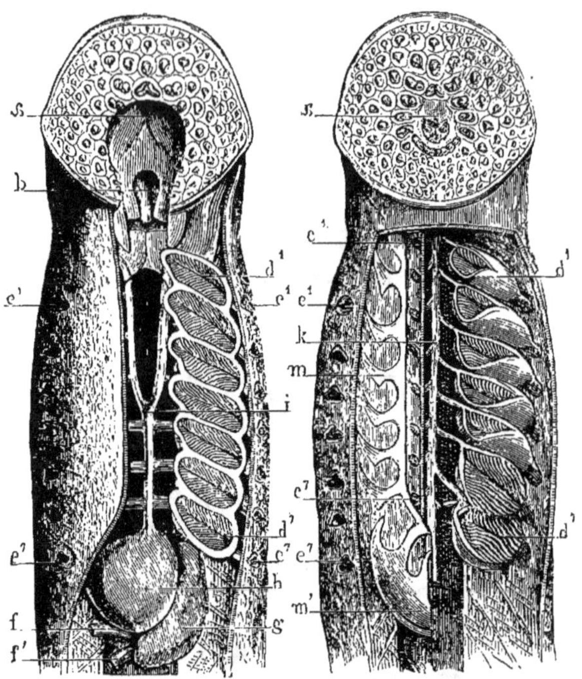

FIG. 80. — Anatomie de la *Lamproie* (*).

Les crustacés et les mollusques présentent une disposition différente.
Leur cœur, en général unique comme celui des vertébrés inférieurs,
c'est-à-dire des poissons, est placé non plus sur le cours du sang
chargé d'acide carbonique, mais sur celui du sang oxygéné; d'où l'on doit
conclure qu'il répond au cœur gauche des vertébrés supérieurs.

Une particularité curieuse du cœur de certains vertébrés mérite d'être
également signalée : c'est celle qu'on remarque chez les reptiles ainsi
que chez les chéloniens. Chez ces animaux, il y a bien deux oreillettes,
comme chez les mammifères, mais les deux ventricules sont plus ou
moins complétement confondus en un seul. Le crocodile est celui de
tous ces animaux qui se rapproche le plus des mammifères, la cavité
répondant à ses ventricules droit et gauche étant séparée par une cloison

(*) *a*) bouche entourée de sa ventouse épineuse ; — *b*) pharynx ; — *c′* à *c″*) orifices internes et externes des branchies ; — *d′* à *d‴*) sacs branchiaux ; — *f, f*) veines
caves ; — *g*) oreillette du cœur ; — *h*) ventricule du cœur ; — *i*) artère branchiale et ses
divisions ; — *k*) veines branchiales et commencement de l'aorte ; — *mm′*) cage cartilagineuse protégeant les branchies et le cœur.

presque complète; mais cette cloison est encore percée de quelques trous. Chez les tortues, au contraire, la communication des deux cavités droite

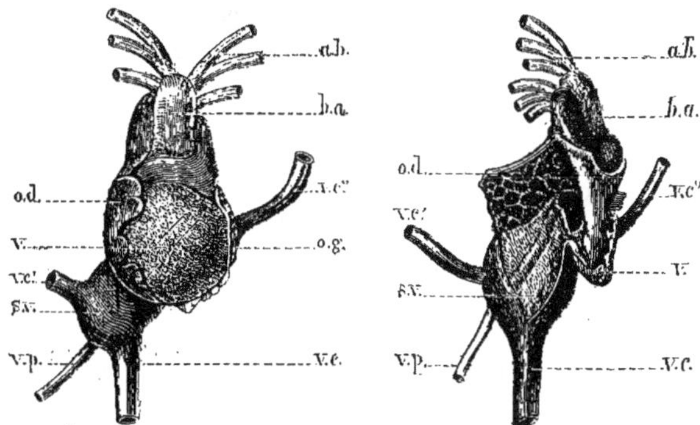

FIG. 81. — Cœur et principaux vaisseaux du *Lépidosirène d'Afrique* (genre *Protoptère*) (*).

et gauche est entièrement libre, et il en est de même pour les sauriens, les serpents et les batraciens. Chez ces animaux, il n'y a plus qu'une

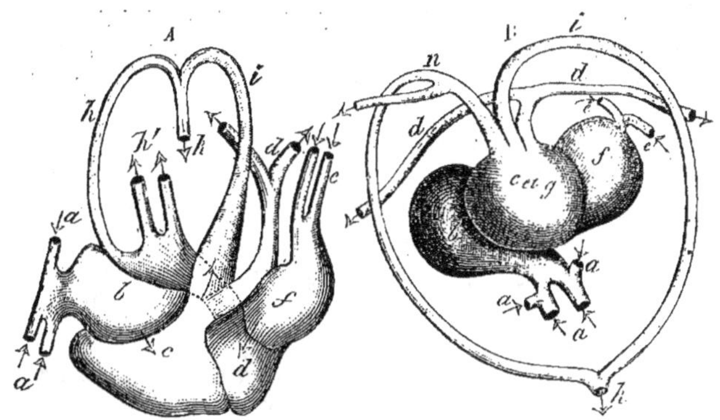

FIG. 82. — Cœur et principaux vaisseaux du *Crocodile* (**).

FIG. 83. — Cœur et principaux vaisseaux de la *Tortue* (***).

seule cavité ventriculaire, comme si deux demi-ventricules, appartenant l'un au cœur droit et l'autre au cœur gauche, étaient restés incomplets

(*) *a.b.*) artères branchiales; — *b.a.*) bulbe artériel; — *o.d.*) oreillette droite; — *o.g.*) oreillette gauche; — *v*) ventricule unique; — *v.c.*) veine cave inférieure; — *v.c'*., *v.c''*.) veines caves supérieures; — *v.p.*) veine pulmonaire; — *v*) ventricule du cœur.

(**) *a, a*) veines caves; — *b*) oreillette droite; — *c*) ventricule droit; — *d*) ventricule gauche; — *e*) veines pulmonaires; — *f*) oreillette gauche; — *h*) aorte; — *h'*) son tronc brachio-céphalique; — *i*) canal artériel allant du ventricule droit à l'aorte descendante.

(***) *a, a*) veines caves; — *b*) oreillette droite; — *c* et *g*) ventricules droit et gauche réunis; — *d, d*) artères pulmonaires; — *e, e*) veines pulmonaires; — *f*) oreillette gauche; — *n*) aorte; — *i*) canal artériel persistant sous forme de seconde aorte; — *k*) sa jonction avec l'aorte descendante.

et s'étaient soudés ensemble pour n'en former qu'un seul. Il en résulte que les deux sangs se mêlent dans cette cavité ventriculaire commune.

FIBRES DU CŒUR. — Les fibres musculaires du cœur sont plus abondantes aux ventricules de cet organe qu'aux oreillettes, et leur disposition y est assez compliquée. Elles sont entrecroisées sur certains points, enroulées en spirale dans d'autres, et susceptibles d'être partagées en deux ordres principaux. Les unes (*fibres unitives*) sont communes aux deux ventricules qu'elles enveloppent comme d'un sac musculaire adhérant à la face interne ou viscérale du péricarde; les autres sont particulières à chaque ventricule pris isolément : ce sont les *fibres propres*. Ces deux ordres de fibres sont de nature striée.

Les battements du cœur sont le signe des contractions qu'il exécute pour donner accès au sang dans ses cavités ou le chasser dans les deux systèmes artériels. On y distingue la diastole ou dilatation, et la systole ou contraction. Dans la dilatation, le cœur fonctionne comme pompe aspirante; il agit au contraire comme pompe foulante dans la contraction. On compte en moyenne, chez l'homme, de 70 à 75 contractions ou battements par minute; mais il y en a davantage chez les enfants, et les oiseaux en ont jusqu'à 140. Les poissons, animaux dont la vie est moins active, n'en ont pas plus de 20 à 24.

C'est le nombre de ces battements qui détermine celui des pulsations; il varie avec l'état de santé et les diverses autres conditions de la vie. A une grande hauteur au-dessus du niveau de la mer, le nombre des battements est plus considérable qu'à l'ordinaire, et l'on a constaté qu'il pouvait être de 110 à une altitude de 4000 mètres. Les deux oreillettes se contractent simultanément, et il en est de même des ventricules.

La force de propulsion du cœur a été mesurée pour quelques animaux. On a vérifié que la pression à laquelle elle soumet le sang des artères fait équilibre, chez le cheval, à une colonne mercurielle de $0^m,146$, et chez le chien à une colonne de $0^m,084$.

Le cœur, avons-nous dit, n'est qu'une modification spéciale du système vasculaire employée à produire de fortes contractions ayant pour but de chasser le sang dans les artères, et cet organe agit à la manière d'une pompe aspirante et foulante. Il existe chez tous les animaux vertébrés et on le retrouve chez beaucoup d'invertébrés. Toutefois, dans le branchiostome, que nous avons déjà signalé comme étant le dernier des poissons, il est remplacé par un simple point pulsatile et n'a pas la forme ordinaire. Chez ce poisson, inférieur à tous les autres, il existe par compensation des points également contractiles sur d'autres parties du système vasculaire, mais ce ne sont pas davantage de véritables cœurs.

VALVULES DU CŒUR. — Des valvules, c'est-à-dire des membranes destinées à assurer le cours du sang et à l'empêcher de refluer vers l'oreillette pendant les contractions du ventricule qui doivent le faire passer dans les artères, existent aux points mêmes où chaque oreillette débouche dans son ventricule. Il y en a aussi à l'endroit où les ventricules sont à leur tour en rapport avec les artères, soit l'artère pulmonaire, soit l'artère aorte. Ce sont des espèces de voiles minces, mais résistants, qui ont une forme concave, leur concavité étant tournée du côté par lequel le sang se dirige.

Les valvules auriculo-ventriculaires sont les plus étendues et celles qui diffèrent le plus des valvules ordinaires propres aux veines. Elles sont grandes, triangulaires, attachées au point du cœur dont elles commandent l'entrée par leur base, et en rapport par le sommet opposé à cette base avec des filaments tendineux. Ceux-ci sont comme des espèces de cordages qui les rattachent aux colonnes charnues de la face interne des ventricules ; aussi peuvent-elles se resserrer ou s'écarter suivant qu'elles doivent laisser passer le sang de l'oreillette dans le ventricule, ou au contraire l'empêcher de refluer et de rentrer du ventricule dans l'oreillette.

L'ouverture auriculo-ventriculaire droite a sa valvule triple ou formée de trois voiles triangulaires : c'est la *valvule tricuspide* ou triglochine. Celle de l'orifice auriculo-ventriculaire gauche n'a que deux voiles, ce qui est en rapport avec la forme de ce ventricule, dont les parois charnues sont beaucoup plus épaisses que celles du ventricule opposé ; on la nomme *valvule mitrale*, c'est-à-dire en forme de mitre. Chez les oiseaux, cette valvule présente une disposition assez différente de celle qu'elle a dans les mammifères : elle se compose de deux lames semi-lunaires, charnues, de grandeur inégale et dépourvues de filaments tendineux susceptibles de la rattacher aux colonnes charnues du ventricule.

Chez les baleines, la valvule mitrale est à trois pointes et très-peu différente de celle du cœur droit.

Les autres valvules du cœur existent au point d'insertion des artères pulmonaire et aorte avec les ventricules correspondants. Elles sont dans l'un et l'autre cas formées de trois petites cupules auxquelles leur forme a fait donner le nom de *valvules sigmoïdes*.

BULBE ARTÉRIEL ET VALVULES DU CŒUR DES POISSONS. — Les poissons acanthoptérygiens et malacoptérygiens, c'est-à-dire les poissons ordinaires et de même ordre que la perche ou la carpe, ont aussi des valvules sigmoïdes, mais au nombre de deux seulement. Quelquefois cependant on leur en trouve trois ou même quatre, les deuxième et troisième étant, il est vrai, de dimension beaucoup moindre (fig. 84, A).

L'entrée de l'artère branchiale de tous les vertébrés de cette classe est renflée en une ampoule allongée et douée d'une grande élasticité. C'est le *bulbe artériel*. Cet organe manque ou disparaît de très-bonne heure chez les vertébrés allantoïdiens ou vertébrés supérieurs.

Dans les poissons plagiostomes (raies et squales), on trouve tantôt deux, tantôt trois rangs de valvules sigmoïdes dans le bulbe artériel ; elles sont multiples pour chaque rang (fig. 84, B).

Chez les esturgeons, les lépisostées, les polyptères, les calamichthes et les amies, il y a aussi deux rangs de ces valvules, mais le nombre de ces dernières présente quelques différences. On a tiré de ces dispositions des caractères utiles pour la classification des poissons.

Les batraciens à branchies persistantes présentent une disposition assez analogue. Ils ont un bulbe artériel à tous les âges, et ce bulbe est de même garni intérieurement d'un certain nombre de valvules.

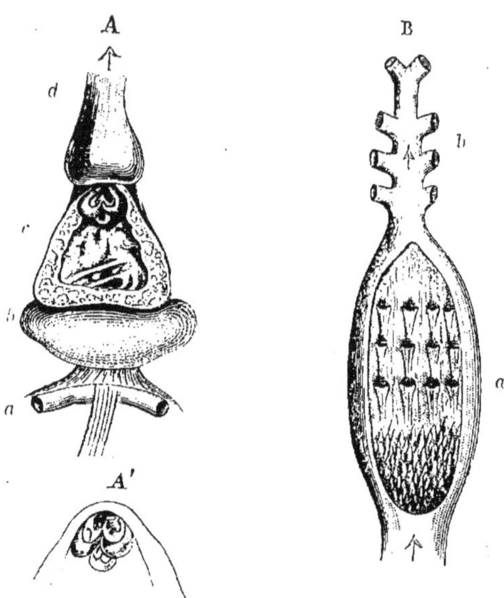

FIG. 84. — Valvules du cœur et bulbe artériel des *Poissons* (*).

ARTÈRES. — Le sang chassé du cœur, pour être envoyé aux différents organes, passe dans les artères, vaisseaux auxquels leur élasticité permet de se dilater sans se rompre, sous l'influence des ondées sanguines qui leur arrivent à chaque contraction des ventricules. Leurs mouvements alternatifs de dilatation et de resserrement constituent le pouls, qu'on peut observer partout où il existe des artères suffisamment grosses.

Ces vaisseaux sont formés de trois tuniques membraneuses : la première, intérieure, à la fois épithéliale et fibreuse, qui est la continuation de l'endocarde ou membrane interne du cœur ; la seconde, élastique et musculeuse ; la troisième, fibro-celluleuse. C'est à leur tunique élastique et musculeuse que les artères doivent la propriété de se dilater sans se rompre à chaque contraction du cœur, et de revenir ensuite sur elles-mêmes à la manière d'un tube de caoutchouc.

(*) A = cœur et ses valvules chez le *Thon*.

a) veines caves ; — *b*) oreillette ; — *c*) ventricule ouvert pour montrer les valvules sigmoïdes placées à son point de jonction avec le bulbe.

A′ = les valvules sigmoïdes isolées.

B = bulbe et artère branchiale du *Squale lamie*.

a) les trois rangs de valvules de l'intérieur du bulbe ; — *b*) artère branchiale et ses divisions.

Il y a des artères chargées de sang rouge et d'autres qui sont chargées de sang noir : ces dernières ne se voient que dans la petite circulation ou circulation pulmonaire, et servent à porter le sang du cœur aux poumons ; les autres appartiennent à la grande circulation ou circulation générale.

Les artères à sang rouge vont dans toutes les parties du corps ; elles commencent au ventricule gauche par l'aorte, là où sont les valvules sigmoïdes de ce côté : elles constituent le *système aortique* et ses divisions. A mesure que l'on s'éloigne du cœur, ces artères sont plus nombreuses et en même temps leur calibre devient plus petit. Elles se ramifient comme les branches d'un arbre creux qui enverrait des rameaux dans toutes les parties de l'animal et dans toutes les directions. Ces canaux secondaires dérivent de troncs principaux constituant les subdivisions primordiales de l'aorte.

A sa sortie du cœur, l'aorte se recourbe à gauche en manière de crosse (*crosse de l'aorte*), et fournit bientôt, par sa convexité, les artères qui vont porter le sang aux membres supérieurs et celles qui se rendent à la tête. Ce sont, en procédant de droite à gauche : 1° le tronc brachio-céphalique, divisé en artère sous-clavière droite destinée au membre supérieur du même côté, et en artère carotide primitive droite, qui se partage bientôt en externe et en interne ; les carotides gagnent la tête, l'interne va dans le cerveau, et l'externe à la face ; 2° l'artère carotide primitive gauche, divisée comme sa correspondante de droite en externe et en interne ; et 3° l'artère sous-clavière gauche, qui naît séparément de la carotide correspondante ou carotide gauche.

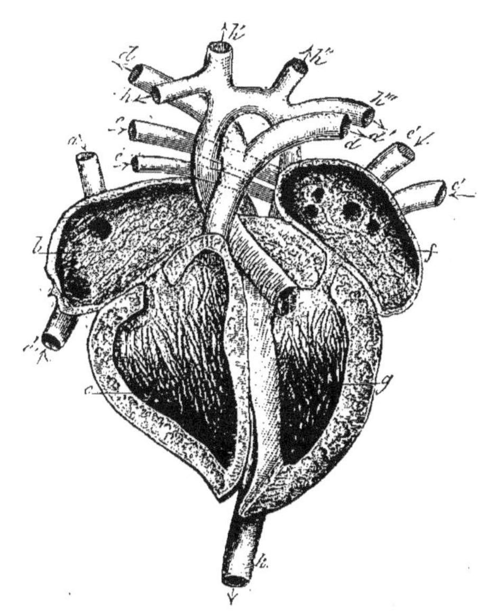

Fig. 85. — Cœur et origine des principaux vaisseaux d'un *Mammifère* (figure théorique dans laquelle les valvules ne sont pas représentées) (*).

Les artères sous-clavières droite et gauche se continuent par l'artère brachiale, donnant à son tour la radiale et la cubitale. C'est de ces divers troncs que naissent les artères nécessaires aux muscles des bras, ainsi qu'aux autres parties constituant ces appendices, jusqu'à leurs extrémités digitales. Le point où l'on tâte le plus habituellement le pouls est la partie inférieure de l'artère radiale.

Après la crosse de l'aorte et comme continuation de ce vaisseau, point de départ du système sanguin oxygéné, vient l'aorte descendante, qui fournit à son tour les troncs principaux destinés aux parties situées au-dessous du cœur.

Ces troncs principaux sont : les intercostales, consacrées aux côtes et à leurs muscles; les artères cœliaque et mésentérique, allant aux viscères digestifs; les artères lombaires; les artères rénales ou des reins; et enfin, dans le bassin, les deux artères iliaques primitives, dont chacune est bientôt partagée en iliaque interne, desservant le bassin lui-même, et en iliaque externe, qui gagne le membre inférieur correspondant.

Après être entrée dans le membre inférieur, celle-ci se continue par l'artère fémorale ou artère de la cuisse, et par la tibiale et la péronière, artères de la jambe, jusqu'aux pédieuses, plantaires, etc., qui sont les artères du pied.

Les différentes particularités du système vasculaire aortique propres à l'espèce humaine sont représentées sur la planche I de cet ouvrage, qui donne aussi le mode de distribution des veines.

Au point de sa bifurcation en iliaques primitives, l'aorte descendante se continue sur la ligne médiane par une artère très-grêle chez l'homme, à laquelle on donne le nom de sacrée moyenne, parce qu'elle longe le sacrum. Chez les animaux pourvus d'une longue queue, cette artère se distingue à peine de l'aorte par son diamètre, et son développement est alors en rapport avec celui de la partie coccygienne du corps, la queue, qu'elle suit dans toute sa longueur.

C'est un caractère propre aux artères que d'aller toujours en se ramifiant, à mesure qu'elles s'éloignent du cœur. Il existe cependant quelques exceptions à cette règle. Chez les loris, petits animaux mammifères de la famille des lémures, ainsi que chez quelques édentés (paresseux et fourmiliers), l'artère brachiale fournit un certain nombre de canaux secondaires disposés en une sorte de plexus autour de son canal principal, et de ces canalicules partent divers rameaux qui vont aux muscles avant que ces artères secondaires opèrent leur réunion en un canal unique. L'artère fémorale des mêmes animaux présente une conformation analogue, et il en est de même de la sacrée moyenne des fourmiliers. On a pensé qu'il y avait un rapport entre cette curieuse disposition et la lenteur extrême des mouvements propre aux animaux qui la présentent.

Chez les poissons, le système aortique ne vient pas du cœur, mais des branchies, dont l'aorte reçoit le sang par diverses artérioles émanant de ces organes. Il en est de même chez les têtards des grenouilles et des salamandres (fig. 86).

Indépendamment du système aortique, il existe un autre système de vaisseaux artériels, celui de *l'artère pulmonaire*. Cette artère a pour fonctions de porter le sang noir du cœur aux poumons ; elle se divise pour aboutir à chacun de ces organes respiratoires, et se ramifie ensuite dans leur intérieur (planche 1).

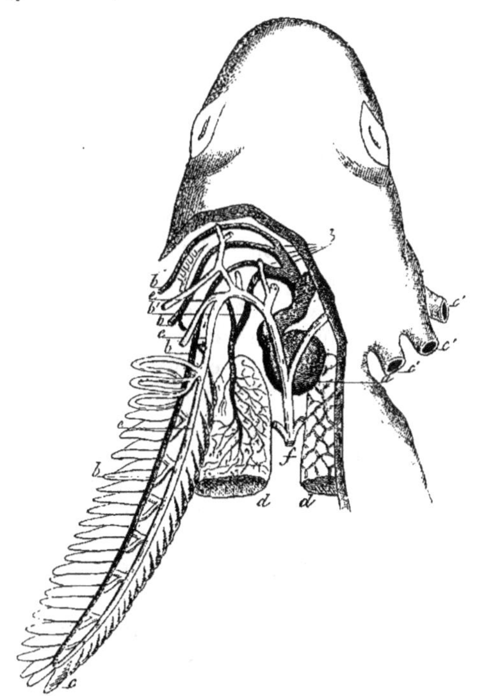

Fig. 86. — Circulation du sang dans une larve de *Triton* ou *Salamandre aquatique* (*).

Chez l'homme adulte, on trouve un cordon fibreux rattachant l'artère pulmonaire, prise un peu avant son point de bifurcation, à la crosse de l'aorte : c'est le vestige d'un vaisseau qui, avant la naissance, faisait communiquer ensemble les deux artères pulmonaire et aorte, ce qui permettait le passage dans l'aorte d'une partie du sang chassé par le ventricule droit, et son mélange avec celui venant du ventricule gauche. Ce canal, temporaire chez l'homme et chez les vertébrés dont le cœur est pourvu de quatre cavités distinctes, persiste pendant toute la vie

(*) *a*) ventricule unique du cœur ; — *b,b,b,b*) branches gauches de l'artère branchiale ; — *b'*) branches répondant à l'artère pulmonaire ; — *c*) une des trois branchies du côté gauche ; — *c',c',c'*) l'insertion des trois branchies du côté droit ; — *e,e*) veines qui ramènent le sang des branchies au système aortique ; — *d,d*) poumons.

chez ceux dont le cœur n'a que trois cavités, tels que les reptiles. On lui a conservé son nom de *canal artériel*, et on le donne, avec juste raison, comme un des exemples les plus probants à l'appui de cette vue théorique, que beaucoup de dispositions propres aux animaux inférieurs ne sont que la persistance, pendant toute la vie de ces animaux, de particularités anatomiques disparaissant dès le premier âge chez les espèces plus parfaites. Ce sont de véritables arrêts de développement. Le cœur des crocodiles (fig. 82) nous en fournit un exemple remarquable et qui mérite d'être signalé.

Chez ces reptiles, le canal artériel persiste pendant toute la vie, mais il est disposé de telle façon que sa jonction avec l'aorte ne s'opère qu'après la séparation des artères brachio-céphaliques que nous avons vues fournir le sang à la tête et aux membres antérieurs. Comme les deux ventricules du cœur sont ici à peu près complétement séparés l'un de l'autre, il en résulte que l'aorte descendante, qui donne le sang aux viscères digestifs, aux membres postérieurs et à la queue, contient seule du sang mélangé (en partie rouge ou oxygéné et en partie chargé d'acide carbonique). Au contraire, le sang qui va à la tête et aux membres supérieurs est du sang rouge pur ou presque pur. Cette disposition assure aux centres nerveux des crocodiles une activité presque aussi grande que chez les vertébrés des deux premières classes, dans lesquels le canal artériel disparaît de très-bonne heure; aussi les crocodiles, malgré la stupidité de leurs instincts, ont-ils une vitalité supérieure à celle des autres reptiles.

Les tortues (fig. 83) ont le canal artériel bien plus long que les crocodiles, et sa jonction à l'aorte ne s'opère qu'en arrière du cœur, après que les vaisseaux des parties antérieures du corps en sont sortis; mais, comme les deux ventricules communiquent largement entre eux, le sang qui entre dans l'aorte n'est pas sensiblement différent de celui qui va aux poumons par les artères pulmonaires, et ces animaux ont des allures indolentes en rapport avec cette imperfection de leur système circulatoire et le peu d'activité qu'elle donne à leurs centres nerveux. Le canal artériel des tortues acquiert un développement tel, qu'on le décrit souvent comme étant une seconde crosse de l'aorte, ce qui a fait admettre l'existence chez ces animaux de deux aortes qui se réuniraient au delà du cœur pour former l'aorte ventrale ou descendante.

Les batraciens sont dans une condition particulière en ce qui concerne les organes centraux de la circulation. Subissant des métamorphoses, ils respirent d'abord à la manière des poissons, et ce n'est que plus tard qu'ils acquièrent des poumons; leur cœur, qui n'avait alors que deux cavités, répondait au cœur droit des vertébrés supérieurs. Lorsqu'ils sont à l'état de têtards, l'artère qui part de leur cœur conduit immédiatement le sang aux branchies seules; mais, à une époque plus avancée, une ou deux de ses branches, à droite et à gauche, portent du sang aux poumons.

Vaisseaux capillaires. — En quittant les derniers ramuscules artériels et avant d'entrer dans les petits rameaux par lesquels commence le système veineux chargé d'opérer son retour au cœur, le sang s'épanche dans le système des vaisseaux capillaires. Ainsi que leur nom l'indique, ces vaisseaux sont très-ténus; leur nombre est extrêmement considérable, et au lieu d'être disposés en rameaux, comme le sont les artères ou les veines, ils forment, entre les plus fines branches de ces deux sortes de conduits sanguins, un réticule anastomotique comparable aux mailles d'un filet ou à celles d'une raquette; seulement il y en a dans toutes les directions, et nulle partie du corps n'en est dépourvue, à moins qu'elle ne soit de nature purement épidermique ou épithéliale. Leur abondance est telle, qu'on enfoncerait difficilement la pointe d'une aiguille dans une partie quelconque du corps sans blesser plusieurs centaines de ces petits vaisseaux (fig. 75, C).

C'est dans le système capillaire que s'opèrent principalement les phénomènes d'échange osmotique desquels résulte la nutrition des organes au moyen des principes contenus dans le sang, et c'est en les traversant que ce liquide perd sa couleur rouge vermeille pour se transformer en sang noir. Cela tient surtout à ce que l'oxygène dont les globules s'étaient chargés dans l'acte de la respiration est employé à la combustion des principes carbonés en excès dans l'économie. Aussi le sang, en sortant des vaisseaux capillaires pour entrer dans les veines, a-t-il déjà échangé son oxygène contre de l'acide carbonique dont la respiration pourra seule le débarrasser, et sa couleur est devenue noire, de vermeille qu'elle était.

On peut aisément apercevoir la circulation capillaire en regardant avec un microscope la membrane transparente qui forme la palmature des doigts postérieurs chez les grenouilles. La membrane bordant la queue des têtards de ces animaux, celle des nageoires chez les embryons des poissons, la vésicule ombilicale de ces derniers, et d'autres parties encore, permettent aussi de faire la même observation. La marche du sang y est indiquée par le mouvement de translation des globules charriés par le plasma de ce liquide. On les voit se presser les uns à la suite des autres dans la course qu'ils exécutent à travers les capillaires. L'observation en est très-intéressante, et l'on ne doit pas négliger de la répéter lorsqu'on veut se faire une idée exacte du phénomène de la circulation ou en donner une démonstration rigoureuse.

VEINES. — La fonction des veines est en grande partie de ramener au cœur le sang envoyé, à travers les artères qui dépendent de l'aorte, dans toutes les parties du corps. Tel est le rôle des veines du système veineux général aboutissant à l'oreillette droite par les veines caves inférieure et supérieure. Un autre système de veines sert à la respiration; il prend le sang hématosé dans le poumon pour le rapporter à l'oreillette gauche.

1. Le *système veineux général* en rapport avec les veines caves (pl. I) a ses origines aux vaisseaux capillaires de toutes les parties du corps, que le sang doit avoir traversés pour entrer dans ses plus fines radicules. Bien que le sang parcoure ces vaisseaux inversement de ce qu'il fait pour les artères, les veines sont le plus souvent accolées à ces dernières, et l'on

dit alors qu'elles en sont satellites. C'est ce qui a lieu pour les parties profondes, soit au tronc, soit aux membres; il peut même y avoir, et il y a le plus souvent, deux veines satellites pour chaque artère. Les choses se passent ainsi aux parties terminales des membres.

Mais il n'y a pas d'artères considérables placées superficiellement; la lésion de ces vaisseaux eût exposé l'homme et les animaux à des accidents trop fréquents et trop graves, et la nature a dû éviter ce danger. En effet, une simple déchirure, une morsure, deviendraient la cause d'hémorrhagies mortelles, si les gros troncs artériels n'étaient pas tous situés profondément. Le même inconvénient n'existait pas pour les veines, qui n'ont ni l'élasticité des artères, ni leur importance comme canaux sanguins; aussi, indépendamment de celles qui sont profondes et satellites des artères, y en a-t-il également d'assez grosses qui sont superficielles.

Aux membres supérieurs, les veines superficielles aboutissent les unes à l'axillaire ou veine de l'aisselle, les autres à la sous-clavière, qui longe la clavicule et reçoit en même temps des veines profondes. Le pli du bras, comme celui de la jambe, présente un système assez compliqué de veines.

C'est la veine dite céphalique que l'on pique le plus habituellement au bras pour opérer la saignée; la médiane basilique, qui en est fort voisine, doit être évitée autant que possible, parce qu'elle croise l'artère brachiale, et que l'on pourrait ouvrir celle-ci à sa place ou même simplement la piquer en même temps qu'elle, ce qui occasionnerait des accidents très-sérieux.

Les veines superficielles du cou ramenant le sang de la tête sont les deux jugulaires externes et la jugulaire antérieure; les profondes sont les deux jugulaires internes.

Les veines des membres inférieurs et celles du tronc, qui sont placées au-dessous du diaphragme, telles que les veines des reins, etc., aboutissent, comme celles des membres supérieurs, à un tronc principal se rendant à l'oreillette droite du cœur : ce tronc est la veine cave inférieure.

La veine cave supérieure, après avoir reçu les veines du cou et celles des membres supérieurs, se rend aussi à la même oreillette, mais sans se confondre avec la veine précédente; de sorte qu'il y a deux veines caves, l'une, supérieure, ramenant le sang noir de la tête et des membres supérieurs; l'autre, inférieure, ramenant le sang noir de tous les autres points du corps.

Toutes les veines de l'estomac, celles de la rate et celles des intestins se réunissent pour former un tronc commun appelé *veine porte*, qui traverse le foie et y présente une disposition tout à fait particulière. En sortant de cet organe, la veine porte opère sa jonction avec la veine cave inférieure.

Le sang n'entre dans les veines qu'après avoir traversé les vaisseaux capillaires, c'est-à-dire après s'être soustrait à l'influence motrice du cœur gauche, dont l'effet le plus apparent est le pouls. Suivant le mode

de station de l'animal et les parties de son corps qu'il a servi à nourrir,
le sang remonte ou redescend vers le cœur sans que les veines exercent sur
lui aucune action destinée à servir à sa propulsion. Il se produit là un
simple phénomène de siphon ; mais les mouvements de diastole de l'oreillette droite, ainsi que ceux du ventricule du même côté, aident beaucoup
à l'apport du sang, en agissant comme pompe aspirante sur la double
colonne sanguine que renferment les veines caves supérieure et inférieure. Il n'est donc pas étonnant que les veines n'aient pas de rôle actif
dans la circulation ; elles n'ont d'ailleurs qu'un faible rudiment de la
membrane élastique qui caractérise les artères. Elles sont cependant
extensibles, mais sans jouir pour cela de la propriété de revenir immédiatement sur elles-mêmes, et leur dilatation exagérée n'est pas toujours
sans inconvénients, puisqu'elle peut persister sur certains points, ce qui
donne alors lieu à des varices.

Les trois tuniques des veines sont, en procédant de dedans en dehors :
une tunique interne extensible, une tunique moyenne dite musculeuse
et une tunique externe appelée aussi gaîne celluleuse. La face interne des
veines est garnie d'une mince couche d'épithélium.

Les veines présentent dans l'intérieur de leur trajet des espèces de
demi-capsules membraneuses qu'on a comparées à des nids de pigeon.
Ces poches sont formées par la tunique interne et par la moyenne. Elles
ont un rôle analogue à celui des valvules du cœur, et on les appelle
valvules des veines ; ce sont elles qui aident à maintenir dans sa voie
ascensionnelle la colonne sanguine faisant retour au cœur, en la soutenant et en s'opposant à sa marche rétrograde.

Chez certains animaux, le système veineux présente des dilatations
partielles ou *sinus* qui permettent la stase du sang, soit en vue d'une
suspension momentanée de la fonction respiratrice, soit pour d'autres
causes encore. Ces dilatations en forme de réservoirs s'observent particulièrement chez les animaux à respiration aérienne qui jouissent de la
faculté de plonger. Le phoque, l'hippopotame, l'ornithorhynque, etc.,
en présentent, principalement dans la région sus-hépatique de la veine
cave ; des diverticulums de même nature s'étendent chez les cétacés
jusque sur les plèvres, c'est-à-dire dans le thorax. C'est ce qui leur permet de retenir leur respiration pendant tout le temps qu'ils passent
sous l'eau.

Nous avons déjà vu que le système veineux forme dans le corps une
sorte d'arborisation dont les branches et les rameaux sont extrêmement
multipliés, et dans laquelle le sang suit une marche inverse à celle qu'il
a dans les artères. Dans les veines, il va des moindres rameaux aux
troncs les plus considérables jusqu'à ce qu'il arrive au cœur ; tandis que
dans les artères il passe des rameaux les plus volumineux dans ceux qui
ont une moindre importance. Sa marche l'éloigne alors du cœur, tandis
que, à travers les veines, elle l'en rapproche. La division en rameaux et
en ramuscules n'en est pas moins régulière dans l'un et l'autre cas.

Une partie du système veineux de l'homme et des autres vertébrés échappe cependant à cette disposition. C'est celle qui traverse le foie et qu'on nomme système de la *veine porte hépatique*. Après avoir réuni les veines sous-hépatiques, provenant du canal intestinal, de la rate et du pancréas, elle se divise dans le foie en une multitude de veines et veinules, aboutissant de nouveau à des réseaux capillaires, comme le fait de son côté l'artère nutritive entrant dans cet organe ; mais ces veinules se réunissent ensuite les unes aux autres, pour sortir du foie sous la forme d'un petit nombre de vaisseaux veineux, dits veines sus-hépatiques. Les veines sus-hépatiques opèrent alors leur jonction avec la veine cave inférieure. Le mouvement du sang dans la veine porte est aidé par les contractions de la tunique élastique de cette veine.

Dans les vertébrés ovipares, contrairement à ce qui a lieu chez l'homme et chez les autres mammifères, la veine rénale ou veine des reins, qui dépend aussi du système de la veine cave inférieure, se ramifie dans l'intérieur de ces glandes, comme le fait la veine porte hépatique dans le foie. C'est alors une *veine porte rénale*, et elle reçoit une partie du sang qui revient des extrémités postérieures.

2. *Système des veines pulmonaires*. — Tous les vaisseaux veineux dont nous venons de parler appartiennent au système de la circulation du sang noir ; mais de même qu'il y a des artères chargées de sang noir, il y a aussi des veines chargées de sang rouge. Ce sont celles qui opèrent le retour au cœur du sang hématosé dans les poumons. Il y en a quatre, deux pour chaque poumon. Ces veines pulmonaires, droites et gauches, aboutissent toutes à l'oreillette gauche.

Vaisseaux lymphatiques et circulation de la lymphe. — Les artères, les vaisseaux capillaires et les veines, dont le corps est si abondamment pourvu dans toutes ses parties, ne sont pas les seuls vaisseaux dont l'anatomie puisse y démontrer la présence. Des canaux vasculaires d'un autre ordre, et dont le nombre est également très-considérable, sont répandus dans tous les organes et y pompent un fluide qui est surtout différent du sang par sa couleur. Ce fluide est la *lymphe*, humeur à peu près transparente, un peu salée, à réaction franchement alcaline, contenant des corpuscules leucocytes et des globulins analogues à ceux du sang rouge, mais point de globules de cette dernière couleur.

Les vaisseaux dans lesquels la lymphe circule sont très-déliés, transparents ou blanchâtres comme le liquide qu'ils contiennent, ce qui les a fait appeler vaisseaux blancs ; ils sont noueux dans leur marche, et se pelotonnent par endroits de manière à constituer des renflements en apparence glanduleux (*ganglions lymphatiques*), dont font partie les prétendues glandes du cou qui sont susceptibles d'engorgement.

Il y a des vaisseaux lymphatiques dans tous les organes. De quelque partie qu'ils proviennent, ils se réunissent en deux troncs principaux. L'un, situé dans le thorax, sur le côté gauche de la colonne vertébrale, est le *canal thoracique*. Ce canal reçoit la lymphe de tout le côté correspondant du corps, ainsi que celle de l'abdomen et des membres inférieurs, et la verse dans la veine sous-clavière gauche, où elle se mêle au sang noir qui va chercher de nouveau l'oxygène dans le poumon. Son extrémité postérieure est renflée en une sorte d'ampoule allongée, qui est appelée *réservoir de Pecquet*.

L'autre canal est le *grand vaisseau lymphatique droit*, qui s'épanche dans la veine sous-clavière droite, après avoir reçu la lymphe de tous les vaisseaux blancs émanant du côté droit de la tête et du tronc, ainsi que du membre supérieur correspondant : c'est en réalité un second canal thoracique, et chez certains animaux sa longueur et ses dimensions sont presque égales à celles du précédent.

Tous les animaux vertébrés ont des vaisseaux lymphatiques, et chez les poissons ces vaisseaux sont en communication avec des canaux particuliers qui admettent de l'eau venant de l'extérieur : on nomme ces derniers *vaisseaux aquifères*.

Quelques poissons présentent sur le trajet des lymphatiques de la queue une dilatation en forme de cœur, exécutant des battements tout à fait comparables à ceux du cœur sanguin, mais qui ne sont pas isochrones avec eux : c'est le *sinus caudal*.

Les batraciens et les reptiles nous présentent une particularité analogue. Chez ces animaux, il y a des espèces de *cœurs lymphatiques*, c'est-à-dire des renflements pulsatiles placés sur plusieurs points de ce système. Chez les grenouilles, on constate aisément la présence de deux de ces petits cœurs dans la région ischiatique, en dessus de l'articulation des cuisses, en enlevant avec précaution la peau de cette région.

Vaisseaux chylifères et chyle. — Le sang artériel, en se rendant aux différents organes pour les nourrir, éprouve une déperdition que ne compensent ni le sang veineux faisant retour aux poumons pour s'y oxygéner de nouveau, ni l'économie qui préside à la récolte des principes restés sans emploi dans les différents organes, économie dont nous avons la preuve par la réunion au sang du fluide lymphatique. L'accroissement du corps, la transpiration pulmonaire et cutanée, la combustion des principes carbonés, les sécrétions de toutes sortes, et d'autres actes aussi indispensables que ceux-là à la nutrition générale et à l'exercice des autres fonctions, diminuent incessamment la masse du sang, en même temps qu'ils en appauvrissent la composition.

C'est alors qu'intervient comme moyen réparateur l'absorption gastro-intestinale, rendue salutaire par le choix d'une alimentation suffisamment complète. Les principes quaternaires et les boissons chargées de substances salines sont plus particulièrement absorbés par les veines à travers les parois de l'estomac, et ils vont, avec la lymphe, grossir la masse du sang noir avant qu'il subisse dans les poumons le bénéfice de l'acte respiratoire. Les aliments ternaires digérés dans l'intestin grêle sont absorbés et conduits dans le sang, non plus par des vaisseaux veineux ordinaires, mais par des vaisseaux à part, fort semblables par leur ténuité et leur structure aux vaisseaux lymphatiques, et qui vont, comme presque tous ces derniers, porter leur contenu au canal thoracique, après avoir cheminé à travers les replis du péritoine, où il est assez aisé de suivre leur trajet. Ces vaisseaux se remplissent par endosmose, à travers les parois de l'intestin. Ils n'ont pas d'ostioles, comme on l'a dit souvent, et c'est par l'extrémité des villosités intestinales, que le fluide nutritif y pénètre. Ils forment sur certains points des pelotonnements d'apparence glanduleuse, dits *ganglions mésentériques*.

Le *chyle* est un liquide blanc laiteux, un peu salé et alcalin ; sa composition chimique diffère à peine de celle du sang, et il est comme lui séparable en un caillot fibrineux et en une sérosité chargée d'albumine. Il est surtout riche en matière grasse, et l'on y trouve de la glycose. Comme les autres liquides organisés, il renferme des globulins comparables à ceux de la lymphe et du sang.

Ganglions vasculaires. — Le sang subit dans certains organes des modifications particulières encore mal définies par les physiologistes, mais qui n'en sont pas moins certaines. C'est surtout sur les globules que ce travail s'exerce, et il facilite tantôt leur multiplication, tantôt la destruction de ceux qui ont été mis hors de service. Parmi ces organes on peut citer la *rate*, placée au côté gauche de l'estomac, ainsi que le *corps thyroïde*, situé auprès du larynx et dont l'hypertrophie constitue le goître ; beaucoup d'auteurs y ajoutent les *capsules surrénales*, qui surmontent les reins. Le *thymus*, qui n'existe que pendant le jeune âge, est aussi regardé comme étant un organe du même ordre. C'est ce corps que l'on mange sous le nom de *ris de veau* ; il est placé au devant du cou, au sommet de la poitrine.

De la circulation chez les animaux sans vertèbres. — Les détails qui précèdent sont principalement tirés de l'homme et des vertébrés ; nous devons les compléter par quelques faits empruntés à l'étude des animaux sans vertèbres.

Ce qui frappe immédiatement, si l'on considère ces derniers, c'est l'infériorité à peu près constante de leurs moyens de circulation comparés à ceux des animaux des premières classes. Dans beaucoup d'entre eux la simplification est telle, que le sang circule en partie ou même en totalité, entre les différents organes, sans être renfermé dans un système clos de vaisseaux. La circulation est alors plus ou moins complétement interstitielle. C'est ainsi qu'elle s'opère chez beaucoup de zoophytes. Dans les autres cas, il existe à peu près constamment des lacunes entre l'extrémité des artères et le commencement des veines. On ne connaît qu'un petit nombre d'exemples, chez les invertébrés, de vaisseaux comparables aux vaisseaux capillaires. Les vaisseaux lymphatiques et les chylifères paraissent aussi manquer constamment à ces animaux. Chez eux, le chyle passe de l'estomac et des intestins dans une grande lacune dépendant de la cavité abdominale. Dans tous les cas, l'état habituellement incolore du sang ne permettrait pas de distinguer nettement ces vaisseaux d'avec les vaisseaux sanguins proprement dits.

Les anciens considéraient comme étant seuls pourvus de sang les animaux vertébrés, chez lesquels ce liquide est de couleur rouge, et ils regardaient comme exsangues ou dépourvus de sang nos animaux sans vertèbres. Nous avons déjà vu qu'il y a un certain nombre de ces derniers dont le sang est également rouge. Beaucoup de vers, quelques mollusques, etc., nous en offrent l'exemple. Il est vrai que dans ces différents groupes le sang doit le plus souvent sa couleur rouge au sérum et non aux globules. Toujours est-il que les animaux sans vertèbres ont du sang aussi bien que les vertébrés, et qu'on retrouve dans ce sang les mêmes principes constituants que chez ces derniers.

C'est dans les moyens mis en usage pour opérer la circulation du fluide sanguin des animaux invertébrés qu'on remarque surtout des différences dignes d'être signalées.

Circulation chez les céphalopodes. — Une des dispositions les plus curieuses nous est offerte par les mollusques céphalopodes, parmi lesquels

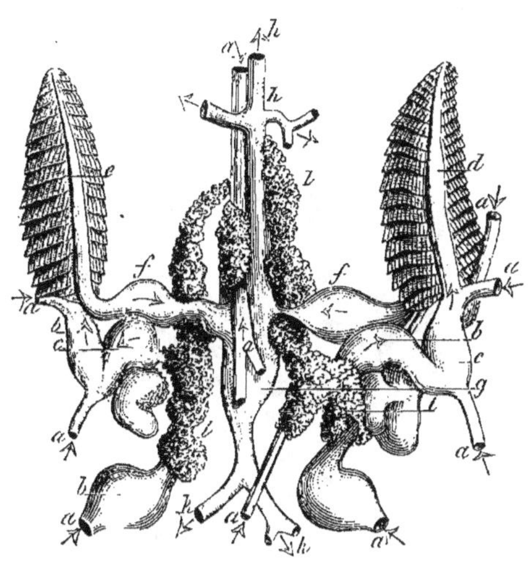

FIG. 87. — Branchies et système circulatoire de la *Seiche* (*).

se rangent les poulpes, les calmars et les seiches. Chez ces animaux, plus particulièrement chez les seiches (fig. 87), l'aorte, placée sur la ligne médiane du corps, se renfle à la hauteur des branchies en une sorte de ventricule dans lequel arrive par une double oreillette, droite et gauche, le sang hématosé revenant des deux branchies. Il y a aussi une grande veine médiane qui répond aux veines caves supérieure et inférieure de l'homme ; mais elle ne se rend pas à un cœur unique. De chaque côté, entre elle et les branchies, existe en effet un double renflement du système des veines caves, dont une poche paraît jouer le rôle d'oreillette, et l'autre celui de ventricule ; de sorte que, chez ces mollusques, non-seulement le cœur du système artériel et celui du système veineux sont séparés et forment deux systèmes distincts, mais en outre le premier a deux oreillettes et un ventricule, et le second deux oreillettes et deux ventricules, les renflements qui viennent d'être signalés étant en effet comparables à ces deux genres de cavités.

Les mollusques gastéropodes (fig. 29, *c*, et 45, *c*) et les lamellibranches ont un cœur unique formé le plus souvent d'un ventricule pourvu d'une oreillette, quelquefois d'un ventricule et de deux oreillettes. Ce cœur est placé sur le trajet du sang qui revient des poumons pour aller aux différentes parties du corps : il répond donc au cœur gauche des mammifères.

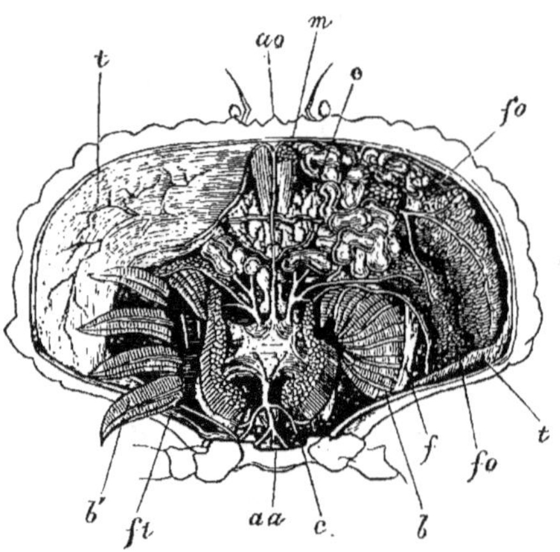

FIG. 88. — Anatomie du *Crabe tourteau* (*).

Chez les tuniciers (ascidies, etc.), les choses se passent plus simplement encore. Le sang est mis en mouvement par un vaisseau principal, placé à la partie postérieure du corps ; et, comme les contractions de ce vaisseau ont lieu tantôt dans une direction, tantôt dans l'autre, la circulation du sang est réellement oscillatoire.

On retrouve des différences analogues chez les animaux articulés. Une sorte de dégradation se manifeste rapidement si l'on passe d'une classe

(*) Le céphalothorax a été ouvert pour montrer : *c*) le cœur ; — *aac*) l'aorte postérieure et ses divisions ; — *b, b'*) les branchies ; — *e*) l'estomac ; — *m*) les muscles ; — *f* et *ft*) les loges branchiales ; — *fo*) le foie ; — *ao*) le chaperon à droite et à gauche duquel sont les antennes et les yeux ; — *tt*) une portion de l'enveloppe cutanée proprement dite.

de cet embranchement à une autre, ou même seulement des familles les plus élevées de l'une de ces classes à celles qui en occupent les rangs inférieurs.

Ainsi les crustacés du même ordre que les crabes, les écrevisses et les langoustes, ou les crustacés décapodes, ont un cœur raccourci, comparable à celui des mollusques et des vertébrés, si ce n'est qu'il est moins compliqué que le leur et qu'il manque d'oreillette. Il est facile d'en apercevoir les contractions en soulevant la partie postérieure de la carapace de ces animaux.

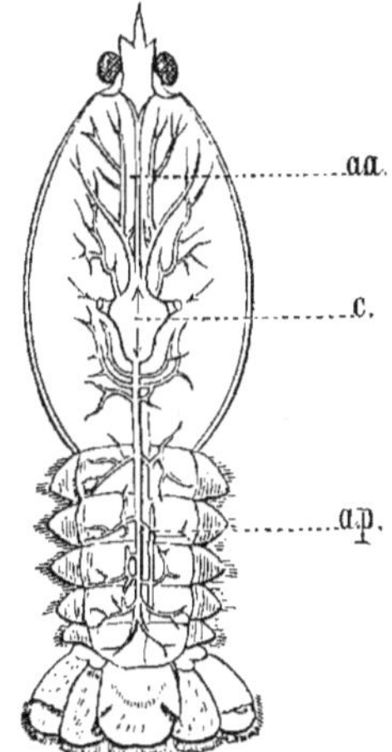

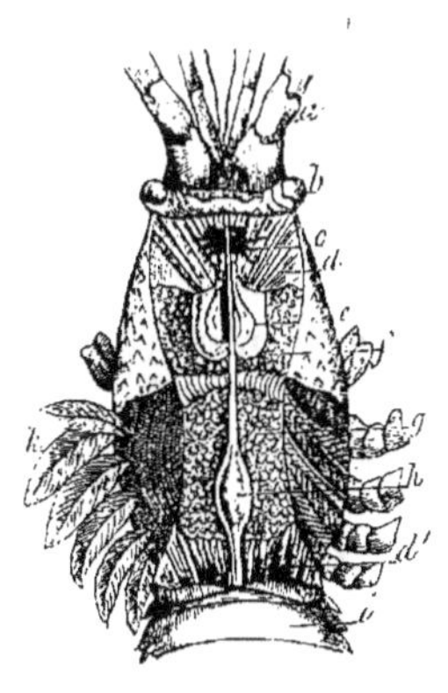

FIG. 89. — Appareil circulatoire de l'*Écrevisse* (*).

FIG. 90. — Anatomie de la *Langouste* (**).

Ce cœur est, comme celui des mollusques gastéropodes et lamellibranches, un cœur aortique. Mais déjà chez les squilles, qui font suite aux décapodes dans la classification, le cœur s'allonge sous la forme d'un simple vaisseau dorsal, et il se confond avec le reste du système aortique. On retrouve la même disposition chez les crustacés inférieurs.

Le système veineux des crustacés est de son côté assez simplifié. Chez les plus parfaits de ces animaux il ne consiste guère qu'en quelques sinus ou dilatations vasculaires situées dans le voisinage des branchies et en rapport immédiat avec elles; tous n'ont pas même les vaisseaux qui viennent d'être décrits.

(*) *a.a.*) aorte antérieure et ses principales divisions; — *c*) cœur; — *a.p.*) aorte postérieure et ses principales divisions.

(**) *a*) antennes externes et internes; — *b*) yeux; — *c*) cerveau; — *d,d'*) muscles antérieurs et postérieurs du céphalothorax; — *e*) estomac; — *f*) foie; — *g*) ovaires chargés d'œufs, appelés vulgairement le corail, à cause de leur couleur rouge; — *h*) cœur déjà plus allongé que chez les crustacés brachyures (fig. 88) et même que chez l'Écrevisse (fig. 89) : il semble n'être qu'un simple renflement situé au point de jonction des aortes antérieure et postérieure; — *i*) premier anneau de l'abdomen; — *k*) les branchies.

Les insectes, quoique placés au-dessus des crustacés dans la classification, ont toujours le cœur allongé en forme de vaisseau, ce qui l'a fait appeler *vaisseau dorsal*. Les véritables fonctions de cet organe étaient déjà connues des observateurs au xviiie siècle ; mais elles ont été niées par Cuvier. Ce grand naturaliste pensait que, chez les insectes, l'air étant porté par les trachées dans les différentes parties du corps, l'héma-

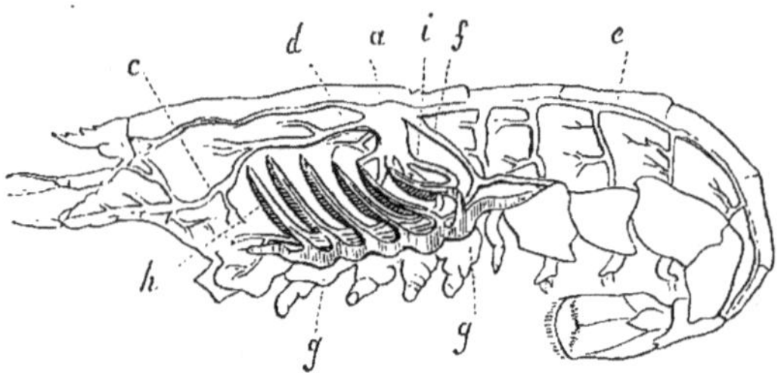

Fig. 91. — Appareil circulatoire du *Homard* (*).

tose du sang avait lieu sur place, ce qui dispensait ce dernier de circuler. Suivant lui, les insectes manquaient donc de circulation sanguine ; mais l'examen direct a montré qu'il n'en est pas ainsi.

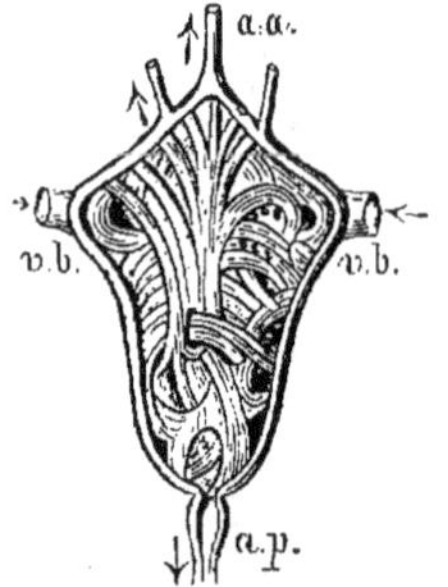
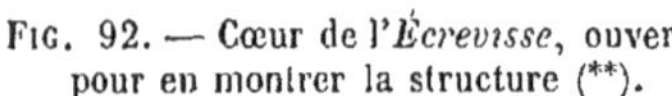
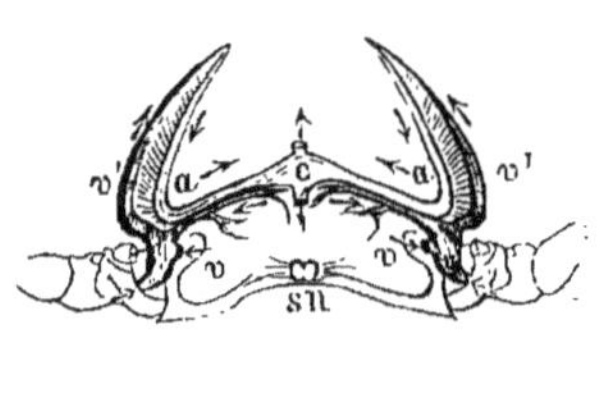

Fig. 92. — Cœur de l'*Écrevisse*, ouvert pour en montrer la structure (**).

Fig. 93. — Circulation de l'*Écrevisse* (figure théorique) (***).

Lorsqu'on prend un petit insecte, plus particulièrement la larve aquatique de quelque espèce de névroptère (fig. 94), et qu'on la pose sur le

(*) *a*) cœur ; — *c, d, e, f*) artères qu'il fournit aux antennes, au foie, à la partie supérieure de l'abdomen et à sa région inférieure ; — *g*) veines qui reçoivent le sang des lacunes ou sinus et le conduisent aux branchies ; — *h*) branchies ; — *i*) veines branchiales conduisant le sang des branchies au cœur.

(**) *a.a.*) aorte antérieure ; — *a.p.*) aorte postérieure ; — *v.b.*) veines branchiales.
Les flèches indiquent la marche du sang dans l'intérieur du cœur où se voient les faisceaux musculaires qui mettent cet organe en mouvement.

(***) *a,a*) veines branchiales ramenant des branchies au cœur le sang hématosé ; — *c*) le cœur, dont les contractions lancent le sang dans les aortes antérieure et postérieure ; — *sn*) emplacement du sinus veineux viscéral ; — *v,v*) veines et renflements veineux recevant le sang qui a servi à la nutrition ; — *v',v'*) prolongation branchiale des veines caves conduisant aux branchies le sang qui revient des différentes parties du corps.

champ du microscope, on voit le sang exécuter son trajet à travers les différents organes, et l'on constate que ces animaux ont une véritable circulation. La marche des globules sanguins ne laisse alors subsister aucun doute. On les voit filer d'avant en arrière, en suivant les parties latérales du corps, et passer jusque dans les pattes ou les autres appendices, puis ils rentrent dans le vaisseau dorsal par l'extrémité postérieure de ce vaisseau. Après l'avoir remonté dans toute sa longueur, ils en sortent de nouveau par les rameaux qui le terminent en avant, et recommencent le même circuit. Les contractions du vaisseau dorsal ont une influence incontestable sur la marche du plasme sanguin et des globules qu'il charrie. Ces contractions peuvent être également constatées sur le dos des vers à soie, même à travers la peau. Chez les insectes arrivés à l'état parfait, la circulation est moins active que chez les larves de ces animaux, mais elle n'a pas entièrement cessé d'avoir lieu.

Les vers, étudiés sous le même rapport, présentent aussi des différences assez considérables. Chez ceux auxquels on réserve le nom d'annélides, les vaisseaux sont nombreux, et il y a même par endroits des capillaires entre les artères et les veines. On leur trouve aussi, soit un, soit plusieurs cœurs. Ces organes sont situés sur le trajet du sang veineux et servent à le pousser dans les branchies.

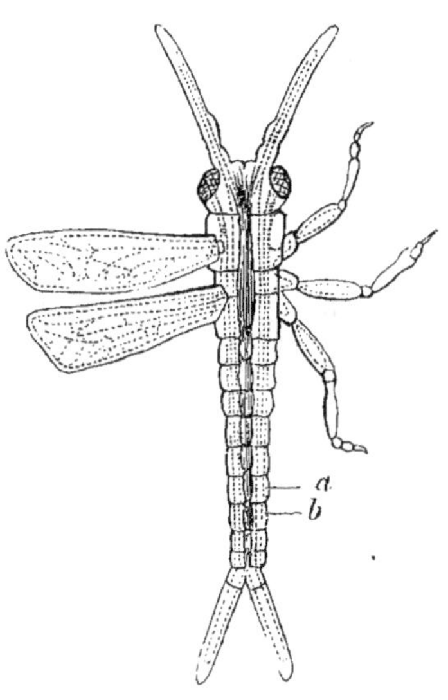

Fig. 94. — Circulation des insectes, observée chez un Névroptère du genre *Semblis* (*).

En ce qui concerne les derniers des vers, tels que les douves et les ténias, on est encore incertain si les vaisseaux observés sont des vaisseaux sanguins, ou au contraire des vaisseaux urinaires. Ces animaux nous offrent le terme extrême de la dégradation organique pour cette grande division du règne animal.

La circulation du sang s'observe aussi chez les animaux radiaires. Les échinodermes ont deux systèmes bien évidents de vaisseaux, les uns viscéraux et les autres cutanés. Dans certains de ces animaux, tels que les holothuries, il y a même un ou deux renflements contractiles faisant l'office de cœurs.

Une disposition singulière a été signalée chez les béroés, genre d'acalèphes pélagiens dont le corps est transparent comme du cristal. Les vaisseaux de ces zoophytes sont pourvus intérieurement de cils vibratiles

(*) *a*) le vaisseau dorsal; — *b*) le courant sanguin latéral.

qui fouettent les globules du sang et sont la cause principale des mouvements de ce liquide. Enfin, chez les méduses, il existe une sorte de fusion entre les vaisseaux sanguins et les ramifications du système digestif : disposition qu'on a quelquefois indiquée par le nom de *phlébentérisme*.

Quant aux hydres et à beaucoup d'autres polypes, leur circulation est purement interstitielle et s'accomplit sans vaisseaux ni agents spéciaux de contraction ; les mouvements généraux du corps, ainsi que ceux de ses différentes parties, déterminent les déplacements exécutés par le sang.

EXPLICATION DE LA PLANCHE I.

1° SYSTÈME DU CŒUR DROIT.

Couleur bleue.

Or. dr. — Oreillette droite du cœur recevant des veines caves le sang qui revient noir des différentes parties du corps où il s'est chargé d'acide carbonique.

V. dr. — Ventricule droit, complétant avec l'oreillette droite le *cœur droit*, ou cœur à sang noir.

I.   Veine cave supérieure.
II.   Veines sous-clavières.

III.   Veines jugulaires.
IV.   Veines du bras.
V.   Veine cave inférieure.
VI.   Veines rénales.
VII.   Veines iliaques primitives.
VIII. Veines crurales.
IX.   Veines de la jambe.
X.   Veines du pied.

2° SYSTÈME DU CŒUR GAUCHE.

Couleur rouge.

Or. g. — Oreillette gauche recevant des veines pulmonaires le sang rouge qui revient des poumons.

V. g. — Ventricule gauche complétant avec l'oreillette gauche le *cœur gauche*, ou cœur du sang hématosé.

1. Crosse de l'aorte.
2. Tronc brachio-céphalique (artères sous-clavière et carotide primitive droite), artère sous-clavières et carotide primitive gauche.
3. Artères carotides.
4. Artère brachiale.
5. Aorte descendante.
6. Artères rénales.
7. Artères iliaques primitives.
8. Artère fémorale.
9. Artère tibiale.
10. Artère pédieuse.

P. dr. et *P. g.* — Poumon droit et gauche, dont on voit les principaux vaisseaux formés par les rameaux des artères pulmonaires (couleur bleue) et des veines pulmonaires (couleur rouge).

r. — Les reins ; celui de gauche ouvert pour en montrer les vaisseaux artériels (couleur rouge) et veineux (couleur bleue).

Vs. — La vessie urinaire.

Pour bien faire comprendre au lecteur la nature des *fonctions de circulation* et l'importance des actes principaux qui s'y rattachent, nous avons décrit les organes qui servent à les exécuter, en comparant autant que possible la disposition de ces organes, telle que nous l'observons dans l'homme, à celle plus simple qu'ils affectent dans certains animaux : ce qui permet de s'en faire une idée plus exacte.

La circulation envisagée dans son ensemble ne devait pas être oubliée dans la partie iconographique du présent ouvrage, aussi lui avons-nous consacré une planche spéciale (planche 1) dans laquelle on voit le cœur et les principaux vaisseaux artériels et veineux. Cette planche est relative à l'homme.

Les deux *couleurs rouge* et *bleue* y indiquent, la première la circulation du sang rouge ou hématosé, et la seconde celle du sang chargé d'acide carbonique dont la teinte passe au bleu noirâtre.

On a représenté, indépendamment des systèmes artériel et veineux de la circulation générale poussés jusque dans leurs ramifications secondaires, les vaisseaux affectés à la petite circulation ou circulation pulmonaire (artères et veines pulmonaires), ainsi que les rapports de ces deux systèmes avec les parties droite et gauche du cœur. Les vaisseaux qui vont aux organes digestifs (artères cœliaque et mésentériques) et ceux qui en reviennent (veines de l'estomac, des intestins et de la rate) n'ont pu être figurés, parce que l'indication des organes qu'ils nourrissent aurait caché l'aorte descendante ainsi que la veine cave inférieure; il en est de même pour les vaisseaux propres du foie (artère hépatique et veine porte). Au contraire, les reins ont pu être indiqués, et l'on a montré dans celui de gauche les deux systèmes artériel et veineux qui s'y ramifient.

La légende inscrite sur la planche consacrée à la circulation du sang est expliquée dans le tableau précédent. Les chiffres romains indiquent le système du cœur droit (*cœur à sang noir*), et les chiffres arabes le système du cœur gauche ou aortique (*cœur à sang rouge*).

CHAPITRE IX

DE LA RESPIRATION.

BUT SPÉCIAL DE LA RESPIRATION. — Cette fonction, l'une des plus importantes parmi celles qu'exécutent les êtres organisés, joue un rôle actif dans la nutrition. Elle a surtout pour but de donner au fluide nourricier, vicié et diminué dans sa masse par l'exercice des actes vitaux, le moyen de réparer en partie les altérations et les pertes qu'il a subies; aussi existe-t-elle dans le règne végétal aussi bien que dans le règne animal.

Chez les animaux en particulier, le sang se charge, pendant la circulation et par le fait de la nutrition, d'une quantité notable d'acide carbonique qui le rendrait incapable d'exercer de nouveau les fonctions qui lui sont dévolues si le moyen ne lui était fourni de se débarrasser de ce gaz. L'acide carbonique du sang provient de la combustion du carbone dans les tissus mis en rapport avec ce liquide. Chez l'homme et chez les vertébrés, le sang ainsi chargé d'acide carbonique, ou le sang noir, circule dans les vaisseaux veineux qui aboutissent par les veines caves inférieure et supérieure à l'oreillette droite du cœur, et il va aux poumons en passant par le ventricule de ce côté et par l'artère pulmonaire. C'est dans le poumon qu'il échange l'acide carbonique dont il s'était chargé dans tout le corps contre une nouvelle quantité d'oxygène, qui servira à son tour à la formation de nouvel acide carbonique, lorsque la circulation aortique aura conduit aux différentes parties du corps le sang hématosé, c'est-à-dire le sang qui vient de respirer.

La respiration, telle qu'elle s'opère dans les poumons au moyen de l'air incessamment introduit dans ces organes, est donc un phénomène de nature essentiellement physique. Elle consiste uniquement dans l'échange de l'acide carbonique dont une partie du sang se trouve alors chargée contre de l'oxygène emprunté à l'air atmosphérique, et c'est entre les ramuscules aérifères du poumon, c'est-à-dire les prolongations des petites bronches, et les capillaires sanguins que s'opère cet échange. Les fines parois de ces canaux chargés, les uns d'air, et les autres de sang qui renferme du gaz acide carbonique en dissolution, se comportent comme le font toutes les membranes organisées lorsqu'elles sont placées entre des fluides de nature différente : il y a échange de ces fluides à travers ces membranes, et nous retrouvons encore ici un cas d'endosmose et d'exosmose.

Quant à la formation de l'acide carbonique, objet de cet échange, elle est moins un acte spécial à la respiration qu'un phénomène de nutrition générale. C'est un travail d'oxydation s'opérant dans tous les tissus, et duquel résulte une combustion tout à fait comparable à celles dont la chimie nous donne la théorie. Elle a lieu partout où le sang oxygéné se trouve mis en contact avec des principes carbonés. L'oxygène se combine avec le carbone, et, par une sorte de combustion qui est en même temps un phénomène d'oxydation, il le transforme en acide carbonique, qui dès lors remplace dans le sang l'oxygène ayant servi à le produire. C'est ainsi que le sang devient noir de rouge vermeil qu'il était dans le système aortique. La respiration agit essentiellement sur les principes de composition ternaire, ce qui nous explique pourquoi les aliments de cette nature ont été appelés des aliments respiratoires. Nous verrons plus loin que l'excédant des principes azotés est en grande partie rejeté par les voies urinaires. Par la perspiration pulmonaire sont aussi éliminés certains principes étrangers au sang, et dont il se trouve accidentellement chargé. Ainsi l'hydrogène sulfuré injecté dans les veines s'évapore presque aussitôt de cette manière. Si ce gaz avait été absorbé par le canal digestif, il serait expulsé de l'économie par la même voie, mais il faudrait plus de temps, cinq minutes environ avant que le phénomène se manifestât. Beaucoup de substances odorantes sont également rendues par les poumons, après que l'absorption les a introduites dans le sang.

Autrefois on ne se faisait pas une idée exacte de la nature des phénomènes respiratoires, et l'on n'en comprenait pas davantage l'utilité. On se bornait à dire que la respiration rafraîchit le sang, ce qui d'ailleurs n'est pas exact, puisqu'elle est une des principales sources de la chaleur produite par les animaux. Ce fut un chimiste anglais du XVIIe siècle, Maiou, qui l'un des premiers mit les physiologistes sur la voie de la théorie véritable des phénomènes respiratoires. Il montra que l'air diminue par le fait de la respiration, et qu'il devient bientôt incapable de l'exercer, parce qu'il perd son principe de *combustibilité*. Maiou vit qu'il se passait là quelque chose d'analogue à l'oxydation des métaux; il fit également observer que l'air est impropre à la respiration lorsqu'il a servi à opérer une combustion véritable, comme celle qui a lieu dans nos foyers.

A l'époque où ce savant écrivait, l'oxygène n'avait encore été ni isolé ni défini; il était donc difficile, dans l'état où se trouvait alors la science, de parler plus exactement des phénomènes de la respiration.

En 1777, Lavoisier fut plus précis lorsqu'il établit que l'acte de la respiration est une combustion de carbone et qu'il opère la transformation de ce dernier en acide carbonique; mais il se trompa en plaçant le siége de cette combustion dans les poumons. Le géomètre Lagrange fit bientôt remarquer que l'acide carbonique arrive tout formé dans ces organes, et les expériences que plusieurs physiologistes ont entreprises depuis lors, ont montré qu'il avait parfaitement raison. Le sang rouge ou aortique renferme de l'oxygène; au contraire, c'est de l'acide carbonique qu'on trouve à la place de cet oxygène dans le sang noir qui revient au cœur droit par les vaisseaux aboutissant aux veines caves. L'acide carbonique ne se forme donc pas dans le poumon, puisqu'il existe dans le sang avant que ce fluide arrive à l'organe respiratoire, dont la seule fonction est d'opérer l'échange de cet acide carbonique renfermé dans le sang contre de l'oxygène emprunté à l'air atmosphérique.

L'asphyxie, qui occasionne si souvent la mort, est l'obstacle apporté par une cause quelconque (submersion, quantité insuffisante d'oxygène dans l'air, etc.) à l'hématose, c'est-à-dire à la substitution, dans les poumons, de nouvel oxygène à l'acide carbonique dont le sang s'est chargé pendant son passage à travers les organes. L'asphyxie est la conséquence forcée de l'accumulation d'un certain nombre d'individus dans un air confiné, privé des moyens de se renouveler; aussi l'aération de semblables locaux doit-elle être ménagée avec soin si l'on veut éviter les accidents de cette nature. Dans d'autres cas, l'asphyxie se complique de phénomène d'intoxication, c'est-à-dire d'empoisonnement. C'est en particulier ce qui arrive lorsqu'un gaz délétère, comme de l'oxyde de carbone ou de l'hydrogène sulfuré, se trouve mêlé à l'air. L'oxyde de carbone opère la rubéfaction du sang comme pourrait le faire l'oxygène, mais le sang qui s'en est chargé est incapable de nourrir les organes, et il reste rouge même lorsqu'il passe des vaisseaux capillaires dans les veines.

Le sang hématosé est du sang devenu rouge dans le poumon, en échangeant son acide carbonique contre de l'oxygène ; il a seul la propriété de nourrir les organes et d'entretenir l'innervation : c'est par les globules que s'effectue son changement de couleur.

On sait que l'air atmosphérique est un mélange d'oxygène et d'azote, à peu près dans la proportion de $\frac{21}{100}$ d'oxygène et de $\frac{79}{100}$ d'azote. Quelques dix-millièmes d'acide carbonique (de $\frac{4\ à\ 6}{10000}$) et une quantité variable de vapeur d'eau s'ajoutent à ces deux gaz. L'air expiré, c'est-à-dire celui qui est expulsé du poumon après avoir servi à la respiration, a perdu une quantité notable de son oxygène, et l'acide carbonique y est en proportion beaucoup plus considérable qu'auparavant. Si on le fait passer à travers de l'eau de chaux, il se forme promptement un précipité résultant de la formation de carbonate de chaux neutre et insoluble. En continuant l'expérience, on obtiendrait la dissolution du précipité, parce que le carbonate neutre de chaux passerait à l'état de carbonate acide par suite de l'excès d'acide carbonique fourni par la respiration.

A chaque expiration, l'air précédemment inspiré a perdu de $\frac{2\ à\ 4}{100}$ de son oxygène, et il s'est chargé d'une quantité à peu près égale d'acide carbonique. Un homme brûle en vingt-quatre heures de 220 à 230 gram. de carbone. La vapeur d'eau est aussi en quantité plus considérable dans l'air expiré, et c'est là ce qui rend l'haleine humide. En hiver, ce phénomène est surtout facile à observer ; en effet, la température basse de l'atmosphère condense la vapeur d'eau qui sort avec l'air chassé de nos poumons, et elle la rend immédiatement visible.

Les animaux qui vivent dans l'air ne sont pas les seuls qui respirent. Ceux qui sont aquatiques, comme les poissons et tant d'autres encore, doivent aussi faire subir à leur sang la même épuration, et ils le font, non pas en décomposant l'eau qui leur sert de milieu ambiant, mais au moyen de l'oxygène de l'air dissous dans cette eau. La proportion des deux gaz oxygène et azote dans l'air de l'eau est sensiblement différente de ce qu'elle est dans l'atmosphère ; il y a plus d'oxygène et moins d'azote. On y trouve jusqu'à $\frac{32}{100}$ du premier gaz.

Les animaux aquatiques sont susceptibles d'être asphyxiés tout aussi bien que ceux dont la vie est aérienne, lorsqu'ils n'ont plus suffisamment d'oxygène à leur disposition ; et si l'on place un poisson dans un flacon rempli d'eau, en ayant soin de boucher ce flacon pour que l'air ne s'y renouvelle pas, le poisson ne tarde pas à donner les mêmes marques de souffrance que le mammifère ou l'oiseau qu'on a mis dans un vase rempli d'air, mais également privé de communication avec l'extérieur. La même expérience peut être faite en recouvrant d'huile la surface d'un globe à poissons rempli d'eau.

La vie se ralentit chez les animaux placés dans ces conditions, et après quelque temps elle s'éteint par suite de l'impossibilité où se trouve l'air dissous d'entretenir la combustion du carbone, en fournissant de nouvel oxygène à la respiration; de même, nous voyons s'éteindre la bougie qu'on a placée tout allumée sous une cloche pleine d'air, lorsque par sa propre combustion elle a vicié cet air en substituant de l'acide carbonique à l'oxygène qu'il renfermait.

On réveillerait la vie près de s'éteindre, et l'on raviverait la combustion si l'on renouvelait l'air dans les différents cas que nous venons de supposer : animal aquatique confiné dans un récipient rempli d'eau, animal aérien confiné dans un récipient rempli d'air, ou lumière en ignition mise dans cette dernière condition. Les vertébrés aériens (mammifères, oiseaux et reptiles) nous fournissent des exemples remarquables à l'appui de la première de ces deux propositions, et l'oiseau ne saurait suspendre, même momentanément, sa respiration sans périr presque aussitôt asphyxié.

Il est vrai que certains mammifères aquatiques peuvent rester sous l'eau pendant un temps assez long sans qu'il en résulte pour eux d'inconvénients; cela tient à la disposition particulière de leur système veineux. Les oiseaux aquatiques conservent en outre une plus grande quantité d'air respirable dans les réservoirs aériens en rapport avec leurs poumons. Les reptiles, plus spécialement les serpents et même différents sauriens, n'ont besoin que de très-peu d'air, parce que leur sang ne s'hématose qu'en partie, et que leur système aortique peut fonctionner tout en ne recevant qu'un mélange de sang rouge et de sang noir, ce qui serait insuffisant pour les vertébrés supérieurs et deviendrait pour eux la cause d'une mort presque immédiate. D'ailleurs la région postérieure du poumon des serpents manque presque entièrement de vaisseaux sanguins, et elle se trouve réduite à un simple réservoir fournissant peu à peu à la région antérieure de cet organe l'oxygène dont elle a besoin pour hématoser le sang : aussi ces reptiles peuvent-ils suspendre leurs inspirations d'air plus longtemps encore que les autres.

DIVERSITÉ DES MODES ET DES ORGANES DE RESPIRATION. — Comme on le voit, tous les animaux sont bien éloignés d'avoir une égale activité respiratrice, et il s'en faut aussi de beaucoup qu'ils respirent tous par des organes de même forme ou de même complication. Indépendamment des particularités déterminées par le rang que les différentes espèces occupent dans la série zoologique, et qui font que les unes ont une organisation plus parfaite, tandis que les autres leur sont inférieures, ces organes présentent aussi des variations qui tiennent aux conditions dans lesquelles chacune d'elles est appelée à vivre. Les animaux qui sont *aquatiques*, et restent plongés sous l'eau pendant toute leur vie, n'avaient pas besoin, comme ceux qui habitent l'air, d'avoir leurs organes de respiration protégés contre la dessiccation, puisqu'ils peuvent fonctionner sans craindre cet inconvénient, qui serait funeste aux animaux aériens. Nous savons d'ailleurs qu'il s'en faut beaucoup qu'une même fonction soit toujours remplie par des organes semblables, et la respiration fournirait au besoin des preuves nombreuses de la facilité avec laquelle certains organes de nature différente peuvent être appropriés à des usages identiques, si on les examine dans des animaux de groupes distincts. Une nouvelle source de particularités analogues est la possibilité qu'ont certains animaux, non pas seulement de vivre alternativement et à des âges différents dans l'air ou dans l'eau, mais de respirer à volonté dans l'un de ces deux fluides ou dans l'autre : ce qui en fait des *amphibies* dans toute l'extension du mot.

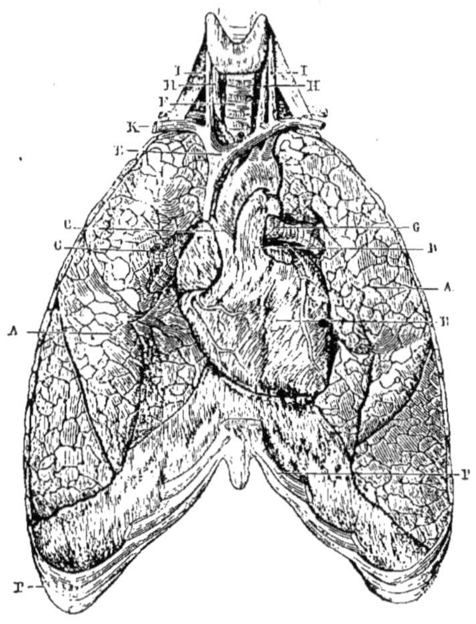

Fig. 95. — Cœur et appareil respiratoire de l'*Homme* (*).

RESPIRATION CUTANÉE. — Chez tous les animaux, qu'ils soient aériens ou aquatiques, la peau concourt à l'exercice des phénomènes respiratoires ; mais il n'est qu'un petit nombre d'espèces chez lesquelles cette respiration purement cutanée suffise à accomplir l'hématose. Dans la plupart des cas, des organes spéciaux sont affectés à cette partie du service nutritif, et ces organes sont tantôt des poumons ou des trachées, tantôt des branchies. Voyons quelles sont les particularités qui les distinguent et les espèces chez lesquelles on les observe.

(*) *a,a*) poumons droit et gauche ; — *b*) cœur entouré de son péricarde ; — *c*) origine de la crosse de l'aorte ; — *d*) artère pulmonaire : — *e*) veine cave supérieure ; —*f*) trachée-artère ; — *g,g*) bronches ; — *h* et *i*) veines jugulaires externes et internes ; — *k,k*) veines sous-clavières ; — *p*) partie inférieure du sternum et cartilages costaux, coupés pour faire voir le diaphragme.

Poumons. — Nous parlerons d'abord des organes propres à la respiration
aérienne qui ont reçu le nom de *poumons*. Les véritables poumons ne
s'observent que dans l'embranchement des animaux vertébrés. On y distingue deux parties : la *trachée-artère* ou conduit aérien, qui se divise en
bronches, et le *parenchyme pulmonaire*, formé de l'enchevêtrement des
divisions bronchiques (petites bronches, bronchioles et vésicules pulmonaires) avec les rameaux également très-multipliés de l'artère pulmonaire
et les origines des veines de même nom.

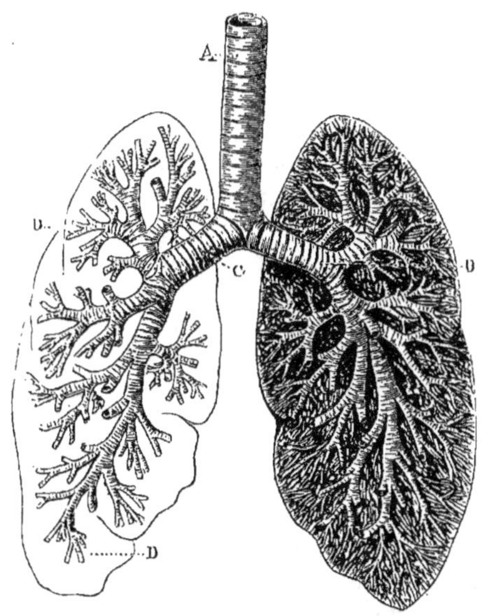

Fig. 96. — Trachée-artère et sa ramification en bronches (*).

La *trachée-artère* des mammifères se compose de plusieurs couches
membraneuses superposées les unes aux autres. La couche interne, celle
par laquelle ce tube aérifère est en contact avec l'air, est de nature muqueuse. Elle est garnie d'un épithélium vibratile, et renferme dans son
épaisseur de petites glandes en grappe destinées à la sécrétion de la mucosité qui en lubrifie la surface. Elle se continue depuis le larynx, ouvert dans
le pharynx au sommet de la trachée, jusqu'aux extrémités des rameaux
aériens les plus rapprochés des vésicules pulmonaires, siége spécial de la
respiration. Ces rameaux prennent successivement les noms de bronches,
petites bronches et bronchioles que nous avons déjà rappelés. En dehors
de la muqueuse, toujours sur le trajet de l'arbre aérien qui introduit
l'air dans les poumons, est une couche de nature musculaire dont les
fibres sont, les unes transversales et circulaires, les autres longitudinales.

(*) *a*) trachée-artère ; — *b* et *c*) bronches droite et gauche ; — *dd*) une des bronches et
ses ramifications ou petites bronches après qu'on a enlevé le reste du parenchyme pulmonaire.

La trachée-artère est en outre soutenue par des anneaux cartilagineux élastiques habituellement incomplets dans leur partie postérieure. Les bronches ont aussi de semblables anneaux, mais ils sont moins réguliers et leur circuit n'est pas interrompu. Les anneaux de la trachée sont complétement fermés chez les lamentins et chez les cétacés ordinaires. Ceux du dugong sont disposés spiralement. Le paresseux aï est le mammifère qui en possède le plus grand nombre : il en a environ quatre-vingts.

Les *poumons* sont les organes spéciaux de respiration propres aux animaux aériens de l'embranchement des vertébrés. Chez l'homme et tous les mammifères, ce sont des sacs placés dans la cavité du thorax, où ils sont enveloppés par la *plèvre*, membrane de nature séreuse appliquée par un de ses doubles sur le corps même des poumons (plèvre viscérale), et par l'autre, sur la paroi interne de la cage thoracique, à laquelle elle adhère (plèvre pariétale). Ces deux feuillets de la séreuse pulmonaire n'étant pas soudés entre eux, celui qui enveloppe particulièrement le poumon peut glisser avec le poumon lui-même dans l'intérieur de l'autre pendant les mouvements d'inspiration et d'expiration ; ce qui facilite l'entrée et la sortie de l'air nécessaire à l'hématose, attendu que la plèvre viscérale fait l'effet d'une sorte de sac qui se remplit et se vide successivement, comme une vessie qu'on placerait dans un appareil susceptible de dilatations et de contractions successives, rôle que remplit effectivement la cage thoracique doublée intérieurement par la plèvre pariétale.

Il y a deux poumons, l'un à droite, l'autre à gauche : le premier a trois lobes chez l'homme ; le second deux seulement. Ce dernier est plus petit que celui du côté opposé, parce qu'il doit laisser la place du cœur, aussi rejeté du même côté de la poitrine (fig. 31 et 95).

Le nombre des lobes pulmonaires n'est pas toujours le même que chez l'homme. Chez le paca, genre de gros rongeurs sud-américains appartenant à la même famille que le cochon d'Inde, il y a sept lobes au poumon droit et quatre au gauche. Chez les cétacés, les deux poumons n'ont qu'un seul lobe chacun.

L'intérieur du poumon ou son *parenchyme* est formé de la réunion des canalicules aériens avec d'innombrables vaisseaux sanguins résultant de l'anastomose des artères et des veines pulmonaires mises en rapport par des vaisseaux capillaires. Des canalicules aériens, qui sont les divisions ultimes de la trachée-artère et de ses bronches, leur sont associés et portent aux poumons l'air nécessaire à la respiration. Les vaisseaux artériels y conduisent le sang noir, qui vient, au milieu des nombreux capillaires de l'organe, se débarrasser de son acide carbonique et prendre une nouvelle provision d'oxygène avant de retourner au système aortique en traversant les veines pulmonaires et le cœur gauche.

On nomme *vésicules respiratrices* les derniers culs-de-sac de l'arbre aérien ; leurs parois sont minces et couvertes d'un épithélium pavimenteux.

Il y a aussi, dans le poumon, des vaisseaux nourriciers, des vaisseaux lymphatiques, des nerfs de deux ordres, les uns provenant du système encéphalo-rachidien, et les autres du grand sympathique, du tissu connectif, etc. Il en résulte une grande complication dans la structure du parenchyme de cet organe.

La cavité thoracique chez l'homme et chez les mammifères est séparée de la cavité abdominale par un voile fibro-musculaire, à convexité supérieure, qui est le *diaphragme*. Ce sont les contractions de ce diaphragme et celles des muscles de la cage thoracique (intercostaux, scalènes, etc.) qui déterminent l'entrée de l'air dans les poumons (inspiration) et sa sortie (expiration). Les poumons se gonflent ou se vident suivant que la capacité du thorax est élargie ou rétrécie par les mouvements qu'elle exécute, mais leur rôle dans cette circonstance est à peu près nul.

Chez certains vertébrés également aériens, les poumons, au lieu d'être compliqués dans leur structure comme le sont ceux de l'homme et des mammifères, que nous prenons ici pour type, sont presque réduits à leurs parois, et ils ressemblent encore davantage aux vessies auxquelles nous avons comparé ces organes, pour mieux faire comprendre leur mécanisme. A la face interne de ces sacs pulmonaires existe alors un réticule plus ou moins profondément gaufré, qui sert à exécuter l'hématose. Ce réticule est formé par les vaisseaux sanguins; c'est là une disposition caractéristique des sauriens, des ophidiens et des batraciens.

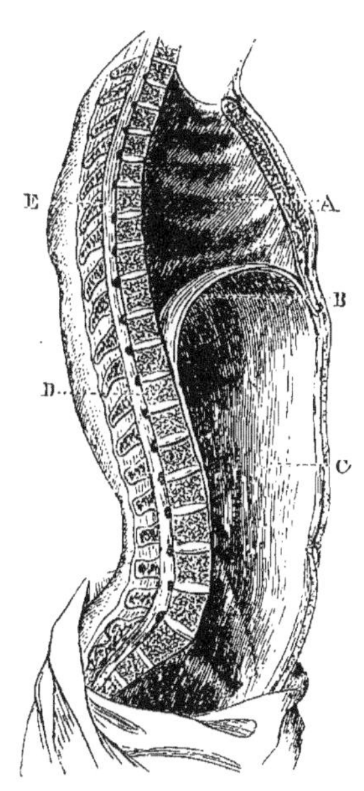

Fig. 97. — Coupe longitudinale du tronc chez l'*Homme* (*).

Le *poumon des oiseaux* a une structure assez différente de ceux des mammifères et en rapport avec la plus grande activité respiratrice de ces animaux. Cuvier disait que si l'on prend pour unité la respiration des mammifères (animaux à respiration simple), on peut regarder les oiseaux comme ayant une respiration double. Dans l'aménagement de cette fonction chez les oiseaux, la nature avait un nouveau but à remplir : augmenter l'activité respiratrice et alléger en même temps le poids du corps.

Chez ces animaux, l'air ne s'introduit pas seulement dans le poumon ;

(*) *a*) cavité thoracique servant à loger le cœur et les poumons; — *b*) le diaphragme, séparant cette cavité de la cavité abdominale, qui renferme l'estomac, le foie, les intestins, etc. ; — *d*) section des vertèbres; — *e*) le canal rachidien qui entoure la moelle épinière.

des sacs ou poches aériennes en rapport avec cet organe en reçoivent
une certaine quantité, l'emmagasinent pour ainsi dire, et lui donnent
accès jusqu'à l'intérieur des os. Voici comment les choses se passent :
Un certain nombre de pièces du squelette s'évident après la naissance

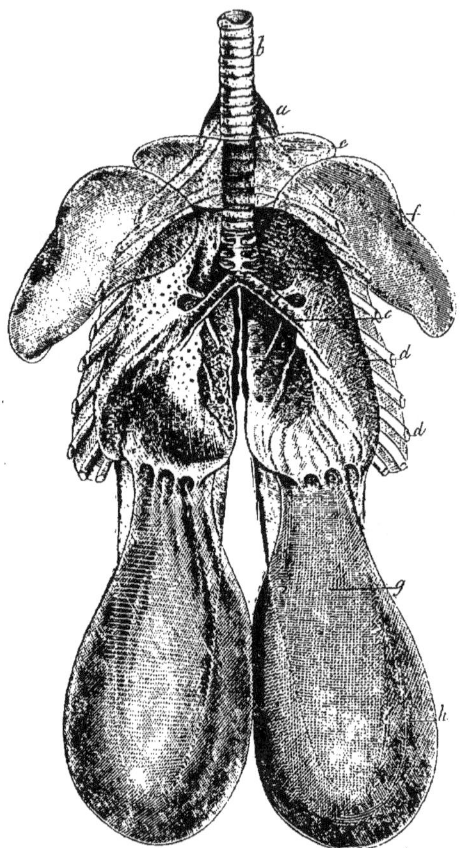

Fig. 98. — Appareil respiratoire de la *Poule* (*).

par la résorption de la moelle et du tissu diploïque existant d'abord dans
leur intérieur, et des poches provenant des poumons mettent ces nouvelles cavités en rapport avec ces organes. L'air passe ainsi de ces derniers
dans l'intérieur des os, et c'est là ce qui explique pourquoi, lorsqu'on a

(*) a) les côtes coupées ; — b) trachée-artère ; — c) bronches ; — d) parenchyme pulmonaire ; — e) sac aérien de la région claviculaire ; — f) sacs aériens de l'épaule ; —
g et h) grands sacs aériens de l'abdomen.

brisé un membre chez un animal de cette classe, on peut insuffler de l'air dans ses poumons par l'os fracturé, ou, inversement, faire sortir de l'air par la fracture de l'os, en soufflant dans la trachée-artère. Dans certaines espèces, cette disposition est plus prononcée que dans d'autres; mais il y en a, comme l'aptéryx, oiseau de la Nouvelle-Zélande, à ailes tout à fait rudimentaires, chez lesquels il n'existe aucune trace de cavités aériennes dans les os. Habituellement, les os des oiseaux reçoivent de l'air, et, à mesure que ces animaux avancent en âge, un plus grand nombre de pièces du squelette participent à cet état de pneumaticité. L'air arrive d'abord dans la tête et dans la colonne vertébrale; puis dans le sternum et dans les côtes; plus tard, dans l'humérus, le bassin et les os de l'épaule; plus tard encore, dans le fémur, le tibia et les os de l'avant-bras. Des communications s'établissent entre ces différents os et les poches qui dépendent des poumons.

On peut aisément, en disséquant un oiseau sous l'eau, voir deux paires de ces poches anciennes (fig. 98, *g* et *h*), qui s'étendent au-dessous des reins, dans la cavité abdominale; elles prennent, par l'insufflation des poumons, l'apparence de quatre énormes vessies : mais il faut les insuffler avec précaution si l'on veut éviter de les rompre, car leurs parois sont fort minces. Ces poches ne sont pas du nombre de celles qui pénètrent dans les os pour y conduire l'air.

La surface interne des sacs à air n'étant pas vasculaire, on doit surtout les considérer autrement que comme des réservoirs à air qui rendent l'oiseau plus léger et lui permettent aussi de prendre à chaque inspiration plus de gaz respirable que ne le font les mammifères. Ces fortes inspirations activent l'échange de l'acide carbonique du sang contre l'oxygène de l'air et donnent à l'animal une plus grande énergie musculaire. Un sac semblable, mais de moindre dimension, existe auprès de la clavicule ou fourchette (fig. 98, *e*) et il y en a une paire auprès des épaules (fig. 98, *f*). Il peut exister des diverticulum de ces sacs aériens antérieurs jusque sur les côtés du cou et au sommet de la poitrine. Les marabouts, qui sont des espèces de cigognes, dont on tire les plumes connues sous le même nom, en présentent d'assez volumineux.

Les oiseaux n'ont que des rudiments du diaphragme. Cependant l'aptéryx en a un complet, à peu près semblable à celui des mammifères et au moyen duquel sa cavité thoracique se trouve aussi entièrement séparée de la cavité abdominale.

Envisagés en eux-mêmes, les poumons des oiseaux nous montrent cela de particulier que les bronches les traversent dans toute leur longueur sous forme de tuyaux droits, au lieu de s'y perdre complétement et de s'y ramifier à la manière des rameaux d'un arbre pour en former les bronchioles ainsi que les vésicules pulmonaires. En outre, ces dernières ne sont pas isolées les unes des autres comme les grains d'une grappe, ce qui est le caractère propre des mammifères; elles communiquent directement ensemble et prennent une sorte de disposition labyrinthique.

Les *poumons des reptiles* sont établis sur deux modes assez différents l'un de l'autre. Chez les tortues et les crocodiles, ces organes, au lieu de constituer de simples sacs comme ceux des autres animaux de la même classe, conservent en partie la disposition caractéristique des oiseaux, et chez les tortues ils sont même accolés à la face supérieure du thorax, ce qui rappelle la conformation propre à ces derniers; mais ils ne fournissent pas de poches à air se prolongeant dans le système osseux. Dans les sauriens, ce sont de simples sacs à parois élastiques, dont la face interne est comme gaufrée, par suite de la présence des rameaux vasculaires qui rampent à leur intérieur pour y conduire le sang ou le ramener au cœur. Le caméléon a des poumons plus amples et pourvus d'appendices en forme de petits cæcums.

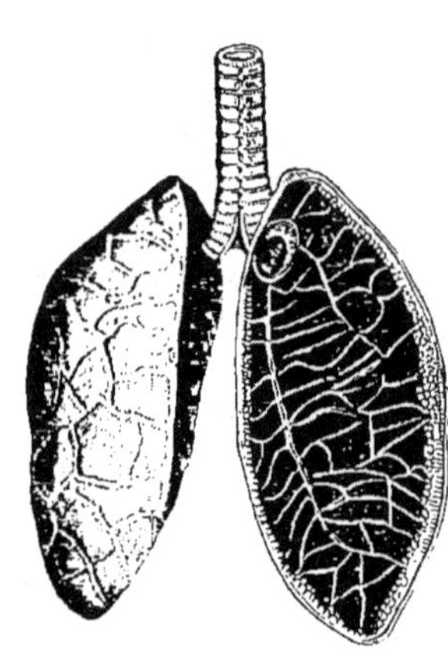

Fig. 99. — Poumons de l'*Ameiva*, genre de Reptiles sauriens voisin des Lézards (*).

Les ophidiens et plusieurs genres de sauriens serpentiformes (orvets, sheltopusiks, etc.) ont leurs deux poumons très-inégaux, l'un fort long et se prolongeant jusque dans la cavité abdominale, c'est le poumon droit; l'autre si court, qu'on a quelquefois nié son existence. La partie postérieure du grand poumon n'a pas de réticules vasculaires, et elle forme un simple réservoir aérien comparable aux poches abdominales des oiseaux. L'air qui s'y trouve renfermé ne s'altère donc que très-lentement et par le fait seul de l'action respiratrice des parties antérieures du même organe : c'est un réservoir aérien bien plutôt qu'une surface respiratrice. Il en résulte que ces animaux peuvent rester longtemps enfermés ou même submergés sans avoir besoin de renouveler l'air contenu dans leur poumon, car ils ne sont pas privés pour cela de respiration, ce poumon étant pourvu d'air pour un temps assez considérable. L'échange entre l'oxygène et l'acide carbonique continue à s'y opérer sans qu'ils aient besoin de faire des inspirations aussi fréquentes que les mammifères ou les oiseaux.

Les grenouilles et autres batraciens, ceux qui gardent des branchies pendant toute leur vie aussi bien que ceux qui les perdent en se métamorphosant, ont deux poumons en forme de sacs très-semblables aux poumons des sauriens. Cependant les cécilies, qui sont des batraciens serpentiformes, ressemblent sous ce rapport aux ophidiens, c'est-à-dire aux serpents.

(*) Les bronches sont courtes et non ramifiées en petites bronches. Un réticule vasculaire recouvre la surface interne de la plèvre viscérale et y affecte une disposition gaufrée, visible sur l'un des poumons, qui a été ouvert.

Les batraciens, à cause de la nature muqueuse de leur peau, jouissent d'une respiration cutanée bien plus active que celle des autres vertébrés aériens et capable de suppléer à la suspension de leur respiration pulmonaire, ou même de la remplacer pendant un temps assez long. Aussi ne meurent-ils pas si on leur arrache les poumons; c'est là une expérience facile à répéter sur des grenouilles. Une disposition anatomique propre à ces animaux explique cette propriété : la branche cutanée de l'artère pulmonaire restant considérable, c'est par elle qu'une partie du sang est conduite à la peau pour s'y hématoser au lieu d'entrer dans les poumons.

La plupart des reptiles exécutent au moyen de leurs muscles costaux des mouvements d'inspiration et d'expiration analogues à ceux des vertébrés des deux premières classes, mais ces mouvements sont impossibles aux tortues, parce que leur caparace rend la cage thoracique immobile. Ces animaux avalent l'air en exécutant une sorte de déglutition pendant laquelle ils se bouchent les orifices des narines avec la langue, afin d'empêcher cet air de s'échapper. En général, les batraciens manquent de côtes et ils respirent aussi par déglutition; mais il ne pouvait en être ainsi pour les pipas et les dactylèthres, animaux de cette classe, dont les premiers vivent dans l'Amérique et les seconds dans plusieurs parties de l'Afrique. Ils manquent en effet de langue, et ne sauraient boucher leurs narines, comme le font les autres batraciens ou les tortues. Les apophyses transverses de plusieurs de leurs vertèbres thoraciques prennent un allongement considérable, et les muscles qui s'y attachent permettent à ces animaux d'exécuter des mouvements d'inspiration et d'expiration analogues à ceux de la plupart des autres espèces douées de respiration aérienne. Sous le rapport mécanique, leur respiration a donc une plus grande analogie avec celle des mammifères.

Les poissons sont-ils absolument privés de poumons, comme on le croit généralement? Il n'en est rien, car on peut considérer la vessie natatoire, espèce de poche remplie de gaz dont beaucoup d'entre eux sont pourvus, comme un poumon rudimentaire. Chez quelques-uns, cet organe est même garni intérieurement d'un réticule vasculaire qui lui permet de servir jusqu'à un certain point à l'hématose.

On peut citer comme étant plus particulièrement dans cette condition, le lépidosirène et le protoptère, deux genres fort singuliers dont les espèces vivent dans l'Amérique et dans l'Afrique intertropicale et possèdent d'ailleurs des branchies comme les autres poissons. Ces vertébrés, qui ont d'abord été décrits comme appartenant à la classe des batraciens, nous fournissent un nouvel exemple d'animaux réellement amphibies à la manière des batraciens pérennibranches, et la disposition de leur système vasculaire est appropriée à cette curieuse particularité.

Chez eux, le sang noir qui revient des veines générales est envoyé en partie aux poumons, en partie aux branchies. C'est une exception à ce qui a lieu chez les espèces de la même classe, même chez celles dont la vessie natatoire est le plus semblable à un véritable poumon. Le polyptère, le lépisostée, l'amie, les bagres, les diodons et quelques autres,

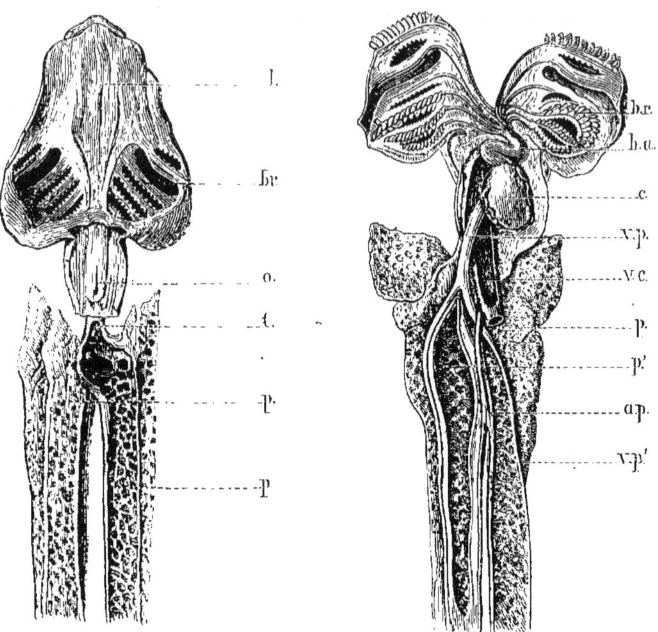

Appareils circulatoire et respiratoire du *Protoptère* (Lépidosirène d'Afrique).
Fig. 100. — Les deux appareils vus ensemble (*).   Fig. 101. — L'appareil respiratoire isolé (**).

sont surtout curieux à étudier à cet égard : leur vessie natatoire commu-

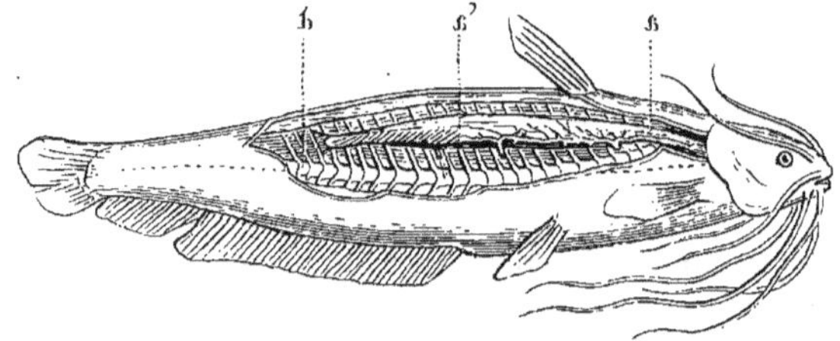

Fig. 102. — *Saccobranche* (***).

nique avec l'extérieur par un canal spécial. Celle de certains poissons

(*) *l*) langue et cavité buccale ; — *br*) branchies et fentes branchiales ; — *o*) ouverture servant de glotte, qui conduit aux poumons ; — *p,p*) poumons, dont un a été ouvert.

(**) *br*) branchies ; — *b.a.*) artère branchiale ; — *c*) cœur ; — *v.p.* et *v.p'.*) veine pulmonaire ; — *v.c.*) veine cave ; — *p* et *p'*) vessie natatoire transformée en poumons ; — *a.p.*) artère pulmonaire.

(***) Ouvert pour montrer : *aa'*) la vessie natatoire transformée en poumons ; — *b*) la colonne vertébrale, le long des apophyses épineuses de laquelle se prolonge cette vessie natatoire.

de la famille des silures est même disposée de manière à leur permettre
une respiration aérienne qui devient complémentaire de leur respiration
aquatique. Tel est le cas pour les saccobranches qui sont des poissons
particuliers à l'Amérique méridionale.

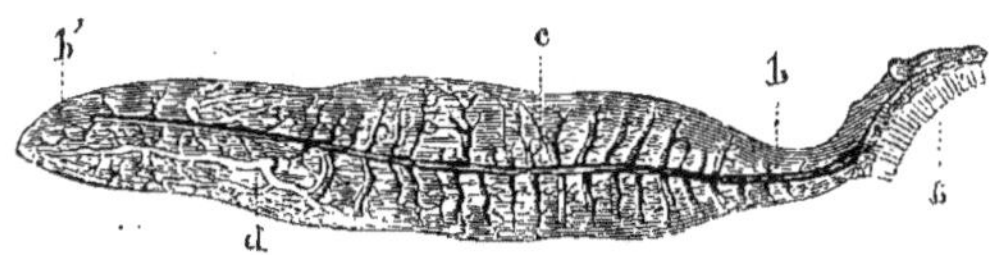

FIG. 103. — Appareil respiratoire du *Saccobranche* (*).

Habituellement la vessie natatoire est de structure moins compliquée.
C'est cette poche, formée de deux compartiments successifs, qu'on
retire du corps des carpes quand on vide ces poissons (fig. 28, A *vn*).
Celle des esturgeons sert à faire la meilleure ichthyocolle connue.

La vessie natatoire fait fonction d'appareil hydrostatique, et à cet effet
elle est remplie d'un gaz qui est un mélange d'oxygène et d'azote dans des
proportions très-variables même pour une même espèce. L'acide carbonique s'y trouve aussi, mais en petite quantité (2 ou 3 pour 100). Beaucoup
de poissons manquent de vessie natatoire ; il peut même arriver que,
dans une même famille, telles espèces soient dépourvues de cet organe, et
que telles autres, au contraire, le possèdent.

BRANCHIES. — Les branchies sont les organes spéciaux de la respiration
aquatique. Au lieu d'être constituées, comme le sont les poumons, par
des rameaux vasculaires rampant à la paroi interne d'un sac situé plus
ou moins profondément dans l'intérieur du corps, ou formant un parenchyme souvent très-complexe au sein duquel l'air pénètre pour aller
trouver les vaisseaux sanguins, les branchies sont des expansions en
forme de peignes ou flabellées, c'est-à-dire en panaches, ou bien encore
en forme de houppes, d'arbuscules, etc. Elles reçoivent les vaisseaux respiratoires sanguins et sont disposées de manière à pouvoir flotter dans
l'eau, afin d'en retirer l'air nécessaire au sang qui les traverse. Cette
disposition des branchies était indiquée par la nature même du milieu
dans lequel vivent les animaux qui sont pourvus de ces organes.

Chez tous les poissons (fig. 79) et chez les batraciens avant leur métamorphose, il existe constamment des branchies. Ces organes semblent
correspondre à la partie antérieure de l'appareil respiratoire des vertébrés aériens ; ils coïncident avec un développement plus considérable
de l'os hyoïde qui fournit des arcs osseux supportant les peignes branchiaux. Ces parties se trouvent placées vers l'endroit où commence la
trachée-artère chez les animaux des premières classes. Les branchies
sont par conséquent insérées dans la cavité pharyngienne, et c'est par la

(*) *a*) un des arcs branchiaux et partie de sa branchie ; — *bb'*) vaisseau remplissant
le rôle d'artère pulmonaire ; — *c, d*) vessie natatoire et ses vaisseaux sanguins.

bouche qu'entre l'eau destinée à l'exercice de la fonction respiratrice. Dans chacune des dents du peigne branchial ou dans chacune de ses houppes passent deux canalicules sanguins, qui s'y répandent en capillaires. L'un vient de l'artère branchiale (répondant à l'artère pulmonaire des vertébrés aériens); il amène du sang noir. L'autre répond aux origines des veines pulmonaires de l'homme. Mais, comme les poissons manquent du cœur gauche, les veines à sang rouge ou veines branchiales de ces animaux vont gagner directement l'artère aorte.

L'eau introduite par la bouche pour effectuer l'hématose au moyen de l'air dont elle est chargée ne sort pas, comme le fait l'air chez les vertébrés aériens, par l'orifice qui lui a donné accès. La cavité bucco-pharyngienne des poissons est considérable; elle présente en arrière deux grandes ouvertures latérales appelées *ouïes*, qui paraissent répondre aux trompes d'Eustache des vertébrés supérieurs. Il semble que ces canaux aient acquis chez les espèces pourvues de branchies un développement exagéré, et l'eau introduite dans leur intérieur s'échappe par des conduits comparables aux canaux auditifs externes, comme cela a lieu pour la fumée accumulée dans la bouche et rejetée par les oreilles chez les gens qui ont le tympan crevé. C'est ce qui constitue les ouïes, ouvertures qui se ferment et s'ouvrent incessamment, grâce à la présence des opercules qui les protégent, ouvertures par lesquelles l'eau s'écoule au dehors.

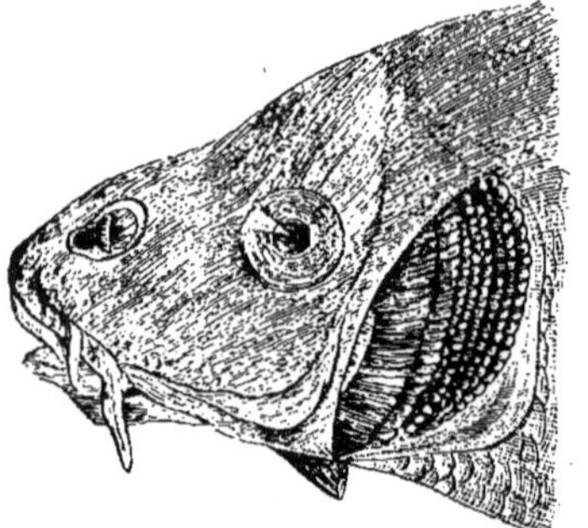 

FIG. 104. — Tête de *Carpe*, montrant les branchies du côté gauche après l'enlèvement de l'opercule correspondant.

FIG. 105. — Tête de l'*Anabas* indien (*).

Les branchies de certains poissons résistent plus que celles de certains autres à la dessiccation lorsqu'on sort ces animaux de l'eau ; cela tient en grande partie à la dimension des ouïes, qui laissent écouler ou évaporer, dans un temps plus ou moins long, le liquide nécessaire à l'accomplissement de leurs fonctions. Les anguilles, qui ont les ouïes fort petites comparativement aux carpes, et possèdent ainsi une sorte de poche bran-

(*) On a enlevé l'opercule gauche pour montrer les feuillets contournés de l'appareil qui retient l'eau et la laisse tomber goutte à goutte sur les branchies.

chiale, meurent moins vite que ces dernières quand on les laisse exposées à l'air. Les carpes, à leur tour, résistent plus longtemps que les aloses ou les harengs, parce que chez ces derniers les orifices des ouïes ont une étendue plus grande.

Il existe des poissons qui sortent volontairement de l'eau, comme le font parfois les anguilles, et viennent, dit-on, sur les arbres pour y saisir des insectes ou d'autres aliments : ce sont les anabas, qui vivent aux Indes (fig. 105). Ils doivent cette faculté à la présence, au-dessus de leurs branchies, de lacunes celluleuses et labyrinthiques, creusées dans les os du crâne. Cette disposition bizarre leur permet de conserver une certaine quantité d'eau chargée d'air, qui, tombant goutte à goutte sur les branchies, soustrait ces organes à la dessiccation. Les poissons qui présentent cette particularité forment la famille des pharyngiens labyrinthiformes de Cuvier. Le gourami, espèce de l'Inde et de la Chine qu'on a réussi à acclimater à l'île Maurice, appartient à cette division.

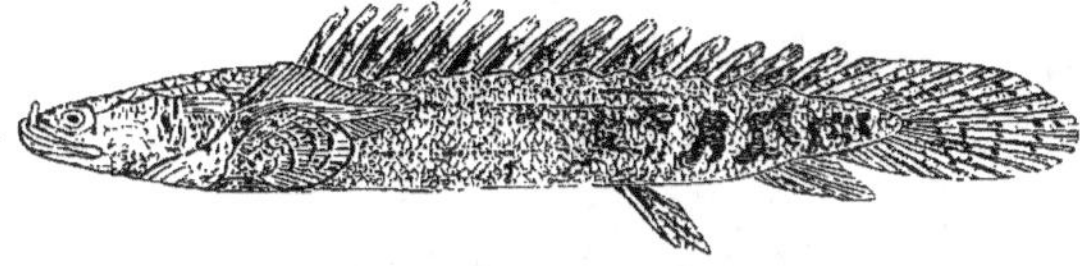

Fig. 106. — *Polyptère* encore pourvu de ses branchies externes.

Le nombre des ouïes des poissons n'est pas toujours limité à deux. Chez les plagiostomes et les cyclostomes il est de cinq, ou même de sept dans quelques espèces. Dans les lamproies (fig. 107) ces orifices rappellent les trous d'une flûte. Les branchies de ces poissons ont aussi une disposition différente de celle qui caractérise les poissons ordinaires.

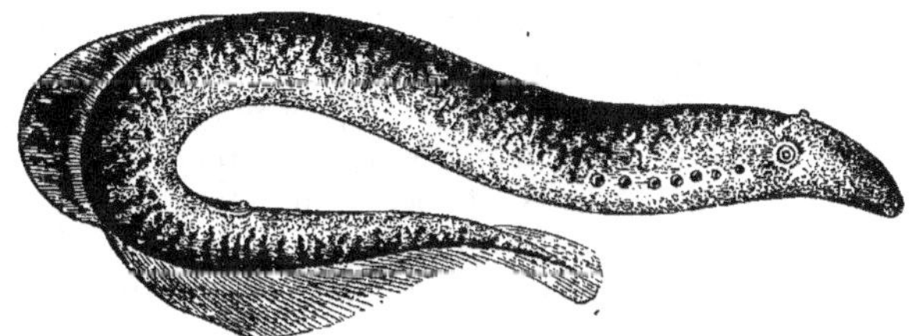

Fig. 107. — *Grande Lamproie.*

Chez les polyptères, il y a pendant une partie de la vie des branchies supplémentaires qui sont extérieures (fig. 106). Cela se voit aussi chez les très-jeunes plagiostomes (raies et squales).

La partie persistante des branchies des plagiostomes est adhérente à la membrane de la cavité branchiale de ces poissons, ce qui les a fait appeler des branchies fixes, et chez les cyclostomes (lamproies, etc.) les cavités qui les renferment forment de grandes poches dans lesquelles l'eau peut s'amasser (fig. 80). Nous avons déjà dit que les cyclostomes étaient, comme les plagiostomes (fig. 108), des poissons pourvus de plusieurs ouïes.

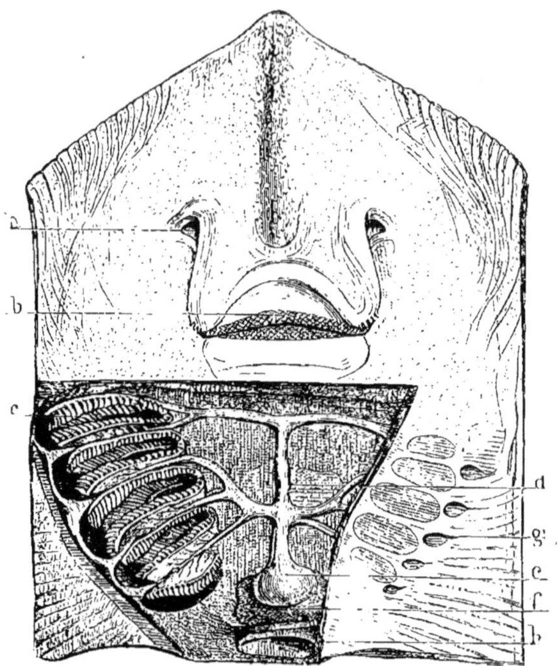

FIG. 108. — Anatomie de la *Raie* (*).

Beaucoup d'*animaux invertébrés* vivent dans l'eau et respirent aussi par des branchies. La plupart des mollusques sont dans ce cas; mais leurs organes de respiration, au lieu de dépendre de la cavité buccale comme ceux des vertébrés, sont de simples modifications, soit en peignes, soit en houppes ou en panaches, de la peau extérieure. Cependant ils ne sont pas toujours flottants au dehors, et dans beaucoup d'espèces des cavités spéciales sont destinées à les abriter. Les mollusques présentent d'ailleurs de grandes différences dans la disposition de leurs branchies. On en a tiré des caractères fort utiles pour la classification des nombreuses familles de cet embranchement.

Les seiches, les poulpes et les calmars n'ont qu'une seule paire de branchies (fig. 109), tandis que le nautile en a deux paires.

Certains mollusques gastéropodes ont été appelés *pectinibranches* à cause de la disposition en peignes de leurs branchies (fig. 45, *br*), et plu-

(*) *a*) narines; — *b*) bouche et dents des deux mâchoires; — *c*) branchies du côté droit; — *d*) divisions de l'artère branchiale allant du cœur aux branchies; — *e*) ventricule du cœur; — *f*) oreillette; — *h*) veine cave; — *g*) l'un des cinq orifices extérieurs des branchies du côté droit.

sieurs autres divisions tirent aussi leur dénomination de la disposition propre à ces organes.

Les lamellibranches (huîtres, moules, vénus), de la catégorie des bivalves, sont aussi dans ce cas, et c'est la forme lamellaire ou en peignes de leurs organes respiratoires qui leur fait donner le nom sous lequel nous venons de les indiquer.

Chez les ascidies et autres tuniciers, les branchies forment un grand sac à parois réticulées situé au devant de la bouche.

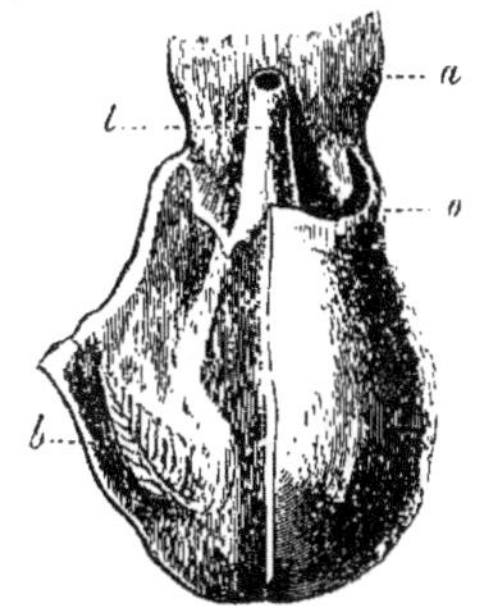
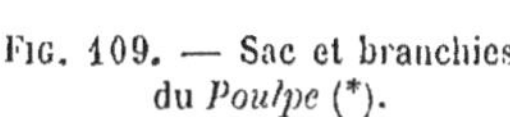

Fig. 109. — Sac et branchies du *Poulpe* (*).

Fig. 110. — Jeune colonie de *Cristatelles* avec leurs panaches branchiaux.

Les bryozoaires, comme les cristatelles (fig. 110), alcyonellés, plumatelles et eschares, ont des filaments tentaculiformes également placés à l'entrée du tube digestif, mais qui restent séparés les uns des autres et forment un panache rétractile d'une apparence très-élégante.

Il y a des mollusques complétement terrestres, comme les hélices et les limaces, qui respirent l'air atmosphérique, et d'autres, tels que les limnées et les planorbes, qui, tout en se tenant dans l'eau, ont, de même que les limaces, la respiration aérienne. Ceux-ci viennent à la surface du liquide chaque fois qu'ils ont besoin d'air. Leur appareil respiratoire est également disposé en manière de poumons, et l'on dit qu'ils sont *pulmonés*. Voici quelle est la disposition de leurs prétendus poumons : sur les parois de la cavité aérienne s'étend le réseau vasculaire, siége de l'hématose, ce qui constitue, pour ainsi dire, un état intermédiaire entre les branchies proprement dites et les poumons (fig. 29, *p*).

On trouve au contraire de véritables branchies chez les animaux articulés de la classe des *crustacés*; il y en a même chez ceux qui vivent plus ou moins complétement à l'air, comme les crabes terrestres, les cloportes et quelques autres encore. D'ailleurs les branchies des crustacés ne sont plus, commec elles des mollusques, de simples expansions de la peau. Ce sont des houppes de forme variable, dépendant constamment des pattes de ces animaux. Celles des crabes, des écrevisses, des

<hr>

(*) *a*) partie de la tête ; — *b*) la branchie de droite visible après que le sac a été fendu sur la ligne médiane et rabattu en dehors ; — *o*) le bord libre du sac ; — *t*) l'entonnoir par lequel les contractions du sac chassent l'eau servant à la respiration, lorsqu'il se contracte.

langoustes, des homards et des autres crustacés décapodes sont placées à la base des pattes ; mais une disposition particulière de la carapace leur fournit une sorte de cavité protectrice, et elles sont ainsi abritées contre la dessiccation lorsque les animaux dont nous parlons sont exposés hors de l'eau. Dans les espèces dont il s'agit, un mécanisme particulier fait circuler le liquide dans l'intérieur de la cavité branchiale. Ailleurs,

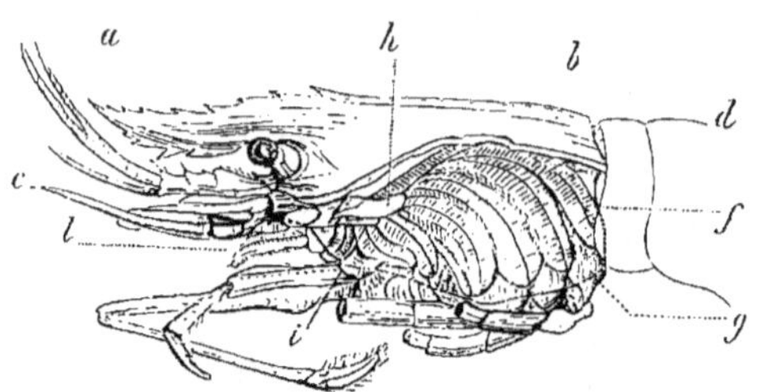

FIG. 111. — Partie antérieure du corps du *Palémon* (*).

comme chez les squilles, les branchiopodes, etc., la respiration s'opère au moyen des pattes elles-mêmes, qui sont alors garnies de prolongements en forme de soies ou de barbes analogues à celles qui forment les branchies véritables chez les décapodes, et elles servent au même usage. Il y a des crustacés plus inférieurs encore, qui sont entièrement dépourvus d'organes spéciaux de respiration. Les lernées, espèces pour la plupart parasites des poissons, appartiennent à cette catégorie ; leur respiration est purement cutanée.

Il existe aussi des branchies chez beaucoup d'animaux du sous-embranchement des *vers*. Parmi ceux qui en possèdent, nous citerons les annélides de l'ordre des céphalobranches, ayant les branchies placées à la tête (amphitrites, serpules, etc.), et celles désignées par le nom de dorsibranches, signifiant qu'elles ont les branchies disposées en deux rangées de chaque côté du dos (néréides, arénicoles, etc.). Ici encore les branchies sont sous la dépendance des appendices locomoteurs, et l'on reconnaît à ces appendices, lorsqu'ils sont complets, une partie locomotrice constituée par des soies, une partie sensoriale formant une sorte de cirre tentaculaire, et une portion respiratrice ou réellement branchiale.

Enfin on peut considérer comme étant également comparables à des branchies certaines expansions cutanées qui servent à la respiration de différents zoophytes ; mais chez beaucoup d'animaux de cet embranchement et chez ceux plus simples encore qu'on en a séparés sous le nom de protozoaires, la respiration est essentiellement cutanée : il n'y a plus aucun organe particulier qui soit chargé de l'exécuter.

(*) *a*) rostre ; — *b*) partie du céphalothorax la plus voisine de l'abdomen ; — *c*) les deux paires d'antennes ; — *d*) premiers anneaux de l'abdomen ; — *f*) branchies, visibles après l'enlèvement d'une partie de la carapace ; — *g*) partie postérieure de la cavité branchiale ; — *h*) son orifice antérieur ; — *l*) pieds-mâchoires.

Trachées. — Les poumons, organes spéciaux de respiration aérienne, et les branchies, particulièrement appropriées à la respiration aquatique, ne sont pas les seuls instruments par lesquels cette fonction puisse

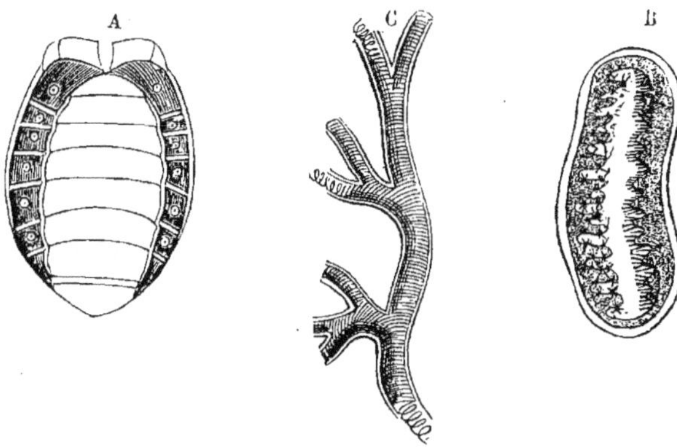

Fig. 112. — Stigmates et trachées des *Insectes* (*).

s'exécuter chez les animaux. Dans les insectes, les myriapodes ou mille-pieds et une partie des arachnides, la respiration s'opère au moyen de trachées. Ces organes sont de longs tubes assez semblables en apparence à ceux qui portent le même nom dans les végétaux, et on leur reconnaît aussi une membrane interne et une membrane externe, la première épider-moïde, la seconde fibreuse. Dans les trachées des animaux, ces deux membranes sont également sé-parées l'une de l'autre par une troisième, formée d'un *fil spiral* fort semblable au fil déroulable des trachées végétales et qui présente les mêmes ca-ractères. Une pareille disposition est très-favorable à la circulation de l'air dans l'intérieur des tra-chées, parce qu'elle empêche ces organes de s'af-faisser sur eux-mêmes.

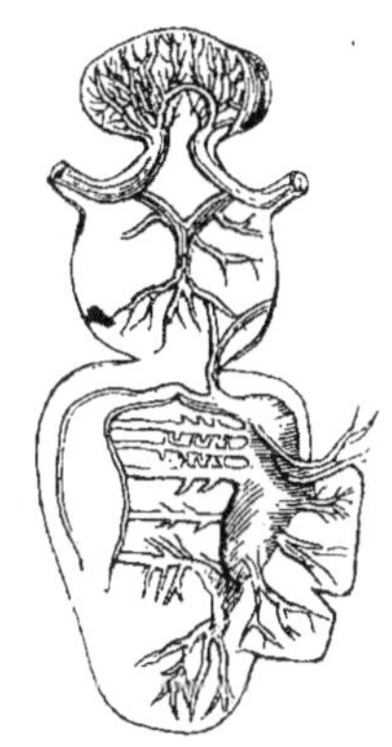

Fig. 113. — Trachées et sacs aériens de l'*Abeille*.

Les trachées servent uniquement à la respira-tion aérienne, et l'on pourrait les comparer aux éléments aériens des poumons (arbre pulmonaire), qui resteraient séparés en rameaux distincts les uns des autres, au lieu de partir d'un tube unique, comme ils le font chez les vertébrés pourvus d'une trachée-artère.

Les trachées s'ouvrent au dehors par plusieurs orifices habituellement

(*) A = les stigmates ou orifices respiratoires du *Dytique ;* vus en place, après l'enlève-ment des ailes.
B = un de ces stigmates, très-grossi.
C = une trachée avec son fil déroulable.

percés sur les parties latérales du corps et qui sont soutenus par un petit cadre résistant, auquel on a donné le nom de *stigmate*.

Le tube, qui part de chaque stigmate, se dirige dans l'intérieur du corps en s'y ramifiant, et il envoie ses rameaux aux différents organes pour porter au sang qui les baigne l'air nécessaire à son hématose. Dans les espèces qui volent avec facilité, il existe habituellement sur le cours des trachées des dilatations constituant des chambres aériennes ou sacs pneumatiques. Elle sont sans doute les mêmes usages que les sacs à air des oiseaux, et il est à remarquer qu'elles ne s'observent pas encore chez les larves. Dans les parties où elles se renflent ainsi en forme de poches, les trachées n'ont pas de fil spiral.

Au moment où certains insectes vont s'envoler, on les voit exécuter de larges inspirations destinées à gonfler leurs trachées et leurs sacs aériens ; ce qui doit, évidemment, faciliter leur ascension et rendre leur respiration plus active pendant tout le temps qu'ils passeront dans l'air. C'est une analogie de plus avec ce qui a lieu pour la respiration des oiseaux.

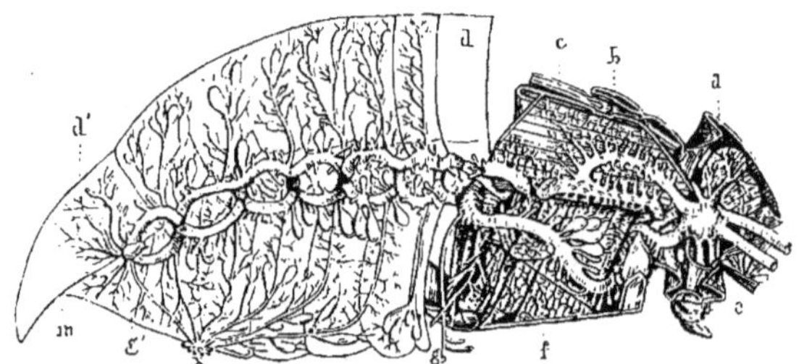

Fig. 114. — Appareil respiratoire du *Hanneton* (*)

La respiration acquiert donc, chez les insectes capables de voler, une activité bien plus grande que chez la plupart des autres animaux sans vertèbres, et qui dépasse sensiblement celle des larves ainsi que des insectes qui restent aptères, c'est-à-dire privés d'ailes.

Certains insectes vivent sous l'eau, et cependant ils respirent par des trachées. Voici l'explication de cette contradiction apparente. Ou bien ces insectes viennent de temps en temps à l'air pour charger d'une petite quantité de ce fluide les poils de leur corps et s'en servir ensuite pour accomplir leur respiration, en le faisant passer dans leurs trachées ; ou bien ils ont sur les parties latérales du corps, ou à son extrémité, des appendices fort semblables à des branchies, qui absorbent l'oxygène de l'air dissous dans l'eau pour le faire parvenir aux trachées. Dans ce cas encore, la respiration reste semblable à ce qu'elle est chez les autres animaux de la même classe. On peut voir une semblable disposition

____

(*) *a, b, c*) les trachées du thorax ; — *g*) les trachées de l'abdomen dont on a relevé la partie dorsale *dd'* ; — *m*) l'anus.

chez les larves de certains névroptères; celles de plusieurs genres de diptères la présentent également.

L'argyronète ou araignée d'eau rentre au contraire dans la première condition; elle est pourvue de poumons feuilletés et respire directement l'air. Elle construit une toile en forme de cloche qu'elle remplit de ce gaz, et c'est sous l'eau, dans cette sorte d'appareil à plongeur, qu'elle se tient, épiant sa proie pour la poursuivre à la nage et rentrer ensuite dans sa demeure.

Ainsi que nous l'avons déjà dit, les myriapodes et plusieurs familles d'arachnides, comme les faucheurs, les chélifères et la nombreuse série des mites ou acariens, ont aussi des trachées; mais il existe chez différents groupes appartenant aussi à la classe des arachnides des organes de structure feuilletée, renfermés dans des espèces de sacs, qui servent de même à la respiration aérienne. On les a regardés comme étant des poumons, quoiqu'ils n'en aient pas la structure, et les espèces qui en sont pourvues ont reçu le nom d'arachnides pulmonées. Il y a de semblables organes chez les scorpions et chez toutes les aranéides ou araignées, quel qu'en soit le genre.

Toutefois certaines aranéides appartenant aux genres dysdère et ségestrie ont à la fois des poumons feuilletés et des trachées véritables, et tiennent des arachnides pulmonées en même temps que des trachéennes. C'est à Dugès qu'on doit cette curieuse remarque.

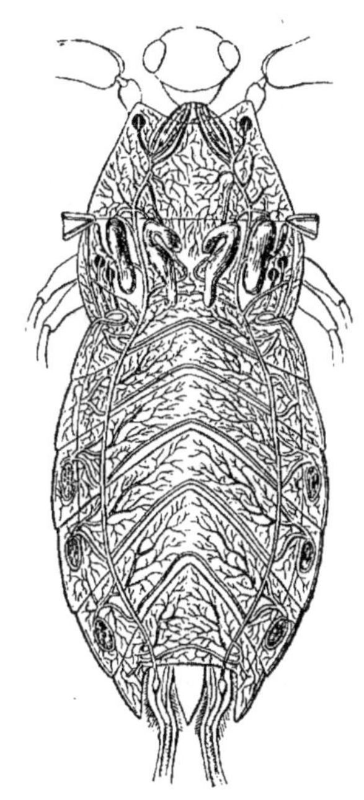

Fig. 115. — Stigmates et trachées de la *Nèpe*, insecte aquatique de l'ordre des Hémiptères.

CHAPITRE X

SÉCRÉTION URINAIRE.

But de cette fonction. — La combustion du carbone faisant partie des principes ternaires de l'organisme est un des principaux moyens employés par la nature pour entretenir la vie des animaux, et il en résulte une fonction importante que nous avons étudiée sous le nom de respiration. On a comparé, non sans raison, la respiration envisagée au point de vue chimique, à la combustion de charbon employé pour assurer l'ébullition de l'eau dans les machines à vapeur. En effet, chez les animaux, le travail produit, et ce travail peut être aussi du mouvement, n'est pas moins sous la dépendance de l'action comburante que dans l'exemple que nous venons d'emprunter à l'industrie. Supprimez la combustion, et, dans un cas comme dans l'autre, le travail cesse d'avoir lieu.

Mais, dans l'économie animale, cette combustion de carbone n'est pas la seule opération à laquelle la vie ait recours pour continuer à se manifester et assurer la production des forces qu'elle met en jeu. Il y a, indépendamment des substances ternaires principalement consommées dans les phénomènes de respiration qui les réduisent en acide carbonique et en eau, des substances d'un autre ordre, les substances azotées, dont la décomposition ne saurait donner lieu aux mêmes produits. C'est sous la forme de principes renfermant de l'azote que ces substances, dites plastiques ou quaternaires, doivent être rejetées au dehors. Après avoir fait partie de nos tissus, et avoir concouru à l'exercice des fonctions, elles donnent des résidus qui sont bientôt expulsés; l'urine est le liquide qui les entraîne au dehors.

Ce sont les reins qui sont les organes chargés de cette partie du travail physiologique, comme les poumons, les branchies ou les trachées sont ceux auxquels est confiée l'élimination du carbone transformé en acide carbonique, et la fonction urinaire, ou *l'urination*, devient ainsi une partie importante des phénomènes généraux de la nutrition. Elle est à la consommation des substances azotées ou plastiques ce que la respiration est à celle des substances ternaires; aussi doit-on la considérer comme une des manifestations importantes de la vie.

L'URINE contient, dans la plupart des animaux, de l'eau en grande quantité, et elle constitue un produit habituellement liquide. Celle de l'homme et des mammifères est particulièrement dans ce cas, et il en est de même pour celle de quelques oiseaux ainsi que pour celle des tortues, des batraciens et des poissons; mais cette sécrétion est presque toujours épaissie et comme pultacée chez les oiseaux. Les crocodiles, les sauriens et les serpents l'ont plus consistante encore.

C'est par l'urine que les liquides introduits dans l'organisme sous la forme de boissons sont expulsés après que l'absorption stomacale les a mêlés au sang, ce qui explique la quantité considérable d'eau que contient l'urine des mammifères, ou celle de certains reptiles, tels que les chéloniens et les grenouilles.

Elle peut renfermer un grand nombre de substances différentes les unes des autres, suivant les conditions variables de la digestion ou les absorptions diverses qui se sont opérées par les poumons ou à travers la peau. Personne n'ignore qu'elle acquiert une odeur tout à fait spéciale lorsqu'on a mangé des asperges; cette odeur est due à l'asparagine, principe organique particulier renfermé dans le tissu de ces végétaux. L'essence de térébenthine donne à l'urine une odeur de violette. On retrouve aussi, au bout de très-peu de temps, dans l'urine, des traces reconnaissables de certains médicaments qui sont donnés aux personnes malades, et différentes affections peuvent, à leur tour, modifier sa composition. Dans le diabète, elle se charge d'une quantité considérable de sucre, et, dans l'albuminurie, l'albumine du sang filtre avec elle, ce qui affaiblit la constitution. Si un malade est atteint de la jaunisse, son urine est au contraire chargée en quantité considérable du principe colorant de la bile.

Mais ce ne sont là que des conditions en réalité exceptionnelles; et l'urine normale ne renferme du sucre, de l'albumine ou de la bile qu'en très-faible proportion. L'eau, qui en forme la plus grande partie, tient en dissolution divers sels extraits du sang, et, de plus, un principe azoté spécial, qui est l'*urée*. Comme nous l'avons déjà fait entrevoir, cette substance provient essentiellement des éléments quaternaires du sang; elle a pour principal objet de le débarrasser des composés azotés qui en forment la partie plastique. Comme l'urine opère en outre l'élimination de l'eau en excès dans le sang, on s'explique comment sa masse augmente rapidement lorsqu'on prend des boissons en plus grande quantité : elle devient surtout abondante si la température peu élevée de l'air ou la vapeur d'eau dont il est chargé font obstacle à la transpiration. Le rejet par l'urine, de la partie superflue des boissons, s'opère, comme chacun peut en faire la remarque, assez peu de temps après leur ingestion.

L'urée est une sorte d'alcaloïde qui peut entrer en combinaison avec plusieurs acides et former des sels dont elle constitue alors la base. Dans l'urine, elle est associée à un principe acide, d'une composition peu différente de la sienne, qu'on appelle *acide urique*.

Cet acide urique et cette urée sont ordinairement en proportion inverse l'un de l'autre ; c'est le premier de ces corps qui forme, en se déposant, les petits cristaux de couleur ambrée des urines acides. Un régime essentiellement animal augmente la quantité d'acide urique.

Il existe de l'acide urique en grande abondance dans l'urine des serpents et des autres animaux chez lesquels cette sécrétion est de consistance plus ou moins solide. L'acide urique de l'urine est ordinairement uni à de la soude (urate de soude).

L'urine de certains animaux fournit encore d'autres principes d'une composition assez analogue, mais différente cependant par la proportion des éléments qui les constituent : tel est l'*acide hippurique*, particulier à l'urine des herbivores. On l'a d'abord signalé dans celle des chevaux, ce qui lui a valu son nom. Cet acide se développe en plus grande abondance chez les chevaux qui fatiguent que chez les autres ; c'est sa présence qui rend leur urine trouble, tandis que celle des chevaux mieux soignés et qui sont depuis quelque temps au repos redevient limpide.

Les produits spéciaux de l'urine se rapprochent, par leur composition chimique, du carbonate d'ammoniaque, ou mieux encore, du cyanate d'ammoniaque, à l'aide duquel on a pu les reproduire artificiellement.

L'urine s'altère rapidement au contact de l'air, et elle entre en putréfaction. L'urée en particulier s'y décompose en bicarbonate d'ammoniaque.

Les principes organiques de l'urine (urée, acide urique, etc.) existent tout formés dans le sang des animaux, et ils y sont en quantité variable, suivant les conditions de l'alimentation ou de la santé. Le rein ne fait que les en extraire, comme le poumon extrait l'acide carbonique, mais sans en opérer la formation. Cela est facile à démontrer en arrachant les reins à un animal ou en lui liant les artères rénales. On constate alors que l'urée s'accumule dans son sang absolument comme le ferait l'acide carbonique, si c'était des poumons qu'on l'eût privé. L'urine sert aussi de véhicule pour l'élimination des substances salines de l'organisme, et certains sels minéraux qu'on y observe, tels que les phosphates, etc., proviennent également du sang. On s'est autrefois servi de l'urine pour la fabrication du phosphore.

Les principes salins de l'urine combinés avec ses principes organiques sont l'origine des pierres ou calculs qui se développent parfois dans la vessie, soit chez l'homme, soit chez les animaux. La gravelle a aussi la même cause.

L'enveloppe cutanée, ou la peau externe, concourt dans certaines limites à l'excrétion de l'urée, comme elle facilite les fonctions respiratoires; c'est particulièrement à l'aide de ses glandes sudoripares qu'elle remplit ce rôle : aussi a-t-on constaté la présence d'une petite quantité d'urée dans la sueur. On ne saurait nier d'ailleurs qu'il n'existe, entre les glandes sudoripares disséminées dans la peau et les tubes urinifères de la substance du rein supposés isolés les uns des autres, une certaine analogie de structure.

APPAREIL URINAIRE. — Chez l'homme et chez les animaux mammifères, l'appareil destiné à la sécrétion de l'urine et à son transport au dehors de l'économie acquiert un degré de perfectionnement bien supérieur à celui qu'il a dans les autres classes. Indépendamment de la double glande conglomérée constituant les *reins* (vulgairement appelés *rognons*), glande dans laquelle s'opère la filtration urinaire, on constate chez ces animaux la présence de deux canaux émergents, un pour chaque rein : ce sont les *uretères*. Ces canaux aboutissent l'un et l'autre à un réservoir commun dans lequel s'amasse l'urine. Ce réservoir est formé par une membrane muqueuse ; il constitue la *vessie* et verse au dehors, mais par intervalles et au gré de l'animal, l'urine qui s'y est accumulée, en la faisant passer par un canal qui est l'urèthre.

STRUCTURE DES REINS. — Les reins méritent d'être étudiés dans quelques-unes des particularités de structure qui assurent l'exercice de l'importante fonction dont ils sont chargés. Ces organes, bien que situés dans la cavité de l'abdomen, restent en dehors de la séreuse péritonéale ; ils sont placés entre elle et les muscles de la face antérieure des lombes. Leur forme la plus ordinaire, dans la classe des mammifères, est bien connue d'après celle qu'ils ont dans le mouton ; mais, chez divers animaux de la même classe, ils sont multilobés, particulièrement chez ceux dont la vie est aquatique. Ceux de presque tous les cétacés et des phoques semblent être multiples, et dans les baleines ou les dauphins on pourrait

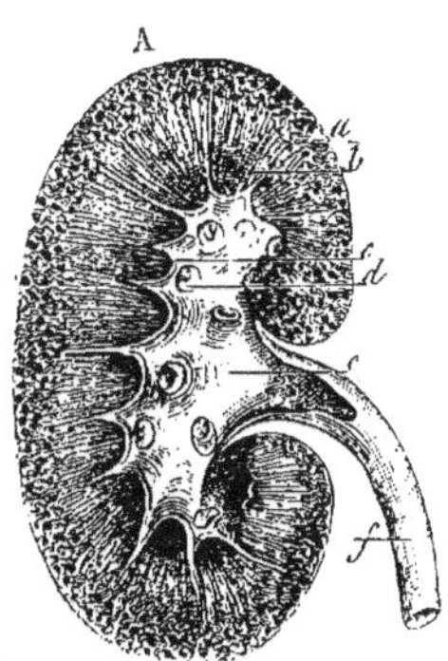

FIG. 116. — Structure du rein du *Mouton*, coupé verticalement par sa partie médiane (*).

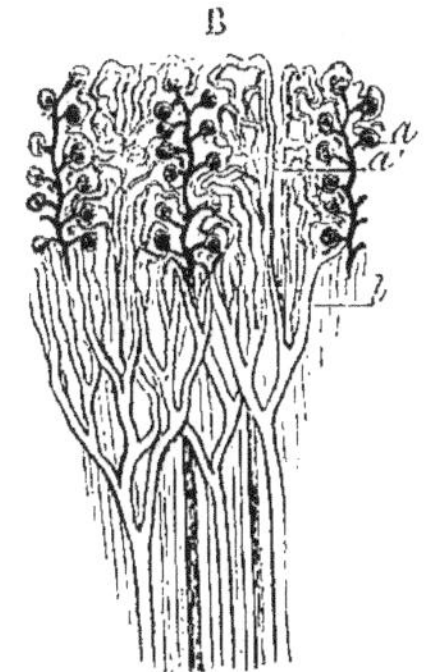

FIG. 117. — Portion très-grossie de la substance du rein (**).

compter plus de cent de ces rénules pour chaque rein. C'est encore là un de ces faits si fréquents en anatomie comparée, qui s'expliquent par le principe des arrêts de développement, et nous pouvons y avoir recours pour essayer de mieux comprendre les reins réniformes et indivis, c'est-à-dire de forme ordinaire, tels qu'on les voit dans le reste des mammifères.

Chez ces derniers, parmi lesquels se place notre propre espèce, les lobules constitutifs de chaque rein, ou les rénules primitivement séparés dont résultent ces organes, se confondent vers l'époque de la naissance en un rein unique pour chaque côté. Mais on retrouve encore dans cet organe la trace des parties dont il était primitivement formé, et dans certaines espèces les reins des jeunes sujets sont même multilobés.

Si l'on ouvre longitudinalement et par son milieu un rein, il se montre formé d'une association de cônes appelés *pyramides*, à cause des saillies ayant l'apparence de sommets mamelonnés qui les terminent à l'intérieur de l'organe. Ces sommets en pyramides abou-

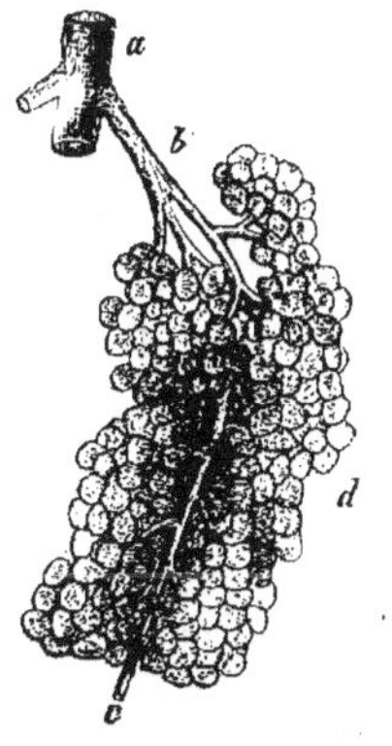

FIG. 118. — Portion du rein d'un *Dauphin*; pour montrer la dissociation de ses lobules (***).

<hr>

(*) *a*) substance corticale ; — *b*) substance tubuleuse comprenant les tubes dits de Bellini et ceux de Ferrein ; — *c*) pyramides ; — *d*) calices ; — *e*) bassinet ; — *f*) partie supérieure de l'uretère.

(**) *a*) corpuscules de Malpighi ; — *a'* et *b*) tubes urinifères dits : *a'*) tubes de Ferrein ; *b*) tubes de Bellini.

(***) *a*) aorte descendante fournissant l'artère rénale ; — *b*) artère rénale ; — *d*) grappes formées par les lobules rénaux ; — *c*) uretère.

tissent aux *calices* ou premiers réceptacles membraneux de l'urine qui suinte par leur surface, et les calices conduisent immédiatement le produit de la sécrétion rénale dans le *bassinet*. Celui-ci ressemble à une sorte d'entonnoir également membraneux, résultant de la réunion des calices et formant le commencement de l'uretère.

On distingue dans le rein ouvert, comme nous l'avons supposé tout à l'heure (fig. 116), deux substances, l'une extérieure ou corticale, et l'autre intérieure ou profonde, constituant plus spécialement les sommets pyramidiformes déjà indiqués, c'est-à-dire autant de rénules habituellement confondus en un seul rein au lieu de rester séparés comme ils le sont chez les cétacés.

La substance des pyramides est essentiellement tubuleuse, et c'est par l'extrémité de certains tubes, dits *tubes de Bellini*, qui la forment, que l'urine sécrétée s'épanche dans les calices pour être transmise goutte à goutte au bassinet. Il y a aussi des tubes dans la partie corticale ou superficielle, et ils sont en communication par une de leurs extrémités avec ceux de Bellini ; on les nomme *tubes de Ferrein*. Leurs canalicules sont en partie flexueux, et ils aboutissent par leur extrémité périphérique à ce qu'on nomme les granulations de la substance rénale, ou les *corpuscules de Malpighi*.

Ces corpuscules ou granulations constituent de leur côté autant de petits pelotonnements de vaisseaux capillaires destinés à séparer l'urine du sang et à la transmettre par exosmose aux tubes urinifères de Ferrein, qui la conduisent eux-mêmes aux tubes droits de Bellini, d'où elle sort en suintant par le sommet des pyramides, et tombe dans les calices pour arriver au bassinet et passer dans l'uretère correspondant. C'est alors qu'elle entre dans les voies urinaires proprement dites, qui commencent en effet aux calices et au bassinet, et se continuent par les uretères, la vessie et l'urèthre.

En dernière analyse, chacun des reins de l'homme est composé de plusieurs rénules intimement soudés entre eux, et dont les sommets ou pyramides nous rappellent la séparation primitive. Ces glandes, en apparence si difficiles à bien comprendre, ne sont donc qu'un amas de cryptes ou glandules tubiformes très-nombreuses et d'une extrême finesse, mises en rapport par leur extrémité fermée avec des capillaires sanguins dont elles tirent directement l'urine.

On retrouve les mêmes tubes séparés les uns des autres et réduits à un petit nombre seulement chez les insectes. Ce sont les derniers des canaux attenants à l'intestin que Malpighi a également découverts ; ils portent son nom (*tubes malpighiens* des insectes). On rencontre parfois de petits calculs d'acide urique dans ceux qui ont pour fonction de sécréter l'urine.

Chez les vertébrés ces éléments fondamentaux de l'appareil urinaire sont au contraire agrégés, et leur ensemble constituant les reins est enveloppé par une tunique fibreuse, revêtue d'une masse de graisse plus ou moins abondante, suivant les sujets. La structure de ces amas glanduleux y est en même temps plus compliquée, ce qui est en rapport avec la plus grande perfection des actes vitaux, et chaque rein est mis en relation avec le système vasculaire général par des artères et des veines.

Les artères rénales proviennent directement de l'aorte descendante, dont elles constituent deux branches raccourcies, mais proportionnellement considérables. C'est du sang apporté par elles que l'urine est extraite. Les veines du rein ou veines rénales se rendent directement à la veine cave inférieure après leur sortie de ces organes.

Le point d'insertion des vaisseaux sanguins qui mettent les reins en communication avec le reste du système vasculaire est la partie échancrée de ces organes ou le hile.

Principales particularités de l'appareil urinaire dans les vertébrés ovipares. — Les reins des oiseaux, animaux dont la vie de nutrition est très-active, sont proportionnellement plus volumineux que ceux des mammifères, et ils ont aussi une forme tout à fait différente. On y remarque cette autre particularité que leurs uretères n'aboutissent pas à une vessie, mais au *cloaque*, poche commune dans laquelle se rendent aussi l'anus et les organes de la reproduction (fig. 36, *l*). Il en résulte que chez ces animaux les œufs, les excréments et l'urine sont expulsés par le même orifice. Cependant il existe au cloaque des autruches une poche dans laquelle s'accumule l'urine liquide de ces oiseaux comme dans une vessie véritable.

Les monotrèmes (ornithorhynque et échidné), qui sont les derniers des mammifères, possèdent également un cloaque, et la même disposition caractérise les reptiles ainsi que les batraciens.

Les tortues ont néanmoins une vessie urinaire, et chez elles cette poche est considérable, quelquefois même elle est accompagnée de vessies accessoires. Il y a également une poche vésicale chez les crocodiles, et un certain nombre de sauriens en sont de même pourvus. Les serpents sont plus singuliers encore, en ce sens qu'ils ont une vessie pour chacun de leurs uretères, et par suite deux vessies au lieu d'une : ce qui tient à ce que les deux moitiés, une pour chaque uretère, qui forment par leur réunion la vessie unique des autres animaux, restent ici séparées l'une de l'autre. Enfin la vessie des batraciens est tantôt simple, tantôt au contraire bilobée.

Les poissons, à l'exception des cyclostomes, ont également une vessie, à laquelle aboutissent aussi les uretères ; mais leur urèthre s'ouvre en arrière de l'anus, par un orifice à la fois distinct de la terminaison des intestins et de la fin des organes reproducteurs. Il en résulte que ces animaux n'ont pas de cloaque comme les autres vertébrés ovipares, ou comme les mammifères monotrèmes.

Une particularité commune aux vertébrés ovipares consiste dans la disposition de leur système veineux rénal. Le sang qui revient des extrémités postérieures du corps passe en partie par les reins avant de faire retour dans la veine cave, et la veine qui l'y reçoit se comporte dans ces organes absolument comme la veine porte hépatique le fait dans le foie :

telle est la disposition qui a fait dire que ces animaux possédaient une *veine porte rénale*.

DE LA SÉCRÉTION URINAIRE CHEZ LES ANIMAUX SANS VERTÈBRES. — L'importance du rôle que joue la sécrétion urinaire chez les vertébrés, et sa participation aux phénomènes les plus généraux de la nutrition, devaient faire supposer qu'elle a également lieu chez les animaux sans vertèbres, et en effet elle y a été constatée. Chez quelques-uns, le siége de cette sécrétion a pu être parfaitement déterminé, et, si on ne le connaît pas encore chez les autres, on ne saurait douter de l'existence de la fonction.

Certains canaux très-grêles qui débouchent dans les intestins des insectes, et sont appelés canaux malpighiens, sont en partie affectés à la sécrétion urinaire de ces animaux. Ceux qui sont placés le plus près de l'estomac sécrètent la bile, et l'on y a même trouvé des calculs formés par cette substance; ceux qui sont plus rapprochés de l'anus sont au contraire les organes de la sécrétion urinaire, et, comme nous l'avons déjà dit, on y observe quelquefois des concrétions d'acide urique.

Chez les mollusques, il y a aussi une sécrétion urinaire; et chez les céphalopodes, tels que les seiches, les calmars ou les poulpes, on a souvent décrit comme étant comparable à l'urine la liqueur noire que ces animaux émettent et dont ils s'enveloppent comme d'un nuage lorsqu'ils veulent se soustraire à leurs ennemis. C'est dans la poche à encre, ouverte auprès de l'anus de ces mollusques, qu'est renfermée cette liqueur; elle sert à faire la *sépia*. Cependant les céphalopodes ont sur le trajet de leurs veines caves des organes spongieux (fig. 87) qui sont maintenant regardés comme étant leurs véritables reins. Ces corps n'ont aucune communication avec la poche du noir.

La glande urinaire des gastéropodes est voisine de leur anus. Celle des lamellibranches a quelquefois été prise pour un poumon; on la désigne sous le nom de *corps de Bojanus*, du nom de l'auteur qui l'a le mieux étudiée.

Il est aussi très-probable que les deux longs canaux qui s'étendent jusqu'à l'extrémité du corps dans les vers trématodes (douves) et dans les vers rubanés (ténias ou vers solitaires) sont également des organes urinaires, et non des vaisseaux sanguins, comme beaucoup d'auteurs l'avaient d'abord pensé.

CHAPITRE XI

CHALEUR ANIMALE.

ANIMAUX A TEMPÉRATURE FIXE. — L'activité vitale dépend en grande partie de la régularité avec laquelle s'opèrent les fonctions de la nutrition, les unes assimilatrices ou destinées à l'entretien de nos tissus, ainsi qu'à la multiplication des parties élémentaires dont ils sont constitués, les autres agissantes et consommatrices par suite du travail qu'elles produisent au moyen d'une partie des matériaux accumulés. Une alimentation appropriée aux besoins de l'accroissement des organes et à leur entretien ; des phénomènes de combustion s'exerçant dans toutes les parties du corps, quoique plus activement dans certaines parties que dans d'autres ; l'assimilation de principes ternaires et quaternaires, ainsi que la transformation par la vie elle-même de ces principes en acide carbonique et en urée, et leur rejet au dehors, ce qui donne lieu aux divers actes que nous avons successivement énumérés en traitant des fonctions nutritives : telles sont les principales causes de la production de chaleur dont le corps des mammifères ou celui des oiseaux est le foyer.

La chaleur animale est donc un résultat physiologique en ce sens que sa production est due à l'organisme en action ; mais les procédés par lesquels elle se développe dans le corps de l'homme et des autres animaux dits à sang chaud ne sont pas différents de ceux qui lui donnent naissance en dehors de la vie. Cette chaleur est à la fois cause et effet. La vie la développe, et à son tour elle est indispensable à l'exercice des fonctions vitales.

Son caractère spécial dans les deux premières classes du règne animal est d'être à peu près fixe, c'est-à-dire toujours la même pour chaque espèce, ou du moins de ne varier que dans certaines limites fort rapprochées, quelle que soit d'ailleurs la température de l'atmosphère. En été ou dans les pays chauds, lorsque le thermomètre approche de $+ 40°$ ou dépasse ce point ; dans les hivers rigoureux ou dans les régions glacées des pôles, lorsque le même instrument marque $— 20°$ ou une température plus basse encore, la chaleur du corps reste à peu près la même. Elle est en moyenne de $+ 37°,5$. Des expériences suivies sur plusieurs matelots, pendant le voyage de circumnavigation de la corvette française *la Bonite*, ont montré qu'une différence de 60° (de 20° à $+40°$ du thermomètre centigrade) dans la température de l'atmosphère n'avait produit qu'une variation correspondante de 2° dans la température du corps. L'abaissement avait lieu lentement quand on passait d'un pays chaud dans un pays froid ; il disparaissait rapidement quand on revenait d'un pays froid dans un autre plus chaud.

Les enfants ont constamment une température plus élevée que les adultes (39° environ) ; ils absorbent d'ailleurs par la respiration une plus grande proportion d'oxygène, et ils ont aussi besoin de plus d'aliments ternaires ou respiratoires. On constate en outre qu'en hiver ces aliments doivent être pris en plus grande quantité qu'en été, et dans les pays froids il s'en fait une plus grande consommation que dans les pays chauds. La combustion de ces aliments est la principale source de la chaleur animale, ce qui explique comment les habitants des régions polaires sont si avides de substances grasses, d'aliments sucrés ou féculents et de boissons alcooliques.

Les mêmes lois président à la chaleur du corps chez les autres animaux et chez l'homme. Nous voyons les espèces qui, par les conditions de leur existence, sont le plus exposées à la perdre, être pourvues de téguments plus chauds que les autres. La fourrure des renards ou celle des loups tués dans la baie d'Hudson, en Sibérie ou dans la Laponie, est plus fournie et plus belle que celle des mêmes animaux pris en Égypte ou dans l'Inde. Dans le premier cas, la bourre forme, à la base des poils soyeux qui constituent le jarre, une masse abondante qui nous la fait rechercher comme moyen de conserver notre propre calorique ; dans le second, elle y est presque nulle et le poil soyeux peu serré. Les animaux des pays chauds n'ont, pour la plupart, que des poils durs ou de nature soyeuse. Nous en avons la preuve par le cochon d'Inde, petit rongeur originaire du Pérou, que nous élevons au milieu de nos habitations. L'absence de bourre, qui le rend si sensible à nos hivers, s'oppose à ce qu'il soit réellement acclimaté. Des cochons d'Inde lâchés dans les bois, comme on le fait pour des lapins, des kangurous ou d'autres animaux à fourrure plus épaisse, ne tarderaient pas à périr de froid.

Des différences analogues se remarquent chez les oiseaux. Ceux qui sont le plus exposés aux variations de température, comme les espèces nocturnes et les espèces aquatiques, sont aussi ceux qui ont au-dessous des plumes proprement dites un duvet plus abondant. Le canard eider, qui nous fournit l'édredon, est surtout remarquable sous ce rapport.

Parmi les mammifères, on peut citer, comme étant dans le même cas, le castor et la loutre, dont la fourrure est si moelleuse et si chaude. D'autres animaux aquatiques trouvent dans l'accumulation d'une couche épaisse de graisse au-dessous de leur peau le moyen de conserver la chaleur produite par leurs phénomènes de nutrition, et ils peuvent n'avoir que peu ou point de poils laineux, ou même manquer complétement de poils, sans en éprouver d'inconvénients réels. Les sirénides (lamentins et dugongs) et les cétacés (cachalots, dauphins, baleines) sont pour ainsi dire dépourvus de poils ; leur température reste néanmoins constante comme celle des mammifères les mieux vêtus. Cela tient à la masse considérable de lard sous-cutané qui s'oppose à la déperdition du calorique produit par la combustion de leurs principes respiratoires ainsi que par les autres phénomènes vitaux dont leur corps est le siége. Les tissus adipeux de ces animaux fournissent leurs principaux éléments de combustion, et, en isolant leur corps du milieu ambiant, ils contribuent aussi à en entretenir la température à un degré suffisamment élevé.

Les oiseaux sont de tous les animaux ceux dont la respiration s'exécute avec le plus d'activité ; ce sont aussi ceux qui produisent le plus de chaleur propre. Leur température varie entre 40° et 41°, tandis que celle des mammifères diffère peu de ce qu'elle est chez l'homme et ne s'élève guère qu'à 37° ou 38°.

Animaux a température variable. — Les autres animaux sont considérés comme ayant le sang froid, parce qu'ils ne produisent pas, comme les mammifères et les oiseaux, une température élevée et constante ; mais ils ne sont pas entièrement privés de la propriété de dégager de la chaleur, et dans les circonstances ordinaires ils sont toujours de quelques degrés au-dessus de la température environnante. En outre leur température peut varier avec celle du milieu au sein duquel ils sont placés, et l'on constate que plus l'air dans lequel ils vivent est chaud, plus aussi leur vie est active. Ainsi s'explique l'agilité que manifestent en été les lézards et les serpents, espèces qui deviennent au contraire somnolentes et s'engourdissent bientôt lorsque la température s'abaisse. Les grenouilles passent la mauvaise saison enfouies dans la vase, et le peu d'intensité de leur respiration leur permet d'y séjourner assez longtemps, même dans ces circonstances, sans y être asphyxiées. Leur peau supplée d'ailleurs à la lenteur de l'absorption pulmonaire, et chez elles la respiration est alors en grande partie cutanée.

L'abondance des reptiles dans les pays tropicaux et l'agilité qu'ils y manifestent sont en rapport avec la chaleur plus grande de ces régions. Au contraire, vers les pôles il n'y a plus de reptiles. On les voit devenir de plus en plus rares à mesure qu'on se rapproche des latitudes élevées.

Certains batraciens peuvent être en partie congelés sans périr pour cela. Ils reviennent à eux si on les expose avec précaution à une température plus douce. Il en est de même pour les œufs de diverses sortes d'animaux, en particulier pour ceux des saumons. C'est ce qui a permis d'en porter d'Angleterre en Australie en les conservant dans de la glace afin de ralentir leur éclosion. Cette expérience avait pour but l'acclimatation de cette précieuse espèce de poissons.

La chaleur propre des poissons dépasse en général de 0°,5 à 1°,5 celle de l'eau dans laquelle ces animaux sont plongés. Quelquefois la différence est sensiblement plus considérable. Les pêcheurs disent que le thon a le sang chaud, et l'on a trouvé 24°,6 pour celui du requin, la température de l'eau étant entre 22° ou 23°. On donne le sang de la bonite comme pouvant s'élever jusqu'à 37°, l'eau de mer restant à 27°.

Les insectes produisent également une certaine quantité de chaleur. Elle est particulièrement appréciable dans les essaims des abeilles et en hiver dans leurs ruches. Le sphinx tête de mort est une grosse espèce de lépidoptères dont on s'est servi pour démontrer la chaleur propre des insectes. Si on lui enfonce un thermomètre dans le corps, on voit immédiatement le niveau du mercure s'élever et accuser une température plus élevée que celle du dehors. D'ailleurs il en est ainsi de beaucoup d'autres animaux sans vertèbres, et une chaleur propre, d'origine physiologique, a été observée jusque chez les oursins et les actinies.

Estivation et hibernation. — Plusieurs animaux des régions intertropicales, soit mammifères, soit reptiles, éprouvent, sous l'influence des fortes chaleurs de l'été, une sorte d'engourdissement léthargique, pendant lequel leurs fonctions restent comme suspendues ou tout au moins sont considérablement ralenties. On a indiqué cet état par le mot d'*estivation*, rappelant que c'est pendant l'été qu'il a lieu.

Au contraire l'*hibernation*, dont le nom rappelle un phénomène propre

à l'hiver, est un engourdissement comparable au précédent, mais qui
provient de l'action du froid dans des climats tempérés ou septentrio-
naux. On a, chaque année, l'occasion de l'observer. Pendant l'hiver, on
rencontre souvent, soit dans des trous de murs, soit sous des pierres ou dans
la terre, des insectes, des reptiles, ou d'autres animaux qui sont devenus
immobiles et restent dans cet état d'engourdissement tant que la température ne se relève pas. S'il fait plus chaud, ils reprennent pourtant
l'usage de leurs sens, se remettent à marcher, et leur premier soin est de
chercher à se procurer quelques aliments pour réparer la déperdition
qu'ont éprouvée leurs tissus pendant qu'ils étaient endormis. Quoique
durant ce temps leur dépense ait été moindre qu'elle ne l'est pendant le
sommeil ordinaire, elle est loin d'avoir été nulle. La vie s'est entretenue
en consommant des principes ternaires et quaternaires. La respiration
était faible, plus cutanée que pulmonaire ou trachéenne, mais elle n'avait
pas cessé un seul instant de se maintenir, et le travail de la sécrétion urinaire n'était pas non plus anéanti.

Fig. 119. — *Rhinolophe petit fer-à-cheval.*

Les animaux à sang froid ne sont pas les seuls qui puissent tomber dans
cette sorte de léthargie. Les chauves-souris, les loirs, les marmottes et
quelques autres également propres à l'Europe orientale, au nord de l'Asie
ou à l'Amérique septentrionale, présentent aussi des phénomènes d'hibernation. Ils se retirent dans leurs réduits aussitôt que la température commence à baisser d'une manière sensible, plus particulièrement lorsque
la nourriture va leur manquer; ils restent alors engourdis jusqu'à ce que
l'air redevienne plus chaud. Leurs fonctions s'exercent à peine, mais elles
ne sont pas complétement suspendues. Cependant la circulation s'est
beaucoup ralentie, et la combustion respiratoire a perdu une grande
partie de son intensité. Les marmottes, qui, dans leur état d'activité,
brûlent 1gr,198 de carbone par heure et pour chaque kilogramme de leur
poids, n'en brûlent plus que 0gr,040 à 0gr,048, c'est-à-dire la 30e partie,
lorsqu'elles sont tombées dans le sommeil hibernal: aussi la température
du corps de ces animaux s'est-elle abaissée d'un nombre considérable de

degrés. Spallanzani soutenait même qu'une marmotte n'a plus du tout besoin de respirer si le froid continue à augmenter, et qu'on pourrait la plonger dans un gaz délétère sans la faire périr. L'ours, le blaireau, l'écureuil et quelques autres espèces de mammifères, éprouvent, dans les mêmes circonstances, un engourdissement analogue à celui des animaux hibernants, mais qui n'est pas aussi profond.

Fig. 120. — *Marmotte.*

Dans tous les animaux à sang chaud, la chaleur propre que produit l'activité vitale est d'ailleurs indispensable à l'entretien de la vie et à l'exercice régulier des fonctions. L'espèce humaine est particulièrement dans ce cas. Un simple abaissement de quelques degrés dans la température du sang et dans celle des organes intérieurs devient bientôt mortel, et la congélation, même limitée aux extrémités, peut avoir les conséquences les plus graves. Une somnolence à laquelle on a peine à résister, est le premier effet de cet abaissement de la température intérieure du corps. Les forces se trouvent bientôt paralysées, et l'on devient incapable de se soustraire aux dangers les plus menaçants. C'est ainsi que nos soldats périssaient lors de la retraite de Moscou : ceux que le sommeil gagnait, dans ces fâcheuses conditions, ne se réveillaient point.

CHAPITRE XII

DES FONCTIONS DE RELATION EN GÉNÉRAL, ET DES DIFFÉRENTS ORGANES PAR LESQUELS ELLES S'EXÉCUTENT.

Les animaux ne sont pas réduits, comme les végétaux, à l'exercice des seules fonctions de la nutrition associées à celles de la reproduction. Ils ont en outre le moyen de connaître, à des degrés divers, suivant la complication de leur organisme, ce qui se passe en eux-mêmes et d'apprécier les phénomènes du monde extérieur. Ce nouvel ordre de fonctions, appelé *fonctions de relation*, comporte des organes également nouveaux, différents de ceux dont nous avons déjà parlé. Ce sont les organes de la *sensibilité* et ceux de la *locomotion*.

Cependant, chez les animaux des classes les plus inférieures, la sensibilité reste obscure et, pour ainsi dire, douteuse. On ne saurait encore donner le nom de volonté au mobile qui met leurs déterminations en rapport avec leurs impressions. La vie de relation des zoophytes, des vers et de la plupart des mollusques, reste trop au-dessous, dans ses diverses manifestations, de celle des céphalopodes, des crustacés ou des insectes, pour qu'on puisse attribuer toujours à ces espèces autre chose que de vagues instincts. Elles vivent pour ainsi dire à la manière de nos organes internes de nutrition. Lamarck en faisait des animaux apathiques, ce qui implique cependant contradiction avec le caractère, bien constaté chez tous ces invertébrés, d'être pourvus de système nerveux. Il est vrai que certaines espèces encore plus rapprochées des végétaux, et qui font partie de ce qu'on appelle maintenant les protozoaires, n'ont présenté jusqu'à ce jour aucune trace de ce système.

L'instinct, si varié dans les insectes et si admirable chez beaucoup d'entre eux par la précision de ses résultats, est une sorte d'aptitude innée qui permet, aux animaux qui en sont doués, d'exécuter, sans en comprendre le secret, des actes en apparence très-compliqués, mais qu'ils ne sauraient ni perfectionner ni même modifier sensiblement, s'ils sont appelés à les accomplir au milieu de circonstances nouvelles. L'abeille fait toujours ses ruches de la même manière, et c'est sans rien changer d'important aux procédés qu'ils mettent en œuvre, que les vers à soie tissent leur cocon ou que les fourmis emmagasinent leurs récoltes.

L'intelligence, au contraire, est plutôt une aptitude à comprendre et à exécuter qu'une notion innée de ce qui doit être su et fait. Aussi a-t-elle besoin d'être cultivée par l'éducation pour donner tous les résultats dont elle est susceptible, et chez beaucoup d'animaux intelligents nous voyons les rapports des parents avec les petits se prolonger non-seulement en vue du développement physique de ces derniers, mais encore dans le but de leur transmettre les ruses propres à leur espèce et tous ces artifices auxquels ils auront recours pour se procurer leur nourriture ou éviter leurs ennemis. C'est, pour ainsi dire, une sorte d'éducation destinée à apprendre aux jeunes sujets de ces espèces tout ce qui peut contribuer à former leur expérience individuelle, assurer leur propre conservation ou accroître leur bien-être. Les individus sont alors perfectibles avec l'âge, et, dans une même espèce, certaines races peuvent même acquérir un degré de supériorité sur les autres, comme nous le voyons pour les chiens, dont les qualités sont si diverses, et dont plusieurs variétés appartenant aux nations civilisées ont certainement plus d'intelligence que celles des peuples sauvages.

Descartes ne voulait voir, dans l'exercice des fonctions de relation des animaux, qu'un pur automatisme ; au contraire, Condillac, acceptant une opinion diamétralement opposée, attribuait toutes leurs actions à l'intelligence, même celles des espèces les plus inférieures. La vérité n'est ni avec l'une de ces hypothèses, ni avec l'autre, et, suivant le rang que les animaux occupent dans la série, ou même, plus simplement encore, suivant l'âge des individus que l'on étudie dans certaines de leurs espèces, on constate que les fonctions de relation sont de nature bien différente.

C'est par une innervation automatique que le poulet, encore dans son œuf, ou tout autre animal pris au même âge, réagit contre les lésions qu'on lui fait subir ; sa sensibilité est alors tout aussi obtuse et tout aussi inconsciente d'elle-même que celle de ces zoophytes dont nous parlions plus haut : il fait plus que végéter, mais en réalité il ne sent pas encore, comme il le fera plus tard.

A leur naissance, le poulet et le petit mammifère sont mus par un sentiment purement instinctif, c'est-à-dire intérieur ; ils cherchent la graine qui doit les nourrir ou le mamelon qui leur fournira le lait nécessaire à leur alimentation, sans avoir eu besoin d'apprendre à le faire et comme s'ils en avaient depuis longtemps l'habitude : mais bientôt des lueurs d'intelligence éclairent peu à peu leurs différentes actions, et les effets en sont d'autant plus variés et d'autant plus évidents, que l'espèce possède un cerveau plus développé dans la partie de cet organe spécialement affectée à l'exercice des fonctions intellectuelles, c'est-à-dire dans les hémisphères cérébraux.

On sait, en effet, que cette partie de l'encéphale et sa contexture ont une grande influence sur les manifestations de l'intelligence ; mais celle-ci, tout en restant chez les animaux, même les plus parfaits, fort au-dessous de ce qu'elle est chez l'homme, n'en est pas moins évidente, et si elle varie dans ses manifestations, on constate dans la forme du cerveau des différences correspondantes.

L'intelligence est un lien qui rattache à nous certaines espèces domestiques, comme le chien, le chat, le cheval, le bœuf, l'éléphant, etc. Beaucoup d'espèces sauvages en donnent des preuves non moins évidentes que celles que nous pouvons constater à tous les instants par l'observation des animaux qui nous sont soumis ou que nous avons apprivoisés. Certains singes, plus particulièrement l'orang-outan, le chimpanzé et le gorille, dont les formes extérieures et l'organisation ont tant de rapports avec celles de l'homme, sont également des animaux intelligents, et l'on doit s'étonner de voir certains auteurs persister à nier d'une manière absolue que les animaux puissent être doués de cette faculté. Les animaux sont loin sans doute de la posséder au même degré que l'espèce humaine ; mais ce serait se tromper complétement que de les en supposer tout à fait dépourvus.

Toute sensibilité, soit celle de l'homme, soit celle des animaux, exige, pour donner les résultats dont elle est capable, la perception des phénomènes du monde extérieur ; aussi des organes de sensation existent-ils chez ces espèces comme chez celles qui sont purement instinctives, et chez un grand nombre des animaux qui sont encore plus inférieurs on les retrouve encore. Ils sont destinés à les avertir de ce qui se passe en dehors d'eux et à leur en donner la connaissance.

Ces organes sont mis en rapport avec les centres nerveux, siége des fonctions intellectuelles et instinctives; ils procurent aux animaux la notion des corps environnants. Ce sont les *organes des sens* qui acquièrent chez l'homme et chez les espèces des classes supérieures une complication si remarquable et sont comme des sentinelles avancées de la sensibilité cérébrale, toujours au courant de ce qui se passe dans le monde ambiant.

Là ne se bornent pas les divers actes dont l'ensemble constitue les fonctions de relation. Des organes encore différents de ceux dont il vient d'être question donnent aux animaux la faculté de se rapprocher ou de s'éloigner des autres corps, suivant qu'ils ont avantage à le faire, et ils leur permettent, indépendamment de ces mouvements de translation, des mouvements partiels qui ne sont pas moins utiles à leur conservation. Ces mouvements sont sous l'influence de la sensibilité, et chez les espèces les plus parfaites la volonté les a sous sa dépendance. Ce sont les *muscles* qui accomplissent ces actions mécaniques. Chez les animaux de l'embranchement des vertébrés, ils ont toujours pour point d'appui les os, constituant par leur ensemble le *squelette*, c'est-à-dire la charpente intérieure destinée à soutenir tout le corps, et ils fournissent les forces nécessaires à ces leviers.

Avant d'aborder l'étude du système nerveux et celle des organes des sens, nous parlerons donc du squelette et des muscles, c'est-à-dire des organes passifs de la locomotion.

CHAPITRE XIII

ORGANES DE LA LOCOMOTION : SQUELETTE ET MUSCLES.

C'est un des caractères les plus constants des animaux que de pouvoir se transporter d'un point à un autre, ou tout au moins de mouvoir certaines parties de leur corps. Cette faculté de locomotion a pour instruments les muscles, et, chez les animaux vertébrés, ces muscles, ainsi que tout le reste du corps, sont soutenus, comme nous venons de le faire remarquer, par une charpente intérieure osseuse, dont l'ensemble constitue le squelette, instrument passif des mouvements.

DU SQUELETTE EN GÉNÉRAL. — Le squelette est une association de pièces dures nommées *os*, en rapport les unes avec les autres par des articulations mobiles ou fixes; il forme dans son ensemble la charpente solide du corps. Les os doivent, en grande partie, leur consistance à du phosphate de chaux; leur gangue organique est de la même nature que la gélatine. On peut, en les soumettant à la chaleur rouge, les débarrasser de leurs principes organiques, et, en les faisant tremper dans une solution étendue d'acide chlorhydrique, on les réduit, au contraire, à leur seule substance organique, ce qui les rend souples et flexibles, comme ils l'étaient avant leur encroûtement, c'est-à-dire pendant les premiers temps de la vie. Avant d'être durs et véritablement osseux, ils ont d'abord été simplement gélatineux et ont ensuite passé par l'état cartilagineux.

Le tissu squelettique, encore à l'état cartilagineux [1], se compose de cellules arrondies comprises dans une gangue moins résistante que les os et où domine la substance gélatiniforme. C'est par le fait d'une véritable substitution que les cellules osseuses remplacent les éléments cartilagineux, alors que les os acquièrent leur consistance définitive. Ces cellules de nouvelle formation, ou les cellules osseuses, sont de forme irrégulièrement étoilée; on les appelle des *ostéoplastes* (fig. 23, B et C).

Quelques parties du squelette restent cependant à l'état de cartilages pendant toute la vie, et, aux points de jonction des os qui possèdent des articulations mobiles, c'est-à-dire aux endroits où ces os doivent jouer les uns sur les autres, les surfaces sont toujours de cette nature; des brides ou moyens d'attache de consistance fibreuse, constituant les *ligaments*, les retiennent attachées ensemble. En d'autres points du squelette les os s'unissent en se soudant par leurs surfaces de contact, ce qui forme encore un autre mode d'articulation.

Les *articulations* fixes et immobiles sont dites *synarthroses*; on compte parmi elles la symphyse des pubis et celle des maxillaires inférieurs, ainsi que les sutures dentées des os du crâne. Les articulations mobiles sont de deux sortes : tantôt peu mobiles, comme cela se voit pour les vertèbres jouant les unes sur les autres : ce sont les *amphiarthroses*, dont les surfaces de contact sont mises en rapport par du tissu fibreux élastique; tantôt complétement mobiles, ou *diarthroses*. Les surfaces de contact ont alors des cartilages d'encroûtement. On sous-divise ces articulations en plusieurs groupes, sous les noms d'*énarthroses* (ex. l'articulation de la cuisse avec la hanche), de *condyles* (ex. l'articulation du crâne avec la colonne vertébrale, etc.), de *ginglymes* (ex. l'articulation du coude), etc.

Les os sont recouverts par une membrane de nature fibreuse, qu'on appelle le *périoste*. Cette membrane a une action évidente sur leur accroissement, et c'est toujours à sa face interne qu'apparaissent les nouvelles couches de cellules osseuses destinées à l'accroissement de ces parties, soit en diamètre, soit en longueur. On a vérifié ce fait au moyen d'expériences entreprises sur les animaux.

La garance mêlée aux aliments jouit de la propriété de colorer en rouge les couches osseuses qui se forment pendant qu'un animal est soumis à ce régime; dès qu'on en suspend l'emploi, la matière osseuse

1. Page 38, fig. 23, A.

qui se dépose cesse au contraire d'être colorée. En alternant sur un
même sujet le régime à la garance et le régime ordinaire, on détermine aisément la succession de couches alternativement colorées et
incolores, et l'on peut, au moyen d'amputations répétées de quelques
parties de son squelette, obtenir une série de pièces démontrant parfaitement ce fait curieux. Mais le nombre des couches osseuses n'augmente
pas autant qu'on pourrait le supposer. Au dépôt de nouvelles zones
périphériques correspond la résorption des zones profondes les plus
anciennement formées. C'est par ce moyen que certains os deviennent
spongieux dans leur intérieur ou s'évident même complétement, de
manière à se creuser d'une cavité fistuleuse. Chez les oiseaux, cette
cavité des os longs admet l'air dans son intérieur ; chez les mammifères,
elle se remplit habituellement d'une substance grasse qu'on appelle la
moelle des os.

Les anatomistes ont partagé les os du squelette en os longs, os courts
et os plats, mais cette distinction n'a pas en anatomie comparée la valeur
qu'on doit lui attribuer, si l'on n'étudie que le squelette de l'homme
ou celui de quelque autre espèce prise séparément. En effet, une
même pièce osseuse peut être de forme allongée dans un animal,
courte au contraire ou aplatie dans un autre ; et si l'on passe d'un mammifère à un oiseau, d'un oiseau à un reptile, à un batracien, et surtout
à un poisson, on rencontre à cet égard des différences très-considérables,
tout en prenant le même os.

L'humérus de la taupe (fig. 121) nous présente l'exemple d'une pareille
modification. Il est court au lieu d'être long comme
celui de l'homme et de la plupart des animaux.

FIG. 121. — Humérus
de la *Taupe.*

Certains os présentent dans leur conformation une
particularité qui en facilite l'allongement. Ils sont
d'abord partageables en trois pièces distinctes, dont
deux terminales, appelées *épiphyses,* et une intermédiaire, nommée *diaphyse.* Chacune de ces trois pièces
se développe séparément, et pendant la jeunesse il
est toujours assez facile de l'isoler des deux autres.
Mais l'accroissement en longueur une fois terminé,
les épiphyses se soudent à la diaphyse, et l'os ne forme plus qu'un seul
tout. Les os encore épiphysés proviennent donc d'individus qui n'étaient
pas arrivés à l'état adulte ; c'est ce qui est très-apparent pour les os des
membres. Chez les oiseaux, la soudure des épiphyses se fait beaucoup
plus tôt que chez les mammifères.

L'ossification de certains autres os commence aussi par des points
multiples dits *points d'ossification,* et ce n'est qu'après le développement
complet du squelette que s'en opère la réunion. C'est là un fait important,
et dont nous tirerons parti, lorsque nous chercherons à établir la théorie
du squelette ; il nous permettra de bien comprendre la formation de la
vertèbre, ainsi que celle des segments osseux dont se compose le squelette de la tête et du tronc.

Rappelons aussi qu'à très-peu d'exceptions près, les os placés sur la ligne médiane du corps sont d'abord doubles et composés de deux moitiés, l'une droite et l'autre gauche, formant chacune un os à part, ce qui permet de partager le squelette en deux séries de pièces, se répétant de chaque côté d'un plan qu'on supposerait passer par le milieu des vertèbres pour aller rejoindre le sternum.

Énumération des os du squelette humain. — En tenant plus compte de la position respective des os que de leur nature réelle, on peut diviser le squelette comme on divise aussi le corps : 1° en *tête* ou *crâne*, dont la face et la mâchoire inférieure font partie ; 2° en *tronc*, comprenant les vertèbres du cou, les os du thorax et des lombes, ainsi que ceux des épaules, du bassin et du coccyx ; et 3° en *membres*, distingués eux-mêmes en supérieurs et en inférieurs.

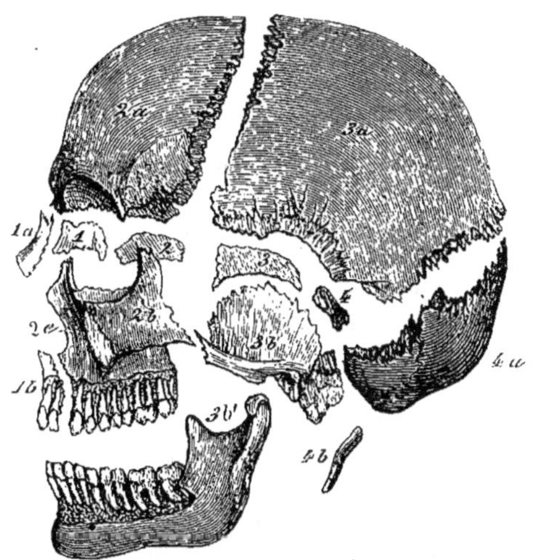

FIG. 122. — Composition du crâne humain (*).

Les os de la tête sont, pour la partie formant la boîte protectrice du cerveau : le *frontal*, les *pariétaux*, l'*occipital*, les *temporaux*, tous situés

(*) Les quatre segments, qu'on peut y reconnaître, portent dans cette figure les nᵘˢ 1 à 4 ; ils sont formés chacun de pièces, les unes supérieures à un os central, les autres inférieures. Les premières de ces pièces, constituant l'arc supérieur ou neural, sont indiquées par la lettre *a*, et les secondes, ou celles de l'arc inférieur, appelé aussi arc hémal, par la ettre *b*. Les chiffres sans lettre désignent les pièces centrales qui servent d'axe aux quatre segments crâniens.

1) ethmoïde ; — 1 *a*) os du nez ; — 1 *b*) os incisif détaché du maxillaire supérieur, avec equel il est soudé chez l'homme.

2) sphénoïde ; partie antérieure ; — 2 *a*) frontal ; — 2 *b*) zygomatique ou malaire ; — 2 *c*) maxillaire supérieur.

3) sphénoïde, partie postérieure ; — 3 *a*) pariétal ; — 3 *b*) temporal et ses dépendances ; — 3 *b'*) maxillaire inférieur.

4) os basilaire (partie axile de l'occipital) ; — 4 *a*) parties latérale et supérieure de l'occipital ; — 4 *b*) os hyoïde.

superficiellement; le *sphénoïde* et l'*ethmoïde*, placés plus profondément. Le sphénoïde forme comme la clef de voûte du crâne.

La face comprend : les *os propres du nez*, les *os unguis* ou lacrymaux, les *maxillaires supérieurs*, les *jugaux* ou os malaires, aussi appelés os des pommettes, les *palatins*, le *vomer* et le *maxillaire inférieur*.

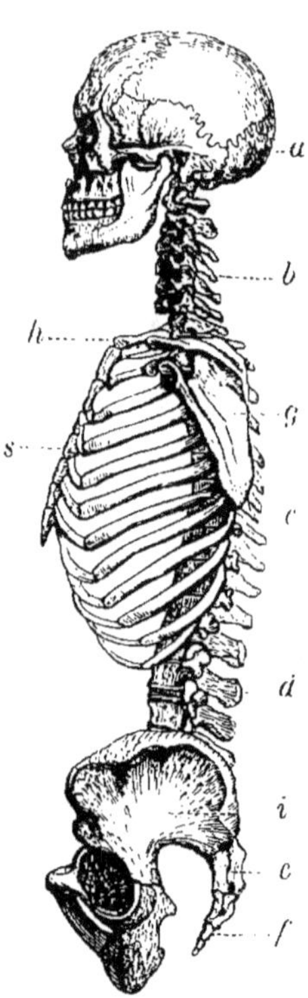

Fig. 123. — Squelette humain : os de la tête et du tronc (*).

On peut encore attribuer à la tête l'*os hyoïde*, qui suspend le larynx et s'attache à la partie postérieure du crâne.

La tête est séparée du thorax par le cou, formé, chez la plupart des animaux mammifères, de sept vertèbres, dont la première dite *atlas*, la seconde *axis* et la septième *proéminente*.

Les vertèbres qui suivent sont divisées en *dorsales*, au nombre de 12; *lombaires*, au nombre de 5; *sacrées*, au nombre de 4, réunies entre elles pour former le *sacrum;* et enfin *coccygiennes*, au nombre de 3. Celles-ci répondent à la queue des animaux; leur ensemble s'appelle le *coccyx*.

Ces indications sont tirées du squelette humain.

L'empilement des vertèbres dont il vient d'être question, réunies à celles du cou, forme la colonne vertébrale.

Aux douze vertèbres dorsales s'articulent latéralement douze paires de *côtes*, composées d'une partie osseuse et d'une partie cartilagineuse. Ces côtes vont des vertèbres au sternum, os médian placé à la partie antérieure de la poitrine, et qui résulte lui-même de la jonction de plusieurs pièces successives. On divise les côtes en *vraies côtes* et en *fausses côtes*.

A son extrémité inférieure le *sternum* porte l'appendice xiphoïde, constituant une lame flexible et cartilagineuse par laquelle il est terminé au-dessus du ventre.

L'épaule de l'homme est formée de deux os : l'*omoplate* et la *clavicule*. Cette dernière s'articule avec l'extrémité supérieure du sternum.

L'os dit *innominé*, ou os du bassin, résulte de la soudure de trois pièces placées de chaque côté du sacrum et se rejoignant sur la ligne ventrale. Ces pièces sont l'*os des îles* ou os des hanches, le *pubis*, et l'*ischion* ou os du siége. Le pubis droit et le gauche sont unis ensemble par une symphyse médiane située à la partie inférieure de l'abdomen.

(*) *a*) crâne; — *b*) les 7 vertèbres cervicales; — *c*) les 12 vertèbres dorsales; — *d*) les 6 vertèbres lombaires; — *e*) sacrum; — *f*) coccyx; — *g*) omoplate; — *h*) clavicule; — *s*) sternum; — *i*) os innominé formé des trois os ilium, pubis et ischion, et constituant le bassin par sa réunion avec le sacrum.

Les MEMBRES sont des appendices du tronc. On les distingue, d'après leur position, en *supérieurs* ou thoraciques, et *inférieurs* ou abdóminaux. Dans les animaux ils sont antérieurs et postérieurs.

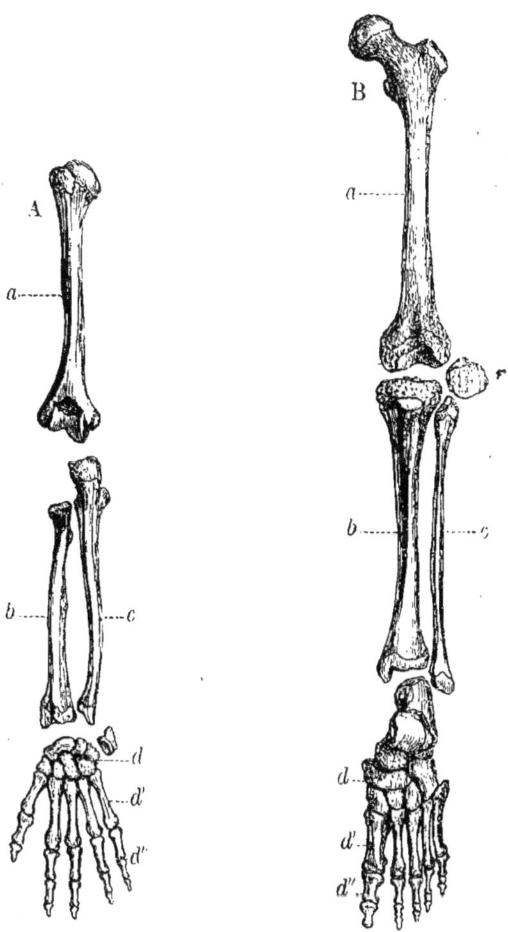

FIG. 124. — Squelette humain : membres (*).

Les membres supérieurs (fig. 124, A) ont pour parties diverses : l'os du bras ou l'*humérus;* les deux os de l'avant-bras (*radius* et *cubitus*); et les os de la main, partagés en *os du carpe,* dont il y a deux rangées constituant

(*) A = le membre supérieur : *a*) humérus ; — *b*) radius ; — *c*) cubitus ; — *d*) carpe ; — *d'*) métacarpe ; — *d''*) phalanges.
B = le membre inférieur : *a*) fémur ; — *b*) tibia ; — *c*) péroné ; — *d*) tarse ; — *d'*) méta-tarse ; — *d''*) phalanges ; — *r*) rotule.

le *procarpe* et le *mésocarpe*; os du *métacarpe*, au nombre de cinq, et os des doigts ou *phalanges*.

Des deux rangées d'os carpiens, la première rangée, ou le procarpe, comprend, en allant de dedans au dehors, c'est-à-dire du pouce au petit doigt, le *scaphoïde*, le *semi-lunaire*, le *pyramidal* et le *pisiforme*. A la seconde rangée, ou mésocarpe, appartiennent le *trapèze*, le *trapézoïde*, le *grand os* et l'*os crochu*.

Les membres inférieurs (fig. 124, B) sont composés à peu près de même, mais les os y portent d'autres noms. Ce sont le *fémur*, ou os de la cuisse; le *tibia* et le *péroné*, ou os de la jambe; et les os du pied, divisés, comme ceux de la main, en plusieurs rangées, formant le protarse (*astragale*, *calcanéum* et *scaphoïde*), le mésotarse (*cunéiformes* et *cuboïde*), le métatarse et les phalanges ou os des *orteils*.

Le membre inférieur présente, en avant du tibia et près de l'extrémité supérieure de cet os, une pièce osseuse qui n'a pas sa correspondante au membre antérieur, du moins dans notre espèce; c'est la *rotule*, assez gros os de la nature de ceux dits sésamoïdes, qui sont placés dans certains tendons dont ils facilitent le glissement.

Squelette des mammifères. — Les animaux de cette classe n'ont pas constamment le même nombre d'os que l'homme, et des différences, quelquefois remarquables, s'observent dans la conformation de leur squelette. Tous ont cependant, comme l'homme lui-même, le maxillaire inférieur d'une seule pièce, et leur crâne est également articulé avec l'atlas par deux condyles. Sauf les paresseux aïs, qui ont, suivant l'espèce : tantôt huit, tantôt neuf vertèbres cervicales, et l'unau d'Hoffmann, qui n'en a que six, ils possèdent constamment sept de ces vertèbres, quelle que soit d'ailleurs la longueur de leur cou, et leur épaule, à part celle des monotrèmes, n'a jamais que deux os au plus, l'omoplate et la clavicule; encore la clavicule manque-t-elle dans beaucoup d'espèces.

A d'autres égards, on trouve de nombreux caractères distinctifs en comparant l'ostéologie des mammifères à celle de l'homme, et ces animaux en présentent aussi, suivant les familles naturelles auxquelles ils appartiennent. Ces particularités, qui sont en rapport avec le mode de locomotion et plusieurs autres conditions de la physiologie des mammifères, peuvent servir à la classification de ces derniers; c'est par leur étude approfondie, jointe à celle du système dentaire, qu'on est arrivé à la détermination exacte des espèces fossiles provenant de la même classe.

Chez les premiers singes (fig. 125), quelques différences dans la forme des os du squelette tiennent à la station de ces animaux, qui devient oblique au lieu d'être droite comme celle de l'homme. Ils ont aussi les membres antérieurs plus longs et s'en servent pour s'appuyer dans la marche. Chez la plupart des autres mammifères, les allures sont franchement quadrupèdes, mais de nouvelles particularités se remarquent dans le squelette de ces animaux, suivant les familles auxquelles ils appartiennent. C'est ce dont on pourra se faire une première idée en

comparant entre eux les squelettes de la vache (fig. 126), du lapin
(fig. 127), de la musaraigne (fig. 128) et de la taupe (fig. 129).

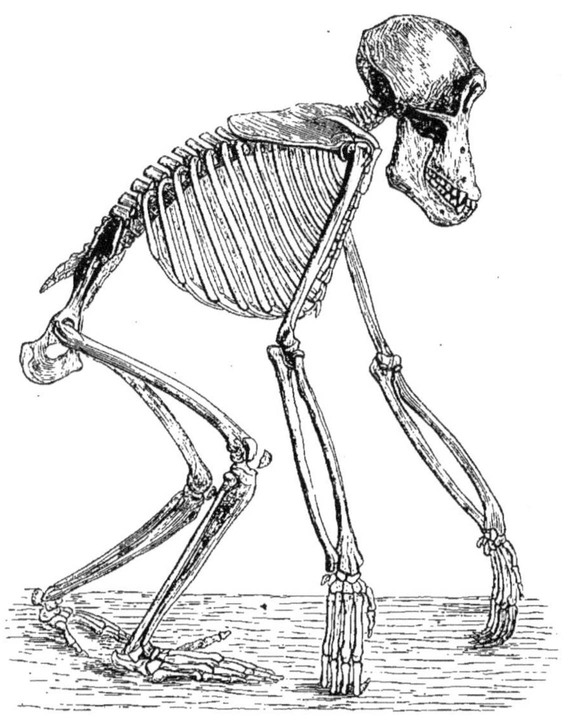

Fig. 125. — Squelette du *Chimpanzé*.

Les animaux à doigts onguiculés, et ceux dont les pieds sont terminés
par des sabots, ou les ongulés, sont surtout faciles à distinguer sous ce
rapport.

Sauf le chevrotain de Guinée (genre hyémosque), les ruminants
ont tous les deux métacarpiens ou métatarsiens principaux soudés
ensemble et formant un canon. Ce canon porte à sa partie inférieure
deux poulies articulaires destinées aux deux doigts qui ont valu à ces
animaux le nom de *bisulques* (fig. 131, B, d'). Le cochon a aussi les
doigts fourchus, mais il n'a pas de canon, ses métacarpiens et métatarsiens
restant séparés (fig. 131, C, d'). Chez le cheval, le canon n'est formé que
par un seul métacarpien ou métatarsien, et il ne porte qu'un seul doigt.
Les doigts latéraux n'existent pas dans ce genre : on n'en retrouve
d'autre vestige que les métacarpiens ou les métatarsiens externes, qui
longent le canon et restent cachés sous la peau (fig. 130 et 131 a).

L'astragale du cheval et de ses congénères ne diffère pas d'une manière
notable de celui de la plupart des autres mammifères, tandis que le

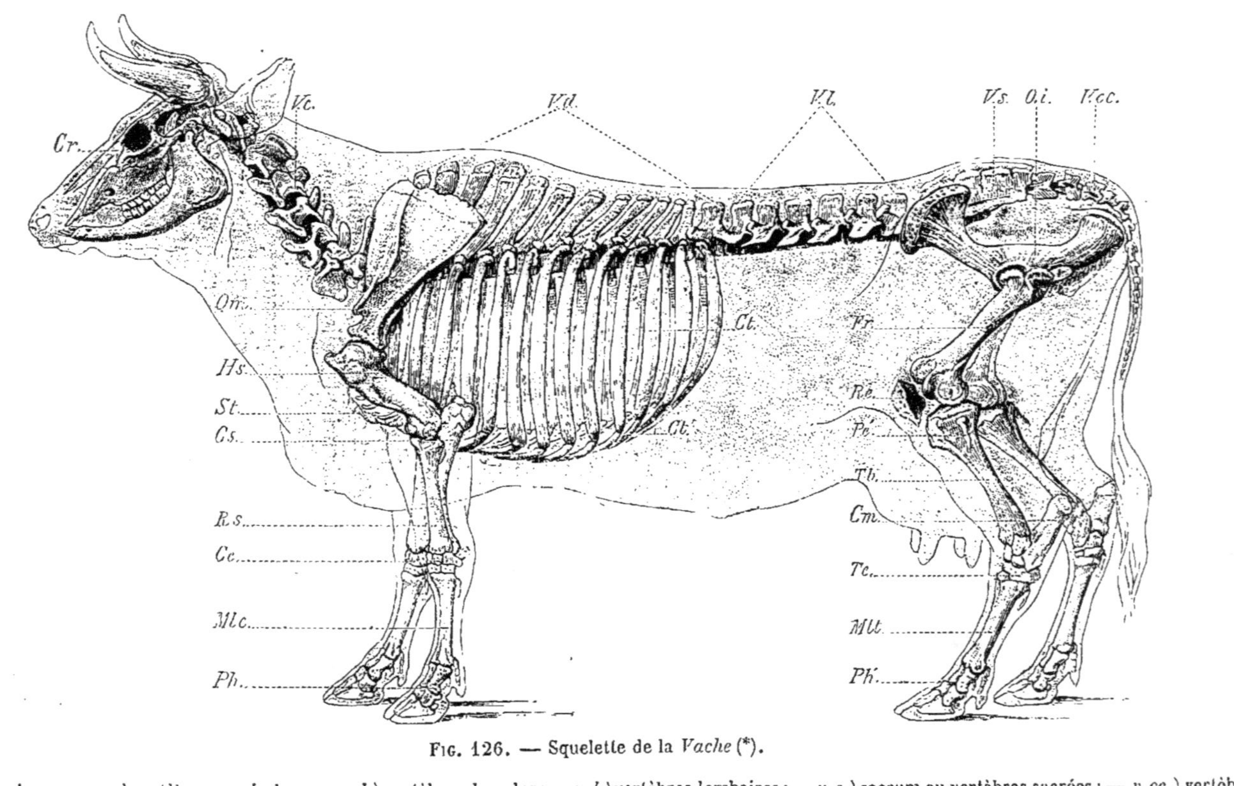

Fig. 126. — Squelette de la *Vache* (*).

(*) cr) crâne ; — v.c.) vertèbres cervicales ; — v.d.) vertèbres dorsales ; — v.l.) vertèbres lombaires ; — v.s.) sacrum ou vertèbres sacrées ; — v.cc.) vertèbres caudales ou coccygiennes ; — om) omoplate ; — ct) côtes ; — ct') cartilages costaux ; — st) sternum ; — o.i.) os innominé ou os du bassin ; — hs) humérus ; — cs) cubitus ; — rs) radius ; — ce) os du carpe ; — mlc) les deux métacarpiens principaux réunis en un canon ; — ph) phalanges ; — fr) fémur ; — re, rotule ; — tb) tibia ; — pé) péroné incomplètement développé ; — cm) calcanéum ; — te) les autres os du tarse ; — mlt) les deux métatarsiens principaux réunis en un canon ; — ph') phalanges.

même os a, chez tous les bisulques (ruminants et porcins), la forme en osselet qui le caractérise chez le mouton (fig. 133 à 135). L'astragale des marsupiaux est encore différent, et celui des édentés est souvent d'une apparence fort bizarre.

Quoique l'observation démontre le contraire, plusieurs auteurs ont soutenu que tous les mammifères avaient comme l'homme les extrémités terminées par cinq doigts. Le nombre de ces rayons osseux formés par les phalanges est tantôt de quatre, tantôt de trois, tantôt de deux, et dans quelques cas il est réduit à un seulement, comme nous le voyons dans les espèces du genre cheval. Cette réduction du nombre des doigts, de cinq à un, ne s'accomplit pas au hasard, mais au contraire suivant un ordre régulier.

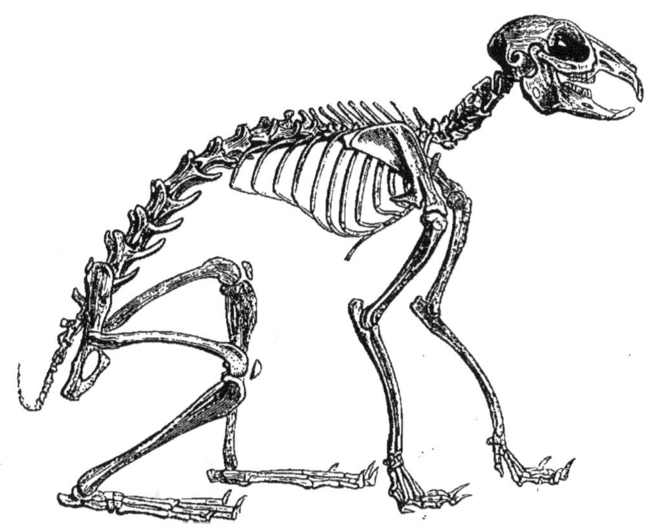

FIG. 127. — Squelette du *Lapin.*

Le premier doigt qui disparaisse est le pouce; les animaux à quatre doigts manquent donc de cet organe. Ensuite c'est le cinquième doigt qui fait défaut, le même qu'à la main de l'homme on appelle l'auriculaire ou petit doigt; puis le second ou index; puis enfin le quatrième ou annulaire. Dans les chevaux, où il n'y a plus qu'un seul doigt, ce doigt répond donc pour le pied de devant à notre médius, et, pour le pied de derrière, à notre troisième orteil (fig. 130). Le pérodictique, sorte de lémurien propre à la côte occidentale d'Afrique, a, par exception, l'index ou second doigt des membres antérieurs tout à fait rudimentaire.

Le nombre des phalanges pour chaque doigt est habituellement de trois. On les appelle : la première, *phalange;* la seconde, *phalangine*, et la troisième, *phalangette.* Le pouce n'a cependant que deux phalanges;

mais chez les cétacés il y en a souvent plus de trois aux doigts intermédiaires : c'est ce que l'on peut constater par la figure ci-dessous, représentant les os de la nageoire pectorale du dauphin globiceps, une des espèces de l'ordre des cétacés qui ont ces nageoires le plus longues et nagent le mieux (fig. 135).

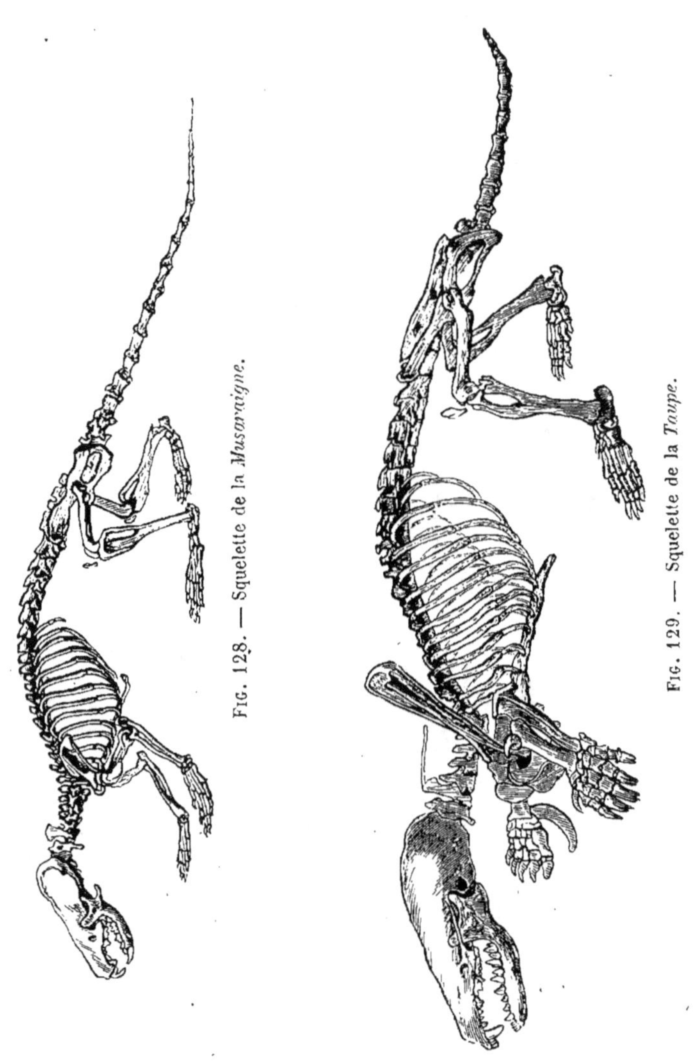

Fig. 128. — Squelette de la *Musaraigne*.

Fig. 129. — Squelette de la *Taupe*.

Les monotrèmes sont les seuls mammifères qui aient trois os à l'épaule, ce qui tient à la présence chez eux d'un os appelé *coracoïdien*, que l'on retrouve aussi chez la plupart des ovipares aériens. Il paraît ré-

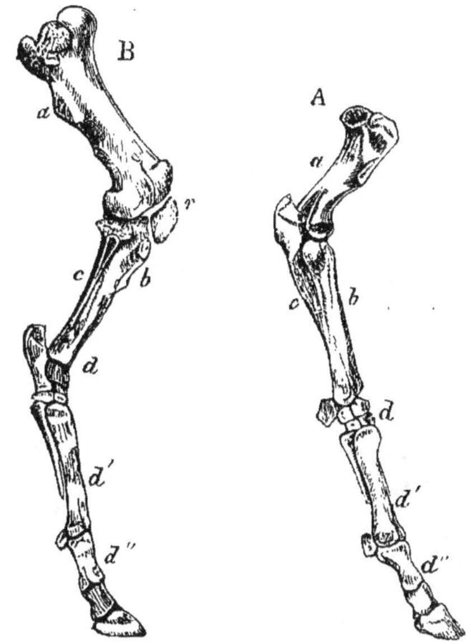

FIG. 130. — Membres du *Cheval* (*).

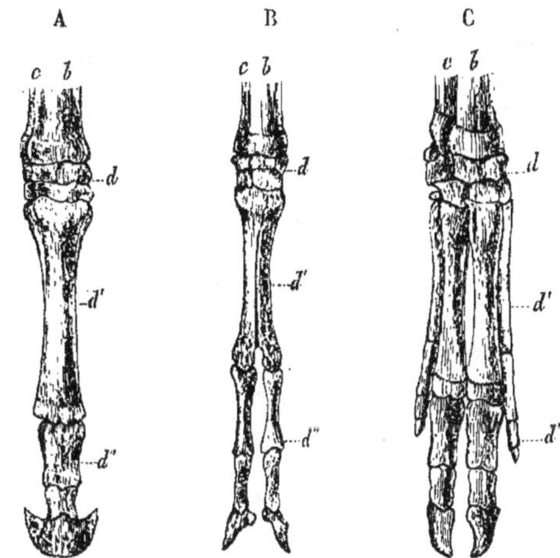

FIG. 131. — Pieds de devant des Animaux à sabots (**).

pondre à l'apophyse coracoïde de l'omoplate des autres animaux, qui

(*) A = membre antérieur : *a*) humérus ; — *b*) radius ; — *c*) cubitus ; — *d*) carpe ; —
d') métacarpe ; *d''*) phalanges.
B = membre postérieur : *a*) fémur ; — *b*) tibia ; — *c*) péroné rudimentaire ; — *d*) tarse ;
— *d'*) métatarse ; — *d''*) phalanges ; — *r*) rotule.
(**) A = du *Cheval* ; — B = de la *Chèvre* ; — C = du *Cochon*.
b) radius ; — *c*) cubitus ; — *d*) carpe ; — *d'*) métacarpe ; — *d''*) phalanges.

serait devenue ici une pièce distincte, au lieu de rester soudée à cet os, comme cela a lieu ordinairement (fig. 136 et 137).

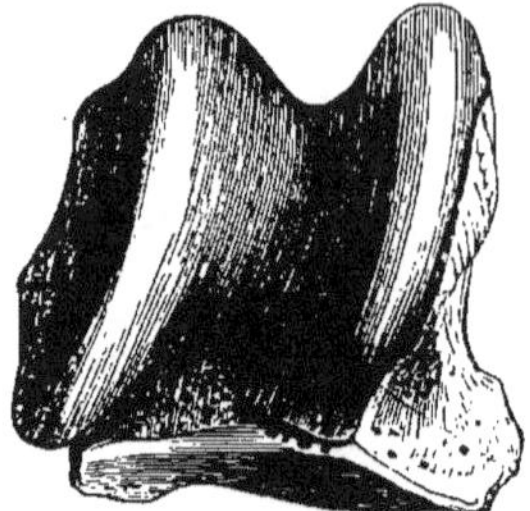

FIG. 132. — Astragale du *Cheval*.

FIG. 133. — Astragale du *Mouton*.

FIG. 134. — Astragale du *Porc*.

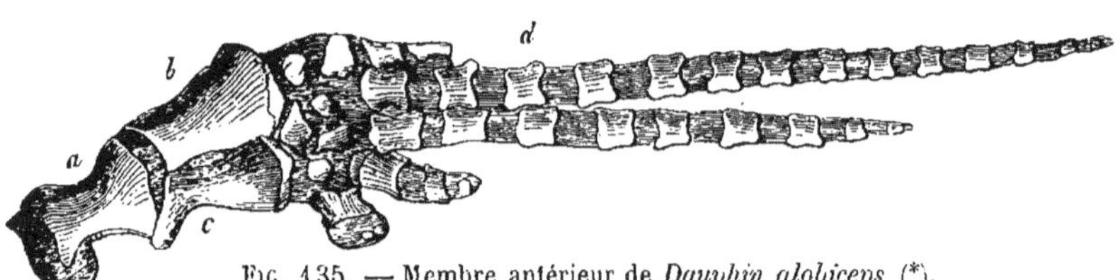

FIG. 135. — Membre antérieur de *Dauphin globiceps* (*).

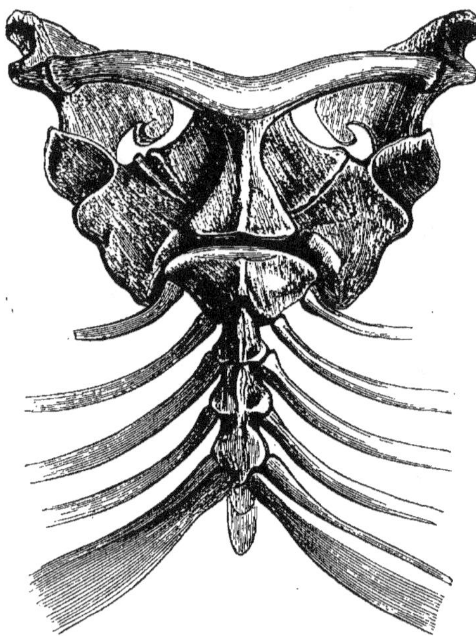

FIG. 136. — Épaule et sternum de l'*Échidné*.

Les marsupiaux et les monotrèmes se distinguent du reste des mam-

(*) *a*) humérus ; — *b*) radius ; — *c*) cubitus ; — *d*) carpe, métacarpe et doigts.

mifères par la présence au devant des pubis d'une paire d'os particuliers, auxquels on a donné le nom d'*os marsupiaux* (fig. 138).

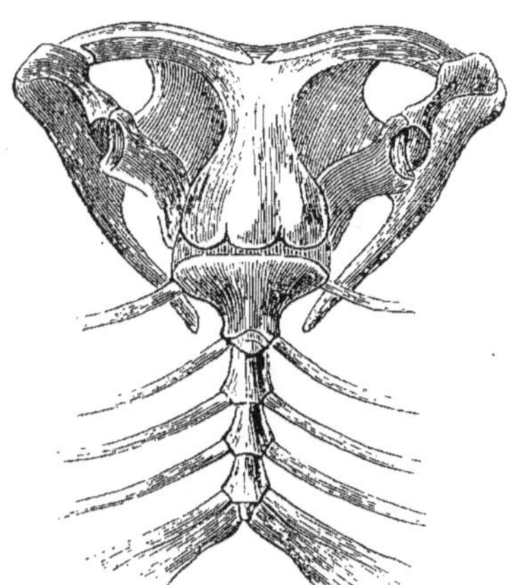

FIG. 137. — Épaule et sternum de l'*Ornithorhynque*.

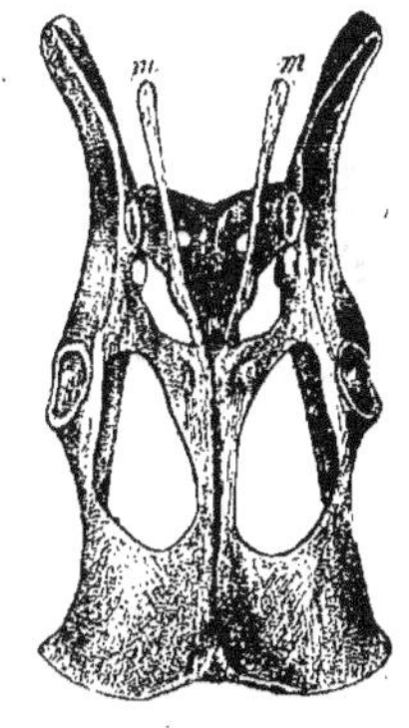

FIG. 138. — Bassin du *Kangurou*; montrant les os marsupiaux, *mm.*

SQUELETTE DES VERTÉBRÉS OVIPARES. — Le squelette des *oiseaux* est remarquable par sa précoce ossification, et beaucoup des pièces qui le constituent sont creusées intérieurement, ce qui permet à l'air d'arriver dans leur cavité.

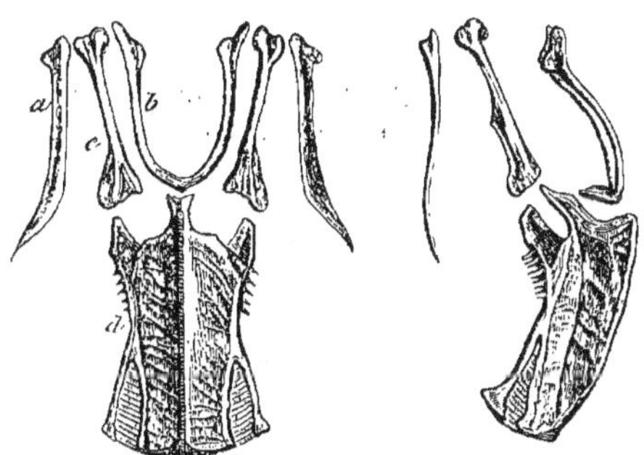

FIG. 139. — Épaule et sternum d'oiseau (le *Moineau*); vus de face et de profil (*).

Dans cette classe, le nombre des vertèbres cervicales est plus variable que chez les mammifères et celui des vertèbres caudales plus constant. Les côtes présentent à leur bord postérieur une petite saillie dite apophyse récurrente, et leur partie sternale est de consistance osseuse.

(*) *a*) omoplate ; — *b*) clavicule, dite fourchette ; — *c*) coracoïdien ; — *d*) sternum.

Le sternum (fig. 139, 140, 141 et 142) est habituellement muni, sur sa

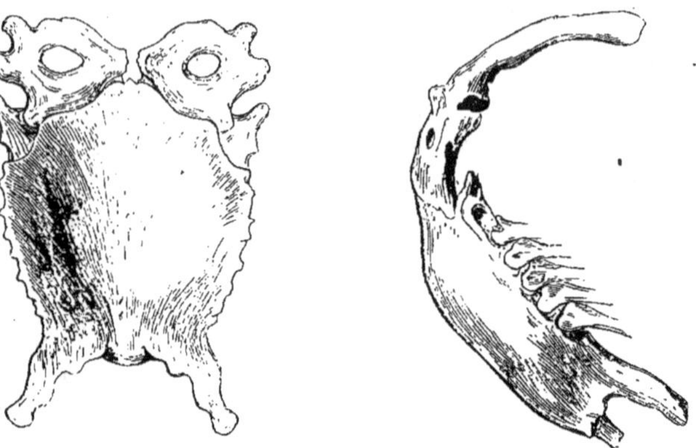

FIG. 140. — Sternum de l'*Autruche d'Afrique*; vu en avant et de profil.

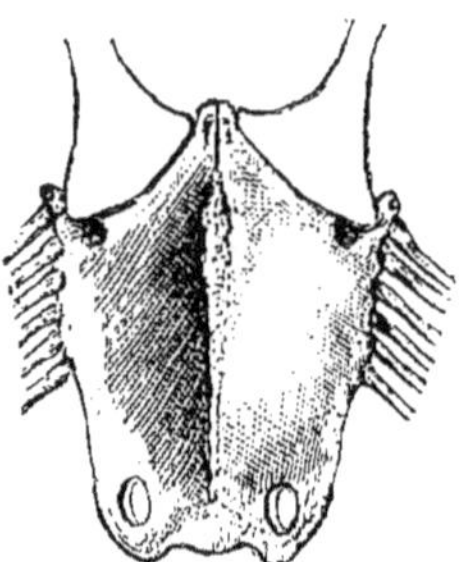

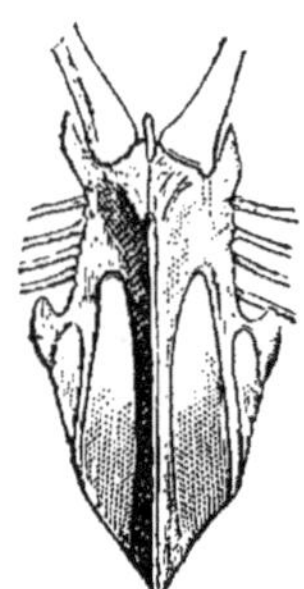

FIG. 141. — Sternum du *Vautour*;   FIG. 143. — Tarse du *Coq*   FIG. 142. — Sternum
       vu de face.   et son éperon osseux.   du *Coq*; vu de face.

FIG. 144. — Crâne et bec de l'*Aigle*.

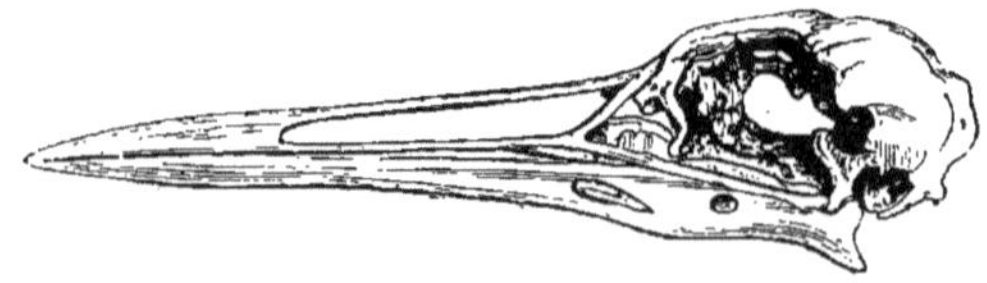

FIG. 145. — Crâne et bec de la *Grue*.

face antérieure, d'une saillie médiane ayant la forme d'une carène : c'est le *brechet*. Cette saillie manque aux oiseaux de la famille. de l'autruche (fig. 140). L'épaule est composée de trois os, savoir : l'omoplate, la clavicule ou fourchette, et le coracoïdien (fig. 139).

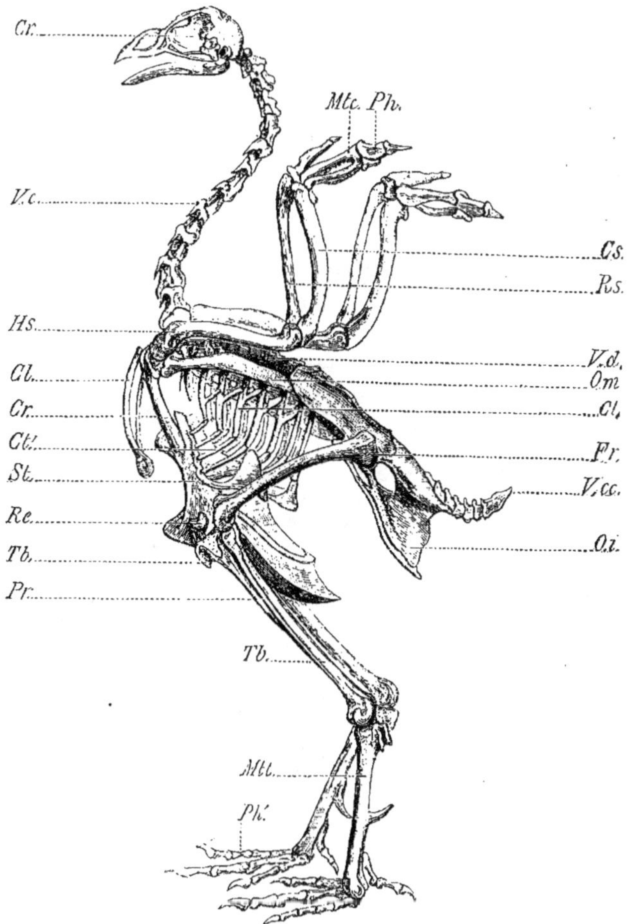

F_{IG}. 146. — Squelette du *Coq* (*).

Enfin, les métatarsiens des trois doigts antérieurs sont réunis ensemble en une sorte de canon comparable à celui des ruminants, et

(*) *cr*) le crâne ; — *v.c.*) vertèbres cervicales ; — *cl*) clavicule ou fourchette ; — *cr*) coracoïdien ; —*st*) sternum ; — *om*) omoplate ; — *v.d.*) vertèbres dorsales ; — *ct*) côtes et leurs apophyses récurrentes ; — *o.i.*) os innominé ou du bassin, divisé en os des îles, pubis et ischion ; — *v.cc.*) vertèbres caudales ; — *hs*) humérus ; — *cs*) cubitus ; — *rs*) radius ; — *mtc*) métacarpe ; —*ph*) phalanges ; — *fr*) fémur ; — *re*) rotule ; — *tb*) tibia ; — *pr*) péroné ; *mtt*) métatarsiens réunis (vulgairement os du tarse) ; — *ph'*) phalanges.

qu'on prendrait de même pour un seul os ; mais cet os, en apparence unique, est formé de trois rayons osseux distincts, et il est pourvu, à sa partie inférieure, de trois poulies portant chacune un doigt. Le nombre des phalanges est différent pour chaque doigt : le pouce en a deux, le doigt externe trois, le médian quatre et l'interne cinq.

Ajoutons encore que les oiseaux ont le crâne articulé avec l'atlas par un seul condyle, et que leur maxillaire inférieur ne s'attache pas directement à l'os temporal. Entre lui et cet os existe une pièce supplémentaire appelée *os carré* (fig. 144 et 145).

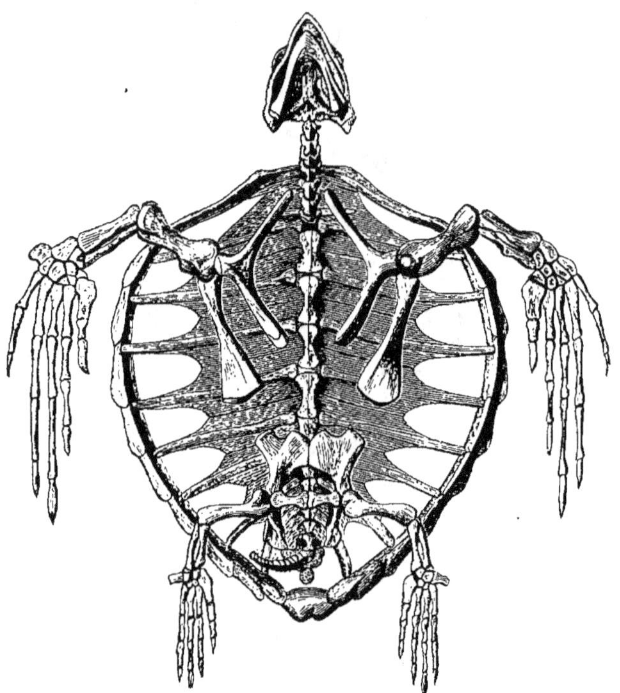

FIG. 147. — Squelette d'une Tortue de mer du genre *Chélonée* (*).

Les *reptiles* présentent également plusieurs particularités remarquables. Nous trouvons d'abord dans les tortues et autres chéloniens un exemple curieux de la fusion d'un squelette cutané, c'est-à-dire développé dans la peau, avec le squelette proprement dit. La carapace de ces animaux a en effet cette double origine, et, en prenant une tortue de terre encore jeune, ou une chélonée (fig. 147), quel que soit son âge, il est aisé d'ob-

(*) Le plastron n'est pas représenté.

tenir la démonstration de ce fait. La fusion de ces deux ordres de pièces osseuses, les unes fournies par la peau, les autres appartenant au sque-

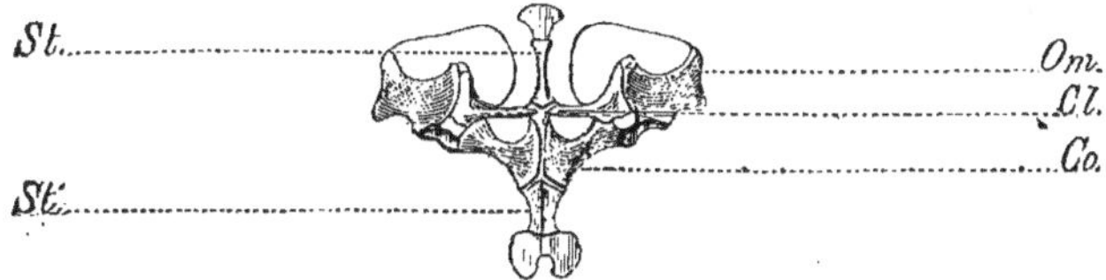

Fig. 148. — Épaule et sternum de la *Grenouille* (*).

lette proprement dit, est d'autant plus complète pour la tortue ordinaire, que celle-ci est plus âgée, et sa carapace offre alors plus de résistance.

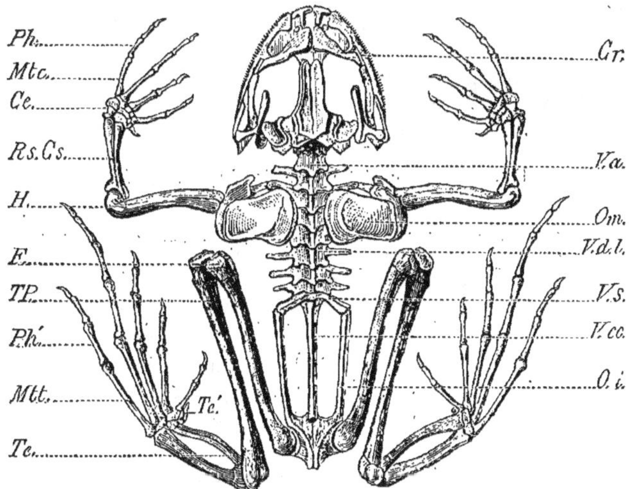

Fig. 149. — Squelette de la *Grenouille* (**).

Cependant, chez les sphargis, ou tortues à cuir, qui sont des chéloniens marins, la carapace cutanée ne se joint ni aux vertèbres, ni aux côtes; elle en reste distincte, comme cela a lieu pour les tatous.

Les crocodiles et d'autres reptiles sont curieux à étudier à cause du nombre, plus considérable chez eux que chez les mammifères, des

(*) *om*) omoplate ; — *cl*) clavicule ; — *co*) coracoïdien ; — *st*, *st'*) sternum.

(**) *cr*) crâne ; — *v.a.*) vertèbre atlas ; — *v.d.*) vertèbres dorsales ; — *v.s.*) vertèbre sacrée; — *v.cc.*) coccyx, formé par la réunion des vertèbres coccygiennes ; — *om*) omoplate; — *o.i.*) os innominé ou du bassin ; — *h*) humérus ; — *rs* et *cs*) radius et cubitus soudés entre eux ; — *ce*) os du carpe ; — *mtc*) métacarpe ; — *ph*) phalanges ; — *f*) fémur ; — *tp*) tibia; — *te*) les deux premiers os du tarse ; — *te'*) les autres os du tarse ; — *mtt*) métatarse ; — *ph'*) phalanges.

pièces dont le crâne est formé. Mais on se rend compte de cette disposition en comparant la tête osseuse de ces animaux, non plus à celle de l'homme et des mammifères adultes, mais à celle de ces espèces prises dans leur premier âge.

On constate alors que certaines pièces, d'abord distinctes chez les jeunes mammifères, se soudent bientôt les unes aux autres. Ainsi l'occipital résulte de la réunion de quatre éléments, appelés basilaire,

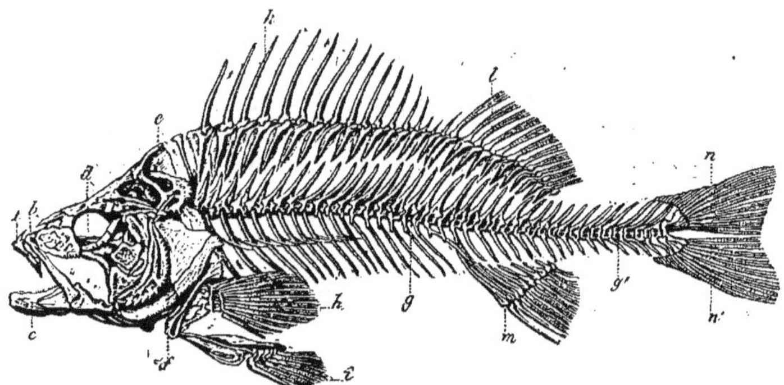

FIG. 150. — Squelette de la *Perche fluviatile* (*).

occipital supérieur et occipitaux latéraux, qui ne sont séparés les uns des autres que dans les premiers temps de la vie. Chez les crocodiles, ces quatre pièces et quelques autres restent distinctes à tous les âges par suite d'une sorte d'arrêt de développement dans l'ossification des régions auxquelles elles appartiennent. Voilà pourquoi certains animaux ont le nombre des os crâniens supérieur à celui des mammifères, tout en étant établis sur le même plan anatomique.

Les crocodiles méritent également d'être cités à cause des cartilages costiformes qu'ils ont à l'abdomen, et qui complètent, sous leur ventre, la série des arcs squelettiques interrompue dans la plupart des autres vertébrés aériens, où ces arcs sont remplacés par de simples lignes fibreuses.

La forme des vertèbres étudiée chez les reptiles fournit aussi de bons résultats à la classification, et il en est de même pour leur sternum et pour plusieurs autres parties de leur squelette.

Les serpents ont les os de la face très-mobiles (fig. 65), mais ils manquent de membres. Chez les grenouilles (fig. 149), on constate une dimi-

(*). *a*) os intermaxillaire ; — *b*) os maxillaire supérieur ; — *c*) maxillaire inférieur ; — *d*) orbite bordée inférieurement par les os sous-orbitaires ; — *e*) région occipitale ; — *f*) opercule ; — *gg'*) colonne vertébrale et ses arcs osseux supérieur et inférieur ; — *h*) nageoire thoracique ; — *i*) nageoire ventrale, ici placée sous la gorge, comme dans les autres acanthoptérygiens ; — *k*) rayons épineux de la nageoire dorsale antérieure ; — *l*) rayons mous de la nageoire dorsale postérieure ; — *m*) rayons de la nageoire anale ; — *n,n'*) les deux groupes de rayons qui constituent la nageoire caudale.

nution considérable du nombre des vertèbres, et le reste du squelette n'est pas moins singulier.

Les poissons présentent aussi de nombreuses particularités ostéolo-

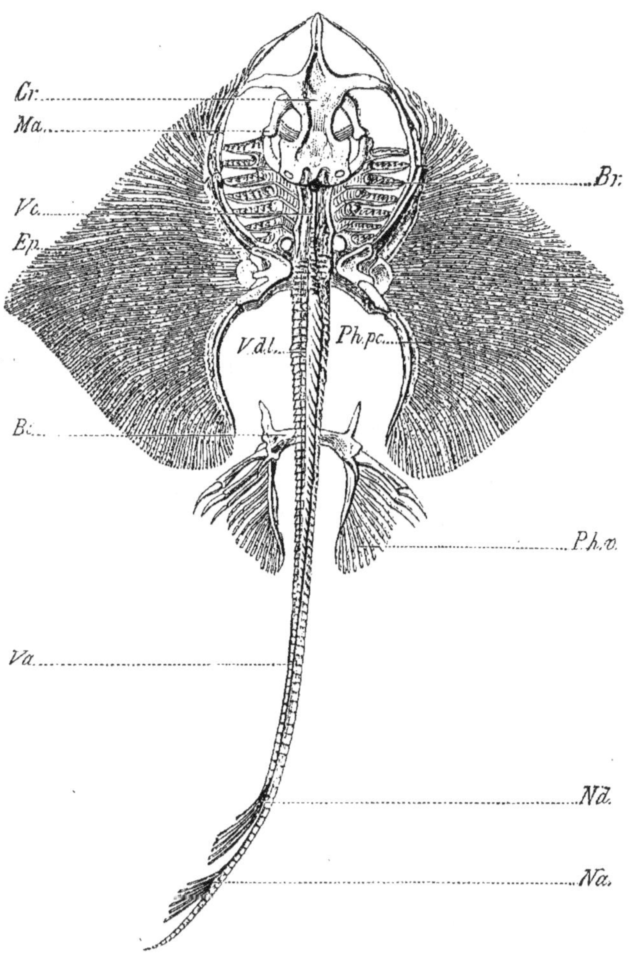

Fig. 151. — Squelette de la *Raie*. — Exemple de squelette cartilagineux (*).

giques. Ils ont, comme les reptiles et les oiseaux, le crâne pourvu d'un seul condyle occipital, tandis que les batraciens en ont deux, à la manière des mammifères.

(*) cr) crâne ; — ma) mâchoire ; — v.c.) vertèbres cervicales ; — br) arcs branchiaux ; — ep) épaule ; — v.dl.) vertèbres dorsales et vertèbres lombaires.

Leurs vertèbres ont, sauf chez le lépisostée, le corps biconcave, et leurs membres sont formés de rayons digitaux en plus grand nombre que ceux des autres vertébrés et dont les phalanges sont représentées par des articulations également très-multipliées. Ils les ont en outre disposés en forme de nageoires, et fort différents, par conséquent, dans leur conformation, des membres propres aux animaux des classes précédentes.

Les poissons ont en outre des nageoires impaires qui sont soutenues, comme celles dont il vient d'être question, par des rayons de nature osseuse ou cartilagineuse. Ces parties n'ont pas d'analogues dans le squelette des vertébrés supérieurs.

Chez certaines espèces de poissons, le squelette, au lieu de s'ossifier, reste cartilagineux pendant toute la vie : c'est ce qui a lieu pour les raies (fig. 151) et les squales.

Celui des cyclostomes (lamproies et branchiostomes) est plus ou moins complétement fibreux.

THÉORIE DU SQUELETTE. — L'étude des modifications de toutes sortes que présentent le squelette et ses diverses parties dans les vertébrés a conduit les naturalistes à rechercher aussi les rapports que ces pièces ont entre elles, soit qu'on les compare dans les divers groupes de cet embranchement, soit qu'on cherche à se faire une idée de leurs répétitions lorsqu'on les envisage dans le squelette d'un même animal. Du premier de ces deux points de vue est née la théorie des analogues; le second a conduit à celle des homologues. Ce dernier est le seul dont nous ayons à traiter en ce moment.

Il y a dans le squelette deux ordres bien distincts de parties : les unes destinées à former la charpente de la tête, du tronc et de la queue; les autres constituant la charpente des membres.

Parmi les pièces du tronc, celles qui ont le plus de fixité et auxquelles l'existence ou l'arrangement des autres semble être en grande partie subordonné, forment la série des corps vertébraux, et c'est au-dessus ou au-dessous de ces corps vertébraux que les autres parties osseuses du tronc sont fixées. En effet, on démontre facilement que les vertèbres ne sont pas des os simples, puisqu'elles ne se développent pas par un seul point d'ossification chacune.

Au corps vertébral, appelé aussi centre osseux (*centrum* ou *cycléal*), que présente chaque vertèbre, se superposent, pour loger la moelle épinière et compléter cette vertèbre, des apophyses dites épineuses ou arcs vertébraux postérieurs; on les nomme encore *arcs neuraux*, pour rappeler la protection qu'ils fournissent au système nerveux. Chacun de ces arcs neuraux résulte d'une double pièce, l'une droite et l'autre gauche, tandis que le centrum ou corps vertébral est unique et non susceptible de division bilatérale (fig. 152 et 153).

La succession des vertèbres (corps et arcs neuraux) forme dans le squelette un ensemble de parties que l'on peut considérer comme autant de segments successifs comparables aux divisions du corps des animaux articulés, mais logées dans l'intérieur du tronc, au lieu de l'entourer comme le font les segments chitineux du corps des insectes.

Ces segments successifs, qu'on a aussi appelés des *ostéodesmes*, sont pour la plupart complétés en dessous par un arc osseux comparable à leur arc neural, mais antagoniste de celui-ci. C'est l'*arc hémal*, composé, à la poitrine par les côtes et le sternum, au bassin par les os innominés, et à la queue par les os dits *os en V*, qui ne s'observent que chez les animaux dont la queue est bien développée.

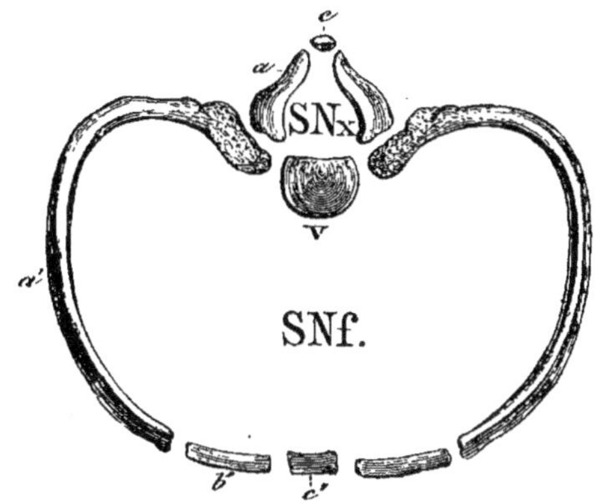

Fig. 152. — Ostéodesme ou anneau squelettique des Vertébrés (figure théorique) (*).

Dans les arcs infra-vertébraux, les viscères nutritifs trouvent un abri comparable à celui que les arcs neuraux fournissent à la moelle épinière, et dans la poitrine, où ils ont un développement plus grand qu'ailleurs, sont en effet logés les poumons, le cœur, ainsi qu'une partie du canal digestif. Ailleurs, comme à la queue, ils ne renferment plus que la continuation du système aortique; mais ils n'en restent pas moins au service du système nutritif.

Par allusion à la protection constante que les arcs infra-vertébraux fournissent aux parties essentielles du système vasculaire, et par conséquent au sang, on les a désignés par le mot *hémal*, signifiant sanguin. Le crocodile a des arcs hémaux non-seulement à la poitrine et à la queue, où ils constituent les côtes comme chez les autres animaux, mais aussi sous l'abdomen. Nous avons déjà eu l'occasion de signaler cette parti-

(*) SN*x* est le trou rachidien ou canal protecteur du système nerveux; — SN*f* est le trou viscéral ou canal protecteur du système nutritif; — *v*) corps de la vertèbre ou centre osseux; — *a*) arc neural recouvrant le système nerveux et formé par les apophyses épineuses de la vertèbre qui se soudent bientôt entre elles; — *c*) partie épiphysaire de l'arc neural; — *a'*) l'arc hémal ou du système nutritif, formé par la partie osseuse des côtes et complété par leur partie cartilagineuse, *b'*, ainsi que par la pièce sternale correspondante, *c'*.

cularité, tout à fait importante au point de vue de la théorie générale du squelette.

Quelle que soit leur forme, les différents segments osseux qui composent le squelette du tronc chez les vertébrés sont donc autant d'ostéodesmes, et l'on reconnaît à chacun d'eux un centrum ou corps vertébral, un arc neural ou rachidien, et un arc hémal, destiné aux viscères nutritifs.

Le volume du contenu de ces arcs détermine, pour ainsi dire, leurs dimensions respectives, et, suivant la destination des ostéodesmes ou les particularités propres aux espèces chez lesquelles on les examine, ces segments osseux du squelette ont une forme différente.

La grandeur des arcs neuraux et hémaux ou arcs supérieurs et inférieurs aux corps des vertèbres est donc en rapport avec le volume des organes auxquels ces arcs doivent servir de moyens de protection. Les arcs neuraux de la tête qui recouvrent le cerveau ont une dimension supérieure à ceux de la colonne vertébrale, qui ne doivent protéger que la moelle épinière. On constate au contraire que les arcs hémaux de la région céphalique ou les mâchoires sont en général moins amples que ceux du thorax, c'est-à-dire les côtes. A la queue des poissons les arcs-neuraux et hémaux des vertèbres sont tellement semblables entre eux, qu'on a de la peine à les distinguer l'un de l'autre (fig. 153).

Les vertèbres caudales manquent souvent d'arc supérieur ou neural et d'arc inférieur ou hémal; dans ce cas leur corps seul persiste.

Certains poissons ont au contraire les ostéodesmes dépourvus de centrum ou corps vertébraux, et l'emplacement de ces corps vertébraux est occupé à tous les âges par la corde dorsale, qui, chez les vertébrés supérieurs, ne s'observe que pendant les premiers temps de la vie. Cette disposition paraît avoir été fréquente chez les espèces de cette classe qui ont vécu pendant les périodes jurassique et paléozoïque.

La corde dorsale, point de départ de l'axe osseux du squelette, était persistante chez ces poissons, comme c'est aussi le cas pour les estur-

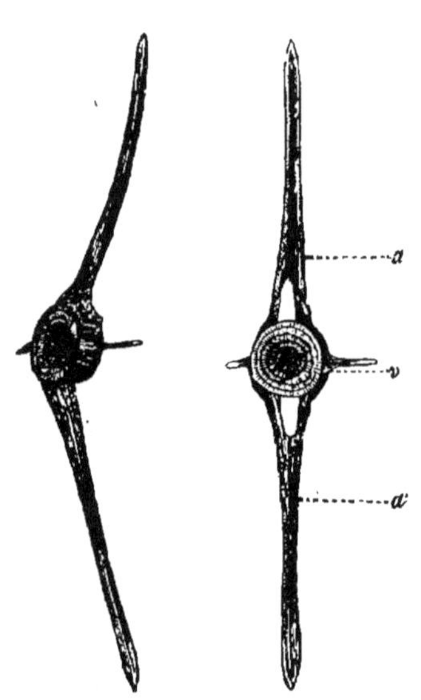

Fig. 153. — Vertèbre caudale de poisson (*Turbot*), comme exemple de la similitude de forme que peuvent présenter les arcs neural et hémal d'un même ostéodesme (*).

(*) *a*) l'arc supérieur ou neural; — *a'*) l'arc inférieur ou hémal; — *v*) le corps vertébral ou centre osseux.

geons et quelques autres genres aujourd'hui vivants. Sa consistance fibro-cellulaire l'a empêchée de laisser des traces comme les os après la macération, et les squelettes de ces poissons qu'on trouve dans les terrains auxquels il vient d'être fait allusion manquent de corps vertébraux, tandis qu'on en retrouve toutes leurs autres pièces parfaitement conservées. Ils n'avaient d'ossifiés dans la colonne vertébrale que les arcs neuraux et les arcs hémaux.

Ces remarques sur les segments osseux du squelette comparés entre eux ne sont pas seulement applicables au tronc. La *tête osseuse* peut aussi être envisagée de cette manière, et il est assez aisé d'y retrouver des pièces répondant aux arcs neuraux des vertèbres, aux centres osseux ou corps de ces mêmes vertèbres et aux côtes, c'est-à-dire aux arcs hémaux qui s'y rattachent. C'est ainsi qu'on a été conduit à établir que le crâne, de même que le tronc, se compose d'ostéodesmes, ou, en d'autres termes, qu'il a une composition vertébrale comparable à celle du tronc.

Les segments vertébraux de la tête sont au nombre de quatre, dont la démonstration peut être faite aussi bien au moyen du crâne humain (fig. 123) que sur le crâne des animaux. Chez ces derniers, plus particulièrement chez les reptiles et chez les poissons, cette démonstration est même plus facile.

Le premier des ostéodesmes crâniens, dit aussi *ostéodesmé nasal*, a pour centrum l'ethmoïde, sous lequel est appliqué le vomer ; son arc neural ou supérieur est représenté par les os propres du nez, et son arc hémal ou inférieur par les os incisifs, en partie soudés aux maxillaires supérieurs chez l'homme. Cet ostéodesme sert principalement à protéger l'appareil de l'odorat.

Le second ostéodesme, ou le *frontal*, a pour centrum le sphénoïde antérieur, entièrement soudé au sphénoïde postérieur dans notre espèce, mais séparé de ce dernier dans les animaux. Son arc neural ou supérieur est formé par les os frontaux, et son arc hémal par les os maxillaires supérieurs, zygomatiques et palatins. Ce segment vertébral est en partie affecté à la protection de l'appareil de la vue.

Le troisième ostéodesme crânien, ou l'*ostéodesme pariétal*, ayant son centrum dans le sphénoïde postérieur, son arc supérieur dans les grandes ailes du sphénoïde, ainsi que dans les os pariétaux, et son arc inférieur dans les os temporaux et dans le maxillaire inférieur, n'est pas moins facile à isoler. Le sens qui s'y trouve abrité est celui de l'audition.

Enfin, le quatrième ostéodesme, ou l'*ostéodesme occipital*, comprend la partie basilaire de l'os occipital, qui lui sert de centrum, les parties latérales et supérieure du même os, qui en constituent l'arc neural, et l'os hyoïde, qui en est l'arc hémal. Le sens qu'il protége est celui du goût.

L'étude des *membres* peut à son tour donner lieu à d'intéressantes remarques, qui apportent une confirmation nouvelle à la loi des homologies du squelette. Plusieurs naturalistes se sont appliqués à établir une comparaison rigoureuse entre les parties correspondantes de ces appendices.

On sait que les membres sont formés de trois ordres de pièces successives : 1° le bras, ou aux membres inférieurs la cuisse, articulés avec l'épaule ou le bassin ; 2° l'avant-bras ou la jambe, et 3° la partie terminale constituant dans l'homme la main ou le pied, suivant qu'on l'examine aux membres supérieurs ou aux inférieurs.

L'assimilation du fémur avec l'humérus ne saurait être discutée : l'homologie de ces deux os est évidente et leur forme est presque identique chez certains reptiles. Il n'en est pas de même pour les os de la jambe comparés à ceux de l'avant-bras, et l'on est aujourd'hui d'accord pour admettre que le tibia répond au radius et le péroné au cubitus.

Le cubitus et le péroné sont deux os qui subissent à peu près les mêmes variations dans la série des animaux chez lesquels on constate leur présence. Ils sont tantôt assez forts et bien séparés du radius ou du tibia ; tantôt beaucoup plus grêles, et d'autres fois soudés à ces os dans une étendue plus ou moins considérable.

La correspondance du radius et du tibia n'est pas moins évidente.

Quant à la rotule tibiale, on ne retrouve pas, en général, au membre antérieur, de pièce qui lui corresponde. Cependant les chauves-souris, certains oiseaux et différents sauriens ont une rotule au coude ; elle est développée dans le tendon du muscle qui s'attache à cette saillie, c'est-à-dire à l'olécrâne ou partie supérieure du cubitus. Ce fait démontre l'erreur dans laquelle Winslow, anatomiste du dernier siècle, était tombé en regardant l'olécrâne comme étant la représentation de la rotule au coude. Elle est l'épiphyse du cubitus, et l'on ne saurait l'assimiler à la rotule tibiale, qui est un véritable os sésamoïde.

Il serait aisé d'étendre ces comparaisons aux parties terminales des membres, c'est-à-dire à la main ou au pied, et, sauf pour quelques-unes de leurs pièces osseuses, on arriverait à des résultats qui ne sont ni moins concluants ni moins généralement admis. Il est même des espèces chez lesquelles l'homologie des parties constituant les membres antérieurs avec celles des membres postérieurs est d'une évidence plus complète encore : c'est ce qui a lieu chez les tortues, dont les membres ont leurs pièces osseuses non-seulement en même nombre, mais encore à peu près de même forme en avant et en arrière.

<hr>

CHAPITRE XIV

MUSCLES ET AUTRES ORGANES ACTIFS DE LA LOCOMOTION.

Les mouvements, soit généraux, soit partiels, des animaux, s'exécutent au moyen de fibres contractiles dont on distingue plusieurs sortes.

Certaines de ces fibres sont insérées à la surface des membranes par un de leurs bouts seulement ; elles sont très-fines et ne peuvent être aperçues qu'au microscope. Ce sont les *cils vibratiles* (fig. 19, *c* et *c'*, page 36), fréquents sur le corps des infusoires, et dont on trouve aussi des exemples à la surface de certaines membranes des animaux vertébrés, sur la pituitaire par exemple, et sur la muqueuse respiratoire. Les cils vibratiles sont remarquables par les mouvements continuels qu'ils exécutent.

D'autres fibres également contractiles sont de nature élastique; elles sont mêlées au tissu connectif ou fibreux, soit dans les ligaments intervertébraux, soit dans d'autres parties du système ligamentaire. Dans la peau il y en a dont la nature est plus évidemment musculaire, et qui donnent lieu à ces contractions involontaires dont nous avons la preuve dans ce qu'on appelle vulgairement la *chair de poule*. Elles n'ont pas l'apparence striée et reçoivent le nom de *fibres-cellules*.

Mais les fibres musculaires proprement dites sont toujours attachées par leurs deux extrémités; elles constituent par leur réunion tantôt des anneaux, tantôt des faisceaux plus ou moins allongés résultant de fibrilles très-déliées, et ont chacune une enveloppe propre dite *sarcolemme*. C'est dans ces fibrilles primitives des muscles que réside la contractilité. Elles sont associées par petits groupes également pourvus d'enveloppes nommées *aponévroses*. Leur association par groupes plus considérables constitue les muscles de la vie organique ainsi que ceux de la vie de relation.

Il y a, en effet, deux sortes de fibrilles musculaires élémentaires, et le mode d'action de ces fibrilles n'est pas non plus le même. Les unes paraissent résulter de la superposition de petits disques charnus, espèces de cellules disciformes (fig. 21, p. 37) que l'on considère comme étant susceptibles de se serrer les uns contre les autres ou de s'écarter, suivant que la contraction des muscles a lieu ou qu'ils sont relâchés. On suppose que ce sont ces petits disques, vus par la tranche, qui donnent aux fibres musculaires qui en sont pourvues l'apparence striée qui les a fait appeler *fibres striées* ou *variqueuses*. Elles constituent par leur groupement en faisceaux les muscles de la vie de relation ou muscles du mouvement volontaire, et sont toujours sous la dépendance du système nerveux cérébro-spinal. Les fibres musculaires du cœur ont aussi cette apparence; on la retrouve encore, mais par exception, dans une des couches de la tunique intestinale de la tanche et d'un petit nombre d'autres poissons.

Quelques auteurs supposent que les éléments anatomiques qui constituent les fibres dites striées sont de forme spirale, et nient qu'elles résultent de petits disques superposés.

Les fibres musculaires des organes soustraits à l'action de la volonté sont au contraire des *fibres lisses*, et l'on ne distingue pas de stries transversales sur leur longueur. Le tube digestif a sa tunique musculaire formée de semblables fibres. La vessie urinaire, l'iris, etc., sont aussi dans ce cas.

Muscles. — Les muscles constituent, à proprement dire, la chair des animaux.

On sait de quelle importance est cette substance pour l'alimentation de l'homme et des carnassiers. Elle est riche en principes analogues à la fibrine, parmi lesquels on distingue la créatine ; on y trouve aussi de l'albumine, des sels de soude et de potasse, ainsi que des corps gras composés d'oléine, de margarine, de stéarine et d'acide oléophosphorique, qui y sont dans des proportions différentes suivant les différentes espèces. Par exemple, les viandes des animaux sauvages, bêtes fauves et gibier, ont d'autres qualités que celles des animaux domestiques ou des oiseaux de basse-cour, et il s'en faut beaucoup que nous les digérions avec la même facilité. Les poissons nous présentent des différences analogues. Ceux qui ont la chair blanche et légère possèdent moins d'acide oléo-

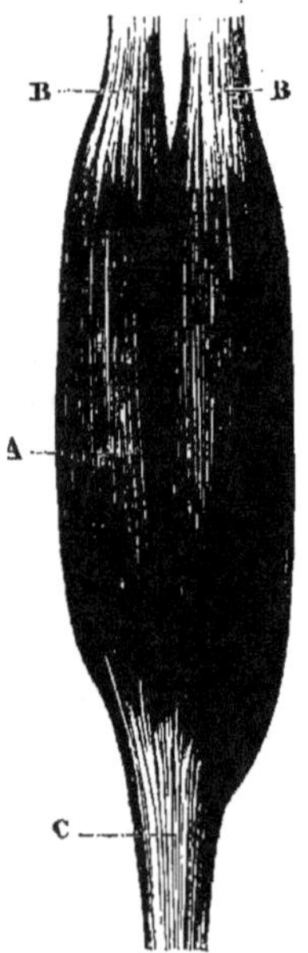

Fig. 154. — Muscle isolé (*).

phosphorique que ceux dont la chair est compacte et savoureuse ; ils sont aussi d'une digestion plus facile, comme cela a lieu pour le merlan, la limande ou le carrelet, comparés au maquereau, au thon ou au saumon.

MUSCLES DU MOUVEMENT VOLONTAIRE. — Dans les diverses parties du corps, les fibres contractiles, pourvues de leurs enveloppes ou sarcolemmes, sont associées par groupes, et ces faisceaux de fibres élémentaires, réunis à leur tour en masses plus ou moins considérables, forment ce qu'on appelle les *muscles*. Les renflements charnus des muscles portent le nom de *ventres*, et l'une de leurs extrémités celui de *têtes*.

Les *aponévroses* sont des lames de tissu connectif dont les muscles et leurs faisceaux constituants sont enveloppés.

Les muscles ne s'insèrent pas directement aux os par leur masse charnue. Des filaments de nature fibreuse réunis en bandelettes allongées, épaisses et résistantes, sont chargés de cette fonction. Ces nouvelles parties sont les *tendons*. Ceux-ci ne possèdent pas la propriété de se contracter. Ce sont de puissants moyens d'attache qui permettent aux contractions musculaires d'agir sur les os qu'elles mettent alors en mouvement. Les os et les muscles qui s'y insèrent deviennent ainsi autant de leviers ayant leur point d'appui, leur puissance et leur résistance dans des relations qui rappellent celles des trois genres de leviers dont la mécanique nous donne la description. Ces *trois genres de leviers* sont également représentés dans l'appareil locomoteur de l'homme.

Les *leviers du premier genre* ou *intermobiles* ont leur point d'appui placé

(*) On voit la partie charnue ou ventre de ce muscle et ses tendons d'attache en *bb* et en *c*. Ce muscle, qui est le biceps brachial, a deux tendons, *bb*, à l'une de ses extrémités, et un seulement à l'extrémité opposée.

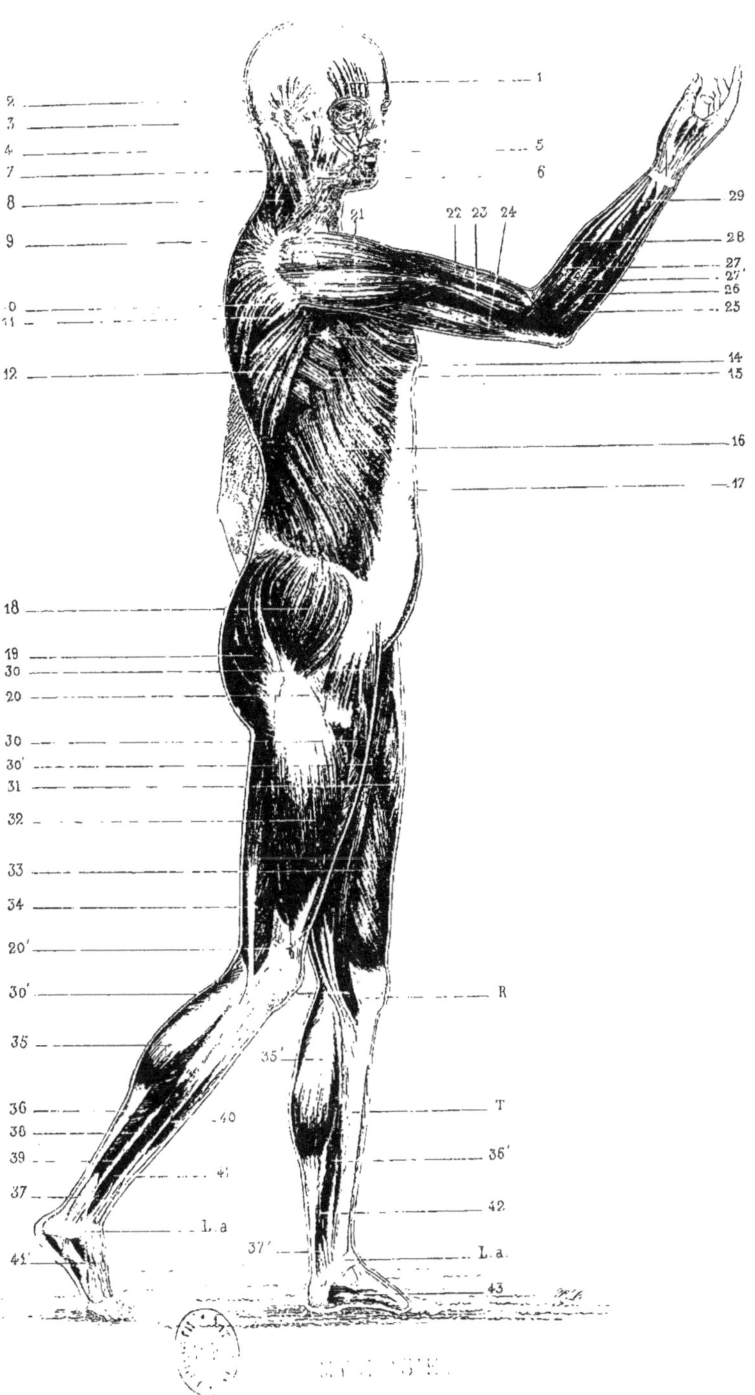
1
2
3
4
7
8
9
5
6
21
22 23 24
29
28
27
27'
26
25
0
11
12
14
15
16
17
18
19
30
20
30
30'
31
32
33
34
20'
30'
35
35'
36
38
39
37
40
41
La
R
T
36'
42
37'
La.
43
41

entre la puissance et la résistance : tel est le cas de la tête, qui se meut sur l'atlas et le cou, et se dirige, soit dans un sens, soit dans l'autre.

Les *leviers du second genre* ou *interrésistants* ont la résistance placée entre le point d'appui et la puissance. Le sol sert de point d'appui au talon; l'action du pied ainsi que des muscles qui le mettent en mouvement et le poids du corps sont la puissance ainsi que la résistance des leviers de cette sorte, si nous considérons également le corps de l'homme.

Les *leviers du troisième genre* ou *interpuissants* ont la puissance placée entre le point d'appui et la résistance. Nous les retrouvons dans la flexion de l'avant-bras sur le bras, dans celle de la jambe sur la cuisse, etc.

Myologie. — On donne ce nom à la description des muscles des animaux envisagés dans leur disposition et dans leurs rapports avec les os ou les pièces dures dont ils déterminent les mouvements. Les os sont en effet des leviers dont les muscles constituent les puissances, et suivant les animaux dans lesquels on les examine, les uns et les autres présentent de nombreuses particularités dont les lois de la mécanique peuvent toujours nous rendre compte.

Chez les insectes, les pièces dures sont extérieures aux muscles et non internes, comme chez les vertébrés; en outre, elles sont de nature chitineuse, au lieu d'être formées de phosphate de chaux comme les os proprement dits.

Il est facile de comprendre comment les principaux genres de locomotion, tels que la marche, le saut, le vol, la nage ou l'action de grimper et celle de fouir, comportent une disposition spéciale des différentes pièces osseuses à l'aide desquelles ils sont exécutés, et concurremment dans la longueur, le point d'insertion ou la masse des muscles agissant sur les os. Aussi l'étude de la myologie comparée embrasse-t-elle, comme celle de l'ostéologie envisagée sous le même rapport, des détails extrêmement multipliés, et que de bonnes figures ou de nombreuses préparations anatomiques peuvent seules faire comprendre d'une manière satisfaisante.

Dans l'homme cette étude aborde de nouveaux problèmes relatifs au mode particulier de sa station.

L'homme seul se tient debout, au lieu de marcher incliné ou placé horizontalement comme le font les autres mammifères, et tout en lui, os, muscles, etc., est en harmonie avec l'attitude qui lui est propre. C'est ce dont rend compte l'examen comparatif du squelette humain (fig. 32, page 55) ainsi que des principaux muscles qui soutiennent ce squelette et le mettent en mouvement.

Nous avons fait représenter sur la planche II de cet ouvrage les muscles de la couche superficielle étudiés chez l'homme; ce sont ceux que les artistes doivent surtout connaître, parce que leurs reliefs se laissent deviner sous la peau, et qu'ils prennent des formes différentes suivant la position du corps ou les mouvements particuliers auxquels ils concourent.

En voici l'énumération dans l'ordre des numéros inscrits sur la planche dont il vient d'être question :

EXPLICATION DE LA PLANCHE II.

Écorché des artistes (muscles du corps humain).

Les muscles représentés sont ceux de la couche superficielle.

1. Muscle frontal.
2. Temporal.
3. Orbiculaire des paupières.
4. Masséter.
5. Orbiculaire des lèvres.
6. Peaucier du cou.
7. Sterno-cléido-mastoïdien.
8. Splénius.
9. Trapèze.
10. Rhomboïde.
11. Grand rond.
12. Grand dorsal.
13. Petit pectoral.
14. Grand pectoral.
15. Grand dentelé.
16. Grand oblique.
17. Aponévrose abdominale.
18. Moyen fessier.
19. Grand fessier.
20-20'. Tenseur de l'aponévrose de la cuisse (coupé).
21. Deltoïde.
22. Biceps brachial.
23. Brachial antérieur.
24. Triceps brachial.
25. Cubital postérieur.
26. Extenseur commun des doigts.
27 et 27'. Premier radial. — Second radial.
28. Long supinateur.
29. Long adducteur du pouce.
30 et 30'. Couturiers droit et gauche.
31. Droit antérieur de la cuisse.
32. Vaste externe.
33. Vaste interne.
34. Biceps crural.
35. Jumeaux externe et interne.
36-36'. Soléaire.
37. Tendon d'Achille servant à l'insertion au talon des deux muscles précédents.
38. Long péronier latéral.
39. Péronier antérieur.
40. Jambier antérieur.
41. Long extenseur commun des orteils.
41'. Ses tendons.
42-42'. Fléchisseur commun des orteils.
43. Abducteur commun du gros orteil.

L. *a.* Ligament annulaire du tarse. — R. Rotule. — T. Tibia.

Il existe une couche plus profonde de muscles dont plusieurs ont aussi un rôle considérable dans la locomotion. Ceux qui appartiennent à l'épine dorsale et la mettent en mouvement sont les plus importants; ils sont nombreux, surtout à la région du cou et à celle du dos. Les autres appartiennent aux régions latérales du tronc, à sa partie antérieure, etc.

Une classification plus rationnelle des muscles les partage en *muscles du tronc* et *muscles des membres*, et distingue les premiers suivant leur position supérieure, latérale et inférieure à l'axe vertébral.

Quant aux muscles des membres, on en a établi la correspondance pour les membres supérieurs et les inférieurs comme on l'a fait aussi pour les os constituant le squelette des mêmes appendices. Nous renvoyons pour leur étude aux ouvrages spéciaux d'anatomie humaine et d'anatomie comparée.

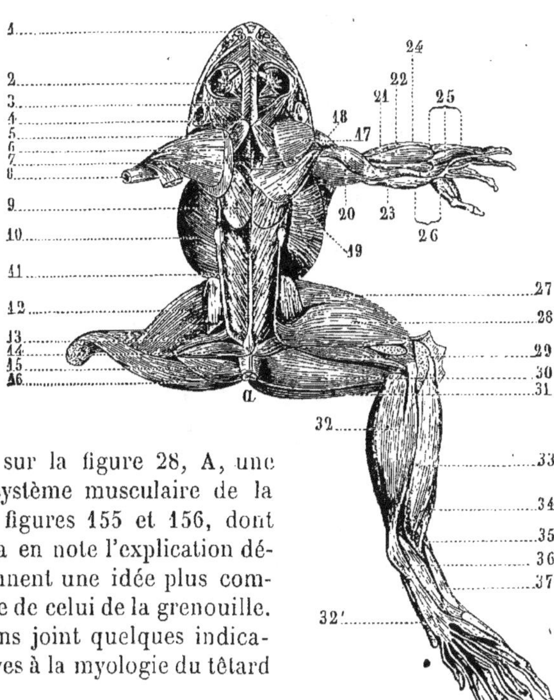

On voit, sur la figure 28, A, une partie du système musculaire de la carpe. Les figures 155 et 156, dont on trouvera en note l'explication détaillée, donnent une idée plus complète encore de celui de la grenouille. Nous y avons joint quelques indications relatives à la myologie du têtard (fig. 157).

Quant aux animaux sans vertèbres, ils présentent des dispositions non moins variées que celles qui sont propres aux vertébrés, mais ces dispositions sont toujours moins compliquées.

Fig. 155. — Muscles de la *Grenouille* (partie supérieure du corps) (*).

On attribue parfois à certains de ces animaux, aux insectes par exemple, et surtout à leurs larves (fig. 158), un plus grand nombre de mus-

(*) 1) muscles moteurs des narines; — 2) m. moteurs des paupières et de l'œil; — 3) m. ptérygoïdien interne; — 4) m. temporal ou crotaphite; — 5) m. trapèze; — 6) m. scapulo-huméral; — 7) m. lombo-costal; — 8) m. transversaire; — 9) m. lombo-scapulaire; — 10) m. grand oblique; — 11) m. ischio-coccygien; — 12) m. vaste interne, vaste externe et crural réunis; — 13) m. grand fessier; — 14) m. pyramidal; – 15) m. ischio-fémoral ou obturateur externe; — 16) m. adducteur; — 17) m. occipito-angulaire; — 18) m. scapulo-huméral; — 19) m. lombo-huméral; — 20) m. triceps olécrânien; — 21) m. huméro-cubital; — 22) m. carpo-métacarpien de l'index; — 23) second muscle huméro-cubital; — 24) m. huméro-sus-digital; — 25) m. phalangiens; — 26) m. huméro-sous-phalangien; — 27) m. moyen fessier; — 28) m. triceps crural; — 29) m. biceps crural; — 30) m. demi-aponévrotique; — 31) m. droit interne; — 32) m. jumeaux; — 32') leur partie plantaire formant le fléchisseur commun des doigts; — 33) m. jambier antérieur; — 34) m. péronier latéral; — 35) m. péronier antérieur; — 36) m. fléchisseur de l'orteil médian; — 37) m. pédieux.

cles qu'aux vertébrés; mais il est aisé de reconnaître la cause de cette

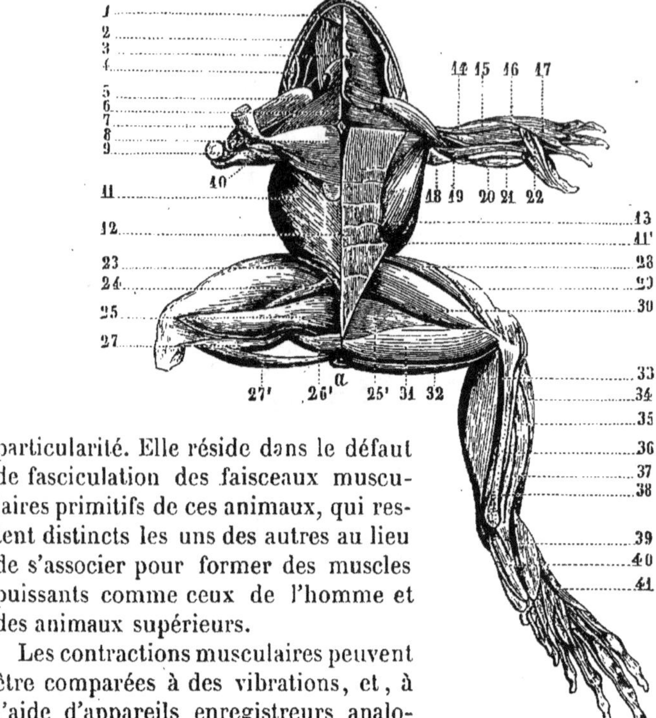

Fig. 456. — Muscles de la *Grenouille*
(partie inférieure du corps) (*).

particularité. Elle réside dans le défaut de fasciculation des faisceaux musculaires primitifs de ces animaux, qui restent distincts les uns des autres au lieu de s'associer pour former des muscles puissants comme ceux de l'homme et des animaux supérieurs.

Les contractions musculaires peuvent être comparées à des vibrations, et, à l'aide d'appareils enregistreurs analogues à ceux dont se servent les physiciens pour se faire une idée exacte de la rapidité plus ou moins grande, pendant l'unité du temps, des trépidations d'un corps mis en vibration, on a obtenu les graphiques de leurs mouvements. Ces graphiques montrent que les contractions des éléments

(*) 1) muscle sous-mentonnier ; — 2) m. mylo-hyoïdien ; — 3) m. génio-hyoïdien ; — 4) m. masséter ; — 5) m. deltoïde et m. sus-épineux réunis ; — 6) m. biceps ; — 7) m. grand pectoral ; — 8) portion costale, coupée (voyez n° 13) ; — 8) sa portion claviculaire ; — 9) m. sous-scapulaire ; — 10) m. triceps olécrânien (voyez aussi le n° 18) ; — 11) m. grand oblique ; — 12) m. droit antérieur de l'abdomen ; — 13) m. grand pectoral ; portion costale ; — 14) muscle long supinateur ; — 15) m. radial ; — 16) autre m. radial ; — 17) m. extérieur commun des doigts ; — 18) m. triceps olécrânien ; — 19) m. radial antérieur ; — 20) m. fléchisseur superficiel des doigts ; — 21) m. cubital antérieur ; — 22) m. extérieur propre et m. long adducteur du pouce ; — 23) m. triceps crural (voyez aussi n° 29) ; — 24) m. pectiné ; — 25 et 26) m. premier et second adducteurs ; — 27) m. demi-tendineux ; — 28) m. du fascialata ; — 29) m. triceps crural ; — 30) m. couturier ; — 31) m. grand adducteur ; — 32) m. droit interne ; — 33) m. jumeaux ; — 34) m. péronier ; — 35 et 36) deux portions du m. jambier antérieur ; — 37) portion accessoire du même ; — 38) m. soléaire ; — 39) portion pédieuse du jambier antérieur ; — 40) id. du jambier postérieur ; — 41) m. pédieux.

musculaires sont d'autant plus nombreuses dans un temps donné, que l'on a affaire à des animaux dont la vie est plus active et les mouvements plus prompts. Un oiseau ou un mammifère l'emportent à cet égard sur une tortue ou un batracien.

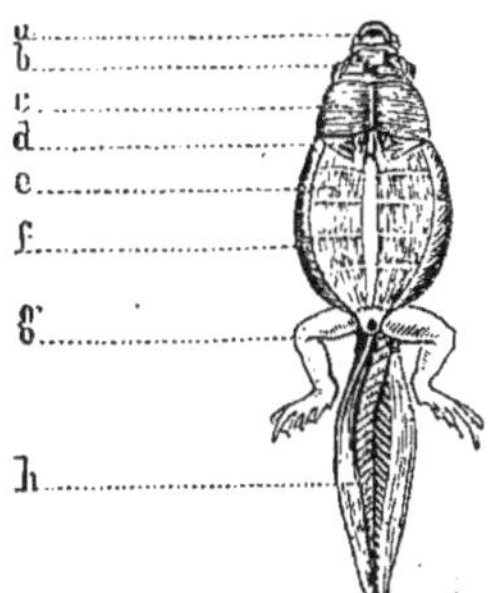

Fig. 157. — Muscles d'un têtard de *Crapaud* (*).

C'est par la contraction de leurs fibrilles élémentaires que les muscles agissent sur les os, et les déplacent pour accomplir les divers mouvements auxquels ils sont appropriés ; en les maintenant immobiles, ils assurent les modes de station propres aux différentes espèces.

Nulle station n'exige un plus grand développement relatif de force musculaire que la station bipède, et celle de l'homme, qui est complétement droite, l'emporte encore en difficultés sur les autres ; il en est de même de sa marche, puisque la base de sustentation dont elle dispose occupe une moindre surface, et que l'état d'équilibre qui y préside ne comporte que de faibles oscillations du centre de gravité.

Le volume considérable de la tête

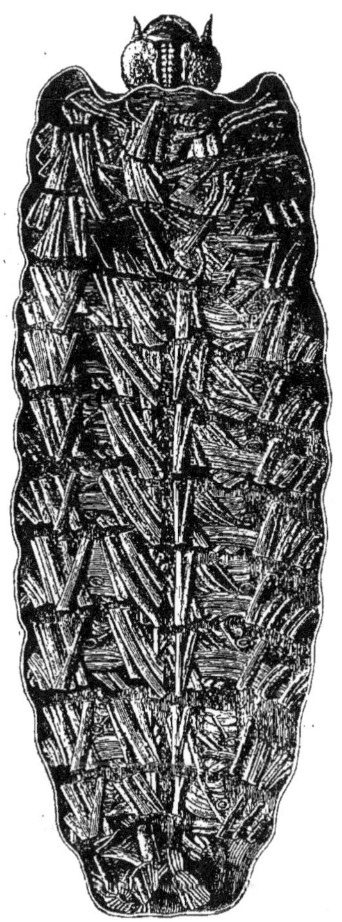

Fig. 158. — Système musculaire de la *Chenille du Saule*.

intervient pour compliquer encore le problème : aussi l'équilibre de cette partie sur le cou est-il assuré au moyen de muscles puissants, et le cou lui-même est moins allongé que chez la plupart des autres animaux ; en

(*) *a*) muscles des mâchoires ; — *b*) m. de la région oculaire ; — *c*) m. sous-brachial ; — *d*) les pattes de devant ; — *e*) m. droit antérieur de l'abdomen ; — *f*) m. grand oblique ; — *g*) les pattes postérieures ; — *h*) muscles caudaux.

outre la poitrine est élargie et tend à se cambrer en arrière. Indépendamment des muscles antérieurs et latéraux, qui la maintiennent ou la mettent en mouvement, elle possède des muscles dorsaux très-compliqués, qui se continuent depuis l'occiput jusqu'à la région sacrée, et maintiennent puissamment le tronc, auquel le bassin élargi, qui le termine inférieurement, et l'écartement des cavités cotyloïdes, servant de point d'insertion à la partie supérieure des fémurs, permettent de recevoir le poids du corps pour le transmettre en totalité aux jambes, et de celles-ci aux pieds, dont la disposition plantigrade doit être particulièrement remarquée. Les muscles si développés de la région fessière et ceux des mollets complètent ces dispositions en assurant la rigidité des membres, et, par les alternatives de leur contraction et de leur relâchement, ils deviennent les principaux instruments de la marche.

Chez les animaux qui sautent, les membres sont plus allongés, et le poids du corps oscille au-dessus de l'espèce de double ressort que ces membres constituent. Le vol exige une disposition inverse : aussi, chez les chauves-souris et chez les oiseaux, la puissance locomotrice passe-t-elle, lorsqu'il s'exécute, des membres postérieurs aux antérieurs, et des membranes étendues entre les doigts ou un développement particulier des plumes transforment les membres de devant en larges rames aériennes constituant des ailes. Le corps est en même temps plus court.

Grâce à leurs quatre extrémités portant simultanément sur le sol, les quadrupèdes possèdent une large base de sustentation, et dans certains cas la partie terminale de leurs doigts ou même un seul de ces doigts, pour chaque pied, comme cela a lieu pour les chevaux, suffit à supporter le poids total du corps.

Les animaux fouisseurs ont, comme ceux qui volent, les membres de devant plus puissants que ceux de derrière, mais ces membres sont courts au lieu d'être allongés, et comme transformés en pelle, de manière à permettre aux animaux qui les possèdent de remuer aisément la terre.

La nage comporte une disposition encore différente, et nous voyons les animaux qui vivent exclusivement dans l'eau, comme les cétacés et les poissons, avoir presque tous le corps allongé en fuseau, et leur queue est forte et garnie de muscles si puissants, qu'on la prend en général pour la prolongation du tronc.

En outre, les membres sont alors raccourcis et les doigts sont réunis par des membranes dites palmaires, ou même complétement transformés en rames natatoires.

Les raies et autres poissons plagiostomes de la même famille, relèvent d'un autre mode. Ils volent dans l'eau plutôt qu'ils ne nagent réellement; aussi leurs nageoires antérieures sont-elles élargies en manière d'ailes, qu'ils meuvent à la manière de celles des chauves-souris et des oiseaux. C'est pourquoi ils ont une tout autre forme de corps que les poissons ordinaires, et leur queue est souvent grêle et allongée.

CHAPITRE XV

SYSTÈME NERVEUX.

L'agent indispensable des fonctions de la sensibilité est le *système nerveux*, qui est en même temps l'appareil incitateur des contractions musculaires, et par suite le régulateur des mouvements. Il est formé, dans son ensemble, par un tissu pulpeux, non contractile, fort différent de tous les autres, très-facilement altérable, et dont l'action s'étend sur l'ensemble de ces derniers au moyen des nerfs.

Le système nerveux présente donc deux sortes de parties : d'abord les *masses nerveuses*, d'apparence médullaire, tantôt réunies plusieurs ensemble, tantôt séparées les unes des autres, qui constituent les lobes ou les ganglions ; ensuite les *nerfs*, sortes de cordons conducteurs, mettant ces lobes et ces ganglions en communication avec les divers organes dont ils doivent recevoir les impressions, exciter les mouvements ou diriger les fonctions nutritives.

On a souvent comparé les nerfs à des conducteurs électriques, et l'influx nerveux a lui-même été assimilé à l'électricité par beaucoup d'auteurs. Il lui ressemble en effet à différents égards, et il est de même produit par la mise en jeu d'agents particuliers, qui sont ici les masses nerveuses constituant les lobes ou ganglions dont il vient d'être question ; mais sa nature est distincte à plusieurs égards de celle de l'électricité proprement dite. On constate, entre autres différences, que la vitesse de propagation du courant nerveux à travers les conducteurs qui lui sont destinés, c'est-à-dire à travers les nerfs, est notablement moindre que celle de l'électricité à travers les conducteurs métalliques.

Les animaux vertébrés présentent deux sortes de systèmes nerveux. L'un de ces systèmes est affecté à la *vie de relation :* il a pour masses principales ou centres d'action le cerveau et la moelle épinière (système encéphalo-rachidien) ; ses nerfs sont les différents nerfs des sens spéciaux, ceux de la sensibilité générale et ceux des mouvements volontaires. L'autre système nerveux est celui de la *vie de nutrition :* il comprend les ganglions dits du grand sympathique ainsi que leurs nerfs ; les fonctions auxquelles celui-ci préside ne sont pas du nombre de celles sur lesquelles la volonté a de l'action, mais elles ne sont pas moins générales que les précédentes.

On se fera une première idée de la disposition du système nerveux par la planche III (page 204 de cet ouvrage), sur laquelle le système nerveux de la vie de relation a été indiqué en blanc et en bleu, et le système nerveux de la vie organique en rouge.

L'ensemble du *système nerveux encéphalo-rachidien*, étudié chez l'homme, et les *principaux nerfs* qui s'y rattachent, y ont été représentés, et l'on y a aussi indiqué les diverses parties du *système nerveux de la vie organique* ou grand sympathique, dont il va être également question dans l'un des paragraphes suivants.

Voici l'explication de cette planche :

SYSTÈME NERVEUX DE L'HOMME.

SYSTÈME ENCÉPHALO-RACHIDIEN.	GRAND SYMPATHIQUE.
Couleur blanche ou bleue.	*Couleur rouge.*

1. Cerveau.	A. Nerf grand sympathique.
2. Moelle épinière.	B. Plexus pulmo-cardiaque.
3. Nerf pneumogastrique.	C. Plexus solaire et ganglion semi-lunaire de la région stomacale.
4. Queue-de-cheval.	
5. Plexus brachial et nerfs du bras.	D'. Plexus hypogastrique, destiné aux organes contenus dans la partie inférieure de l'abdomen.
6. Plexus crural et nerf crural.	
7. Plexus sacré.	
8 et 9. Nerf sciatique.	
10. Nerf poplité.	
11. Nerf tibial postérieur.	
12. Nerf tibial antérieur.	

§ I. — Système nerveux de la vie de relation.

Cette partie du système nerveux est celle par laquelle l'animal est tenu au courant des phénomènes qui se passent, soit en lui-même, soit extérieurement à son propre corps, et par conséquent dans le monde ambiant. Elle est le siége des perceptions et l'instrument de la volonté.

On y distingue : 1° les centres nerveux, c'est-à-dire le cerveau, siége du sens intime, et la moelle épinière ; ces deux parties formant par leur réunion le *système encéphalo-rachidien* ; — 2° les *nerfs*, qui établissent une communication directe entre ce système encéphalo-rachidien et les organes des sens, ainsi que les différentes parties du corps douées de sensibilité ou celles qui sont aptes à la locomotilité volontaire.

Ces deux ordres de parties nerveuses existent chez tous les animaux vertébrés, mais elles y sont plus ou moins développées suivant la classe ou la famille chez laquelle on les étudie.

ENCÉPHALE OU CERVEAU. — Le cerveau est logé dans le crâne, qui le protége et l'enveloppe ; il est de plus entouré de membranes au nombre de trois, savoir : la *dure-mère*, de nature fibreuse, qui est appliquée par une de ses lames à la face interne de la boîte osseuse, avec le périoste de laquelle elle se confond ; *l'arachnoïde*, membrane de nature séreuse, et la *pie-mère*, de nature essentiellement vasculaire, que traversent les vaisseaux allant à la pulpe cérébrale ainsi que ceux qui en reviennent. La première se moule sur les contours de la surface cérébrale ; la pie-mère

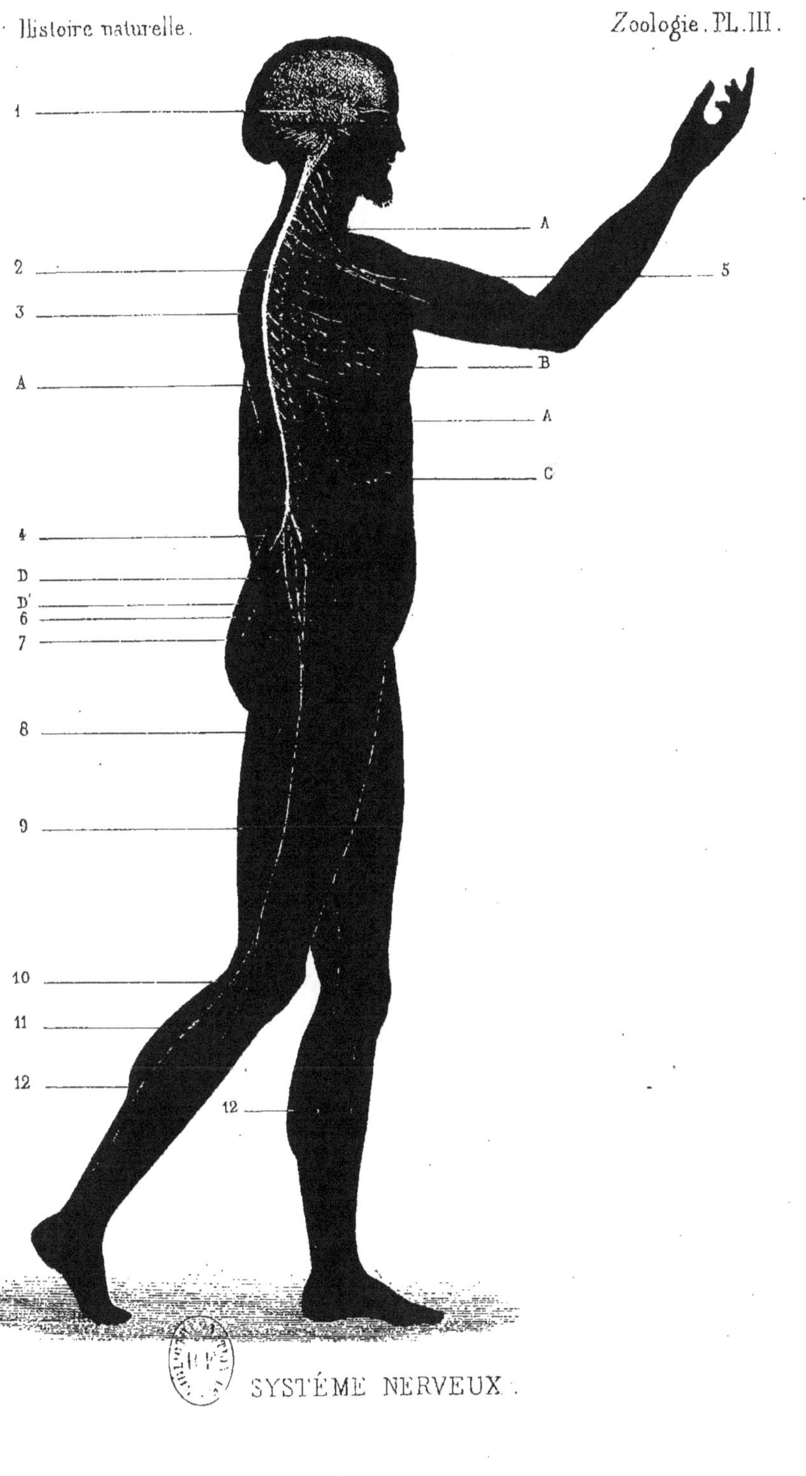

SYSTÉME NERVEUX .

lui est encore plus intimement unie, et elle en suit jusqu'aux moindres replis. La réunion de ces trois membranes constitue les *méninges* ou enveloppes molles du cerveau, qui s'étendent aussi sur la moelle épinière.

Quant à la pulpe cérébrale, c'est une matière riche en principes albuminoïdes, dans laquelle on distingue deux substances de couleur différente. La première, dite *substance blanche*, est située intérieurement à l'autre, qui est grise, et prend à cause de cela le nom de *substance grise*.

La substance blanche est essentiellement formée par les fibres conductrices, et rappelle les nerfs par sa structure intime; la grise résulte de l'agglomération de cellules dont la forme varie suivant la fonction que ces cellules sont destinées à remplir.

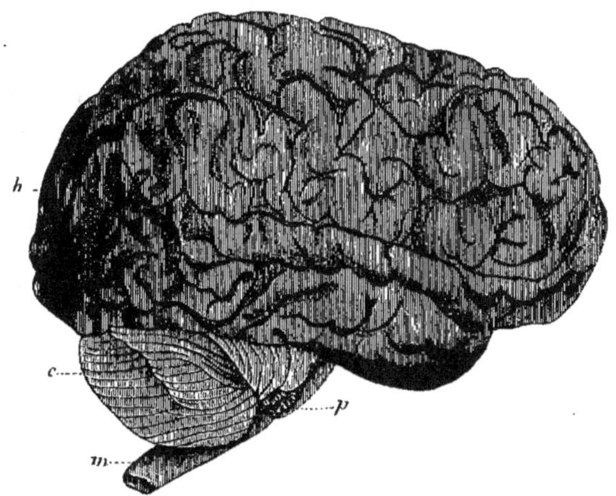

Fig. 159. — Cerveau humain; vu de profil (*).

Le cerveau de l'homme est surtout remarquable par le grand développement des parties dites *hémisphères*, qui recouvrent toutes les autres, et présentent à leur surface un nombre considérable de replis souvent comparés, par les anatomistes, aux circonvolutions des intestins; d'où leur nom de *circonvolutions cérébrales*. Les mammifères, tout en possédant des hémisphères cérébraux qui peuvent également offrir des circonvolutions multiples, sont toujours loin d'avoir un pareil développement de ces parties, et leur cerveau est à la fois moins parfait et moins compliqué que celui de l'homme, et dans les vertébrés des autres classes il est encore moins volumineux. Aussi est-il convenable de recourir à l'examen des particularités qui distinguent cet organe dans la série de ces animaux, si l'on veut réellement comprendre la disposition des différentes masses composant le cerveau humain, dont la

(*) *h*) hémisphère droit; — *p*) protubérance annulaire ou pont de Varole; — *c*) cervelet; — *m*) moelle allongée.

complication est d'ailleurs très-grande, et se faire une idée exacte du rôle que joue l'encéphale dans les fonctions de relation.

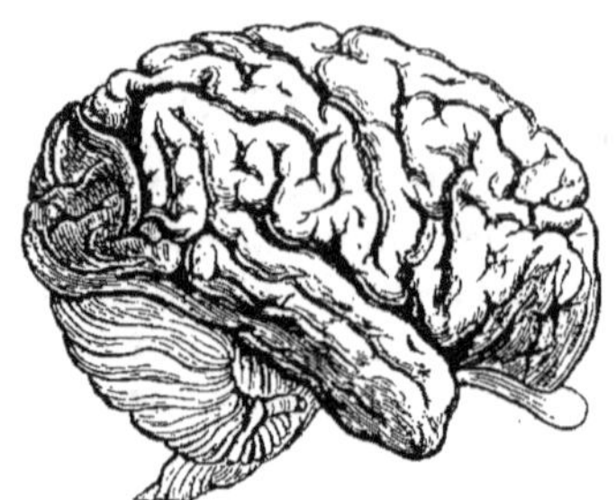

FIG. 160. — Cerveau de l'*Orang-outan* ; vu de profil.

Parmi les espèces qui ont les hémisphères du cerveau pourvus de circonvolutions prononcées, on peut citer la plupart des singes, les carnivores, les éléphants, les jumentés, presque tous les ruminants et les cétacés.

Il y en a également chez d'autres animaux de la même classe, et l'on constate qu'elles sont en général d'autant plus nombreuses et d'autant mieux marquées, que les espèces que l'on étudie sont d'une taille plus considérable ; aussi peuvent-elles exister ou au contraire faire défaut chez des mammifères d'une même famille naturelle, suivant qu'ils sont de grande ou au contraire de petite dimension.

Les singes ont le cerveau établi sur le même mode que celui de l'homme, mais leurs hémisphères sont toujours beaucoup moins développés. Cette différence est déjà sensible dans le cerveau de l'orang-outan, qui est cependant le plus intelligent de ces animaux ; et les plus petites espèces, telles que les ouistitis, manquent entièrement de circonvolutions.

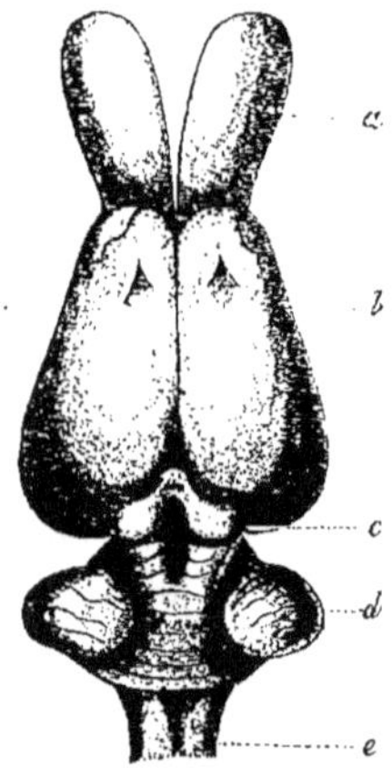

La même remarque s'applique aux kangurous de petite taille comparés à ceux qui acquièrent les plus grandes dimensions, et il y a d'autres familles qui sont dans le même cas.

Ce qui frappe tout d'abord dans le cerveau des animaux comparé à celui de l'homme, c'est le moindre développement des hémisphères, et ce faible développement est en rapport avec le degré toujours moindre de leur intelligence. Il laisse souvent à découvert des régions du même organe qui restent trop rudimentaires dans le cerveau humain pour qu'on puisse bien juger de leur importance, ou qui y sont cachées par les hémisphères et, pour ainsi dire, dissimulées par le grand développement de ces derniers.

FIG. 161. — Cerveau du *Sarcophile oursin* (*).

En avant des hémisphères eux-mêmes se montrent les *lobes olfactifs*, réduits, dans notre espèce, à des prolongements grêles, appliqués sous a saillie frontale du cerveau ; ce qui les a fait décrire, comme étant de

(*) *a*) lobes olfactifs ; — *b*) hémisphères cérébraux ; — *c*) tubercules quadrijumeaux ; — *d*) cervelet ; — *e*) moelle allongée.

simples nerfs, sous le nom de *nerfs olfactifs*. Mais chez les reptiles et les poissons ils sont parfois aussi gros que les hémisphères qui les suivent, et beaucoup de mammifères les ont aussi fort développés. Les lobes olfactifs ne sont donc pas de véritables nerfs ; ils constituent la première des divisions principales du cerveau.

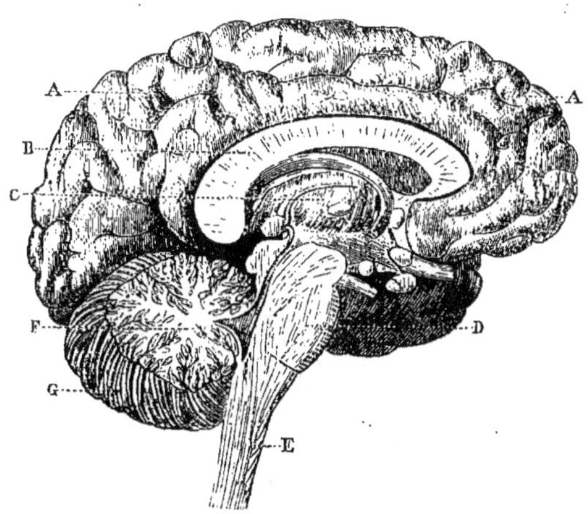

Fig. 162. — Le cerveau humain ; coupe verticale suivant la ligne médio-longitudinale (*).

La seconde de ces divisions est formée par les *hémisphères*, si volumineux dans l'espèce humaine, mais qui manquent souvent de circonvolutions dans les autres espèces ou n'ont même qu'un très-faible développement. Ils sont séparés l'un de l'autre sur la ligne médiane par une lame descendante de la dure-mère, qu'on nomme la *faux*, et ce n'est que par leur base que leur substance se rejoint. Leur commissure, c'est-à-dire leur moyen d'union, est une lame de fibres nerveuses blanches appelée *corps calleux* ou mésolobe. Chacun des hémisphères est creusé intérieurement d'une cavité nommée *ventricule*. Les deux cavités, droite et gauche, forment les *ventricules latéraux* ; elles contiennent un liquide séreux dont l'accumulation en trop grande abondance occasionne l'hydrocéphalie ou hydropisie du cerveau. Les hémisphères sont rattachés au reste de l'encéphale par deux gros cordons nerveux dits *pédoncules cérébraux*.

C'est encore à la seconde division du cerveau, c'est-à-dire aux lobes généralement appelés hémisphères, qu'appartiennent la *voûte à trois piliers*, le *septum lucidum* ou cloison transparente, les *couches optiques*, les *corps striés*, et d'autres parties dont la description ne saurait nous arrêter. Leur ensemble forme une masse assez considérable pour qu'on lui ait quelquefois, mais à tort, réservé le nom de cerveau, qui appartient en réalité à l'encéphale tout entier.

(*) *aa*) hémisphère gauche ; — *b*) corps calleux ; — *c*) couche optique ; — *d*) protubérance annulaire ; — *e*) moelle ; — *f*) cervelet et arbre de vie ; — *g*) lobe gauche du cervelet.

La *glande pituitaire*, sorte de tubercule d'apparence nerveuse placé à la région inférieure de cette même partie du cerveau, a été considérée comme étant le point de jonction de l'encéphale avec le système du grand sympathique, mais sa nature est différente.

La troisième division du cerveau a aussi pour partie principale une paire de lobes, et ces lobes sont les *lobes optiques*, tubercules ovalaires, appelés *jumeaux*, parce qu'ils sont dédoublés chacun en deux dans les

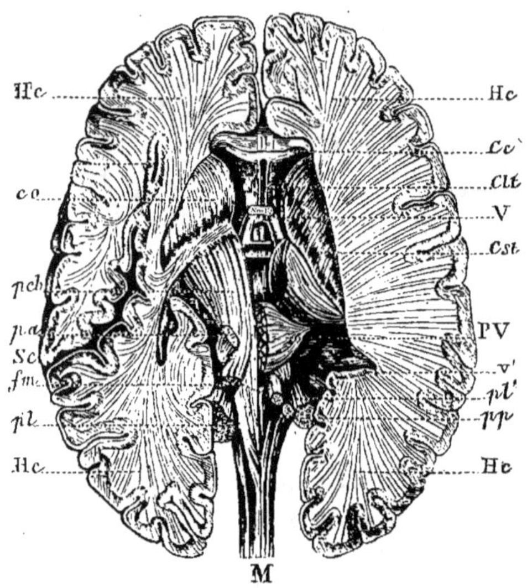

Fig. 163. — Coupe horizontale du cerveau humain ; vu en dessus (*).

mammifères[1], mais simples pour chaque côté chez les vertébrés ovipares. Ceux de l'homme sont très-petits, comparativement au volume des hémisphères, et il en est ainsi dans beaucoup d'autres animaux appartenant de même à la classe des mammifères. Cependant il arrive que, dans les vertébrés ovipares, les lobes jumeaux (fig. 166, *c*, et 167, *c*) sont presque égaux en dimension aux hémisphères cérébraux, et dans ces animaux ils ne sont plus qu'au nombre de deux.

Certaines espèces présentent, en avant des tubercules jumeaux, une

(*) *hc, hc, hc, hc*) hémisphères cérébraux, montrant les irradiations de la substance blanche vers la substance grise ou corticale ; — *cc*) portion antérieure du corps calleux ; — *v*) partie antérieure du ventricule latéral gauche ; — *cl. t.*) cloison transparente ou *septum lucidum* ; — *co*) couche optique gauche ; — *v*) voûte à trois piliers ; — *c.st.*) corps strié, droit ; — *pcb*) un des pédoncules du cerveau ; — *p.a.*) pédoncule antérieur du cervelet ; — *p.l., p.l'.*) pédoncule latéral du même ; — *p.p.*) son pédoncule postérieur ; — *sc*) scissure de Sylvius divisant latéralement les hémisphères cérébraux ; — *v'*) partie postérieure du ventricule droit, montrant l'ergot ; — *f. m.*) faisceau médullaire moyen ; — *m*) moelle épinière.

1. Ce qui les fait alors appeler *tubercules quadrijumeaux*.

saillie du cerveau à laquelle on donne le nom de *glande pinéale ;* c'est
ce petit organe que les physiologistes regardaient autrefois, on ne sait
trop pourquoi, comme étant spécialement le siége de l'âme.

La quatrième division de l'encéphale est le *cervelet,* dont le développe-
pement approche souvent de celui des hémisphères, mais sans l'égaler,
du moins chez la grande majorité des animaux supérieurs.

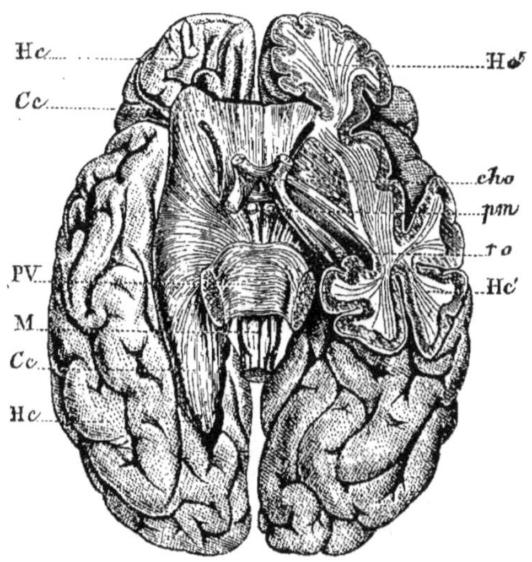

Fig. 164. — Cerveau humain ; vu en dessous (*).

Le cervelet est formé de lamelles de substance blanche enveloppées de
substance grise, ce qui donne à sa coupe une apparence d'arborisation
qui a fait employer, pour exprimer cette disposition, la dénomination
d'*arbre de vie.*

On distingue du reste, au cervelet, des masses latérales et une masse
médiane. Celle-ci est appelée le *vermis ;* elle est plus développée chez les
vertébrés inférieurs que chez ceux des premières familles, dont les
masses cérébelleuses latérales sont au contraire plus volumineuses. Cet
organe est en partie séparé des hémisphères par une lamelle transversale
de la dure-mère, qui s'ossifie dans les espèces du genre chat : c'est la *tente
du cervelet,* à laquelle aboutit perpendiculairement la faux dont nous
avons parlé précédemment.

(*) *hc, hc)* hémisphères cérébraux du côté droit ; — *hc', hc')* hémisphères gauches,
entamés en deux points pour montrer la substance blanche et la substance grise qui l'enveloppe ; — *cc, cc)* corps calleux ; — *cho)* chiasma ou entrecroisement des nerfs optiques ;
— *pm)* protubérances mamillaires ; — *ro)* racines des nerfs optiques ou corps genouillés ;
— *pv)* pont de Varole ou protubérance annulaire, dont on a coupé les pédoncules allant
au cervelet ; — *m)* moelle allongée.

Le cervelet lui-même est comme à cheval, au moyen de ses pédoncules, sur la moelle épinière cérébrale ou *bulbe rachidien*, et il existe derrière lui, mais à la face supérieure du bulbe, un écartement des fibres de ce dernier, qui constitue une sorte de ventricule : cette rainure est le *calamus scriptorius* ou quatrième ventricule [1]. Enfin la *protubérance annulaire*, ou pont de Varole, fournit aux moitiés droite et gauche du cervelet

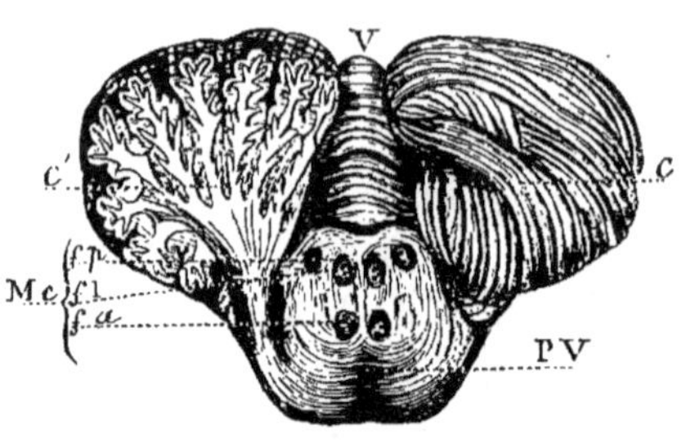

Fig. 165. — Cervelet humain et coupe du pont de Varole (*).

une sorte de commissure qui diffère de celle des hémisphères, constituée par le corps calleux, en ce qu'elle est placée au-dessous du bulbe rachidien qu'elle enveloppe comme d'un anneau. C'est à travers la protubérance annulaire que remontent les faisceaux de la moelle allongée pour se rendre aux hémisphères cérébraux, qu'ils concourent à constituer après l'épanouissement en éventail qu'ils forment dans cette partie du cerveau pour se mettre en rapport avec sa substance grise.

Envisagé dans la série des animaux, l'encéphale présente de grandes différences, soit dans son volume, soit dans la disposition de ses parties ; ces différences sont, les unes et les autres, en rapport avec les instincts de ces animaux, leurs aptitudes intellectuelles et d'autres particularités de leur genre de vie. On en a tiré, en ce qui concerne les mammifères, des caractères très-importants qui ont été utilisés dans la classification ; mais le but physiologique de toutes ces particularités n'est encore que très-imparfaitement connu.

Les oiseaux et les reptiles sont inférieurs aux mammifères par la disposition de leur encéphale ; ils ont aussi les facultés intellectuelles moins développées.

On constate qu'il en est de même des poissons, si l'on vient à les comparer à leur tour aux oiseaux ou même aux reptiles, dont ils se rapprochent cependant à certains égards. Certains poissons ont parfois les hémisphères cérébraux moins volumineux que les lobes jumeaux, ce qui est en rapport avec leurs instincts plus bornés. Leur cerveau affecte d'ailleurs des dispositions assez diverses, et les plagiostomes (raies et squales), qui sont supérieurs aux autres espèces de la même classe par

---

1. Le troisième ventricule se continue au-dessous des lobes optiques et sert de moyen de communication entre le *calamus scriptorius* et les ventricules latéraux.

(*) *v*) vermis ou partie moyenne du cervelet ; — *c,c'*) lobes latéraux du cervelet ; l'un d'eux, *c'*, a été coupé pour montrer l'arbre de vie, produit par les irradiations de la substance blanche ; — *pv*) la protubérance annulaire ou pont de Varole ; — *mc*) prolongement des faisceaux de la moelle à travers la protubérance ; — *fa*) passage des faisceaux antérieurs ; — *fl*) passage des faisceaux latéraux ; — *fp*) passage des faisceaux postérieurs.

beaucoup de points de leur structure anatomique, ont un cerveau plus parfait.

L'intensité de l'action cérébrale est proportionnée au développement des masses nerveuses qui constituent le cerveau, et il en est ainsi pour chacune des parties de cet organe prises séparément.

Les lobes antérieurs que nous avons appelés lobes olfactifs sont spécialement en rapport avec la perception des odeurs. Les hémisphères,

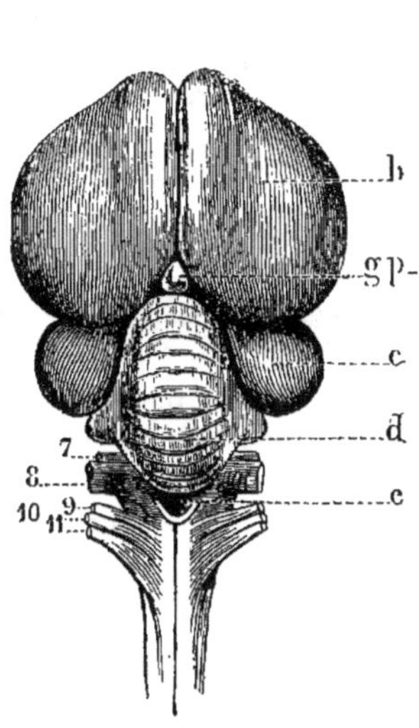
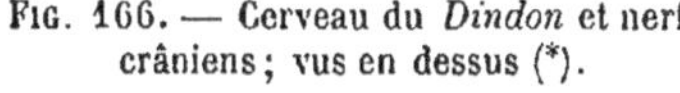
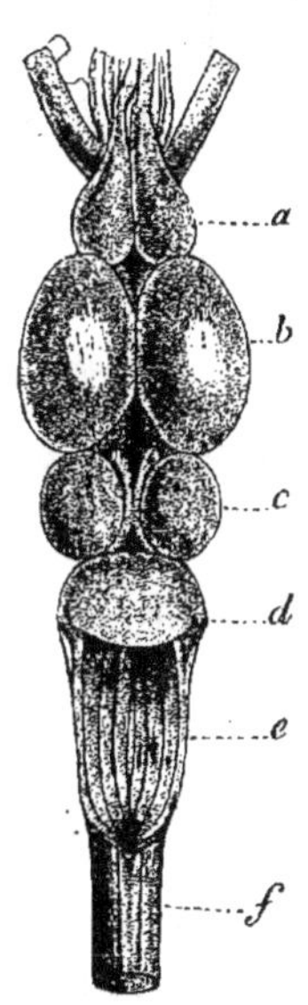

Fig. 166. — Cerveau du *Dindon* et nerfs crâniens ; vus en dessus (*).

Fig. 167. — Cerveau d'une Tortue de mer du genre *Chélonée* (**).

lobes formant la seconde paire de masses cérébrales, sont plus spécialement le siége des facultés intellectuelles, et nous les voyons augmenter en volume ainsi qu'en complication chez les espèces supérieures, particulièrement chez les mammifères. Les lobes optiques, placés au troisième rang, sont affectés à la vision et paraissent principalement servir de siége aux facultés instinctives des animaux. Enfin, le cervelet, ou quatrième paire de masses cérébrales, semble avoir pour fonction principale de coordonner les mouvements volontaires.

Le branchiostome est de tous les animaux vertébrés celui dont le

(*) *a*) lobes olfactifs ; — *b*) hémisphères cérébraux ; — *c*) lobes optiques ou tubercules jumeaux ; — *d*) cervelet ; — *e*) *calamus scriptorius* ; — *gp*) glande pinéale ; — 1 à 12) les paires crâniennes énumérées dans le système des douze paires. (Voyez l'explication de la figure 174.)

(**) *a*) lobes olfactifs ; — *b*) hémisphères cérébraux ; — *c*) lobes optiques ou tubercules jumeaux ; — *d*) cervelet ; — *e*) *calamus scriptorius* ; — *f*) moelle épinière.

cerveau acquiert le moindre développement; il est aussi, sous tous les autres rapports, le dernier des genres appartenant à cet embranchement.

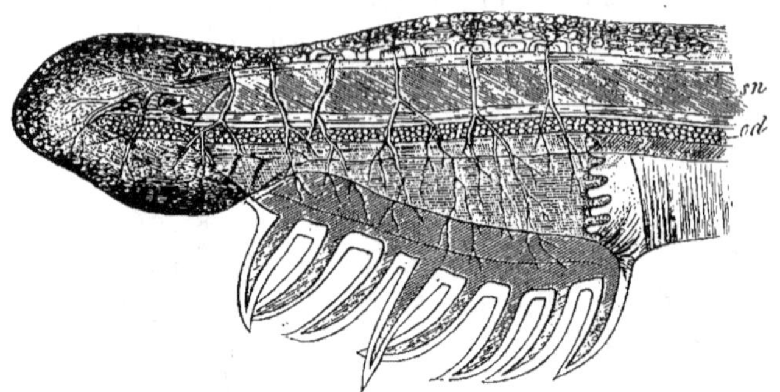

Fig. 168. — Tête du *Branchiostome*, dont on voit les organes par transparence (*).

Moelle épinière. — La continuation du bulbe rachidien, dans l'intérieur du canal de ce nom, est la moelle épinière. C'est une sorte de gros cordon nerveux enveloppé de membranes analogues aux méninges cérébrales, et donnant, comme le cerveau lui-même, naissance à différents nerfs.

Il y a pourtant cette différence entre l'encéphale et la moelle épinière, que cette dernière ne présente sur son trajet rien de comparable aux quatre paires de renflements qui constituent les parties essentielles du cerveau, c'est-à-dire les centres nerveux destinés à la perception des sensations, à l'exercice de la volonté et à la coordination des mouvements.

La moelle épinière (fig. 170 et 172) n'existe que chez les animaux vertébrés.

Elle descend le long du dos, entre les apophyses épineuses des vertèbres et le corps ou centrum des mêmes os, et trouve dans cette partie du squelette une protection analogue à celle que le crâne fournit au cerveau. L'étui osseux qui l'enveloppe est le canal rachidien, formé par la succession des vertèbres (fig. 169).

Dans la moelle épinière, les substances médullaires grise et blanche ne sont pas dans le même rapport qu'aux hémisphères. Ici la substance blanche est extérieure, et la grise intérieure. Cette dernière forme aussi en grande partie le moyen de jonction destiné à relier les deux moitiés droite et gauche de cet important organe. La commissure blanche de la

(*) *sn*) système nerveux encéphalo-rachidien et nerfs qui en partent; — *cd*) corde dorsale, constituant un premier rudiment de l'axe vertébral.

Les tentacules buccaux placés inférieurement constituent huit paires de denticules ou franges visibles à la partie inférieure de la tête, autour de la bouche.

moelle épinière est bien plus mince que la grise ; elle est placée au-dessous d'elle.

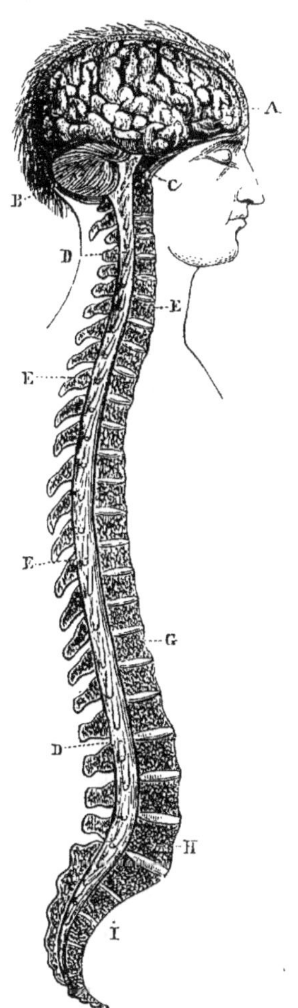

FIG. 169. — Coupe verticale du crâne et de la colonne vertébrale, montrant le système nerveux encéphalo-rachidien de l'*Homme* (*).

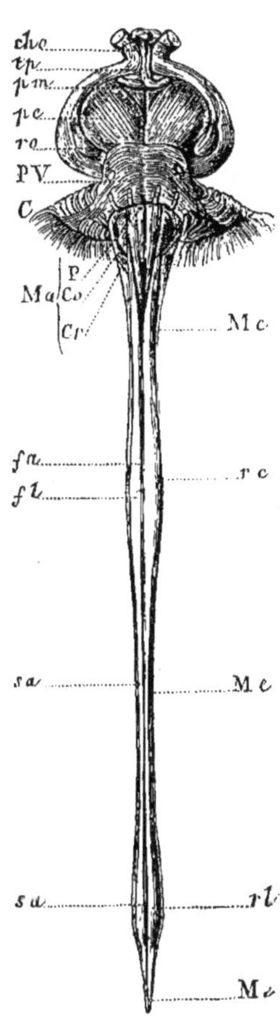

FIG. 170. — Partie centrale du cerveau et moelle épinière de l'*Homme* ; vues en dessous (**).

(*) *a*) hémisphères du cerveau ; — *b*) cervelet ; — *c*) moelle allongée ; — *dd*) moelle épinière et racines des nerfs spinaux ; — *ee*) coupe des apophyses épineuses des vertèbres ; — *g, h* et *i*) coupe des corps vertébraux.

(**) *ch.o.*) chiasma des nerfs optiques ; — *pc*) pédoncules du cerveau ; — *ro*) racines optiques ; — *pv*) pont de Varole ; — *c*) portion du cervelet ; — *ma*) moelle allongée, montrant *p*) les pyramides ; — *co*) les corps olivaires ; — *cr*) les corps restiformes ; — *me, me, me*) les trois rétrécissements principaux de la moelle épinière ; — *rc*) le renflement cervical ; — *rl*) le renflement lombaire ; — *fa*) faisceau antérieur de la moelle ; — *fl*) faisceau latéral droit ou moyen (le faisceau postérieur ne se voit pas sur cette figure) ; — *sa, sa*) sillon antérieur.

La moelle de tous les vertébrés ne va pas jusqu'à leurs dernières vertèbres.

Celle de l'homme s'arrête au commen-

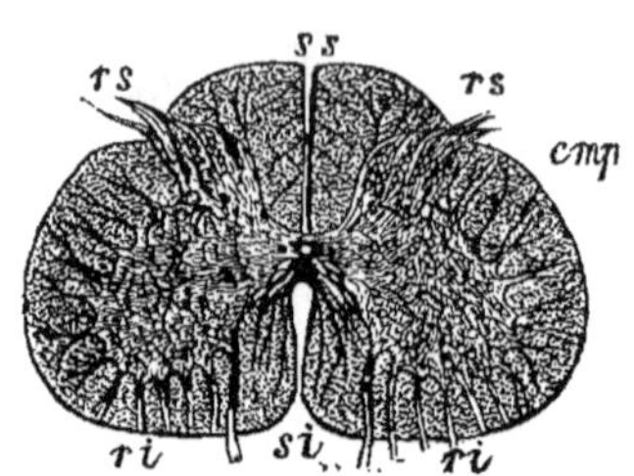

Fig. 171. — Coupe de la moelle épinière de l'*Homme* (*).

cement de la région lombaire pour se continuer par des nerfs destinés au bassin et aux jambes; nerfs dont l'ensemble, envisagé dans sa partie comprise dans le canal rachidien, constitue ce qu'on appelle la *queue-de-cheval* (pl. III).

Elle est plus courte encore dans certains poissons: ainsi celle du poisson-lune, qui vit dans nos mers, surpasse à peine le cerveau en longueur.

La moelle épinière, malgré sa nature médullaire, n'est point formée d'une masse unique et homogène. On y distingue plusieurs faisceaux qu'une dissection minutieuse permet de séparer les uns des autres. Ces faisceaux sont déjà distincts dans la moelle allongée ou moelle épinière cérébrale, et on les voit même passer séparément à travers la protubérance annulaire (fig. 165) ; au delà ils sont égalemen au nombre de six.

Dans leur partie appelée moelle allongée, il s'établit entre eux un entrecroisement partiel, d'où il résulte qu'une grande portion de la substance médullaire des faisceaux droits du bulbe rachidien passe au côté gauche de la moelle, et réciproquement. La conséquence de

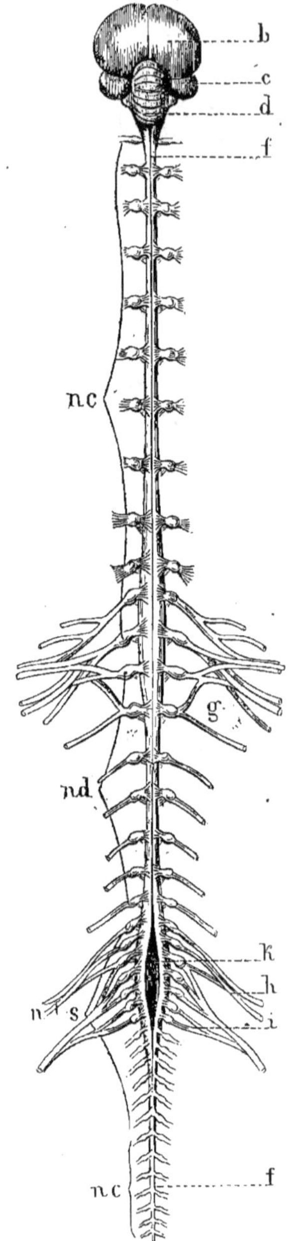

Fig. 172. — Système nerveux encéphalo-rachidien du *Pigeon* (**).

(*) *ss*) sillon supérieur (postérieur chez l'homme); — *rs, rs*) racines supérieures des

cette disposition est que l'action de chacune des deux moitiés du cerveau porte principalement sur le côté du corps opposé à celui auquel cette

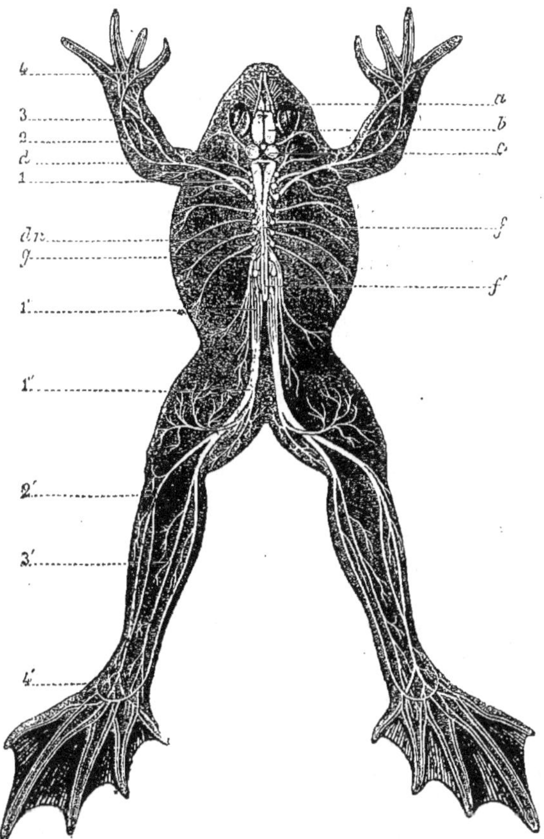

Fig. 173. — Système nerveux de la *Grenouille* (encéphale et nerfs de la vie de relation) ; vus par la face dorsale (*).

moitié appartient. De là vient qu'un épanchement de sang, qui a rompu

nerfs ou racines sensibles (postérieures chez l'homme) ; — *cmp*) cordon médullaire postérieur ; *ri, ri*) racines inférieures des nerfs (antérieures chez l'homme) ou racines motrices ; — *si*) sillon inférieur.

(**) *b*) hémisphères cérébraux ; — *c*) lobes optiques ou tubercules jumeaux ; — *d*) cervelet ; — *ff*, moelle épinière ; — *nc*) nerfs cervicaux fournis par la moelle ; — *nd*) nerfs dorsaux ; — *nls*) nerfs lombaires et sacrés ; — *nc*) nerfs coccygiens ; — *g*) plexus brachial formé par une partie des nerfs cervicaux inférieurs et dorso-supérieurs ; — *h*) plexus lombaire ; — *i*) plexus sacré ; — *k*) ventricule lombaire.

(*) *a*) lobes olfactifs ; — *b*) hémisphères cérébraux ; — *c*) lobes optiques ; — *d*) cervelet ; — *ff*) moelle épinière ; — *g*) ganglions intervertébraux ; — 1 à 4) nerfs des membres antérieurs ; — 1') racines des nerfs cruraux ; — 1'') nerfs cruraux ; — 2', 3' et 4') leur distribution dans les membres postérieurs.

des fibres ou sensibles ou motrices dans la partie droite du cerveau, dé-termine la paralysie, c'est-à-dire la suppression de la sensibilité ou celle du mouvement dans le côté gauche du corps, et inversement.

Les différents faisceaux dont la moelle est composée ne sont pas telle-ment unis entre eux, qu'on ne remarque à la surface de cet organe des traces capables de faire soupçonner leur existence. Ainsi la moelle est séparée profondément en dessus et en dessous, dans toute sa longueur, par un double sillon médian dont le postérieur (supérieur chez les ani-maux) est le sillon médio-postérieur, et l'antérieur le sillon médio-anté-rieur ; le *calamus scriptorius*, ouvert sous le cervelet, n'est que la conti-nuation élargie du sillon postérieur de la moelle à son point de jonction avec le cerveau. Il y a en outre deux sillons de chaque côté de cet organe ; on les distingue en sillon latéro-supérieur et latéro-inférieur. Entre eux est le faisceau latéral ou moyen (fig. 170).

Des trois paires de faisceaux médullaires que l'on reconnaît à la moelle rachidienne, la postérieure est particulièrement affectée aux fonctions de la sensibilité, et l'antérieure à celles du mouvement. Des expériences mettent hors de doute ce fait, qui est d'ailleurs démontré par les consé-quences de certaines blessures, détruisant la sensibilité si elles portent sur les faisceaux postérieurs, et la locomotilité si ce sont les faisceaux antérieurs qui ont été lésés.

La moelle donne insertion, sur son trajet, aux nerfs qui se rendent aux différentes parties du corps ; elle est plus renflée aux points correspon-dant à l'origine des nerfs allant aux membres, ce qui constitue ses ren-flements brachial et lombaire (fig. 170 et 172). Ces nerfs ont leurs *racines* entre les faisceaux postérieur et moyen (racines postérieures) ou entre les faisceaux moyen et antérieur (racines antérieures).

Certains animaux, les oiseaux en particulier, ont le sillon postérieur de la moelle dilaté en manière de ventricule (fig. 172, *k*), au niveau du renflement lombaire (ventricule lombaire).

Nerfs de la vie de relation. — Ces nerfs sont composés d'une sub-stance intérieure conductrice de l'agent nerveux, et d'une enveloppe extérieure, appelée *névrilème*. Leur partie essentielle est une pulpe ren-fermant un axe filamenteux, nommé cylindre axile.

Ils sont de trois sortes :

1° Ceux qui servent à la sensibilité spéciale, tels que les nerfs de l'olfaction, les nerfs optiques et les nerfs auditifs.

2° Ceux de la sensibilité générale.

3° Ceux dont la fonction est d'exciter les mouvements musculaires.

Envisagés sous le rapport de leur insertion au système encéphalo-rachidien, les nerfs, quelle que soit leur action physiologique, se parta-gent en paires successives qui répondent, sauf ceux de la tête, aux divers segments osseux ou ostéodesmes dont le squelette est formé.

Quoique le cerveau ne comprenne que quatre lobes nerveux distincts les uns des autres, qu'il n'y ait à la tête que quatre organes des sens, et que les vertèbres crâniennes ne soient également qu'au nombre de

quatre, les anatomistes reconnaissent tantôt neuf paires de nerfs cérébraux, tantôt douze; mais il est facile de voir que cette nomenclature
aurait besoin d'être réformée.

NERFS CRANIENS. — Les neuf paires nerveuses crâniennes ou cérébrales (fig. 174), admises par la plupart des auteurs, sont les suivantes :

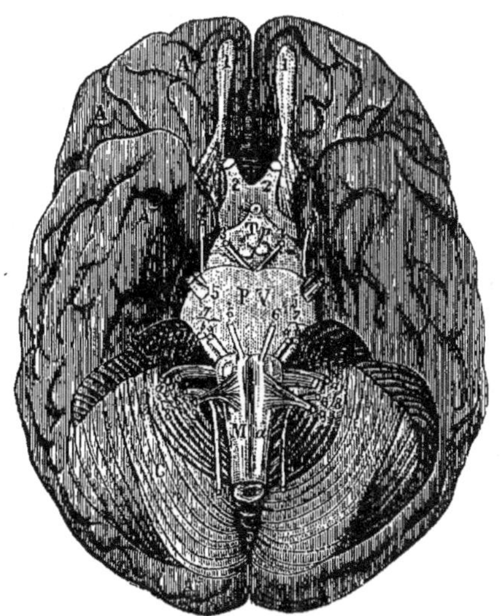

FIG. 174. — Cerveau humain, vu en dessous, et insertion des nerfs cérébraux (*).

1re *paire : nerfs olfactifs.* Ainsi que nous l'avons déjà fait remarquer
à la page 213, ce sont des lobes du cerveau et non des nerfs. Les filets
qu'ils fournissent à la membrane pituitaire sont nombreux, de consistance molle et de fonction spécialement olfactive. Ces filets sortent du
crâne par la lame criblée de l'ethmoïde.

2e *paire : nerfs optiques.* Ils appartiennent également à la sensibilité
spéciale et ne se rendent qu'à la rétine, qu'ils mettent en communication
avec le cerveau. Cette communication s'accomplit, tantôt avec les lobes

(*) *a, a*) hémisphères cérébraux; — *c*) cervelet; — *tp*) tige pituitaire; — *pv*) protubérance annulaire ou pont de Varole; — *ma*) moelle allongée.

Les paires nerveuses cérébrales; division en neuf paires :

1) *nerfs olfactifs*, qu'il faut considérer comme un des ganglions du cerveau et non
comme une simple paire nerveuse; — 2) *nerfs optiques*; — 3) *nerfs moteurs oculaires
communs*, allant aux enveloppes de l'œil ainsi qu'à ses muscles; — 4) *nerfs pathétiques*,
allant aux yeux et à leur muscle grand oblique; — 5) *nerfs trijumeaux*, affectés à la sensibilité générale de la tête; — 6) *nerfs oculo-moteurs externes*; — 7) septième paire
divisée en portion dure, ou *moteurs faciaux*, et en portion molle, ou *nerfs acoustiques*;
— 8) huitième paire, nerfs *grands hypoglosses*, servant au mouvement de la langue;
— 9) *neuvième paire*, divisée en *glosso-pharyngiens*, *pneumogastriques*, allant aux
viscères nutritifs, et *spinaux*, dits aussi accessoires.

optiques seuls et par l'intermédiaire de racines dites *corps genouillés externes*, tantôt simultanément avec les lobes optiques et avec les hémisphères cérébraux : ce second moyen de communication a alors pour racines les prolongements appelés *corps genouillés internes*, et ceux dont nous venons de parler sous le nom de corps genouillés externes.

L'homme et les singes ont des racines optiques de ces deux ordres ; les autres mammifères n'en ont que du premier ordre seulement : ce qui établit entre leurs perceptions optiques et celles des animaux précédents une différence considérable en rapport avec la supériorité et la nature de leurs aptitudes intellectuelles, puisque, suivant qu'il existe un ou deux ordres de racines optiques, les sensations visuelles sont perçues par les lobes optiques seuls, qui sont le siége des facultés instinctives, ou simultanément par ces lobes et par les hémisphères cérébraux, siége spécial des facultés intellectuelles.

3° *paire : nerfs moteurs oculaires communs*. Ils sont destinés au mouvement, et se rendent aux enveloppes de l'œil ainsi qu'à ses muscles.

4° *paire : nerfs pathétiques*. Ils vont aux yeux, et se distribuent aux muscles grands obliques. Ce sont aussi des nerfs moteurs.

5° *paire : nerfs trijumeaux*. Affectés à la sensibilité générale de la tête ; ils fournissent un grand nombre de divisions ou rameaux, surtout à la face et aux organes des sens qui y sont logés.

6° *paire : nerfs oculo-moteurs externes*. Nerfs moteurs pénétrant dans l'orbite et s'épanouissant dans les muscles droits externes des yeux.

7° *paire*. On lui distingue deux parties essentielles, savoir :

a) La portion dure, constituant les *nerfs faciaux*, qui sont d'ordre moteur et fournissent des ramifications aussi nombreuses que celles de la cinquième paire. Quelques-uns de ces rameaux sont sensibles, parce qu'il s'y joint des filets de cette dernière.

b) Les *nerfs auditifs*, ou nerfs spéciaux de l'oreille, appelés aussi portion molle de la septième paire, à cause de leur structure pulpeuse.

8° *paire : nerfs grands hypoglosses*. Mouvements de la langue.

9° *paire*. Elle est plus complexe que les autres, et comprend deux nerfs sensibles et un nerf moteur qui naissent, les premiers des parties latérales, et le dernier des parties inférieures du bulbe rachidien. Ce sont :

a) Les *nerfs glosso-pharyngiens*, se rendant à la base de la langue ainsi qu'au pharynx et servant à la sensibilité de ces parties. Beaucoup d'auteurs les regardent même comme étant les nerfs spéciaux de la gustation.

b) Les *nerfs pneumogastriques*, principalement sensibles et fournissant des rameaux aux organes suivants : pharynx, larynx, trachée-artère, poumons, cœur et estomac. Leurs branches droite et gauche forment des plexus en se réunissant sur plusieurs points, soit entre elles, soit avec le grand sympathique.

Les nerfs pneumogastriques, dont le nom rappelle qu'ils vont principalement aux poumons et à l'estomac, ont une importance fonctionnelle considérable. C'est par eux que la sensibilité agit sur les organes qui viennent d'être énumérés, et ils nous en font connaître le mode d'action par des sensations analogues à celles des autres nerfs, quoique plus confuses. Ils rattachent donc à certains égards la vie purement nutritive à la vie de relation, et ils en mettent ainsi les organes en communication avec cette dernière, tandis que sous les autres rapports les organes nutritifs sont complétement sous la dépendance des nerfs du système sympathique et échappent à l'action de la volonté.

c) Les *nerfs accessoires de Willis*, aussi appelés *nerfs spinaux*. Ils s'accolent en grande partie aux rameaux des pneumogastriques et sont les agents de la contraction volontaire dans les parties auxquelles ces nerfs se rendent.

Nous ne devons pas oublier de rappeler que beaucoup d'anatomistes admettent douze paires de nerfs crâniens au lieu de neuf. Les nerfs acoustiques deviennent alors la huitième paire; les glosso-pharyngiens, la neuvième; les pneumogastriques, la dixième; les spinaux, la onzième, et les hypoglosses la douzième. Nous avons indiqué d'après le premier mode de classement les nerfs crâniens de l'homme (fig. 174), et d'après le second ceux de l'oiseau (fig. 175); ce qui permettra d'en établir la comparaison.

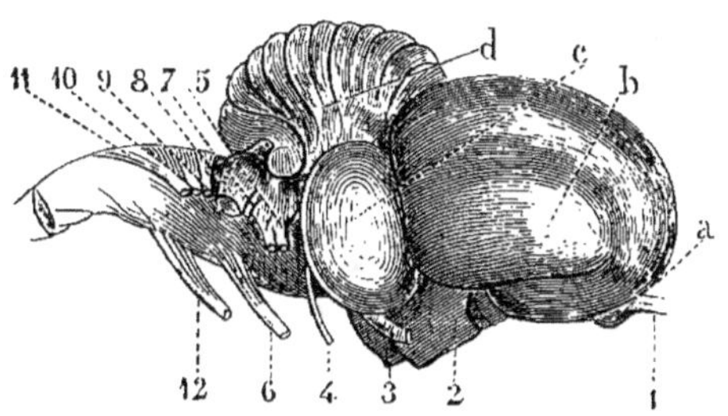

FIG. 175. — Cerveau du *Dindon;* vu de profil (*).

NERFS RACHIDIENS. — Les nerfs dont il vient d'être question sous le nom de nerfs céphaliques ou crâniens sont ceux qui sortent du cerveau ou du bulbe rachidien, en passant, avant de se rendre à leur destination, par quelque perforation du crâne. Les nerfs rachidiens naissent de la moelle épinière postérieurement à sa partie cérébrale, dite *moelle allongée*, et ils présentent en outre le caractère de sortir du canal rachidien par des orifices ménagés au point de jonction des vertèbres les unes avec les

(*) *a*) lobes olfactifs ou nerfs de la première paire; — *b*) hémisphères cérébraux; — *c*) tubercules jumeaux; — *d*) cervelet.
1-12) les paires nerveuses du cerveau classées suivant le système qui admet douze paires de ces nerfs au lieu de huit. — 1 à 6) comme dans l'explication de la figure 174; — 7) la portion dure de la septième paire, conservant seule le nom de septième paire; — 8) la portion molle de la même paire, ou huitième paire (nerf acoustique); — 9) le glosso-pharyngien, qui devient la neuvième paire; — 10) nerf pneumogastrique ou dixième paire; — 11) nerfs spinaux ou accessoires de Willis (onzième paire); — 12) grand hypoglosse (douzième paire).

autres. Ces orifices sont les *trous de conjugaison*. Quelques espèces, comme le tapir, le bœuf, etc., ont ces trous non plus intermédiaires aux vertèbres, mais percés dans la substance même de ces dernières, sur leurs côtés.

Le nombre des nerfs rachidiens varie avec celui des vertèbres. Dans l'homme on en compte 31 paires, savoir : 8 cervicales, dont la première passe entre l'occipital et l'atlas, 12 dorsales, 5 lombaires et 6 sacrées.

Fig. 176. — Un des ganglions intervertébraux du système nerveux rachidien (*).

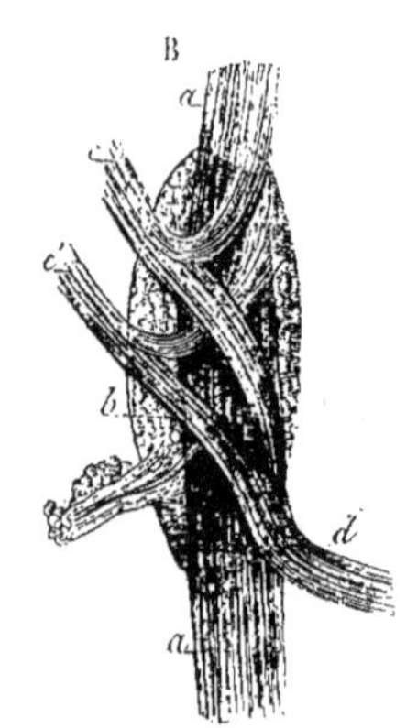

Fig. 177. — Un des ganglions thoraciques du grand sympathique (**).

Chacune d'elles s'insère à la moelle par deux ordres de *racines*, les unes dites *supérieures* (*postérieures* chez l'homme), et les autres *inférieures* ou *antérieures* (fig. 176). A leur point de jonction, voisin des trous de conjugaison, ces racines se réunissent pour former les nerfs droit ou gauche de chacune des paires auxquelles elles appartiennent, et elles sont toujours accompagnées à cet endroit d'un *ganglion*, que traversent particulièrement les filets sensitifs de cette paire, formés eux-mêmes par les racines supérieures. Au delà de ces ganglions intervertébraux s'opère la séparation des nerfs en leurs rameaux secondaires, destinés, les uns à porter la sensibilité aux organes, les autres à leur donner le mouvement.

Il est bon de rappeler que les nerfs de certaines paires s'associent entre eux pour un même côté ou échangent des fibres, ce qui constitue des *plexus*. Il y a un plexus *cervical*, un plexus *brachial*, un plexus *lombaire* et un plexus *sacré*. Le plexus brachial résulte, chez l'homme, de l'ana-

(*) *aa'*) racine supérieure sensible, établissant la jonction du nerf avec la moelle épinière ; — *b*) cellules nerveuses du renflement ganglionnaire qu'elle traverse ; — *cc'*) racine inférieure ou motrice de la même paire nerveuse ; — *d*) branche mixte réunissant une partie des racines sensibles et une partie des racines motrices.

(**) *aa'*) tronc du grand sympathique ; — *b*) cellules nerveuses du ganglion ; — *c c'*) communication du grand sympathique avec les nerfs rachidiens ; — *d*) nerf renfermant des filets du sympathique et des filets du système rachidien, allant aux viscères digestifs.

stomose de nerfs appartenant à cinq paires rachidiennes, les cinquième à neuvième. Les nerfs qui en émanent ont reçu les noms de *musculo-cutané, médian, cutané interne, cubital* et *radial*. Ces nerfs vont au bras.

Les nerfs de la vie de relation, ceux de la tête, comme ceux du reste du corps, ne sont pas uniquement chargés de donner la sensibilité aux organes auxquels ils se rendent; ils sont aussi les ordonnateurs de la contraction musculaire, et, bien qu'il soit difficile, dans certains cas, de reconnaître leur qualité sensible ou motrice, surtout lorsqu'ils réunissent des faisceaux nerveux de ces deux ordres, on est fixé dès à présent sur la véritable nature de beaucoup d'entre eux.

On savait depuis longtemps qu'il y a des nerfs particuliers pour le sentiment et d'autres pour le mouvement, mais on n'avait pas réussi à les distinguer nettement les uns des autres, et Boerhaave, célèbre médecin, mort en 1738, signalait cette séparation comme un des plus curieux problèmes de la science. C'est un physiologiste anglais, Charles Bell, qui a mis plus récemment les savants sur la voie de cette importante démonstration, dont l'honneur revient surtout à Magendie, médecin célèbre et professeur au Collége de France. Magendie a entrepris sur les animaux des expériences qui ont beaucoup contribué aux progrès de la physiologie.

Des observations avaient conduit à penser que deux des principales paires nerveuses de la face, les cinquième et septième paires, sont l'une essentiellement sensible et l'autre essentiellement motrice. Des vivisections furent tentées sur les animaux pour mettre ce double fait hors de doute, et l'on entreprit de semblables recherches au sujet des nerfs rachidiens. Magendie constata que la section des racines supérieures d'une ou de plusieurs paires nerveuses d'un même côté fait perdre toute sensibilité aux parties auxquelles ces paires envoient des nerfs, et que c'est la contractilité musculaire qui, au contraire, est abolie si l'on coupe leurs racines inférieures. De la sorte on peut abolir la sensibilité pour l'un des côtés du corps d'un animal, en coupant les racines supérieures de ses nerfs rachidiens, et de l'autre côté anéantir la locomotilité par la section des racines inférieures des nerfs correspondants. Divers auteurs, parmi lesquels nous citerons MM. Longet et J. Müller, ont répété ces expériences en les variant de plusieurs manières, et l'observation attentive des faits pathologiques a conduit à des résultats identiques. On sait aujourd'hui que quelques filets sensibles se mêlent aux racines essentiellement motrices et quelques filets moteurs aux racines essentiellement sensibles.

Les racines motrices d'un nerf étant coupées, on réussit à suppléer momentanément à l'incitation nerveuse qu'il produisait dans les muscles, au moyen de l'électricité, à la condition de faire passer le courant dans la partie périphérique du nerf coupé. Ce moyen a été souvent mis en usage pour distinguer les nerfs moteurs de ceux qui sont sensibles.

On comprend, en effet, que si le nerf sur lequel on expérimente est d'ordre moteur, l'électricité aura pour effet de faire contracter spasmodiquement les muscles auxquels ce nerf se rend, et que s'il est sensible, l'animal percevra de la douleur, chaque fois qu'on irritera le bout resté en communication avec la moelle.

La ligature des nerfs et celle des vaisseaux, l'emploi de substances toxiques appliquées sur le trajet des nerfs ou injectées dans les artères, ont permis d'acquérir une notion plus exacte encore du mode d'action des différents nerfs.

Quelques auteurs, voulant expliquer la manière dont fonctionne l'ensemble du système nerveux de la vie de relation, c'est-à-dire le système nerveux cérébro-spinal et les nerfs, soit sensibles, soit moteurs, qui en dépendent, l'ont comparé à un appareil de télégraphie électrique dont les différents nerfs, et leur prolongement sous forme de substance blanche dans la moelle épinière et jusque dans le cerveau, constitueraient un double système de fils conducteurs, les uns centripètes, destinés à transmettre aux parties grises du cerveau les sensations perçues dans tous les points du corps, les autres centrifuges, ayant pour but de porter aux muscles l'excitabilité motrice. Dans cette comparaison, les deux bureaux, l'un d'arrivée ou de réception des sensations, l'autre de départ ou d'émissions des ordres volontaires, auraient pour siége principal : le premier, les couches optiques qui sont une des parties fondamentales de l'encéphale ; le second, les corps striés, parties non moins importantes du noyau cérébral.

Aux couches optiques, considérées comme centre de réception, aboutissent en effet, soit directement, soit par l'intermédiaire d'autres parties encéphalo-rachidiennes, auxquelles se rendent des nerfs de sensibilité, une grande partie des fibres nerveuses afférentes ou centripètes, et conductrices de la sensibilité, venant de tous les organes. Ce récepteur central est mis en rapport avec la couche externe des hémisphères cérébraux, c'est-à-dire avec la substance grise du cerveau par une continuation de semblables fibres afférentes, lesquelles transmettent immédiatement à cette substance, instrument spécial des opérations réflectives et volontaires, l'ensemble des sensations qu'elles rapportent de tous les points du corps. Ces sortes de dépêches physiologiques y sont pour ainsi dire appréciées aussitôt que reçues, et par le moyen d'une véritable excitation nerveuse, dont la substance grise a la spécialité, des ordres sont expédiés aux différents organes par une autre catégorie de fibrilles constituées par les filets conducteurs appropriés aux fonctions de la locomotion. Avant de se rendre aux différents organes, ces fibrilles efférentes ou centrifuges sont à leur tour centralisées en grande partie dans une partie du cerveau distincte de celle que nous avons comparée à un bureau de réception. C'est pour continuer cette ingénieuse comparaison qu'on y a vu le bureau de départ. Les corps striés, dont nous avons également parlé, sont désignés comme en étant le siége principal.

Tandis que les sensations tactiles sont portées au cerveau par le premier système des fibres nerveuses dont il vient d'être question, les ordres de mouvement sont à leur tour transmis aux muscles des différentes parties du corps par celles du second système. Une étude attentive des nerfs provenant des racines sensibles (racines postérieures ou supérieures des nerfs), et de ceux qui ont leur origine apparente dans les racines motrices (racines antérieures ou inférieures), rend plus facile à comprendre cette explication, dont l'unique prétention est d'ailleurs de donner une idée à la fois élémentaire et simple des rapports que les centres nerveux ont avec les différents points du corps qui sont le siége des sensations ou sont soumis à l'action de la volonté.

§ II. — Système nerveux de la vie organique.

Nous n'avons qu'un sentiment vague des phénomènes purement nutritifs qui se passent en nous; encore ce sentiment est-il presque uniquement transmis à nos centres nerveux par les nerfs pneumogastriques, qui naissent du bulbe rachidien, et par le phrénique, appelé aussi diaphragmatique parce qu'il se rend au diaphragme : ce nerf provient de la région cervicale. Les actes physiologiques desquels résultent les principaux phénomènes digestifs, respiratoires et circulatoires, ne sont pas du nombre de ceux sur lesquels la volonté agit, mais ils ne sont pas pour cela soustraits à l'influence nerveuse.

Un autre ensemble de ganglions et de nerfs les régit; c'est le *système nerveux du grand sympathique*, aussi appelé *système nerveux de la vie organique*. Il opère de telle sorte que les fonctions qu'il dirige s'accomplissent à notre insu, mais sans perdre pour cela la régularité qui leur est nécessaire, et son action s'étend sur tous les phénomènes qui se rattachent aux fonctions de la nutrition.

Ce second système nerveux résulte, comme celui de la vie de relation, de deux ordres de parties, savoir : 1º de centres ou ganglions dont l'importance est loin d'égaler celle des centres encéphalo-rachidiens; 2º de cordons servant de moyens de communication entre ces différents centres et les organes qu'ils animent. Ces cordons sont des nerfs dont l'importance rappelle celle des nerfs ordinaires de la vie de relation.

Les ganglions du sympathique sont autant de sources d'action nerveuse, et les nerfs de ce système sont destinés à les mettre en communication avec les organes pour en diriger les fonctions nutritives; c'est pourquoi les centres nerveux du sympathique sont logés dans les arcs infravertébraux, dits hémapophysaires, qui renferment aussi les viscères de la nutrition. Sous ce rapport, ils sont dans une sorte d'antagonisme avec les centres nerveux de la vie de relation (système encéphalo-rachidien) qui occupent au contraire l'intérieur des arcs supravertébraux dont nous avons parlé sous le nom d'arcs neuraux.

Les centres nerveux de la vie purement organique sont multiples, et ils forment latéralement à la face inférieure des corps vertébraux une double série de ganglions dont quelques-uns seulement, ceux du cou par exemple, se réunissent plusieurs ensemble par suite d'une véritable fusion. Ils sont de petite dimension et reliés les uns aux autres pour chaque côté par une série correspondante de nerfs. Il en part du reste d'autres filets secondaires allant aux parties voisines. Ils envoient en même temps des nerfs aux viscères, et leur action s'étend sur toutes les parties du corps. La peau et les vaisseaux qui l'animent n'y sont pas soustraits, car les fibres musculaires lisses, dites fibres-cellules, qui en opèrent les contractions, en ressentent les effets. C'est en retenant momentanément le sang dans les capillaires des joues que l'influence du sympathique détermine la rougeur momentanée qui se manifeste sous l'influence des impressions morales un peu vives, et par une action inverse elle produit la pâleur. Les contractions involontaires de la peau en sont aussi un effet, et il faut particulièrement expliquer de cette façon l'état de cette membrane connu sous le nom de *chair de poule*, qui se produit sous l'influence du froid.

Dans les viscères digestifs, certains nerfs du sympathique aboutissent à des renflements de forme très-irrégulière, auxquels on donne le nom de *plexus du sympathique*, et qui se mêlent en partie à divers plexus de la vie de relation dépendant en général des pneumogastriques.

Les principaux plexus du grand sympathique sont :

1° Le *plexus coronaire*, destiné au cœur, et auquel se rendent les nerfs cardiaques provenant des ganglions cervicaux.

2° Les *plexus solaire* et *semi-lunaire*, situés au-dessous du diaphragme et destinés, eux ou leurs dépendances, à l'estomac ainsi qu'à d'autres parties du système digestif abdominal et à quelques organes également situés dans l'abdomen, tels que le foie, la rate ou les reins.

Comme on le voit, le système nerveux sympathique n'est pas entièrement isolé de celui de la vie de relation, et il s'y rattache encore par un certain nombre de filets nerveux provenant des paires crâniennes et rachidiennes (fig. 177), qui cheminent avec lui et vont aux organes, ce qui permet une double action nerveuse à la fois sympathique et volontaire.

La section du pneumogastrique dans sa région cervicale donne le moyen de mieux comprendre l'action propre du sympathique, et l'on peut, en coupant au contraire ce dernier, juger de son rôle dans les phénomènes nutritifs auxquels il préside par sa partie céphalique. Un des résultats curieux de cette section est l'élévation notable de température qui se produit dans la moitié correspondante de la tête, ce que l'on peut constater en touchant simplement avec la main les oreilles des animaux ainsi mis en expérience.

Chez les ruminants, la portion cervicale du grand sympathique et celle du nerf pneumogastrique sont réunies sur une assez grande longueur, et en faisant la section à cet endroit, on coupe en même temps ces deux nerfs, ce qui rend plus difficile de juger de leurs propriétés spéciales.

La présence du système nerveux sympathique a été constatée chez tous les vertébrés, mais il ne paraît pas exister chez les animaux sans vertèbres, et les filets nerveux allant du cerveau aux organes de la digestion, qu'on a regardés chez ces derniers comme lui étant assimilables, semblent correspondre plutôt aux nerfs pneumogastriques des animaux supérieurs qu'à leur véritable sympathique.

§ III. — Structure du système nerveux.

Les anciens n'ont eu qu'une notion incomplète des fonctions du système nerveux, et la nature des éléments anatomiques qui le constituent leur a été à peu près inconnue. Galien et quelques autres avaient cependant entrevu l'importance du rôle que le cerveau, la moelle épinière et les nerfs jouent dans l'organisme animal; mais ce fut Haller, célèbre physiologiste suisse qui vivait au dernier siècle, qui attira surtout l'attention sur ces organes en montrant par des expériences qu'aucune partie du corps n'est sensible par elle-même, et que les nerfs seuls donnent aux différents organes la propriété d'exécuter des mouvements ou de devenir le siége de sensations quelconques. On comprit dès lors combien serait importante pour la théorie des fonctions de rélation une étude approfondie du système nerveux envisagé dans ses diverses parties et dans leurs éléments constitutifs, soit chez l'homme, soit chez les principaux animaux. En ce qui concerne notre espèce, de semblables recherches devaient nécessairement mettre les savants sur la voie d'une appréciation plus exacte des rapports du physique avec le moral, et donner en même temps une notion précise des phénomènes de la sensibilité ainsi que de ceux du mouvement. Son utilité pour la médecine et même pour la psychologie était d'ailleurs évidente; aussi beaucoup d'auteurs se sont-ils appliqués à mieux faire connaître le cerveau et les nerfs.

A la fin du dernier siècle, un anatomiste français que nous avons déjà cité à propos de la théorie du squelette, Vicq d'Azyr, et, dans les premières années du siècle actuel, Gall, le célèbre inventeur de la phrénologie, ont bientôt montré quels curieux résultats on pouvait tirer d'une semblable étude. Aussi G. Cuvier et Blainville ont-ils insisté sur la nécessité de bien comprendre la disposition anatomique de l'encéphale ou des nerfs pour en mieux apprécier les propriétés. Concurremment les fonctions de relation furent analysées avec plus de soin et plus de discernement qu'elles ne l'avaient été par les anciens. Frédéric Cuvier profita de sa position comme directeur de la ménagerie du Muséum de Paris, pour appliquer à l'observation des actes tantôt intelligents, tantôt purement instinctifs qu'exécutent les animaux, les principes de l'analyse psychologique employée par les philosophes dans l'étude de l'intelligence et des instincts de l'homme. Il trouva dans ces recherches des éléments tout aussi précieux de démonstration que ceux fournis par la comparaison anatomique des organes. En effet, les facultés des animaux, étant plus restreintes que les nôtres, nous aident à comprendre ces dernières, en vertu de ce principe que le simple est ordinairement la clef du complexe. En constatant ce qui manque à leur cerveau et se trouve au contraire dans celui de l'homme, on put dès lors se faire une idée plus exacte de la supériorité de structure qui caractérise notre espèce, et reconnaître la vérité de cette proposition que des facultés plus parfaites ont aussi pour instruments des organes plus délicats et d'une structure plus compliquée.

C'est ainsi que les fonctions spéciales des différentes parties du système nerveux sont devenues de la part des anatomistes l'objet d'un examen attentif, et des expériences ont été instituées sur les animaux pour établir les fonctions particulières aux différentes parties de l'encéphale ainsi qu'à la moelle, et démontrer qu'il y a des nerfs spécialement moteurs, tandis que d'autres sont uniquement sensibles. En même temps on a trouvé dans les maladies dont le cerveau et les autres parties du système nerveux sont le siége chez l'homme, et dans les accidents résultant de blessures portant sur le même ordre d'organes, de nouvelles indications qui ont mis sur la voie de découvertes importantes. Les résultats auxquels ont conduit ces savantes recherches ne sont pas tous également définitifs ; mais un grand nombre d'entre eux sont dès à présent acquis à la science, et dans ces dernières années on a encore ajouté à la certitude de ces indications en joignant aux preuves sur lesquelles ils reposent des démonstrations nouvelles, tirées de l'examen microscopique des tissus nerveux, en rapport avec la diversité des fonctions délicates dont les nerfs et l'encéphale sont les agents.

On distingue trois sortes de cellules dans les centres nerveux qui constituent le système encéphalo-rachidien :

1° Les *cellules étoilées* ou *multipolaires*, qui sont plus grosses que les autres et servent spécialement d'incitateurs à la contraction musculaire : ce sont les cellules nerveuses du mouvement. (Page 37, fig. 20, *f* et *g*.)

2° Les *cellules fusiformes* ou *bipolaires*, qui paraissent être plus particulièrement affectées aux fonctions de la sensibilité. (*Ibid., e.*)

3° Les *cellules rondes* ou *unipolaires* (*ibid., a* et *b*), intermédiaires, pour le volume, à celles des deux premières catégories. Les ganglions qui sont placés au point de jonction des racines postérieures des nerfs avec leurs racines antérieures nous offrent l'exemple d'une semblable structure, et nous la retrouvons aussi bien dans les ganglions du système nerveux appartenant à la vie de relation, que dans ceux qui dépendent du grand sympathique.

De ces trois sortes d'éléments nerveux partent des prolongements qui constituent la partie essentielle ou conductrice des nerfs, c'est-à-dire les moyens de communication reliant les masses encéphalo-rachidiennes ou les ganglions cérébraux et la moelle avec les différents organes : les micrographes les appellent *cylindres axiles* (fig. 20, lettre *i*). Ce sont des filaments très-déliés ; ils forment la partie essentielle des nerfs.

Il existe aussi des filaments nerveux extrêmement ténus, destinés à mettre en rapport entre elles les différentes cellules de même ordre, de manière à renforcer leur puissance, et aussi les cellules des différents ordres pour assurer l'harmonie de leur action. C'est ainsi que prennent naissance les commissures nerveuses sans lesquelles les diverses parties du cerveau et de la moelle, celles des deux côtés du corps comme celles qui sont placées d'un seul côté, mais les unes après les autres et en succession, fonctionneraîent sans unité d'action, et seraient dans l'impossibilité de combiner les forces qu'elles mettent en jeu ou de les surajouter. L'harmonie s'établit, de cette manière, non-seulement·entre les cellules, siége de la sensibilité intérieure, mais aussi entre ces cellules et celles qui président aux mouvements en transmettant aux muscles l'ordre de se contracter.

C'est dans l'homme que ces éléments anatomiques, en particulier ceux de la sensibilité, sont les plus petits et les plus multipliés. Dans les grenouilles et les poissons, ils semblent au contraire être en quantité assez minime, comparativement à ce qu'on voit dans l'ensemble des mammifères. Chez les animaux inférieurs, il y en a encore moins et ils ont aussi moins de finesse. On a remarqué en outre que les cellules du mouvement étaient proportionnellement plus nombreuses dans les oiseaux qu'elles ne le sont dans les autres vertébrés, ce qui est en rapport avec l'activité de leur locomotion.

Les nerfs rachidiens ne sont jamais ni uniquement sensitifs ni uniquement moteurs; mais comme ils résultent de l'association, en proportion très-diverse, de cylindres axiles ou éléments conducteurs de la force nerveuse, provenant les uns des cellules sensibles et les autres des cellules locomotrices, ils sont sensibles et moteurs dans des proportions différentes et suivant l'origine des fibres qui dominent en eux. Cela est vrai, même pour les racines par lesquelles les nerfs s'implantent sur la moelle épinière; et si certains d'entre eux ou certaines de leurs racines sont plus spécialement affectés à la sensibilité ou à l'incitation locomotrice, il faut l'attribuer à ce que leurs fibres émanent en plus grande partie des cellules d'ordre sensible, ou au contraire des cellules d'ordre moteur. On sait que les racines postérieures des nerfs sont principalement sensibles et les antérieures principalement motrices.

On démontre également que les nerfs qui naissent de la moelle ne remontent pas, à travers cette partie, jusque dans le cerveau, en conservant, pour converger tous en un même point de cet organe, comme on l'avait d'abord cru, la séparation primitive de leurs fibres ou cylindres axiles. Beaucoup de leurs fibres se terminent bientôt après leur entrée dans la moelle, en se mettant en rapport avec les cellules étoilées ou multipolaires; ils établissent ainsi des relations entre l'ensemble des organes qui sentent ou ceux qui sont capables de mouvements volontaires, et les centres de l'innervation constitués par le système encéphalo-rachidien.

Les extrémités périphériques des nerfs sont beaucoup plus déliées que leurs extrémités rachidiennes, attendu que ces conducteurs de l'agent nerveux y ont acquis leur plus grand degré de division. Celles des nerfs moteurs pénètrent jusque dans les sarcolemmes ou enveloppes protectrices des fibres élémentaires des muscles, et elles s'étendent sur ces fibres en disques renfermant des granules nerveux qui les soumettent à l'influence de l'innervation. On donne à ces épanouissements des fibres nerveuses le nom de *corpuscules de Krauss*.

La plupart des fibres nerveuses sensibles se terminent au contraire dans de petites gaînes de nature fibreuse, composées de plusieurs enveloppes superposées qu'on appelle *corpuscules de Pacini* et *corpuscules de Meissner*.

§ IV. — Système nerveux envisagé dans la série animale.

Si l'on descend la série des animaux vertébrés, on voit le système nerveux diminuer d'importance; tout en conservant cependant, jusque dans les derniers genres de cet embranchement, une disposition générale qui rappelle celle de ses premières espèces. Dans tous le système

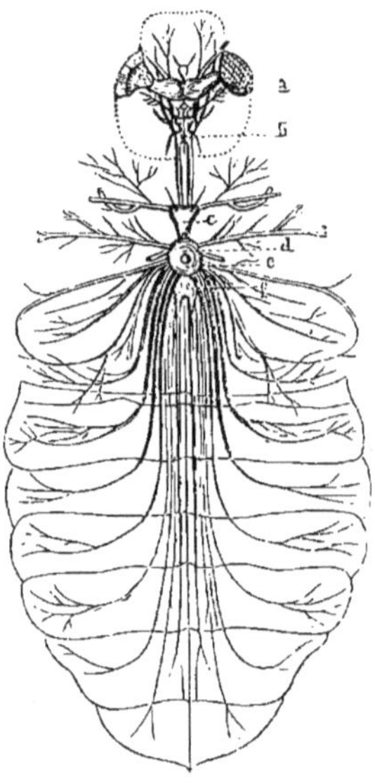

Fig. 178. — Système nerveux
du *Hanneton* (*).

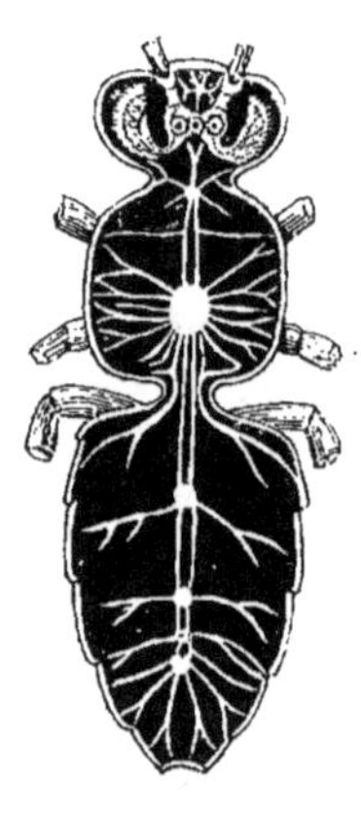

Fig. 179. — Système nerveux
de l'*Abeille*.

nerveux central est encéphalo-rachidien, et il est constamment placé au-dessus de l'axe squelettique, que celui-ci soit formé de vertèbres osseuses ou cartilagineuses, ou qu'il conserve la forme de corde dorsale, et se trouve ainsi au-dessus du canal intestinal. C'est de ce système nerveux encéphalo-rachidien que partent les nerfs de la vie de relation, et ils prennent naissance par deux ordres de racines, les unes postérieures ou sensibles, les autres antérieures ou motrices. Un étui squelettique

(*) *a*) cerveau et yeux; — *b*) partie sous-œsophagienne du cerveau; — *c*) premier ganglion thoracique; — *d*) les deux autres ganglions thoraciques réunis en une masse unique; — *e*) nerfs qui en partent; — *f*) partie abdominale de la chaîne ganglionnaire et ses principaux nerfs.

formant le canal vertébral enveloppe le système nerveux encéphalo-
rachidien et lui sert d'organe de protection. Tous les animaux vertébrés ont aussi un système nerveux sympathique résidant aux actes de la
vie de nutrition.

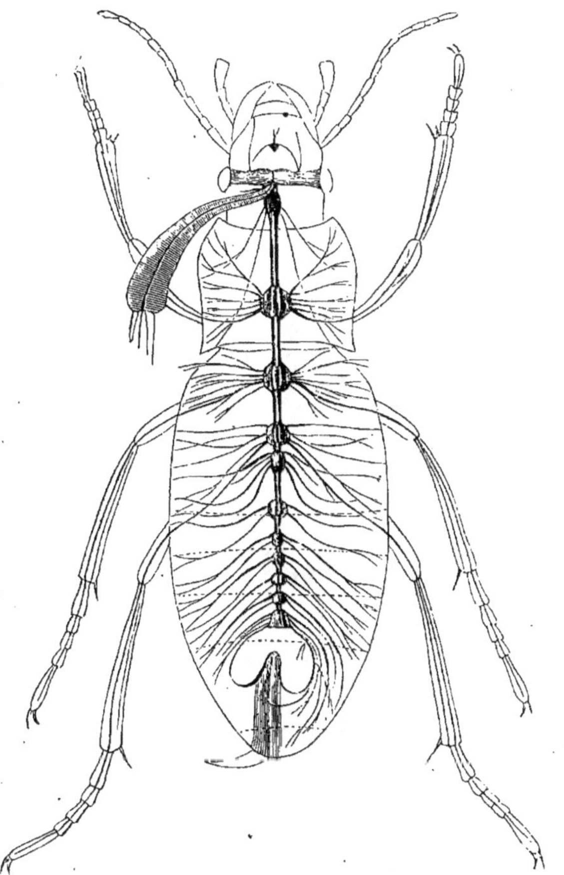

Fig. 180. — Système nerveux du *Carabe*.

Chez les animaux sans vertèbres, qu'ils soient articulés, mollusques
ou radiaires, le système nerveux du grand sympathique manque, ou du
moins sa présence est contestable, et il n'y a pas de prolongement rachidien supérieur au canal intestinal qui fasse suite au cerveau et soit
comparable à la moelle épinière des vertébrés.

La plupart des animaux articulés ont une chaîne ganglionnaire sous-
intestinale, reliée au cerveau, qui reste placé dans la tête au-dessus de
la bouche, par une double bride nerveuse allant de ce cerveau à la
première paire de ganglions.

La première paire des ganglions de cette chaîne sous-intestinale constitue le ganglion sous-œsophagien, qui est encore en partie une dépendance du cerveau, et l'œsophage se trouve ainsi entouré d'un véritable collier nerveux. Les ganglions suivants sont plus ou moins multipliés, selon que le nombre des anneaux du corps est plus ou moins considérable. Parfois ils se réunissent plusieurs ensemble, comme dans le thorax du hanneton (fig. 178), de l'abeille (fig 179) ou du crabe, ce qui correspond à la soudure des anneaux de la partie thoracique du corps.

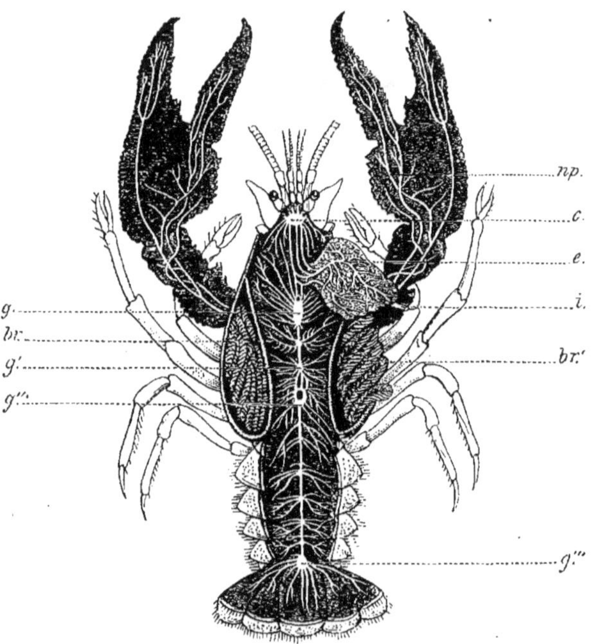

Fig. 181. — Système nerveux et branchies de l'*Écrevisse* (*).

Les insectes, les myriapodes, les crustacés et les arachnides, ont le système nerveux disposé comme il vient d'être dit, c'est-à-dire sous la forme d'une chaîne ganglionnaire placée au-dessous de l'intestin, sauf dans la région sus-œsophagienne de la partie de cette chaîne qui forme le cerveau.

On retrouve une semblable disposition générale chez les annélides

(*) c) cerveau, partie sus-œsophagienne du système nerveux ; — e) estomac et nerfs stomato-gastriques comparés au système nerveux sympathique par certains auteurs, et par d'autres aux nerfs pneumogastriques ; — i) intestin également rejeté à droite pour laisser voir la chaîne des ganglions nerveux sous-intestinaux ; — g, g', g'') ganglions thoraciques ; — g''') le dernier des ganglions abdominaux ; — np) nerfs des pattes antérieures appelées pinces ; — br, br') branchies visibles dans la cavité respiratrice après l'enlèvement de la partie dorsale de la carapace qui recouvre le céphalothorax.

(vers sétigères et sangsues); elle existe aussi, quoique moins prononcée, chez les entozoaires nématoïdes. Mais, chez certains autres animaux appartenant aussi à la grande division des vers, le cerveau ne fournit plus de collier œsophagien, et la chaîne sous-intestinale n'est plus représentée que par une paire de cordons latéraux manquant le plus souvent de renflements ganglionnaires.

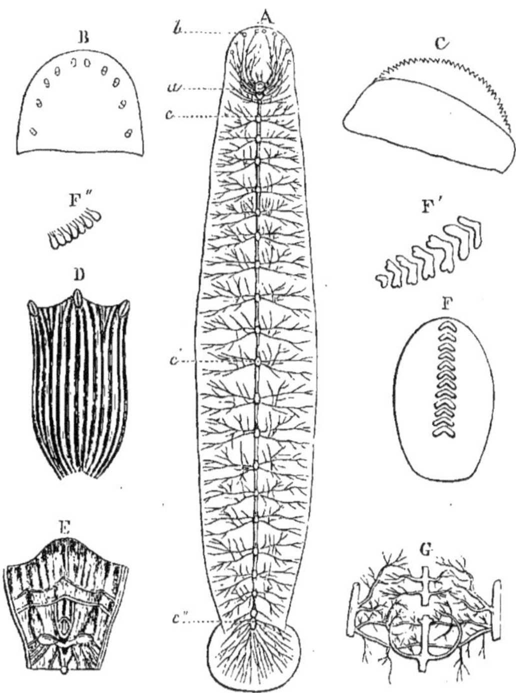

Fig. 182. — Anatomie de la *Sangsue* (*).

Enfin, les vers rubanés, tels que les ténias ou vers solitaires, n'ont plus qu'un faible rudiment de système nerveux.

Chez la plupart des mollusques il y a un cerveau très-évident, et il est, comme chez les principaux animaux articulés, relié par une paire de brides nerveuses à un ganglion sous-œsophagien, destiné à le compléter; mais ici la chaîne sous-intestinale n'existe plus, ce qui est en rap-

(*) A = système nerveux : *a*) cerveau; — *b*) yeux et nerfs optiques; — *c* à *c'*) la série des ganglions sous-intestinaux.

B = la partie antérieure du corps portant les yeux.

C = une des trois mâchoires.

E = la bouche ouverte; pour montrer l'emplacement des mâchoires.

F = dents en place; — F', F'') deux dents isolées, vues en dessus et de profil pour en montrer les denticules en scie.

G = partie du système vasculaire montrant les quatre troncs principaux et leurs divisions.

D = représente la bouche ouverte de la Sangsue dite *Sangsue de cheval* (genre *Hæmopis*).

port avec la forme indivise du corps. Quelques ganglions placés auprès des principaux viscères s'ajoutent seuls au cerveau.

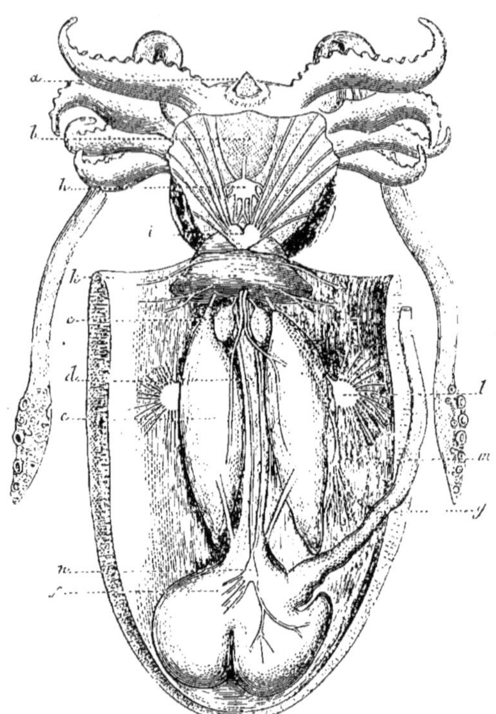

FIG. 183. — Anatomie de la *Seiche* (*).

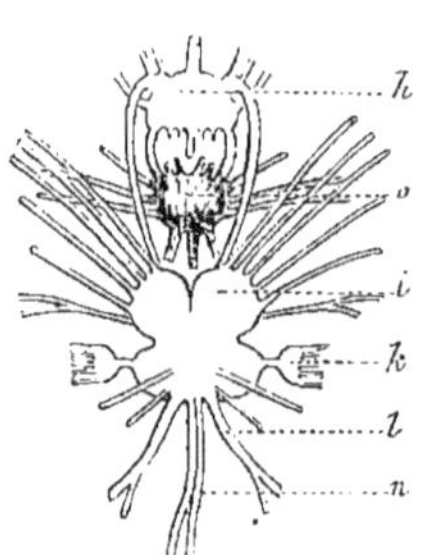

FIG. 184. — Cerveau de la *Seiche*; vu en dessus (**).

Ils ont plus de développement chez les céphalopodes que dans aucune autre classe de ces animaux ; mais on les retrouve chez les céphalidiens, soit gastéropodes (fig. 29 et 185), soit ptéropodes ou hétéropodes, et chez les acéphales qui sont pourvus de coquille, c'est-à-dire chez les lamellibranches ou conchyfères et chez les brachiopodes. Nous en donnerons l'huître (fig. 186) pour exemple. Toutefois, dans les tuniciers, qui sont des mollusques d'une structure moins parfaite, le collier œsophagien est toujours interrompu ; alors le cerveau ne consiste plus qu'en une masse unique de laquelle partent les différents nerfs.

Certains animaux qu'on a confondus avec les acalèphes, particulièrement les callianyres, présentent une disposition

(*) *a*) bec ; — *b*) masse buccale ; — *c*) glandes salivaires inférieures ; — *d*) œsophage ; — *e*) foie ; — *f*) estomac ; — *g*) canal intestinal ; — *h*) partie antérieure du cerveau

analogue. Chez les béroés, dont le corps a, comme celui des callianyres, une transparence comparable à celle du cristal, le système nerveux est à peu près semblable à celui de ces animaux.

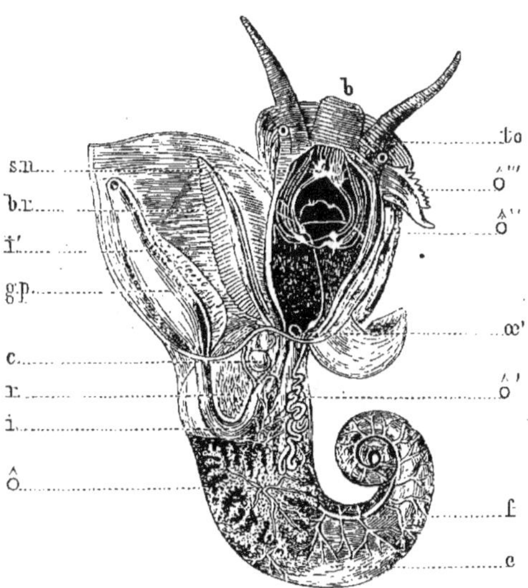

Fig. 185. — Anatomie de la *Littorine vignot* (*).

Les radiaires, ceux du moins dont le système nerveux a pu être observé, ont autour de la bouche un anneau renflé en autant de ganglions qu'il y a de rayons au corps, et chacun de ces ganglions envoie des nerfs à la division qui lui correspond : c'est, en particulier, ce que l'on a constaté pour les étoiles de mer.

Les méduses ont des organes des sens, yeux et capsules auditives, pourvus de système nerveux; mais leurs ganglions répondant au cerveau des animaux précédents n'ont pas encore été observés.

ou ganglion prébuccal ; — i) partie principale du cerveau ; — k) cartilage crânien ; — l) ganglion cutané, dit étoilé ou en patte d'oie ; — m) ganglion génital ; — n) ganglion stomacal.

(**) h) ganglion prébuccal ; — o) ganglion céphalique ; — i) ganglion sus-œsophagien ; — k) nerf optique et son ganglion ; — l) nerf branchial ; — n) nerf stomacal.

(*) b) bouche ; — to) tentacules oculifères ; — œ) section de l'œsophage, dont toute la partie antérieure a été enlevée pour laisser voir le système nerveux ; — f) foie ; — e) estomac ; — sn) système nerveux cérébral et collier œsophagien avec ses différents ganglions ; — br) branchies ; — i) rectum ou partie terminale de l'intestin ; — gp) glande de la pourpre ; — c) cœur, formé de deux cavités : une oreillette et un ventricule ; — r) rein ; — i) intestin.

L'exemplaire disséqué est du sexe mâle : ♂ ♂' ♂'' ♂''' sont les organes de reproduction. Les mêmes organes sont marqués ♀ ♀' ♀'' dans l'exemplaire de la figure 45 , qui est du sexe femelle.

Dans un grand nombre d'autres radiaires, il n'a d'ailleurs été trouvé, jusqu'à ce jour, aucune trace de système nerveux.

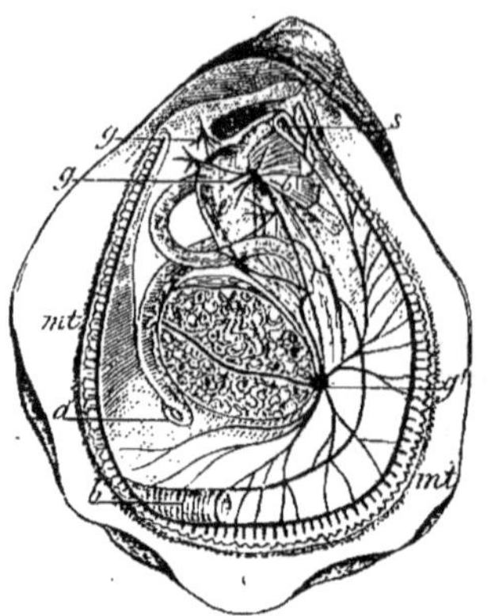

Fig. 186. — Anatomie de l'*Huître* (*).

C'est en particulier ce qui a lieu pour les polypes proprement dits; et il en est de même pour les êtres encore inférieurs à ces radiaires, auxquels on a donné le nom de protozoaires.

Le tissu de plus en plus homogène de ces animaux si simples semble être à la fois capable de sensibilité et susceptible de se contracter, ce qui l'a fait appeler par quelques auteurs, *tissu neuromyaire.* Mais cette désignation fait allusion à la propriété qu'ont les protozoaires d'être sensibles à certaines irritations extérieures et de se mouvoir, plutôt qu'elle n'implique l'existence chez eux d'un double système nerveux et musculaire bien constatés. De nouvelles recherches restent à faire pour démontrer qu'ils les possèdent réellement l'un et l'autre.

CHAPITRE XVI

DE LA PEAU.

La peau, ou enveloppe extérieure des animaux, est une membrane dont tout leur corps est entouré, et qui se moule si exactement sur ses différentes parties, qu'elle semble en déterminer la forme. Ses fonctions sont aussi variées qu'utiles à l'économie. Indépendamment de l'abri qu'elle donne à l'organisme tout entier, en le limitant par rapport au monde extérieur, elle concourt à le mettre en communication avec ce dernier. C'est par elle que sont versées au dehors la sueur et les sécrétions odorantes, et elle est le siége d'une respiration qui, pour être rudimentaire, comparativement à celle accomplie dans les poumons, n'est pas

---

(*) *s*) bouche; — *e*) estomac; — *ii*) canal intestinal; — *a*) anus; — *g, g* et *b*) cerveau et ganglions œsophagiens. Les filets nerveux qui en partent sont représentés par des lignes noires; — *g'*) ganglion sous-intestinal, appelé aussi pédieux, répondant au ganglion sous-œsophagien des autres mollusques et des animaux articulés; — *mt*) bord frangé du manteau, auquel se rendent des filets nerveux issus du ganglion précédent; — *i*) intestin; — *a*) anus; — *bb*) branchies, dont on n'a conservé que les portions terminales.

moins indispensable au bon équilibre des fonctions[1]. C'est aussi par
la membrane cutanée, c'est-à-dire par la peau, que l'homme et les
animaux perçoivent, en grande partie, leurs relations avec le monde
ambiant, et elle est plus particulièrement l'organe du toucher.

La peau est mise en communication avec les membranes muqueuses
par plusieurs orifices naturels, dont le principal est la bouche. Elle présente, indépendamment de parties glandulaires servant à la sécrétion,
des organes protecteurs de l'ordre de ceux que nous avons appelés bulbes
ou phanères, parmi lesquels rentrent les poils des mammifères, les plumes des oiseaux et les écailles des poissons.

Nous devons donc l'envisager sous le triple rapport : 1° de sa composition intime ; 2° de ses moyens de sécrétion ; et 3° de ses téguments ou
parties accessoires. Il nous sera facile de comprendre ensuite comment
elle sert aux fonctions de relation.

STRUCTURE DE LA PEAU. — La membrane cutanée (fig. 25) se compose de
plusieurs couches superposées qu'on peut ramener à trois principales,
savoir : l'*épiderme* ou surpeau, partie protectrice de la peau, comprenant aussi le corps pigmentaire ; le *derme* ou cuir, constituant sa partie
fondamentale, et la couche musculaire ou le *peaucier*. Des nerfs se rendent
à cette membrane, ainsi que des vaisseaux : les premiers, destinés à lui
donner la sensibilité et à en exciter les mouvements ; les seconds, chargés de sa nutrition et versant à travers ses propres parois ou dans les
glandes qu'elle renferme les matériaux de la sueur ainsi que les sécrétions odorantes. Ces vaisseaux sont sous l'influence de filets nerveux
très-déliés, provenant du grand sympathique.

ÉPIDERME. — C'est une couche constamment dépourvue de vaisseaux
et manquant de sensibilité, par conséquent sans nerfs, qui est formée de
cellules aplaties, la plupart desséchées et de nature cornée ; elle constitue
à la surface de la peau une sorte de vernis destiné à l'isoler des corps
extérieurs. La couche profonde de l'épiderme est seule en voie de formation, mais ses lamelles superficielles se détachent de temps en temps par
une sorte de mue. Chez les serpents, on voit tout l'épiderme ancien se
séparer à la fois, et le corps de l'animal en sort comme d'un fourreau
par lequel il aurait été protégé. Un nouvel épiderme s'est déjà formé pour
remplacer celui que l'animal vient de perdre.

Au-dessous de l'épiderme, et comme dépendance de cette couche,
est le *pigment* ou matière colorante de la peau. Il est surtout développé
chez les nègres et leur donne la couleur noire qui les distingue des autres hommes. Les animaux ont aussi des pigments, dont la teinte varie
suivant les différentes espèces. Ces variations sont surtout remarquables
chez les reptiles et les poissons, particulièrement chez les espèces des
pays chauds, dont les couleurs sont aussi vives que variées. Le caméléon
doit ses changements de couleur à la faculté que présente son pigment

---

1. C'est là une des raisons pour lesquelles l'entretien des fonctions de la peau est si
important pour la santé.

de pouvoir s'épanouir à la surface du derme, ou rentrer au contraire, en totalité ou en partie, dans l'intérieur de cette partie de la peau.

Des poches pigmentaires analogues, mais plus grosses et plus écartées les unes des autres, existent à la peau des céphalopodes : elles sont appelées *chromatophores*. Ces poches jouissent aussi de la possibilité d'apparaître instantanément, ou de se cacher dans le derme ; elles ont souvent de très-belles teintes.

Derme. — C'est la couche principale de la peau. Il est constitué par un amas de cellules fibreuses, appartenant au tissu connectif, qui forment une sorte de feutrage perméable aux nerfs ainsi qu'aux vaisseaux. Sa partie extérieure présente de petites éminences diversement disposées, qui constituent les *papilles du derme*. Ces papilles reçoivent les extrémités des nerfs et sont essentiellement les organes sensibles de la peau ; leur sensibilité est d'autant plus active, qu'elles sont recouvertes par une moindre couche épidermique. On sait combien cette sensibilité des papilles s'exagère et devient douloureuse lorsque l'épiderme a été enlevé par une cause quelconque. C'est auprès de ces papilles que sont placés les corpuscules de Meissner.

Les parties profondes du derme sont plus lâches, et celles de sa surface plus serrées. Les premières laissent dans leur intérieur des vides plus ou moins grands, remplis de graisse, qui établissent la transition du derme avec la couche graisseuse sous-cutanée, dite *pannicule graisseux*. Dans certaines espèces, principalement sous l'influence d'une alimentation spéciale, cette couche graisseuse peut prendre un développement considérable ; c'est ce qui a particulièrement lieu dans le cochon, parmi nos animaux domestiques, et dans les cétacés, animaux marins dont le corps, à peu près dépourvu de poils, se refroidirait rapidement au contact de l'eau, s'ils ne possédaient au-dessous du derme cette tunique isolante pour empêcher la déperdition du calorique.

A la peau des animaux, dans certains points seulement et dans certaines espèces plutôt que chez les autres, se voit une couche musculaire qui permet à l'enveloppe cutanée les mouvements partiels qu'elle exécute : c'est le *peaucier*. Il nous donne la possibilité de remuer la peau de notre front et tout le cuir chevelu. Le cheval lui doit de produire ces tremblements dont la peau de son ventre est le siége, lorsque quelque insecte vient le piquer. Le muscle peaucier n'acquiert, dans aucune espèce, un développement aussi grand que chez le hérisson, où il a l'apparence d'une sorte de coiffe recouvrant tout le corps, et destinée à redresser, dans toutes les directions, les innombrables piquants dont la peau de cet animal est garnie. C'est là ce qui fournit au hérisson son principal moyen de défense.

Organes sécréteurs dépendant de la peau. — La peau est perméable à certains liquides ; c'est ainsi que la sueur peut la traverser et s'écouler au dehors. Elle renferme en outre dans son intérieur des organes glanduleux en général de très-petite dimension, versant à sa surface des produits spéciaux, qui sont pour la plupart odorants. La structure de ces organes cutanés est tout à fait comparable à celle des glandes et glandules que nous avons étudiées à propos du canal digestif.

Ils existent chez l'homme et chez beaucoup d'autres animaux, où ils sont fort petits, et formés chacun par un tube très-fin, pelotonné dans sa partie profonde et ouvert à la surface papillaire du derme par un très-petit orifice (fig. 25, *e, e'*). C'est par les glandes sudoripares que suinte le principe qui donne à la sueur des mammifères son odeur caractéristique.

Certains animaux présentent des glandes cutanées conglomérées, dont le volume peut être considérable. Il y en a une sur le dos du pécari ; une à la joue de l'éléphant, etc.

Les mamelles sont des glandes cutanées propres aux seuls mammifères, mais qui, sauf des cas tout à fait accidentels, ne prennent leur entier développement que chez les individus du sexe mâle. Elles servent à la sécrétion du lait, substance liquide dont les qualités alimentaires nous ont déjà occupés.

La composition du lait n'est pas absolument la même chez les différentes espèces. Il nous suffira, pour en donner la preuve, d'indiquer, pour quelques-unes de nos espèces domestiques, les plus utiles sous ce rapport, la proportion des principes qu'il renferme ; c'est ce que nous ferons pour la vache, la brebis et la chèvre.

	VACHE.	BREBIS.	CHÈVRE.
Beurre	3,20	7,50	4,50
Caséine	3,00	4,90	3,50
Albumine	1,20	1,70	1,35
Sucre	4,30	4,30	3,10
Sels	0,70	0,90	0,35
Eau	87,60	81,60	87,30
	100,00	100,00	100,00

Les globules qu'on aperçoit dans le lait au moyen du microscope sont de nature graisseuse ; ils sont néanmoins enveloppés d'une mince couche d'albumine. De l'eau, tenant en dissolution les autres principes du lait, forme la plus grande partie de cette sécrétion (fig. 34).

Le musc des chevrotains est sécrété par une glande spéciale à l'espèce de chevrotain appelée *porte-musc*. Il en est de même de la civette, autre parfum dû à un animal carnivore vivant en Afrique. Les musaraignes ont des glandes à musc sur les flancs, et les desmans sur la queue.

Les oiseaux possèdent au-dessus du coccyx un amas glanduleux exsudant une matière grasse qui sert à enduire leurs plumes. C'est à cette substance que le plumage des oiseaux d'eau doit la propriété de ne pas se mouiller lorsque ces animaux plongent. Une autre glande est placée au-dessus des sourcils de beaucoup d'oiseaux ; elle verse son produit dans le nez.

Les lézards ont des glandes le long des cuisses, et il y en a auprès de l'anus des serpents.

La peau des batraciens est riche en organes de même nature. Leur sécrétion a souvent un caractère toxique.

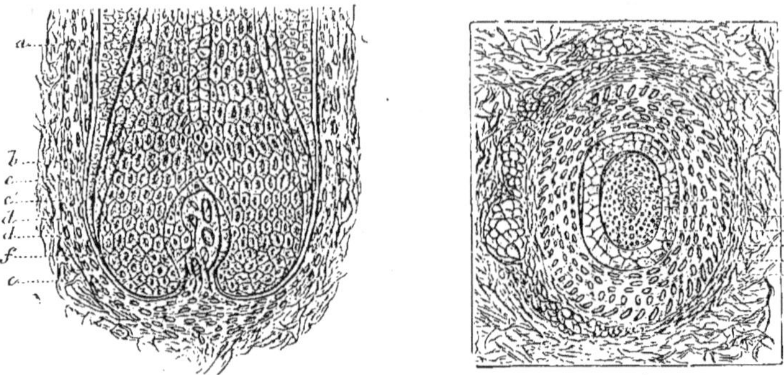

FIG. 187. — Bulbe pileux (*).

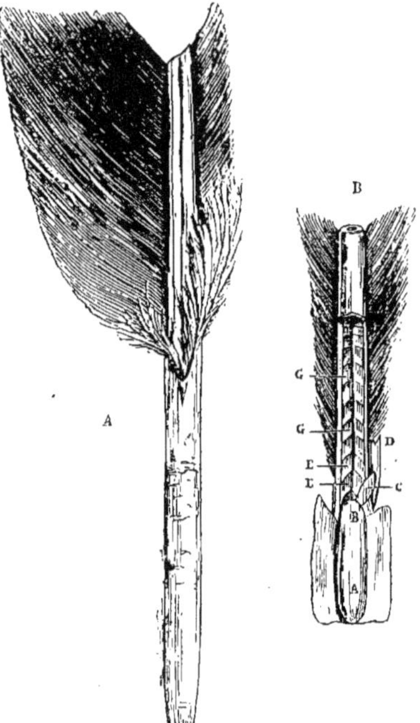

FIG. 188. — Plume et son analyse (**).

FIG. 189. — Plume à barbules disjointes, dite plume décomposée; du *Marabout*.

PHANÈRES CUTANÉS. — Les *poils* et les *plumes* se produisent au moyen

(*) A = coupe verticale. — B = coupe transversale.
a) cellules médullaires centrales formant l'axe du poil; — *b*) cellules du bulbe;

de bulbes placés dans la peau, et ils constituent des téguments propres aux animaux à sang chaud. Comme l'épiderme, ils sont de nature cornée. Les poils présentent des caractères assez particuliers, suivant les mammifères chez lesquels on les étudie ou les parties du corps de ces animaux qu'ils recouvrent.

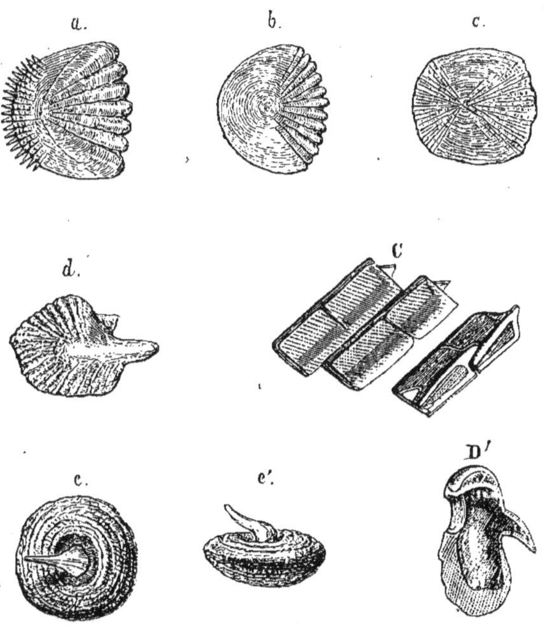

FIG. 190. — Formes principales des écailles des *Poissons* (*).

On doit en rapprocher, à cause de leur composition chimique et de la manière dont ils se développent, les ongles, les sabots, les étuis

— *cc'*) couche épidermique ; — *d d'*) couche dermique enveloppant le bulbe ; — *f*) papille vasculaire du bulbe.

(**) A) la partie supérieure a été coupée ; on voit donc le tuyau en entier et une portion de la tige avec ses appendices latéraux ou barbes de la plume. Les barbules, au moyen desquelles les barbes s'attachent entre elles pour former une surface plane et résistante, sont rapprochées les unes des autres.

B) — partie correspondante d'une autre plume également de la forme appelée *pennes*.

a et *b*) le tuyau, visible après qu'on a fendu la gaine cutanée qui renferme la plume et rabattu les deux lambeaux ; — *c*) portion à laquelle aboutit le tuyau et dont l'échancrure porte le nom d'ombilic supérieur ; — *d*) partie inférieure de la tige qui fait suite à l'ombilic supérieur, également rabattue en dehors ; — *ec*) l'enveloppe cornée de la tige ; — *gg*) la pulpe intérieure de la tige, formée de cellules épidermoïdes qui paraissent globuleuses quand on les examine au microscope ; elles sont moins serrées que celles de la substance cornée, qui sont aplaties. De chaque côté de la tige sont les barbes.

(*) *a*) écaille pectinée, dite cténoïde ; de la *Perche ;* — *b*) écaille circulaire, dite cycloïde ; du *Cyprinodon ;* — *c*) id. ; de la *Carpe ;* — *d*) écailles osseuses, à surface émaillée, dites ganoïdes ; du *Lépisostée ;* — *d'*) id. de l'*Amblyptère* (genre éteint de ganoïdes) ; — *ec'*) écaille en boucle, dite placoïde ; de la *Raie*.

cornés protégeant les prolongements frontaux des ruminants de la même famille que le bœuf, ainsi que la corne du rhinocéros.

La structure des plumes (fig. 188) est plus compliquée que celle des poils. Ces téguments, exclusivement propres à la classe des oiseaux, présentent aussi des différences dans leur apparence, suivant les conditions d'existence auxquelles ils sont appropriés et les usages pour lesquels la nature les a destinés.

Les *écailles* des poissons (fig. 190), sur lesquelles nous reviendrons à l'occasion de ces animaux, sont aussi des produits comparables aux phanères ; mais leur structure est différente à certains égards de celle des poils et des plumes, et, dans beaucoup d'espèces, elles ont aussi une composition chimique tout autre.

Enfin, on pourrait encore rattacher à la série des produits tégumentaires les *coquilles* qui protégent le corps des mollusques.

CHAPITRE XVII

DES ORGANES DES SENS, ET PARTICULIÈREMENT DU TOUCHER.

L'homme et les animaux possèdent, mais à des degrés très-divers, la notion des passions qui les agitent et celle de certains autres phénomènes d'origine également subjective, dont leur propre corps est aussi le siége. Toutefois ces phénomènes, qui dépendent de l'individu qui les perçoit et qui s'accomplissent dans l'intimité de son être, ne sont pas les seuls qu'il puisse constater. Une pareille sensibilité serait insuffisante aux besoins de la vie, et le plus souvent elle ne serait qu'une source de mécomptes, si les phénomènes extérieurs ne parvenaient aussi à la connaissance des êtres dont nous parlons. C'est par la surface externe du corps que ces perceptions sont recueillies, et des instruments appropriés en reçoivent la sensation pour la transmettre au cerveau. De là la présence d'organes particuliers concourant aux fonctions de relation, comme la locomotilité et l'activité cérébrale le font de leur côté, mais particulièrement destinés à nous transmettre des sensations extérieures, et par conséquent objectives. Ces organes sont les *organes des sens*.

On admet cinq sortes de sensations extérieures, donnant lieu à autant de sens différents, savoir : le *toucher*, le *goût*, l'*odorat*, la *vue* et l'*ouïe*. Quelques mots nous permettront d'apprécier le caractère de ces différents sens, dont les quatre derniers possèdent seuls des organes propres.

Le tact ou toucher est considéré comme un sens général, parce qu'il s'opère sur tous les points du corps, et que la peau, envisagée dans son ensemble, en est le siége. Il a pour agents des nerfs tirant leur origine de diverses parties du cerveau ou de la moelle épinière, mais s'y insérant par les racines dites postérieures chez l'homme ou supérieures chez les animaux. Ceux de ces nerfs qui se terminent à la peau nous renseignent sur la dureté plus ou moins grande des corps, sur leur forme, ainsi que sur leur température et quelques autres de leurs qualités distinctives. C'est aussi par eux que nous avons la sensation du contact, celle du chatouillement, qui peut devenir douloureux s'il est exagéré, et le sentiment des actions électriques. Les sensations tactiles sont reçues par les extrémités des nerfs dits de sensibilité générale, qui les transmettent à la moelle épinière et au cerveau.

Les autres sens sont dits spéciaux, parce qu'ils ont pour siége des organes à part, différemment disposés suivant la nature des impressions qu'ils sont destinés à recueillir. Ils sont au nombre de quatre, et tous ont leurs organes également placés à la tête, du moins chez les animaux supérieurs.

Les nerfs qui s'y rendent viennent directement du cerveau. Sauf pour le sens du goût, ces nerfs ont une structure différente de celle des autres. Ils sont pulpeux et semblent être des prolongements du cerveau dans l'organe auquel ils aboutissent plutôt que des nerfs ordinaires. Aussi leur fonction est-elle également spéciale, et ils sont toujours incapables de tout autre acte de sensibilité que la sensation particulière à laquelle ils sont spécialement affectés. Ils ne jouissent même pas de la sensibilité ordinaire ou générale propre aux nerfs du toucher, et des filets nerveux appartenant à des rameaux de ce dernier ordre viennent donner cette sensibilité aux organes des sens spéciaux. Ce sont principalement des rameaux appartenant à la cinquième paire des nerfs crâniens qui sont chargés de cette fonction ; le reste des nerfs de cette paire se distribue aux autres parties de la tête, dont ils sont aussi les principaux agents de sensibilité.

Si l'on tient compte du mode d'action des sens spéciaux, on peut les partager en deux groupes. Les uns, comme le goût et l'odorat, agissent, pour ainsi dire chimiquement, et leur perception exige, pour avoir lieu, que des parcelles des corps dont ils doivent nous faire connaître les propriétés, soit sapides, soit odorantes, aient d'abord été dissoutes et soient mises en contact avec leur membrane sentante.

Les autres, ou le sens de l'ouïe et celui de la vue, n'exigent point un contact matériel et immédiat du corps dont ils nous signalent la présence. Les vibrations du milieu ambiant, ou même, pour la vue, celles de l'éther qui remplit l'espace, suffisent à la transmission des phénomènes dont ils nous donnent la sensation. Aussi la structure des organes destinés à percevoir ces sensations est-elle des plus délicates, et les impressions que nous procure la vue sont d'une telle finesse, qu'elles nous indiquent l'existence de corps placés à des distances immenses, non-seulement celle des planètes appartenant à notre système solaire, mais encore celle des étoiles dont l'éloignement est infiniment plus considérable.

Nous commencerons l'étude des sens par le toucher.

Sens du toucher.

Le TOUCHER ou *tact* est regardé comme un sens général, parce qu'il s'exerce par tous les points de la surface extérieure du corps, et même par quelques parties situées plus ou moins profondément. Il n'est pas desservi, comme les sens spéciaux dont nous parlerons ensuite, par des nerfs particuliers et d'une structure différente de celle des autres. Ses nerfs sont ceux de tout le corps. Ils ne sont assujettis à d'autre condition que de prendre naissance à la moelle, soit cérébrale, soit rachidienne, par des racines s'insérant sur les sillons postérieurs.

La sensibilité tactile n'est donc qu'une forme de la sensibilité générale, et à beaucoup d'égards elle se confond avec elle. C'est par les extrémités périphériques des nerfs qu'elle s'exerce, et ces nerfs sont terminés, dans beaucoup de points du corps, par de petits organes spéciaux appelés, d'après le nom des auteurs qui les ont décrits avec le plus de soin, *corpuscules de Pacini* et *corpuscules de Meissner*. Ces derniers corpuscules semblent être plus spécialement les organes du tact.

La sensibilité tactile est plus ou moins prononcée dans les différentes parties du corps, suivant l'abondance ou la rareté des corpuscules nerveux qui en sont les principaux agents, et les parties où elle est la plus vive sont aussi celles dont l'épiderme est le moins développé.

L'homme touche plus particulièrement à l'aide de ses mains ; mais d'autres parties de son corps peuvent également exercer le tact, sans toutefois y être appropriées d'une manière aussi évidente.

Les singes se servent aussi utilement de leurs mains de derrière que de leurs mains de devant. Le cheval touche avec sa lèvre inférieure et l'éléphant avec sa trompe. Chez d'autres mammifères, ce sont des organes encore différents qui servent à l'exercice de cette fonction. Les perroquets y emploient leur langue ; les lézards ainsi que les serpents font de même. Dans certains poissons, le même office tactile est rempli par des barbillons placés aux angles de la bouche (carpes, barbeaux, etc.). Dans les trigles, il l'est par des rayons détachés des nageoires pectorales, et les nerfs qui se rendent à ces espèces de doigts sont plus volumineux que ceux des autres paires rachidiennes ; la moelle présente aussi des renflements correspondants placés au-dessus de leur point d'insertion. Les chats, les phoques et d'autres mammifères carnassiers ont pour organes du tact des poils plus roides que les autres et plus longs, qui partent en divergeant de leur lèvre supérieure ; il s'y rend des filets nerveux assez volumineux, provenant des nerfs de la cinquième paire. Ces poils ont reçu le nom particulier de *vibrisses*.

La sensibilité tactile existe aussi chez les espèces inférieures, car c'est une des propriétés les plus caractéristiques des animaux que d'être sensibles aux impressions extérieures, et la sensibilité est, avec la possibilité de se mouvoir, le principal caractère qui les différencie des végétaux.

Des mains. — Les extrémités antérieures, organes principaux du tact

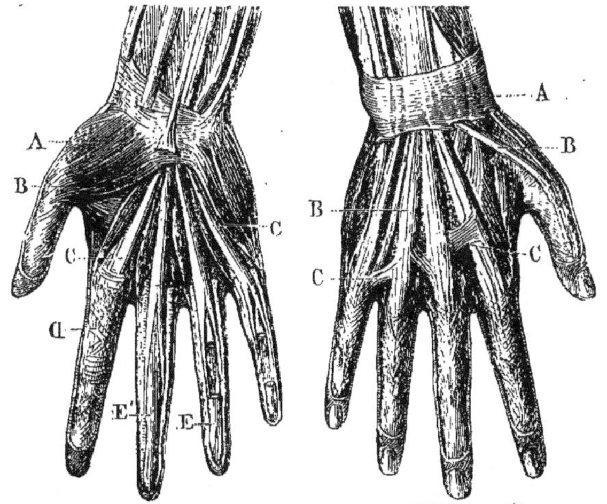

Fig. 191. — Anatomie de la main de l'*Homme* (*).

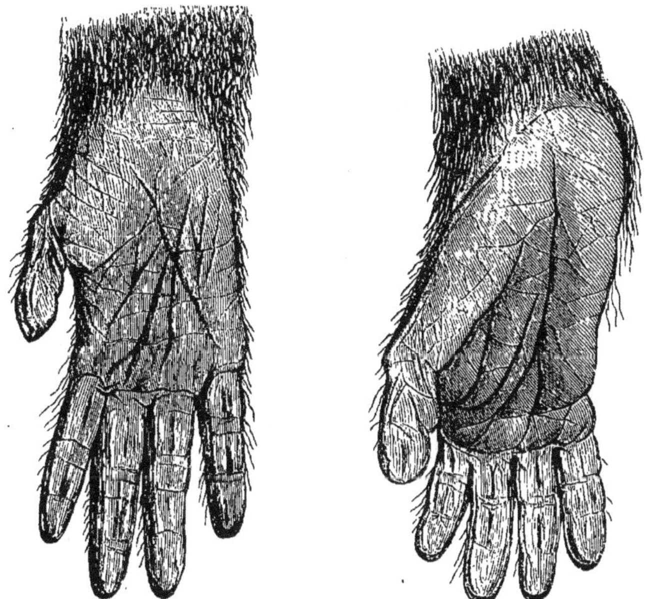

Fig. 192. — Mains antérieure et postérieure du *Chimpanzé*.

chez beaucoup d'animaux, et en particulier chez les singes, acquièrent

(*) A = face palmaire. — *a*) muscle court adducteur du pouce ; — *b*) court fléchisseur du pouce ; — *cc*) tendons des fléchisseurs superficiels des doigts ; — *d*) gaîne d'un de ces tendons ; — *ee*) tendon du fléchisseur profond.

B = face dorsale. — *a*) ligament annulaire du carpe ; — *bb*) tendon de l'extenseur commun des doigts ; — *cc*) expansion tendineuse reliant les tendons.

chez l'homme un degré remarquable de supériorité. Elles ne sont plus
employées à la marche; leurs mouvements sont libres, et elles deviennent des instruments spéciaux de l'intelligence : aussi sont-elles mieux
disposées que dans aucune autre espèce pour saisir les objets ou les toucher; et elles se prêtent par leur conformation anatomique à la variété
pour ainsi dire infinie des actes que nous leur demandons; d'autre part
la peau y est riche en corpuscules tactiles.

Helvétius a dit, dans son livre *De l'esprit*, que, si la nature, au lieu de
mains et de doigts flexibles, avait terminé nos poignets par un pied
semblable à celui du cheval, « les hommes seraient encore errants
comme des troupeaux fugitifs »; et Buffon aurait désiré pour notre
espèce une main plus parfaite : « qu'elle fût, par exemple, divisée en
vingt doigts, que ces doigts eussent un plus grand nombre d'articulations
et de mouvements ».

« Il n'est pas douteux, ajoute Buffon, que le sentiment du toucher ne
fût infiniment plus parfait dans cette conformation qu'il n'est, parce
que cette main pourrait alors s'appliquer beaucoup plus immédiatement
et plus précisément sur les différentes surfaces des corps; et si nous sup-
posions qu'elle fût divisée en une infinité de parties, toutes mobiles et
flexibles, qui pussent s'appliquer en même temps sur tous les points de
la surface du corps, un pareil organe serait une espèce de géométrie
universelle (si je puis m'exprimer ainsi) par le secours de laquelle nous
aurions, dans le moment même de l'attouchement, des idées exactes et
précises de la figure de tous les corps et de la différence même infiniment petite de ces figures. »

Buffon est ici l'inspirateur d'Helvétius, et, comme ce dernier l'a admis,
avec lui, il fait de l'intelligence une conséquence de la perfection de
notre instrument de préhension, tandis que c'est le contraire qui a lieu.
Nous avons une main supérieure à celle des animaux parce que notre
intelligence est fort au-dessus de la leur. La main imaginée par Buffon
aurait-elle écrit de plus belles pages que celles que nous devons à cet
homme de génie, et que nous apprendrait-elle que la vue ne nous fasse
connaître? De pareilles spéculations de l'esprit ne sont pas seulement en-
tachées de sensualisme, elles sont contraires à la réalité, et constituent
autant d'erreurs au point de vue de la physiologie comme à celui de
l'anatomie. Qui ne se rappelle ce peintre, mort il y a quelques années
seulement, qui, n'ayant que des rudiments de bras, peignait avec ses
pieds, et ce musicien encore existant, qui se sert aussi de ses pieds pour
jouer du violon.

Le célèbre anatomiste Galien était bien mieux inspiré que Buffon lorsqu'il écrivait, il y a plus de seize cents ans : « L'homme a eu des mains parce
qu'il est animal très-sage et que les mains sont pour lui des instruments
convenables : car il n'est point animal très-sage, comme disait Anaxagore,
parce qu'il a eu des mains, mais il a eu des mains parce qu'il est très-
sage, comme a très-bien jugé Aristote; car ce ne sont point les mains,
mais la raison qui lui a enseigné les arts. Ainsi les mains sont instru-

ments des arts comme la lyre des musiciens et les tenailles du forgeron ; mais l'un et l'autre est savant en son art par *la raison*, de laquelle il a été doué et pourvu, et ne peut néanmoins exercer les arts qu'il sait sans instruments. »

CHAPITRE XVIII

DES SENS DU GOUT ET DE L'ODORAT.

§ I. — Sens du goût.

Le GOUT, appelé aussi *gustation*, nous donne la notion de cette propriété des corps qui constitue leur saveur ; c'est un sens spécial, mais qui tient encore beaucoup du toucher. Cependant il exige, de plus que ce dernier, une dissolution préalable de quelques molécules des corps sur lesquels il est appelé à nous renseigner. Il faut aussi que ces molécules sapides soient mises en contact immédiat avec la langue, organe particulièrement affecté aux perceptions gustatives. Il n'y a donc de corps doués de saveur que ceux qui sont solubles, et la salive est l'agent principal de cette dissolution.

La LANGUE (fig. 193) est un organe de consistance charnue dans lequel on distingue des muscles de deux sortes. Les uns, qui lui sont exclusivement propres, sont ses muscles *intrinsèques ;* les autres, dits *extrinsèques*, sont destinés à la rattacher aux parties voisines, principalement à l'os hyoïde, à la face postérieure du menton et au sternum.

Les mouvements propres de la langue sont dus au jeu de ses muscles intrinsèques, et ses mouvements généraux à celui des muscles extrinsèques. Les uns et les autres sont sous la dépendance d'un nerf d'ordre moteur, le *grand hypoglosse.* Un filet de la septième paire, appelé *corde du tympan,* paraît destiné à mettre ces mouvements d'accord avec les données fournies au cerveau par l'oreille ; on lui attribue aussi un rôle dans la sécrétion des glandes sous-maxillaires : mais il ne faut pas oublier qu'il s'associe des fibres issues du ganglion sous-maxillaire, lequel, étant un des ganglions fournis à la face par le grand sympathique, exerce une action vaso-motrice.

La surface de la langue est recouverte par la muqueuse buccale ; mais cette membrane prend à sa face supérieure des caractères particuliers. On y distingue des PAPILLES, auxquelles aboutissent les extrémités des nerfs destinés à la sensibilité, soit gustative, soit tactile ; car la langue n'est pas seulement l'organe du goût, elle est aussi un instrument de toucher, et dans certaines espèces c'est surtout par elle que s'exerce ce dernier sens. Les papilles de la langue sont bien plus développées que celles de la peau. On en reconnaît de trois sortes.

Les plus grosses, dites *papilles caliciformes,* sont rangées à la base de cet organe sur deux lignes disposées angulairement. D'autres, disséminées sur toute la langue, ont été nommées *papilles fongiformes*, parce qu'on les a comparées à de petits champignons. Les troisièmes, ou *papilles filiformes*, sont coniques; ce sont les plus nombreuses. Chez certains animaux, parmi lesquels nous citerons les mammifères appartenant au même genre que le chat, elles sont recouvertes d'une sorte d'étui corné qui rend la langue dure comme une râpe; chez les glossophages, genre de chauves-souris propre à l'Amérique méridionale, elles sont allongées et flexibles comme des poils.

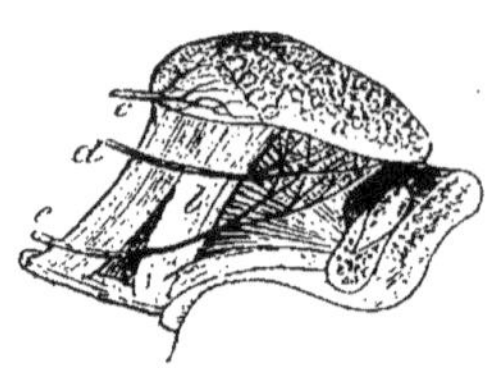

Fig. 193. — Organe du goût (*).

Les papilles fongiformes paraissent être les véritables organes du goût; c'est à elles qu'aboutissent les extrémités des filets nerveux sensitifs, particulièrement celles du *nerf lingual*, qui, tout en étant une division de la cinquième paire, semble à beaucoup d'auteurs être affecté, de préférence au nerf *glosso-pharyngien*, à la perception des saveurs, tout en restant cependant chargé de la sensibilité tactile de la langue. Il ne manque pourtant pas de physiologistes qui attribuent la gustation au glosso-pharyngien seul.

Peut-être y a-t-il intervention de ces deux nerfs; car si la langue goûte par l'intermédiaire du lingual, on ne saurait attribuer qu'au glosso-pharyngien la sensation que nous donnent le bouquet des vins et certaines autres substances, lorsque nous mettons ces substances en rapport avec le voile du palais.

Dans l'homme, la langue n'est pas seulement un organe de gustation et de toucher; elle sert aussi à la déglutition et a de plus un rôle important dans la parole articulée.

Chez les animaux, elle présente de curieuses variations de forme, principalement en rapport avec l'alimentation. C'est à l'aide des papilles cornées dont elle est armée que les chats et autres *Felis* arrachent les chairs en léchant. Dans plusieurs édentés, elle est filiforme et susceptible d'une très-grande extension, et les muscles sterno-glosses présentent chez les fourmiliers une disposition tout à fait singulière. Au lieu de s'arrêter à la partie antérieure du sternum, ils filent dans la poitrine en suivant la face postérieure de cet os jusqu'à l'appendice xiphoïde, qui le termine en arrière.

Mais c'est surtout la langue du caméléon qui paraîtra bizarre. Au lieu d'être mince et bifurquée à sa pointe, comme celle des autres sauriens et des serpents, elle forme une masse charnue et discoïde, rattachée à l'os

(*) La langue et ses papilles, avec les muscles intrinsèques et extrinsèques. La lèvre inférieure et la symphyse maxillaire ont été coupées verticalement.

b) un des muscles extrinsèques (l'hyo-glosse); — *c*) partie linguale du nerf glosso-pharyngien; — *d*) nerf lingual, fourni par la cinquième paire (voy. page 224); — *e*) nerf hypoglosse.

hyoïde et à l'arrière-bouche par un long tube à la fois grêle et membraneux. L'animal la lance comme un lacet englué pour attraper les insectes qui passent à sa portée, et il la fait aussitôt rentrer avec une égale rapidité dans sa bouche, où le tube membraneux qui la retient se replie sur un prolongement en forme de tige formé par l'os hyoïde.

La langue des grenouilles présente une autre singularité. Elle est adhérente par la pointe et libre au contraire par sa partie basilaire. Ces animaux la crachent, pour ainsi dire, lorsqu'ils veulent saisir les mollusques ou les vers dont ils font leur nourriture, et ils la rentrent dans leur bouche, chargée de la petite proie qu'ils convoitaient.

Les oiseaux et les poissons ont la langue en général peu développée et incapable de fournir des sensations délicates. Ce qu'on regarde vulgairement comme étant la langue des carpes et que les gourmets recherchent, répond à la partie pharyngienne de leur bouche; la langue de ces poissons est rudimentaire comme celle des autres animaux de la même classe.

Chez certains poissons, la langue est en partie osseuse ou même armée de dents.

On n'a que peu de notions précises au sujet du sens du goût chez les animaux sans vertèbres.

§ II. — Sens de l'odorat.

Beaucoup d'êtres vivants, soit animaux, soit végétaux, répandent des odeurs qui leur sont propres; ce qui permet de les reconnaître à distance. Certaines substances que nous en tirons pour notre alimentation ou pour notre industrie ont aussi des propriétés odorantes; il en est de même pour quelques principes appartenant au règne minéral. L'odeur des corps peut aussi varier suivant leur état de conservation, et nous avons, en les flairant, le moyen de juger du degré d'altération ou de pureté dans lequel ils se trouvent. L'air est le véhicule des émanations odorantes appelées aussi effluves, et la volatilité est la condition indispensable de leur manifestation; l'eau peut aussi s'en charger.

L'homme et les animaux perçoivent les odeurs à l'aide d'un organe particulier, qui est le nez, et le sens auquel cette perception donne lieu, est l'ODORAT ou *olfaction*.

Une quantité extrêmement faible de matière odorante peut dans certains cas suffire à la production de sensations olfactives très-vives, et cet état de choses peut persister pendant un temps fort long. Le musc nous en fournit un exemple remarquable. Exposé à l'air pendant un grand nombre d'années, il imprègne de son odeur, et cela d'une manière durable, tous les objets avoisinants, sans perdre cependant une quantité appréciable de son poids.

L'odorat ou olfaction, qui nous donne la connaissance des odeurs, est un sens spécial, nécessitant une dissolution chimique des effluves apportés par l'air; cette dissolution s'opère au moyen d'une humeur dont la membrane intérieure du nez est enduite. Il y a aussi des nerfs spéciaux pour recueillir les sensations olfactives et les transmettre au cerveau. Ces nerfs, divisés en un grand nombre de filets, proviennent des parties antérieures de l'encéphale dont nous avons parlé sous le nom de *lobes olfactifs*, et qu'on appelle à tort, en anatomie humaine, *nerfs olfactifs* ou de la première paire. Ce ne sont pas des nerfs dans le sens ordinaire de ce mot, et chez beaucoup d'animaux ils sont proportionnellement plus volumineux que chez l'homme, ce qui correspond sans aucun doute à un plus grand développement du sens de l'olfaction.

Les animaux ainsi organisés tirent probablement de leur odorat des indications bien plus précises que nous ne pouvons le faire; aussi les voyons-nous sentir attentivement tous les objets qu'ils veulent manger ou de la nature desquels ils cherchent à se rendre compte.

Le flair fournit à un grand nombre de ces espèces des renseignements tout aussi précieux que ceux qu'elles doivent au sens de la vue, et il y a quelquefois parité dans le développement des lobes olfactifs et des lobes optiques. L'homme et les singes ont les lobes olfactifs fort grêles; les cétacés et les oiseaux les ont plus petits encore ou même nuls.

L'organe de l'olfaction, dont la partie extérieure et saillante est appelée le *nez*, constitue une cavité creusée au milieu de la face, dans un écartement limité par plusieurs os. Ces os sont les nasaux ou os propres du nez, les maxillaires supérieurs, les palatins, le sphénoïde et l'ethmoïde. Une cloison osseuse, formée par le vomer, partage la cavité du nez en deux moitiés ou plutôt en deux chambres dites *fosses nasales*, ayant chacune un orifice extérieur appelé *narine externe*. Des cartilages revêtus par la peau et munis de différents muscles constituent en grande partie la

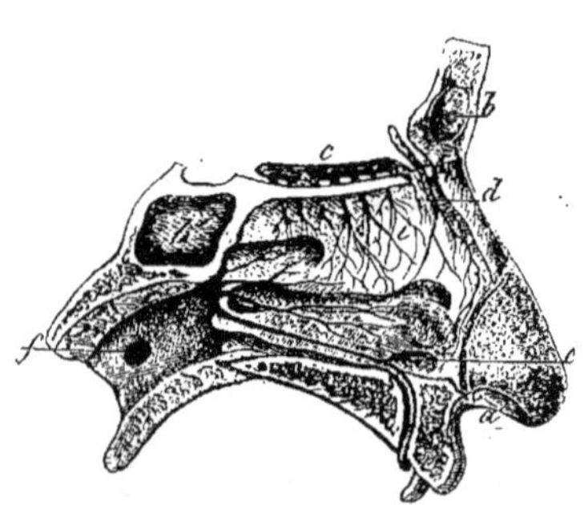

Fig. 194. — Organe de l'odorat (*).

saillie du nez de l'homme. La cloison médiane se prolonge aussi au moyen d'un cartilage qui sépare les narines externes l'une de l'autre. Dans l'intérieur des deux cavités nasales et pour en augmenter la surface, sont en outre des os fort minces disposés en manière de *cornets*, dont on distingue trois étages: les cornets supérieurs, les moyens et les inférieurs.

C'est sur ces différentes surfaces que s'étend la muqueuse nasale, appelée *membrane pituitaire*, à cause de l'humeur, autrefois nommée *pituite*, qui s'épanche des nombreux cryptes qu'elle renferme et lubrifie

(*) *a*) narines; — *b* et *b'*) sinus frontaux et sinus sphénoïdaux; — *c*) lobe olfactif fournissant les nerfs de l'odorat qui se répandent sur la membrane pituitaire; — *d*) rameau nasal de la cinquième paire de nerfs; — *e*) autre filet de la cinquième paire; — *f*) orifice de la trompe d'Eustache.

sa surface; cette membrane est en même temps très-vasculaire, comme le prouvent les saignements dont le nez est parfois le siége. Son épithélium présente en outre la curieuse particularité d'être vibratile, au moins dans ses parties non spécialement olfactives, qui sont les moins rapprochées de l'origine des rameaux nerveux, ou celles qui possèdent le moindre nombre de ces rameaux.

La manière dont ces nerfs, fournis par les lobes olfactifs, entrent dans l'appareil nasal, mérite aussi d'être signalée. Ils traversent une multitude de petits trous percés dans une partie de l'os ethmoïde, à laquelle cette disposition a valu le nom de *lame criblée*. C'est ce qui faisait croire aux anciens que le nez communiquait directement avec le cerveau, et que la pituite s'écoulait de ce dernier organe. On dit encore « un rhume de cerveau », pour désigner l'affection passagère qu'occasionne l'inflammation de la membrane pituitaire, dont la sécrétion se trouve alors exagérée d'une manière si incommode.

Les fosses nasales peuvent être regardées comme la première partie des voies respiratoires. C'est en effet par elles que l'air entre, pour passer ensuite dans la trachée-artère en traversant l'arrière-bouche ou pharynx. Les orifices postérieurs des narines, qui font communiquer ces cavités avec le pharynx, s'appellent les *arrière-narines;* il y en a deux, un pour chaque fosse nasale.

Les lépidosirènes, dont la respiration est à la fois pulmonaire et branchiale, sont les seuls poissons qui soient pourvus d'arrière-narines.

En outre, les cavités olfactives, telles que nous venons de les décrire, sont en rapport, chez l'homme et chez beaucoup d'animaux, avec des excavations qui se creusent après la naissance dans l'intérieur de plusieurs os avoisinants. Ces excavations sont les *sinus olfactifs*. Il y en a dans les os maxillaires supérieurs, dans le sphénoïde et dans les frontaux. Quelquefois il en existe encore dans plusieurs autres os du crâne, et toute la tête osseuse peut être creusée dans son épaisseur de cellulosités analogues. Une semblable disposition diminue la pesanteur de cette partie du squelette, et elle nous explique comment le volume de la tête peut devenir énorme, ce qui a lieu chez l'éléphant et chez quelques autres grands mammifères, sans surcharger les muscles destinés à la soutenir. Il en résulte, entre autres modifications, que les contours extérieurs de la tête diffèrent souvent d'une manière considérable de ceux de sa cavité intérieure, et que par conséquent la forme du cerveau ne se trouve plus traduite, comme on pourrait le croire, par celle du crâne; c'est là une des nombreuses objections qu'on peut faire aux applications de la crânioscopie à la zoologie.

Les cornes des bœufs et autres ruminants de la même famille, tels que les chèvres, les moutons et les antilopes, sont aussi plus ou moins complétement excavées dans leur axe osseux. Ces cavités, tout en allégeant, comme celles du crâne des éléphants et de tant d'autres mammifères, le poids de la tête, semblent aussi pouvoir être comparées à des sortes de réservoirs, car elles permettent à ces animaux d'emmagasiner des émanations odorantes capables de leur fournir à l'occasion des renseignements sur les lieux qu'ils ont déjà traversés, ou de les instruire, dans d'autres circonstances, sur la nature des objets qu'ils recherchent.

Le nez de certains animaux présente encore des particularités différentes de celles-là. Cet organe, démesurément allongé, transformé intérieurement en un double tube, et servant à la voix, à la préhension ainsi qu'au tact, constitue la *trompe* des éléphants. Les tapirs et les desmans ont aussi une sorte de trompe, mais bien plus courte.

FIG. 195. — *Éléphant d'Asie.*

Le *boutoir* ou groin du cochon résulte d'un état intermédiaire entre cette disposition et celle qui caractérise les animaux ordinaires.

On appelle *mufle*, la partie environnant les narines, lorsqu'elle est nue et garnie de cryptes glanduleux, comme cela se voit chez le bœuf, le cerf, etc.

Certaines chauves-souris, telles que les phyllostomes ou vampires (fig. 197), et les rhinolophes, ont les narines externes entourées d'un appareil membraneux appelé *feuille nasale.*

Les condylures ou taupes étoilées, du Canada, offrent une particularité analogue dans l'espèce d'étoile charnue qui entoure leurs narines.

Enfin, les mammifères aquatiques présentent encore une autre disposition. Chez les phoques, les hippopotames, les loutres et plusieurs autres, chaque narine extérieure est pourvue d'un muscle circulaire qui l'ouvre ou la ferme, au gré de l'animal. Les narines des cétacés, appelées *évents*, ne servent plus guère à l'olfaction : elles sont transformées en poches

contractiles, dans lesquelles s'arrête l'eau que ces animaux prennent
avec l'air de leur respiration, et qu'elles sont chargées de renvoyer au
dehors sous forme de jets.

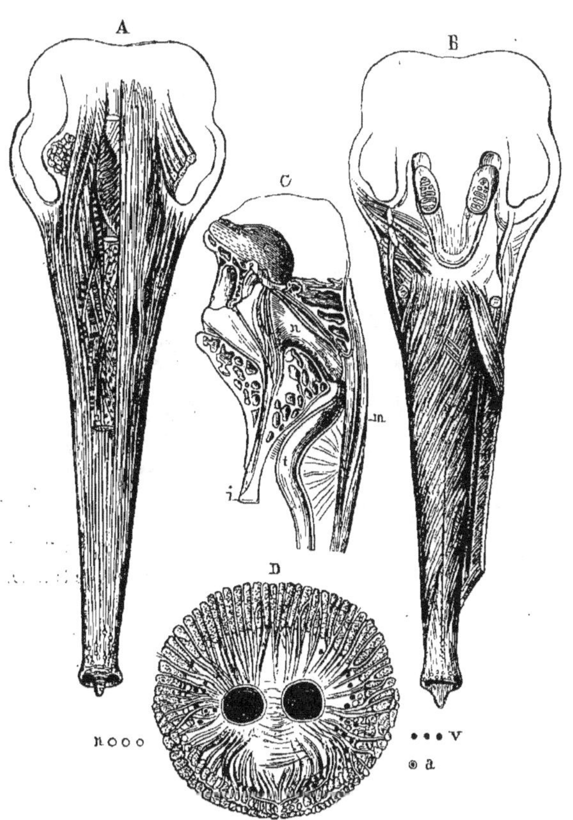

Fig. 196. — Anatomie de la trompe de l'*Éléphant* (*).

L'odorat existe chez les oiseaux, mais il y est peu développé. Les
reptiles seraient mieux partagés sous ce rapport, si l'on en jugeait par
le développement de leurs lobes olfactifs.

La présence de ce sens n'est pas plus contestable chez les animaux

(*) A = les muscles de la partie supérieure de la trompe et leur insertion sur le front.
B = les muscles de la partie inférieure.
C = coupe du crâne montrant : c) la cavité cérébrale ; — n) une des narines ; — i) l'os
incisif ; — m) les muscles de la partie supérieure de la trompe ; — t) un des deux tubes de
celle-ci qui conduisent aux narines.
D = coupe de la trompe, pour montrer les nombreux muscles qui la meuvent. Les deux
cercles ombrés sont les canaux conduisant aux narines. Les petits cercles vides, semblables
à ceux marqués n en dehors de la figure, sont des nerfs ; ceux dont un est reproduit auprès
de la lettre a sont des artères ; ceux de la lettre v sont des veines.

aquatiques que chez ceux qui vivent à l'air libre, et, pour ne parler ici que des poissons, le développement de leurs lobes olfactifs suffirait à prouver que cet ordre de sensations ne leur est pas étranger.

Ils ont d'ailleurs des narines extérieures; mais ces organes sont assez différents de ceux des vertébrés aériens, et ils sont en outre plus complétement séparés l'un de l'autre. Ce sont de petites excavations de la partie antérieure de la tête, sans aucune communication avec la bouche,

FIG. 197. — Tête du *Phyllostome vampire*.

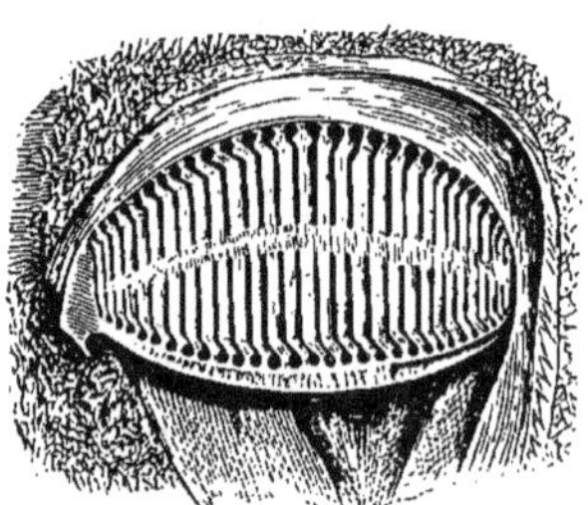

FIG. 198. — Une des narines
de la *Raie*.

et, par conséquent, manquant d'arrière-narines. Leur intérieur est marqué de stries ou de lamelles assez nombreuses, et la partie du système nerveux cérébral qui s'y rend forme auprès d'eux une sorte de renflement qu'on pourrait appeler une rétine olfactive. Souvent aussi l'organe de l'odorat des poissons est contenu dans une capsule fibreuse, comparable à la sclérotique, c'est-à-dire à l'enveloppe protectrice de l'œil; la membrane répondant à la pituitaire qui en garnit la surface sentante est pourvue de cils vibratiles.

Les insectes odorent certainement, mais on s'est d'abord mépris sur l'organe qui leur sert à l'exercice de ce sens. Duméril, partant de ce principe que l'odorat a surtout pour but d'éclairer les animaux sur les qualités de l'air qu'ils sont appelés à respirer, avait pensé que chez les insectes les organes de l'olfaction doivent être placés à l'entrée des voies respiratoires, comme ils le sont chez les vertébrés. Il avait dès lors admis que l'odorat de ces animaux s'opère au moyen de leurs stigmates, qui forment l'orifice des tra-

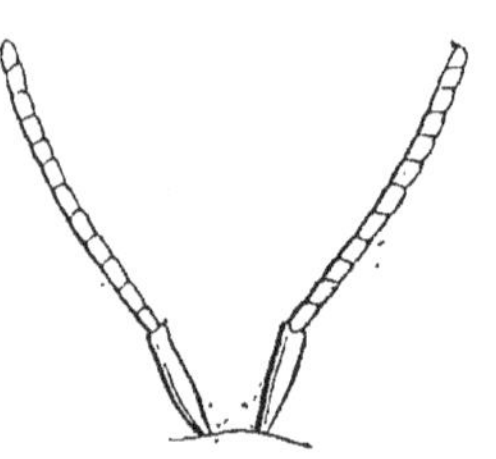

FIG. 199. — Antennes
de l'*Abeille*.

chées. Mais ces stigmates sont placés sur le thorax et sur l'abdomen, c'est-à-dire fort loin de la tête, et, de plus, on ne voit y aboutir aucun nerf émanant de la partie du cerveau qui répond aux lobes olfactifs des vertébrés. Au contraire, si l'on dissèque les ganglions du cerveau, on observe qu'ils fournissent les nerfs qui pénètrent dans les antennes. C'est ainsi qu'on a été conduit à reconnaître dans ces appendices les organes véritables de l'olfaction, et la physiologie, de même que l'anatomie, est venue confirmer cette manière de voir.

§ III. — Organe de Jacobson.

On appelle ainsi, du nom d'un anatomiste danois qui l'a fait connaître, un organe dépendant de l'appareil olfactif des mammifères. Il paraît destiné à mettre cet appareil en rapport avec la cavité buccale et à servir ainsi d'intermédiaire entre l'odorat et le goût. Cet organe est tout à fait rudimentaire chez l'homme; il présente au contraire plus de développement chez les espèces dont les lobes olfactifs sont volumineux. Son orifice se voit en arrière des incisives supérieures et aboutit dans la partie antérieure des fosses nasales par le trou naso-palatin. Jacobson pensait que les animaux éprouvent, au moyen de cet appareil, des sensations délicates qui leur font découvrir dans les plus subtiles émanations des corps les qualités utiles ou nuisibles que ces corps peuvent avoir pour eux.

Indépendamment d'un rameau de la cinquième paire, il se rend à cet organe quelques filets spécialement olfactifs.

CHAPITRE XIX

SENS DE LA VUE.

La VUE ou *vision* est le sens par lequel nous avons connaissance des corps au moyen des rayons lumineux qu'ils envoient à notre œil. Les phénomènes qu'elle nous permet d'apercevoir sont de l'ordre de ceux qu'on étudie dans l'optique, partie importante de la physique générale, à laquelle on doit avoir recours si l'on veut se faire une idée exacte de la théorie de la vision.

L'*œil*, ou l'organe chargé de recueillir les sensations lumineuses, est de la nature des bulbes ou phanères ; mais il est plus délicat qu'aucun d'eux, sauf peut-être celui de l'audition, qui est d'ailleurs plus profondément situé, protégé par une enveloppe bien plus résistante, et par suite exposé à moins d'accidents.

On a comparé le bulbe oculaire à une chambre noire remplie d'humeurs transparentes destinées à diriger dans son intérieur la marche des rayons lumineux, et pourvue d'une membrane sensible, par conséquent nerveuse, la *rétine*, sur laquelle les images viennent former tableau. Un nerf spécial, appelé nerf optique, transmet immédiatement cette image au cerveau.

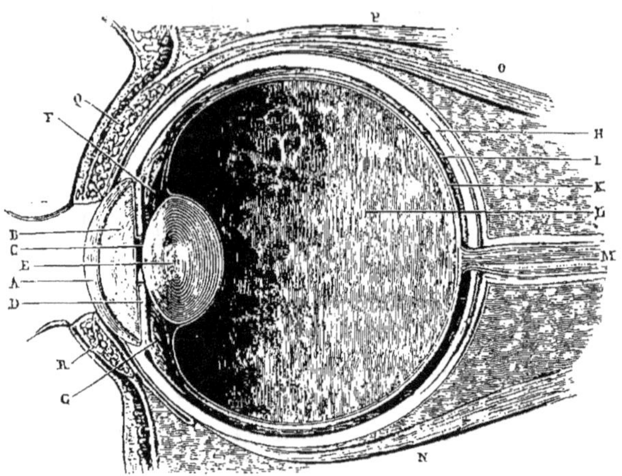

FIG. 200. — L'œil ; coupe verticale, par le milieu du bulbe (*).

Plusieurs parties avoisinant le bulbe oculaire sont modifiées à son usage ou appelées à le protéger contre les agents extérieurs.

Le nerf spécial de l'œil est le *nerf optique,* qui se rend à la membrane sentante de cet organe, dite la rétine. Après en avoir parlé ainsi que des autres parties entrant dans la composition du *bulbe oculaire*, nous traiterons des *parties accessoires* de l'œil, et ferons ensuite connaître la théorie de la vision.

§ I. — Du bulbe de l'œil.

C'est un organe de forme à peu près sphéroïdale, résultant de la réunion de deux segments de sphères d'inégal rayon. L'un de ces segments est opaque, l'autre est transparent. Celui-ci, qui est fourni par la sphère de plus petit rayon, n'occupe qu'un sixième de la surface totale du bulbe et il est transparent : c'est la *cornée transparente.* La *sclérotique,* appelée aussi *blanc de l'œil* ou *cornée opaque,* enveloppe extérieurement la plus grande partie de l'organe.

(*) *a*) cornée transparente ; — *b*) humeur aqueuse ; — *c*) pupille ; — *d*) iris ; — *e*) cristallin ; — *f*) procès ciliaires ; — *g*) le canal de Petit, faisant le tour du cristallin ; — *h*) sclérotique ; — *i*) choroïde ; — *k*) rétine ; — *l*) humeur vitrée ; — *m*) nerf optique ; — *n* et *o*) les muscles droits, inférieur et supérieur ; — *p*) muscle releveur de la paupière supérieure ; — *q*) la paupière supérieure ; — *r*) la paupière inférieure.

Les parties qui composent le bulbe oculaire sont de deux sortes. Les unes, membraneuses, telles que celles dont il vient d'être question, forment principalement les enveloppes de l'œil, comme la cornée transparente, la sclérotique ou partie opaque et blanche de l'œil, la choroïde avec ses dépendances, et la rétine ou membrane sentante. Les autres constituent des humeurs transparentes, de densité différente, destinées à conduire les rayons lumineux sur la rétine en les réfractant, et à produire l'image que celle-ci doit percevoir.

1° Membranes de l'œil.

La CORNÉE TRANSPARENTE est placée au devant de l'œil, dans l'intérieur duquel elle laisse pénétrer les rayons lumineux. Cette membrane paraît être de nature mixte, entre les membranes épidermoïdes et les fibreuses ; ce n'est qu'avec peine que l'on y démontre la présence de vaisseaux sanguins. Elle est convexe en avant et concave en arrière. On l'a souvent comparée à un verre de montre ou à une vitre qui serait enchâssée dans la sclérotique, et elle en remplit en effet le rôle.

La SCLÉROTIQUE complète extérieurement la sphère oculaire, et elle forme la plus grande partie de sa surface. Elle s'étend sur l'équateur de l'œil et à sa face postérieure. C'est une membrane de nature évidemment fibreuse, qui est comparable au derme par sa composition. Chez certains animaux, comme les oiseaux, les ichthyosaures, singulier genre de reptiles fossiles, et beaucoup de poissons, elle est soutenue par une lame osseuse ou par plusieurs pièces de même consistance. La sclérotique forme le blanc de l'œil.

La CHOROÏDE, qui la double intérieurement, est essentiellement vasculaire ; elle est tapissée par un pigment, et c'est ainsi que la cavité de l'œil se trouve transformée en une sorte de chambre noire. Les albinos, hommes et animaux, ont l'œil rouge parce que l'absence de pigment à la surface interne de leur choroïde laisse voir les vaisseaux sanguins dont cette membrane est formée.

En avant, la choroïde se termine par les *procès ciliaires ;* elle fournit en outre un voile membraneux tendu dans la partie antérieure de l'œil et dont la couleur varie suivant les sujets : ce qui fait que les yeux paraissent bleus, bruns ou gris.

Ce voile est l'*iris*, vulgairement appelé la *prunelle*. Il est percé à son centre par un trou nommé *pupille*, et forme ainsi dans l'intérieur du bulbe oculaire un véritable écran à travers l'ouverture duquel doivent passer tous les rayons lumineux destinés à fournir des images. L'iris renferme des fibres musculaires dans son épaisseur, et il y a, auprès des procès ciliaires, un muscle circulaire destiné à agir sur eux ainsi que sur le cristallin : c'est le muscle ciliaire qui joue un rôle important dans l'accommodation de l'œil aux distances visuelles.

La pupille est arrondie chez l'homme et chez la plupart des animaux ;

son diamètre augmente ou diminue suivant l'intensité de la lumière à laquelle l'œil est exposé. Cette ouverture est elliptique chez quelques espèces, au nombre desquelles on peut signaler le chat et le tigre ; les ruminants l'ont rectangulaire ; elle est frangée chez les sauriens de la famille des geckos, et semi-lunaire dans l'œil des raies.

La RÉTINE, ou membrane nerveuse et sensible de l'œil, est appliquée sur la choroïde, intérieurement à cette dernière. Elle est transparente pendant la vie, mais dans nos préparations anatomiques elle devient opaque et blanchâtre, parce qu'elle s'altère très-rapidement ; aussi, lorsqu'on veut se faire une idée exacte de sa structure, doit-on l'examiner sous le microscope et en la prenant sur des animaux encore vivants. Sa structure est très-compliquée, aussi son étude a-t-elle beaucoup occupé les anatomistes.

On distingue alors plusieurs couches à la rétine, et, parmi ces couches, les plus importantes paraissent être celle qui résulte de l'épanouissement des fibres du nerf optique, ainsi qu'une autre composée de substance nerveuse grise. Entre cette dernière et la surface pigmentaire noire de la choroïde contre laquelle la rétine est appliquée, on remarque en outre une couche de très-petits corps transparents comme du cristal, ayant l'aspect de courts cylindres serrés les uns contre les autres, de manière à simuler une sorte de pavage. Ce sont les *bâtonnets* ou la couche pavimenteuse de la rétine. Ces bâtonnets sont d'autant plus petits, que les papilles sensibles de la rétine ont elles-mêmes une dimension moindre, ce qui correspond à une plus grande délicatesse de la sensation visuelle, et, par suite, à une finesse plus grande dans la perception des images.

2° Humeurs de l'œil.

On en distingue trois, l'*humeur aqueuse*, le *cristallin* et l'*humeur vitrée*.

L'HUMEUR AQUEUSE, la plus liquide des trois, présente à peu près le même indice de réfraction que l'eau. Elle occupe dans la partie antérieure du globe de l'œil deux petites cavités dont l'une, dite *chambre antérieure*, est comprise entre la face postérieure de la cornée transparente et l'iris, tandis que l'autre, dite *chambre postérieure*, est comprise entre la face postérieure de l'iris et le cristallin.

Le CRISTALLIN, ou la seconde humeur, se produit dans une membrane appelée *capsule du cristallin*. Il a la forme d'une lentille plus ou moins convexe ou celle d'une sphère. C'est, avec la cornée, l'appareil spécialement convergent de l'organe visuel, et son rôle est tout à fait comparable à celui des lentilles biconvexes, telles qu'on les décrit en physique ; il rapproche les rayons lumineux, et son foyer coïncide avec la surface de la rétine.

Le cristallin est situé en arrière du trou pupillaire. Dans certaines maladies de l'œil, il perd sa transparence, et devient alors un obstacle à la perception des rayons lumineux. C'est lui qui forme le corps opaque et blanc qu'on aperçoit dans l'œil des individus affectés de cataracte.

Son foyer varie avec son rayon de courbure ; et chez les espèces qui doivent voir de loin ou dans un milieu de densité moindre, comme les mammifères terrestres et surtout les oiseaux, il est moins convexe que chez celles dont la vue a peu de portée ou qui vivent dans un milieu plus dense, comme les animaux aquatiques et plus particulièrement les poissons.

Dans notre propre espèce il existe des différences analogues, mais d'une moindre intensité. La vision en éprouve pourtant des altérations notables. Aux cristallins trop aplatis correspondent les vues

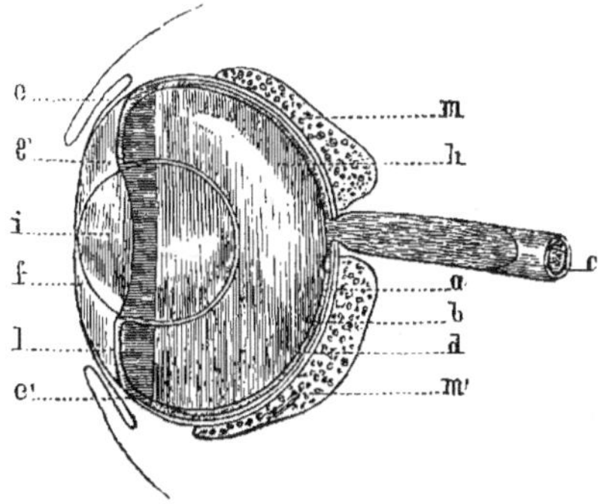

Fig. 201. — Œil d'un Poisson (le *Thon*) ; coupe verticale (*).

dites presbytes, et aux cristallins dont la courbure est exagérée, les vues myopes. On sait qu'on remédie à ces petites altérations au moyen de lunettes que l'on choisit biconvexes ou convergentes dans le premier cas, et biconcaves ou divergentes dans le second. La presbytie augmente habituellement avec l'âge, et son nom rappelle qu'elle est fréquente chez les vieillards.

Le cristallin résulte de l'assemblage d'un nombre considérable de couches emboîtées et comme engrenées les unes avec les autres ; les plus intérieures sont les plus denses. L'indice moyen de réfraction de ces diverses couches est de 1,384, celui de l'eau étant pris pour unité.

La troisième humeur est l'HUMEUR VITRÉE, dont le volume dépasse celui des deux autres. Elle occupe un peu plus de la moitié postérieure du globe oculaire, et est contenue dans une membrane transparente qui a reçu le nom de *membrane hyaloïde*. Cette dénomination et celle d'humeur vitrée font allusion à la transparence parfaite de cette partie.

Une excavation antérieure de l'humeur vitrée reçoit la face postérieure du cristallin, qu'elle loge pour ainsi dire, et dans la périphérie de leur surface de contact ces deux humeurs sont à leur tour reliées à la choroïde par le prolongement des procès ciliaires formant la couronne ciliaire. La couronne ciliaire reste en partie adhérente à l'humeur vitrée lorsqu'on veut isoler cette humeur dans les préparations anatomiques.

(*) a) sclérotique ; — b) choroïde ; — c) nerf optique ; — d) rétine ; — e e') conjonctive, protégée par un ridement de paupière ; — f) cornée transparente ; — g) chambre antérieure renfermant l'humeur aqueuse ; — h) humeur vitrée ; — i) cristallin, entouré des procès ciliaires ; — l) iris, en arrière duquel est le cercle ciliaire ; — m m') la glande choroïdienne.

Tel est le globe de l'œil envisagé dans ses principales parties. Il ne nous reste plus qu'à parler du nerf spécial ou nerf optique, qui établit la communauté des sensations entre la rétine et le cerveau.

3° Nerf optique.

Les nerfs de la vision forment la seconde des paires nerveuses crâniennes admises dans les ouvrages d'anatomie humaine. Ce sont des nerfs de sensibilité spéciale, n'ayant d'autre fonction que celle de transmettre de l'œil au cerveau les impressions lumineuses recueillies par la rétine. Il y en a deux, un pour chaque œil, et ils sont formés l'un et l'autre d'un nombre considérable de filets secondaires, tous remplis de substance médullaire pulpeuse et réunis sous une enveloppe commune. Les fibres nerveuses de chaque nerf optique ne vont pas toutes à l'œil correspondant au côté du cerveau sur lequel elles prennent naissance. La plus grande partie gagne l'œil du côté opposé; le point de leur entrecroisement s'appelle le *chiasma des nerfs optiques*. Il résulte de cette disposition croisée que l'altération des racines du nerf droit détermine la perte de la vue dans l'œil gauche, et réciproquement.

Quelques poissons, comme le merlan et la morue, n'ont cependant pas de chiasma ; leurs nerfs optiques se croisent sans mêler leurs fibres et en se superposant simplement l'un à l'autre. Une disposition encore différente s'observe par exception chez les lépisostées et autres rhombifères. Ces poissons n'ont pas d'entrecroisement des nerfs optiques comme les autres vertébrés, et chacun de leurs yeux reçoit directement son nerf du côté du cerveau qui lui correspond. La même disposition se retrouve dans les yeux des animaux sans vertèbres. On n'y observe ni chiasma, ni décussation des nerfs de la vision.

Indépendamment du nerf optique, dont la spécialité fonctionnelle est bie définie, le globe oculaire reçoit plusieurs filets nerveux dits *nerfs ciliaires*, qui proviennent du ganglion ophthalmique en rapport lui-même avec des branches fournies par la troisième et la cinquième paire des nerfs cérébraux.

Les nerfs ciliaires se distribuent à l'iris et aux parties intérieures de l'œil qui sont plus spécialement destinées à opérer l'adaptation de cet organe aux distances d'où les images nous arrivent.

Il y a bien encore quelques autres nerfs affectés au service de l'appareil visuel, mais ils se rendent uniquement à ses parties accessoires : muscles, voies lacrymales et paupières. Ces nerfs appartiennent également à la série des nerfs cérébraux. Il suffira de les signaler ici.

Ce sont les nerfs de la troisième paire, ou *moteurs oculaires communs;* ceux de la quatrième, ou *pathétiques;* ceux de la sixième, ou *moteurs oculaires externes;* tous essentiellement moteurs. Enfin les parties accessoires de l'œil reçoivent de la cinquième paire, qui est uniquement sensible, les *nerfs lacrymaux* et *palpébraux*.

Théorie de la vision.

Il y a dans cette importante fonction deux ordres bien distincts de phénomènes. Les uns sont de nature purement physique, et dépendent de l'agencement des membranes et des humeurs de l'œil, ainsi que de leur transparence ou de leur opacité, et, dans le cas où ces parties sont transparentes, de leur réfrangibilité, c'est-à-dire de l'écartement ou du rapprochement qu'elles déterminent entre les rayons composant un même faisceau lumineux, de manière à raccourcir son foyer ou à l'allonger. C'est par ces phénomènes, ainsi que par les organes qui les exécutent, que l'œil a pu être comparé à un instrument de physique, soit une lunette, soit une chambre noire.

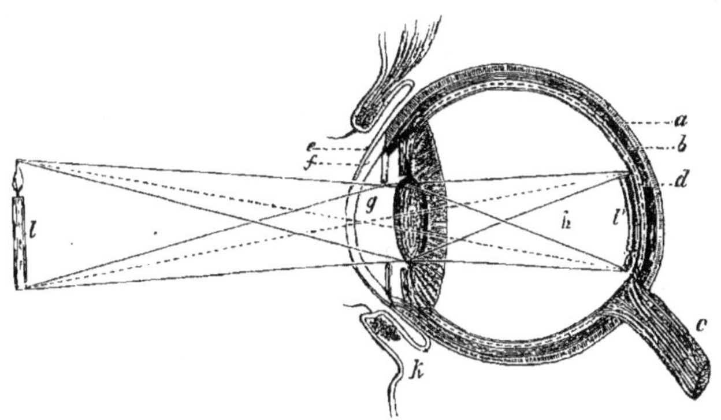

FIG. 202. — Théorie de la vision (*).

Les autres phénomènes de la vue sont essentiellement physiologiques; ils dépendent de la rétine ainsi que du nerf optique, et de la partie du cerveau à laquelle ce nerf aboutit : ce sont des phénomènes de perception nerveuse. L'adaptation de l'œil aux distances visuelles est elle-même un phénomène d'ordre purement physique, mais qui se trouve plus immédiatement que les autres phénomènes de cette nature sous la dépendance du système nerveux parce qu'elle a pour but de faire concorder les images réellement nettes avec la surface sensible, c'est-à-dire avec la rétine de l'œil, qui doit transmettre ces images au cerveau par l'intermédiaire du nerf optique.

Avant d'arriver à la rétine, la lumière subit plusieurs déviations qui toutes concourent, mais à des degrés différents, à la convergence des rayons lumineux, et font que le cône lumineux que ces rayons forment

(*) *a*) sclérotique ; — *b*) choroïde ; — *c*) nerf optique ; — *d*) conjonctive ; — *f*) cornée transparente ; — *g*) chambre antérieure et ouverture pupillaire ; — *h*) humeur vitrée ; — *i*) cristallin ; — *k*) paupière inférieure ; — *l*) corps lumineux dont l'image renversée se peint en *l'*.

dans l'œil n'excède pas la longueur de cet organe, tandis que celui de leur trajet au dehors est souvent excessivement étendu.

Les milieux réfringents de l'œil sont au nombre de quatre, savoir : la cornée transparente, l'humeur aqueuse, le cristallin et l'humeur vitrée. L'humeur aqueuse, qui est le moins réfringent de ces milieux, est à peine supérieure à l'eau sous ce rapport.

Il arrive donc que les rayons, en passant de l'air dans l'œil, ne tardent pas à converger, et cette convergence est calculée de manière que leur foyer commun réponde à la rétine.

Le cristallin, à cause de sa densité plus grande et de sa forme particulière, remplit dans l'œil l'office d'une véritable lentille convergente, et nous avons déjà vu que sa surface était plus aplatie ou plus renflée, suivant que la vue est plus longue ou au contraire plus courte. De grandes différences se remarquent sous ce rapport, si l'on compare le cristallin des oiseaux à celui des poissons; et l'on sait que dans notre espèce les petites modifications de forme que le cristallin de l'œil éprouve avec l'âge, ou suivant les individus, déterminent des altérations souvent fort gênantes de la vue. Les vues presbytes et les vues myopes n'ont pas d'autre cause.

Les deux yeux concourent à la vue, et les perceptions qu'ils fournissent se complètent en se confondant. Il suffit, pour s'en assurer, de regarder alternativement de l'œil gauche et de l'œil droit; et l'on en a une preuve plus convaincante encore par le stéréoscope, qui nous montre que nous devons connaître le relief des objets pour mieux juger de leur position et de leurs rapports dans l'espace.

La marche des rayons qui partent des objets extérieurs pour aller se peindre sur la rétine est telle que ces objets viennent y produire une image renversée. La pointe d'une flèche dressée s'y peint en bas; une bougie placée sur un flambeau a aussi sa flamme renversée (fig. 202).

Il n'en résulte pas que nous voyions les objets à l'envers, et l'habitude seule et l'apprentissage de notre œil ne sont pas les seules causes qui permettent de les apercevoir comme ils sont réellement. S'il en était ainsi, le sens de la vue et le sens du toucher se contrediraient, et, après avoir fermé les yeux, si nous voulions saisir un objet, nous le chercherions à une place opposée à celle qu'il occupe. On explique cette apparente contradiction en disant que les papilles sensibles constituant notre rétine voient les objets dans la direction des rayons que ces objets leur envoient, et par suite à leur véritable place. Peu importe donc que les images soient renversées à la surface de la rétine; elles n'en sont pas moins perçues dans leurs rapports réels et avec la position qu'occupent les objets.

C'est la finesse des papilles nerveuses qui fait la délicatesse des sensations, et l'on peut en juger par la petitesse des bâtonnets. Chaque fibrille nerveuse de la rétine reçoit des sensations distinctes, et il n'y a de sensations particulières que celles qui sont perçues par des fibrilles différentes.

La rétine peut d'ailleurs être plus ou moins impressionnable, suivant l'état sain ou maladif de sa structure.

Quant à la netteté des images, elle dépend de la précision dans l'ajustement des humeurs et autres parties de l'œil, ainsi que du degré de leur translucidité. L'ajustement des milieux de l'œil doit être réglé conformément aux distances, et c'est pour cela que les hommes ou les animaux agissent sur leurs yeux, soit volontairement, soit involontairement, de manière à en changer un peu le diamètre antéro-postérieur, à en élargir ou à en rétrécir la pupille, et à déplacer plus ou moins le cristallin, ce qui s'obtient principalement par l'injection sanguine des procès ciliaires et par l'action de fibres musculaires intérieures au bulbe de l'œil.

Il y a chez les oiseaux un petit organe spécialement affecté à cet usage : c'est le *peigne*, expansion de la choroïde qui va de cette dernière au cristallin. Les poissons possèdent derrière l'œil un ganglion sanguin, nommé *glande choroïdienne*, en rapport avec l'œil et qui paraît avoir une destination analogue.

Parties accessoires de l'œil.

Le bulbe oculaire constitue la portion réellement essentielle de l'appareil visuel. Il suffit pour assurer la vision. Chez certaines espèces inférieures, il existe seul et n'a pas même de muscles pour le mouvoir. Alors la dureté de la cornée constitue dans beaucoup de cas son unique défense ; c'est en particulier ce que nous observons chez les insectes. Mais, dans les animaux vertébrés, diverses parties voisines de l'œil se modifient de manière à rendre plus facile l'exercice des fonctions dont cet organe si délicat se trouve chargé ; elles lui servent de moyens de protection, et rentrent ainsi dans la catégorie de ce qu'on a appelé les *tutamina* de l'œil, c'est-à-dire ses moyens de protection. On comprend, en effet, combien il était utile que cet organe fût protégé contre les altérations que le choc des corps extérieurs, l'air, la poussière, l'eau, la lumière elle-même, peuvent lui faire subir.

Ainsi le crâne présente, pour recevoir l'œil et l'y loger, une *orbite*, excavation osseuse de sa région faciale, à la formation de laquelle concourent plus particulièrement les os frontaux, le sphénoïde et ses grandes ailes, l'os malaire, le maxillaire supérieur et un os à part, le lacrymal ou unguis.

Le globe oculaire est mis à l'abri dans l'intérieur de cette cavité, et il y est mû par les *six muscles* dont il a déjà été question, savoir, les deux *muscles obliques* et les quatre *muscles droits*. Des *coussinets graisseux* le soutiennent et concourent à amortir les chocs qu'il pourrait recevoir ; ils le protégent en même temps contre la résistance des parois osseuses de l'orbite.

Malgré ces précautions, nous ressentons souvent les effets des pressions extérieures auxquelles l'œil est encore exposé, et la rétine elle-même peut en être affectée. C'est de là que résultent ces sensations lumineuses dont l'œil est le siége au milieu de l'obscurité, lorsqu'il vient à être frappé violemment. Ce sont des phénomènes purement subjectifs.

Un naturaliste français, qui en a souffert pendant une grande partie de son existence, Savigny, leur a donné le nom de *phosphènes*.

Une membrane de nature muqueuse est également mise au service de l'œil : c'est la *conjonctive*, qui le relie aux cavités nasales, comme l'est de son côté la membrane de l'oreille moyenne par l'intermédiaire de la trompe d'Eustache. Sa jonction avec le nez et l'arrière-bouche se fait à l'aide des *pores lacrymaux* et du *canal nasal.*

Voici quelques détails sur cette curieuse disposition :

La conjonctive est cette membrane si délicate et si douloureuse, lorsqu'elle est irritée, qui passe au devant du globe de l'œil. Elle tapisse aussi la face postérieure des paupières, et est comme ces dernières ouverte au devant du globe oculaire. Entre ses deux feuillets, oculaire et palpébral, sont versées les larmes destinées à humecter l'appareil visuel, à en faciliter les mouvements, et à prévenir la dessiccation dont il serait atteint s'il n'avait pas les moyens de subvenir à l'évaporation constante dont il est le siége.

La *glande lacrymale*, ou sécrétrice des larmes, est située dans l'orbite, contre la paroi externe de cette cavité. Elle a de l'analogie dans sa structure avec les salivaires, et son liquide renferme, comme la salive, quelques principes salins et organiques tenus en dissolution dans une grande proportion d'eau. Le principe spécial, de nature organique, qu'on doit principalement y signaler, est la *dacryoline*, dont la composition paraît d'ailleurs très-peu différente de celle de la ptyaline, propre à la salive.

Dans les circonstances ordinaires, le liquide sécrété par les glandes lacrymales est peu abondant. Il s'évapore en partie, et l'excédant en est recueilli par les deux petits orifices que nous avons mentionnés sous le nom de *pores lacrymaux.* Ils sont placés à l'angle interne de l'œil et ont chacun un canal aboutissant à un tube plus considérable, qui est le *sac lacrymal.*

Lorsque l'abondance des larmes augmente, les sacs lacrymaux versent une plus grande quantité de ce liquide dans l'appareil nasal, ce qui nous oblige alors à nous moucher, comme on ne manque jamais de le faire, lorsqu'on éprouve une vive impression morale et qu'on cherche à dissimuler ses larmes. Si la sécrétion des larmes est plus grande encore, elles tombent des yeux sur les joues. L'obstruction des pores lacrymaux amène le même résultat; et, dans les cas où cet état se continue, les yeux restent larmoyants.

Les sacs lacrymaux passent dans une gouttière de l'os unguis et aboutissent auprès du cornet nasal inférieur. On voit dans l'œil, à côté des pores lacrymaux, qui conduisent aux canaux lacrymaux, un petit amas glandulaire, de couleur rose, appelé la *caroncule lacrymale.*

Certaines espèces de mammifères et d'oiseaux ont, à l'angle interne de la cavité orbitaire, une glande accessoire dite *glande de Harder*, dont le canal est placé à la face interne de la clignotante; sa sécrétion est épaisse et blanchâtre. Cette glande existe aussi chez quelques mammifères, tels que l'éléphant, l'hippopotame, etc., qui manquent de glandes lacrymales et du canal nasal. Les animaux ainsi conformés peuvent, en faisant l'aspiration dans l'intérieur de leur nez, y produire un vide plus parfait que ne le permettrait la présence des pores lacrymaux propres aux autres espèces de la même classe.

Quant aux *paupières*, ce sont essentiellement des organes protecteurs, et elles occupent le premier rang parmi les *tutamina*. Chez l'homme et chez la plupart des vertébrés aériens, il y en a deux pour chaque œil, une supérieure et une inférieure; la supérieure est celle dont le rôle est le plus important. Les paupières sont des parties de la peau disposées en manière de voiles, qui sont rendues mobiles par un muscle dont les fibres sont disposées circulairement : le *muscle orbiculaire*. La supérieure possède en propre un *muscle releveur*, et chaque paupière est en outre soutenue intérieurement par une petite lame cartilagineuse, dite *cartilage tarse*.

Il résulte de la présence des paupières que l'œil peut se fermer, et se trouve ainsi soustrait à la lumière. Ces voiles ont aussi la possibilité de ne se clore qu'en partie, ce qui constitue l'action de cligner; ils diminuent alors leur ouverture de manière à ne donner accès qu'à une faible quantité de lumière. Quand le sommeil nous gagne, nous sentons notre paupière supérieure s'appesantir, et l'ouverture palpébrale reste fermée jusqu'au réveil, de manière à empêcher non-seulement l'entrée des rayons lumineux dans l'œil, mais aussi à mettre cet organe à l'abri de l'air et des poussières que l'atmosphère tient en suspension. Les oiseaux possèdent une troisième paupière demi-transparente, placée à l'angle interne de leur œil et qu'ils étendent sur cet organe lorsqu'ils veulent éviter l'action d'une lumière trop vive, sans fermer pour cela leurs véritables paupières. C'est la *clignotante*, dont on retrouve un rudiment chez beaucoup de mammifères.

Ces perfectionnements de l'appareil oculaire de l'homme ne sont pas les seuls que nous ayons à signaler. Les paupières sont en outre garnies, sur leur bord libre, de poils déliés et en forme de soies, qu'on nomme les *cils*. Il en résulte une sorte de herse destinée à défendre l'entrée de l'œil aux corpuscules qui flottent dans l'air. De petites glandes, dites *glandes de Meibomius*, existent à la base des cils, dans le bord libre des paupières, et sécrètent une humeur grasse qui les enduit aussi bien que la gouttière palpébrale, et s'oppose à ce que le liquide dont la conjonctive est humectée ne suive pas le chemin qui lui est tracé vers l'angle interne de l'œil, et n'arrive aux pores lacrymaux par lesquels il doit s'écouler dans le nez.

Les *sourcils* concourent également à protéger les yeux, ils détournent la sueur qui pourrait descendre du front dans ces organes; et comme ils sont mus par un muscle particulier, le *muscle sourcilier*, ils peuvent se rapprocher l'un de l'autre ou se projeter en avant. Ils arrêtent ainsi dans leur marche les rayons qui arrivent trop verticalement, et prennent par leurs mouvements une part considérable dans le jeu de la physionomie. Cependant il s'en faut beaucoup qu'une pareille complication de l'appareil visuel existe toujours, et, en descendant la série animale, on voit toutes les parties accessoires de l'œil, qui constituent autant de perfectionnements propres à l'œil de l'homme ou des animaux supérieurs, disparaître l'une après l'autre. L'œil des espèces les plus inférieures ne comporte plus qu'une enveloppe rendue transparente en avant pour le passage de la lumière, une lentille convergente, c'est-à-dire un cristallin, et une expansion nerveuse répondant à la rétine.

Principales modifications de l'œil dans la série des animaux.

Nous parlerons d'abord de l'*œil des animaux vertébrés*. Certaines particularités de la vision, étudiées dans l'ensemble de ces animaux, tiennent, ou bien aux conditions dans lesquelles leurs diverses espèces sont appelées à vivre, ou bien au rang occupé par ces espèces dans ce premier embranchement.

Parmi les différences rentrant dans la première de ces deux catégories, on peut signaler le développement plus considérable des globes oculaires chez les espèces essentiellement nocturnes; elles ont en effet besoin d'un appareil plus sensible à la lumière, et, à égale sensibilité de cet appareil, elles doivent avoir l'orifice pupillaire ainsi que la rétine plus étendus, puisqu'elles cherchent leur nourriture pendant l'obscurité. C'est ce qu'on observe dans certains mammifères du groupe des lémures et dans les accipitres de la famille des chouettes.

Chez les anguilles, et surtout chez les taupes, les yeux sont au contraire très-petits, mais la vision n'est pas contestable.

D'autres espèces habitent des endroits où la lumière ne pénètre pas, et sont par conséquent destinées à ne voir que très-peu ou point du tout; elles ont alors les yeux fort petits ou tout à fait rudimentaires, parfois même incapables d'aucune perception sensoriale. Ce ne sont plus que de simples bulbes, presque semblables à ceux qui donnent naissance aux poils, et la peau passe au devant d'eux sans s'ouvrir, souvent même sans s'amincir. Il en est particulièrement ainsi chez les rats aveugles d'Orient (*Aspalax zemmi* et *zokor*), et chez les amphisbènes, les protées, etc.

Certains animaux articulés manquent tout à fait d'yeux : tels sont plusieurs genres d'insectes coléoptères qu'on ne trouve que dans les cavernes les plus obscures, plusieurs myriapodes, et une petite crevette à corps étiolé qui vit dans les puits.

Les oiseaux, animaux qui voient de fort loin et embrassent d'un seul coup d'œil une étendue considérable du pays, sont souvent dans l'obligation de changer la portée de leur vue, suivant qu'ils se trouvent sur le sol ou planent à une hauteur considérable dans les airs. Leur œil est naturellement presbyte, sauf celui des espèces aquatiques; aussi ont-ils le cristallin plus aplati que celui des mammifères, mais ils possèdent, pour l'accommoder aux distances, un petit organe particulier allant de ce cristallin à la choroïde, et que nous avons dit être le *peigne*.

Les poissons ont le cristallin sphérique, et leur vue est comparable à celle des myopes; ces animaux vivent d'ailleurs dans un milieu d'une densité plus considérable que celle de l'air, et ils avaient besoin d'avoir dans l'œil une lentille plus réfringente que celle des espèces aériennes.

Comme les poissons doivent plonger et que la pression à laquelle ils sont soumis peut être considérable, leur sclérotique renferme une couche osseuse de forme également sphérique, et de même interrompue en avant dans la partie occupée par la cornée transparente. La sclérotique des baleines et des dauphins n'a pas de pièces osseuses, mais elle est d'une épaisseur remarquable.

Quant aux particularités de l'appareil visuel qui sont en rapport avec le rang plus ou moins élevé que les différentes espèces occupent dans la série zoologique, elles ne sont pas moins intéressantes. C'est dans cet ordre de faits que nous voyons l'œil humain être si parfait dans sa structure et s'entourer de parties si nombreuses, modifiées de manière à faciliter ses fonctions. En passant à d'autres familles de mammifères, on constatera bientôt une dégradation évidente : les sourcils disparaissent, les paupières manquent souvent de cils proprement dits, etc. Cette dégradation va, dans certains reptiles, tels que les serpents, et dans tous les poissons, jusqu'à la disparition complète des paupières.

DE L'ŒIL CHEZ LES ANIMAUX SANS VERTÈBRES. — Beaucoup d'invertébrés possèdent aussi des organes de vision, mais ces organes sont d'une structure plus simple encore que chez les vertébrés inférieurs; ils ne consistent le plus souvent qu'en un bulbe réduit à son enveloppe (sclérotique et cornée), et renfermant un cristallin, en arrière duquel s'épanouit un filet nerveux émanant du cerveau et qui constitue le nerf optique.

Les céphalopodes ont cependant des yeux comparables, par certains points de leur structure, à ceux des poissons. Ils sont volumineux, placés sur les côtés de la tête, pourvus de gros cristallins sphériques, et en partie protégés

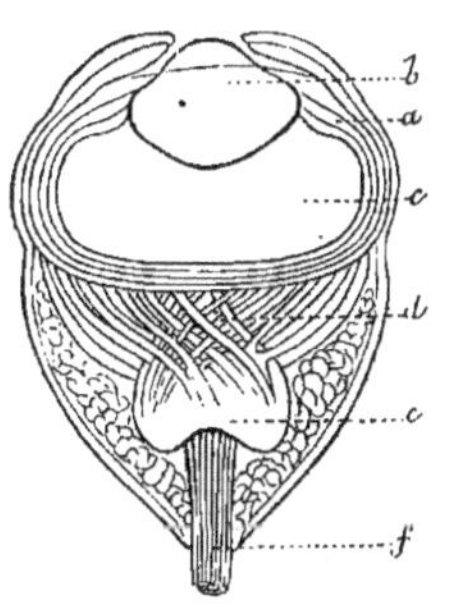

Fig. 203. — Œil du *Calmar* (*).

par le cartilage crânien de ces animaux; mais il est facile de reconnaître qu'ils présentent déjà quelques particularités en rapport avec l'infériorité relative de l'embranchement auquel les céphalopodes appartiennent. Ainsi l'humeur vitrée y est de consistance tout à fait liquide, et les filets secondaires du nerf optique, au lieu d'être fasciculés par un névrilème commun en un seul nerf faisceau, comme cela a lieu chez tous les vertébrés, sont séparés les uns des autres, et ils entrent dans la sclérotique par plusieurs orifices distincts.

(*) *a*) enveloppe de l'œil ; — *b*) cristallin ; — *c*) humeur vitrée ; — *d*) nerf optique, avant son entrée dans l'œil ; — *e*) ganglion du nerf optique ; — *f*) partie du nerf optique la plus rapprochée du cerveau.

Les divisions de ce nerf optique vont former une rétine, mais les papilles par lesquelles elles se terminent sont moins délicates que celles de l'œil des vertébrés. Elles nous expliquent, pour ainsi dire, les yeux composés des insectes, où nous voyons chacune de ces divisions rétinaires se rendre à un appareil de vision distinct.

On sait que chez les animaux articulés, particulièrement chez les insectes et les crustacés, il existe souvent, indépendamment des yeux simples, dits *ocelles* ou *stemmates*, des *yeux composés* qui résultent de l'agrégation en un amas unique, pour chaque côté de la tête, d'une foule de petits yeux qui, séparément, ont une conformation assez analogue à celle des ocelles, quoique étant plus allongés et en forme de tubes accolés les uns aux autres. On les compte au moyen de leurs cornées multiples, qui donnent à leur surface l'apparence d'un miroir à facettes.

Les nerfs propres à chacun de ces petits yeux, si nombreux que soient les yeux ainsi agglomérés, ne tardent pas à se réunir en un nerf optique unique, et c'est par ce nerf commun qu'ils aboutissent au cerveau. On peut les comparer aux divisions du nerf optique des céphalopodes, et par suite aux éléments secondaires du même nerf optique des vertébrés. La différence entre eux et ces derniers consiste surtout en ce que, au lieu d'aboutir à un appareil optique unique, c'est-à-dire à un seul œil, chacun d'eux possède un appareil propre, absolument comme si chacune des papilles de la rétine des céphalopodes ou des vertébrés se rendait à un bulbe oculaire distinct.

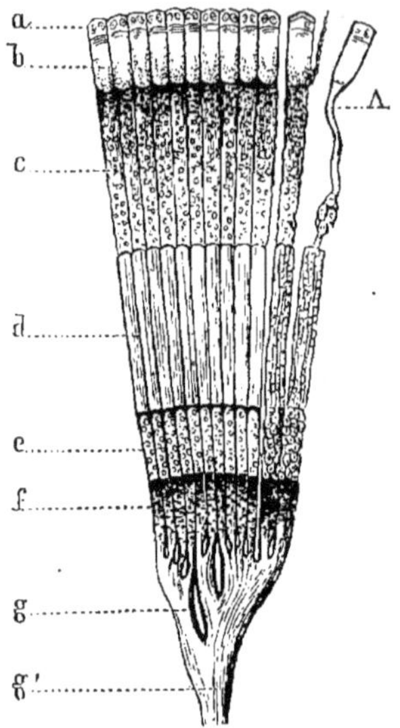

Fig. 204. — Portion de l'œil composé d'un Insecte (*Sphinx*), montrant plusieurs des petits yeux dont il est formé (*).

Cela nous explique comment J. Müller, le célèbre physiologiste de Berlin, avait été conduit à penser que chacun des yeux élémentaires qu'on distingue aux yeux à facettes des insectes ou des crustacés, ne percevait qu'un point lumineux, ou, en d'autres termes, qu'une très-petite portion de l'image placée au-devant de lui. Cette disposition laisserait donc au nerf optique fasciculé le soin de réunir tous ces points visuels en une image unique, travail déjà opéré chez nous par la rétine.

(*) *a*) facettes, répondant aux cornées ; — *b*) cristallins ; — *c*) prolongements communs des nerfs rétinaires ; — *d*) partie prismatique des mêmes nerfs ; — *e*) partie celluleuse des rétines ; — *f*) division des branches du nerf optique ; — *g* et *g'*) un des rameaux principaux du nerf optique commun et branches qui en partent.

A = un de ces yeux séparé des autres et dépouillé de son enveloppe ou sclérotique.

Les crustacés ont des yeux composés, et chez un grand nombre d'entre eux ces organes sont portés sur une paire de pédoncules mobiles; chez les autres ils sont au contraire sessiles.

Certains animaux sans vertèbres, étrangers à la classe des insectes et à celle des crustacés, possèdent également plus de deux yeux. Cette disposition est fréquente chez les arachnides, chez les myriapodes, ainsi que chez les annélides : ce sont des ocelles ou, si l'on veut, des yeux dont les différents éléments sont comme dissociés au lieu d'être agrégés, ainsi que cela a lieu pour les yeux composés.

On trouve aussi plus de deux yeux chez certains mollusques, et, ce qui étonne, c'est que ces mollusques sont des acéphales de la classe des lamellibranches. Leurs organes de vision, très-faciles à reconnaître comme tels aux détails de leur structure, sont placés sur les bords libres du manteau, entre les franges en forme de cirres qu'on y remarque. Ils sont surtout aisés à observer dans les espèces du genre peigne. Chacun d'eux est rattaché au cerveau par un nerf, qui n'est autre qu'un prolongement du nerf optique, et, tout en étant aussi éloignés du centre des perceptions sensoriales, c'est-à-dire du cerveau, ces organes n'en sont pas moins comme ceux des animaux supérieurs, desservis par un nerf de sensibilité spéciale.

Il n'est pas jusqu'aux rayonnés chez lesquels on ne découvre aussi des organes de même nature et servant à la même fonction. Les étoiles de mer en possèdent à l'extrémité de leurs rayons; il y en a aussi au pourtour de l'ombrelle des méduses, ainsi que chez d'autres espèces du même embranchement.

Les indications que des organes aussi simples de vision doivent fournir aux animaux qui les portent ne peuvent être que très-confuses; ils leur permettent sans doute de distinguer la lumière d'avec l'obscurité, font apercevoir le déplacement des corps et quelques phénomènes analogues, mais ne sauraient fournir des images détaillées. L'infériorité des instincts chez les espèces qui les présentent ne leur permettrait d'ailleurs pas de tirer parti de sensations plus délicates et comparables à celles des animaux supérieurs.

On a soupçonné la présence d'organes visuels chez des espèces plus inférieures encore. Des taches qui semblent avoir le caractère de simples amas de pigment, et qu'on remarque sur la partie antérieure du corps de certains infusoires, ont en effet été regardées par quelques naturalistes comme étant des yeux.

Tout ce qu'on peut dire à l'appui de cette opinion, c'est que les animalcules qui présentent de ces taches oculiformes semblent capables de distinguer la lumière d'avec l'obscurité, et qu'ils sont capables de se diriger de l'une vers l'autre, suivant qu'ils ont intérêt à le faire.

CHAPITRE XX

SENS DE L'OUIE.

De même que l'œil, l'oreille est comparable, dans sa structure, aux instruments dont nous nous servons en physique pour démontrer les propriétés de la matière, et une branche de cette science a également pour objet spécial les phénomènes que cet organe nous permet de percevoir : cette branche est l'*acoustique*.

L'audition, ou le sens de l'ouïe, dont l'oreille est le siége, acquiert chez les animaux supérieurs, particulièrement chez l'homme, une extrême délicatesse, en rapport avec le développement intellectuel de ces espèces. Non-seulement l'oreille leur permet d'entendre des bruits, c'est-à-dire de sentir les corps à distance par les vibrations qu'ils produisent dans l'air ou dans l'eau et de juger de l'intensité de ces bruits, mais elle leur donne aussi la connaissance du ton dans lequel les bruits sont produits ; ce qui tient à leur élévation plus ou moins grande, selon la rapidité variable des vibrations qui les produisent. Elle fait plus encore, puisqu'elle nous rend juges du timbre des sons perçus, et nous donne le moyen de reconnaître, même à égalité d'intensité ou à égalité de ton, les corps qui ont produit tel ou tel son, et de les distinguer ainsi de tous les autres.

Si nous remarquons en outre que l'audition est possible quelle que soit la direction suivant laquelle les ondes sonores arrivent à notre oreille, et qu'elle conserve toute sa finesse alors que l'obscurité a suspendu l'usage de la vue, on comprendra de quel secours doit être aux animaux un sens aussi parfait, et l'on ne s'étonnera pas que l'appareil qui lui est affecté soit un des plus compliqués de l'organisme.

Mais cette complication et la difficulté de bien comprendre le rôle particulier des différentes pièces entrant dans la composition de l'oreille ont, jusqu'à ce jour, empêché les physiologistes et les physiciens d'établir la théorie définitive des phénomènes auditifs avec une précision comparable à celle à laquelle ils sont arrivés en ce qui concerne les phénomènes visuels. Le rôle de plusieurs des parties dont l'ensemble de l'oreille est formé reste encore à découvrir.

L'appareil de l'ouïe est placé à la tête, sur les côtés de cette région du corps, entre le troisième et le quatrième des segments osseux qui la forment. On y reconnaît trois ordres de parties, constituant, suivant que leur position est extérieure, intermédiaire ou profonde, *l'oreille externe*, *l'oreille moyenne* et *l'oreille interne*.

Oreille externe. — Cette première partie comprend la *conque auditive*, aussi appelée *pavillon*, et le *méat auditif* ou conduit extérieur de l'oreille.

La *conque* varie beaucoup dans sa forme, suivant les espèces chez lesquelles on l'observe; elle est toujours plus étendue chez celles qui vivent dans des endroits déserts, éloignées par conséquent des autres animaux

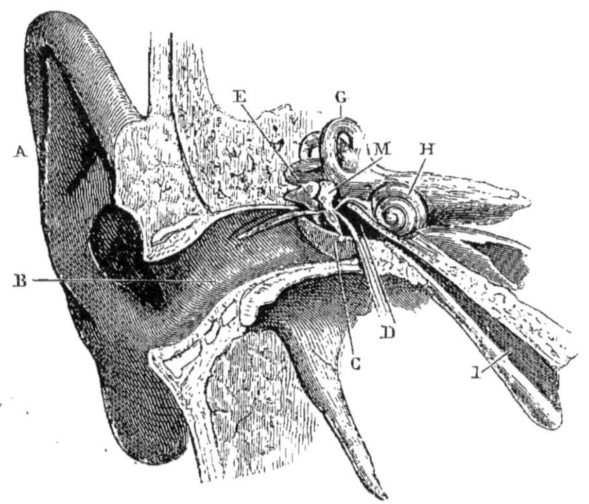

Fig. 205. — Oreille de l'*Homme* (*).

et obligées d'entendre à de grandes distances. Elle est affectée au recueillement des sons. Les mammifères en sont seuls pourvus, et il est même certaines espèces, parmi eux, qui en manquent absolument, telles que les taupes et les rats-taupes; ces espèces vivent sous terre. Les cétacés, les sirénides, ainsi que la plupart des phoques, c'est-à-dire les animaux essentiellement aquatiques, n'ont pas non plus de conque auditive.

Chez l'homme, la conque est remarquable par son contour ovalaire, par le repli qui la borde dans toute sa partie supérieure, et par le lobule graisseux qui la termine inférieurement. Celle des chauves-souris est souvent munie d'un prolongement qui semble la doubler intérieurement

Fig. 206. — Tête de l'*Oreillard*, espèce de chauve-souris dont les oreilles et les oreillons, ou tragus, sont très-grands.

et qui lui sert d'obturateur lorsque ces animaux veulent se soustraire au bruit. On donne à cette partie le nom d'*oreillon* : c'est un prolongement du *tragus* de l'homme, c'est-à-dire de la petite saillie cartilagineuse qui,

(*) *a*) pavillon ou conque auditive; — *b*) conduit auditif externe; — *c*) membrane du tympan; — *d*) caisse du tympan; — *e*) enclume; — *m*) marteau; — *g*) canaux semi-circulaires; — *h*) limaçon; — *i*) trompe d'Eustache.

dans l'oreille humaine, se remarque à la partie antérieure et moyenne de la conque, au-dessus du méat auditif. Il est très-développé dans l'oreillard (fig. 206).

La conque est de nature fibro-cartilagineuse. Des muscles, en général plus développés chez les animaux que chez l'homme, sont spécialement affectés à cette partie, et permettent, lorsque leur action est suffisamment grande, d'en diriger l'ouverture dans des sens différents, comme nous le voyons faire à l'âne, au lapin, et à d'autres espèces qui tendent leur oreille externe dans la direction des bruits qu'ils veulent mieux entendre.

Le *méat auditif*, ou conduit de l'oreille externe, va du fond de la conque à l'oreille moyenne. Dans les espèces dépourvues de conque, plus particulièrement dans celles qui sont aquatiques, il est muni à son orifice d'un muscle circulaire qui en permet la complète fermeture au gré de l'animal. La membrane qui constitue ce tube présente de nombreuses glandules sébacées destinées à la sécrétion d'une matière grasse, de couleur jaune, appelée *cérumen*.

Oreille moyenne. — L'oreille moyenne, interposée à l'oreille externe et à l'interne, constitue une sorte de caisse aérienne servant à la répétition des sons recueillis par la conque et à leur transmission à l'oreille interne. Elle est logée dans une cavité osseuse qui se renfle d'une manière sensible chez les espèces plus capables de percevoir l'impression des moindres bruits, et elle est en rapport avec l'oreille externe par une membrane tendue, par conséquent susceptible de vibrer sous l'influence des ondes sonores arrivant par le méat auditif externe. Cette membrane est le *tympan*, que supporte un petit cadre osseux appliqué sur la partie écailleuse de l'os temporal. La partie solide de la caisse est elle-même une dépendance de cet os, ou du moins elle se joint à lui peu de temps après la naissance.

Deux autres parties membraneuses, et comparables au tympan, sont tendues à la manière du tympan lui-même à la partie opposée de l'oreille moyenne, sur deux ouvertures de l'oreille interne, dites *fenêtre ovale* et *fenêtre ronde*. Leur présence justifie la comparaison que l'on a établie entre l'oreille moyenne et un tambour. Seulement la seconde membrane de l'oreille moyenne, au lieu d'être simple comme la première, c'est-à-dire comme le tympan, est par cela même divisée en deux parties appliquées chacune sur l'une des deux fenêtres dont il vient d'être question.

Comme l'est aussi une caisse de tambour, l'oreille moyenne est remplie d'air. Cet air doit y conserver son élasticité et se maintenir à une pression égale à celle de l'air extérieur, car il est destiné à répéter les vibrations sonores que celui-ci apporte au tympan. Ce but se trouve atteint par la communication de l'intérieur de la caisse avec l'air atmosphérique au moyen de la *trompe d'Eustache*, espèce de tube qui va de l'arrière-bouche jusque dans la caisse, et dont l'obturation par des mucosités endurcies ou par l'épaississement de ses propres parois est une cause fréquente de surdité.

L'analogie de l'oreille moyenne avec un tambour est complétée par la présence des osselets de l'ouïe, qui sont une chaîne de quatre petites pièces osseuses allant de la membrane du tympan à la membrane de la fenêtre ovale. Cette chaîne, en se raccourcissant ou s'allongeant sous l'action des petits muscles qui s'y insèrent, tend ces membranes ou les détend et renforce ainsi les sons ou les atténue. Quoique placée à l'intérieur de la caisse auditive, elle répond évidemment aux cordes placées en dehors d'un tambour, puisqu'elle sert, comme elles, à modifier la tension des membranes appliquées aux deux extrémités de la caisse.

Les osselets de l'ouïe sont le *marteau*, en rapport avec le tympan ; l'*enclume*, sur laquelle porte le marteau ; le *lenticulaire*, de très-petite dimension, et l'*étrier*, ainsi appelé de sa forme. La platine de l'étrier porte sur la fenêtre ovale.

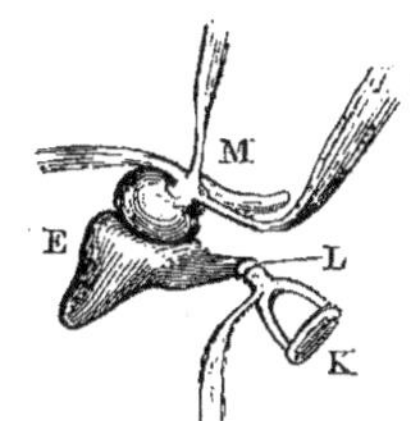

FIG. 207. — Osselets de l'ouïe, vus dans leurs rapports naturels (figure grossie) (*).

OREILLE INTERNE. — C'est le véritable bulbe de l'oreille, et son ensemble, qui prend le nom de *labyrinthe*, est contenu dans une pièce osseuse d'une grande densité, appelée, à cause de cela, le *rocher* ou l'*os pétreux*. On y distingue trois parties, savoir : le *vestibule*, les *canaux semi-circulaires* et le *limaçon*. Un canal osseux, dit *méat auditif interne*, y conduit le nerf spécial de la sensation auditive ou nerf acoustique. Le labyrinthe osseux est occupé par un appareil membraneux, renfermant un liquide comparable à une sorte de gelée, qui remplit dans l'audition la fonction d'humeur vibrante. Le *labyrinthe membraneux* est divisé, comme le labyrinthe osseux, en vestibule, canaux semi-circulaires et limaçon. C'est dans son intérieur que s'épanouissent les divisions du nerf acoustique chargées de percevoir les sensations auditives, et à cet égard ces nerfs peuvent être comparés à la rétine, puisqu'ils sont aussi des agents de sensibilité spéciale.

Le *vestibule* renferme en suspension, dans l'humeur dont il est rempli, de petites concrétions calcaires, qui chez les poissons osseux constituent une pièce solide assez volumineuse appelée *otolithe* ou *pierre auditive*.

C'est au point de contact du vestibule et de l'oreille moyenne qu'existe la fenêtre ovale, sur laquelle s'applique la platine de l'étrier. Le vestibule est la partie fondamentale de l'oreille interne.

Les *canaux* dits *semi-circulaires*, à cause de leur forme, sont au nombre de trois. Ils aboutissent également au vestibule, mais par cinq ouvertures seulement, deux d'entre eux se réunissant par une de leurs extrémités avant d'opérer leur jonction à la cavité commune ; leur autre extrémité se renfle en ampoule auprès de son embouchure ; une des extrémités du canal, qui reste entièrement indépendante des deux autres, présente aussi une dilatation ou ampoule.

(*) *m*) le marteau et ses muscles ; — *c*) l'enclume ; — *l*) le lenticulaire ; — *k*) l'étrier et son muscle.

Quant au *limaçon*, il doit son nom à sa ressemblance avec la coquille ainsi appelée. Il est formé par une sorte de tube continu contourné en spirale serrée, exécutant deux tours et demi et divisé intérieurement dans sa longueur par une sorte de rampe ou cloison incomplète en deux parties, dont l'inférieure aboutit à la fenêtre ronde et dont l'autre va directement au vestibule.

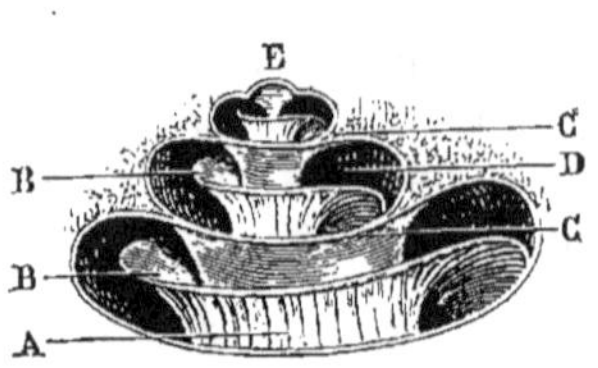

FIG. 208. — Le limaçon, coupé obliquement pour montrer les deux tours et demi qu'il forme, et la lame spirale intérieure qui le divise en deux rampes (*).

On établit en principe que l'oreille de l'homme, lorsqu'elle a été suffisamment exercée, peut classer des sons depuis ceux comportant trente-deux vibrations par seconde jusqu'à ceux qui en comportent soixante-treize mille. D'autres espèces entendent des sons tellement graves, que notre oreille ne peut les percevoir, et il en est aussi qui, ayant le limaçon

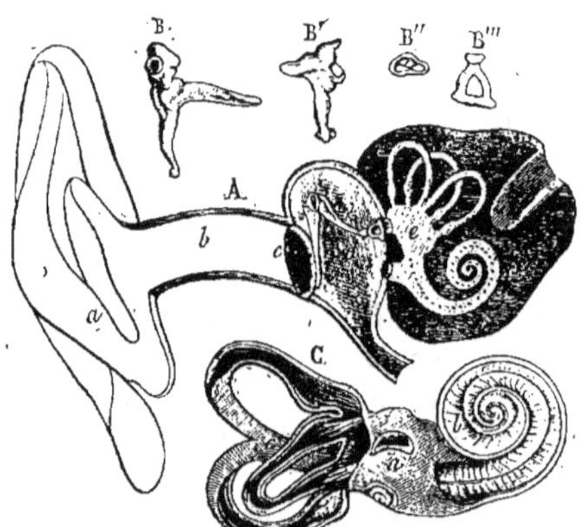

FIG. 209. — L'oreille de l'*Homme* et ses différentes parties (**).

plus complet que le nôtre, peuvent au contraire percevoir des sons si aigus, qu'ils nous échappent. Les chauves-souris sont en particulier dans ce dernier cas.

(*) *a*) la lame spirale extérieure ou la lame des contours; — *b b*) lame spirale intérieure séparant les deux rampes et sur laquelle s'étendent les terminaisons (*a*) du nerf acoustique propres à cette partie de l'oreille interne; — *c*) séparation du deuxième tour d'avec le troisième; — *d*) rampe supérieure, vue au second tour; — *e*) sommet du limaçon.

(**) A = figure théorique :

a) conque auditive; — *b*) méat auditif externe, formant avec la conque l'oreille externe; — *c*) membrane du tympan et oreille moyenne renfermant les osselets de l'ouïe; — *e*) le labyrinthe ou oreille interne, contenu dans le rocher.

B = les osselets de l'ouïe : *b*) le marteau; — *b'*) l'enclume; — *b''*) l'os lenticulaire; — *b'''*) étrier.

C = le labyrinthe : — *a*) vestibule : au-dessus de la lettre *a* est la fenêtre ovale; au-dessous, la fenêtre ronde; — *b*) le limaçon; — *c*) les canaux demi-circulaires.

Le limaçon de l'oreille paraît nous donner la sensation des tons et les canaux semi-circulaires celle du timbre. Lorsque le vestibule existe seul, comme chez les mollusques, il ne doit y avoir d'autre sensation que celle du bruit, et l'audition est alors fort confuse.

Les vertébrés allantoïdiens ou les mammifères, les oiseaux et les reptiles, qui ont aussi pour caractère d'être aériens à toutes les époques de leur vie, sont seuls pourvus de limaçon. Cet organe manque chez les

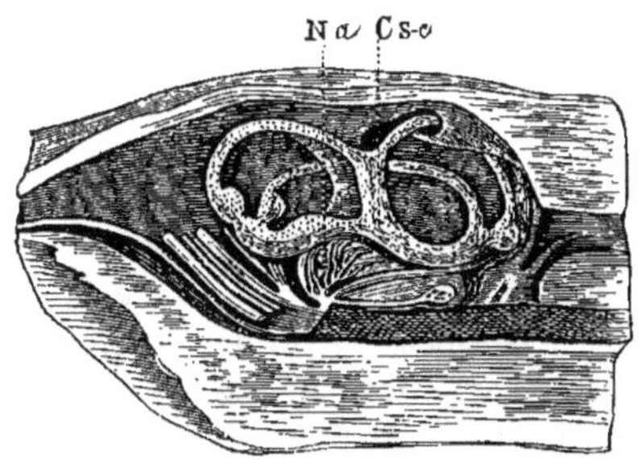

FIG. 210. — Oreille de la *Raie;* ouverte (*).

batraciens, qui ont cependant une oreille moyenne lorsque leurs métamorphoses sont terminées, et les poissons ont l'oreille réduite au vestibule et aux canaux semi-circulaires. Encore chez quelques-uns n'y a-t-il que deux ou même un seul de ces canaux au lieu de trois; mais les lamproies et les myxines présentent seules cette dernière particularité. Les branchiostomes ont l'organe auditif plus simple encore et réduit au seul vestibule, ce qui fait ressembler leur oreille à celle des animaux sans vertèbres.

L'oreille des insectes n'est pas connue anatomiquement, mais on ne saurait douter de son existence, puisque beaucoup d'animaux de cette classe produisent des bruits au moyen desquels ils s'appellent et se répondent.

Les crustacés ont l'oreille réduite au vestibule et placée à la base des grandes antennes; elle est reconnaissable à une petite membrane en forme de tympan, mais que l'on doit, à cause de ses rapports avec le vestibule, comparer à la fenêtre ovale et non au tympan des vertébrés aériens. Ce dernier est d'ailleurs également superficiel dans les lézards.

Chez les annélides et chez les mollusques, l'oreille est sous-cutanée; elle est représentée par un simple sac renfermant de très-petites concrétions en suspension dans une humeur gélatiniforme et auquel se ren directement le nerf acoustique.

On retrouve des organes analogues chez les méduses; mais, au lieu de deux comme chez tous les animaux précédents, il en existe un plus

(*) *na*) nerf acoustique et sa division dans le vestibule; — *csc*) canaux demi-circulaires.

grand nombre, placés au pourtour de l'ombrelle qui forme la masse de ces zoophytes; ils répondent aux principales divisions de leur corps.

CHAPITRE XXI

DE LA PHONATION.

Beaucoup d'animaux, doués de la faculté d'entendre, sont en même temps capables de produire des sons; c'est là une conséquence de leur sensibilité auditive et un moyen de plus mis à leur disposition par la nature pour assurer leurs relations avec les autres individus de leur propre espèce ou avec des espèces différentes. Les oiseaux et beaucoup de mammifères sont remarquables par leur chant ou la variété de leurs cris ; chez l'homme, la voix, exécutée par des organes plus perfectionnés, est mise à la disposition d'une intelligence supérieure à celle du reste des animaux : elle devient la parole.

Du larynx. — La voix humaine, comme celle de tous les vertébrés aériens, se produit dans le *larynx*, organe placé à la partie supérieure de la trachée-artère et qui n'est qu'une partie de ce tube modifiée de manière à agir sur l'air employé pour la respiration. Le larynx est rattaché au squelette par l'os hyoïde, et les pièces cartilagineuses qui en constituent la charpente diffèrent notablement par leur forme des anneaux ordinaires de la trachée.

On y distingue une grande pièce en forme de bouclier, dite *cartilage thyroïde*, au-dessous de laquelle est un anneau également cartilagineux, appelé *cartilage cricoïde*. Au bord postéro-supérieur du thyroïdes ont encore deux autres cartilages beaucoup plus petits que lui, appelés *cartilages aryténoïdes*. Les cartilages du larynx sont mis en mouvement par des muscles spéciaux, et la membrane muqueuse qui tapisse intérieurement cet organe présente plusieurs particularités importantes à étudier, si l'on veut bien comprendre le rôle qu'il remplit dans la production de la voix.

On y remarque deux fossettes, une pour chaque côté. Ces deux fossettes apparaissent comme une double boutonnière dans l'intérieur du larynx; elles sont bordées chacune par une paire de lèvres dont l'inférieure renferme un ligament élastique susceptible d'entrer en vibration sous l'action des colonnes d'air que le poumon chasse avec plus ou moins de force. Ces fossettes s'appellent les *ventricules du larynx;* leurs lèvres supérieures sont les *ligaments supérieurs* de la glotte, et les inférieures, les *cordes vocales*. La *glotte* elle-même comprend l'ensemble de ces diverses parties ainsi que l'espace qu'elles occupent; c'est dans la glotte que se forme principalement la voix.

Le degré de tension des cordes vocales, leur longueur variable suivant l'âge ou le sexe, et par suite la rapidité plus ou moins grande de leurs vibrations, sont, avec le volume du larynx et le degré de solidité de ses cartilages, les principales causes des différences que présente la voix chez les divers sujets.

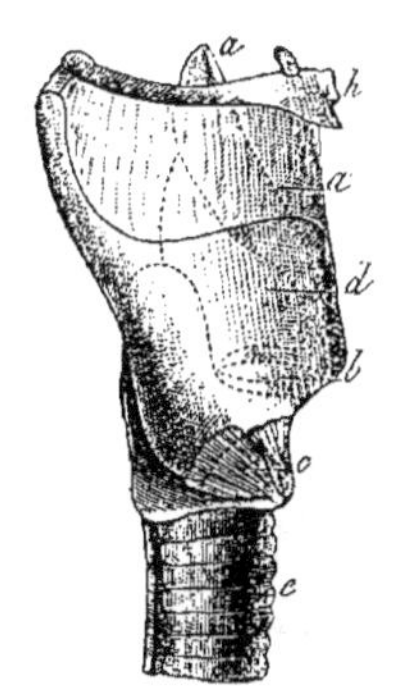

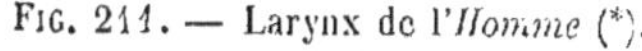

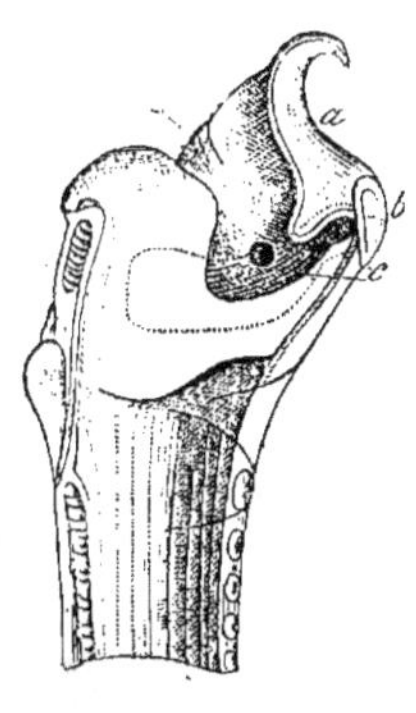

FIG. 211. — Larynx de l'*Homme* (*).   FIG. 212. — Larynx de l'*Ane*
                                              (coupe verticale) (**).

Pour se rendre compte des modulations si multipliées de la voix humaine, c'est-à-dire de sa transformation en *parole*, ainsi que des variétés d'expression qu'elle présente et dont le chant, les sanglots, la voix de fausset, la ventriloquie, etc., sont les plus remarquables, il faut nécessairement savoir comment interviennent les muscles respiratoires, et aussi quelle est la participation du nez et celle des diverses parties de la bouche, en y comprenant spécialement le voile du palais, ainsi que l'action des joues, des dents et des lèvres. Tous ces organes ont en effet une part active dans la production du langage, et ils concourent à en faire l'expression des sentiments dont notre âme est animée.

La disposition du larynx chez certains mammifères donne à leur voix une étendue plus grande qu'à celle des autres; il en est chez lesquels elle est au contraire remarquable par son extrême acuité ou bien encore par sa gravité. Cela peut tenir dans le premier cas au développement des ventricules du larynx, et dans le second à la brièveté ainsi qu'à la tension des cordes vocales, ou au contraire à leur longueur ou à leur relâchement.

L'âne et les singes hurleurs sont au nombre des mammifères dont la voix porte le plus loin; l'orang-outan, le gorille et les gibbons l'ont

(*) *aa*) l'épiglotte; sa partie cachée est indiquée par des points; — *b*) emplacement des lèvres de la glotte; — *c*) muscles placés entre les cartilages cricoïde et thyroïde; — *d*) cartilage thyroïde; — *e*) trachée-artère; — '*h*) hyoïde.

(**) *a*) épiglotte; — *b*) corps thyroïde; — *c*) orifice du sac partant du ventricule de la glotte.

aussi très-étendue. Celle des chauves-souris est très-aiguë et celle du bœuf très-grave.

Chez l'orang-outan et le gorille, des poches membraneuses communiquant avec le larynx s'étendent sur les côtés du cou et jusque sur la poitrine. La voix retentissante du singe hurleur tient surtout au grand développement du corps de son os hyoïde.

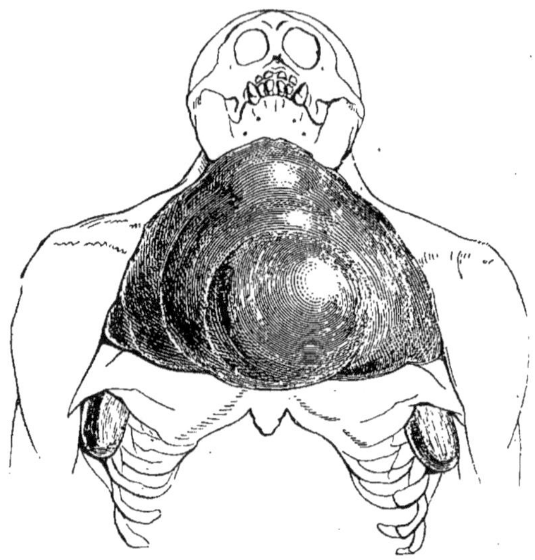

Fig. 213. — Sac laryngien de l'*Orang-outan* (*).

La voix humaine, qui est comprise dans des limites intermédiaires, possède cependant un registre assez étendu; mais, suivant qu'il s'agit d'un homme, d'une femme ou d'un enfant, elle s'arrête à des points différents de l'échelle musicale. Il y a près d'une octave de différence entre les individus des deux sexes. Dans les sons graves, le larynx descend, ce qui raccourcit le tuyau formé par la trachée, c'est-à-dire par le porte-vent, et, dans les sons aigus, il remonte au contraire afin de l'allonger.

La voix souvent si mélodieuse des oiseaux ne se produit pas dans la partie supérieure de leur trachée, qui est à peine différente du reste et n'a point de glotte proprement dite. Cet organe est chez eux un véritable porte-voix. Les modulations de l'air dont le chant résulte se forment dans un larynx différent du larynx ordinaire, qui est placé à la partie inférieure de la trachée, auprès de sa division en bronches. Aussi la section de la trachée n'empêche-t-elle pas les oiseaux de continuer à crier, tandis qu'elle rend impossible la voix des mammifères. Le *larynx inférieur* des oiseaux présente habituellement des muscles spéciaux destinés à agir sur les car-

(*) Le sujet dessiné est vieux et du sexe mâle.

tilages qui le composent, et il y a le plus souvent chez ces animaux une sorte de glotte dans ce larynx. Les espèces chez lesquelles l'organe est le plus compliqué ont aussi la voix plus variée. Tels sont ceux de nos passereaux européens qu'on désigne plus particulièrement sous le nom d'oiseaux chanteurs, et qui appartiennent aux genres des merles, des fauvettes, etc. Le rossignol est le mieux doué de tous. Les perroquets (fig. 214), qui sont les plus intelligents de tous les oiseaux, se font remarquer par une certaine analogie de leur voix avec la parole humaine.

Les crocodiles, ainsi que les rainettes et les pipas, animaux de la classe des batraciens, ont encore un larynx assez compliqué. Celui des pipas est la représentation presque complète d'un instrument que, sans le connaître, Caguiard de Latour avait imaginé pour démontrer certains faits relatifs à l'acoustique.

Divers poissons, beaucoup d'insectes et quelques autres animaux encore, produisent également des sons, mais avec des parties différentes de leur corps, dont ils déterminent la vibration, soit par frottement, soit par percussion. Chez aucun de ces animaux il n'y a d'appareil vocal comparable à celui des vertébrés aériens.

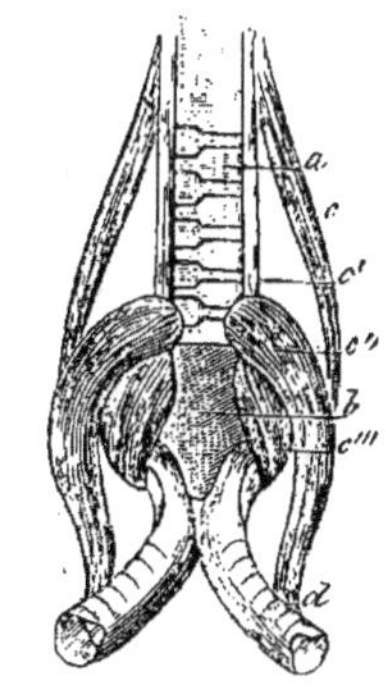

FIG. 214. — Larynx inférieur du *Perroquet* (*).

CHAPITRE XXII

PRINCIPES GÉNÉRAUX DE CLASSIFICATION.

DIFFÉRENCES EXISTANT ENTRE LES PRINCIPAUX GROUPES D'ANIMAUX. — Quelques naturalistes ont exprimé cette pensée que, les espèces animales tenant toutes de la nature des moyens suffisants pour accomplir le rôle qui leur a été dévolu et assurer leur existence par la propagation de nouveaux individus capables de continuer leur espèce, on devait les regarder, par cela même, comme possédant toutes un égal degré de perfection. Cependant on en conclurait à tort que ces espèces, quelle que soit d'ailleurs la classe à laquelle elles appartiennent, ou les fonctions dont elles jouissent, possèdent toujours des organes également compliqués ou une structure également perfectionnée. C'est le contraire que l'on constate dès qu'on examine avec quelque attention l'ensemble des ani-

---

(*) *a*) trachée-artère ; — *b*) cartilage formant la principale pièce du larynx ; — *c*) muscles sterno-laryngiens ; — *c'*) muscles hyo-laryngiens ; — *c''*) muscles trachéo-bronchiques ; — *c'''*) muscles laryngo-bronchiques ; — *d*) bronches.

maux ou des végétaux et qu'on les compare entre eux, quel que soit le groupe auquel ils appartiennent. L'égalité de perfection des êtres organisés n'est pas davantage admissible si l'on envisage séparément chaque individu de chacune de leurs espèces aux différents termes de son existence.

Dans beaucoup de cas, la structure anatomique des parties se modifie avec l'âge ; certains organes disparaissent, d'autres qui n'existaient pas d'abord ne tardent pas à se montrer, et ce n'est qu'en passant par une succession de métamorphoses souvent considérables que l'animal arrive, de la forme d'œuf sous laquelle il avait d'abord apparu, à celle où il présente ses attributs définitifs.

Les espèces qui se rapprochent le plus de l'homme par leur conformation anatomique sont surtout remarquables à cet égard, et pourtant, dans aucune d'elles, la complication des organes ou le degré de leur perfection n'égale ce qu'on voit dans notre propre espèce. Néanmoins tous les animaux, qu'ils appartiennent aux groupes les plus parfaits ou à ceux dont l'organisation reste constamment inférieure, naissent d'ovules, c'est-à-dire de petites sphères organisées comparables aux graines des végétaux, et dont les œufs des oiseaux ou ceux des grenouilles, des vers à soie et des limaces, peuvent nous donner une idée. Ces œufs ou ces ovules sont des amas de cellules détachés du corps des parents.

C'est en s'élevant individuellement et graduellement au-dessus de ce point de départ commun, que tous les animaux, même ceux dont les caractères offrent le plus de perfection, acquièrent la supériorité organique qui les distingue ; et les différences qui séparent les espèces ou les genres dans chacune des grandes classes du règne animal résultent souvent d'un arrêt plus ou moins précoce dans le développement qui leur est propre comparé à celui des autres, ou bien encore de la tendance suivant laquelle s'accomplit leur évolution organique, chaque genre d'animaux devant s'élever jusqu'à un des degrés particuliers de cette sorte d'échelle que forment les principaux termes de l'organisme animal.

L'étude comparative des êtres propres aux anciennes époques géologiques et de ceux qui vivent actuellement rend ce grand fait encore plus facile à saisir. Elle nous montre que pour un même groupe d'animaux ou de plantes, les espèces des anciens temps géologiques étaient inférieures en organisation à celles qui leur ont succédé, et l'on peut expliquer cette infériorité par la série moins complète des évolutions auxquelles elles étaient assujetties dans la succession de leurs âges. Les mammifères, les poissons plagiostomes et les mollusques céphalopodes, qui sont plus complétement connus sous ce rapport, nous offrent des exemples remarquables de ces perfectionnements de l'organisme, coïncidant avec la succession des temps géologiques. Ainsi, les espèces de la première de ces classes dont on trouve les débris dans les terrains tertiaires les plus anciens, étaient inférieures par les caractères de leurs membres, de leurs dents et même de leur cerveau, à celles qui représentent aujourd'hui les groupes naturels auxquels ces espèces appartiennent.

On observe des différences analogues dans la structure des plagiostomes, dont les restes sont enfouis dans les différentes couches de l'écorce terrestre; il en existe aussi pour les poissons osseux, et il en est de même pour les céphalopodes ainsi que pour quelques autres familles importantes, si l'on compare entre elles leurs espèces propres aux périodes primaire, secondaire, tertiaire et actuelle.

Les détails d'anatomie et de physiologie consacrés à l'ensemble des animaux que nous avons exposés dans les chapitres qui précèdent, nous ont déjà familiarisés avec la grande loi de la perfection croissante des organismes. Que l'on compare un infusoire ou tel animal de nature sarcodaire à une hydre, cette dernière à un oursin, et successivement ainsi une huître, une limace, une seiche, une sangsue, un ver de terre, une araignée, une écrevisse ou un hanneton; qu'on poursuive ensuite cette comparaison jusque chez les animaux pourvus de squelette, en prenant pour objets de cette étude la carpe, la grenouille, le lézard, la poule ou le lapin, qui sont des animaux vertébrés, tandis que les précédents sont des animaux articulés ou des mollusques, et les premiers des zoophytes ou des protozoaires; et l'on reconnaîtra que, sous le rapport de leurs fonctions comme sous celui de leur structure anatomique, les animaux s'élèvent tous à des degrés différents dans l'échelle organique. La complication graduelle des êtres se montrera dès lors dans toute son évidence, bien que leurs espèces se ressemblent sous certains rapports et que les caractères par lesquels elles se distinguent les unes des autres n'aient pas toujours une égale valeur.

Le moyen employé par la nature pour réaliser cette perfection graduelle consiste à confier à des organes successivement plus compliqués et de plus en plus différents de ce qu'ils sont dans les espèces inférieures, les fonctions propres à chacune des espèces supérieures, et à multiplier en même temps leurs actes, de manière à rendre plus délicates leurs relations avec le monde extérieur et à leur attribuer un rôle plus élevé. De même dans l'industrie, nous voyons la division du travail l'emporter par la supériorité de ses produits sur les articles exécutés avec un outillage plus simple ou qui n'est pas exclusivement approprié à l'objet pour lequel on l'emploie. La nature varie la forme des organes en vue des fonctions dont elle a doté chaque être, et elle affecte les organes ainsi modifiés ou rendus plus nombreux à l'exercice des fonctions dont elle rehausse par là même le caractère. Elle leur donne une puissance plus grande encore en subordonnant ces fonctions les unes aux autres ainsi que les organes qui les exécutent; et, si, chez les espèces inférieures, la vie n'est pas centralisée dans telles parties du corps de préférence à telles autres, il y a chez les espèces plus élevées des organes dont les fonctions dominent celles de tous les autres par leur élévation et les ont sous leur dépendance immédiate; aussi la vie cesse-t-elle immédiatement lorsque ces organes sont entravés dans leur mécanisme.

En somme, la nature n'a employé dans la construction des êtres organisés, quels qu'ils soient, même dans celle des animaux les plus parfaits, qu'un nombre relativement restreint d'organes : mais, en variant la disposition de ces organes, en les appropriant aux conditions diverses de l'existence des êtres auxquels elle les a attribués; en répétant certains d'entre eux sous des apparences différentes, ce qui lui permet de les employer à des usages également différents, soit dans chaque espèce prise séparément, soit dans les différentes espèces; enfin, en leur laissant dans d'autres animaux leur uniformité primitive, ou en les associant ailleurs par une fusion plus ou moins complète et qui accroît leur action, elle a obtenu cette prodigieuse multiplicité d'animaux et de plantes dont la conformation anatomique est toujours si sagement appropriée aux fonctions qui leur sont propres et au rôle qu'ils doivent accomplir pendant la durée de leur existence.

C'est à la classification qu'il appartient de nous rendre compte de ces particularités sans nombre, en cherchant les rapports que les êtres ont entre eux ou les différences qui les séparent, et en assignant à chacun de ces êtres dans les cadres où elle les range une place exprimant ses analogies ou au contraire ses dissemblances.

Nécessité d'une classification. — Le nombre des espèces de corps organisés, animaux ou végétaux, que l'on connaît, est depuis longtemps déjà fort considérable, et chaque jour il s'accroît encore par suite des découvertes des naturalistes. Il serait absolument impossible de se retrouver dans l'inventaire qu'on en a fait, si on ne le disposait dans un ordre régulier. En ce qui concerne le règne animal, on ne connaît, dans l'état actuel de la science, pas moins de six cent mille espèces, dont les deux tiers environ appartiennent aux anciens âges du monde. Il faut que la manière dont on les classe permette de remonter à leurs caractères distinctifs et à leur histoire complète, si l'on ne sait encore que leur nom, ou inversement, leurs particularités distinctives étant données, de retrouver ce nom; la mémoire y trouve un soulagement et l'esprit une satisfaction.

L'ordre alphabétique permettait bien, le nom des espèces étant connu, de remonter à leurs caractères, puisqu'il peut être suivi de leur définition. C'est ce procédé que nous employons dans nos dictionnaires d'histoire naturelle comme dans nos dictionnaires ordinaires; mais il est insuffisant. Non-seulement il ne peut nous fournir, par la place assignée à chaque être, une idée exacte des particularités qui le distinguent, mais il laisse également ignorer ses affinités, c'est-à-dire les rapports qui le rattachent aux êtres de même nature que lui; il a aussi l'inconvénient de changer de peuple à peuple, de telle sorte que la classification changerait elle-même avec les langues dans lesquelles on apprendrait le nom des êtres à classer. En effet, le nom d'un animal ou d'une plante variant d'un pays à un autre, l'ordre adopté pour la classification de ces êtres serait différent pour chaque nation, si l'on s'en tenait à l'ordre alphabétique.

CARACTÈRES DISTINCTIFS. — On a compris de bonne heure que pour bien classer les êtres organisés, il fallait avoir recours aux qualités qui les distinguent entre eux, mais on n'a pas tardé à remarquer que toutes ces qualités ne sont pas également importantes. Ainsi ce n'est pas un caractère susceptible d'être employé avec utilité dans la classification des corps naturels que la particularité propre à une espèce donnée de servir à tel usage, de vivre dans tel pays et non ailleurs, ou d'être nocturne au lieu de chercher sa nourriture pendant le jour. Il faut qu'un caractère, pour mériter ce nom, constitue une disposition organique spéciale, qu'il fasse partie du corps même de l'être qu'il sert à définir et à classer. Si cette particularité est extérieure, elle offre plus d'avantage ou du moins plus de commodité que si elle est purement intérieure : on doit donc, autant que possible, rechercher celles qui sont apparentes et qui se voient encore sur les exemplaires conservés dans nos musées. Une fois bien constatées, elles peuvent au besoin servir à faire reconnaître l'espèce qui les présente. Toutefois, les caractères tirés des organes intérieurs ayant parfois une importance plus grande encore, on ne doit jamais négliger d'y avoir recours.

C'est ainsi que le nombre des doigts et leur disposition, la formule dentaire, la conformation du cerveau, celle du squelette, la disposition particulière des autres organes, tant extérieurs qu'intérieurs, fournissent d'excellentes indications lorsqu'on veut établir la distinction spécifique ou générique, et par suite la caractéristique différentielle des mammifères ou celle des autres vertébrés, et procéder à leur classification. Il n'est pas jusqu'à la couleur des poils, des plumes ou des écailles qu'on ne puisse consulter avec fruit, et la taille elle-même peut aussi donner d'utiles indications. Les animaux sans vertèbres ne sont pas moins faciles à caractériser que les animaux vertébrés lorsqu'on a recours à l'examen attentif des particularités anatomiques qu'ils présentent ; il en est de même pour les plantes, si l'on compare leurs feuilles, leurs fleurs, leurs fruits, leurs graines, etc. C'est sur ces divers caractères qu'on se fonde pour établir la répartition des espèces animales ou végétales, et celle de leurs genres en groupes de différente valeur auxquels on donne le nom de familles, ordres, classes et types ou embranchements.

VALEUR RELATIVE DES CARACTÈRES. — Cependant toutes les particularités caractéristiques, même celles tirées des organes les plus importants à la vie ou les plus apparents, n'ont pas une égale valeur. On ne saurait obtenir, du mode de coloration ou de la taille des animaux et des plantes, des indications aussi importantes que de leurs dents, de la conformation de leurs membres, de la disposition générale de leur système nerveux, ou des fleurs et des graines, s'il s'agit de classer les plantes.

En effet, ce n'est pas sur la couleur du corps ou sur la taille qu'on se fonderait pour établir que tel animal ou telle plante appartient à une classe plutôt qu'à une autre. Les caractères ont donc une importance relative et une valeur différente, et celui qui pourrait servir à distinguer une espèce ou un genre devient insuffisant pour la distinction d'une famille.

Encore moins devrait-on y avoir recours pour établir un groupe hiérarchiquement supérieur, comme un ordre, une classe ou un embranchement.

Un même organe pourra d'ailleurs fournir des caractères de valeur différente, suivant l'intensité de celles de ses particularités qu'on envisagera, et suivant l'influence exercée par cette particularité sur le reste de l'organisation ou son rôle dans la vie. Certaines dispositions tirées du cerveau, des dents, des pieds, etc., ou de la fleur et des feuilles, sont plus importantes que d'autres qui pourront néanmoins être empruntées aux mêmes parties, et dans certains cas exister concurremment avec les précédentes.

Comme on le voit, les caractères ont besoin d'être appréciés à leur valeur réelle, et, au lieu de les compter, il faut les peser, si l'on veut arriver à des résultats précis et conformes à la nature des êtres à classer, ce qui est le but de toute bonne classification. On doit, avant tout, comme le disait A. L. de Jussieu, subordonner les caractères les uns aux autres et non pas les compter.

La *subordination des caractères* est donc le secret de toute classification conforme à la réalité, et par conséquent de toute *classification naturelle*. C'est par elle que nous arrivons ensuite à subordonner les espèces et à assigner à chacune, dans nos cadres méthodiques, un rang conforme à celui qu'elle occupe dans la hiérarchie des êtres créés.

CLASSIFICATIONS ARTIFICIELLES. — On n'a pas toujours procédé d'une manière aussi scientifique. Les véritables principes de la méthode naturelle étaient ignorés des anciens, et, en botanique encore plus qu'en zoologie, on a longtemps marché au hasard dans le classement des espèces. Ainsi les caractères ont été pris en masse et pêle-mêle, sans qu'on songeât à se préoccuper de leur valeur respective; ou bien encore on s'est servi, pour établir la classification, de caractères empruntés à un ordre d'organes choisi indépendamment de tous les autres, et cela sans avoir le soin de s'adresser aux organes prépondérants, ni même de mettre en première ligne les caractères de ces organes qui ont le plus de valeur.

C'est en particulier ce que Linné a fait, lorsqu'il a distribué les plantes en vingt-quatre classes, d'après la seule considération des étamines, sans se préoccuper du rapport des caractères qu'il employait avec le reste de l'organisation des végétaux, non plus que de la manière dont les différents genres de plantes se trouvaient ainsi associés dans chaque classe, ou rangés les uns à la suite des autres dans la série des classes adoptées par lui.

On procéderait de même en zoologie si l'on tenait compte avant tout du nombre ou de l'absence des membres, sans rechercher d'abord quels sont les caractères fondamentaux de l'organisme ou les phases qu'il subit dans son développement pour parvenir à sa forme définitive. Mais les rapprochements singuliers auxquels une semblable méthode de classification conduirait, ne tarderaient pas à en démontrer les inconvénients. Déjà à l'époque d'Aristote, la science zoologique était à l'abri de pareilles

erreurs, et Linné, qui a fondé une classification complétement artificielle et empirique pour le règne végétal, s'est beaucoup plus rapproché,
dans sa classification des animaux, de la série naturelle de ces êtres. On
en comprend la raison.

Il était difficile, avant qu'on eût apprécié la valeur réelle des caractères
et qu'on eût établi la subordination, de se faire une idée un peu précise
de l'ordre hiérarchique des plantes, c'est-à-dire de leur supériorité et
de leur infériorité relatives. On savait qu'il y a des végétaux moins parfaits que les autres, et Linné regardait déjà comme tels les cryptogames;
mais quel botaniste pouvait établir, sans craindre d'être aussitôt contredit, quel est le genre ou même la famille de plantes phanérogames qui
forme le terme réellement supérieur et le plus parfait de la série végétale? A. L. de Jussieu mit en tête de ce règne les labiées; de Candolle y a
placé les renonculacées; Adrien de Jussieu préférait y voir les composées. Aucune de ces opinions n'a prévalu, et tout ce qu'on peut encore
affirmer dans l'état actuel de la science se borne à établir que l'opinion
de de Candolle est la moins acceptable des trois.

Classification naturelle des animaux. — En zoologie, une semblable hésitation était impossible. Non-seulement les termes extrêmes de
l'échelle animale sont évidents, mais il n'est pas moins aisé d'assigner à
chacune des grandes classes de ce règne son rang dans la série des êtres.
L'homme et les mammifères occupent le sommet de cette échelle; les
oiseaux viennent ensuite, puis les reptiles et les poissons. On peut discuter pour établir si le rang qui suit doit être accordé aux animaux
articulés ou au contraire aux mollusques, mais il n'y a aucun doute
pour les échelons inférieurs du même règne. Ils doivent évidemment être
occupés par les zoophytes, qui se rapprochent déjà beaucoup des plantes,
les zoophytes se rattachant, en effet, de la manière la plus directe au
règne végétal par les infusoires et par d'autres espèces si simples, qu'on
leur a donné le nom de protozoaires.

De Blainville, qui a beaucoup contribué à établir la classification des
animaux sur des bases véritablement naturelles, a souvent insisté sur la
nécessité de subordonner les caractères, comme l'avait déjà indiqué de
Jussieu, et aussi sur celle de subordonner également les espèces et leurs
différents groupes les uns par rapport aux autres. Il voulait que chaque
espèce occupât dans nos classifications une place indiquant ses véritables
affinités, ainsi que le degré exact de sa complication organique comparé
à celui des autres espèces. Cette idée a été féconde en remarques intéressantes, et l'examen des espèces antédiluviennes, ainsi que l'étude du
développement des espèces actuellement vivantes, a montré qu'on ne
doit jamais la perdre de vue lorsqu'on veut arriver à des résultats exacts
et se rapprocher davantage de la classification naturelle.

L'ensemble des êtres organisés a été quelquefois considéré comme
constituant une série unique, dont les différents termes ou degrés s'é-
carteraient également les uns des autres. S'il en était ainsi, la classification de ces êtres se réduirait à une simple liste de genres ou même

d'espèces disposées suivant leurs affinités ou ressemblances respectives; mais cette série serait continue et sans interruptions comparables à celles qui séparent les familles, les classes ou les embranchements. Il n'y aurait ni distinction de familles, ni distinction d'ordres ou de classes, ni même embranchements ou types, puisqu'il ne serait pas possible, les différences entre les espèces étant toujours d'égale valeur, de justifier par des caractères supérieurs à ceux qui séparent les uns des autres les genres ou les espèces, les grandes associations de ces espèces qu'on indique par les divers noms de familles, classes, etc. Mais les particularités qui distinguent ces différents groupes sont elles-mêmes de valeurs très-inégales, et la série continue des êtres organisés, telle que Bonnet et d'autres savants l'avaient imaginée, n'existe réellement pas.

Si les êtres organisés ne forment pas, comme ces auteurs le supposaient et comme on l'a quelquefois admis depuis eux, une série unique et continue dont les termes seraient les différentes espèces, soit animales, soit végétales, vivant maintenant ou ayant existé à des époques antérieures à la nôtre, suivant quel mode doit-on donc classer les espèces?

Il y a une hiérarchie démontrable de ces collections d'êtres vivants les uns par rapport aux autres, et certaines espèces peuvent être associées par groupes distincts, séparables au moyen de caractères fixes et faciles à reconnaître. Le règne animal est comparable, sous ce rapport, à une sorte de progression décroissante si l'on part de l'homme, ou au contraire croissante si l'on commence par les animaux les plus simples. Mais la distance qui sépare les groupes naturels les uns des autres n'est pas constante, et l'on s'en ferait une idée fort inexacte si l'on voulait retrouver dans la série que les animaux constituent une régularité comparable à celle à laquelle les mathématiques nous ont habitués, et que nous constatons dans les progressions arithmétiques ou dans les progressions géométriques. Le règne animal et le règne végétal sont composés d'un certain nombre de séries naturelles d'espèces formant des groupes distincts plutôt qu'ils ne constituent l'un et l'autre une série unique.

Sans contester à de Jussieu l'honneur d'avoir formulé les principes véritables de la classification naturelle, on doit reconnaître que les zoologistes ont eu, de tout temps, un sentiment plus exact de ces principes que ne l'avaient avant lui les botanistes. Cela tient à la nature même des caractères qui distinguent entre eux les êtres qui font l'objet de leurs études, et à la facilité avec laquelle il est possible d'apprécier la supériorité ou l'infériorité relatives des principaux groupes d'animaux.

Progrès successifs de la classification. — Aristote divisait déjà les corps naturels en deux grandes catégories, comprenant, l'une les *corps vivants* ou organisés (ψυχία), et l'autre les *corps bruts* ou sans vie (ἄψυχία).

Les corps vivants étaient partagés par lui comme ils l'ont été par les naturalistes modernes, en deux règnes, sous les noms d'*animaux* (ζωα) et de *végétaux* (φυτα).

Voici sa classification spéciale des animaux :

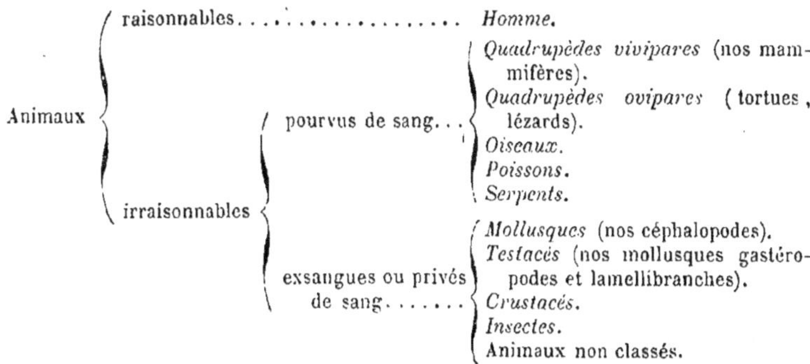

Par animaux exsangues on entendait, à l'époque d'Aristote, les animaux qui n'ont pas le sang rouge, et par animaux pourvus de sang, ceux chez lesquels ce liquide est de cette couleur; et comme on ignorait que certains vers ont le sang rouge à la manière de celui des vertébrés, la division des exsangues répondait évidemment à l'ensemble des animaux sans vertèbres, tels que Lamarck les a définis vers la fin du siècle dernier.

La classification zoologique de Linné, quoique également abandonnée, mérite aussi d'être rappelée, attendu qu'elle est, avec celle d'Aristote, une des origines principales de celles publiées plus récemment. Nous en dirons aussi quelques mots pour mettre le lecteur en état d'apprécier les progrès successifs que la science a faits sous ce rapport.

Linné partageait les animaux en six classes : 1° les *mammifères (mammalia)*, ou quadrupèdes vivipares et cétacés d'Aristote ; 2° les *oiseaux ;* 3° les *amphibies*, répondant à nos reptiles et à nos batraciens, plus quelques poissons, les plagiostomes par exemple; 4° les *poissons ;* 5° les *insectes*, dont les myriapodes, les arachnides et les crustacés ne sont pas séparés comme classes et ne constituent qu'un ordre à part sous le nom d'aptères; 6° les *vers*, divisés en intestinaux, mollusques, testacés, lithophytes et zoophytes.

Comme on le voit, le célèbre naturaliste suédois n'établissait aucun groupe intermédiaire au règne animal pris dans son ensemble et aux six classes dans lesquelles il partageait la totalité des espèces comprises dans ce règne.

Lamarck, naturaliste français, qui s'est beaucoup occupé de l'étude des espèces inférieures, se rapprocha davantage d'Aristote, lorsqu'il institua les deux grandes divisions des *animaux vertébrés* et des *animaux sans vertèbres*, la première répondant aux animaux pourvus de sang, tels que les comprenait Aristote, et la seconde aux animaux exsangues, du même auteur. Mais les animaux qui manquent de vertèbres ne constituent certainement pas un groupe naturel équivalant à celui des vertébrés, et il devint bientôt nécessaire de les partager également en plusieurs embranchements distincts. C'est ce que firent, les premiers, G. Cuvier et de Blainville.

Dans un mémoire publié en 1812, sous le titre de *Nouveau rapprochement à établir entre les classes qui composent le règne animal*, Cuvier établit, comme il l'a depuis lors exposé en détail dans son ouvrage intitulé : *le Règne animal distribué d'après son organisation*, qu'il y a dans ce règne quatre groupes primordiaux. Il appela ces groupes des *embranchements*, et il y distribua de la manière suivante les principales classes d'animaux :

1° Les VERTÉBRÉS, comprenant les *mammifères*, les *oiseaux*, les *reptiles* et les *poissons*.

2° Les MOLLUSQUES, partagés en *céphalopodes* (les mollusques d'Aristote), *ptéropodes, gastéropodes, acéphales, brachiopodes* et *cirropodes*.

3° Les ARTICULÉS, ayant pour classes les *annélides*, les *crustacés*, les *arachnides* et les *insectes*.

4° Les ZOOPHYTES OU RAYONNÉS, comprenant les *échinodermes*, les *intestinaux*, les *acalèphes* ou orties de mer, les *polypes* et les *infusoires*, animaux sur lesquels il avait été publié, depuis Linné, des travaux importants.

Pendant la même année, de Blainville faisait aussi connaître ses idées sur la classification du règne animal. En tenant compte, ainsi que venait de le faire Cuvier, des dispositions anatomiques propres aux différents groupes naturels, il avait soin de rattacher ces dispositions à des caractères extérieurs, qui en devenaient pour ainsi dire la traduction. Il arriva ainsi à établir que les caractères tirés de l'organisation des animaux et de la forme générale de leur corps, indiquent cinq grandes divisions primitives, savoir : les ANIMAUX VERTÉBRÉS, que l'auteur nomme *ostéozoaires* pour rappeler qu'ils sont pourvus d'os ; les ANIMAUX ARTICULÉS, ou ses *entomozoaires ;* les MOLLUSQUES, ou *malacozoaires ;* les ANIMAUX RAYONNÉS, ou *actinozoaires*, et les ANIMAUX HÉTÉROMORPHES, ou *amorphozoaires*, qui ont une structure extrêmement simple, et dont la forme n'est point régulièrement déterminée [1].

De Blainville considérait ces cinq divisions primordiales comme représentant un nombre égal de modes particuliers d'organisation, et par conséquent comme ne relevant pas les unes des autres, ainsi que pourrait le faire supposer la théorie des analogies de composition étendue, par Geoffroy Saint-Hilaire et quelques autres, à tout le règne animal. Il comparait ces formes élémentaires des animaux aux formes primitives qui distinguent les cristaux, et, comme elles sont étrangères les unes aux autres, il appelait les catégories que chacune d'elles caractérise, non plus des embranchements, ainsi que l'avait fait Cuvier, mais des *types*. Ces types rentreraient eux-mêmes dans trois sous-règnes, caractérisés par des particularités également tirées de la forme extérieure, envisagée cette fois d'une manière purement géométrique.

1. Telles sont les éponges.

Ainsi les vertébrés, les articulés et les mollusques ont les parties extérieures disposées similairement à droite et à gauche, ce qui permet de les partager par le milieu en deux moitiés symétriques; ils sont donc de forme paire. Comme leur nom l'indique, les rayonnés sont au contraire susceptibles d'être divisés en plus de deux parties similaires, et leurs divisions sont groupées autour d'un axe central comme les rayons d'un même cercle. Enfin la forme est indifférente ou indéterminée chez les hétéromorphes ou amorphozoaires de Blainville, dont cet auteur ne reconnaît qu'un seul type, celui des spongiaires.

On doit en outre remarquer, dans la classification de ce zoologiste célèbre, telle qu'il l'établissait déjà à l'époque que nous avons indiquée, la séparation des batraciens d'avec les reptiles à peau écailleuse, et leur distinction comme classe particulière. De Blainville les comparait aux poissons, et il rapprochait au contraire les reptiles des oiseaux, ce que l'étude comparative du développement de ces animaux a entièrement confirmé [1].

De Blainville fut aussi mieux inspiré que ses contemporains, lorsqu'il renversa la série des animaux articulés établie par Cuvier, et plaça les insectes les premiers, parmi les classes de cet embranchement, au lieu d'y placer les annélides. Il différait encore de Cuvier au sujet de la valeur qu'il attribuait aux caractères tirés des différents systèmes d'organes. Ainsi, au lieu de mettre en première ligne ceux que fournissent les viscères de la nutrition, comme le cœur, les vaisseaux ou les organes respiratoires, il fit remarquer qu'on doit attribuer plus d'importance aux caractères tirés des organes de relation. C'est depuis lors que les anatomistes ont apporté une si grande attention à bien comprendre les particularités fondamentales du système nerveux et les rapports que ces particularités présentent avec les manifestations diverses de la sensibilité ou du mouvement. Certaines observations faites au sujet du mode de développement des animaux ont aussi montré quel parti on pouvait tirer de l'observation des métamorphoses. Il en a été de même pour les fossiles, qui, reconstitués dans leurs caractères, ainsi que Cuvier et d'autres auteurs en avaient donné l'idée, sont venus prendre place dans les cadres zoologiques, à côté des espèces vivantes, les seules dont on se fût jusqu'alors préoccupé.

ÉTAT ACTUEL DE LA CLASSIFICATION. — On a quelquefois reproché aux classifications les changements qu'elles subissent chaque fois qu'un nouvel auteur s'en occupe; mais on n'a pas suffisamment remarqué, dans ce cas, que ces changements sont nécessités par les progrès mêmes de la science.

Le but de la classification naturelle est de résumer, par la place qu'elle assigne à chacun des êtres créés, l'ensemble de nos connaissances

1. On a montré que les batraciens sont anallantoïdiens à la manière des poissons, tandis que les reptiles proprement dits, auxquels Brongniart et Cuvier les avaient associés, sont, comme les oiseaux et les mammifères, des animaux pourvus d'allantoïde et d'amnios pendant leur vie embryonnaire.

sur les particularités qui distinguent ces êtres les uns des autres, et elle les exprime à tel point, que le rang d'une espèce dans les cadres qu'elle établit étant connu, on peut en déduire quelle est la disposition de ses organes fondamentaux, ainsi que la manière d'être de ses principales fonctions. Dire qu'un animal appartient à tel ordre des mammifères ou une plante à telle famille des monocotylédones ou des dicotylédones, c'est presque en faire la description.

Mais toutes les espèces n'ont pas encore été également bien observées. Diverses particularités de leur développement ou de leur structure anatomique restent à vérifier ou même à décrire, et il y a toujours dans l'histoire de celles que l'on connaît le mieux des points obscurs ou litigieux, dont l'éclaircissement deviendrait une nouvelle cause de progrès pour la science.

Des transformations plus radicales peuvent d'ailleurs avoir lieu dans la classification, si de nouveaux éléments d'étude, ou un ordre de faits précédemment inconnus, attirent l'attention des naturalistes : on en a eu l'exemple lorsqu'on a comparé entre eux les organes des animaux pris aux différents âges de leur vie, et aussi lorsqu'on a cherché à se rendre compte des différences qui distinguent les animaux propres aux anciennes époques géologiques de ceux de l'époque actuelle ; dans ces deux cas, la classification a dû être modifiée. L'étude des métamorphoses qu'éprouvent les êtres vivants et celle des espèces antédiluviennes sont aussi devenues deux puissants mobiles qui ont largement contribué aux progrès de la zoologie.

Mais ce sont là des perfectionnements pour la plupart fort récents, et dont ni Cuvier, ni de Blainville, qui ont l'un et l'autre contribué à les introduire dans la science, n'ont pu profiter pour améliorer le remarquable édifice qu'on leur doit. Le premier de ces savants est mort en 1832 ; la zoologie a perdu le second en 1850. Depuis lors, et par le fait même de l'impulsion qu'ils avaient donnée à l'histoire naturelle, des découvertes nouvelles ont été accomplies, et la classification doit en tenir compte, sous peine de cesser d'être l'expression de l'état de la science.

Nous ne pourrons signaler que les plus importantes de ces découvertes, mais nous ne laisserons échapper aucune occasion de le faire lorsque le cadre que nous nous sommes tracé le permettra.

Le tableau suivant donne un premier aperçu de la classification à laquelle nous nous sommes arrêté. Les animaux y sont divisés en cinq types ou embranchements, dont nous rappelons les noms (*vertébrés, articulés, mollusques, rayonnés* et *protozoaires*) en les faisant suivre de la citation des principales classes propres à chacun d'eux. Trois de ces types ou embranchements sont partagés en sous-embranchements. Ce sont ceux des vertébrés, des articulés et des rayonnés. Le nombre des classes principales dont nous parlerons s'élève à 27, savoir : 5 pour les vertébrés, 7 pour les articulés, 6 pour les mollusques, 6 pour les rayonnés et 3 pour les protozoaires. Cuvier n'avait admis que dix-neuf classes en tout.

TABLEAU

DE LA CLASSIFICATION DES ANIMAUX.

I. VERTÉBRÉS

- ALLANTOÏDIENS
  - *Mammifères.*
  - *Oiseaux.*
  - *Reptiles.*
- ANALLANTOÏDIENS
  - *Batraciens.*
  - *Poissons.*

II. ARTICULÉS

- CONDYLOPODES ou ARTHROPODES
  - *Insectes.*
  - *Myriapodes.*
  - *Arachnides.*
  - *Crustacés.*
  - *Systolides.*
- VERS
  - *Annélides.*
  - *Helminthes divers.*

III. MOLLUSQUES

- *Céphalopodes.*
- *Céphalidiens.*
- *Lamellibranches.*
- *Brachiopodes.*
- *Tuniciers.*
- *Bryozoaires.*

IV. RAYONNÉS

- ÉCHINODERMES
  - *Échinides.*
  - *Astérides.*
  - *Holothurides.*
- POLYPES
  - *Acalèphes.*
  - *Zoanthaires.*
  - *Cténocères* ou *Coralliaires.*

V. PROTOZOAIRES

- *Spongiaires.*
- *Foraminifères.*
- *Infusoires.*

Embranchements.

Le règne animal, envisagé conformément aux principes de la méthode naturelle et en tenant compte des différences d'organisation les plus importantes, peut être partagé en cinq divisions primordiales, appelées types ou embranchements. Ces embranchements sont parfaitement distincts les uns des autres; leur séparation repose sur des caractères d'une valeur considérable, et chacun d'eux comprend un certain nombre de classes dont nous avons donné l'énumération dans le tableau qui précède. Il y a 26 classes principales.

Toutes les espèces d'un même embranchement du règne animal montrent, dans leur forme générale, dans la conformation de leurs parties et jusque dans leur mode de développement, des dispositions générales communes, constituant les grands traits de leur organisme, et qui peuvent faire considérer chacun de ces embranchements comme formant un ensemble parfaitement naturel et indépendant de tous les autres. Il est aisé de les sous-diviser, en tenant compte des particularités de valeur moindre qui en caractérisent les différents groupes secondaires. On arrive ainsi à établir la classification intérieure de chaque embranchement d'une manière parfaitement hiérarchique, et comme les embranchements ainsi que leurs différentes classes se subordonnent les uns aux autres, conformément au degré plus ou moins élevé de l'organisation propre aux espèces qui s'y rapportent, cela permet d'établir une classification rigoureuse, et de placer en première ligne, c'est-à-dire au sommet de la série zoologique, l'homme, ainsi que la classe des mammifères, dont il fait partie.

Ces types primordiaux ou embranchements sont, pour ainsi dire, les formes primitives de l'animalité ; on les a comparés, avec assez de justesse aux systèmes des formes cristallines, dites formes primitives, que la minéralogie nous fait connaître. Les classes, les familles, etc., et jusqu'aux espèces que chacune d'elles comprend, en sont les formes dérivées ou secondaires. Quoique pourvues de caractères très-variés d'organisation, ces formes diverses relèvent cependant, pour chaque type ou embranchement, d'un même plan général ou système d'organisation.

L'étude que nous aborderons, dans les chapitres suivants, de ces cinq embranchements nous en fera mieux comprendre les particularités distinctives, et elle servira à confirmer ces remarques préliminaires. Nous devons donc nous borner pour le moment à reproduire les noms des embranchements eux-mêmes et à exposer sommairement leurs caractères principaux.

Ce sont les *vertébrés*, les *articulés* ou *annelés*, les *mollusques*, les *radiaires*, appelés aussi *rayonnés* ou *zoophytes*, et les *protozoaires*, précédemment nommés *sphérozoaires*.

Nous aborderons plus loin leur distribution en classes, et nous indiquerons les groupes les plus remarquables compris dans chacun d'eux, en ayant soin d'en signaler les espèces les plus utiles ou les principaux produits.

Les animaux des trois premiers embranchements ont cela de commun que les parties de leur corps, aussitôt que l'œuf dans lequel ils se forment a commencé à se développer, sont disposées de manière à pouvoir être séparées par un plan médian qui en occuperait le milieu en deux séries d'organes inversement correspondantes l'une de l'autre, à droite et à gauche. Ces animaux sont donc pairs et leur symétrie est binaire. Ils se distinguent d'ailleurs entre eux par des caractères faciles à saisir.

I. Les plus parfaits, ou les VERTÉBRÉS[1], qui sont rarement annelés extérieurement, possèdent constamment un squelette intérieur, composé de vertèbres, qui constitue leur charpente. Ce squelette sert à l'insertion des muscles locomoteurs; en même temps il donne protection aux centres nerveux constituant la masse encéphalo-rachidienne ou cérébro-spinale, ainsi qu'aux viscères nutritifs. Pendant la vie embryonnaire, c'est-à-dire avant qu'ils aient été mis au monde ou qu'ils aient quitté leur œuf, les petits des vertébrés possèdent une vésicule vitelline dans laquelle s'est ramassé le jaune, substance destinée à leur première alimentation, et cette vésicule est appendue à la face ventrale de leur corps.

Les *mammifères*, les *oiseaux*, les *reptiles*, les *batraciens* et les *poissons* constituent les cinq classes reconnues dans l'embranchement des vertébrés.

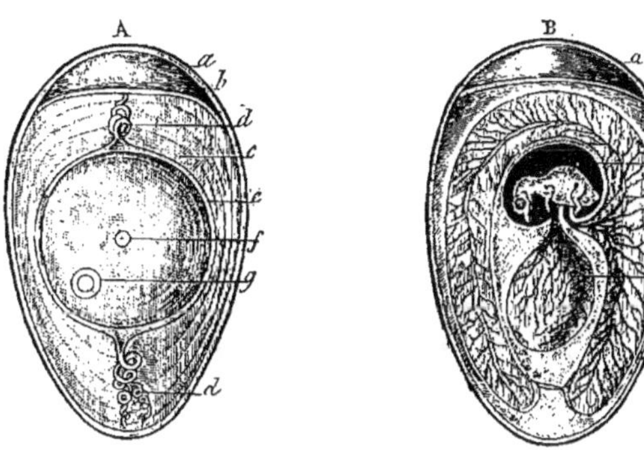

FIG. 215. — Œuf de la *Poule* (*).

Les mammifères, les oiseaux et les reptiles, qui ont une vésicule allantoïde et un amnios pendant leur premier développement, forment un

1. *Animaux vertébrés* de Lamarck ; les *Ostéozoaires* de Blainville.

(*) A = avant l'incubation. — *a*) la coquille ou coque calcaire de l'œuf; — *b*) chambre à air; — *c*) blanc ou albumen; — *d, d*) chalazes; — *e*) membrane vitelline contenant le jaune ou vitellus; — *f*) vésicule germinative ou de Purkinje; — *g*) la cicatricule, qui apparaît après la rupture de la vésicule germinative *f*, et devient le point de départ du développement embryonnaire.

B = pendant l'incubation. — *a, b, c*) comme ci-dessus; — *d*) poche amniotique; — *e*) l'embryon en voie de développement; — *f*) vésicule allantoïde; — *g*) vésicule vitelline renfermant le jaune ou vitellus.

premier sous-embranchement, celui des *allantoïdiens*, et l'on appelle

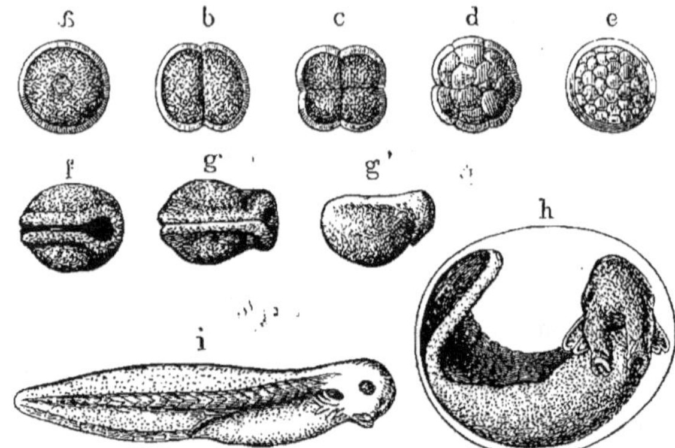

FIG. 216. — Développement de la *Grenouille* (*).

anallantoïdiens une seconde grande division de cet embranchement, qui

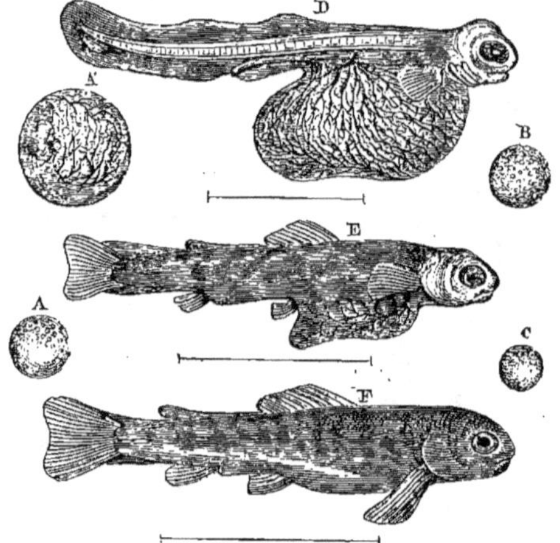

FIG. 217. — Développement des *Poissons* (**).

comprend les batraciens et les poissons, animaux toujours dépourvus d'allantoïde et d'amnios.

(*) *a*) œuf avant la segmentation du vitellus ou jaune ; — *b, c, d, e*) phases principales de la segmentation du vitellus ; — *f*) première forme de l'embryon ; vue en dessus ; — *g*) forme plus avancée du développement ; vue en dessus ; — *g'*) le même, de profil, montrant la saillie faite par la vésicule abdominale ; — *h*) état encore plus avancé de l'embryon ; — *i*) le même, au moment de l'éclosion.

(**) A) œuf du *Saumon* ; — A') le même, montrant le fœtus qui s'y développe ; — B) œuf de *Huche* ou Saumon du Danube ; — C) œuf de *Truite* ; — D) *Saumon* au moment de l'éclosion ; sa vésicule vitelline ou abdominale est considérable, mais il n'a ni allantoïde, ni amnios ; — E) le même, après quelque temps et lorsque le jaune de la vésicule abdominale a été en partie résorbée ; — F) plus âgé et dont la vésicule a disparu.

II. Le second embranchement est celui des ANIMAUX ARTICULÉS [1], appelés aussi *entomozoaires* et *annelés*. Les espèces qui s'y rapportent manquent de squelette proprement dit, mais leur corps est presque toujours partagé extérieurement en anneaux successifs, qui sont autant de divisions de la peau, et dont la résistance est le plus souvent assez grande pour protéger leurs organes internes. Le système nerveux est ici formé d'un cerveau comparable à celui des vertébrés; mais il n'y a pas de moelle épinière ou système nerveux rachidien. Les différents nerfs du corps naissent d'une double chaîne ganglionnaire placée au-dessous du canal digestif, ou sur les parties latérales du tronc, et il y a le plus souvent un collier nerveux autour de l'œsophage. Dans le premier âge, lorsque la masse du jaune est encore distincte, elle forme chez toutes les espèces pourvues de membres une vésicule qui est placée sur le dos, au lieu de tenir au ventre comme chez les vertébrés. Il se manifeste d'ailleurs chez les animaux de cet embranchement une dégradation très-rapide, et les dernières familles sont si inférieures aux autres, qu'on les avait d'abord réunies aux zoophytes sous le nom de *vers intestinaux*, en en formant une classe de ce dernier embranchement.

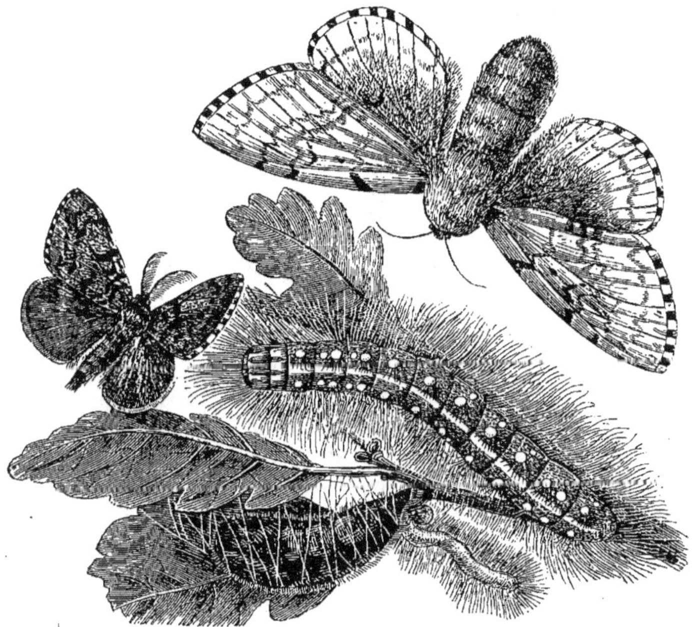

FIG. 218. — *Bombyx dispar* (*).

Les différentes classes des animaux articulés sont celles des *insectes*, des *myriapodes*, des *arachnides*, des *crustacés*, des *systolides*, des *annélides*

1. Les *Animaux articulés* de G. Cuvier; les *Entomozoaires* de Blainville; les *Annelés* de M. Milne Edwards.

(*) Chenille, chrysalide et papillons mâle et femelle.

et des *helminthes*. Les helminthes sont divisibles en plusieurs catégories assez différentes les unes des autres.

Les insectes et les quatre classes suivantes forment un premier sous-embranchement caractérisé par la présence de pattes articulées et par celle d'une vésicule vitelline dorsale. On donne à ce premier sous-embranchement le nom d'*articulés condylopodes* ou *arthropodes*, indiquant qu'ils sont pourvus de pieds articulés.

Les annélides et les helminthes, quel qu'en soit le groupe, constituent un second sous-embranchement qui reçoit la dénomination commune

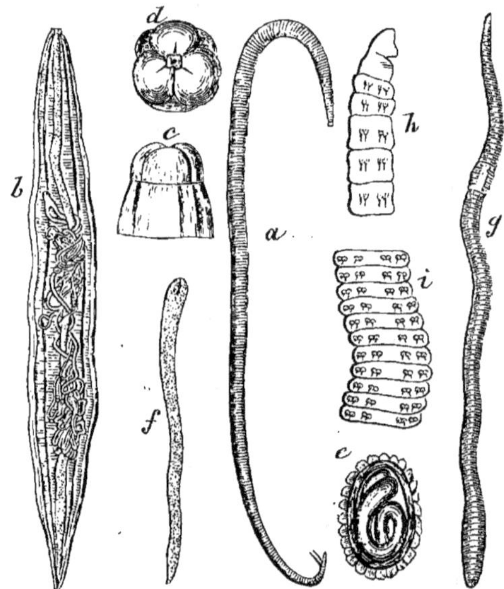

Fig. 219. — *Vers* (*).

de *vers*. Beaucoup de condylopodes se montrent d'abord sous une forme assez comparable à celle des articulés du sous-embranchement des vers, mais il est toujours aisé de les en distinguer par quelque caractère important.

III. Les MOLLUSQUES[1] constituent le troisième embranchement. On les reconnaît à leur corps mou, sans squelette intérieur ni articulations extérieures, mais souvent protégé par des pièces dures qui constituent

---

(*) *Ascaride lombricoïde :* a) mâle ; — b) femelle, ouverte pour montrer le tube intestinal, les oviductes et les canaux vasculaires ; — c et d) partie antérieure du corps et bouche ; — e) œuf renfermant un embryon ; — f) très-jeune ascaride.

Lombric ou Ver de terre : g) l'animal entier ; — h) sa partie antérieure montrant la tête et les premiers anneaux pourvus de soies ; — i) anneaux de la partie moyenne du corps et leurs soies.

1. Les *Mollusques* de Poli et de G. Cuvier ; les *Malacozoaires* de Blainville.

la coquille de ces animaux. Leur cerveau fournit habituellement,

FIG. 220. — *Porcelaine tigre.*

comme celui de la plupart des articulés, un collier entourant l'œso-

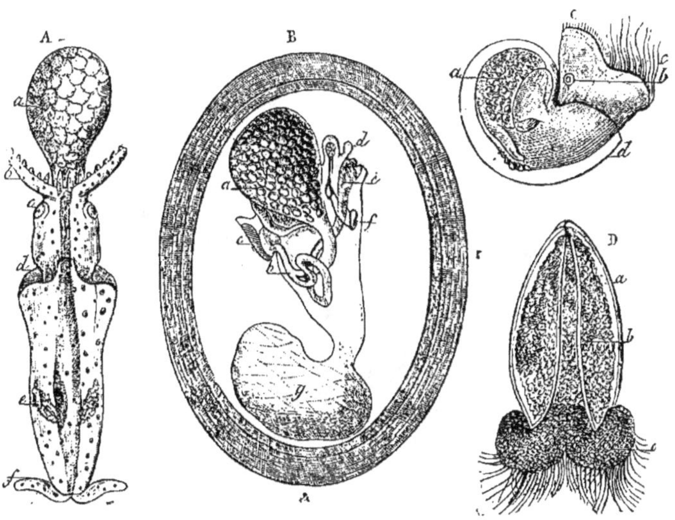

FIG. 221. — Développement des *Mollusques* (*).

phage ; mais leurs ganglions nerveux ne sont plus disposés sous la
forme d'une chaîne longitudinale.

(*) A = Céphalopodes : embryon de *Calmar.*
a) vésicule vitelline ; — *b*) appendices céphaliques appelés bras ou pieds ; — *c*) yeux ;
— *d*) cou et orifice du sac respiratoire ; — *e*) branchies ; — *f*) nageoire.
B = Gastéropodes pulmonés : embryon de *Limace.*
a) vésicule vitelline ; — *b*) intestin ; — *c*) bouclier renfermant le rudiment de la coquille ;
— *d*) tentacules oculaires ; — *e*) bouche et œsophage ; — *f*) cerveau et collier œsophagien ; — *g*) rame caudale qui disparaîtra à l'époque de la naissance.
C = Gastéropodes nudibranches : embryon de l'*Actéon.*
a) vitellus ou jaune ; — *b*) capsule auditive ; — *c*) appareil natatoire pourvu de cils
vibratiles ; — *d*) coquille.
L'appareil natatoire et la coquille des nudibranches sont des organes temporaires destinés à disparaître.
D = Conchifères ou Lamellibranches : embryon de l'*Huître.*
a) la coquille, qui est alors équilatérale ; — *b*) corps du jeune animal ; — *c*) appareil
natatoire cilié, devant disparaître lorsque la jeune huître se fixera.

Rarement le vitellus des mollusques constitue une vésicule distincte. La condition la plus ordinaire de cet organe transitoire est la transformation directe en embryon de l'amas de cellules que l'œuf renferme ; mais, avant qu'elles aient été employées complétement, on les aperçoit dans le corps de cet embryon. Le vitellus est donc ici intérieur, du moins dans la majorité des cas, car les céphalopodes et les gastéropodes de la division des limaces et des colimaçons possèdent une véritable vésicule du jaune (fig. 221, A et B).

Cet embranchement se partage en *céphalopodes*, *céphalidiens*, comprenant les gastéropodes, les hétéropodes et les ptéropodes, *lamellibranches*, *brachiopodes*, *tuniciers* et *bryozoaires*.

IV. RAYONNÉS. — Chez les animaux rayonnés [1], la symétrie des organes est différente de celle qui caractérise les animaux des trois embranche-

FIG. 222. — *Astérie* (Étoile de mer) du genre *Asteracanthion*.

ments qui précèdent ; c'est par rapport à un axe médian, et non par rapport à un plan longitudinal, que leurs organes sont disposés. Il en résulte qu'ils se répètent autour de cet axe comme les rayons d'un cercle autour du centre de ce cercle. De là les noms de *rayonnés* et de *radiaires* qui ont été donnés à ces animaux.

Leur système nerveux est peu développé. Il se réduit à un collier de ganglions disposés autour de la bouche, et répondant, par leur nombre même, aux rayons ou divisions du corps ; encore n'en démontre-t-on pas la présence dans toutes les familles constituant cet embranchement. Les autres organes des rayonnés sont dans un état d'infériorité correspon-

---

1. *Radiaires* ou *Zoophytes* de Lamarck ; *Rayonnés* de G. Cuvier ; *Actinozoaires* de Blainville.

dant à celui de leur système nerveux. Ces animaux ont aussi des fonctions bien moins parfaites que celles des vertébrés ou même des articulés et des mollusques.

Il y a deux sous-embranchements bien distincts d'animaux rayonnés : les *échinodermes*, dont font partie les échinides ou oursins, les astérides ou étoiles de mer et les holothurides ; et les *polypes*, répondant aux deux anciennes classes des polypes et des acalèphes telles que Cuvier et de Blainville les comprenaient. Les polypes ont été dans ces dernières années étudiés avec soin par les naturalistes, et leur histoire a fait de rapides progrès ; quelques auteurs remplacent leur nom par celui de *cœlentérés*.

V. Aux degrés inférieurs de l'échelle animale se rangent les PROTOZOAIRES[1], dont le nom rappelle la simplicité d'organisation. Ces animaux sont, pour ainsi dire, réduits à l'état de cellules isolées, ou bien

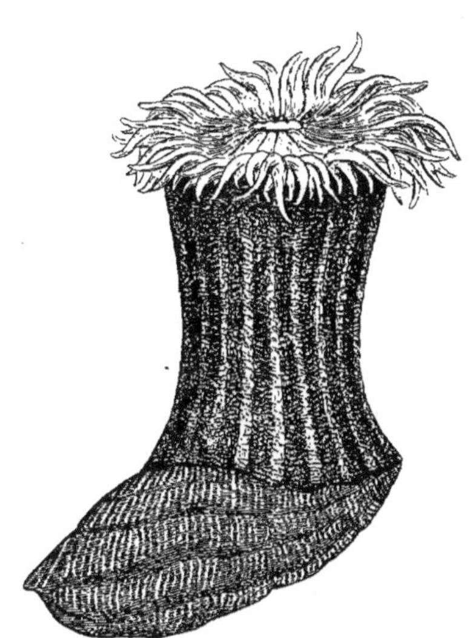

FIG. 223. — *Actinie.*

leurs tissus sont de nature sarcodique, et il est difficile d'y reconnaître des organes distincts et séparables les uns des autres ; aussi a-t-on proposé de les appeler *sphérozoaires*, dénomination à laquelle a été substituée depuis lors celle de *protozoaires*, qui a prévalu.

Nous en décrirons de trois sortes. Les uns sont pourvus de coquilles calcaires, qui les avaient fait d'abord prendre pour des mollusques céphalopodes : ce sont les *foraminifères*. Les autres, connus depuis que l'on a recours à l'emploi du microscope, apparaissent en quantités innombrables dans les liqueurs où on laisse infuser des substances organiques ; ils proviennent de germes que

FIG. 224. — *Noctiluque.*

l'atmosphère ou ces substances même portent avec elles : ce sont les *infusoires*. La troisième catégorie comprendra les *spongiaires* ou *éponges*, que différents auteurs considèrent comme une forme inférieure du sous-embranchement des polypes.

1. Les *Sphérozoaires*, P. Gerv. ; les *Protozoaires*, Siebold et Stannius.

CHAPITRE XXIII

CARACTÈRES DES MAMMIFÈRES. — CLASSIFICATION DE CES ANIMAUX.

Les mammifères sont de tous les animaux ceux dont l'organisation acquiert le plus haut degré de perfection. A ce titre, ils méritaient d'être placés avant les autres ; aussi forment-ils la première classe dans l'embranchement des vertébrés.

Ils n'ont été réunis en un groupe unique que depuis l'époque de Linné. Antérieurement à ce célèbre naturaliste, on en faisait deux catégories distinctes, l'une sous le nom de *quadrupèdes vivipares*, l'autre sous celui de *cétacés*. Cette répartition fut encore adoptée par Lacépède. Cependant les anciens, et parmi eux Aristote, avaient déjà constaté les affinités que les mammifères terrestres et les cétacés ont entre eux, mais sans en tenir compte dans la classification.

En réalité, les animaux de ces deux groupes sont également pourvus de mamelles, et leurs organes les plus importants n'offrent point de différences essentielles dans leur disposition générale.

Qu'ils soient terrestres ou aquatiques, les mammifères ont tous des mamelles, et c'est au moyen du lait sécrété par ces organes qu'ils nourrissent leurs petits pendant le temps qui suit immédiatement la naissance. Les cétacés n'échappent pas plus à cette condition que les espèces australiennes constituant les deux genres ornithorhynque et échidné, qu'on avait supposées dépourvues de ces organes, et c'est à la présence constante des mamelles ou glandes de la lactation que les animaux mammifères doivent le nom par lequel on désigne maintenant la classe qu'ils constituent. On les appelle en latin, *mammalia*, ce qui fait allusion au même caractère.

Tous les mammifères ou vertébrés pourvus de mamelles sont aussi des animaux à température constante et à respiration simple, mais complète. Leur cavité thoracique, dans laquelle sont placés les poumons et le cœur, est toujours séparée de la cavité abdominale par un diaphragme. Presque tous ont les globules sanguins de forme circulaire.

Les organes des sens acquièrent chez eux une grande perfection, même dans leurs parties accessoires : ainsi ils ont des paupières distinctes, et la plupart de leurs espèces sont pourvues d'une conque auditive. On constate aussi chez ces animaux d'autres dispositions qui ne se retrouvent pas chez les vertébrés ovipares.

Leur bouche est garnie de lèvres charnues, sauf chez les monotrèmes [1], et leur corps est habituellement couvert de téguments particuliers, les poils, permettant de distinguer à la première vue les animaux pourvus de mamelles, et destinés à conserver leur chaleur propre.

---

1. L'ornithorhynque et l'échidné.

Les tatous, dont la peau est en grande partie encroûtée par des pièces osseuses formant une carapace, et les pangolins, qui ont des écailles cornées sur presque tout le corps, ne sont pas entièrement privés de poils. On en trouve même chez les cétacés, qui passent pour avoir le corps complétement nu. Des poils sont en effet disséminés en très-petite quantité, il est vrai, sur la peau des baleines; les jeunes marsouins en ont quelques-uns sur la lèvre supérieure, et le museau de l'inie, genre de dauphins propre au bassin de l'Amazone, en est en grande partie recouvert à tous les âges.

Le squelette lui-même peut servir à distinguer les animaux de la classe des mammifères. Les os restent épiphysés pendant les premiers temps de la vie. Les pièces dont se compose le crâne sont moins nombreuses chez les sujets adultes que chez les jeunes, ce qui tient à ce que plusieurs se soudent les unes aux autres par synostose, lorsque ces animaux avancent en âge; l'occipital s'articule par deux condyles avec l'atlas ou première vertèbre cervicale; la mâchoire inférieure joue sur la cavité glénoïde du temporal par un condyle distinct, lui appartenant, et elle ne se compose jamais que d'une seule pièce pour chaque côté, tandis qu'il y en a toujours plusieurs à celle des vertébrés ovipares; elle n'a pas d'os carré séparé du temporal; enfin, sauf chez certains paresseux, le nombre des vertèbres cervicales est constamment de sept, et il n'y a que les cétacés qui aient plus de trois phalanges aux doigts (fig. 135).

Ajoutons que les dents des mammifères sont presque toujours pourvues de racines et implantées dans des alvéoles. Certaines d'entre elles en ont même plusieurs chacune, ce qui n'a jamais lieu chez les ovipares. En outre il est, dans beaucoup de cas, facile de distinguer ces dents en trois sortes : incisives, canines et molaires. Ce sont ces dernières qui peuvent avoir plusieurs racines.

CLASSIFICATION DES MAMMIFÈRES. — Beaucoup d'auteurs, et parmi eux Georges Cuvier, ont établi la classification des mammifères au moyen d'une heureuse combinaison des caractères que présentent les membres de ces animaux avec ceux qu'on peut constater par l'examen de leur dentition. Ils ont ainsi été conduits à distinguer plusieurs ordres dans la classe qui nous occupe.

Les mammifères, sauf les sirénides et les cétacés, qui, dans cette classification, prennent rang après tous les autres, ont constamment quatre membres apparents, et ces appendices sont terminés, tantôt par des doigts onguiculés, c'est-à-dire pourvus d'ongles ou de griffes, comme les singes, les ours, les chiens, les lapins, etc., nous en fournissent des exemples; tantôt par des doigts ongulés, c'est-à-dire engagés dans des sabots, comme cela se voit chez les ruminants, ainsi que chez le rhinocéros, le cheval, le porc, etc. De là la distinction des mammifères quadrupèdes en deux catégories principales, les *onguiculés*, ou mammifères à doigts terminés par des ongles, et les *ongulés*, ou mammifères à doigts terminés par des sabots.

Les mammifères quadrupèdes pourvus de doigts onguiculés peuvent à leur tour être partagés en deux groupes, suivant qu'ils ont des mains (fig. 191 et 192), c'est-à-dire des extrémités terminales ayant le pouce opposable aux autres doigts, ce qui a particulièrement lieu pour les membres supérieurs de l'homme et pour les quatre membres chez la plupart des singes ; ou bien qu'ils n'ont pas les pouces opposables, comme on le voit chez l'ours, le chat, le chien, le lapin, le tatou et beaucoup d'autres.

Dans ce dernier cas, les mammifères ont trois sortes de dents, deux sortes de dents ou une seule sorte de dents.

De leur côté, les animaux de cette classe qui possèdent des sabots ont l'estomac disposé pour ruminer, ou au contraire impropre à la rumination.

Un tableau fera mieux ressortir les résultats auxquels on arrive par cette analyse de caractères à la fois empruntés aux membres et à la dentition.

CLASSIFICATION MAMMALOGIQUE DE G. CUVIER.

I. Mammifères pourvus de quatre pieds propres à la marche.

    A.) Onguiculés ou pourvus d'ongles.

        1.) Trois sortes de dents.

        a.) Point de poche mammaire.

        * Pouces des membres supérieurs seuls opposables : BIMANES (homme).

        ** Pouces opposables aux quatre membres : QUADRUMANES (singes et makis).

        *** Pouces non opposables : CARNASSIERS, divisés en :

                † *Chéiroptères* (chauves-souris).

                †† *Insectivores* (hérisson, taupe, musaraigne).

                ††† *Carnivores* plantigrades (ours), digitigrades (chien, chat), amphibies (phoques).

        b.) Une poche mammaire : MARSUPIAUX (kangurou, sarigue).

        2.) Deux sortes de dents au plus :

        a.) Des incisives et des molaires, point de canines : RONGEURS (castor, rat, lapin).

        b.) Des molaires seulement : ÉDENTÉS, divisés en :

                † *Tardigrades* (paresseux).

                †† *Édentés ordinaires* (fourmilier, tatou).

                ††† *Monotrèmes* (échidné, ornithorhynque).

    B.) Ongulés, c'est-à-dire pourvus de sabots.

        1.) Estomac simple ou peu compliqué : PACHYDERMES, divisés en :

                † *Proboscidiens* (éléphant).

                †† *Pachydermes ordinaires* (rhinocéros, sanglier).

                ††† *Solipèdes* (cheval).

        2.) Estomac compliqué, propre à la rumination : RUMINANTS (bœuf, cerf, chameau).

II. Mammifères pourvus de deux membres seulement, les antérieurs, qui sont disposés en forme de rames : CÉTACÉS, divisés en :

                † *Cétacés herbivores*[1] (lamentin, dugong).

                †† *Cétacés souffleurs* (cachalot, dauphin, baleine).

1. Les sirénides des auteurs actuels.

Ainsi qu'on le voit, G. Cuvier partageait les mammifères en neuf ordres, savoir : les *bimanes*, les *quadrumanes*, les *carnassiers*, les *marsupiaux*, les *rongeurs*, les *édentés*, les *pachydermes*, les *ruminants* et les *cétacés*.

Si facile à comprendre que soit cette classification, et si commode qu'elle paraisse, les progrès de la science n'ont pas tardé à montrer qu'elle n'était pas aussi parfaite qu'on l'avait cru d'abord, et de nombreuses modifications ont dû lui être apportées. Nous en rappellerons quelques-unes.

Les chéiroptères, les insectivores, les carnivores et les phoques, associés par Cuvier dans un seul et même ordre, sont des animaux bien différents les uns des autres, et dont il faut faire plusieurs divisions primordiales distinctes, chacune de la valeur des autres ordres.

D'un autre côté, les phoques ne doivent pas être classés dans la même série que les ours, les felis et les chiens; ils forment une catégorie bien séparée, facile à caractériser par des particularités d'une importance réelle.

On sait aussi que les marsupiaux, animaux si différents du reste des mammifères par leur mode de gestation, n'ont pas toujours trois sortes de dents comme les quadrumanes ou les carnivores : ainsi le phascolome, qui appartient à ce groupe, n'en a que deux, absolument comme les rongeurs. Cuvier connaissait déjà ce fait. Mais on a remarqué, d'autre part, qu'envisagés dans leur ensemble, les marsupiaux paraissent plutôt constituer une série parallèle aux autres mammifères terrestres qu'un ordre de la même division qu'eux; ils fournissent presque exclusivement la population mammifère de l'Australie, et l'on observe dans cette catégorie des genres qui sont, les uns carnassiers, les autres insectivores, frugivores ou herbivores.

Les pachydermes tels que les comprenait G. Cuvier ne forment pas plus que les carnassiers du même auteur une association naturelle. Les caractères des éléphants sont trop différents de ceux des rhinocéros ou des tapirs pour qu'on laisse ces animaux dans un même ordre, et les chevaux doivent prendre place, avec ces derniers, parmi les pachydermes véritables, dont nous parlerons sous le nom particulier de jumentés, au lieu de rester isolés sous la dénomination de solipèdes. Si les chevaux actuels n'ont qu'un seul doigt apparent à chaque pied (fig. 130), le genre fossile des hipparions, qui leur ressemble pourtant si fort par l'ensemble de ses caractères, avait les pieds tridactyles, c'est-à-dire pourvus de trois doigts chacun.

Remarquons encore que certains pachydermes ordinaires de Cuvier, comme les hippopotames, les sangliers, les pécaris et le reste des porcins, doivent être séparés des chevaux, des rhinocéros et des pachydermes à doigts en nombre impair, pour être rapprochés des ruminants (fig. 131), quoique n'étant pas doués, comme ces derniers, de la propriété de ruminer. L'étude des fossiles confirme cette manière de voir, en nous montrant qu'il a existé pendant la période tertiaire des animaux si complétement intermédiaires aux ruminants et aux porcins, qu'on ne saurait les rapporter à l'un de ces deux groupes plutôt

FIG. 225. — *Xiphodon* (*).

qu'à l'autre. C'est particulièrement ce qui a lieu pour quelques espèces qu'on avait d'abord attribuées à la même famille que les anoplothériums, et parmi lesquelles nous citerons les xiphodons (fig. 225). Cuvier a même dit, au sujet de certains de ces animaux, qu'il lui était impossible de décider s'ils avaient ou non joui de la propriété de ruminer.

Une autre amélioration apportée à la classification des mammifères, telle que l'avait adoptée ce grand naturaliste, porte sur les cétacés. Ceux de ces animaux qui ont le régime herbivore, et qu'on appelle aujourd'hui les sirénides, diffèrent trop des cétacés souffleurs pour qu'on les laisse dans le même ordre; il a donc fallu les en séparer.

Les uns et les autres, malgré leur ressemblance apparente avec les poissons, doivent d'ailleurs être plus rapprochés des mammifères ordinaires que ne le faisait Cuvier, lorsqu'il les plaçait à la fin de toute la classe. Ils ont le même mode de gestation que ces animaux; leur cerveau est aussi pourvu de nombreuses circonvolutions, et ce sont également des êtres fort intelligents. Leurs affinités avec les phoques méritent qu'on en tienne compte, et c'est trop les éloigner de ces animaux que de les placer après tous les autres mammifères, lorsque les phoques sont eux-mêmes associés aux carnassiers; c'est cependant ce qui a lieu dans le système de classification que nous discutons ici.

Une dernière remarque portera sur les monotrèmes. Ces singuliers animaux sont évidemment les derniers de tous les mammifères, et plusieurs de leurs caractères fondamentaux semblent indiquer qu'ils forment la transition des vertébrés de cette première classe à ceux qui

(*) Restauré par G. Cuvier, d'après des ossements découverts dans les plâtrières de Montmartre.

sont ovipares : aussi a-t-on pensé qu'ils avaient été rangés à tort par Cuvier avec les édentés ; leur véritable place serait marquée après tous les autres mammifères, et c'est par eux que l'on termine aujourd'hui cette classe d'animaux.

FIG. 226. — *Sarigue dorsigère.*

De Blainville a fait l'application à la classification des mammifères des remarques qui viennent d'être exposées, remarques qui lui sont dues pour la plupart, et il a été ainsi conduit à donner de ces vertébrés une distribution assez différente de celle adoptée par G. Cuvier. Dans la subordination qu'il en établit, il se laisse surtout guider par le mode de gestation, qui fait que les mammifères sont plus vivipares, ou au contraire moins vivipares, et dans ce dernier cas plus rapprochés des vertébrés allantoïdiens pondant des œufs, c'est-à-dire des oiseaux ou des reptiles, qu'ils ne le sont dans le premier. On arrive ainsi à établir trois catégories bien distinctes de mammifères, ayant chacune la valeur d'une sous-classe. Ce sont :

1° Les MAMMIFÈRES MONODELPHES OU PLACENTAIRES, dont les petits n'ont besoin, pour se développer, que de la gestation ordinaire. Ils passent toute leur vie embryonnaire et fœtale dans le sein de leur mère, avec laquelle ils sont en communication par l'intermédiaire d'un organe vasculaire appelé placenta, lequel est fourni par la vésicule allantoïde, plus développée chez eux que chez tous les autres animaux. Ce sont, pour ainsi dire, les plus vivipares de tous. C'est à leur sous-classe qu'appartiennent les différents groupes de mammifères énumérés dans le tableau emprunté à la classification de Cuvier, sauf les marsupiaux et les monotrèmes.

2° Les MAMMIFÈRES DIDELPHES OU MARSUPIAUX, dont la gestation proprement dite est fort courte, mais se complète par une gestation mammaire destinée à assurer le complet développement des petits et à les porter au point où se trouvent ceux des monodelphes lorsqu'ils viennent au monde. Leurs fœtus n'ont pas de véritable placenta. Tels sont les sarigues (fig. 226) et la plupart des mammifères de l'Australie.

3° Les ORNITHODELPHES OU MONOTRÈMES, animaux également privés de placenta, plutôt ovovivipares que réellement vivipares, et qui ont même

Fig. 227. — *Ornithorhynque.*

été regardés pendant longtemps, mais à tort, comme produisant des œufs, ainsi que le font les oiseaux et les reptiles. Les seuls genres de cette troisième sous-classe des mammifères sont l'ornithorhynque (fig. 227) et l'échidné.

Ces trois sous-classes étant admises, voyons comment on peut subdiviser chacune d'elles en ordres et en familles principales; plus particulièrement la première, dont les genres sont si nombreux et présentent une si grande diversité de structure.

Ici, interviennent les caractères tirés des membres, ceux que fournissent les dents, ainsi que d'autres particularités employées précédemment, telles que la position pectorale ou abdominale des mamelles, la conformation des hémisphères du cerveau, la nature simple ou compliquée de l'estomac, etc.

Une première grande subdivision des MAMMIFÈRES MONODELPHES réunit tous ceux de ces animaux qui ont les membres disposés pour marcher, qu'ils soient franchement terrestres, ce qui est le cas le plus général, capables de voltiger, comme le sont les chauves-souris, ou même à demi aquatiques, comme nous le voyons pour les loutres, les castors et quelques autres.

On peut reconnaître parmi eux quatre séries principales.

La première comprend les *quadrumanes*, les *chéiroptères*, les *rongeurs* et les *insectivores*.

La seconde est uniquement formée par les *carnivores*, ou carnassiers ordinaires.

La troisième réunit les *ongulés*, c'est-à-dire les *éléphants*, les *jumentés*, ou pachydermes proprement dits, qui ont les doigts impairs, et les *bisulques*, soit *ruminants*, soit *porcins*, dont les doigts sont pairs et fourchus.

La quatrième se compose des *édentés*.

La deuxième grande subdivision des monodelphes est celle des mammifères appartenant à cette sous-classe qui sont essentiellement aquatiques ; elle se compose des *phoques*, des *sirénides*, ou cétacés herbivores, et des *cétacés proprement dits*, ou cétacés souffleurs.

Les premiers de ces animaux semblent être une répétition des carnivores, mais ils sont conformés pour la vie maritime. Au contraire, les seconds, tout en étant appropriés aux mêmes conditions d'existence, sont comparables à des ongulés qui auraient été modifiés pour vivre aussi dans l'eau ; ils rappellent par la forme de leurs molaires certaines espèces de porcins et par la position pectorale de leurs mamelles les éléphants. Les derniers réunissent à certains traits propres aux édentés d'autres caractères tout à fait particuliers : ce sont les cétacés proprement dits. Toutefois de Blainville considérait les cétacés comme plus voisins des édentés que des autres mammifères, et, suivant lui, ils les représenteraient au sein des eaux grâce à une modification profonde de leurs organes locomoteurs, en rapport avec les conditions particulières du séjour auquel la nature les a destinés. Dans la manière de voir de cet auteur, les phoques devraient suivre immédiatement les carnivores terrestres dans la classification, les sirénides seraient placés auprès des proboscidiens, et les cétacés prendraient rang à côté des édentés.

Après avoir résumé l'histoire des principales divisions de la sous-classe des monodelphes et fait connaître les différents groupes dans lesquels chacune d'elles se partage, nous parlerons des DIDELPHES OU MARSUPIAUX, et nous terminerons par les MONOTRÈMES, qui, ainsi que nous l'avons déjà dit, sont de tous les mammifères ceux qui se rapprochent le plus des ovipares.

Le tableau qui suit rendra l'ensemble de cette classification plus facile à apprécier ; il nous permettra en même temps de faire ressortir le caractère principal de chacun des groupes dont il vient d'être question.

CLASSIFICATION DES MAMMIFÈRES.

I. MONODELPHES ou PLACENTAIRES.

- Essentiellement marcheurs (*Géothériens*).
  - Dents de deux ou de trois sortes.
    - Onguiculés...
      - QUADRUMANES.
      - CHÉIROPTÈRES.
      - INSECTIVORES.
      - RONGEURS.
      - CARNIVORES.
    - Ongulés......
      - PROBOSCIDIENS.
      - JUMENTÉS.
      - RUMINANTS.
      - PORCINS.
  - Dents d'une seule sorte.... ÉDENTÉS.
- Essentiellement aquatiques et nageurs (*Thalassothériens*).
  - Des membres antérieurs et des membres postérieurs. PHOQUES.
  - Point de membres postérieurs apparents.
    - SIRÉNIDES (cétacés herbivores).
    - CÉTACÉS.

II. DIDELPHES ou MARSUPIAUX.

- Australiens.......................
  - Phascolomes.
  - Kangurous.
  - Phalangers.
  - Péramèles.
  - Dasyures.
  - Myrmécobies.
- Américains....................... Sarigues.

III. ORNITHODELPHES ou MONOTRÈMES.

- ....
  - Ornithorhynques.
  - Échidnés.

CHAPITRE XXIV

L'HOMME. — PRINCIPAUX TRAITS ET SUPÉRIORITÉ DE SON ORGANISATION.
— RACES HUMAINES.

COMPARAISON DE L'HOMME AVEC LES ANIMAUX. — L'homme est le plus parfait des êtres doués de la vie. Indépendamment des caractères moraux qui le distinguent et lui assignent des destinées si différentes de celles de toutes les autres créatures, il leur est supérieur par sa structure organique, ainsi que par les fonctions à l'aide desquelles il accomplit son rôle à la surface du globe; aussi son anatomie et sa physiologie, étudiées jusque dans les moindres détails, justifient-elles la place que la science lui accorde, dans la classification des corps naturels, en tête de tout l'empire organique. C'est ce qu'on a déjà pu constater par la lecture des notions abrégées que nous avons exposées relativement à l'anatomie et à la physiologie, branches de la science dont la notion fait si bien ressortir la supériorité physique de notre espèce. Ce premier examen des caractères de l'homme aide à mieux comprendre la dignité de sa nature; il montre aussi toute la supériorité de son organisme.

Que l'homme, envisagé dans sa partie matérielle et périssable, doive être regardé comme un être organisé; que les détails de sa conformation indiquent qu'il appartient au règne animal, et qu'un examen plus approfondi encore conduise à le classer parmi les mammifères, cela n'est pas susceptible d'être contesté. Aussi s'étonnerait-on que des savants célèbres aient songé à faire de notre espèce un règne à part qu'ils appellent le *règne humain*, en le comparant, pour l'importance des caractères qu'ils lui assignent, au règne animal ou au règne végétal pris séparément et tels qu'on les définissait autrefois, si l'on ne considérait que c'est sur les attributs moraux de l'homme, plutôt que sur ses caractères physiques, qu'ils ont fondé cette distinction.

Notre objet dans ce livre étant uniquement l'histoire naturelle, c'est de l'homme physique que nous devons exclusivement nous occuper. Nous établissons donc comme évident que, envisagé sous le rapport de ses organes aussi bien que sous celui de ses fonctions, l'homme ne saurait être classé ailleurs que parmi les mammifères. C'est à eux qu'il emprunte son organisation, et l'accomplissement de son rôle sur le globe implique la possession des instruments dont il dispose, c'est-à-dire de ces organes à la fois si multiples et si perfectionnés, qui rendent sa structure anatomique supérieure à celle de toutes les espèces de la même classe d'animaux.

Si le but que nous nous proposons d'atteindre et l'espace dont nous disposons nous le permettaient, il n'est ni un détail de l'anatomie de l'homme, ni une des particularités de sa physiologie, si insignifiants qu'on les suppose, qui ne nous parussent dignes d'être rappelés; un semblable examen serait certainement fécond en aperçus philosophiques. L'ancienne inscription du temple de Delphes disant à l'homme : *connais-toi toi-même*, n'a rien perdu de sa valeur ; elle s'applique aux différentes particularités de son organisme aussi bien qu'aux qualités intellectuelles et morales qui lui sont propres.

CARACTÈRES PARTICULIERS DE L'ESPÈCE HUMAINE. — Lorsqu'il a assigné à l'homme le premier rang parmi les Primates, animaux qui constituent eux-mêmes le premier ordre de la classe des Mammifères, Linné a fait voir qu'il comprenait parfaitement les particularités d'organisation par lesquelles certains singes se rapprochent de notre espèce; mais, en ne séparant pas, même génériquement, ces singes d'avec l'homme, il a commis une faute grave, même au point de vue de l'histoire naturelle, car il a montré qu'il ne se faisait pas une idée suffisamment exacte de la valeur de ces particularités anatomiques qui, tout en rapprochant de nous les premiers des animaux, les laissent cependant encore à une distance si considérable.

L'harmonie des proportions du corps humain, la beauté de ses lignes ; sa station droite (*situs erectus*) et les dispositions qui rendent cette station possible ; la tête si bien équilibrée au-dessus du tronc, et la dignité du visage (*os sublime*) portant ses regards au ciel (*cœlum tueri jussit*), au lieu de les abaisser vers le sol comme le font les animaux; l'élévation du front et l'ampleur du crâne, traduisant au dehors le grand développement du cerveau de l'homme, c'est-à-dire de ses principaux centres d'innervation affectés aux fonctions de relation; la perfection de ses mains, qui, étant à la fois des organes de tact et de préhension, deviennent les instruments les plus délicats de son intelligence; la conformation de ses membres inférieurs, réservés pour la marche, et dont le pouce n'est pas opposable aux autres orteils : toutes ces particularités extérieures, dont on pourrait augmenter encore la liste, font de l'homme un genre bien différent de ceux qui méritent la dénomination de singes; elles ne permettent pas davantage de l'associer génériquement aux animaux de cette famille auxquels le grand naturaliste suédois, par une application évidemment exagérée de ses propres principes de classification, n'avait pas craint d'étendre le nom d'hommes [1].

Pourtant on ne saurait nier que ce ne soit de ce groupe d'animaux que l'espèce humaine se rapproche par sa structure, et aucune autre division des mammifères ne lui ressemble par un aussi grand nombre de particularités. C'est là une notion vulgaire dont tout le monde a pu reconnaître la justesse; et il en est si bien ainsi, que pendant longtemps c'est en disséquant des singes qu'on s'est principalement fait une idée de la conformation du corps humain, quelquefois même sans que cela fût à la connaissance des personnes auxquelles ces notions étaient destinées. En effet, on a souvent considéré comme étant le résultat de recherches

____

1. Ces singes sont l'orang-outan, le chimpanzé et les gibbons, auxquels il faudrait ajouter aujourd'hui le gorille.

anatomiques entreprises sur le cadavre humain l'Anatomie laissée par Galien, et pourtant Vesale a montré, ce que le texte rend d'ailleurs évident, qu'elle avait été faite en grande partie sur l'observation de singes, alors que la dissection de l'homme était interdite.

Les singes sont en réalité des termes inférieurs d'une série organique que l'homme domine et dont il est la forme supérieure, comme il est également la plus haute expression de toute organisation. Quoiqu'il y ait encore une grande distance entre lui et les mieux doués des mammifères, les rapports d'organisation qui le rattachent à ce groupe ne sauraient donc être contestés. Les anatomistes de la Renaissance les ont reconnus avant ceux de notre époque, et le parti scientifique qu'on a su en tirer, ou que l'on peut en tirer encore pour éclairer la compréhension anatomique de l'homme, en est une nouvelle et éclatante confirmation.

On constate ces ressemblances dans la conformation générale du squelette (fig. 32) et des dents (fig. 49 à 51), aussi bien que dans les parties molles (planches I à III).

Quoique chez l'homme les os incisifs se soudent constamment avec les maxillaires supérieurs et que notre espèce manque du prolongement coccygien propre à la plupart des singes, son squelette est à beaucoup d'égards comparable à celui de ces animaux. L'analogie n'est pas moins évidente si l'on examine la conformation des autres systèmes d'organes, et on la retrouve jusque dans le cerveau, quoique chez l'homme l'encéphale acquière une tout autre perfection que chez les singes ou le reste des mammifères ; que, par exemple, il soit riche en circonvolutions, ait des hémisphères volumineux, et se développe surtout dans sa partie antérieure, laquelle est spécialement affectée aux fonctions intellectuelles. D'autre part, c'est presque une similitude que l'on constate entre l'homme et certains singes, si l'on compare leur système dentaire, les dents affectant chez l'homme la formule propre aux espèces de ce groupe qui habitent l'ancien continent, et jusqu'à un certain point la même forme ; mais il s'agit cette fois d'organes appropriés aux fonctions moins relevées de la digestion.

Le nombre total des dents humaines (fig. 49 et 51) est de 32, disposées d'après la formule suivante :

$$\frac{2}{2} \text{ incisives, } \frac{1}{1} \text{ canines, } \frac{5}{5} \text{ molaires de chaque côté.}$$

La dentition de lait (fig. 50) est également la même dans les deux groupes que nous comparons, savoir :

$$\frac{2'}{2'} \text{ i. } \frac{1'}{1'} \text{ c. } \frac{2'}{2'} \text{ m.}$$

Si l'homme diffère par certains caractères des premiers animaux, à plus forte raison est-il facile à distinguer de ceux qui occupent des degrés moins élevés dans l'échelle zoologique ; cependant on doit reconnaître que ces différences ne sont que relatives, et l'on chercherait en vain dans sa structure anatomique les moyens de le séparer d'une manière absolue du reste des êtres vivants. C'est par elle qu'il leur ressemble; et plus on établit de comparaisons entre les animaux et lui, plus on comprend l'importance des traits qui le distinguent, plus aussi on se fait une idée exacte des qualités supérieures dont la nature l'a comblé.

En éloignant l'homme des animaux dans la classification, on commettrait une erreur préjudiciable aux progrès de la science, et l'on justifierait les prétentions des personnes qui nient les ressemblances organiques qui rattachent notre espèce au reste de la création, ou contestent la légitimité des conclusions que l'anatomie, la physiologie et la médecine ont tirées de leur examen comparatif. Sans exagérer ces analogies comme l'avait fait Linné, Buffon les a comprises autant et mieux que lui, et il a dit avec beaucoup de sens que « s'il n'existait point d'animaux, la nature de l'homme serait encore plus incompréhensible ».

C'est en tenant uniquement compte de la conformation des membres qu'on a été conduit à retirer l'homme de l'ordre des Primates, c'est-à-dire du premier ordre de mammifères dans lequel Linné l'avait associé aux singes et aux makis; et le naturaliste allemand Blumenbach, à qui l'on doit un traité d'histoire naturelle, publié vers la fin du dernier siècle, en a fait un ordre à part sous le nom de *Bimanes*, rappelant que l'homme n'a que deux mains, tandis que les singes en ont quatre, ce qui les a fait appeler quadrumanes.

Mais ce caractère, sans être dépourvu de toute valeur, n'a pas l'importance que Blumenbach et d'autres lui ont attribué; il est en rapport avec le genre de station propre à notre espèce, et peut être regardé comme la conséquence même de son mode de progression. C'est aussi en vue de sa station que l'homme a les jambes plus longues que celles des singes qu'on a appelés anthropomorphes parce qu'ils lui ressemblent plus que les autres; ses mollets sont plus musculeux, et son bassin ainsi que les muscles qui l'accompagnent, ont plus d'ampleur, ce qui assure une base de sustentation plus large à la totalité du tronc. Remarquons, en outre, que tous les singes n'ont pas réellement quatre mains; il en est, comme les ouistitis, chez lesquels le pouce des membres antérieurs n'est pas opposable aux autres doigts. D'ailleurs ces animaux, qu'on place les derniers parmi les singes, diffèrent plus des quadrumanes anthropomorphes par leur organisation que ceux-ci ne s'éloignent de l'homme sous le même rapport; et les naturalistes modernes, tout en repoussant l'association générique de l'homme avec les premiers singes, association proposée bien à tort par Linné, sont revenus à sa manière de voir en ce qui concerne la réunion de notre espèce et des quadrumanes simiens dans un même ordre. La dénomination commune de *primates* a donc été conservée aux espèces de ce groupe, et elle a été étendue aux lémuriens, tout en restant applicable à l'homme.

Peu importe d'ailleurs à quel groupe de mammifères l'homme emprunte son organisation, si la comparaison de sa structure avec celle des animaux de ce groupe fait ressortir l'incontestable supériorité qu'il a sur eux, et si dans ce corps, si peu différent qu'il soit de celui de tant d'autres espèces, il se manifeste des facultés tellement supérieures à celles du reste des êtres vivants, qu'on les croirait entièrement nouvelles. En effet, elles ne se rencontrent nulle part ailleurs avec un pareil développement; nous parlons surtout ici des facultés intellectuelles.

L'homme, envisagé au point de vue de sa structure anatomique et de ses fonctions, reste donc bien, malgré ces analogies organiques, le plus parfait des animaux, et c'est avec raison qu'Ovide, en le comparant à eux, en donne cette poétique définition : « *Sanctius his animal mentisque capacius altæ.* »

Nous l'avons déjà fait remarquer, le cerveau humain[1] présente dans ses diverses régions, surtout dans celle qui est spécialement affectée aux fonctions de l'intelligence, une supériorité tout à fait propre à notre espèce. Le développement des hémisphères y est plus considérable que dans les animaux les mieux doués sous le même rapport; les circonvolutions y sont plus nombreuses et groupées d'une manière spéciale ; en outre, ce sont celles du lobe antérieur des hémisphères qui sont surtout développées, et, dans leur disposition, ces mêmes circonvolutions sont exclusivement caractéristiques du cerveau humain. Elles sont si bien des parties distinctives de notre espèce, qu'elles existent avant la naissance et qu'elles se montrent indépendamment de celles qui apparaissent successivement sur les autres lobes des hémisphères cérébraux.

Cette disposition établit, au point de vue du cerveau envisagé séparément, une différence considérable entre l'homme et les singes; elle est en rapport avec la supériorité de ses facultés intellectuelles, puisque c'est l'instrument lui-même de cette intelligence, ou, comme le disait de Blainville, son *substratum*, qui la présente.

Les singes dont le cerveau est le plus développé, c'est-à-dire les singes anthropomorphes, sont déjà fort différents de l'homme en ce qui concerne cette partie importante de l'encéphale, et à cet égard leur infériorité est très-manifeste; c'est par là qu'ils s'éloignent surtout de nous. Bien que méritant aussi d'être signalées, les particularités de leur forme extérieure, si considérables qu'elles soient, n'ont donc en réalité qu'une valeur secondaire, eu égard à celles que peuvent fournir les centres nerveux.

Au point de vue physiologique, ces particularités distinctives tirées du cerveau ont une importance fondamentale, et une étude attentive en fait ressortir toute la valeur comme caractères zoologiques. On en doit surtout la description, en ce qui concerne notre espèce envisagée avant la naissance, au physiologiste allemand Wagner; elles ont été vérifiées

1. Fig. 159, 162, 163 et 164.

avec un soin tout particulier et commentées par plusieurs savants français et anglais.

Par une analyse ainsi raisonnée des caractères anatomiques de l'homme, on peut donc arriver à démontrer que, tout en étant un être organisé et en appartenant, par ses différents organes, à la classe des Mammifères, le genre qu'il constitue se distingue néanmoins de tous les autres genres d'êtres vivants par des caractères qui le placent fort au-dessus d'eux. Ces caractères de structure sont en rapport avec des particularités physiologiques évidentes, et ils assurent à l'homme le libre exercice de l'intelligence dont il est doué, ainsi que sa suprématie sur la nature entière. Moins fort que certains animaux, privé des armes puissantes que possèdent beaucoup d'entre eux, il domine le monde par son intelligence, et ses destinées terrestres sont supérieures à celles de tous les autres êtres créés.

La voix de l'homme, qui constitue le langage articulé et la parole, n'est pas un moindre gage de la perfection de son organisme, ni un résultat moins curieux de la complication de sa structure. Elle donne une puissance nouvelle à ses sociétés, et la tradition, en servant de moyen de communication entre les hommes de tous les siècles, est devenue le lien des générations disparues avec celles qui leur ont succédé. Elle a permis à ces dernières de profiter de l'expérience acquise dans le passé, et, en perpétuant les résultats de la civilisation, elle assure aux diverses nations l'accomplissement de nouveaux progrès dans la science, l'industrie ou les arts, progrès qui seront, au physique autant de conquêtes sur la nature, au moral autant de causes de perfectionnement.

Les modifications que l'homme subit individuellement en passant de l'enfance à l'adolescence, de l'adolescence à l'âge mûr ou en arrivant à la vieillesse, ne sont pas moins curieuses à observer. Ses aptitudes changent en même temps que ses organes se modifient ou prennent plus de force; son jugement et sa raison accroissent l'ascendant qu'il peut avoir individuellement sur ses semblables. A cet égard, l'homme n'est pas moins différent des animaux : mais si les caractères moraux qui le distinguent en font un être exceptionnel au milieu de la création, c'est par l'ensemble même de son organisme et par les éléments anatomiques qui le constituent, qu'il se rattache au reste des corps organisés; et, comme nous avions surtout à l'envisager sous ce double rapport, nous n'avons pas craint de donner des détails étendus relativement aux principaux organes qu'il possède, ainsi qu'aux actes que ces organes exécutent. Désirant faire ressortir avant tout la supériorité des moyens dont il dispose, nous ne devions laisser échapper aucune occasion de mieux faire comprendre sa structure et le mécanisme de ses fonctions.

RACES HUMAINES. — L'homme, tout en se rapprochant des autres animaux par les principaux détails de sa structure, s'en distingue d'ailleurs par différents caractères anatomiques et par diverses aptitudes physiologiques; de plus, il n'est pas identique avec lui-même dans tous les lieux qu'il habite. Suivant qu'on l'observe sur certains points du globe ou sur d'autres, il présente des particularités qui semblent en harmonie avec les conditions du sol sur lequel il est né, et dont l'étude se rattache à la théorie de la variabilité limitée des espèces.

Des différences tirées de sa stature; de la couleur blanche, brune, jaune, cuivrée ou noire de sa peau; de la forme de son crâne, qui est oblong (têtes dolichocéphales) ou arrondi (têtes brachycéphales); de ses mâchoires, tantôt courtes (têtes brachygnathes), tantôt proéminentes (têtes prognathes); de la nature de ses cheveux lisses (chevelure liotrique) ou crépus (chevelure ulotrique); de l'abondance ou de la rareté des poils de sa barbe et de ceux qui recouvrent différentes parties de son corps; de l'horizontalité ou de l'obliquité de ses yeux; de la saillie du menton et de celle des pommettes; du développement du nez; de la grandeur relative du lobule des oreilles, et d'autres particularités également organiques, permettent de caractériser plusieurs variétés principales parmi les indigènes des différents pays. Comme ces caractères sont durables et qu'ils se transmettent de génération en génération, on distingue plusieurs *races humaines*. Ces races peuvent à leur tour être partagées d'une manière assez régulière en groupes secondaires, appelés *sous-races*, *rameaux*, etc., qui constituent autant de divisions répondant aux principales modifications qu'a subies le genre humain.

Les plus grands naturalistes, Buffon, que l'on doit considérer comme le fondateur de l'anthropologie ou histoire naturelle de l'homme; Blumenbach, G. Cuvier, de Blainville, et la plupart des savants qui ont fait faire des progrès considérables aux sciences zoologiques, ont admis qu'il n'existe qu'une seule espèce dans ce genre.

Ces auteurs reconnaissent en général trois races principales dans cette espèce, savoir : la RACE BLANCHE ou *caucasique*, la RACE JAUNE ou *mongolique*, la RACE NOIRE ou *éthiopique*.

Mais ces distinctions, fondées sur la seule considération de la couleur de la peau, ne donnent pas une idée suffisamment exacte des particularités qui séparent les unes des autres les diverses populations humaines; et comme chacune des trois races principales comporte un certain nombre de subdivisions, quelques auteurs ont pensé qu'il fallait admettre un plus grand nombre de races.

Ainsi il est aisé de constater qu'il y a des hommes de couleur noire, ou tout au moins de couleur très-foncée, qui ressemblent plus aux blancs qu'aux nègres par les traits principaux de leur physionomie : tels sont les Abyssins, les Hindous, les Indo-Chinois et même les Malais. On en fait quelquefois une race à part sous le nom de *race brune*. Certaines îles de l'Océanie sont habitées par des hommes très-peu différents des Malais par l'ensemble de leurs caractères, et qui se rattachent également à cette division.

Les indigènes de l'Amérique ont aussi été regardés comme constituant une race différente de la race jaune, et l'on en a fait la *race cuivrée*. Mais les éléments dont la population américaine se composait antérieurement à l'invasion des Européens ou à l'importation plus récente des nègres dans la même région du globe, ne sont pas encore connus d'une manière assez complète pour qu'on se prononce sur la valeur de cette classification, et l'on ne doit pas perdre de vue les rapports que les naturels de l'Amérique semblent avoir eus à des époques reculées avec les hommes de certaines parties de l'ancien continent.

Parmi les Américains du Sud, nous signalerons particulièrement comme ayant des habitudes bizarres les Botocudos, dont le nom signifie « bonde de tonneau ». Ils se placent dans le lobule des oreilles et même dans la lèvre inférieure des disques de bois qui agrandissent ces organes. D'autres peuplades se déforment artificiellement la tête, et s'allongent ainsi le crâne ou s'aplatissent le front.

Les peuples jaunes qui habitent les régions hyperboréennes sont, à plusieurs égards, faciles à distinguer des hommes de même couleur qui occupent l'est de l'Asie ; ils forment un rameau à part.

FIG. 228. — *Nouveau Zélandais.*

On peut partager les nègres, c'est-à-dire la race éthiopienne des anciens auteurs, en deux catégories : ceux de l'Afrique, ou *Éthiopiens proprement dits*, et ceux de l'Australie, ainsi que des régions voisines, tels que les Papous, établis à la Nouvelle-Guinée ou dans quelques archipels peu éloignés, et les Andamènes ou nègres des Philippines. Comme on n'a encore aucune preuve certaine de la filiation des nègres orientaux avec les noirs d'Afrique, on en fait maintenant une race à part sous le nom de *race mélanésienne* ou *australienne*.

Les nègres africains présentent d'ailleurs des caractères assez variés, et sous ce rapport ils ne le cèdent en rien aux peuples de race blanche ou à ceux de race brune. Quelques peuplades se rapprochent davantage des Abyssins, auxquels elles semblent s'être mêlées; d'autres ont des caractères propres, et il est facile de distinguer parmi les nègres d'Afrique des sous-races ainsi que des rameaux tout aussi nombreux que parmi les blancs.

Il a paru utile à quelques ethnographes d'admettre encore une septième race, pour les Hottentots et les Boschimans (*race hottentote*), qui sont jaunes comme des Mongols, mais ont cependant les principaux traits des nègres. Les Hottentots semblent être les derniers des hommes autant par leurs caractères physiques que par l'infériorité de leur intelligence.

CLASSIFICATION DES RACES HUMAINES.

Races.	Rameaux.	
1. BLANCHE	*Aryâ* ou européen	323 000 000
	Araméen	44 000 000
	Scythique	36 000 000
2. BRUNE	*Abyssin*	10 000 000
	Hindou	160 000 000
	Indo-Chinois (Siamois, Annamites, etc.)	18 000 000
	Malais (des Moluques et de l'Océanie)	27 000 000
3. JAUNE	*Sinique*	469 000 000
	Mongol	8 000 000
	Hyperboréen ou arctique	120 000
4. ROUGE	*Nord-américain*	5 000 000
	Sud-américain	4 500 000
5. NÈGRE	*Cafre*	76 000 000
	Nègre	
6. MÉLANÉSIENNE	*Papou*	1 500 000
	Andamène, Australien, etc.	
7. HOTTENTOTE [1]	*Hottentot*	?
	Boschiman	

Plus les HYBRIDES, individus provenant du croisement des races précédentes, et que l'on désigne, suivant leur origine, par les noms de *métis*, *mulâtres*, *zambos*, etc. ... 18 000 000

TOTAL ... 1 200 000 000

Le tableau qui précède fait mieux connaître la classification des races humaines que ne le pourraient de longs détails. L'indication qu'on y

1. Race aujourd'hui peu nombreuse. Le chiffre des hommes de race rouge et des mélanésiens a aussi beaucoup diminué par suite de l'occupation par les blancs des contrées qu'ils habitent.

a jointe du chiffre auquel on peut évaluer l'ensemble des populations propres à chaque race et à chacun de ses principaux rameaux est empruntée à la dernière édition des *Éléments d'ethnographie* [1] du savant naturaliste belge M. d'Omalius d'Halloy.

L'auteur suppose que, dans l'état actuel de nos connaissances géographiques, on peut porter ce chiffre à *un milliard deux cents millions*.

RACE BLANCHE. — Les trois rameaux de la race caucasique ou race blanche méritent que nous nous y arrêtions quelques instants.

Ces hommes sont ceux qui ont accompli les plus grands progrès dans la civilisation; ils sont aussi les premiers de tous par la régularité de leurs caractères physiques.

Les uns ont les cheveux blonds ou même roux, les autres les ont d'un brun plus ou moins foncé; tous ont le nez fort et droit, la bouche modérément fendue, les lèvres petites, la face courte, les yeux grands, ouverts suivant une ligne horizontale et surmontés par des sourcils bien arqués; leur angle facial approche parfois de 90°, et ils ont les cheveux lisses, longs et bien fournis.

Leur principal rameau ou le rameau européen est ainsi appelé parce qu'il a fourni les différents peuples de l'Europe, mais il paraît être originaire de l'Asie centrale, et le nom d'Aryas par lequel on le désigne indique cette provenance.

Dans le Midi il s'est mêlé aux Araméens; la teinte brune qu'il y a prise ainsi que la couleur noire de ses cheveux rappellent cette fusion.

Rameau européen. — Des trois rameaux de la race blanche, celui qui a pris le plus d'extension est ce même rameau aryâ, devenu européen, qui, par suite des progrès qu'il a accomplis dans la civilisation, a pu se répandre sur tous les points du globe, où sa puissance s'étend chaque jour davantage. Voici sa répartition en nationalités principales :

PEUPLES LATINS	*Français*		39 523 300	104 200 000
	Hispaniens	*Espagnols*	31 000 000	
		Portugais		
	Italiens		26 055 000	
	Roumains		7 664 000	
PEUPLES GRECS	*Grecs*		4 000 000	5 000 000
	Albanais		1 000 000	
PEUPLES TEUTONS	*Germains*	*Allemands*	59 027 000	105 600 000
		Hollandais		
	Scandinaves	*Danois*	1 863 000	
		Norvégiens	1 866 000	
		Suédois	4 347 000	
	Anglais et *Anglo-Américains*		48 500 000	

1. De 1869.

PEUPLES SLAVES	*Russes*	*Russes proprem. dits.* *Rousniakes..* *Cosaques...*	57 500 000	
	Bulgares		3 500 000	
	Serbes		6 000 000	
	Slowènes		1 400 000	87 200 000
	Tchèkhes.	*Bohèmes.....*	3 550 000	
		Moraves.....	1 280 000	
		Slovaques....	1 750 000	
	Polonais		9 490 000	
	Lithuaniens	*Lithuaniens propr. dits.* *Lettes .....*	2 570 000	
PEUPLES ERSO-KYMRIQUES	*Kymris*	*Gallois......*	600 000	
		Bas Bretons..	1 000 000	11 000 000
	Erses	*Irlandais. ...*	6 000 000	
		Highlanders..	400 000	

TOTAL.............. 323 000 000

Rameau araméen. — Les peuples qui lui appartiennent ont joué, antérieurement aux Européens, un rôle important dans la civilisation. Ce sont :

Les *Basques*, ou Eskualdunacs, habitant sur les pentes des Pyrénées et des monts Cantabres, en France et en Espagne. Ils ont fourni à l'antiquité les Ibères, les Aquitains et Ligures, soumis plus tard par les Celtes et les Latins.

Les *Libyens*, ou les Berbers, les Fellahs et les Coptes, dont faisaient partie les anciens Égyptiens.

Les *Sémites*, comprenant les Arabes, les Juifs ou Israélites, les Syriens et les Maltais, auxquels il faut ajouter les Assyriens, les Phéniciens [1] et les Carthaginois, anciens peuples qui sont, avec les Juifs, ceux dont l'histoire nous parle le plus souvent.

Les *Perses*, divisés en Kurdes, Perses proprement dits, Afghans, Arméniens, Béloutchis, etc.

Et les *Géorgiens*, ou Géorgiens proprement dits, Mingréliens et Lazes, qui vivent sur la côte nord-est de l'Anatolie.

Rameau scythique. — Le noyau principal du rameau scythique ou touranien se compose des *Turcs*, autrefois maîtres d'une grande partie de l'Asie centrale et occidentale sous le nom de Tartares, et qui naguère

---

1. Les Phéniciens visitaient déjà notre territoire environ mille ans avant J. C., c'est-à-dire vers le règne de Salomon ; il est probable que c'est par eux que les Ligures et les Celtes ont connu le bronze, et leurs relations commerciales se sont étendues jusqu'en Scandinavie. Longtemps après sont venues des colonies grecques, dont une, partie de Phocée, fonda Marseille en 530. La conquête des Gaules par les Romains n'a été complète que cinquante ans environ avant l'ère actuelle.

dominaient en pirates presque tout le bassin méditerranéen, grâce à leurs conquêtes dans le nord de l'Afrique.

Les *Circassiens* et les *Magyares* ou Hongrois sont aussi de ce groupe, auquel paraissent appartenir également les *Finnois*, répandus depuis la Sibérie jusqu'à la Baltique sous les noms de Télécoutes, Ostiaks, Baskirs, Permiaques, Lives ou Livoniens, Esthes ou Esthoniens, etc.

Europe boréale. — Dans les régions les plus voisines du pôle habitent les Lapons, qui sont de la race jaune et rentrent dans le rameau hyperboréen de cette race, lequel s'étend sous toute la zone arctique.

RACE BRUNE ET RACE MONGOLE. — Les Hindous, qui sont des hommes de race brune, et plusieurs peuples de race jaune, ont fondé des civilisations importantes, mais qui sont restées stationnaires; aussi leur puissance est-elle aujourd'hui contre-balancée par celle des Européens, qui ont déjà soumis plusieurs d'entre eux.

La race jaune ou mongolique a pour représentants dans l'extrême Orient et dans d'autres parties de l'Asie, les Mongols, les Chinois et les Tibétains, tous propres à l'Asie continentale, ainsi que les Japonais, limités aux îles de ce nom. Ces peuples constituent le rameau sinique, qui ne comprend pas moins de 469 millions d'individus.

La RACE BRUNE, partagée en rameaux abyssinien, hindou, indo-chinois et malais, ne comprend en totalité que 215 millions d'hommes.

Il n'y a plus que 10 millions d'Américains autochthones (RACE ROUGE).

On compte 76 millions de nègres africains (RACE NOIRE), mais le nombre des AUSTRALIENS (Papous, noirs océaniens et habitants de la Nouvelle-Hollande) est déjà réduit à 150 000. En Tasmanie il n'existe plus un seul indigène.

CHAPITRE XXV

ANCIENNETÉ DE L'HOMME EN EUROPE. — ÉPOQUES PRÉHISTORIQUES.

L'homme n'est pas seulement le plus parfait des êtres organisés, il compte aussi parmi les moins anciens: son apparition sur la terre a été, pour ainsi dire, le couronnement des œuvres de la nature et le dernier mot de la création. Aussi Cuvier, après avoir parlé, dans son *Discours sur les révolutions du globe*, de ces singulières espèces animales qui ont pour toujours disparu du nombre des êtres vivants, et avoir discuté leur ancienneté relative, se posait-il cette question : « Où donc était alors le genre humain ? Ce dernier et ce plus parfait ouvrage du Créateur existait-il quelque part ? »

La science n'a pas encore résolu ce double problème avec une complète certitude; mais les nombreuses recherches entreprises dans ces dernières années par les naturalistes et les archéologues ont conduit à des résultats tout à fait dignes d'intérêt et que nous devons rappeler.

On ne trouve dans les terrains fossilifères qui sont antérieurs à ceux de la dernière époque géologique, appelée quelquefois période quaternaire, par opposition aux trois périodes primaire, secondaire et tertiaire qui l'ont précédée, aucun débris fossile ni aucune trace susceptibles d'être attribués avec certitude à notre espèce.

Les couches récentes de l'écorce du globe terrestre, et ces couches sont par conséquent les plus superficielles, sont donc les seules dans lesquelles on puisse chercher avec quelque chance de succès des restes des premiers hommes. Antérieurement à leur dépôt, c'est-à-dire pendant les périodes dont nous avons tout à l'heure rappelé les noms, d'autres espèces d'êtres organisés, exclusives de la nôtre et de celles qui vivent à présent, voltigeaient dans les airs, parcouraient les différents points exondés de la surface terrestre, s'agitaient dans les eaux douces et peuplaient la vaste étendue des mers : la faune ainsi que la flore avaient ainsi des caractères bien différents de ceux qu'elles ont présentés depuis. Ces différences augmentent à mesure que, remontant les âges du globe, on s'éloigne de la période actuelle. On a donc constaté que la substitution de populations nouvelles à des populations plus anciennes avait eu lieu à diverses reprises avant l'apparition des êtres aujourd'hui existants, et c'est sur l'examen des débris fossiles laissés par ces populations animales et végétales dans les différentes formations géologiques dont elles ont été contemporaines, que la science a dû rétablir les caractères des espèces principales qui les ont constituées. L'étude des plantes fossiles et celle des animaux ont conduit sous ce rapport à des résultats identiques.

Cuvier admettait qu'on ne rencontre des restes humains que dans les dépôts qui sont supérieurs à celui appelé *diluvium* par les géologues, « lequel, ajoutait-il, recouvre partout nos grandes plaines, remplit nos cavernes, obstrue les fentes de plusieurs de nos rochers [1]. » D'après lui, ce ne serait même que dans les terrains formés après les dépôts diluviens, c'est-à-dire postérieurement aux premiers temps de la période dite quaternaire, et par suite dans les alluvions récentes, dans les tourbières, dans les concrétions ou brèches peu anciennes, géologiquement parlant, que se trouveraient des fossiles provenant des animaux dont les espèces peuplent encore l'Europe. Il cite, comme tels, « les os de bœuf, de cerf, de chevreuil, de castor, communs dans les tourbières, et tous les os d'homme et d'animaux domestiques enfouis dans les dépôts des rivières, dans les cimetières et sous les champs de bataille. »

D'après ces remarques, aucun reste des espèces anéanties par les *catastrophes* qui ont bouleversé notre planète ne se rencontrerait dans des conditions antérieures à celles qui viennent d'être rappelées, pas même les restes des espèces que Cuvier suppose avoir été détruites par la dernière

1. Les brèches osseuses.

des catastrophes qu'il a invoquées; et, parmi ces espèces dont les débris ont été observés en Europe, il faut citer, comme étant surtout remarquables, l'éléphant fossile (*Elephas primigenius*), le rhinocéros à narines cloisonnées (*Rhinoceros tichorhinus*) (fig. 229), le grand felis des cavernes

Fig. 229. — *Rhinocéros tichorhine* (*).

(*Felis spelæa*), les hyènes européennes (*Hyæna spelæa* et autres), l'ours gigantesque (*Ursus spelæus*), etc. Le mégathérium paraît avoir été contemporain de ces animaux; mais il vivait en Amérique avec d'autres grands édentés : nous n'avons donc pas à nous en occuper en ce moment.

Cependant de nouvelles observations ont montré, contrairement à l'opinion de Cuvier, que toutes ces grandes espèces, maintenant anéanties, n'avaient pas, comme le croyait ce savant, précédé les espèces aujourd'hui existantes. Il est bien certain, en effet, qu'en Europe, des ossements de bœufs, de cerfs, de loups, de blaireaux, de castors, etc., semblables à ceux d'à présent, sont mêlés dans les brèches, dans les cavernes et dans le diluvium, aux os fossiles des grands animaux éteints, et l'on a ainsi la preuve que leurs espèces ont été contemporaines de ces grands animaux. La population mammifère de nos contrées descend donc, à l'exception de certaines races domestiques que l'homme a amenées d'Orient, des espèces mêmes que l'Europe a eues pour habitants à l'époque où s'opérait le dépôt des terrains qu'on a appelés diluviens. Toutefois la faune quaternaire de l'Europe, au lieu de rester aussi complète que celle de l'Inde ou de l'Afrique, et de conserver la plupart des espèces dont elle était d'abord formée, a été pour ainsi dire décimée. Ses principaux animaux ont été détruits par une ou plusieurs de ces grandes perturbations qui ont anéanti, à diverses reprises, tant d'autres espèces d'êtres organisés sur tant de points du globe. Sans la destruction de ses principales espèces, elle ne le céderait, ni pour la richesse, ni pour le nombre, aux faunes restées plus complètes, qui donnent aux deux parties du globe que nous venons de signaler, c'est-à-dire à l'Afrique et à l'Asie méridionale, une physionomie si animée et leur fournissent tant d'espèces redoutables. En Amérique et en Australie, des extinctions de mammifères gigantesques ont eu lieu comme en Europe, également depuis le commencement de la période quaternaire.

Ces données préliminaires établies, la question de la première apparition de l'homme en Europe devient beaucoup plus simple qu'on ne le supposerait d'abord. S'il y a vécu antérieurement aux animaux quaternaires, plus particulièrement durant l'époque où nos contrées nourris-

(*) Dent molaire supérieure.

saient encore des mastodontes, son existence a coïncidé avec les époques tertiaires supérieure ou moyenne, les mastodontes ayant cessé d'exister, en Europe du moins, avec la fin de cette période. Si c'est au contraire des éléphants de l'espèce dite *Elephas primigenius* et des autres animaux accompagnant cette espèce qu'il a été le contemporain, il remonte tout au plus aux premiers temps de la période quaternaire : mais, pour établir sa domination en Europe, il a dû combattre toutes les grandes espèces qui ont disparu postérieurement à l'époque diluvienne de cette même période; peut-être même est-il une des causes de leur extinction.

Les luttes qu'il soutient de nos jours, en Afrique et dans l'Inde, contre les éléphants, les rhinocéros, les lions, les panthères, les hyènes, etc., il les a donc soutenues autrefois, dans nos propres régions, contre des animaux analogues à ceux-là, mais qui sont regardés, par la plupart des naturalistes, comme ayant constitué des espèces différentes.

Toutefois, dans cette supposition, on doit admettre que l'extinction des mammifères propres à la période tertiaire, même de ceux qui caractérisent les derniers âges de cette période, s'est accomplie avant que l'homme existât [1].

Il était donc probable qu'on ne rencontrerait les premiers débris provenant de l'homme ou portant l'empreinte de son action, qu'avec les restes des animaux regardés comme contemporains des terrains d'époque quaternaire, plus particulièrement dans ceux de ces terrains qui sont diluviens, tels que les sédiments anciens des cavernes, les brèches ou le diluvium proprement dit.

Cuvier, il est vrai, avait combattu cette supposition; mais elle a été défendue depuis lui par beaucoup d'auteurs, et de nombreuses découvertes ont été successivement alléguées en sa faveur.

Quoique déjà informé de quelques-unes de ces découvertes, Cuvier a maintenu jusque dans ses dernières publications les propositions qu'il avait émises dans son *Discours sur les révolutions du globule*, et dans l'édition de ce discours qu'il a publiée en 1830, deux ans avant sa mort, il a même discuté l'opinion des géologues qui ont invoqué, en faveur de la contemporanéité de l'homme et des grandes espèces de l'époque quaternaire maintenant anéanties, les ossements d'homme recueillis dans des cavernes du midi de la France, soit à Bize (Aude), soit à Pondres (Gard).

Aux débris humains que l'on rencontre dans la caverne de Bize et dans diverses cavernes analogues situées en France ou dans d'autres parties de l'Europe centrale, en Belgique, en Angleterre, etc., sont associés des objets travaillés. Les uns, de pierre, représentent des couteaux ou des pointes de flèche; les autres, d'os, ont la forme de poinçons et d'autres formes appropriées aux usages auxquels on les employait.

---

1. Les données qu'on a publiées récemment pour démontrer que l'homme aurait existé dès l'époque tertiaire moyenne paraissent trop incertaines pour que nous nous y arrêtions.

La plupart de ces objets semblent avoir servi à la guerre, à la pêche, à la chasse ou à la préparation des peaux. Il y a aussi, avec eux, des coquillages appartenant au genre natice ou à d'autres genres marins. Ces coquillages, qui ont été percés de main humaine, ont sans doute servi à faire des colliers ou des couronnes tels qu'en font de nos jours certains peuples sauvages. Les uns viennent des mers d'Europe; d'autres ont été tirés de divers dépôts fossilifères de la France. D'ailleurs les hommes qui ont laissé ces débris vivaient sans doute à la manière des peuplades sauvages de l'époque actuelle, et leurs mœurs paraissent avoir été aussi bizarres que celles de ces dernières; dans quelques cas elles n'étaient pas moins féroces.

Un fait plus remarquable encore, c'est que les dépôts qui renferment leurs dépouilles sont, en beaucoup d'endroits, comme pétris d'ossements et de dents d'un animal qui n'habite plus actuellement que dans les régions les plus septentrionales du globe, « *in partibus aquilonis, versus polum arcticum et etiam in partibus Norwegiæ et Sueviæ* », comme le dit Albert le Grand. Cet animal est le renne (fig. 9), et, chose non moins singulière, ses os, qu'on trouve pêle-mêle avec ceux de ces anciens habitants de l'Europe centrale, sont partout brisés de la même manière. Ces brisures sont évidemment le fait de l'homme, qui a retiré la moelle des os de renne, ou utilisé certaines parties de ce ruminant comme le font encore les tribus de race hyperboréenne.

Aussi a-t-on pensé que les peuplades qui s'étendaient dans l'Europe centrale pendant que le renne l'habitait également, étaient du même rameau que celles qui vivent maintenant sous le cercle polaire, c'est-à-dire du rameau hyperboréen. On est également porté à admettre qu'avec elles existaient des hommes appartenant au rameau scythique ou touranien, particulièrement des Esthoniens ou Finnois. Ce qui est plus certain, c'est que les temps pendant lesquels ces premiers habitants de l'Europe ont occupé nos pays ont coïncidé avec un grand refroidissement survenu très-anciennement dans la température, refroidissement qui a eu pour conséquence l'extension des glaciers, et répond à l'époque glaciaire des géologues.

Beaucoup d'animaux qui, depuis, ont également été refoulés vers le Nord, s'étendaient alors jusque chez nous, et les débris qu'ils y ont laissés durant leur séjour sont une preuve nouvelle de la rigueur du climat européen à cette même époque; en même temps ils nous fournissent un exemple curieux des migrations que certaines espèces ont autrefois exécutées. On cite le bœuf musqué, le glouton, l'isatis, etc.

Cette époque glaciaire avait fait suite à celle qu'on a nommée diluvienne, et pendant laquelle, au contraire, la température était plus douce.

Ainsi que nous l'avons dit, beaucoup d'auteurs pensent que l'homme existait déjà en Europe pendant la formation des terrains diluviens, c'est-à-dire antérieurement à l'époque glaciaire dont il vient d'être question. Ils ont cité à l'appui de leur opinion la découverte, dans certains dépôts regardés comme diluviens, d'instruments de pierre, particulièrement de haches de silex taillé, retirées des graviers de plusieurs localités.

Ils ont aussi allégué en preuve certaines mâchoires de carnivores, appartenant à diverses espèces, telles que des hyènes, des grands felis

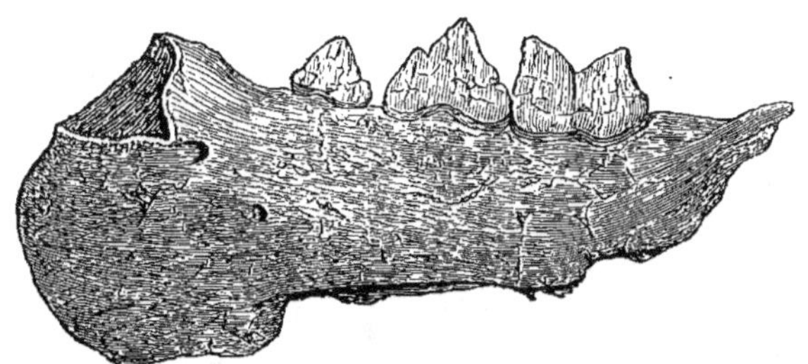

FIG. 230. — *Felis spelæa* (*Lion des cavernes*) (*).

(fig. 230), des ours gigantesques (fig. 231), etc., que l'homme paraît avoir taillées de sa main et que l'on retire du limon de différentes cavernes. Ils en ont conclu que c'étaient les trophées de chasse des premiers ha-

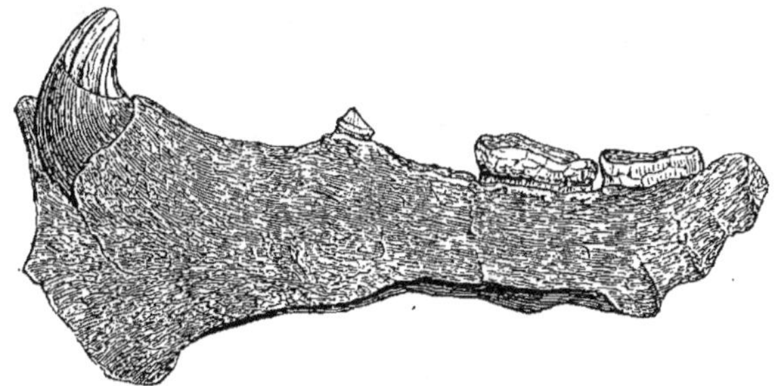

FIG. 231. — *Ursus spelæus* (**).

bitants de l'Europe. Il semble d'ailleurs certain que l'extinction de ces grandes espèces n'était pas encore accomplie lorsque la période glaciaire a commencé.

Parmi les naturalistes qui ont soutenu que la présence de l'homme dans nos contrées remonte à une antiquité aussi reculée, il faut citer Schmerling, médecin belge, qui avait fouillé avec un soin tout particulier les cavernes des environs de Liége, et trouvé dans les dépôts qui s'y sont accumulés un grand nombre d'anciens silex évidemment travaillés de main humaine.

Antérieurement, des remarques analogues avaient été faites en Angle-

(*) Mâchoire inférieure brisée par l'homme.
(**) Mâchoire inférieure brisée par l'homme.

terre, et déjà en 1774 on avait signalé des restes humains dans la caverne de Gaylenreuth, en Franconie (fig. 232), qui renferme aussi des
ossements de plusieurs espèces disparues.

FIG. 232. — Caverne à ossements de Gaylenreuth, en Franconie.

Les silex taillés par la main de l'homme se rencontrent dans un grand
nombre de localités, soit en Europe, soit sur d'autres continents, et par
endroits le nombre en est des plus considérables. En Angleterre, on
en avait observé dès la fin du dernier siècle, soit à Hoxne, en Suffolk,
soit dans Londres même, et une hache de cette substance, fort semblable à celles qu'on a recueillies depuis lors dans les environs d'Abbeville et d'Amiens (fig. 233 et 234 A), est conservée au musée de Londres
comme ayant été retirée des sables diluviens de cette ville avec des
os d'éléphant.

De nos jours, l'étude de ces instruments employés par les anciens
habitants de l'Europe a conduit à des résultats scientifiques fort curieux.
On est arrivé à se rendre compte des usages auxquels ils ont servi, et
même, dans certains cas, à en tirer des indications chronologiques d'une
grande importance.

RECHERCHES DES NATURALISTES. — J. de Christol et M. Émilien Dumas,
dans un travail publié en 1829, ainsi que MM. Boucher de Perthes et
Lartet, dont le premier a fait connaître les haches de silex taillé des

environs d'Abbeville (fig. 234, A), et le second les fossiles de la sépulture ancienne d'Aurignac (Haute-Garonne), sont au nombre des auteurs qui ont apporté le plus de faits nouveaux à l'appui de l'opinion que l'homme a habité l'Europe centrale dès l'époque que les géologues nomment époque diluvienne. Il faut également citer Marcel de Serres.

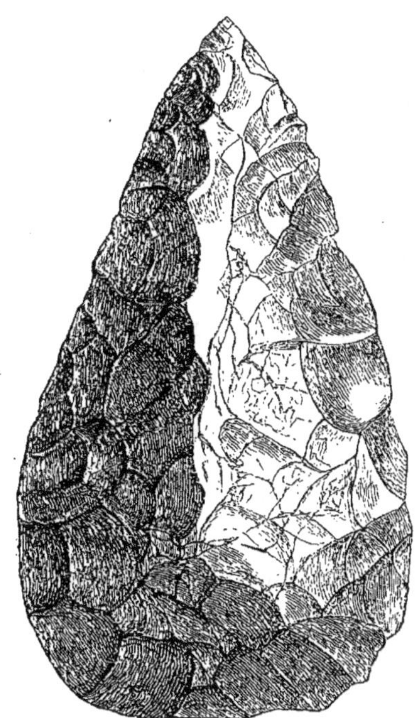

FIG. 233. — Haches de silex taillé (*).

L'interprétation donnée par ces savants ayant eu des contradicteurs, de nouvelles preuves pouvaient seules trancher la question. Il est reconnu, en effet, que certains mélanges postérieurs à l'époque diluvienne ont pu avoir lieu dans les cavernes, et que plusieurs des débris antéhistoriques qui ont été attribués à cette époque sont plutôt de l'époque du renne, ou même moins anciens encore.

Toutefois il est un fait certain, c'est que l'on a trouvé le grand ours (*Ursus spelæus*) et l'hyène fossile mêlés dans certaines grottes à des débris de l'homme ou de son industrie, ce qui prouve que ces deux grandes espèces de carnivores ont survécu à l'époque diluvienne proprement dite. Un dessin sur ivoire de l'*Elephas primigenius* a même été recueilli dans

(*) Cette forme est celle qu'on rencontre dans les dépôts diluviens dont il est ici question.

une des grottes du Périgord, mêlé à des ossements de renne brisés de main humaine, et il est difficile de ne pas y voir une preuve de l'exis-

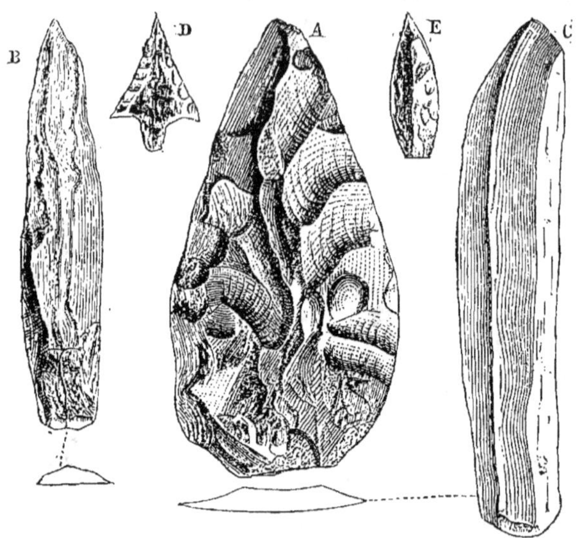

FIG. 234. — Instruments de silex taillé (*).

tence pendant l'époque glaciaire, concurremment avec l'homme [lui-même, de l'éléphant dont il vient d'être question. On sait d'ailleurs

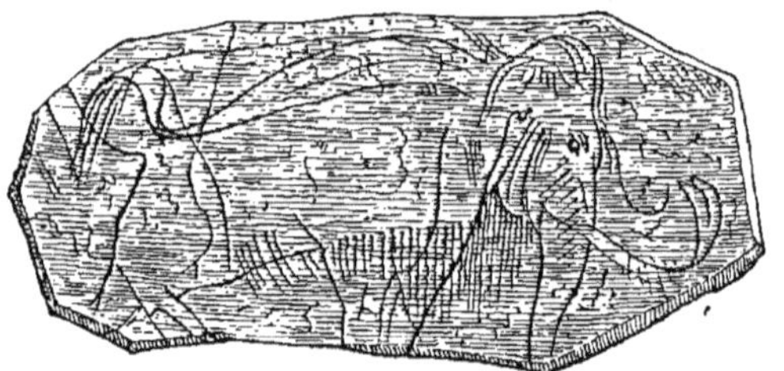

FIG. 235. — *Éléphant primitif* (**).

que cet éléphant avait le corps couvert de longs poils, et qu'il pouvait résister à des froids rigoureux. Le rhinocéros tichorhine était dans le même cas.

(*) *a*) hache de même forme que celle de la figure 233, recueillie à Moulin-Quignon, près d'Abbeville ; à moitié de la grandeur naturelle ; — *b*) forme dite en couteau ; de la grotte de Laroque, près de Ganges (Hérault) ; — *c*) autre forme en couteau ; d'un dolmen celtique du bois de Puéchabon (Hérault) ; — *d*) pointe de flèche, de forme triangulaire ; des habitations lacustres de l'Italie ; — *e*) autre pointe de flèche, en forme de feuille de laurier ; même gisement.

(**) Éléphant dessiné sur une plaque d'ivoire trouvée dans le Périgord.

Si, comme il est difficile de ne pas l'admettre, l'opinion que nous rappelons ici est fondée, la science aurait déjà retrouvé trois époques antéhistoriques pendant lesquelles l'homme a habité l'Europe, et ces trois époques présenteraient toutes trois ce caractère remarquable, que les principaux instruments dont notre espèce se servait alors étaient faits de pierre et d'os, ni le bronze ni le fer n'étant encore en usage.

La plus ancienne de ces époques, dont la caverne de Pondres, et d'autres cavités souterraines, au nombre desquelles M. Lartet croit devoir comprendre la sépulture d'Aurignac, citée plus haut, sont des exemples, serait contemporaine du diluvium des géologues [1]. Elle nous fournirait la preuve la plus ancienne de la coexistence en Europe de l'homme et de certaines grandes espèces qui ont été anéanties ultérieurement par l'extension des glaciers.

Les haches de pierre trouvées à Abbeville et à Saint-Acheul, près d'Amiens, et celles retirées des sables de beaucoup d'autres localités françaises et étrangères, sont regardées comme ayant la même antiquité.

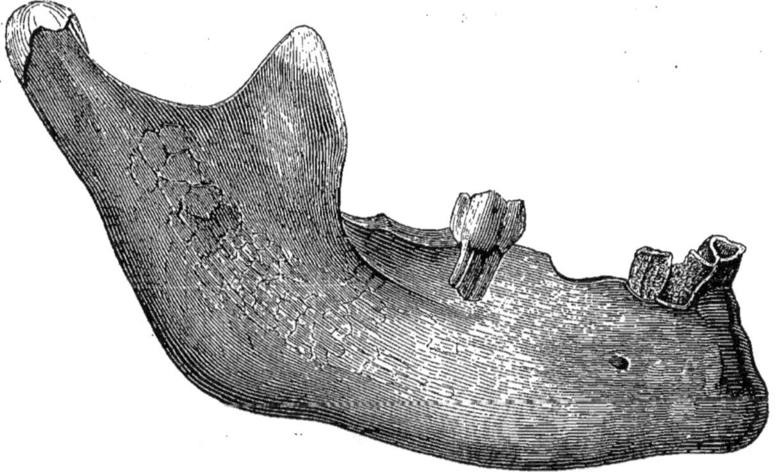

Fig. 236. — Mâchoire humaine (*).

Cependant plusieurs motifs tendent à faire douter que la mâchoire humaine (fig. 236) trouvée à Moulin-Quignon, près d'Abbeville, et dont il a été si souvent question, soit aussi ancienne qu'on l'avait cru d'abord.

La seconde époque antéhistorique répondrait à l'extension, dans nos

1. Quelques savants font même remonter l'existence de l'homme en Europe à une époque plus reculée encore ; ils invoquent à l'appui de cette manière de voir les ossements d'animaux supposés rayés de main humaine, et les silex également regardés comme taillés dans des conditions analogues que l'on trouve dans le diluvium ancien de Saint-Prest, localité située aux environs de Chartres. C'est toutefois un gisement qui semble rentrer aussi dans la série quaternaire.

(*) Trouvée à Moulin-Quignon, près d'Abbeville, par M. Boucher de Perthes.

contrées, du renne et de différents autres animaux maintenant refoulés dans les régions polaires. Les grottes de Bize et de Sallèles (Aude), ainsi que celles des Eyzies (Dordogne), sont les mieux explorées parmi celles qui ont reçu les sédiments au sein desquels les objets travaillés pendant ce second âge nous ont été conservés. Les grottes du Périgord sont surtout riches en antiquités de ce genre, et les instruments qu'on y trouve indiquent une culture intellectuelle déjà évidente.

Fig. 237. — Figure de *Renne* (*).

Des sculptures sur des os de renne, des gravures également sur os, sur ivoire ou sur pierre, représentant diverses espèces animales, faites avec un certain art et une sûreté de trait qui est vraiment remarquable,

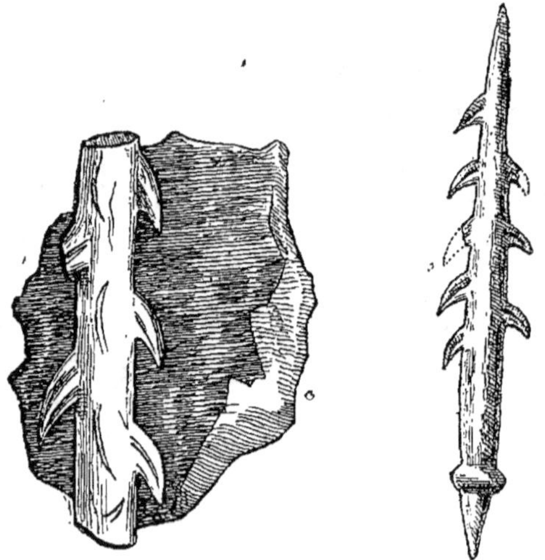

Fig. 238. — Pointes de flèche faites de bois de *Renne* (**).

des instruments très-variés et jusqu'à des aiguilles d'os, sont au nombre des objets qu'on y recueille. Mais sont-ce là des preuves de la haute ancienneté géologique que beaucoup d'auteurs ont attribuée à notre espèce? Évidemment non, puisque les couches à ossements de renne

(*) Sculptée sur un fragment de bois du même animal.
(**) Trouvées aux Eyzies (Dordogne). Celle de droite est implantée dans un os d'animal.

travaillés par l'homme sont postérieures au diluvium. La possibilité que les hommes dont ces gisements nous démontrent l'existence aient en partie appartenu au rameau touranien, particulièrement aux peuples finnois, est à cet égard une nouvelle cause de doutes. Des découvertes faites récemment aux Eyzies par MM. Christy, Lartet, de Vibraye, etc., et dans beaucoup d'autres lieux, sont favorables à cette interprétation.

Une troisième époque préhistorique, aussi caractérisée par l'usage d'objets de pierre, mais certainement postérieure à l'extinction des grandes espèces de carnivores et de pachydermes, est celle pendant laquelle ont eu lieu les dépôts, également riches en instruments divers, que l'on observe dans les lacs de la Franche-Comté, de la Suisse et de l'Italie, ainsi que dans certaines cavernes des départements de l'Ardèche, de l'Hérault, de l'Ariége, etc. Le nom d'époque des palafittes ou des habitations lacustres sur pilotis lui a souvent été donnée.

Les dépôts de ce troisième âge antéhistorique sont encore caractérisés par des instruments de pierre; mais ces instruments ne sont pas toujours aussi primitifs que ceux des deux âges précédents. On y remarque non-seulement des haches et des couteaux de pierre taillée, mais aussi des haches de pierre polie, semblables à celles dont les Celtes se servaient encore et qu'on retrouve sous les dolmens et dans les tumulus. Les pointes de flèche (fig. 234, D et E) y ont une plus grande perfection que celles des époques précédentes. Cette troisième période est la transition des âges réellement antéhistoriques à ceux dont l'homme a conservé le souvenir, et que l'histoire nous décrit[1]. Elle se confond en partie avec les temps où le bronze a commencé à être utilisé dans nos régions.

Le climat de l'Europe ainsi que sa population animale étaient dès lors devenus plus semblables à ce qu'ils sont restés de nos jours; mais d'immenses forêts couvraient la plus grande partie du sol, et par endroits s'étendaient des lacs ou de grands marécages. En différents lieux l'homme établissait ses habitations au-dessus des eaux; ailleurs il trouvait un refuge dans les cavernes ou à l'ombre des forêts.

Les palafittes, ou habitations sur pilotis, offraient aux anciennes peuplades une défense naturelle contre leurs ennemis, et en même temps un refuge contre les animaux sauvages, tels que les loups et les ours de l'espèce ordinaire, et quelques autres espèces moins redoutables, sans doute, que ne l'avaient été les grands carnivores diluviens, mais très-capables pourtant d'inquiéter les populations ou de nuire à leurs troupeaux.

Parmi les espèces alors plus répandues qu'elles ne le sont de nos jours, il faut également citer le castor, le sanglier, le cerf, etc., qui pullulaient en un grand nombre de lieux d'où les progrès de la civilisation et ceux de l'agriculture les ont successivement chassés. Il y avait aussi de grands bœufs, et parmi eux le bœuf primitif (*Bos primigenius*), dont la race a disparu depuis.

---

1. Les Océaniens et d'autres peuples chez lesquels la civilisation n'a pas pénétré en emploient encore de semblables.

Quelques auteurs ont pensé que ce grand bœuf a aussi vécu durant l'époque historique, et qu'il est le même que l'*urus* signalé dans les *Commentaires* de Jules César. Mais le nom d'urus paraît plutôt se rapporter à l'aurochs ou bonase, dont l'espèce n'est plus représentée que par quelques individus confinés dans les forêts de la Lithuanie et du gouvernement de Grodno, en Russie, ainsi que dans la région du Caucase. C'est un animal très-peu différent du bison de l'Amérique septentrionale.

Le *bos cervi figura*, dont parle le conquérant des Gaules, paraît bien être le renne, mais c'est sans doute du renne des régions hyperboréennes que César aura eu connaissance, car tout porte à admettre que de son temps cette espèce, que nous avons dit avoir été si commune dans l'Europe centrale pendant l'époque glaciaire, avait disparu de nos régions. On n'en trouve déjà plus de débris dans les dépôts de l'âge des palafittes ou habitations lacustres.

A cette époque des palafittes, l'homme était maître du cheval, comme il paraît l'avoir été déjà durant l'âge glaciaire. Il possédait en outre le bœuf, la chèvre, le mouton, le porc et le chien.

Les diverses tribus humaines alors établies en Europe ne vivaient pas seulement sur les lacs ; les grandes forêts leur servaient aussi d'habitation, et l'on retrouve également des ossements humains remontant à cette époque, ainsi que les débris d'une civilisation naissante, dans certaines cavernes. Celle du Pontil, près de Saint-Pons (Hérault), que j'ai fait fouiller, celles de la vallée de Tarascon (Ariége), explorées par M. Garrigou et par d'autres naturalistes, ont été remplies à cette époque : elles ont déjà fourni aux archéologues des découvertes intéressantes qui ne laissent aucun doute sur la similitude des objets qui y ont été enfouis avec ceux qu'on a recueillis dans les habitations lacustres de la Suisse, des Alpes françaises, de l'Italie et de plusieurs autres contrées.

C'est avec cette époque que s'est opérée l'extension en Occident des peuples originaires de l'Asie centrale, qu'on a désignés par le nom d'Aryas, et qui sont les premiers fondateurs de la civilisation européenne. Les débris préhistoriques dont nous venons de parler sont en effet les plus anciens témoignages que ces peuples aient laissés de leur présence en Europe.

Grâce à des débris de squelettes et à quelques crânes trouvés dans les anciennes stations humaines, on a pu étudier les caractères anatomiques des premiers habitants de nos contrées.

Dans certaines localités, leur tête a paru moins développée que celle des Européens actuels, et l'on cite comme étant particulièrement dans ce cas un des crânes (fig. 239) recueillis à Boreby, en Danemark, dans un tumulus qui renfermait aussi des instruments de silex. Mais si inférieurs qu'ils paraissent à ceux des hommes blancs des rameaux aryâ et araméen, ces anciens crânes ne sont pas plus dégradés que ceux de certaines peuplades actuelles, africaines, asiatiques ou australiennes, et il faut se rappeler ce que nous avons dit plus haut en parlant de l'âge du renne, que les Touraniens, auxquels appartiennent les Kalmouks, avaient précédé les Aryas en Europe. Une conformation non moins bizarre est celle des crânes trouvés à Neanderthal, près de Dusseldorf, et à Eguisheim, près de Colmar. Des squelettes humains remontant à une époque également ancienne ont été déterrés au Cro-Magnon, près des Eysies (Dordogne). Leur enfouissement paraît remonter à l'époque où le renne vivait dans l'Europe centrale.

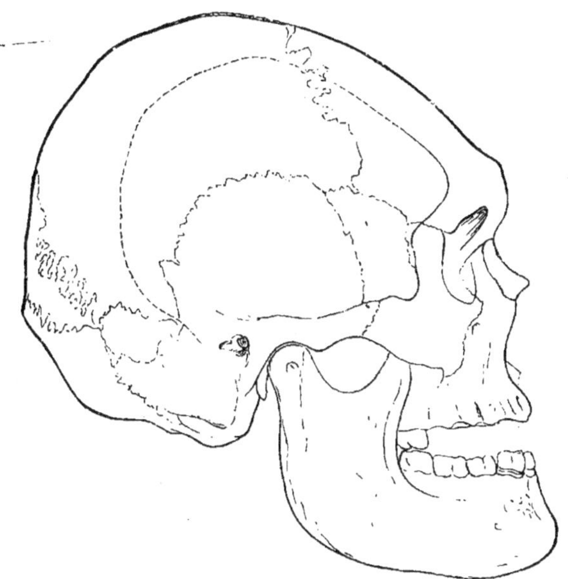

Fig. 239. — Crâne ancien trouvé à Boreby (Danemark).

D'autres observations non moins curieuses ont encore été faites au sujet des hommes qui ont habité l'Europe à ces époques reculées, et quelques découvertes analogues ont également eu lieu dans d'autres parties du monde.

Il résulte de ces recherches que la supposition émise avec tant de bruit par quelques auteurs, que les premiers hommes auraient eu de la ressemblance avec les singes par la petitesse de leur crâne et qu'ils en seraient une transformation due au temps, ne repose sur aucune donnée sérieuse ; elle ne souffre pas la discussion, et plusieurs de ses principaux défenseurs ont même commencé à l'abandonner.

Il y aurait un grand intérêt pour l'histoire, aussi bien que pour l'ethnographie, à pouvoir établir la chronologie comparative des premiers âges des sociétés européennes avec ceux des autres grands centres de l'antiquité, tels que l'Égypte, l'Assyrie, l'Inde ou la Chine, et à soumettre à une étude analogue les origines de ces derniers : mais la science est encore bien éloignée d'avoir réuni de semblables documents ; et comme l'histoire n'a pas recueilli, en ce qui concerne l'Europe, des souvenirs remontant au delà de dix-neuf ou vingt siècles avant l'ère actuelle, on comprend les difficultés d'une semblable comparaison.

CHAPITRE XXVI

SINGES ET LÉMURIENS.

Comme on l'a vu plus haut, ces animaux, que Linné appelait *Primates*, pour indiquer leur supériorité sur tous les autres, et qu'il réunissait dans un même ordre avec l'homme, ont, en général, une certaine ressemblance avec notre espèce dans la disposition de leurs organes, souvent aussi dans leur apparence extérieure. Quoique déjà très-inférieurs à nous, même sous ce rapport, les singes sont plus particulièrement dans ce cas.

Les Primates forment deux familles principales : les *Singes*, auxquels s'appliquent plus particulièrement les caractères que nous venons de rappeler, et les *Lémuriens*, dont les makis sont le genre le plus connu.

Blumenbach et Cuvier, qui ont établi un ordre à part pour l'homme, celui des bimanes, donnent aux primates animaux (singes et lémuriens) le nom de *quadrumanes*, qui rappelle la conformation ordinaire de leurs extrémités.

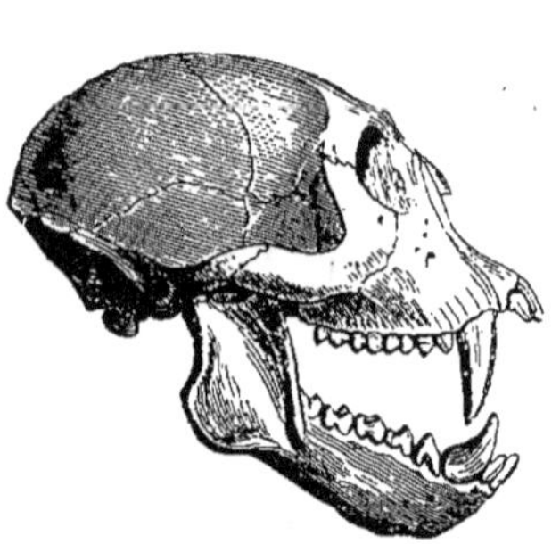

FIG. 240. — Crâne de *Guenon*.

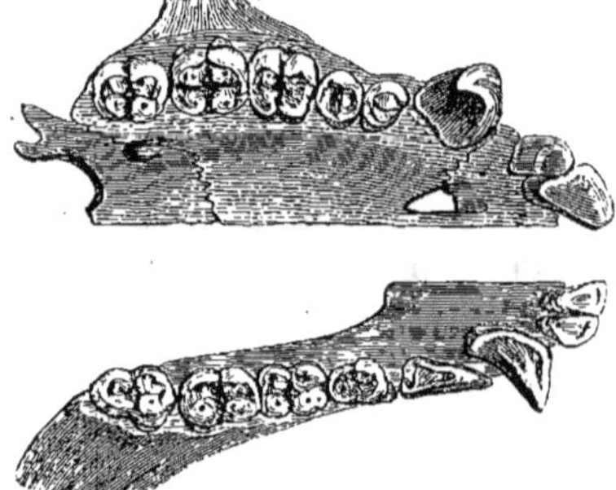

FIG. 241. — Dentition de *Guenon*.

Les SINGES, mammifères si nombreux en espèces et si curieux par la vivacité de leurs allures, ainsi que par la ressemblance, toujours bizarre, qu'ils ont avec notre espèce, sont répandus dans l'ancien continent ainsi que dans le nouveau ; mais leurs traits principaux sont différents pour chacune de ces deux grandes régions du globe.

Leurs mamelles sont constamment pectorales et au nombre de deux. La plupart ont les quatre pouces opposables aux autres doigts, ce qui a fait dire qu'ils étaient pourvus de quatre mains. Leurs pouces de der-

rière possèdent toujours ce caractère[1]. Leur dentition est appropriée
à un régime presque exclusivement frugivore, et ils ont une formule
dentaire analogue à la nôtre ou peu différente. Enfin, leur cerveau,
qui est presque constamment pourvu de circonvolutions, a, comme le
cerveau humain, ses lobes olfactifs plus petits que ceux des autres
animaux.

FIG. 242. — *Orang-outan* (mâle vieux).

1° Encore plus rapprochés de l'homme que ceux de l'Amérique, les
singes de l'ancien continent, ou les PITHÉCINS, ont, comme lui, les dents
au nombre de trente-deux et disposées suivant la même formule. Ils ont
la cloison qui sépare les narines étroite ; leurs fesses sont le plus souvent
garnies de plaques épidermiques recouvrant les tubérosités ischiatiques,
et nommées *callosités* ; leur queue, qui n'est jamais prenante, est parfois
courte ou tout à fait nulle à l'extérieur. Dans ces cas, on ne trouve sous
la peau qu'un coccyx rudimentaire, comme cela existe aussi dans notre
espèce.

Les singes connus sous les noms d'orang, de chimpanzé et de gorille,

1. Page 249, fig. 192.

sont plus grands que les autres, et le gorille dépasse lui-même ceux des deux premiers genres en dimensions. Ce sont des animaux fort intelligents, mais qui deviennent farouches avec l'âge, et comme leur force est alors très-grande, ils sont extrêmement redoutables. Les gibbons appartiennent au même groupe qu'eux, mais ils restent moins grands et leur caractère conserve plus de douceur; ils habitent quelques parties de l'Inde ainsi que certaines îles de la même région.

Ces premiers singes sont souvent appelés anthropomorphes, à cause de la ressemblance qu'ils ont avec l'homme. A leur tête se place l'*orang-outan* (fig. 242 à 245), qui vit à Sumatra et à Bornéo, où il se tient de préférence sur les arbres, dans les endroits marécageux.

Fig. 243. — *Orang-outan* (femelle et son petit).

Comme l'orang-outan est essentiellement un singe arboricole, ses membres antérieurs sont plus longs que ceux de derrière. Son corps est trapu et il a le ventre gros. C'est un animal frugivore. Lorsqu'il chemine au milieu des forêts et qu'il a à franchir de longs espaces dépourvus d'arbres, il est embarrassé et comme chancelant dans sa démarche. Sa station est inclinée, au lieu d'être droite comme celle de l'homme. Il en est d'ailleurs ainsi des espèces dont nous parlerons ensuite, et c'est à tort qu'on représente ces animaux debout comme des hommes. Ils n'ont quelque aplomb qu'en appuyant sur les membres antérieurs en même temps que sur ceux de derrière, et alors c'est la face dorsale des doigts qu'ils font poser sur le sol, leurs mains antérieures se repliant comme des crochets.

Parmi les orangs qu'a possédés la ménagerie de Paris, un de ceux qui ont fait le plus d'impression sur le public y a vécu en 1836 (fig. 244). Il était jeune et provenait de Sumatra ; il avait été pris à sa mère.

FIG. 244. — *Orang-outan* (jeune).

Remarquable par sa douceur et par un mélange de manières à la fois gauches et intelligentes, selon que les actes qu'on lui faisait accomplir étaient plus ou moins en rapport avec la nature de son organisation, ce singe aimait beaucoup à jouer, surtout avec les enfants. Il vivait en quelque sorte avec la famille de son gardien, suivait le régime du petit ménage auquel on l'avait confié, et recevait tour à tour les réprimandes ou les caresses de son tuteur, selon qu'il s'était bien ou mal conduit. Jouait-il avec brusquerie, avait-il été gourmand, essayait-il de briser les vitres de son logement ou de mordiller, comme le fait un jeune chien, les personnes qui le visitaient, une correction en rapport avec la gravité de sa faute lui était administrée, et il la recevait, sinon de bonne grâce, du moins avec résignation, cachant sa figure dans ses mains lorsqu'on le menaçait, et, quoiqu'il fût peu douillet, versant parfois des larmes s'il avait fallu en arriver aux coups. Il grimpait avec facilité à la corde disposée auprès de lui, et eût pu répéter un bon nombre des exercices d'un programme de gymnastique. En s'asseyant, il croisait ses jambes, et, son gros ventre aidant, il rappelait assez bien, dans cette posture, les petites figurines chinoises auxquelles nous donnons le nom de magots. Lorsqu'il mangeait, il le faisait assez proprement, et, suivant la nature des aliments, il se servait de la cuiller ou de la fourchette. Ici, comme dans tous ses actes, on reconnaissait des preuves de son intelligence. Nous n'en citerons qu'une seule. Un jour qu'on lui avait donné pour déjeuner de la salade que sans doute il trouvait trop vinaigrée, l'idée lui vint d'en ôter l'assaisonnement en la frottant sur les poils de son bras; mais ce moyen ayant été infructueux, il prit les feuilles de la salade et les pressa, pour les éponger, entre les plis d'une couverture qui lui servait de tapis. Cet animal était curieux et gourmand, mais les nombreuses corrections que lui avait administrées son gardien n'avaient pas tardé à lui apprendre qu'il devait avoir un peu plus de réserve; aussi avait-il soin d'exécuter ses petits coups lorsqu'on ne faisait pas attention à lui. Il ne pouvait rester seul. Le voisinage d'un chien rendait d'abord son isolement moins triste; mais il ne tardait pas à s'en fatiguer; il lui fallait de la société humaine, et quoiqu'il affectionnât plus particulièrement un petit nombre de personnes de son entourage, il se liait néanmoins fort aisément avec tout le monde.

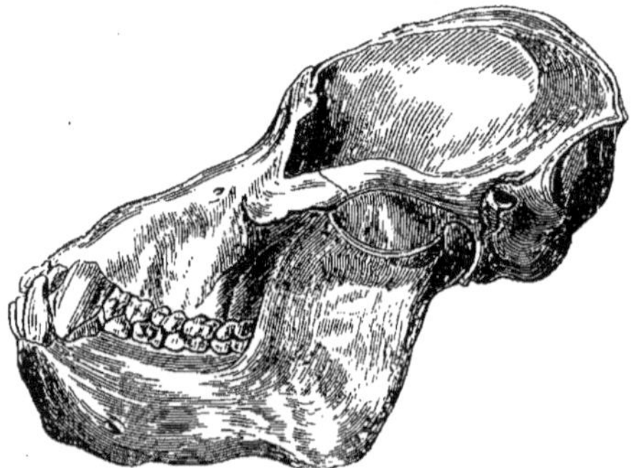

Les savants ne sont pas d'accord si le premier rang parmi les singes anthropomorphes doit être accordé au chimpanzé ou à l'orang. Cependant, à en juger par la conformation du cerveau (fig. 160), il semble que celui-ci doive l'emporter; et en effet on le regarde généralement comme étant le plus intelligent des deux.

Le *Chimpanzé* (fig. 246) habite la côte occidentale d'Afrique. Ses proportions sont moins différentes de celles de l'homme, mais il ne se tient pas non plus debout dans la marche. Au lieu de posséder la station droite qui caractérise l'espèce humaine, il a le corps incliné, et, lorsqu'il avance, il est obligé de s'appuyer sur ses membres de devant, ce qui lui donne beaucoup de ressemblance avec les animaux quadrupèdes.

FIG. 246. — *Chimpanzé* (jeune).

On a vu plusieurs chimpanzés en Europe : tous étaient jeunes. Les adultes de cette espèce, comme ceux des deux autres, orang-outan et gorille, ne supportent pas la captivité; et si, après s'en être emparé au moyen de quelque piége, on leur donnait au milieu de nos habitations

la liberté dont peuvent jouir sans inconvénient les petits singes américains, ce seraient des animaux extrêmement redoutables, à la brutalité
et à la force prodigieuse desquels rien ne résisterait.

Buffon a observé un chimpanzé en vie ; mais les détails qu'il a publiés
à son égard ne sont pas tous d'une complète exactitude, et la figure
qu'il en a publiée laisse beaucoup à désirer. Il l'appelle orang-outan,
parce qu'il le confond avec ce dernier et même avec le gorille.

« L'orang-outan que j'ai vu marchait, dit-il, toujours debout, sur ses
deux pieds, même en portant des choses assez lourdes. Son air était
assez triste, sa démarche grave, ses mouvements mesurés, son naturel
doux et très-différent de celui des autres singes ; il n'avait ni l'impatience
du magot, ni la méchanceté du babouin, ni l'extravagance des guenons.
Il avait, dira-t-on, été instruit et bien appris ; mais les autres que je
viens de lui comparer avaient eu de même leur éducation. Le signe et
la parole suffisaient pour faire agir notre orang-outan ; il fallait le bâton
pour le babouin et le fouet pour les autres, qui n'obéissent guère qu'à
force de coups. J'ai vu cet animal présenter sa main pour reconduire
les gens qui venaient le visiter, se promener gravement avec eux et
comme de compagnie. Je l'ai vu s'asseoir à table, déployer sa serviette,
s'en essuyer les lèvres ; se servir de la cuiller et de la fourchette pour
porter à sa bouche ; verser lui-même sa boisson dans un verre, le choquer
lorsqu'il y était invité ; aller prendre une tasse et une soucoupe, l'apporter sur la table, y mettre du sucre, y verser du thé, le laisser refroidir
pour le boire, et tout cela sans autre instigation que les signes ou la
parole de son maître et souvent de lui-même. Il ne faisait de mal à personne, s'approchait même avec circonspection, et se présentait comme
pour demander des conseils.... Il ne vécut à Paris qu'un été et mourut
l'hiver suivant à Londres. Il mangeait presque de tout ; seulement il
préférait les fruits mûrs et secs à tous les aliments ; il buvait du vin,
mais en petite quantité, et le laissait volontiers pour du lait, du thé et
d'autres liqueurs douces. »

Antérieurement, l'anatomiste anglais Tyson avait aussi étudié un
jeune chimpanzé, et il en a laissé une description publiée en 1669.
La même espèce a été revue de nos jours, et la figure ci-contre est celle
de l'un des exemplaires qui ont vécu à Paris.

Broderip a parlé, il y a un certain nombre d'années, d'un des chimpanzés qu'on a conduits à Londres.

« Dès qu'il fut un peu familier avec moi, je lui montrai un jour, en
jouant, dit ce naturaliste, un miroir, et je le mis tout à coup sous ses yeux.
Aussitôt il fixa son attention sur ce nouvel objet et passa subitement
de la plus grande activité à une immobilité complète. Il examinait le
miroir avec curiosité et paraissait frappé d'étonnement. Ensuite il me
regarda ; puis il porta de nouveau ses yeux sur le miroir, passa par derrière, revint par devant, et, pendant qu'il regardait toujours son image,
il cherchait, à l'aide de ses mains, à s'assurer qu'il n'y avait rien derrière
le miroir ; enfin il appliqua ses lèvres sur la surface de celui-ci. Un

sauvage, d'après les récits des voyageurs, ne fait pas autrement dans la même circonstance. »

Le *gorille* (fig. 247 et 248) appartient aux mêmes régions que le chimpanzé, particulièrement aux forêts du Gabon. Il a des dimensions supérieures à celles de l'homme.

Fig. 247. — *Gorille* et son petit.

Ce singe, distingué du chimpanzé par les premiers voyageurs qui ont visité la côte occidentale d'Afrique, a été longtemps confondu avec lui par les naturalistes plus récents. Il en diffère cependant par des caractères importants, les uns extérieurs, les autres profonds, que fournissent le cerveau, les dents, le squelette et diverses autres parties.

Avec l'âge, il devient d'une force prodigieuse, et ses épaules acquièrent une grande largeur. Il a les oreilles moins grandes que le chimpanzé; son museau est plus saillant, et il a aussi les arcades sourcilières plus prononcées. Par sa couleur, il ressemble, au contraire, au chimpanzé; mais ses mœurs sont bien différentes et il est beaucoup plus redouté. Des observations ont été recueillies à son sujet par des voyageurs

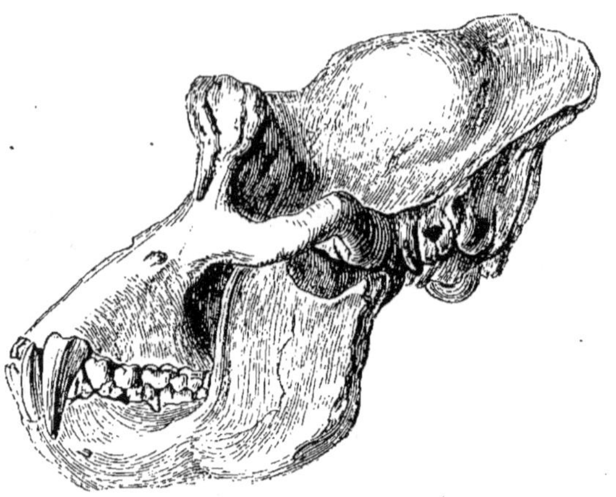

Fig. 248. — Crâne de *Gorille* (mâle vieux).

contemporains. Dans plusieurs musées, on en possède aussi des peaux, des crânes, des squelettes même, qui ont permis de se faire une idée exacte des principales particularités anatomiques qui le distinguent. Certains individus, constituant une race à part, ont le crâne plus long que les autres et sont comme dolichocéphales.

Les *gibbons* changent peu avec l'âge et leur naturel reste doux, ce qui établit une grande différence entre eux et les trois genres de grands singes dont nous venons de parler; mais leur intelligence est moins développée que la leur. On en distingue plusieurs espèces.

Une d'elles, le siamang, est commune dans les forêts de Sumatra et va par troupes nombreuses conduites par un chef que les Malais croient invulnérable, sans doute parce qu'il est plus fort, plus agile et plus difficile à atteindre. Ainsi réunis, les siamangs saluent le soleil à son lever et à son coucher par des cris épouvantables, qu'on entend de fort loin, et qui, de près, étourdissent lorsqu'ils ne causent pas de l'effroi. C'est le réveille-matin des Malais montagnards, et, pour les citadins qui vont à la campagne, une des plus insupportables contrariétés.

Par compensation, les singes de cette espèce gardent un profond silence pendant la journée, à moins qu'on n'interrompe leur repos ou leur sommeil. Ils sont lents, manquent d'assurance quand ils grimpent et d'adresse lorsqu'ils sautent; mais la nature, en les privant des moyens de se soustraire promptement au danger, leur a donné une vigilance qu'on met rarement en défaut; et s'ils entendent, même de fort loin, un bruit qui leur soit inconnu, la peur les saisit aussitôt, et ils fuient. On

voit bien que ces animaux ne sont pas faits pour combattre; car alors
même ils ne savent éviter aucun coup et n'en peuvent porter un seul.
Quelque nombreuse que soit une troupe, celui qu'on blesse est abandonné par les autres, à moins que ce ne soit un jeune individu; sa mère,
qui le porte ou le suit de près, s'arrête alors, tombe avec lui et pousse
des cris affreux. Cet amour maternel ne se montre pas seulement dans

FIG. 249. — *Gibbon cendré.*

le danger; les soins que les femelles prennent de leurs petits sont si
tendres, qu'on ne peut les attribuer qu'à un sentiment raisonné. C'est,
au rapport du voyageur français Duvaucel, auquel ce récit est emprunté,
un spectacle curieux dont, à force de précaution, il put jouir quelquefois, que celui de voir ces femelles porter leurs petits à la rivière, les
débarbouiller malgré leurs plaintes, les essuyer, les sécher, et donner à
leur propreté un temps et des soins que, dans bien des cas, nos enfants
pourraient envier.

D'autres gibbons sont d'une agilité surprenante, et grimpent rapidement au sommet des arbres; ils y saisissent la branche la plus flexible,

se balancent deux ou trois fois pour prendre leur élan, et franchissent ainsi, à diverses reprises, sans effort comme sans fatigue, des espaces de dix à douze mètres.

En captivité, ils sont doux et l'on peut leur laisser une grande liberté. On en montrait un, il y a quelques années, dans un café de Paris. Il n'était point attaché, et plus d'un visiteur se rappelle l'avoir vu s'approcher de lui, partager sa consommation et donner des preuves d'une familiarité rare chez les singes de l'ancien continent. Celui dont nous donnons la figure sous le n° 249 est de l'espèce dite gibbon cendré. Il a vécu au Muséum de Paris.

Fig. 250. — *Cynocéphales papions.*

Les autres singes de l'ancien continent sont les cynocéphales (fig. 250), les macaques, les semnopithèques et les guenons (fig. 251), animaux qui se voient dans presque toutes les ménageries, principalement les macaques et les guenons ou cercopithèques. Ils sont originaires de l'Afrique ou de l'Inde.

Les cynocéphales appartiennent presque tous à l'Afrique; les guenons sont toutes du même continent. Les semnopithèques et les macaques, au contraire, vivent, à quelques exceptions près, dans l'Asie méridionale. On trouve des macaques jusqu'au Japon (*Macacus speciosus*).

Les premiers de ces animaux ont encore la queue courte ou même à peu près nulle extérieurement. Tous ont des callosités, caractère que présentent déjà les gibbons, mais qui manque aux trois premiers genres de cette tribu. Ils ont aussi des abajoues.

Les cynocéphales méritent une mention particulière. Ils sont de plusieurs espèces et semblent devoir être classés immédiatement après les anthropomorphes. Ce sont des animaux fort intelligents, mais qui deviennent de même méchants et farouches lorsqu'ils vieillissent. Ils ont des habitudes grossières et qui justifient bien le nom de singes-cochons par lequel on les désigne souvent, à cause du prolongement en groin de leur face et du grognement qu'ils font entendre.

Fig. 251. — *Colobe guéréza* et *Guenons.*

Un des plus singuliers est le tartarin ou hamadryas, dont les anciens Égyptiens avaient fait une divinité et qu'on trouve souvent représenté sur leurs monuments avec le papion, qui est aussi une espèce du même genre.

Les colobes (fig. 251) sont des singes africains fort semblables aux semnopithèques de l'Inde, et qu'on pourrait placer dans le même genre qu'eux, s'ils n'avaient les mains antérieures dépourvues de pouces (fig. 252).

Fig. 252. — Main antérieure de *Colobe*.

Les mangabeys, qui tiennent aux macaques par certains caractères et par d'autres aux guenons, sont aussi des animaux d'Afrique.

L'Europe ne possède actuellement qu'une seule espèce de singes, le magot (fig. 259) (*Macacus inuus*), qui est de la tribu des macaques. Le magot est confiné dans les parties de l'Espagne les plus rapprochées de la côte africaine; on en voit particulièrement à Gibraltar.

De Blainville a démontré que c'est en partie à l'aide de dissections faites sur ce singe qu'a été rédigée l'anatomie de

Fig. 253. — *Magots* (de l'Algérie).

Galien, anatomie qui a passé jusqu'aux travaux de Vesale pour être celle de l'homme.

Le magot est répandu au Maroc et en Algérie. Il y en a des troupes non loin d'Alger, dans les gorges de la Chiffa. On en voit plus fréquemment en Kabylie. Cette espèce est étrangère à la région du Nil et au reste du continent africain.

Le caractère des cynocéphales change avec l'âge comme celui des premiers singes; ils deviennent méchants en grandissant, et il est alors difficile de leur laisser quelque liberté. Concurremment leur physionomie se modifie. Tandis que leur museau s'allonge, la portion cérébrale de leur tête cesse de s'accroître, et le rapport de ces deux parties change d'une manière notable (fig. 254). Aussi ne peut-on tirer de leur angle facial que des indications incertaines, et ce caractère a été abandonné par les naturalistes. C'est pour lui avoir accordé une valeur exagérée qu'on a d'abord attribué des têtes d'orangs, les unes provenant de jeunes sujets, les autres de sujets adultes, à des animaux de deux genres diffé-

FIG. 254. — Crâne de *Cynocéphale* (vieux).

rents, ce qui a fait décrire les premiers sous le nom d'orangs-outans, tandis qu'on a donné aux seconds la dénomination générique de pongos.

Les macaques, les guenons et les semnopithèques ne subissent sous ce rapport que de moindres changements; aussi leur naturel ne se modifie-t-il pas d'une manière aussi profonde.

Il a existé en Europe plusieurs espèces de singes pendant la période tertiaire; on en connaît particulièrement en France et en Grèce. L'examen attentif de leurs caractères a montré qu'ils rentraient dans la même division que les singes actuellement propres à l'ancien continent. Ces singes fossiles ont vécu pendant les époques tertiaire moyenne et tertiaire supérieure.

2° Les singes du nouveau continent (CÉBINS ou sapajous) ont tantôt 36 (fig. 53), tantôt 32 dents (fig. 54 et 55); mais dans tous les cas ils ont 24 dents de lait et non 20, comme l'enfant et les jeunes des singes de la tribu qui précède.

Leur queue est souvent prenante, et ils manquent toujours de callosités. Il faut également ajouter que leurs narines sont séparées par une large cloison, tandis que la cloison internasale des pithécins est étroite et rappelle celle de l'homme.

Ces animaux sont plus petits que les singes de l'ancien continent ; ils ont aussi des mœurs plus douces : c'est pourquoi la plupart peuvent être tenus sans inconvénient dans les habitations ; il est même possible de leur laisser une liberté dont les singes de la première tribu ne tarderaient pas à abuser.

On a partagé les cébins, ou singes d'Amérique, en plusieurs genres, dont les principaux sont ceux des hurleurs, des ériodes, des atèles, des sajous, des sagouins, des nyctipithèques, des sakis, des saïmiris et des ouistitis.

Les hurleurs sont remarquables par l'étendue de leur voix ; le corps de leur os hyoïde est excavé en tambour.

Fig. 255. — *Atèles*.

Les atèles (fig. 255) et les ériodes n'ont que des rudiments de pouces antérieurs ; leurs proportions sont grêles et élancées. Ce sont des animaux très-doux et qui ont 'es allures singulières. On les appelle quelquefois singes-araignées.

Les ouistitis (fig. 256, 257) sont de petite taille, et leur apparence extérieure rappelle celle des écureuils. La dentition de ces singes ne com-

FIG. 256. — *Ouistiti.*

porte que 32 dents (fig. 54 et 55); mais la formule en est différente de celle des espèces de l'ancien continent en ce qui concerne le nombre des fausses molaires, et leurs dents de lait sont aussi les mêmes que chez les autres cébins. Leurs ongles ont la forme de griffes, et leurs pouces antérieurs ne sont plus opposables (fig. 257).

C'est à des animaux de la même tribu, c'est-à-dire à des cébins, qu'appartiennent les débris fossiles des singes qu'on a recueillis en Amérique. Ce fait de géographie zoologique est des plus importants à noter, car il montre que certains groupes naturels sont soumis à une répartition régulière.

Les LÉMURIENS, dont les makis constituent le principal genre, ont le museau plus allongé que les singes et assez comparable à celui des renards (fig. 258). L'ongle de leur deuxième orteil est habituellement

FIG. 257. — Main de devant de l'*Ouistiti.*

subulé, c'est-à-dire allongé, et plutôt comparable à la griffe d'un carnivore qu'aux ongles aplatis qui garnissent les autres doigts de ces animaux ou ceux des singes ou de l'homme. Les lémuriens vivent de fruits et d'insectes comme le font aussi les singes véritables.

On les trouve principalement à Madagascar, où ils sont de plusieurs genres, formant deux tribus principales : les makis (genre *Lemur*) et les indris. Les makis (fig. 258 et 259) sont très-agiles. Ils vivent par troupes;

FIG. 258. — *Maki.*

leur voix est une sorte de petit grognement. Il y en a de plusieurs espèces, dont quelques-unes sont plus petites que les autres, ou offrent

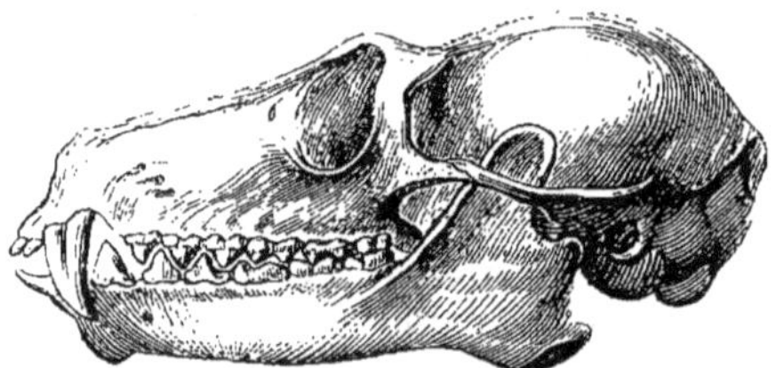

FIG. 259. — Crâne et dentition de *Maki.*

certaines particularités dans la dentition et dans la forme du crâne, ce qui les a même fait regarder comme constituant des genres à part.

Les indris proprement dits ont la queue très-courte; leur corps est plus élancé que celui des makis et leurs jambes de derrière sont fort longues. Les Malgaches les recherchent à cause de leur éducabilité.

Les galagos, et les pottos ou pérodictiques, sont deux genres de lémuriens propres à l'Afrique. Les premiers se tiennent de préférence dans les grandes forêts de gommiers.

Les loris et les tarsiers vivent dans l'Inde et dans quelques-unes de ses îles. Ce sont aussi des animaux de la famille des lémuriens.

On a rapproché de la même division deux genres fort bizarres, mais chez lesquels les caractères principaux du groupe des quadrumanes sont déjà sensiblement altérés. Chacun d'eux constitue une famille à part. L'un est le genre cheiromys, particulier à Madagascar. Sa dentition rappelle celle des rongeurs, et il a de même, dans l'âge adulte, une barre à la place occupée par les canines des autres quadrumanes (fig. 260). L'autre est celui des galéopithèques, qu'on ne rencontre que dans l'archipel indien. Les galéopithèques ont les quatre membres, ainsi que la queue, compris dans une membrane qui leur sert à voltiger. Ils n'ont pas les pouces opposables. Il paraît plus convenable de les ranger parmi les insectivores que dans l'ordre des primates.

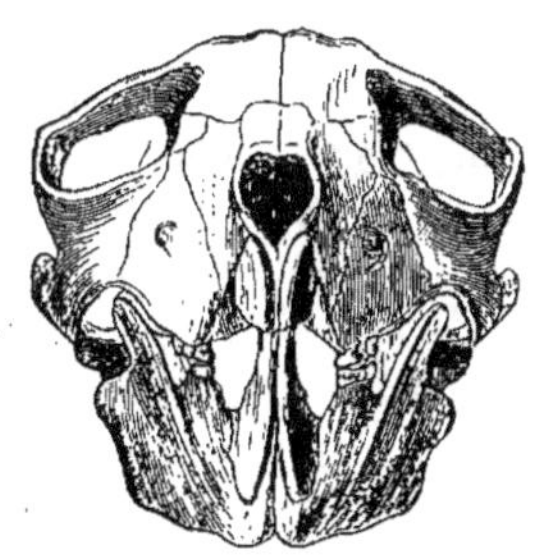

Fig. 260. — Crâne de *Cheiromys*.

GÉOGRAPHIE ZOOLOGIQUE. — Il est remarquable que les singes, qui sont les plus parfaits des mammifères, soient soumis, sous le rapport de leur répartition géographique, à des règles aussi précises, et que leurs espèces propres à l'ancien continent diffèrent de celles de l'Amérique par des caractères justifiant la distinction parmi eux de groupes d'une valeur supérieure à celle des genres, c'est-à-dire de tribus ou sous-familles, qui répondent à chacune de ces deux grandes parties du monde.

Ainsi que nous le verrons, d'autres familles ou tribus de la même classe sont aussi dans ce cas. Les véritables makis et les indris ne vivent qu'à Madagascar, pays singulier par ses productions zoologiques, et qui, bien que voisin de l'Afrique, ne possède aucune espèce de singes. Les roussettes sont des chéiroptères communs à l'ancien continent et à la Nouvelle-Hollande, mais il n'y en a pas en Amérique; c'est au contraire sur ce continent que vivent les différents genres de chauves-souris qui composent la famille des phyllostomidés. Les paresseux, les tatous et les fourmiliers ne se rencontrent qu'en Amérique; mais les mangoustes, les civettes et genres analogues, les éléphants, les rhinocéros [1], les pangolins, etc., n'ont de représentants qu'en Afrique et dans l'Asie méridionale. Les marsupiaux australiens possèdent aussi des caractères propres, qui ne

---

1. Il y a cependant eu des éléphants en Amérique pendant l'époque quaternaire, et, à une époque plus reculée encore, des rhinocéros ont vécu sur ce continent.

permettent pas de les réunir dans une même famille avec les sarigues ou marsupiaux d'Amérique, et c'est uniquement à la Nouvelle-Hollande que vivent les monotrèmes, c'est-à-dire l'ornithorhynque et l'échidné.

On constate au contraire que certaines autres familles font simultanément partie de la population animale du nouveau continent et de celle de l'Asie, de l'Afrique ou de l'Europe; quelques-unes, appartenant aux chéiroptères et aux rongeurs, ont même des représentants sur tous les points du globe et peuvent être regardées comme cosmopolites. Il est vrai que pour chaque grande circonscription géographique, ces espèces sont différentes, et qu'elles sont associées à des genres, parfois même à des tribus ou à des familles exclusivement propres à chacune de ces circonscriptions.

C'est là ce qui a fait dire qu'il y a des centres ou plutôt des aires de population distinctes les unes des autres, et l'on constate que les espèces qui leur sont propres sont d'autant plus différentes entre elles par leurs caractères, que la distance ou les obstacles naturels qui séparent ces aires d'habitat sont à leur tour plus considérables ou plus anciens.

Nous trouverions des différences plus grandes encore, si nous comparions les mammifères marins aux espèces terrestres, soit continentales, soit insulaires, dont il vient d'être question.

Des exemples analogues, mais qui n'ont pas toujours le même caractère d'évidence, sont fournis par les autres classes d'animaux, qu'on envisage leurs espèces propres aux continents et aux îles qui dépendent de ces continents, ou celles qui sont particulières aux grandes régions maritimes.

L'examen de ces faits et les conséquences curieuses que l'on en tire forment une branche de l'histoire naturelle des animaux, à laquelle on a donné le nom de *géographie zoologique*. Une semblable étude, faite à propos des plantes, constitue la *géographie botanique*. L'une et l'autre doivent être complétées par une comparaison des espèces actuellement existantes dans chacune des grandes régions du globe avec celles qui y ont vécu durant les différentes époques géologiques.

CHAPITRE XXVII

CHÉIROPTÈRES. — INSECTIVORES. — RONGEURS.

ORDRE DES CHÉIROPTÈRES.—On désigne plus communément ces animaux par le nom de chauves-souris. Ils sont en général de petite dimension; cependant quelques-unes de leurs espèces deviennent assez grandes, et l'on trouve dans l'archipel indien des chéiroptères qui ont plus d'un mètre d'envergure. Ces grandes chauves-souris appartiennent à la famille des roussettes; on mange leur chair.

Le caractère principal des mammifères de cet ordre réside dans leurs membres de devant, qui sont transformés en ailes par l'allongement des os qui les constituent, et dans la présence entre leurs doigts antérieurs d'une membrane qui s'étend aussi sur les flancs, et le plus souvent jusqu'à la queue et aux jambes, qu'elle embrasse. Il en résulte qu'ils sont pourvus non-seulement d'un parachute comparable à celui des galéopithèques, des écureuils volants ou des pétauristes, mais de véritables ailes à l'aide desquelles ils peuvent s'élever dans les airs et s'y mouvoir aussi aisément que le font les oiseaux avec les leurs. Ajoutons à ce caractère la position pectorale des mamelles, et une certaine ressemblance dans d'autres organes avec ce qu'on voit chez les derniers quadrumanes.

Les chéiroptères se nourrissent pour la plupart d'insectes, qu'ils prennent au vol, et sous ce rapport ce sont des animaux utiles à l'agriculture ; quelques-uns seulement vivent de fruits. Ceux-ci sont étrangers à nos pays : ce sont les roussettes et certains genres de la famille américaine des phyllostomes ou vampires, auxquels on donne le nom de sténodermes.

Presque tous ces animaux ont le cerveau lisse et ils ont peu d'intelligence.

Nous avons en Europe plusieurs espèces de cet ordre, une quinzaine environ, appartenant à différents genres, dont le plus facile à reconnaître est celui des rhinolophes (fig. 119), qui possèdent une feuille nasale. Les autres sont les sérotines, les barbastelles, les noctules, les pipistrelles, les oreillards (fig. 206), les myotis, dont on distingue plusieurs espèces, etc.

Le nombre des espèces de chéiroptères qui existent dans les autres parties du monde dépasse trois cents. On en connaît jusque dans certaines îles de l'Océanie, qui ne possèdent aucune autre sorte de mammifère.

FIG. 261. — *Glossophage.*

Plusieurs genres de chéiroptères américains sucent le sang de l'homme et celui des animaux ; ce sont ceux qu'on désigne souvent par le nom de vampires (fig. 197). Les artibées, les anoures, les phyllophores, les

glossophages (fig. 261), les desmodes (fig. 262), les sternodermes, etc.,
sont aussi des animaux de cette famille, et ils ont les mêmes habitudes.
Le système dentaire des desmodes présente une conformation très-différente de celui des autres.

Fig. 262. — *Desmode.*

Ordre des Insectivores. — Au lieu d'être organisés pour le vol, les
mammifères auxquels on réserve en propre le nom d'insectivores sont
presque tous des animaux fouisseurs, leurs membres étant, en général,
raccourcis et plantigrades. Cependant les macroscélides, qui vivent dans
les régions désertes de l'Afrique, ont les pieds de derrière presque aussi
longs que ceux des gerboises, genre de rongeurs qui sautent avec une
extrême agilité.

Les dents molaires des insectivores sont habituellement épineuses
(fig. 62 et 63), ce qui est en rapport avec la nourriture de ces animaux
et se retrouve chez les chéiroptères dont le régime est analogue.

Fig. 263. — *Musaraigne étrusque.*

Tous sont de faible dimension; c'est même parmi eux qu'on observe les plus petits de tous les mammifères. De ce nombre est la musaraigne étrusque (fig. 263), qui vit en Algérie, en Italie et dans le midi de
la France. Son corps n'a que trente-cinq millimètres, la tête comprise,
et sa queue mesure vingt-cinq millimètres seulement. Des musaraignes
également fort petites vivent au cap de Bonne-Espérance et dans l'Inde.

Il n'existe pas d'insectivores dans l'Amérique méridionale, si ce n'est
dans l'île de Cuba; mais les régions septentrionales du nouveau monde

en possèdent aussi bien que l'Asie, l'Europe et l'Afrique. Ce sont, comme en Europe, des musaraignes ou genres voisins et des animaux de la même famille que la taupe, mais ils sont différents par leurs espèces, quelquefois même par leurs genres, des insectivores européens.

Fig. 264. — *Desman des Pyrénées.*

Les insectivores propres à l'Europe rentrent dans les genres hérisson, musaraigne et taupe. Il faut y ajouter les desmans, qui sont aquatiques et répandent une forte odeur de musc. On connaît une espèce de desman en Russie; une autre plus petite vit dans les Pyrénées ainsi qu'en Espagne (fig. 264); une troisième habite le Tibet.

Fig. 265. — *Taupe commune.*

Les taupes (fig. 265 à 268), auxquelles ont fait une chasse assidue, sont moins nuisibles aux prairies et autres cultures qu'on ne le pense, puisque, vivant d'insectes, elles s'opposent à la trop grande multiplication de ces animaux dévastateurs. Aussi quelques naturalistes ont-ils essayé leur réhabilitation, et ils proposeraient volontiers d'encourager leur multiplication.

La conformation des taupes est des plus bizarres. Appelées à vivre presque constamment sous terre, elles ont les yeux fort petits, mais sans être privées pour cela du sens de la vue; elles manquent d'oreilles externes; leur museau est allongé en forme de groin, et leurs membres antérieurs, dont l'humérus (fig. 121) est court et large, constituent de véritables rames (fig. 267, A), à l'aide desquelles elles remuent facilement la terre. Aussi les taupes construisent-elles des galeries souterraines très-étendues (fig. 268) et elles s'y meuvent avec une grande facilité.

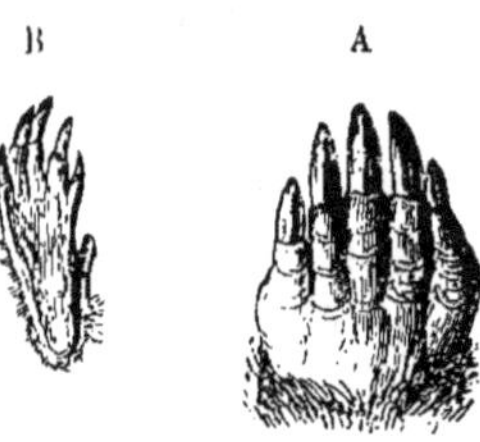

FIG. 266. — Tête de la *Taupe* (*).   FIG. 267. — Pattes de la *Taupe* (**).

Le squelette des taupes (fig. 129) présente encore quelques particularités non moins remarquables, et le reste de l'organisation de ces animaux est aussi fort intéressant à étudier.

Les taupes passent leur vie sous terre, dans des galeries qu'elles pratiquent près de la surface du sol et que décèlent de petites buttes faites avec la terre qui en provient. Chaque individu a son terrier particulier. Celui-ci se compose d'un long conduit ou boyau, à l'une des extrémités duquel est un cantonnement formé par de nombreux passages partagés en différents carrefours et que la taupe creuse chaque jour pour la recherche de ses aliments; à l'autre extrémité sont aussi des galeries dont une lui sert de gîte. Elle n'en sort guère que deux heures le matin et deux heures le soir, pour se livrer à ses travaux dans la galerie de cantonnement. La taupe s'y meut avec vitesse, et lorsqu'on la surprend, elle réussit habituellement à se soustraire aux poursuites dont elle est l'objet.

Des règlements prescrivent la destruction des taupes.

Il y a des gens qui exercent le métier de taupiers, et dont le talent consiste à appliquer à la capture de ces animaux quelques procédés dont ils font souvent un secret et qui leur permettent d'en faire

(*) Vue en dessous.
(**) A = patte antérieure. — B = patte postérieure.

une grande destruction. On emploie aussi des piéges pour arriver à ce résultat, et des manuels spéciaux ont été consacrés à ce genre de chasse.

On trouve aussi des taupes au Japon et dans le nord de la Chine ; elles ne sont pas de la même espèce que les nôtres.

L'animal d'Amérique qui ressemble le plus aux taupes, est le scalops.

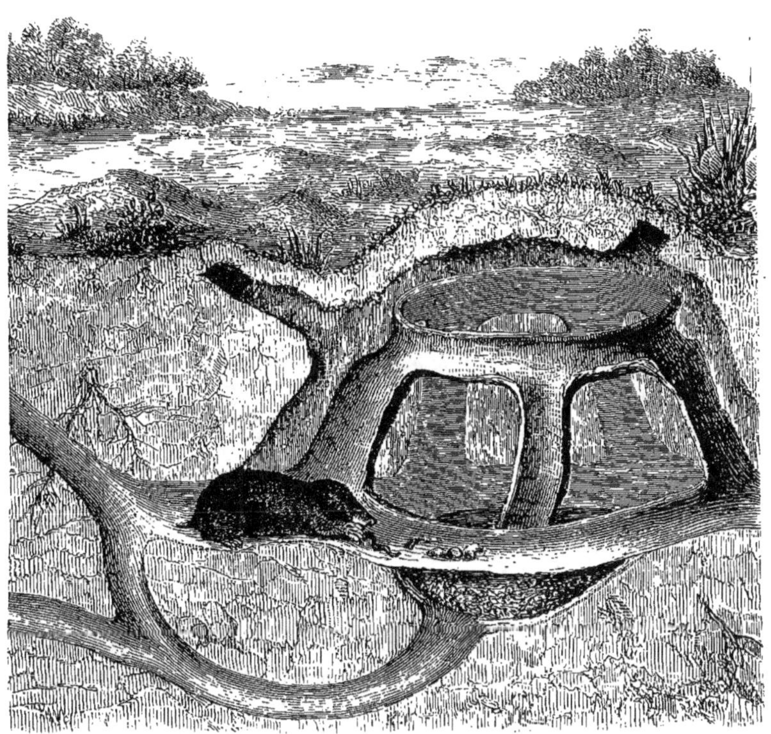

Fig. 268. — Galeries de la *Taupe*.

L'Afrique produit les chrysochlores, dont le pelage est irisé. Ces animaux se tiennent dans les régions sableuses ; ils sont essentiellement fouisseurs.

Le hérisson est un animal de nos pays qui mange les insectes, les colimaçons, etc. Sous ce rapport il rend aussi des services. Sa dentition (fig. 269) est assez différente de celle des autres espèces du même ordre. Il est représenté en Afrique et en Asie par plusieurs espèces congénères.

Les musaraignes méritent, comme lui, d'être protégées, à cause de la destruction qu'elles font des insectes, et le préjugé qui les accuse d'occasionner aux chevaux des blessures envenimées ne repose sur aucun fondement.

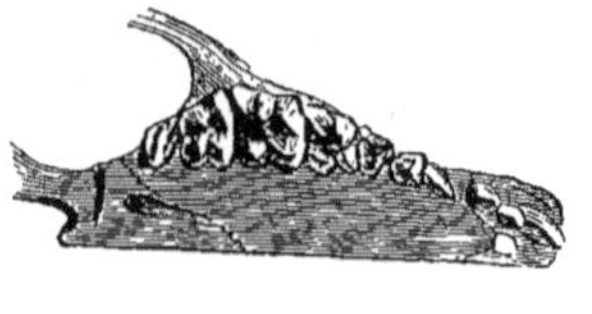

FIG. 269. — Dentition du *Hérisson*.

Nous avons trois espèces principales de ce genre d'animaux :
La musaraigne des sables (*Sorex araneus*), à dents blanches (fig. 63) ; — la musaraigne d'eau (*S. fodiens*), à dents rouges (fig. 270) ; — et la musaraigne carrelet (*S. tetragonurus*), également à dents rouges (fig. 271).

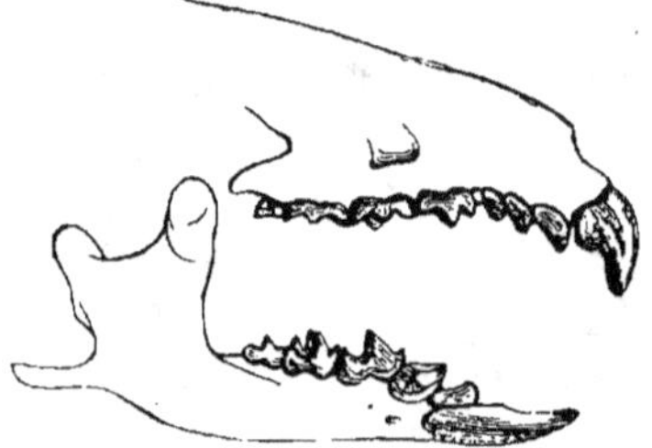

FIG. 270. — Dents de la *Musaraigne d'eau.*

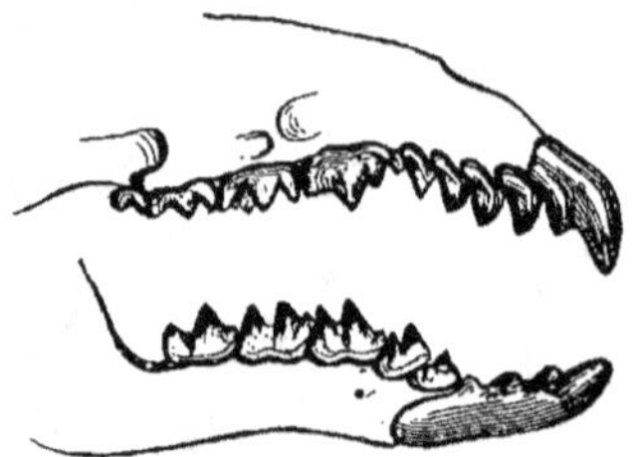

FIG. 271. — Dents de la *Musaraigne carrelet.*

Celle-ci possède cinq petites fausses molaires supérieures (fig. 271), tandis que la précédente, qui a les dents de même couleur, n'a que quatre fausses molaires intermédiaires (fig. 270). Quant à la musaraigne des sables, elle n'a que trois paires de ces petites dents supérieures.

Ces caractères, dont nous donnons des figures exactes, permettront de distinguer aisément ces musaraignes, qui diffèrent d'ailleurs les unes des autres par leur facies et même par leur genre de vie.

Certains genres exotiques de l'ordre des insectivores méritent une mention particulière. Les galéopithèques ont entre les membres des membranes qui leur servent de parachutes. Ces animaux vivent dans les îles de l'Inde ainsi que les tupayas, dont les formes extérieures rappellent celles des écureuils. Les gymnures sont particuliers à Sumatra, et les tanrecs originaires de Madagascar. L'Afrique fournit les chrysochlores, aussi appelés taupes dorées ; les rhynchocyons et les macroscélides. C'est aux États-Unis qu'on trouve les condylures et les scalops, genres de la même famille que les taupes.

ORDRE DES RONGEURS. — Ces animaux n'ont que deux sortes de dents (fig. 272), savoir, une grande paire d'incisives tranchantes à chaque

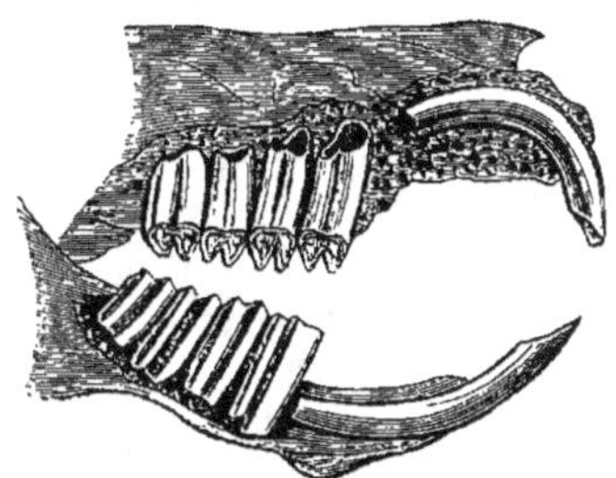

FIG. 272. — Dentition du *Cochon d'Inde*.

mâchoire et des molaires en général au nombre de trois paires ou de

FIG. 273. — *Castors d'Amérique*.

quatre. Un espace vide, comparable à la barre des chevaux, sépare leurs incisives d'avec les molaires.

Le nombre des genres de cet ordre est fort considérable ; on n'y rapporte pas moins de quatre cents espèces. Tels sont les écureuils, les marmottes (fig. 76), les spermophiles, les écureuils volants ; les castors, si célèbres par leurs constructions (fig. 273 et 274) ; les campagnols

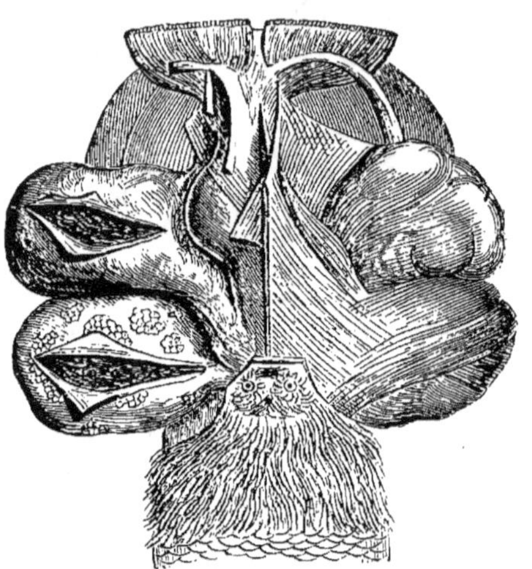

Fig. 274. — Poches sécrétant le castoréum.

(fig. 275), dont les ondatras (fig. 276), les rats d'eau, et les lemmings, ou rats voyageurs de Norvége, font partie ; les rats, si variés dans leurs espèces ; les gerboises ou rats sauteurs ; les spalax, qui sont aveugles et vivent sous terre ; les bathyergues ou rats-taupes, animaux également

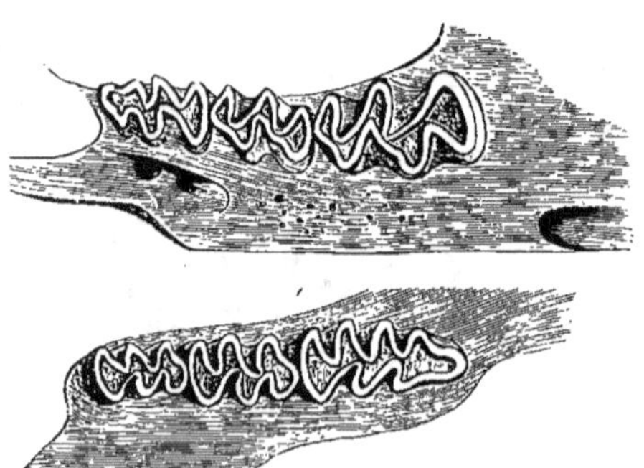

Fig. — 275. — Dents molaires de *Campagnol*.

souterrains ; les porcs-épics, les échimys ; plusieurs autres genres propres comme eux à l'Amérique méridionale ; enfin, les chinchillas (fig. 277), dont la fourrure est si recherchée. Les saccomys et autres espèces pourvues d'abajoues en forme de sacs, les agoutis, les cobayes ou cochons

d'Inde, les pacas et les cabiais ou capivares (fig. 278), appartiennent aussi
à cet ordre.

FIG. 276. — *Ondatra*.

Les cabiais sont les plus grands de tous les rongeurs actuels. Sauf
ces derniers et un petit nombre d'espèces qui s'en rapprochent par la
taille, les animaux de cet ordre ont le cerveau lisse. Le castor et le
lapin sont dans ce dernier cas. Tous les rongeurs sont d'ailleurs des
animaux instinctifs plutôt qu'intelligents.

Le grand rat de nos villes (*Mus decumanus*), aussi appelé surmulot, et
le rat noir (*Mus rattus*), ne se sont établis dans l'Europe centrale qu'à une
époque récente. Les Romains ne les connaissaient pas; ils n'ont parlé que
de la souris (*Mus musculus*), ainsi que du mulot (*Mus campestris*), qui est
le rat des champs.

FIG. 277. — *Chinchilla*.

Le rat noir nous est venu d'Orient à l'époque des croisades, et le surmulot n'a commencé à s'établir dans nos contrées que pendant le dix-
huitième siècle. Il y a pullulé d'une façon vraiment inquiétante et il cause
aujourd'hui beaucoup de dégâts. Le commerce l'a répandu dans toutes
les autres parties du monde par ses vaisseaux, et partout il est aussi nui-
sible que chez nous.

Le cochon d'Inde est un animal d'origine américaine ; il a été rapporté du Pérou, où il était déjà domestiqué avant la conquête espagnole.

FIG. 278. — *Cabiai.*

LÉPORIDÉS. — Les lièvres et les lapins sont aussi des rongeurs ; ils diffèrent des précédents en ce qu'ils ont, en arrière de leurs incisives supérieures, une paire de dents plus petites et d'une autre forme.

Ce caractère se retrouve chez les lagomys, petites espèces des régions alpines, aujourd'hui étrangères à l'Europe occidentale, mais qui y ont vécu pendant les premiers temps de la période actuelle. On en retrouve les ossements fossiles dans plusieurs de nos localités.

On recueille aux environs de Paris les débris fossiles de ces derniers rongeurs associés à ceux des marmottes, des spermophiles, des castors, des hamsters, animaux aujourd'hui détruits dans la même contrée, mais qui pullulaient alors dans une foule de lieux avec certaines autres espèces qui se sont seules maintenues, comme les lérots, les campagnols et les mulots.

Les castors étaient autrefois répandus sur toute la France, mais il n'en existe plus que dans le Rhône, particulièrement auprès d'Avignon et de Saint-Gilles. Les marmottes sont reléguées dans les régions les plus élevées des Alpes, mais elles ont vécu sur plusieurs autres points. Disons aussi qu'il n'y a de hamsters qu'en Alsace. Quant aux spermophiles, c'est en Hongrie et en Pologne, ou encore plus à l'est, qu'ils se sont retirés.

CHAPITRE XXVIII

ORDRE DES CARNIVORES.

Comme leur nom l'indique, les carnivores se nourrissent essentiellement de la chair des autres animaux, particulièrement de celle des mammifères et des oiseaux. Ce sont par excellence des animaux de proie ; aussi sont-ils mieux armés que tous les autres, et leurs dents aussi bien que leurs pattes concourent, avec la souplesse habituelle de leurs allures, pour les rendre redoutables.

Certains d'entre eux sont plantigrades (ours, blaireaux, etc.) et marchent sur la plante des pieds ; les autres ont le talon et le carpe plus ou moins relevés, ce qui ne laisse porter que la partie digitale de leurs pieds : tels sont les chiens et les chats. On donne à ces derniers le nom de digitigrades ; mais une même famille peut renfermer des genres qui soient, les uns digitigrades, et les autres plus ou moins plantigrades.

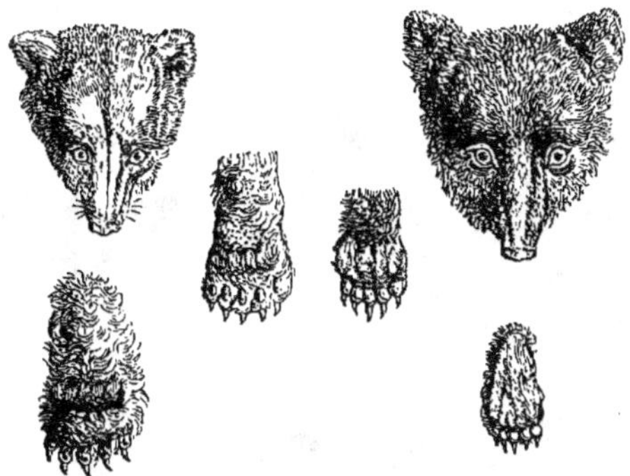

FIG. 279. — *Ours blanc* et *Ours brun* (*).

Les carnivores ont trois sortes de dents. Leurs incisives, au nombre de trois paires à chaque mâchoire, ont la couronne coupante (fig. 57) ; leurs canines sont saillantes et propres à déchirer la chair ; leurs molaires sont parfois aussi tranchantes que des lames de ciseaux. Chez ceux qui sont omnivores, comme les ours, les chiens, les blaireaux, etc., les dernières molaires sont au contraire émoussées et élargies, et leur couronne présente des tubercules plus ou moins nombreux. Le protèle, singulier carnivore ayant les allures des hyènes, qui vit en Afrique, n'a que des molaires rudimentaires, mais ses incisives et ses canines ressemblent à celles des autres carnivores.

Dans certains cas, les ongles des animaux de cet ordre sont rétractiles, c'est-à-dire capables de se retirer lorsqu'ils ne s'en servent pas, et de se porter au contraire en avant lorsqu'ils veulent griffer. Le chat nous offre un exemplaire bien connu de cette disposition.

Les principaux groupes des carnivores sont ceux des ours (fig. 279 et 280), comprenant plusieurs espèces (ours ordinaire et ses variétés, ours gris d'Amérique, ours noir d'Amérique, ours jongleur de l'Inde, ours blanc ou maritime, etc.) ; des ratons, des coatis, etc. ; des civettes, divisées en plusieurs genres ; des mangoustes ; des chiens (loup, chacal, renard

(*) La tête et les pieds de ces deux espèces.

(fig. 281), etc.); des chats ou felis, tels que le lion (fig. 12), le tigre, le

FIG. 280. — *Ours brun* (du Taurus).

jaguar (fig. 14), la panthère (fig. 13), l'once, l'ocelot, le chat sauvage,

FIG. 281. — *Renard*.

le chat domestique ; des hyènes ; des blaireaux (fig. 283), ainsi que des gloutons, des martres [martre ordinaire, zibeline, fouine (fig. 282), putois, hermine, belette (fig. 284)], et enfin des loutres (fig. 285).

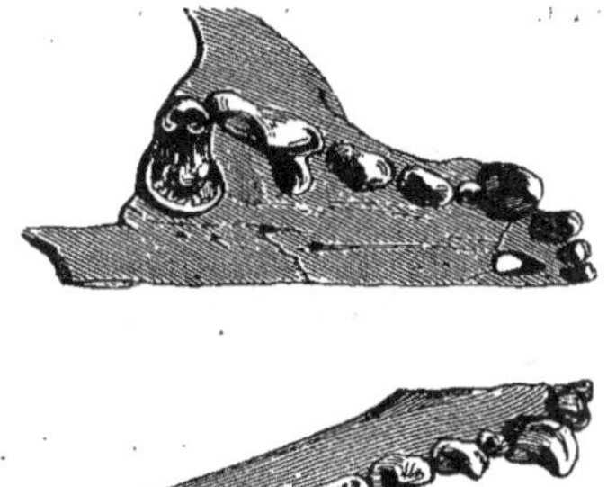

Fig. 282. — Dentition de la *Fouine*.

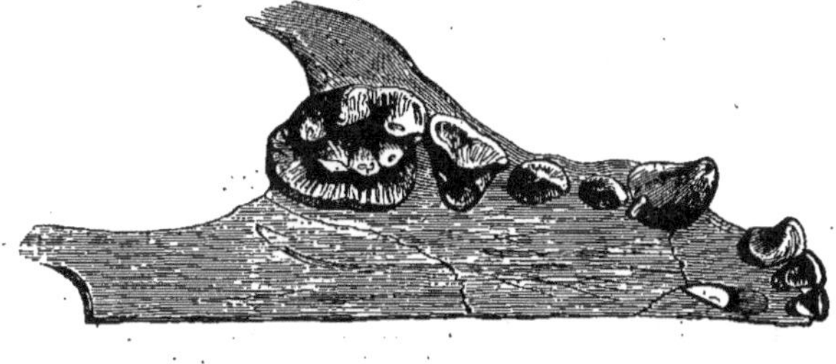

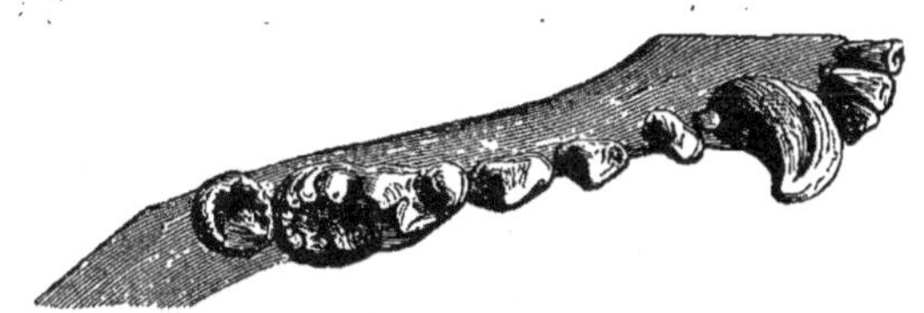

Fig. 283. — Dentition du *Blaireau*.

L'ancienne division des carnivores en plantigrades et digitigrades est aujourd'hui abandonnée.

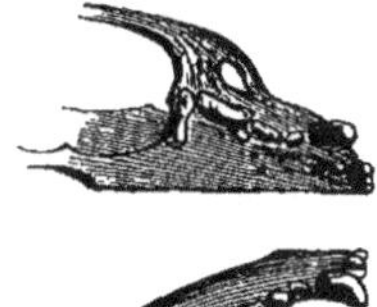

Fig. 284. — *Belette* et sa dentition.

L'homme n'a pas d'ennemis plus redoutables que les carnivores, et, dans toutes les parties de l'ancien continent comme dans le nouveau, il est en guerre ouverte avec eux, soit pour sa propre défense, soit pour celle de ses troupeaux ou de ses oiseaux domestiques.

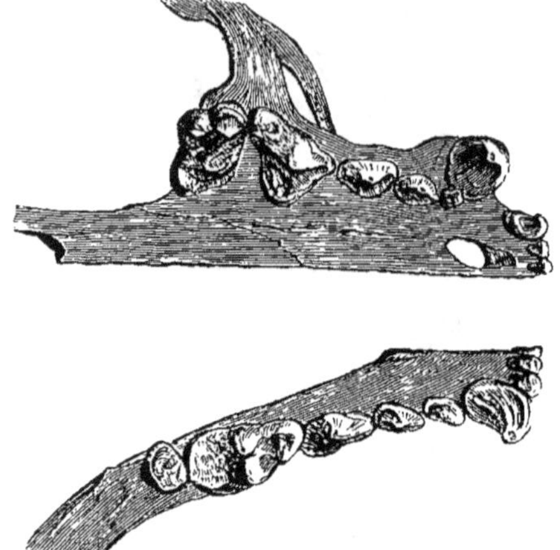

Fig. 285. — Dentition de la *Loutre*.

L'ours, le lynx, le chat sauvage, le loup, le renard, le glouton, sont, en Europe, les carnivores les plus à craindre ; après eux viennent les loutres, les blaireaux, les genettes, voisines des civettes, les martres, les fouines, les putois, et des espèces de plus petite taille, comme l'hermine ou la belette.

Fig. 286. — *Lionne* et ses petits.

Des carnivores bien plus terribles : un grand felis analogue au lion, mais supérieur à lui par ses dimensions ; un autre tout à fait semblable à la panthère ; des hyènes ; un très-grand ours, nommé *Ursus spelæus*, et d'autres encore, ont vécu autrefois sur le continent européen, mais ils en

ont disparu antérieurement à l'époque historique. Le lion ordinaire existait en Thrace du temps d'Hérodote, et il y a encore des chacals en Morée.

Pendant la période tertiaire, des carnivores différents de tous ceux-là,
et qui pour la plupart appartenaient à d'autres genres, ont habité
notre continent.

L'Afrique nourrit des lions, des panthères et trois espèces d'hyènes;
il y a des animaux analogues dans l'Inde, où l'on trouve de plus le tigre
royal, felis plus sanguinaire que le lion.

En Amérique vivent le jaguar (fig. 14) et le couguar (fig. 15), ainsi que
plusieurs autres felis également dangereux; mais dans tous ces pays,
de même qu'en Europe, l'homme a trouvé, dans son association avec
une espèce du même ordre, le moyen de lutter contre les bêtes fauves.
Le chien l'aide à les combattre; il est aussi le fidèle gardien de ses
troupeaux. Cependant il est encore bien des contrées où le nombre des
grands carnivores est resté fort considérable. Ainsi, le colonel Sykes
rapporte que, de 1825 à 1829, il a été tué, dans un seul district de
l'Inde anglaise, 1032 tigres; et, chaque année, des centaines d'Indiens
sont les victimes de ces terribles quadrupèdes.

Le tigre, le lion, la panthère et les autres carnivores du même genre
que le chat sont, de tous les animaux de cet ordre, ceux qui ont les
appétits carnassiers les plus prononcés, et, à l'état de liberté, ils ne se
nourrissent que de proies vivantes. Leurs dents sont plus tranchantes que
celles des autres carnivores; ils ont les ongles rétractiles, et leur langue
est garnie de papilles cornées qui leur permettent de râper, pour ainsi
dire, la chair à mesure qu'ils la lèchent. L'hyène et les chiens associent
les os au sang et à la chair, et les hyènes mangent cette dernière à l'état
de putréfaction. On trouve dans leurs excréments (coprolithes ou *album
græcum*) et dans ceux des chiens le phosphate de chaux de leurs aliments solides, c'est-à-dire des os. Par contre, les ours sont des animaux
complétement omnivores.

Il existe pour les différents régimes propres aux carnivores des formes particulières de dents molaires. Ces organes sont surtout tranchants
chez ceux qui vivent exclusivement de chair; ils sont en grande partie
tuberculeux et à couronne émoussée dans les espèces plus ou moins
omnivores. Certains carnivores qui mangent des insectes ont les molaires sensiblement épineuses et comparables, sous ce rapport, à celles
des insectivores proprement dits : c'est ce qu'on voit particulièrement
chez les mangoustes de petite taille.

CARNIVORES DOMESTIQUES. — Malgré les habitudes féroces des animaux
qui le composent, l'ordre des carnivores nous fournit deux espèces
domestiques, le chien et le chat.

Le chien (*Canis familiaris*) est un animal à la fois sociable et doué
d'intelligence, deux qualités que l'on retrouve chez toutes les espèces
réellement domestiques et qui sont la condition principale de leur association à l'homme. Dans les pays où ces animaux sont redevenus sauvages, ils vivent par troupes et donnent la chasse aux autres quadrupèdes.

Habiles à la course, pourvus d'ongles qui leur servent à fouir ainsi
qu'à se défendre, d'ailleurs armés de fortes canines, les chiens ont en
outre l'odorat très-développé, et la perfection de ce sens ajoute aux
avantages que nous tirons d'eux. Leurs molaires sont en partie tran-

FIG. 287. — *Chiens courants.*

chantes, en partie tuberculeuses, appropriées par conséquent à un
régime omnivore (fig. 56), et leurs appétits, joints à leur éducabilité,
constituent une nouvelle cause de rapprochement entre leur espèce et
la nôtre, dont ils sont depuis un temps immémorial les inséparables
compagnons.

Aussi le chien domestique a-t-il été transporté sur tous les points du
globe, et partout l'homme utilise son concours et varie, suivant les conditions nouvelles au sein desquelles il se trouve placé lui-même, le parti
qu'il tire de cette précieuse espèce. Le chien le seconde à la chasse, le
supplée dans la garde des troupeaux, veille à la porte des habitations
pour en éloigner les malfaiteurs ou même les indiscrets. Il traîne des
fardeaux et rend mille autres services, en échange desquels il reçoit la

protection de l'homme et son affection ; il a sa place auprès de la famille, et son intelligence lui permet de comprendre la faveur qu'il reçoit. Il s'en montre heureux et reconnaissant.

Nous ne finirions pas si nous voulions rappeler ici les anecdotes qui se rattachent aux qualités morales du chien, et montrer jusqu'à quel point il sait s'identifier avec les intérêts de son maître, aller au-devant de ses désirs et se dévouer pour lui. Des ouvrages spéciaux en ont consacré le récit, et il n'est pas jusqu'aux exagérations auxquelles certains d'entre eux se sont laissés aller qui ne nous paraissent vraisemblables, tant nous croyons à l'intelligence du chien et à son abnégation. Si peu acceptables qu'ils soient, ces récits ont le don d'éveiller nos sympathies, et nous sommes toujours disposé à y voir l'expression de la vérité.

Les chiens sont souvent fort différents les uns des autres. Ils constituent un assez grand nombre de races et de sous-races, la plupart dues à l'influence évidente de la domesticité.

Les variations de la taille, l'allongement des oreilles, qui sont souvent élargies et pendantes, au lieu de rester droites comme dans les espèces sauvages du même genre ; la forme générale du corps ; la diversité du pelage ; les modifications éprouvées par le crâne, soit dans sa région cérébrale, soit dans sa partie maxillaire, et même, dans certains cas, la présence d'un ou de deux doigts supplémentaires aux pieds de derrière, sont autant de faits qui attestent l'action modificatrice que la domesticité a exercée sur le chien, puisque ce sont autant de caractères que la comparaison du chien domestique avec les espèces sauvages de la famille des canidés ne permet d'attribuer qu'à l'action de l'homme ou à celle des conditions exceptionnelles dans lesquelles le chien a été placé par lui.

Toutefois le chien primitif ne nous est pas connu, et l'on ne saurait dire s'il constituait une ou plusieurs espèces particulières qui seraient passées tout entières au pouvoir de l'homme, sans persister à l'état libre ; ou bien s'il faut le rattacher à quelque espèce sauvage maintenant existante, comme le loup ou le chacal, ou même à ces deux espèces et à d'autres encore dont il ne serait alors qu'une modification due à l'intervention de l'homme. On ignore aussi dans quelle proportion ces espèces sauvages auraient concouru à sa formation.

L'origine des animaux domestiques nous échappe, et de nouvelles recherches pourront seules éclairer la science sur les questions difficiles qui s'y rattachent. C'est en étudiant les lois de la variabilité des espèces, en comparant les races soumises aux types restés libres qui leur sont analogues, et en recherchant dans la série des dépôts post-tertiaires les débris que les uns et les autres y ont laissés, qu'on en arrivera sous ce rapport à des notions exactes.

Les principales races de chiens sont :

1° Les *lévriers* (fig. 11), dont les formes sont allongées et qui sont plus rapides à la course que tous les autres.

2° Les *mâtins*, plus robustes que les lévriers et en général de plus forte taille (mâtin, danois, basset, etc.).

3° Les *lachnés* des naturalistes anglais, ou chiens laineux, dont le pelage est plus fourni [chiens des Esquimaux, de Terre-Neuve (fig. 10), des Alpes, de berger, etc.].

4° Les *chiens de chasse*, tels que le chien courant (fig. 287), le braque, l'épagneul, le barbet, auxquels se rattachent le griffon et d'autres sous-races, pour la plupart de petite taille, telles que le *bleinheim*, le *king's Charles*, le petit chien blanc de Cuba, etc., qui sont tous des chiens de luxe.

5° Les *bouledogues* (*bull-dogs* ou chiens-bœufs des Anglais), à museau court, dont la mâchoire inférieure est plus saillante que la supérieure et qui ont le crâne relevé. Ce sont les brachygnathes de cette série. Une des sous-races appartenant à la division qu'ils constituent est depuis quelque temps fort répandue chez nous ; on l'emploie à faire la chasse aux rats surmulots, dont le nombre est devenu si considérable à Paris et dans beaucoup d'autres villes.

L'origine du chat domestique (*Felis domestica*) n'est pas plus certaine que celle du chien, et l'on s'est également demandé s'il ne descendrait pas de plusieurs espèces sauvages, parmi lesquelles on comprend alors le chat sauvage de nos forêts (*Felis catus*), le chat ganté d'Égypte (*Felis maniculata*) et le chat manul de Tartarie (*Felis manul*) : ce qui expliquerait ses principales variétés. D'ailleurs la domestication du chat paraît bien moins ancienne que celle du chien, dans nos contrées du moins, car les Égyptiens l'avaient déjà obtenue. Elle est aussi moins complète, et les caractères organiques de cet animal n'ont subi que de légères modifications.

Le chat vit dans nos demeures par intérêt et par goût plutôt que par affection ou par dévouement ; c'est son bien-être qu'il cherche avant tout, et s'il nous rend quelques services en détruisant les petits rongeurs qui envahissent nos habitations pour se nourrir de nos provisions, c'est parce qu'il y trouve son avantage. Il conserve malgré sa familiarité les allures défiantes de ses congénères du genre *Felis*, le lion, le tigre, la panthère, le jaguar ou le lynx ; et s'il n'est pas aussi féroce, c'est parce qu'il est plus faible. Il a les mêmes penchants ; comme eux, il évite la société ; il est égoïste avant tout : on ne gagne sa confiance qu'avec peine et jamais il ne la donne entièrement.

CHAPITRE XXIX

PROBOSCIDIENS.

Les ÉLÉPHANTS, aujourd'hui seuls représentants de ce groupe, sont d'énormes mammifères dont le nez est développé de manière à constituer une longue trompe, à l'aide de laquelle ils saisissent les corps dont ils veulent s'emparer, arrachent les arbres, soulèvent des fardeaux considérables et frappent leurs ennemis.

Ces animaux ont deux sortes de dents : des incisives, constituant de longues défenses, et des molaires (fig. 67 et 68), appropriées à un régime essentiellement végétal. Leur cerveau présente de nombreuses circonvolutions, et ils sont certainement fort intelligents. Leurs mamelles, dont il n'y a qu'une seule paire, sont pectorales ; leurs doigts sont au nombre de cinq à chaque pied. Enfin, leurs membres sont disposés comme des colonnes, uniquement affectés à la sustentation du corps, et reposent sur le sol par l'extrémité des doigts. Une grosse pelote de tissu fibreux élastique soutient en arrière les pieds de ces animaux, élargit leur semelle et empêche leurs doigts de fléchir dans la marche.

Fig. 288. — *Éléphant d'Afrique* et *Éléphant d'Asie*.

Il n'y a plus d'éléphants qu'en Afrique et dans l'Inde. Ce sont des mammifères herbivores.

Ils sont d'espèce différente, suivant le continent qu'ils habitent, et faciles à distinguer par la forme de leur tête, simplement bombée dans l'éléphant africain, doublement dans celui de l'Inde (fig. 288) ; par leurs oreilles, plus grandes dans l'éléphant d'Afrique que dans l'autre ; et par leurs dents molaires, qui montrent des losanges d'émail dans l'espèce africaine (fig. 67), et des ellipses allongées, à bords festonnés, dans celle de l'Inde (fig. 68).

Les éléphants de l'Inde (fig. 195) sont seuls domestiques ; encore ne le sont-ils qu'individuellement, puisqu'ils ne se reproduisent pas en captivité. Il faut prendre sauvages, ou tout au moins dans un état de demi-liberté, ceux qu'on veut employer, et les apprivoiser l'un après l'autre. Quelques auteurs ont pensé qu'ils constituaient deux espèces, dont une serait particulière à Sumatra ; mais il ne s'agit peut-être ici que de simples variétés.

PROBOSCIDIENS FOSSILES. — Il a existé en Europe, pendant la période quaternaire, des animaux du même genre que les éléphants : on admet qu'ils étaient de plusieurs espèces. Quelques-uns dépassaient considérablement en dimensions les éléphants actuels; d'autres, plus particulièrement ceux dont les ossements ont été recueillis dans la caverne de Zebbug (île de Malte), étaient au contraire bien plus petits.

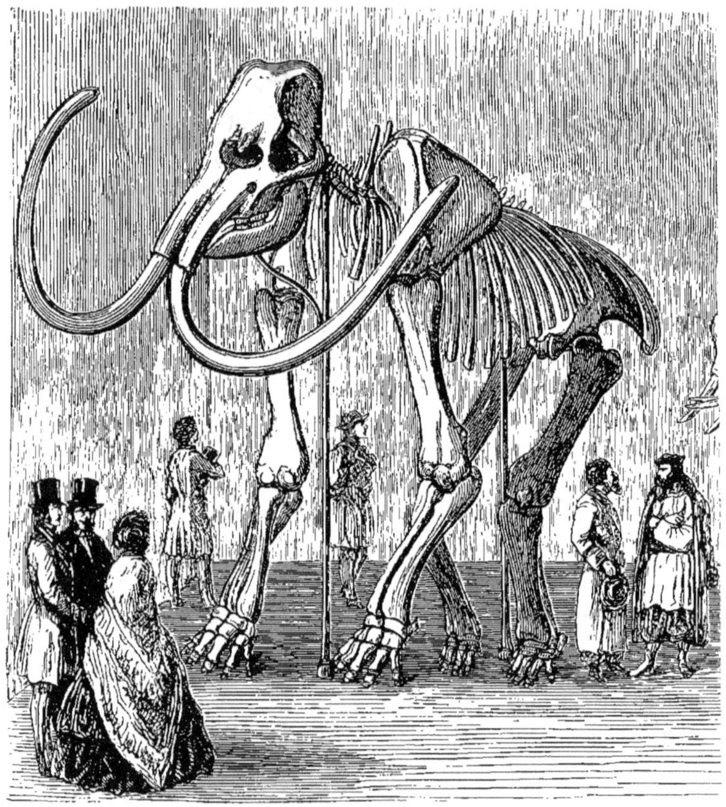

FIG. 289. — Squelette de *Mammouth de Sibérie*, conservé au musée de Saint-Pétersbourg.

Ces éléphants d'espèces aujourd'hui éteintes s'étendaient jusque dans le nord de l'Asie et dans l'Amérique septentrionale.

Leur race ou espèce la plus nombreuse était celle à laquelle on a donné le nom de mammouth (*Elephas primigenius*). On en retrouve des individus entiers enfouis dans les boues gelées de la Sibérie, et les poils dont ils avaient le corps garni doivent faire admettre qu'ils étaient capables de mieux résister au froid que ne pourraient le faire les éléphants d'aujourd'hui. L'homme a été le contemporain de ces animaux.

En France, les éléphants ont existé jusque dans les premiers temps de la période glaciaire. On trouve également des restes de ces animaux en Angleterre, en Belgique, en Allemagne et jusque sur les bords de la mer Noire, mais ils avaient déjà disparu à l'époque préhistorique dite de la pierre polie. C'est donc bien certainement par erreur qu'après avoir attribué leurs ossements à des géants appartenant à l'espèce humaine, on a voulu y voir les restes des éléphants qu'Annibal a conduits de Carthage en Italie, en les faisant passer par l'Espagne et le midi de la France.

Le musée de Saint-Pétersbourg possède le squelette d'un éléphant fossile qui a été rapporté des bords de la Léna. Il avait été découvert en 1799 par un pêcheur toungouse, et c'est le naturaliste russe Adams qui a réussi à le faire transporter en Europe. Au moment où il fut signalé, l'animal avait encore sa peau et ses chairs. Quelques mèches des longs poils dont il était couvert ont été envoyées à différents musées; on en voit dans celui de Paris. Cette espèce a été commune en Europe. On en trouve aussi les débris dans l'Amérique du Nord. Le Mexique nourrissait une autre espèce de ce genre.

Des éléphants encore différents sont fossiles dans l'Inde, mais dans des terrains plus anciens. On en distingue aussi plusieurs espèces.

Les mastodontes et les dinothériums, dont les espèces ont entièrement disparu du nombre des êtres vivants, sont deux autres genres de l'ordre des proboscidiens. Leurs débris, enfouis dans un grand nombre de pays, ont aussi été pris pendant longtemps pour des ossements de géants, et ils ont souvent contribué à donner lieu aux légendes, répétées par presque tous les peuples, que le globe a d'abord été habité par des hommes de stature colossale. La mythologie a recueilli une partie de ces fables.

Les mastodontes sont reconnaissables à leurs dents molaires dépourvues de cément et mamelonnées à la couronne par des arêtes transversales, plus souvent encore par d'épais mamelons (fig. 6). Quelquesuns avaient des défenses aux deux mâchoires, tandis que les éléphants n'en possèdent qu'à la mâchoire supérieure. Dans l'Europe, ces animaux ont vécu pendant les époques tertiaires miocène et pliocène, et en général ils ont précédé les éléphants. Ceux d'Amérique appartiennent à la faune quaternaire.

Les dinothériums portaient à la mâchoire inférieure une paire de fortes défenses recourbées en bas, et leurs molaires étaient en même temps un peu différentes de celles des mastodontes par leur forme ainsi que par le moindre nombre de leurs arêtes ou collines.

On trouve fréquemment des restes fossiles de mastodontes et de dinothériums en France, ainsi que dans d'autres parties de l'Europe. Il y en a aussi dans l'Inde, et, comme nous l'avons dit, l'Afrique septentrionale et les deux Amériques ont autrefois nourri des mastodontes. Aucun débris de ces animaux n'a été encore découvert en Australie.

CHAPITRE XXX

JUMENTÉS.

C'est, comme l'ordre précédent, une partie de l'ancien groupe des Pachydermes de G. Cuvier, dont les espèces ont dû être réparties, à cause de la diversité de leurs caractères, dans trois ordres différents, savoir : les PROBOSCIDIENS, représentés dans la nature actuelle par les éléphants ; les JUMENTÉS, qui vont nous occuper, et les PORCINS, comprenant comme genres principaux les hippopotames et les sangliers.

Les jumentés sont des animaux qui ont les doigts enveloppés dans des onglons ou sabots, mais sans que leurs pieds soient bisulces, même lorsqu'ils ont quatre doigts. Le nombre en est le plus souvent impair et réduit à trois. L'os de leur cuisse, ou le fémur, présente le long de son bord externe une saillie qui n'existe ni chez les éléphants, ni chez les porcins ; cette saillie très-caractéristique a reçu le nom de troisième trochanter. L'astragale (fig. 132), un des os du pied qui répond à l'osselet des moutons, est de forme ordinaire, et par conséquent différent de celui de ces derniers ainsi que de celui des porcins.

Les dents des jumentés sont généralement de trois sortes (fig. 58), et leurs molaires montrent à la couronne des replis ou des excavations de l'émail plus ou moins multipliées, dont la complication est en rapport avec le régime essentiellement végétal de ces animaux.

L'estomac des jumentés n'est point disposé pour la rumination.

Leurs mamelles ne sont jamais pectorales comme celles des éléphants. Enfin, ils ont le cerveau pourvu de circonvolutions, et ils comptent parmi les mammifères intelligents, mais sans égaler à cet égard ceux du genre que nous venons de citer.

C'est à cet ordre qu'appartiennent les familles suivantes : *Équidés* ou *Chevaux*, *Rhinocéridés* ou *Rhinocéros*, et *Tapiridés* ou *Tapirs*.

Les CHEVAUX ou Équidés, dont font partie le cheval, l'âne, l'hémione et les différentes espèces de zèbres, donnent des hybrides par leur croisement ; le mulet, si employé dans certains pays, résulte de l'union des deux premiers. Il existait autrefois des chevaux sauvages en très-grand nombre en Europe, et l'on a la preuve qu'il en a également vécu dans les deux Amériques. On admet toutefois qu'ils avaient depuis longtemps disparu de nos régions lorsque les peuples de race aryane s'y sont établis.

Nos chevaux domestiques paraissent être, comme les peuples dont il s'agit, originaires de l'Asie ; ils ont été, à des époques plus récentes, con-

duits par eux et par d'autres familles humaines sur un grand nombre de
points du globe où ils manquaient, et ce sont aussi les nations européennes qui les ont transportés plus récemment en Amérique ainsi qu'en
Australie.

FIG. 290. — *Cheval arabe.*

La famille des équidés a quelquefois reçu le nom de solipèdes, signi-

FIG. 291. — *Dauw* ou *Zèbre de Burchell.*

fiant *solidipèdes* ou à pieds solides, par allusion à l'élargissement des sabots
chez les espèces qui lui sont propres. Pris dans le sens d'animaux à pieds
unidigités, c'est-à-dire à un seul doigt, ce mot ne peut s'appliquer qu'à

une partie des équidés. En effet, les hipparions et d'autres dont les espèces sont fossiles, étaient tridactyles, c'est-à-dire pourvus de trois doigts.

RHINOCÉROS. — Ils sont répandus en Afrique ainsi que dans l'Inde et dans ses principales îles; mais lors de l'époque quaternaire et pendant

FIG. 292. — *Rhinocéros bicorne* (d'Afrique).

une grande partie de la période tertiaire, ils ont été nombreux en Europe. L'Amérique, qui en est aujourd'hui dépourvue, en a également possédé, comme le prouvent les fossiles de ce genre qui ont été trouvés au Nebraska (États-Unis).

FIG. 293. — *Rhinocéros unicorne* (de l'Inde).

Les rhinocéros ont la peau très-épaisse, plissée par endroits pour faciliter les mouvements, et formant de véritables boucliers qui recouvrent le corps. Leur nez est surmonté d'une ou de deux cornes implantées sur la ligne médiane, et qui diffèrent de celles des ruminants en ce qu'elles sont uniquement formées de matière cornée, sans axe osseux intérieur. Leurs dents canines et incisives n'ont pas la même disposition chez les espèces africaines et chez celles de l'Inde. Elles sont petites et disparaissent de très-bonne heure chez les premières, tandis qu'elles se développent en partie chez les secondes, acquièrent un volume assez considérable et servent pendant toute la vie. Dans ce cas, l'os incisif porte une paire de ces dents, et il y en a également une à la mâchoire inférieure, ainsi que deux incisives plus petites.

Les rhinocéros asiatiques sont tous pourvus de grandes incisives persistantes; ces dents sont au contraire caduques chez ceux d'Afrique. Le rhinocéros à narines cloisonnées (*Rhinoceros tichorhinus*), qui a vécu en Europe et en Sibérie en même temps que l'*Elephas primigenius*, était dans ce dernier cas.

Les rhinocéros sont de grands mammifères que leurs habitudes brutales rendent incapables de toute domestication. Comme les autres jumentés, ils sont herbivores.

Les principales dispositions anatomiques qui les caractérisent se retrouvent dans des animaux à peine plus gros que les lièvres, mais à corps plus allongé et plus bas sur jambes, qui vivent en Syrie et dans plusieurs parties de l'Afrique, manquent de cornes et ont la peau couverte de poils. Ces animaux sont les damans, dont il est déjà question dans la Bible sous le nom de *saphan*. Les Septante ont traduit à tort ce mot par *chœrogrylle*, qui signifie hérisson, et la Vulgate y a substitué également par erreur celui de *cuniculus*, qui est un des noms du lapin.

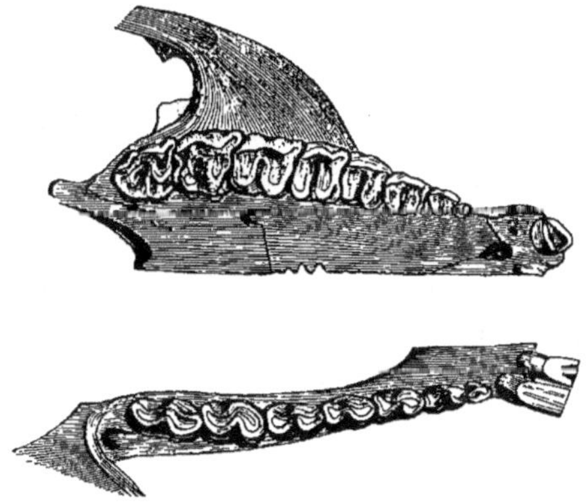

FIG. 294. — Dentition du *Daman*.

Quelques auteurs considèrent les damans comme devant former une famille à part; mais leurs affinités avec les rhinocéros ont été démontrées par Cuvier et de Blainville. Ces naturalistes se sont principalement appuyés sur la considération du système dentaire (fig. 294) et sur celle du squelette.

Les TAPIRS sont des jumentés remarquables par le prolongement de leur nez sous forme de petite trompe. Il y en a quatre espèces, dont trois sont propres à l'Amérique méridionale : le tapir ordinaire, le tapir pinchaque et le tapir de Baird ; la quatrième est confinée dans la presqu'île de Malacca ainsi que dans les îles de Sumatra et de Bornéo : c'est le tapir indien (fig. 295).

Fig. 295. — *Tapir indien.*

Des tapirs ont vécu en Europe pendant l'époque tertiaire. On en recueille les débris dans diverses parties de la France et auprès d'Eppelsheim (Hesse-Darmstadt).

L'ordre des jumentés a fourni aux anciennes faunes de l'Europe plusieurs genres dont les caractères étaient notablement différents. Tels sont en particulier les genres *Palœotherium* et *Lophiodon*, qui ont laissé aux environs de Paris des débris nombreux enfouis, les premiers dans les plâtrières, les seconds dans le calcaire grossier.

Leurs fossiles sont précieux au point de vue de la géologie, car ils permettent, par leur présence simultanée dans des dépôts éloignés les uns des autres, d'établir avec certitude la contemporanéité de ces dépôts, et ils nous donnent une idée de la population animale qui occupait l'Europe à l'époque où ces dépôts se sont formés.

L'Amérique méridionale a possédé, dans une période bien moins reculée, un genre également remarquable de grands jumentés, celui des *Macrauchenia*, qui avait certaines analogies avec les chevaux et les rhinocéros, tout en ayant une autre conformation du système dentaire et en possédant, comme les hipparions, trois doigts à chaque pied.

JUMENTÉS DOMESTIQUES. — Le cheval et l'âne sont les seuls animaux domestiques de cet ordre. Ainsi que nous l'avons vu, ces deux espèces appartiennent à la famille des équidés, dont l'hémippe, propre à l'Asie Mineure, l'hémione de l'Inde, et les solipèdes africains qui ont la peau zébrée, c'est-à-dire le zèbre, le couagga et le dauw, font également partie.

Le cheval (*Equus caballus*) nous rend les plus grands services, et de tout temps il a été l'objet d'une culture particulière. La beauté de ses formes, ses qualités comme monture et comme animal de trait, son obéissance et la facilité avec laquelle on le dresse, en font une des espèces les plus utiles.

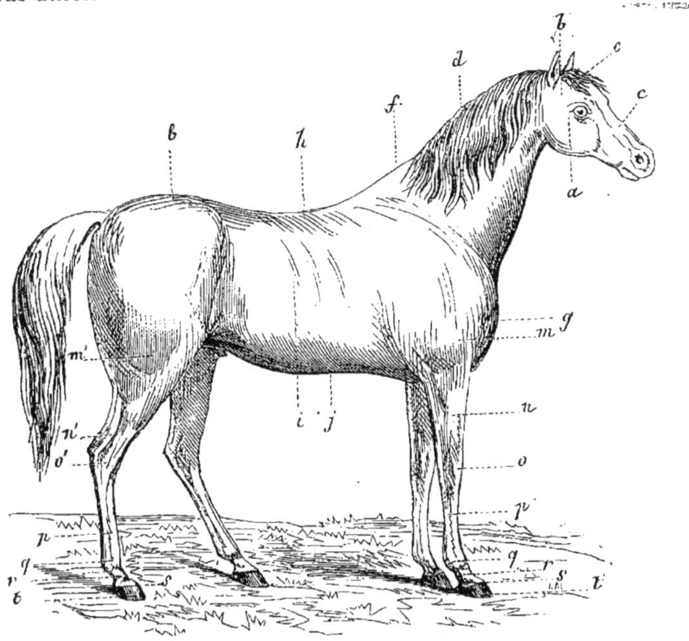

FIG. 296. — Les différentes parties du *Cheval* (*).

Le cheval et ses congénères sont des animaux à la fois herbivores et granivores, qui ont le canal intestinal fort long et pourvu d'un ample cæcum, cavité en forme de cul-de-sac séparant l'intestin grêle d'avec le gros intestin. Leurs dents molaires sont marquées à la couronne de replis assez compliqués de l'émail et enveloppées par une matière osseuse particulière à laquelle on donne le nom de *cément*. Ces mammifères ont trois sortes de dents : des incisives au nombre de trois paires à chaque mâchoire, une paire de canines supérieures et une paire de canines inférieures, enfin six paires de molaires supérieures et autant inférieurement (fig. 58).

Ils ont l'estomac simple, et ne jouissent pas, comme le bœuf, le mouton ou le cerf, de la propriété de ruminer.

L'étude anatomique du cheval, espèce principale de la famille des

(*) *a*) larmier ; — *b*) salière ; — *c*) chanfrein ; — *d*) encolure ; — *e*) toupet ; — *f*) garrot ; — *g*) poitrail ; — *h*) reins ; — *i*) coffre ; — *j*) ventre ; — *l*) croupe ; — *m*) bras ; — *m'*) cuisse ; — *n*) avant-bras ; — *n'*) jambe ; — *o*) genou ; — *o'*) jarret ; — *p*) canon ; — *q*) boulet ; — *r*) paturon ; — *s*) couronne ; — *t*) sabot.

équidés, offre autant d'intérêt pour le savant ou l'artiste que pour le
vétérinaire ; elle n'est pas moins digne de l'attention du philosophe, et
le naturaliste vient encore ajouter à son utilité quand, s'inspirant des
découvertes paléontologiques, il constate les efforts que la nature semble
avoir faits pour arriver à la production du plus beau et du plus recherché
de tous les quadrupèdes.

On sait en effet, grâce aux découvertes de géologues, qu'il existait
anciennement des animaux du même genre que le cheval en Europe
(chevaux fossiles de France, d'Angleterre, d'Allemagne, d'Italie, d'Espagne, etc.), et qu'il y en a également eu dans l'Amérique septentrionale
ainsi que dans l'Amérique méridionale.

Dans certains cas, il est bien difficile de distinguer les ossements fossiles appartenant à ces anciens chevaux, retrouvés dans le sol, de ceux
des chevaux de races domestiques que l'homme y a depuis lors enfouis :
mais il n'en est pas ainsi des débris analogues qui sont mêlés, dans les
terrains pampéens de l'Amérique méridionale, aux restes des grands
édentés autrefois propres à cette région ; ceux-ci constituent certainement une espèce à part.

En comparant le cheval aux animaux des genres voisins, tels que le
rhinocéros ou le tapir, on aperçoit bientôt sa supériorité organique sur
ces derniers, et les instincts de sociabilité qui le distinguent, l'intelligence relativement supérieure qui tend à le rapprocher de l'homme,
devaient aussi contribuer à le placer sous la domination de ce dernier.

L'emploi du cheval remonte à une antiquité préhistorique. Lorsque
nos contrées étaient encore peuplées par des éléphants, des rhinocéros,
de grands lions, des hyènes, cette espèce était peut-être déjà utilisée, mais
on n'a pas la preuve que l'homme sût alors l'employer comme monture.
Elle était complétement domestique à l'époque où les premiers peuples
de famille aryane, ancêtres des Européens actuels, commencèrent à se
répandre en Occident, et l'on retrouve dans les habitations lacustres de
la région des Alpes, ainsi que dans un certain nombre de cavernes dont
le remplissage remonte aussi à cette époque reculée, les débris des chevaux domestiques alors répandus dans nos contrées.

Après ces temps préhistoriques, l'emploi du cheval est devenu plus
général, et les variétés de cette espèce, quelle qu'en soit l'origine, se sont
multipliées et répandues, les unes robustes et appropriées à la traction
des fardeaux les plus lourds, les autres disposées pour la course et
capables de servir de monture ; d'autres encore réduites dans leurs
dimensions, mais pouvant néanmoins rendre des services réels.

A la première de ces catégories appartiennent les chevaux hollandais,
flamands et boulonnais ; les chevaux arabes, ainsi que leurs dérivés les
barbes et les anglais, sont des exemples de la seconde ; et l'on peut citer
les chevaux javanais et les corses, ceux de l'île d'Ouessant, ou mieux
encore ceux des îles Shetland et de l'Islande, tous remarquables par la
petitesse de leur taille, comme rentrant dans la troisième. Une race de
ces derniers n'a guère plus d'un mètre de hauteur.

Nos chevaux domestiques descendent-ils de ceux dont les troupes ont habité l'Europe pendant l'époque géologique dite époque quaternaire, et proviennent-ils de ceux qu'ont utilisés les premières populations humaines qui se sont fixées sur notre continent? Ont-ils au contraire été amenés à une date moins ancienne des plateaux asiatiques? Ainsi que le font pressentir les détails précédents, c'est là une question que les zoologistes n'ont pas encore résolue d'une manière certaine, et, bien que l'anatomie comparée semble donner raison à la première de ces deux hypothèses, d'autres présomptions militent en faveur de la seconde.

En ce qui concerne la phase des temps historiques dont nous parlent nos livres classiques, nous voyons Homère citer les nombreux haras que possédait Priam. Il attribue à Erichthonius, l'un des ancêtres du dernier roi troyen, trois mille juments et pareil nombre de poulains. Les bas-reliefs des monuments assyriens conservés au musée du Louvre, à Paris, et dans le musée de Londres, peuvent nous donner une idée de la beauté des chevaux que l'on possédait alors dans l'Asie Mineure. Nous savons aussi par les sculptures ou les peintures de l'ancienne Égypte qu'il y avait également de fort beaux chevaux dans ce pays. C'est sans doute cette race chevaline propre à l'Asie Mineure ainsi qu'à la vallée du Nil que les Grecs ont possédée plus tard. Le Parthénon nous en a transmis les formes sculptées avec autant de perfection que d'exactitude, et la mythologie grecque, en vouant le cheval à Neptune, semble reconnaître l'origine étrangère de cette espèce : c'est au dieu de la mer, et par suite à la navigation, qu'elle en attribue l'introduction.

Les rois de l'Asie Mineure encourageaient la production chevaline, dont ils tiraient sans doute des bénéfices, et l'ancienne Arménie a fourni pendant un certain temps des chevaux et des mulets aux princes commerçants de Tyr et de Sidon. Dès les temps anciens, la Perse cultivait la même industrie avec un égal succès. Cyrus avait réuni dans ses haras, en vue sans doute des grandes expéditions qu'il se proposait d'exécuter, huit cents étalons et seize cents juments. On sait que de nos jours les chevaux de race persane sont encore des chevaux fort estimés.

On dit que l'art de monter le cheval fut inventé par les Scythes, et que, lorsqu'ils vinrent en Thrace, les Grecs furent très-effrayés, parce qu'ils crurent que l'homme et l'animal ne formaient qu'un seul corps. Est-ce là le point de départ de la fable des centaures, ces êtres imaginaires supposés moitié hommes, moitié chevaux? Il est d'ailleurs connu que les Mexicains éprouvèrent les mêmes terreurs que les habitants. de la Thrace et qu'ils commirent la même méprise qu'eux, en voyant pour la première fois les cavaliers espagnols que Cortez lança à leur poursuite.

Il est à supposer que les Hébreux n'ont eu des chevaux que vers l'époque de David. Abraham, Isaac, Jacob, possédaient des ânes, dont il est question, en même temps que des moutons et des chameaux, dans l'énumération de leurs richesses, mais il ne paraît pas qu'avant le roi psalmiste les Juifs aient élevé le cheval, ni même recherché cet animal. A l'époque de Moïse, ils ne s'en servaient point encore, même dans les combats, et le grand législateur leur recommande, lorsqu'ils iront au combat, de n'avoir point peur des chevaux, non plus que des chariots de leurs ennemis, mais de placer leur confiance dans le Dieu d'Israël.

Cependant le livre des *Rois* nous parle de l'écuyer de Jonathas; il rapporte aussi que David, vainqueur d'Adarezer fils de Rohob, roi de Soba, sur l'Euphrate, lui prit dix-sept cents cavaliers, mais qu'il coupa les tendons des jambes à tous les chevaux des chariots et n'en réserva que pour cent chariots. Salomon fut mieux inspiré. Il rassembla un grand nombre de chariots et de gens de cheval; il eut quatorze cents chariots et douze cents hommes de cavalerie, qu'il distribua entre les villes fortes de son royaume, et il en retint une partie auprès de lui dans Jérusalem. Ces chevaux venaient de l'Égypte et de Coa, où on les achetait à un prix convenu. Un attelage de quatre chevaux d'Égypte coûtait à Salomon six sicles d'argent (ce qui met le prix de chaque cheval à 430 francs environ de notre monnaie). Un étalon lui revenait à six sicles. Le texte hébreu ajoute que tous les rois des Héléens et de Syrie vendaient aussi des chevaux à Salomon.

Indépendamment des excellentes qualités que nous lui reconnaissons de son vivant, le cheval peut également fournir après sa mort diverses substances utiles : sa peau, dont on fait du cuir; la corne de ses pieds, les crins de sa queue ou de son cou; ses tendons, qui servent à faire de la colle; ses os, dont on retire du noir animal ou qui servent à fabriquer des outils pour plusieurs corps d'états. Quelques autres de ses parties sont aussi recueillies et employées avantageusement.

On doit également le citer parmi les espèces alimentaires, et si sa chair n'est pas appelée à nous rendre les mêmes services que celle du bœuf ou du mouton, il n'est pas moins certain que, dans beaucoup de cas, il est possible d'en tirer un parti avantageux. Toutefois on a peut-être exagéré son utilité, dans ces dernières années surtout, et les *boucheries de cheval* établies à Paris ainsi que dans d'autres villes ne semblent pas avoir donné tous les résultats qu'on en attendait. A l'époque où le renne était répandu et utilisé dans nos contrées, les hommes mangeaient déjà le cheval.

Le plus souvent la chair de cette espèce n'est utilisable que comme engrais, attendu qu'on n'abat ces animaux que lorsque la fatigue, l'âge ou les maladies les ont mis tout à fait hors de service, et que, dans ces différentes circonstances, leur chair n'est plus dans des conditions qui en permettent un usage alimentaire à l'abri de tout inconvénient.

Il existe parmi nos chevaux plusieurs variétés, caractérisées par la différence de leur taille et la diversité de leurs proportions, ce qui permet de les employer à des usages très-divers, et nous fournit les chevaux de selle, de cavalerie grosse et légère, de trait, de labour, etc. Les plus beaux chevaux sont encore ceux des Orientaux; ils viennent particulièrement d'Arabie. Leurs qualités se retrouvent en partie dans certains

chevaux espagnols et surtout dans les chevaux anglais, qui en descendent. On s'applique à répandre cette race en France.

L'âge des chevaux est en général facile à reconnaître à l'usure plus
ou moins avancée de leurs dents incisives. Ces dents sont au nombre
de trois paires à chaque mâchoire. On les distingue en paire interne ou
pinces, intermédiaire ou mitoyennes, et externe ou coins. Lorsque les
chevaux sont encore jeunes, ils n'ont pas perdu leurs incisives de première dentition, et suivant le temps qui s'est écoulé depuis la naissance,
ils ont déjà toutes ces dents ou n'en possèdent encore qu'une partie.
Ensuite la cupule ou fossette produite par la
rentrée de l'émail dans le centre de la couronne est plus ou moins entamée par l'usure.

De dix à seize mois les pinces *rasent* (fig. 297),
c'est-à-dire que les fossettes s'y effacent et que
la couronne se nivelle.

D'un an à vingt mois, la même chose se
passe pour les mitoyennes, et de dix-huit mois
à deux ans les coins s'usent à leur tour. La
mâchoire inférieure est la seule que l'on con-
sulte, étant plus facile à observer.

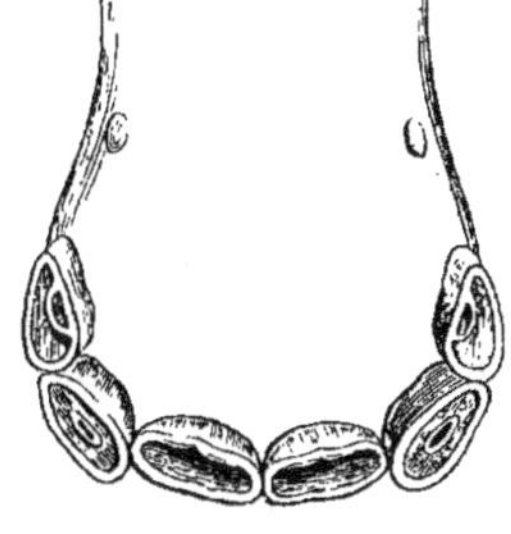

FIG. 297.

De deux ans et demi à trois ans, les inci-
sives de la seconde dentition commencent à remplacer celles de lait,
d'abord les pinces, puis les mitoyennes (de trois ans et demi à quatre),
enfin les coins (de quatre ans et demi à cinq).

Lorsque ce travail de remplacement s'est accompli, c'est le degré
d'usure des incisives persistantes qui sert de guide (fig. 298 et 299).

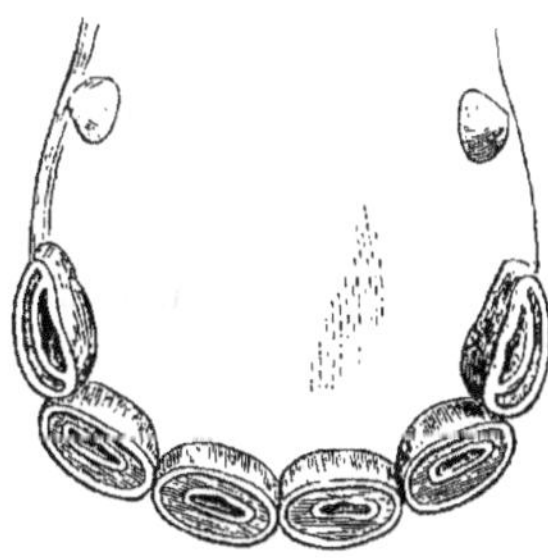

FIG. 298.

FIG. 299.

L'excavation des pinces disparaît entre cinq ans et demi et six ans;
celle des incisives mitoyennes un an après; celle des coins de sept à huit
ans. Alors les crochets, c'est-à-dire les canines, ont déjà apparu et leur
pointe a commencé à s'user.

Plus tard l'âge est difficile à apprécier, et le cheval *ne marque plus;*
on dit alors qu'il est *hors d'âge.* Cependant les gens experts savent encore
trouver des indications qui ne manquent pas de valeur. Il leur est également facile de reconnaître les excavations artificielles qu'on pratique

quelquefois à la couronne dentaire des chevaux hors de marque pour les faire croire moins vieux qu'ils ne le sont en réalité, et en obtenir par cette fraude un meilleur prix.

La couleur générale des dents, l'état plus ou moins avancé de l'usure des mâchelières ou molaires, la longueur des canines qui se déchaussent à mesure que l'animal vieillit, la grandeur et l'inégalité des molaires, les rides du palais, et quelques autres signes, permettent de se prononcer, mais d'une manière approximative, sur l'âge des chevaux hors de marque. La durée de la vie de ces animaux est d'environ trente ans.

Dans les steppes de la Tartarie, refuge actuel de leur espèce, on trouve encore des chevaux sauvages, mais ils n'ont pas entièrement conservé leur caractère primitif, car ils se recrutent incessamment d'individus échappés à la domesticité qui se mêlent avec eux. Quelques auteurs leur assignent même pour ancêtres des chevaux abandonnés faute de fourrages, lors du siége d'Azov en 1658. Au premier abord, cette opinion paraît bien hasardée; cependant elle devient soutenable si l'on se rappelle ce qui s'est passé en Amérique.

Les chevaux qu'on a portés sur ce continent s'y sont reproduits en grand nombre, sont redevenus sauvages ou à demi-sauvages, et ils ont repris les mœurs des tarpans, c'est-à-dire des chevaux libres de l'Asie. C'est parmi eux qu'on choisit parfois ceux qu'on veut dresser.

Dans ce cas, on chasse souvent toute une troupe à la fois, et en la poursuivant on s'efforce de l'enfermer dans un *corral* ou grand enclos circulaire fait de pieux solidement fixés en terre. Alors le chef monte sur un cheval vigoureux et dont il est sûr; il entre dans l'enceinte ayant à la main un *lazo* ou longue courroie fixée par une extrémité à sa selle et terminée à l'autre bout par un nœud coulant. Le cavalier lance ce nœud au cou du plus beau jeune cheval qui se présente à lui, et l'entraîne au dehors. Au moyen de cordes on embarrasse les jambes de l'animal et on le jette à terre; ensuite on lui met dans la bouche une forte courroie en forme de bride, puis on le selle. Un Indien armé d'éperons très-aigus le monte et on le laisse alors courir. Le cheval fait des efforts incroyables pour se débarrasser de son cavalier, mais inutilement; l'éperon le met au galop, et, après avoir couru un certain temps, il se laisse ramener à l'enclos où il a perdu sa liberté : il est dompté. On lui ôte sa bride et on le mêle aux chevaux domestiques, car dès ce moment il ne cherche plus ni à s'échapper ni à désobéir à son maître. Les Tartares ont depuis longtemps recours à des moyens analogues.

En France et dans le reste de l'Europe il n'y a plus de chevaux entièrement sauvages; ceux de la Camargue ne jouissent que d'une demi-liberté. Ils ont leurs maîtres, et des hommes sont chargés de les surveiller. A certaines époques de l'année on les emploie à dépiquer le blé. Partout ailleurs on élève ces animaux dans des haras, et l'industrie chevaline reçoit du gouvernement des encouragements qui ont beaucoup contribué à ses progrès.

Les principaux centres de production chevaline sont les Hautes-Pyrénées, ainsi que plusieurs départements du Centre, la Lorraine, l'Alsace, la Normandie et la Bretagne. Cette dernière province tient à cet égard le premier rang, et la Normandie le second.

Les gros chevaux de trait proviennent surtout du Boulonais (département du Pas-de-Calais), et de la Flandre (Nord); les chevaux légers de trait sont les bretons (Finistère), les percherons (Eure-et-Loir), les ardennais (Ardennes), et les landais (Landes). Les chevaux normands (Calvados) sont nos meilleurs demi-sang carrossiers; les navarrins (Basses-Pyrénées) et les limousins (Haute-Vienne) nos meilleurs demi-sang légers.

En ce qui concerne la couleur, on dit que les chevaux sont noirs, blancs, alezans, jaunes, brunâtres, café au lait, isabelle, bais, souris ou gris, rouans ou pies.

Un cheval adulte doit consommer au moins un litre d'avoine par heure de travail, et pendant les fatigues exceptionnelles on doit aller jusqu'à un litre un quart ou un litre et demi.

Fig. 300. — Âne.

L'âne (*Equus asinus*) est moins fort, moins obéissant et moins gracieux que le cheval, mais il est aussi d'une grande utilité, et comme il est à la fois plus sobre et d'un moindre prix, il est accessible au plus grand nombre. Cependant on l'emploie moins de nos jours dans la plupart des villes de l'Europe que dans celles de l'Orient ou du nord de l'Afrique.

Il a les oreilles plus longues que le cheval, porte une houppe au bout de la queue, qui est plus allongée, au lieu de longs crins tombants, et est marqué sur les épaules de deux bandes noires disposées en croix.

De même que le cheval, l'âne semble originaire d'Asie, mais on retrouve dans la région du Nil un type sauvage dont il paraît également descendre en partie. En France, la race la plus forte est celle du Poitou.

L'âne et le cheval produisent facilement ensemble. Les métis issus de leur croisement sont fort employés comme animaux de trait ou de transport. On en fait particulièrement usage en Espagne et dans le sud-est de la France. Ce sont les *mulets*, dont on reconnaît surtout l'avantage dans les pays de montagnes. Les équipages militaires emploient un grand nombre de ces animaux.

Les anciens ont déjà connu l'hémione (*Equus hemionus*), dont le nom signifie *demi-âne*, et qui tient en effet de l'espèce précédente par ses principaux caractères : il est teinté d'isabelle sur le dessus du corps et blanchâtre en dessous; au lieu d'une croix noire semblable à celle de l'âne, il ne porte sur le dos qu'une bande longitudinale de la même couleur. On essaye de le rendre domestique.

Le zèbre (*Equus zebra*) a d'abord été appelé *hippotigre*, ce qui signifie cheval-tigre, c'est-à-dire rayé comme le tigre.

Deux autres espèces africaines d'équidés présentent un mode de coloration analogue : ce sont le dauw (fig. 291) et le couagga.

CHAPITRE XXXI

BISULQUES (RUMINANTS ET PORCINS).

Animaux à doigts pairs, dont l'astragale est en forme d'osselet, c'est-à-dire ressemble à l'os ainsi nommé dans le mouton et dans le porc (fig. 133 et 134). Les uns ont l'estomac multiloculaire (fig. 38), sont herbivores et ruminent; les autres sont omnivores; leur estomac est simple ou peu compliqué.

On partage les bisulques en deux sous-ordres : les RUMINANTS et les PORCINS.

1° Ruminants.

Les RUMINANTS, dont on fait le plus souvent un ordre à part malgré les rapports qui les rattachent au reste des bisulques, c'est-à-dire aux porcins, sont des mammifères à sabots qui se distinguent de tous les autres par leur estomac multiloculaire et propre à la rumination. On reconnaît habituellement dans cet estomac les quatre parties que nous avons décrites précédemment, savoir : la panse, le bonnet, le feuillet et la caillette (fig. 38). Les dents des mêmes animaux affectent une disposition également caractéristique. En général, leurs molaires sont au nombre de six paires à chaque mâchoire, et les replis de l'émail sont disposés en croissants; il n'y a ni canines ni incisives supérieures, et la canine inférieure est en pince, peu différente des trois paires d'incisives que présente la même mâchoire (fig. 59). Les chameaux sont les ruminants qui s'éloignent le plus de cette disposition. Ils possèdent, même à l'état adulte, une paire de fortes canines supérieures, ainsi qu'une paire d'incisives, et, lorsqu'ils sont moins avancés en âge, leur mâchoire supérieure présente deux autres paires d'incisives, ce qui leur donne pour les dents de cette sorte la formule $\frac{3}{3}$. Leurs canines inférieures sont d'ailleurs plus semblables à celles des autres mammifères.

Cet ordre ou plutôt ce sous-ordre est riche en espèces, les unes de taille moyenne, les autres beaucoup plus grandes. Toutes vivent par troupeaux, ce qui les avait fait appeler *Pecora* par Linné.

C'est parmi elles que l'homme a trouvé ses principaux animaux domestiques.

Fig. 301. — *Mouflon de Corse.*

Un autre caractère des ruminants réside dans leurs pieds fourchus, c'est-à-dire bisulques à la manière de ceux des porcs, mais ayant de plus que chez ces animaux les deux métacarpiens et métatarsiens principaux réunis en un seul os, auquel on donne le nom de *canon* (fig. 131, B). L'hyémosque, ou chevrotain de Guinée, fait seul exception à cette règle.

Enfin les ruminants ont le cerveau pourvu de circonvolutions, et ce sont des animaux intelligents.

Cet ordre se partage en plusieurs familles, en tête desquelles on doit placer celle des Bovidés, ou ruminants à cornes pourvues d'étuis épidermiques, dont les bœufs, les chèvres, les bouquetins, les moutons, les mouflons et la nombreuse division des antilopes font partie.

Des bœufs sauvages ont autrefois vécu dans notre pays. Il y en avait de deux espèces distinctes : les uns plus semblables au bœuf domestique, mais plus grands que lui; les autres comparables au bison d'Amérique et appartenant à l'espèce aujourd'hui presque éteinte des aurochs. Les hommes d'alors faisaient la chasse à ces grands bœufs, comme les Peaux rouges la font de nos jours aux bisons que leur pays nourrit encore en abondance.

Fig. 302. — *Mouflon à manchettes.*

Les mouflons, dont il existe une espèce en Sardaigne et en Corse (fig. 301), sont des ruminants de moindre taille qui se rapprochent particulièrement des moutons. Les monts Aurès, en Algérie, en nourrissent une espèce qui se retrouve aussi dans la haute Égypte, et à laquelle on a donné le nom de mouflon à manchettes (fig. 302). Quant aux bouquetins, ils ressemblent davantage aux chèvres, et l'on a quelquefois supposé que ces dernières n'en étaient que des variétés dues à la domestication. Quelques points des Alpes et des Pyrénées, ainsi que la Sierra-Nevada, en Espagne, en nourrissent encore. Il y en a d'autres en Égypte et dans l'Asie. Ce sont aussi des animaux de montagnes.

Les antilopes sont bien plus nombreuses en espèces, et elles ont dû être partagées en plusieurs genres. L'Afrique en nourrit plus qu'aucun autre continent.

Fig. 303. — *Chamois.*

Les Alpes et les Pyrénées possèdent le chamois (fig. 303), qui est une espèce d'antilope.

Fig. 304. — *Antilope dorcas.*

Une seconde espèce européenne du même groupe vit dans la région des monts Ourals : c'est le saïga, qui paraît s'être étendu jadis jusqu'en France.

Les antilopes ont pour la plupart des formes gracieuses; leur pelage n'est pas moins élégant, et quelques espèces acquièrent de grandes dimensions, comme le gnou, le canna et plusieurs autres vivant dans l'intérieur de l'Afrique ou dans ses parties australes.

En Algérie, l'antilope la plus commune est l'*Antilope dorcas* (fig. 304), appelé aussi corinne et kevel. C'est un animal fort agile.

Nous citerons parmi les autres le bubale, qui acquiert une plus grande taille.

Le budorcas du Tibet a des formes plus trapues que celles d'aucun autre ruminant.

L'Inde fournit, entre autres espèces d'antilopes, le tchikara, qui porte quatre cornes, tandis que les autres animaux du même ordre n'en ont que deux.

Une antilope non moins singulière est l'antilope furcifère de l'Amérique centrale, dont les cornes sont pourvues sur leur longueur d'une sorte d'andouiller, et sont par conséquent bifurquées.

Après les bovidés viennent les CERVIDÉS, ou ruminants à bois caducs, tels que l'élan, le renne et les diverses espèces de cerfs, par exemple le cerf véritable, le daim et le chevreuil.

On rencontre aussi de véritables cerfs dans le nord de l'Afrique, particulièrement auprès de la Calle. En Asie, vivent d'autres espèces de la même famille, et il en existe aussi plusieurs dans les deux Amériques.

Les cornes des cervidés portent le nom de *bois*. Ce sont des prolongements osseux des os frontaux, recouverts d'une simple peau qui se dépouille lorsqu'ils ont acquis tout leur développement. Chaque année ils tombent, pour repousser de nouveau. L'espèce du renne est la seule chez laquelle les femelles portent normalement des bois.

Il a vécu autrefois en Europe plusieurs espèces de la famille des cerfs; elles différaient de celles d'à présent. Quelques-unes ont laissé d'innombrables débris auprès d'Issoire (Puy-de-Dôme), dans les dépôts sous-volcaniques de cette localité, ainsi qu'auprès du Puy en Velay.

Les tourbières de l'Irlande renferment beaucoup d'ossements d'une autre espèce, également anéantie, le *Cervus megaceros*, aussi appelé cerf à bois gigantesque. Cette grande espèce a de même existé en France.

Pendant l'époque glaciaire, le renne (fig. 9) s'est étendu jusque dans les parties centrales de l'Europe, où il était alors d'une grande utilité pour l'homme.

Ses débris osseux, souvent travaillés de diverses manières et transformés en instruments (fig. 237 et 238), se rencontrent dans les cavernes, associés aux silex taillés et à d'autres objets provenant des premières sociétés humaines. Aujourd'hui encore le renne est un animal indispensable aux peuples de race hyperboréenne.

La girafe (fig. 305), si remarquable par sa forme et par la longueur de son cou, se rapproche à quelques égards de la famille des cervidés ; mais elle a d'autres proportions, et ses cornes sont petites et fines ; elles sont entièrement velues et ne tombent pas. Cette grande espèce habite le centre de l'Afrique.

FIG. 305. — *Girafes*.

D'autres ruminants sont entièrement privés de prolongements frontaux.

Tels sont :

1° Les CHEVROTAINS, animaux ayant encore quelques ressemblances avec les plus petites espèces de cervidés. A leur groupe appartiennent le porte-musc, les tragules ou meminna (fig. 307) et l'hyémosque. Le porte-musc (fig. 306) a de très-fortes canines supérieures.

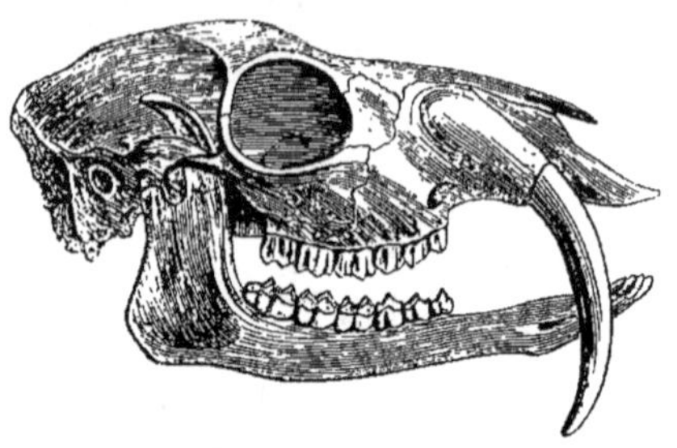

FIG. 306. — Crâne et dents du *Chevrotain porte-musc.*

FIG. 307. — *Chevrotains meminna.*

2° Les CAMÉLIENS, comprenant le chameau à deux bosses et le dromadaire (fig. 310), ainsi que le lama (fig. 311), l'alpaca et la vigogne, qui sont propres à l'Amérique méridionale.

Les chameaux, ruminants originaires d'Asie, et les lamas, qui sont tous américains, diffèrent déjà sensiblement des autres animaux du même groupe par leur dentition.

RUMINANTS DOMESTIQUES. — C'est à cet ordre de mammifères qu'appartiennent la plupart de nos animaux domestiques, particulièrement ceux que nous élevons pour leur chair ou leur lait. Précieux sous ce rapport, certains d'entre eux ne le sont pas moins par la force qu'ils mettent à notre disposition, et les travaux de l'agriculture reposent en grande partie sur l'emploi des espèces du genre bœuf.

Le bœuf domestique (*Bos taurus*), aujourd'hui répandu sur presque

tout le globe et dont les principales variétés sont si intéressantes à étudier et en même temps si précieuses, est la principale des espèces que
nous ait fournies le genre auquel il donne son nom (*Bos*). Ses congénères, le zébu (*B. indicus*) (fig. 308), propre à l'Inde; l'yak (*B. grunniens*),
des monts Altaïs et de l'Himalaya; le buffle (*B. bubalus*), et l'arni
(*B. arnee*), fort semblable au buffle, mais à cornes bien plus grandes, sont
également d'une grande utilité.

Fig. 308. — *Bœuf zébu.*

Nos bœufs sont probablement originaires d'Asie. Avant leur introduction en Europe, une espèce peu différente, mais de taille bien supérieure, à laquelle on a donné le nom de bœuf primitif (*B. primigenius*),
vivait dans nos contrées. On en retrouve de nombreux débris dans le
diluvium, dans les brèches, dans les cavernes, ainsi que dans les tourbières, associés à ceux de l'aurochs. Elle a été détruite depuis lors.

Le bœuf proprement dit a subi plus de modifications qu'aucune autre
espèce du même genre. Comme cet animal est aussi répandu depuis
longtemps en Afrique et dans l'Inde, ses variétés européennes ne nous
donnent qu'une idée incomplète des changements que son organisation
a éprouvés sous la double action de la diversité des climats et de l'intervention de l'homme. C'est sans contredit le plus indispensable de nos
animaux domestiques, soit par son rôle dans l'agriculture, soit par les
ressources qu'il fournit à l'alimentation.

Parmi les meilleures races de travail, nous citerons le bœuf de Salers
(Cantal), et parmi celles qui s'engraissent le plus facilement, le bœuf
charolais.

Nos bœufs les plus forts viennent de Normandie. La Flandre, la Normandie et la Belgique fournissent les meilleures vaches laitières.

L'Angleterre a aussi ses races de prédilection, en particulier le *durham* (fig. 309), si avantageux comme animal de boucherie.

FIG. 309. — *Bœuf de Durham.*

Les bœufs de Hongrie sont remarquables par le grand développement de leurs cornes.

En Afrique, les animaux de cette espèce sont de moindre taille.

En Asie, ils sont encore différents.

Les CHÈVRES offrent à leur tour une assez grande diversité de caractères. Celles des Pyrénées et celles des Alpes diffèrent notablement des chèvres ordinaires, et l'Afrique ainsi que l'Asie en fournissent encore d'autres. L'Himalaya nourrit des animaux sauvages qui s'en rapprochent beaucoup.

Parmi les variétés exotiques, on doit citer de préférence les chèvres dites d'Angora, en Anatolie, ainsi que celles de Cachemire et du Tibet, dans l'Asie centrale, toutes trois très-renommées pour la finesse de leurs poils.

Les chèvres mambrines, dites aussi chèvres de Juda, sont les plus petites du genre ; elles sont surtout répandues dans le nord de l'Afrique.

Celles de la haute Égypte sont plus grandes, à oreilles tombantes et à chanfrein très-busqué. Leur mâchoire inférieure dépasse sensiblement la supérieure ; elles représentent la modification camarde dans ce groupe d'animaux domestiques.

Les moutons sont également variés dans leurs formes et dans leurs principales particularités, et l'on s'est demandé s'ils ne proviendraient pas non plus de plusieurs espèces primitivement distinctes. On partage les races de ce genre en diverses catégories d'après les proportions de leur corps et les qualités de leur laine. Une des plus précieuses est le mérinos (fig. 343), de provenance espagnole.

Les ruminants sans cornes ont aussi fourni des espèces domestiques. Le chameau à deux bosses (*Camelus bactrianus*) et le dromadaire (*C. dromedarius*) (fig. 310), si employés en Orient, ont pour patrie, le pre-

Fig. 310. — *Dromadaire.*

mier les régions situées à l'est de la Caspienne, et le second l'Arabie. Ils ont été répandus à l'est jusqu'en Chine, et à l'ouest dans une grande partie de l'Afrique.

Fig. 311. — *Alpaca.*

La sobriété de ces mammifères, la facilité qu'ils ont de résister à la soif, et leurs pieds appropriés aux sables du désert, en font des montures précieuses dans les grandes régions sableuses de l'Asie et de l'Afrique.

L'Amérique méridionale a aussi fourni une espèce domestique, l'al-

'paca (*Auchenia paco*), et le lama (*Auchenia lama*), qui rentrent dans un genre particulier ayant de l'analogie avec celui des chameaux, mais dont il n'existe aucune espèce propre à l'ancien continent.

C'est au même genre qu'appartiennent les guanacos ou lamas sauvages, et les vigognes, dont le poil sert à faire d'excellents tissus. Ces animaux donnent des métis avec l'alpaca.

Avant la conquête espagnole, ce dernier et le lama étaient les seules bêtes de somme des Péruviens et des autres peuples de l'Amérique du Sud, qui en tiraient aussi de grands avantages comme animaux alimentaires et comme bêtes de transport. Leur toison était également employée pour la fabrication des tissus, et elle sert encore au même usage.

On a cherché de nos jours à acclimater les lamas en Europe. Les régions de montagnes leur conviendraient de préférence. Ils y rendraient bientôt de véritables services.

Dès 1765, Buffon avait conçu le projet d'enrichir nos Alpes et nos Pyrénées de ces animaux précieux, et depuis lors on a tenté de nouveaux essais, mais jusqu'à présent ils sont restés sans résultat.

2° Porcins.

L'analogie qui existe entre le pied du porc et celui des ruminants a été remarquée de tout temps, et elle a fait classer ces animaux dans un même groupe naturel, sous la dénomination commune de *bisulques* ou *bisulces*.

FIG. 312. — *Pécari.*

Cependant, depuis Cuvier, cette manière de voir, quoique parfaitement fondée, avait été abandonnée en considération de la conformation singulière des dents des porcins, qui, dans les espèces actuellement existantes, plus particulièrement dans le porc et dans le sanglier, diffèrent notablement de celles des bœufs, des moutons et des cerfs.

Les sangliers et les porcs, ainsi que les animaux qui appartiennent au même sous-ordre, comme l'hippopotame (fig. 315), le phacochère (fig. 313), le babiroussa (fig. 314) et le pécari (fig. 312), ont dès lors été réunis aux jumentés (chevaux, rhinocéros, etc.), sous la dénomination commune de pachydermes, tandis que les ruminants ont été considérés comme formant un ordre à part. Cependant les porcins n'ont pas d'affinités réelles avec les jumentés; ils en présentent au contraire d'incontestables avec les ruminants.

Ainsi le pied des porcins est fourchu comme celui des ruminants (fig. 131, A); ils ont comme eux l'astragale en forme d'osselet (fig. 134); leur fémur manque également de troisième trochanter, etc. Cependant ils n'ont point les métacarpiens et les métatarsiens principaux réunis en canons, sauf en partie chez les pécaris, et ils ont les dents appropriées à un régime essentiellement omnivore, ce qui ne permet pas de les confondre avec les ruminants; en outre, que leur estomac soit simple ou compliqué, ils ne ruminent dans aucun cas.

Les différents genres du sous-ordre des porcins sont principalement répandus dans l'ancien continent. L'Amérique n'en nourrit qu'un seul, celui des pécaris (fig. 312), qu'on voit fréquemment représenté dans nos ménageries.

FIG. 313. — *Phacochère*

Il y a au contraire des sangliers en Europe, en Asie, en Afrique, et, assure-t-on, à Madagascar. Ils sont de différentes espèces.

Les phacochères (fig. 313), animaux particuliers au continent africain, sont remarquables par le grand développement de leurs défenses.

P. G. 26

Les babiroussas (fig. 314) ne vivent qu'aux Moluques, et c'est seulement en Amérique qu'existent les pécaris.

FIG. 314. — *Babiroussa.*

Les hippopotames (fig. 315) sont d'énormes animaux de la division des porcins qui sont propres aux grands fleuves de l'Afrique. Ils s'étendaient autrefois jusqu'en Europe, et l'on trouve même en France des

FIG. 315. — *Hippopotame.*

ossements et des dents qui leur ont appartenu. Ces fossiles sont enfouis avec ceux qu'ont laissés les éléphants, les rhinocéros tichorhines, les hyènes, les grands ours et les grands félis dans les sédiments d'époque quaternaire.

Le même sous-ordre comprend, indépendamment des espèces que nous venons de nommer, un grand nombre de genres éteints propres

à l'époque tertiaire, parmi lesquels il en était, comme les anoplothériums (fig. 225 [1]), les xiphodons (fig. 316), les amphiméryx, etc., qui rat-
tachaient d'une manière intime les porcins aux ruminants. Plusieurs
semblent avoir eu des affinités particulières avec les camélidés et les chevrotains.

FIG. 316. — Xiphodon.

Quelques-uns de ces animaux fossiles étaient tellement intermédiaires
aux deux grandes divisions des bisulques, qu'il est impossible de décider
s'ils jouissaient oui ou non de la propriété de ruminer, et l'on ne
réussit à les distinguer nettement des ruminants qu'en constatant qu'ils
avaient tous des incisives supérieures et que leurs métacarpiens et leurs
métatarsiens principaux n'étaient pas réunis en canons.

Les anoplothériums, les xiphodons et les amphiméryx sont du nombre
de ces curieux animaux, enfouis dans les carrières à plâtre des environs de
Paris, dont Cuvier et quelques autres naturalistes ont refait l'histoire
d'une manière pour ainsi dire complète, quoiqu'ils aient disparu depuis
une époque extrêmement reculée. Les paléothériums, qui rentrent au
contraire dans l'ordre des jumentés, appartenaient à la même population
zoologique, ainsi que les deux genres de grands carnivores auxquels on
a donné les noms d'hyénodon et de ptérodon. On a également signalé
avec eux d'autres porcins de forme particulière, tels que le chéropotame,
des rongeurs, une chauve-souris et deux petites espèces de marsupiaux
voisins des sarigues.

Il existait également, à cette époque reculée, des oiseaux de divers
ordres, des reptiles, particulièrement des trionyx et des crocodiles. Des
poissons lacustres, au nombre desquels figurait une espèce fort voisine
des amies, genre actuellement sud-américain, et des mollusques terrestres ou fluviatiles, ainsi que des insectes très-variés, des crustacés lacustres, etc., complétaient cette faune dont nos carrières à plâtre et d'autres

1. Désignée à tort sous le nom de Xiphodon.

dépôts lacustres de même âge géologique nous ont conservé les débris. En même temps poussaient dans la région où se trouve situé Paris des végétaux fort curieux, parmi lesquels il suffira de citer des palmiers du genre *Flabellaria*.

Porcins domestiques. — Une de nos plus utiles espèces d'animaux domestiques est fournie par l'ordre des porcins : c'est celle à laquelle cet ordre doit son nom, le porc (*Sus domesticus*). Cet animal, également connu sous la dénomination de cochon, rentre dans le même genre que le sanglier. On sait la multiplicité des emplois alimentaires auxquels se prêtent sa chair et les autres parties de son corps; on sait aussi avec quelle facilité on développe son système graisseux, et quels avantages le porc offre sous ce double rapport.

Fig. 317. — *Porc du Périgord.*

L'origine des cochons domestiques est restée fort obscure. Au lieu d'admettre qu'ils descendent uniquement de nos sangliers d'Europe, on a supposé quelquefois que c'est dans les sangliers asiatiques qu'il faut principalement en rechercher la souche, et il est possible que plusieurs espèces soient intervenues pour les fournir.

Les cochons de Chine et ceux du Japon[1] sont peu semblables aux nôtres. Ces derniers offrent eux-mêmes des différences assez grandes, particulièrement dans la forme, tantôt raccourcie, tantôt allongée, de leur crâne.

Les cochons à demi sauvages des Papous[2] ont encore d'autres caractères, et constituent probablement une espèce à part.

Les naturalistes ne savent pas toujours distinguer les caractères primitifs et fondamentaux des animaux domestiques de ceux que leurs différentes races doivent à l'influence de la culture. On peut cependant

1. *Sus plicipeps.* — 2. *Sus papuensis.*

ranger dans cette seconde catégorie la disposition tombante des oreilles, la rareté du poil et sa décoloration, les pendeloques sous-maxillaires et la disposition à l'obésité graisseuse, qui se remarquent chez certaines variétés de porcs, ainsi que chez plusieurs autres genres d'animaux domestiques.

L'inconstance des couleurs pour ces derniers est aussi un caractère adventif. En ce qui concerne particulièrement les porcs, la brièveté de la face, si évidente chez quelques-unes de leurs races, paraît être également dans ce cas.

Nos sous-races françaises sont, indépendamment du porc ordinaire, l'augeronne (de Normandie), la craonaise (de la Mayenne), la périgourdine (fig. 317), la bressane et la pyrénéenne.

Les sous-races anglaises sont plus faciles à engraisser que les nôtres, mais elles leur sont inférieures par la quantité de leur chair. Les porcs du Yorkshire sont fort estimés, et les jambons qu'on en prépare sont recherchés pour les meilleures tables.

En Lorraine, en Alsace et en Allemagne, les porcs sont l'objet d'une culture importante, et ils entrent pour une part considérable dans l'alimentation publique.

CHAPITRE XXXII

ÉDENTÉS.

Les ÉDENTÉS ne manquent pas absolument de dents, comme leur nom pourrait le faire supposer; mais, sauf une exception fournie par le tatou encoubert, ils n'ont pas d'incisives, et la partie antérieure de leurs mâchoires est par conséquent dépourvue de ces organes. Du reste, toutes leurs dents sont semblables entre elles, ou à peu près semblables, et pourvues d'une seule racine; c'est ce qui les a fait quelquefois appeler des mammifères *homodontes*. Ces animaux ont d'ailleurs quelque chose d'insolite dans leur conformation générale; ils sont presque tous fouisseurs, et leurs ongles sont très-longs. En outre, ils ont habituellement la langue fort grêle et ils s'en servent pour recueillir leurs aliments, qui consistent, chez beaucoup d'espèces, en insectes, particulièrement en fourmis. Leurs habitudes ne témoignent d'aucune intelligence; ils ont peu de circonvolutions cérébrales, et sont assez différents les uns des autres pour qu'on soit tenté de les regarder comme constituant plusieurs ordres au lieu d'un seul.

La première famille des édentés est celle des PARESSEUX, comprenant les unaus et les aïs, que Buffon a considérés à tort comme étant des êtres entièrement disgraciés de la nature. Ils vivent sur les arbres et mangent des substances végétales.

Auprès d'eux se placent, dans la classification, des animaux de très-grande dimension, propres aussi à l'Amérique, mais dont les espèces ont été anéanties pendant les dernières révolutions du globe : ce sont les MÉGATHÈRES, comprenant les genres *Megatherium*, *Cœlodon*, *Megalonyx*, *Mylodon*, *Scelidotherium*, etc., qui ont sans doute vécu alors que tant d'animaux gigantesques peuplaient aussi l'Europe, c'est-à-dire pendant la période quaternaire de certains géologues.

Les FOURMILIERS sont d'autres mammifères du même ordre; leur principal caractère est de manquer complétement de dents. Ils ont des allures très-bizarres. Les plus grands sont les tamanoirs (fig. 318), qui sont terrestres; les plus petits, ou les myrmidons, aussi appelés fourmiliers didactyles, sont essentiellement grimpeurs. Un genre intermédiaire est celui des tamanduas.

FIG. 318. — *Fourmilier tamanoir*.

Le nom de fourmiliers par lequel on désigne les animaux de ce groupe fait allusion à leur nourriture, qui consiste essentiellement en fourmis.

FIG. 319. — *Tatou cachicame*.

Après eux viennent les TATOUS (fig. 319), qui habitent également l'Amérique et sont remarquables par la présence d'une espèce de carapace, formée d'une multitude de petites pièces osseuses disposées par zones successives, qui recouvre leur corps. Leur tête et leur queue sont protégées de la même manière. Ce groupe renferme plusieurs genres, tels que les priodontes, les encouberts, les cabassous, les cachicames (fig. 319), les apars et les chlamyphores.

Les glyptodons et les chlamydothériums étaient des tatous gigantesques contemporains des mégathères; leur taille approchait de celle des hippopotames, mais ils avaient le corps plus ramassé.

Tous les autres édentés connus sont étrangers à l'Amérique.

Ce sont les oryctéropes, animaux d'assez forte dimension que l'on trouve dans l'Afrique intertropicale et au cap de Bonne-Espérance, ainsi que les pangolins de l'Afrique et de l'Inde.

Les Oryctéropes sont gros et bas sur jambes; leur museau est allongé; leur corps est lourd et garni de poils rappelant ceux des cochons. On les a dans certains cas nommés cochons de terre, parce qu'ils ont quelque chose de la physionomie des porcs, et qu'en même temps ils sont fouisseurs.

Les Pangolins sont plus singuliers encore. Ils ont le corps recouvert de plaques cornées, comparables à de gros ongles et disposées à la manière des écailles. Ce sont, comme les fourmiliers, des animaux entièrement privés de dents. Les phatagins appartiennent à la même famille qu'eux, et n'en diffèrent que par quelques traits secondaires; ils sont particuliers à l'Afrique.

On a nommé *Macrotherium* un genre de grands édentés qui a vécu en Europe pendant l'époque tertiaire moyenne. Ces fossiles paraissent avoir eu quelque analogie avec les pangolins; mais leur forme était encore différente de celle de ces animaux et ils étaient pourvus de dents.

CHAPITRE XXXIII

MAMMIFÈRES MARINS.

Ces animaux, étant destinés à un autre genre de vie que ceux dont nous venons de nous occuper, ont une organisation notablement différente de la leur. Leur corps est allongé et comme en fuseau ; leurs pieds sont courts, empêtrés et disposés en forme de nageoires. Tous sont intelligents et leur cerveau est pourvu de nombreuses circonvolutions. En tenant compte de la conformation de leurs membres, de la disposition de leurs dents et de plusieurs autres de leurs caractères, on peut les partager nettement en trois groupes ou ordres, dont il va être successivement question sous les noms de *Phoques*, *Sirénides* et *Cétacés*.

Ordre I. Phoques. — Les phoques sont pourvus de quatre membres, mais leurs doigts sont toujours terminés par des ongles; la partie terminale en est disposée en nageoire, et le corps, qui est fusiforme, jouit d'une grande souplesse, ce qui facilite encore les mouvements de natation.

Les phoques sont entièrement couverts de poils. Ils ont les mâchoires armées de trois sortes de dents : des incisives, des canines et des molaires.

Les espèces de ce groupe sont répandues dans toutes les parties de l'Océan, sur le littoral des continents et des archipels. Elles exécutent rarement des voyages dans la haute mer. Cependant les phoques nagent avec une extrême facilité, et ils plongent également bien, la disposition de leur système veineux leur permettant de rester assez longtemps sous l'eau. Ce sont des animaux remarquables par leur intelligence et qui vivent par troupes là où l'homme ne gêne pas leur développement. On s'est souvent demandé s'ils ne seraient pas susceptibles d'être rendus domestiques ; mais aucun essai n'a encore été tenté à cet égard. Leur alimentation consiste en poissons, en mollusques, en crabes, ainsi qu'en animaux marins de diverses sortes, et leurs dents sont souvent lobées à la couronne (fig. 64).

Ils viennent fréquemment à terre, mais ils y sont assez embarrassés dans leurs mouvements. Les otaries, ou phoques à oreilles, marchent cependant mieux que les autres; on les trouve dans l'Atlantique austral et dans presque tout le Pacifique.

Fig. 320. — *Morse.*

Les phoques sans oreilles sont particuliers les uns aux régions australes, les autres aux régions arctiques. Les plus gros de ces animaux sont les macrorhines, ou phoques à trompe, appelés aussi éléphants de mer, et les morses ou chevaux marins (fig. 320). Les macrorhines appartiennent aux régions australes et les morses aux mers arctiques. Les canines supérieures de ces derniers sont longues et fortes et constituent de véritables défenses; elles fournissent un bon ivoire.

Sur les côtes de l'Europe tempérée se trouvent plusieurs espèces de phoques; elles sont de trois genres différents, savoir : les phoques ordinaires (fig. 321), répondant au genre callocéphale, dont nous avons plusieurs espèces sur l'Océan et dans la Manche; le stemmatope, ou phoque à capuchon, qu'on n'a encore pris qu'une seule fois dans les eaux françaises, à l'île d'Oléron, et le phoque moine, du genre pélage, qui vit dans la Méditerranée.

La peau des phoques sert à différents usages; le poil en est rude.

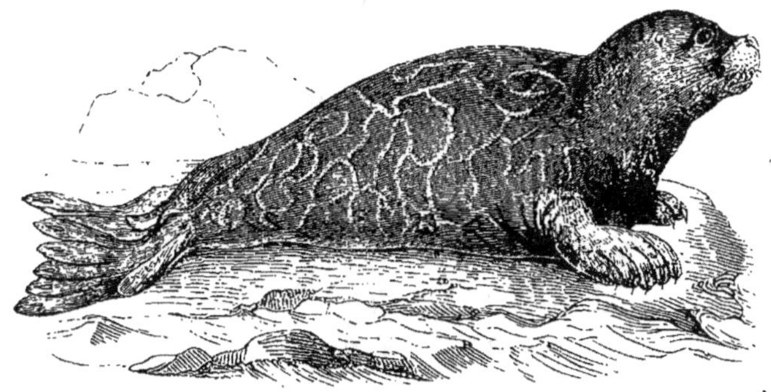

Fig. 321. — *Phoque marbré.*

Ordre II. Sirénides. — Ces animaux n'ont que des membres antérieurs. Leurs doigts ne se distinguent pas à l'extérieur, étant réunis sous la peau pour former une rame natatoire; cependant les ongles persistent dans les lamantins. Le corps des sirénides se prolonge en arrière en une queue ayant un volume aussi considérable que celle des poissons, mais dont la nageoire terminale est horizontale au lieu d'être verticale, comme chez ces animaux. Les sirénides n'ont que deux sortes de dents : des incisives et des molaires. Leurs mamelles sont pectorales.

On a comparé ces animaux, soit à des proboscidiens, soit à des porcins qui seraient organisés pour vivre exclusivement dans l'eau; ils offrent en effet dans leur conformation générale un certain nombre de particularités qu'on ne retrouve guère que chez ces ongulés.

Les sirénides actuellement vivants ne forment que trois genres, qui sont connus sous les noms de : lamantin, rhytine et dugong; tous trois sont étrangers aux mers de l'Europe. Le genre éteint des halithériums les a autrefois représentés dans nos régions durant la période tertiaire. Les mers avaient alors une circonscription autre que celle qu'elles ont eue plus récemment, et elles nourrissaient aussi des animaux assez différents de ceux d'à présent. Il a existé plusieurs espèces d'halithériums.

Peut-être les dugongs (fig. 322), qui vivent dans la mer des Indes et dans la mer Rouge, ont-ils donné lieu à l'ancienne fable des sirènes ou femmes marines dont la mythologie vantait la voix enchanteresse. Cette supposition a fait étendre à l'ordre entier de ces animaux la dénomination de sirénides.

La chair, la peau et les dents des sirénides peuvent être employés, et il serait possible de tirer des lamantins un excellent parti comme animaux

alimentaires. Les tribus, des bords de l'Amazone mangent les lamantins;
les nègres de la côte occidentale d'Afrique les recherchent aussi pour
s'en nourrir. En prenant les précautions nécessaires, on réussirait sans
doute à les rendre domestiques. Ce seraient, pour ainsi dire, des troupeaux

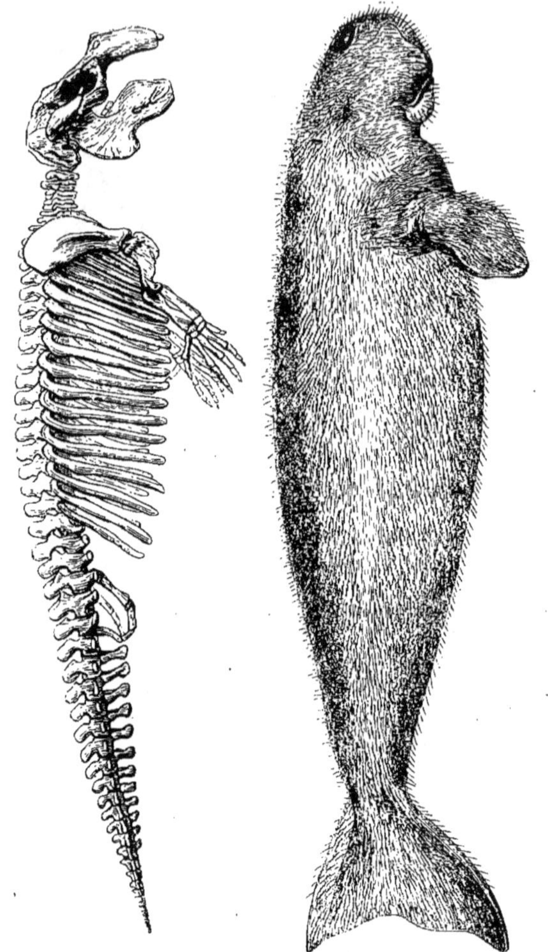

FIG. 322. — *Dugong* et son squelette.

aquatiques; et comme les lamantins vivent aussi bien dans les eaux saumâtres ou même tout à fait douces que dans les eaux salées, on voit
quel avantage on aurait à les faire pulluler dans les lacs et dans les
étangs. C'est dans la région du haut Amazone que l'on devra d'abord
entreprendre de semblables essais.

Le genre rhytine paraît avoir été anéanti depuis le commencement de
ce siècle. Il était antérieurement très-commun vers les îles Aléoutiennes

et le détroit de Behring. C'est aux navigateurs russes et américains que l'extinction en est due. De même que les dugongs, ces sirénides étaient exclusivement propres aux eaux de la mer. On trouve des dugongs non-seulement dans la mer Rouge et dans l'océan Indien, mais encore jusque sur les côtes de l'Australie; ils sont encore nombreux dans le détroit de Torrès.

ORDRE III. CÉTACÉS. — L'organisation des cétacés est encore plus complétement appropriée à la vie aquatique que celle des phoques ou même des sirénides. Ces animaux n'ont qu'une seule paire de membres, les antérieurs, dont la forme est celle de véritables rames, et qui sont toujours dépourvus d'ongles[1]. La plupart ont sur le dos une troisième nageoire simplement cutanée, et leur forte queue est terminée par un élargissement également cutané, qui forme une sorte de gouvernail caudal comparable à la queue des poissons, mais disposé transversalement. Leurs dents sont d'une seule sorte, toujours à une seule racine. Leurs mamelles sont placées auprès de l'anus.

Les cétacés ne sortent jamais de l'eau; ils y prennent leur nourriture, y élèvent leurs petits et y exécutent tous leurs mouvements. Obligés de venir à la surface pour respirer l'air, ils ont les narines disposées de telle manière qu'ils peuvent ouvrir la gueule, lorsqu'ils saisissent leur nourriture, sans s'exposer à introduire de l'eau dans leurs voies aériennes.

Chez ces animaux, le voile du palais sépare nettement la bouche de la cavité pharyngienne, et il ne se relève que quand la bouche elle-même est tout à fait débarrassée de l'eau qui s'y était introduite avec les aliments, ou que le larynx, susceptible à son tour de se déplacer de bas en haut, s'est logé comme un tube dans les arrière-narines. Les narines des cétacés, à cause de leur contact continuel avec le liquide dans lequel ces animaux sont plongés, sont d'ailleurs peu favorables à l'odorat, et les lobes antérieurs du cerveau ou les lobes olfactifs manquent même chez ces mammifères, ou, lorsqu'ils existent, ils restent tout à fait rudimentaires.

C'est parmi les cétacés que prennent rang les animaux les plus grands de la création, tels que les cachalots et les baleines. Ils se nourrissent de substances animales, et, chose remarquable, ce sont souvent de très-petites espèces, soit des mollusques, soit des crustacés pélagiens, qui constituent leur principal aliment. Il est vrai qu'ils les trouvent réunis par véritables bancs, et que par cela même ils peuvent s'en procurer en peu d'instants des quantités considérables.

Les cétacés sont des mammifères essentiellement marins, mais tous ne sont pourtant pas dans ce cas. Il en existe dans l'Amazone et dans les principaux affluents de cet immense fleuve plusieurs espèces qui ne vont jamais à la mer : tels sont l'inie et des dauphins moins différents du dauphin ordinaire.

---

1. On trouve sous la peau des baleines, attenants à leur bassin, des rudiments de membres postérieurs. Les halithériums étaient dans le même cas.

Les cachalots, gigantesques animaux dont nous tirons de l'huile, du spermaceti ou blanc de baleine, de l'ivoire et des os d'une consistance presque égale à celle de l'ivoire lui-même, forment un premier genre de cétacés. Auprès d'eux se placent les ziphius et les hyperoodons, qui leur ressemblent assez, et ont de même le crâne chargé d'une quantité considérable de la substance appelée blanc de baleine. L'hyperoodon, la plus grosse espèce de ce groupe, échoue quelquefois sur nos côtes de la Manche; il est plus commun dans les mers du Nord. Les ziphius, qu'on a cru pendant longtemps constituer un groupe entièrement éteint, vivent dans la Méditerranée, dans l'Atlantique et dans la mer des Indes; ils ne se montrent qu'accidentellement dans nos parages. Certaines espèces fossiles qu'on leur avait associées ont dû en être séparées génériquement.

Viennent ensuite les dauphins, animaux plus nombreux en espèces et dont la taille offre de grandes différences. Elle varie depuis celle des orques et des globiceps, qui n'ont pas moins de 10 à 12 mètres de long, jusqu'à celle des marsouins, qui dépassent à peine un mètre. Tous ces cétacés ont des dents et forment, avec les cachalots et les ziphius, un premier sous-ordre auquel on donne le nom de CÉTODONTES.

Leur espèce la plus commune est le dauphin proprement dit, ou dauphin vulgaire (fig. 323), qui visite tout notre littoral, soit dans l'Océan, soit dans la Méditerranée.

FIG. 323. — *Dauphin vulgaire.*

Les dauphins vivent en général de poissons, et leur estomac est multiloculaire. Certains de ces animaux sont d'une voracité extrême; ils dévastent les parages qu'ils fréquentent et nuisent beaucoup aux pêcheurs en saccageant leurs filets. Il en est d'autres, comme les orques ou épaulards, qui mangent des phoques et des marsouins, dont ils font une grande consommation.

Nous citerons encore comme appartenant à la même division le narwal des mers polaires, qui est armé d'une très-longue dent antérieure fort recherchée comme ivoire : c'est la licorne de mer.

Une autre catégorie du même ordre comprend les baleines ou cétacés à fanons, appelés aussi MYSTICÈTES, auxquels on fait la chasse pour se procurer la matière huileuse dont leur corps est abondamment pourvu, ainsi que leurs fanons, c'est-à-dire les grandes lames cornées qui sont placées dans leur bouche (fig. 60) et leur servent comme de nasse pour retenir les myriades d'animalcules destinés à leur alimentation.

FIG. 324. — *Baleine franche.*

Les baleines franches (fig. 324) sont celles qui ont les plus grands fanons et dont le corps fournit le plus d'huile; ce sont aussi celles qu'on poursuit de préférence : mais l'espèce particulière aux parages du Nord, et dont la pêche a donné pendant longtemps d'excellents résultats, est devenue fort rare de nos jours. Cependant, en 1697, les Hollandais en capturèrent à eux seuls douze cent cinquante-deux individus, et les Hambourgeois, réunis aux Brémois, six cent trente-quatre. En 1736, il en fut pris huit cent cinquante-sept exemplaires par les baleiniers hollandais, dont les navires consacrés à cette pêche s'élevaient au chiffre de cent quatre-vingt-onze; mais déjà, en 1771, la marine hollandaise ne prit plus que cinq cents baleines, quoique le nombre de ses navires armés pour cette pêche eût été porté à deux cent cinquante-quatre. Depuis lors les produits ont continué à diminuer, et les armements pour le Nord ont cessé, les baleiniers ayant été forcés de se diriger vers le Sud, et bientôt de poursuivre les grands cétacés jusque dans les régions septentrionales du Pacifique; ce qui a donné aux Américains un grand avantage sur les Européens.

Les baleines qui habitent ces parages sont spécifiquement différentes de celles du Spitzberg et du Groenland; les naturalistes les décrivent sous les noms de baleine australe, baleine des antipodes et baleine du Japon.

Au XIIe siècle, les Basques pêchaient des baleines dans le golfe de Gascogne et à l'entrée de la Manche; mais ce n'étaient pas des baleines franches. Elles étaient d'une forme un peu différente de celle de ces dernières et différaient à la fois des baleines du Nord ainsi que des baleines australes. Cette espèce est devenue si rare dans les mêmes parages, qu'on l'y connaît à peine de nos jours. C'est au naturaliste danois Eschricht qu'on doit d'en avoir rétabli les caractères. Il lui a donné le nom de baleine de Biscaye.

Les rorquals, au genre desquels appartiennent la plupart des mysticètes que l'on pêche de temps en temps sur nos côtes, ont les fanons plus courts que les vraies baleines, et la panne graisseuse moins épaisse; aussi sont-ils bien moins recherchés, et dans la plupart des cas on se borne à utiliser les exemplaires que la mer a rejetés, sans en faire une pêche régulière. L'espèce la plus commune se prend jusque dans la Méditerranée.

On reconnaît extérieurement ces cétacés à leur corps plus effilé que celui des vraies baleines et à leur plus grande agilité; leur gorge et leur ventre sont comme cannelés. Quelques-uns ont les nageoires plus longues que les autres, et sont plus agiles encore; on les désigne par les noms de mégaptères, longimanes, etc., qui rappellent cette disposition.

CHAPITRE XXXIV

MARSUPIAUX.

La deuxième sous-classe des mammifères est celle des Marsupiaux ou Didelphes, animaux terrestres très-différents entre eux par leur forme extérieure; ayant des modes de locomotion également très-variés, et qui sont, les uns carnivores, les autres insectivores, frugivores ou herbivores; mais qui tous ont une double gestation, l'une à l'intérieur du corps de la femelle, l'autre dans la poche où sont placées ses mamelles. Ces animaux présentent d'ailleurs certains caractères communs qui permettent de les distinguer des monodelphes ou mammifères de la première sous-classe.

Parlons d'abord de la singulière particularité de leur double gestation. Chez tous les marsupiaux, le petit, après s'être formé au moyen de l'ovule provenant de l'ovaire, ne séjourne que très-peu de temps dans le corps de sa mère. Il est mis au monde prématurément et dans un état de débilité telle (fig. 325) qu'il ne tarderait pas à périr si la mère ne le recueillait dans la poche enveloppant ses mamelles ou dans le repli cutané qui, chez d'autres espèces, protége ces glandes. Dans des marsupiaux presque aussi grands que le chat, le petit qui vient

Fig. 325.

de naître n'est guère plus gros qu'un grain de café; son corps est entièrement nu et il n'a encore aucune force. Quand sa mère l'a attaché à ses mamelles, il y reste fixé jusqu'à ce qu'il ait atteint le développement qui caractérise les monodelphes au moment de leur naissance. Alors il peut quitter le mamelon ou le reprendre à volonté; il avance de temps en temps sa tête jusqu'à l'ouverture de la poche (fig. 327), quitte même momentanément cette dernière comme le petit mammifère ou le jeune oiseau quittent leur nid, et il y revient chercher un abri au moindre danger dont il est menacé.

Les marsupiaux portent au devant du bassin (fig. 138) deux os manquant aux mammifères de la première sous-classe, et qu'on nomme les *os marsupiaux*. C'est un caractère également important dans la définition de ces animaux.

Sauf les sarigues, qui habitent l'Amérique, toutes les espèces de marsupiaux sont propres à l'Australie ou aux terres qui s'en rapprochent le plus, comme la Nouvelle-Guinée ou les îles Moluques. Il n'y en a aucune sur le continent asiatique, et l'Europe ainsi que l'Afrique en manquent également. En Australie, ces animaux constituent la plus grande partie de la population mammifère, et ils sont, comme nous l'avons déjà dit, de forme, de taille et de régime assez variés, pour qu'on puisse soutenir l'opinion qu'ils constituent plusieurs ordres correspondant aux principaux groupes des mammifères monodelphes propres à l'ancien et au nouveau continent.

Avec eux existent seulement, en fait de mammifères, quelques chéiroptères, parmi lesquels il importe de signaler de véritables roussettes, des rongeurs appartenant tous à la famille des rats et formant les genres hapalotis et hydromys; enfin les monotrèmes, c'est-à-dire les deux genres ornithorhynque et échidné.

C'est là un des faits les plus curieux et les plus inattendus de la géographie zoologique.

FIG. 326. — *Phascolomes.*

Les PHASCOLOMES ou wombats (fig. 326) rappellent les rongeurs par leur dentition, mais ce sont des rongeurs marsupiaux. On en connaît plusieurs espèces. Ces animaux sont lourds; leur régime est herbivore, et leur chair est bonne à manger. On espère les acclimater en Europe.

Ensuite viennent les Kangurous, dont quelques espèces atteignent de

Fig. 327. — *Kangurou géant.*

grandes dimensions (fig. 327), tandis que d'autres sont moins fortes ou

Fig. 328. — *Kangurou rat.*

même plus petites encore (fig. 328). Ils ont des habitudes et des appétits

très-peu différents de ceux des ruminants, mais sans être pour cela
doués, comme eux, de la propriété de ruminer.

Les kangurous forment une famille bien distincte dans laquelle on a
établi plusieurs genres. Il existe entre leurs membres antérieurs et les
postérieurs une disproportion considérable, aussi sautent-ils avec une
grande facilité et ils avancent ainsi très-rapidement : mais ils sont lents
lorsqu'ils marchent à quatre pattes, et dans ce dernier cas ils s'appuient
sur leur longue queue autant que sur leurs pattes de devant. Ces animaux sont tous d'un naturel doux et craintif. Leur acclimatation, déjà
en partie accomplie, sera une conquête avantageuse, car on peut utiliser
leur fourrure, et leur chair est excellente ; répandus dans nos forêts, ils
constitueraient un gibier nouveau.

Fig. 329. — *Phalangers couscous.*

Les phalangers (fig. 329) ont une certaine analogie avec les lémuriens
ou makis, et il y a parmi eux des espèces qui ont sur les flancs des membranes analogues à celles des écureuils volants : ces espèces sont les
pétauristes (fig. 330). Les koalas ou phascolarctes appartiennent au même
groupe de marsupiaux, mais ils manquent de queue.

Le thylacyne (fig. 331) au contraire est un carnassier. Sa taille est
celle du loup, et il a les mœurs de ce dernier. C'est un animal dangereux.

Le sarcophile ourson (fig. 332) rappelle le glouton ; il est si féroce, que
les colons anglais de l'Australie lui donnent le nom de diable (*devil*).

FIG. 330. — *Pétauristes.*

FIG. 331. — *Thylacyne.*

Les dasyures (fig. 333), ainsi que certains genres voisins, parmi lesquels il faut citer les phascogales, sont plus comparables aux genettes, aux martres ou aux belettes de nos pays.

Les antéchines sont également de la famille des dasyures, mais leurs dimensions sont encore moindres.

Fig. 332. — *Sarcophile ourson.*

Une division également particulière est celle des tarsipèdes (fig. 334), à peu près grands comme les souris, qu'on a découverts sur les bords de la rivière des Cygnes.

Fig. 333. — *Dasyure de Maugé.*

Parmi ces derniers on peut citer les péramèles, dont nous donnons aussi une figure (fig. 335).

Ajoutons les myrmécobies (fig. 336), et d'autres marsupiaux australiens qui sont aussi de petite taille. Ces animaux remplissent au milieu de cette faune le même rôle que les insectivores dans la nôtre.

Si l'on cherche à classer les marsupiaux, on trouve dans la forme générale de leur corps, ainsi que dans leur dentition, des caractères qui permettent d'en établir une répartition très-naturelle, et leurs pattes de derrière fournissent aussi de bonnes indications. Il y a des mammifères de cette sous-classe qui ont les second et troisième orteils plus petits que les autres doigts et en partie réunis entre eux, tandis que chez les autres

Fig. 334. — *Tarsipèdes.*

tous les doigts sont libres. A cette dernière catégorie appartiennent les

Fig. 335. — *Péramèles lagotis.*

phascolomes, les dasyures et genres de la même famille, ainsi que les

myrmécobies. L'autre comprend le reste des marsupiaux australiens;
mais il y a parmi eux deux catégories bien distinctes, les uns (phalangers
et tarsipèdes) ayant le pouce de derrière opposable, tandis que les autres
(macropodes ou kangurous et péramèles) ont les mêmes pieds dépourvus
de pouces.

Fig. 336. — *Myrmécobies.*

Il y a donc une grande diversité de structure chez les marsupiaux
australiens, et, comme nous l'avons fait remarquer, leurs principales
formes répètent à certains égards celles que nous observons chez les
monodelphes, mais par leur apparence extérieure seulement et mieux
encore par leur genre de vie, car le fond de l'organisation de ces animaux
est très-différent.

Ce parallélisme entre les mammifères de l'Australie et ceux des autres
parties du globe était plus complet encore à l'époque où vivaient en
Europe et en Amérique tous ces animaux qui y ont été anéantis pendant
la période glaciaire. A la Nouvelle-Hollande, il existait alors des mammifères de grande taille, comparables aux grands ongulés répandus dans
l'ancien monde ou aux édentés gigantesques de l'Amérique, mais
c'étaient des marsupiaux. Ceux dont les débris fossiles ont été décrits
sous les noms de *Diprotodon* et de *Nototherium* ne le cédaient pas en
dimensions aux rhinocéros, aux hippopotames et aux mégathères. Il
existait aussi à la Nouvelle-Hollande des kangurous dont la taille dépas-
sait celle des plus grands animaux actuels du même genre, et l'on a encore retrouvé sur le même continent les restes d'un autre marsupial bien
différent de ceux d'aujourd'hui. Il a d'abord été comparé au lion et au

tigre, dont on lui supposait les appétits destructeurs, et a reçu le nom de *Thylacoleo;* mais il paraît aujourd'hui démontré que son régime était frugivore.

Voici le tableau des genres actuellement existants de cette sous-classe.

Marsupiaux australiens.

PHASCOLOMES.................... ou *Wombats.*

MACROPODES..................... { *Kangurous.* / *Halmatures.* / *Potorous, etc.* }

PHALANGERS .... { *Koalas.* / *Phalangers.* / *Pétauristes, etc.* / *Tarsipèdes.* }

PÉRAMÈLES...................... *Péramèles.*

DASYURES. .... { *Thylacyne.* / *Sarcophile.* / *Dasyures.* / *Phascogales.* }

MYRMÉCOBÏES................... *Myrmécobie.*

Les Sarigues, ou marsupiaux américains, diffèrent beaucoup des animaux de la même sous-classe qui vivent en Australie. On les trouve depuis les États-Unis jusqu'à la Plata et au Chili. Ce sont des mammifères

Fig. 337. — *Sarigue de Virginie.*

insectivores dont une espèce (fig. 337) approche du chat par la taille. Les autres sont de moindre dimension, et il en est qui sont à peine plus grosses que la souris.

Une espèce de sarigue est aquatique et a les pieds de derrière palmés :

c'est l'oyapock de la Guyane (fig. 338), dont on a fait un genre distinct
sous le nom de chironecte.

FIG. 338. — *Chironecte oyapock.*

A part les hémiures, les sarigues ont la queue en partie nue et prenante. Le pouce de leurs pieds de derrière est toujours opposable aux
autres doigts.

Ces animaux manquent d'intelligence et sont pour la plupart nocturnes. Presque tous ont la bourse abdominale bien formée; cependant
il en est chez lesquels la gestation mammaire n'est protégée que par
un simple repli bilatéral de la peau du ventre. On a donné à ceux qui
sont dans ce cas le nom de micourés.

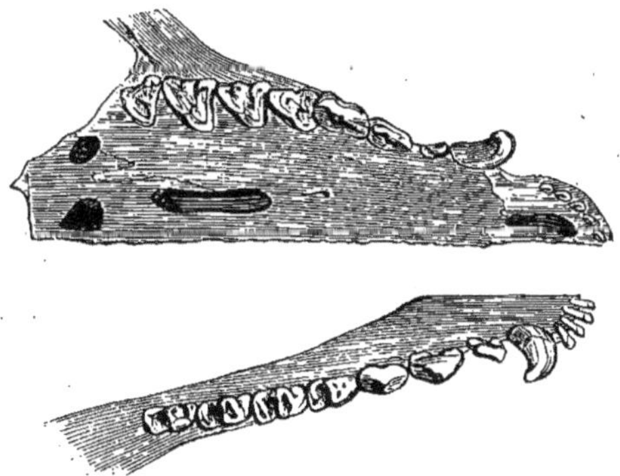

FIG. 339. — Dentition de la *Sarigue.*

La dentition des sarigues ne se laisse confondre avec celle d'aucun
autre genre, ni pour la formule, ni pour la conformation des dents qui
la composent (fig. 339).

Voici le tableau des genres qui constituent cette famille des sarigues ou marsupiaux américains :

$$\text{SARIGUES} \dots \dots \dots \dots \dots \dots \dots \dots \dots \dots \begin{cases} \textit{Sarigues.} \\ \textit{Chironectes.} \\ \textit{Micourés.} \\ \textit{Hémiures.} \end{cases}$$

De petits marsupiaux qui ont vécu en Europe pendant les époques tertiaire inférieure et tertiaire moyenne, paraissent avoir eu beaucoup d'analogie avec les sarigues. Cependant on en a fait un genre particulier et ils ont été appelés *Peratherium*. Nous avons déjà signalé ceux dont on a trouvé les débris associés aux paléothériums, aux anoplothériums et à tant d'autres animaux fossiles à Montmartre, dans Paris même; on en rencontre aussi des débris dans les dépôts lacustres de l'Auvergne et au Puy en Velay.

CHAPITRE XXXV

MONOTRÈMES.

La troisième sous-classe des mammifères est bien moins riche en espèces que la seconde, qui l'est elle-même beaucoup moins que la première. Elle ne comprend que les deux genres *Échidné* et *Ornithorhynque* l'un et l'autre propres à la Nouvelle-Hollande et connus depuis la fin du dernier siècle seulement.

Ce sont des animaux d'assez faible taille, dont les premiers, ou les Échidnés, joignent à l'absence de dents, caractéristique des fourmiliers, la particularité d'avoir le corps recouvert de poils mêlés d'un grand nombre de piquants intermédiaires par leurs dimensions à ceux des hérissons et des porcs-épics. Le naturaliste anglais Shaw, qui les a d'abord décrits, les avait pris pour des animaux du même genre que les fourmiliers.

Quant à l'Ornithorhynque (fig. 227 et 341), il a été décrit à peu près en même temps par Shaw et par Blumenbach, savant professeur de Gœttingue qui en avait reçu un exemplaire de sir Joseph Banks, l'un des compagnons du capitaine Cook. Shaw en fit le genre *Platypus;* mais c'est du nom d'*Ornithorhynchus*, que lui donna Blumenbach, que ce curieux quadrupède a continué à être appelé. Ce nom signifie : bec d'oiseau, l'ornithorhynque ayant en effet, au lieu de lèvres molles, un bec corné aplati, jusqu'à un certain point comparable à celui du canard. Cet animal est aquatique et ses pieds sont palmés, plus particulièrement ceux de devant.

L'échidné (fig. 340) vit au contraire dans les endroits sablonneux, et il a les pieds armés d'ongles puissants très-propres à fouir, ce qui rappelle assez bien les édentés.

Ces caractères n'auraient donc pas suffi pour faire éloigner l'ornitho-rhynque et l'échidné des édentés, auxquels on les avait d'abord associés et auxquels ils ressemblent d'ailleurs par plusieurs autres particularités. Aussi G. Cuvier et Geoffroy Saint-Hilaire en firent-ils une famille de cet ordre qu'ils appelèrent la famille des *Monotrèmes*. C'est ainsi que les

Fig. 340. — *Échidné*.

marsupiaux avaient d'abord été associés aux carnassiers par les mêmes auteurs; mais une étude plus attentive des monotrèmes, étude entreprise primitivement par l'anatomiste anglais Everard Home, et continuée depuis lors par de Blainville, par Meckel, anatomiste allemand, par M. Owen, etc., devait montrer que ce sont des êtres bien plus rapprochés des ovipares que ne le sont les édentés véritables.

L'observation avait déjà fait voir que les deux genres dont il s'agit n'ont l'un et l'autre qu'un seul orifice pour les organes de la défécation et pour les organes génito-urinaires, et qu'il y a par conséquent chez eux un cloaque véritable comme chez les ovipares de la classe des oiseaux ou de celle des reptiles. C'est même ce qui avait conduit à dési-gner le groupe qui réunit les deux genres australiens qui nous occupent par le nom de *monotrèmes*, rappelant que ces animaux ont un seul orifice terminal.

Les organes intérieurs qui aboutissent à cet orifice commun, plus par-ticulièrement les oviductes des femelles, ont aussi une plus grande analogie avec ceux des ovipares que cela n'est habituel aux mammifères; et, bien que ces animaux ne pondent pas d'œufs à la manière des oiseaux ou des reptiles, ce qu'on avait néanmoins cru pendant quelque temps, ils ont les ovules beaucoup plus gros que ceux des mammifères et pourvus d'un vitellus considérable : ce qui indique un mode de reproduction moins franchement vivipare que chez les monodelphes et se trouve en rapport avec l'absence de placenta qui caractérise le fœtus des monotrèmes.

Fig. 341. — *Ornithorhynques.*

Le squelette de ces mammifères présente aussi une particularité caractéristique des vertébrés ovipares. L'épaule y est formée de chaque côté par trois paires d'os différents : une omoplate, une clavicule et un os coracoïdien (fig. 136 et 137). On sait que les os coracoïdiens manquent aux mammifères monodelphes et aux marsupiaux, mais que leur présence est constante chez les oiseaux et fréquente chez les reptiles.

Les monotrèmes possèdent en outre des os marsupiaux comme les didelphes. Les échidnés ont même une poche marsupiale, mais qui reste rudimentaire, et entoure séparément chaque mamelle. Leur gestation est donc en partie extérieure à la manière de celle des marsupiaux; elle est en même temps plus semblable, en ce qui concerne sa première phase, c'est-à-dire sa phase intérieure, à celle des vipères et autres ovovivipares à sang froid qu'à celle des mammifères placentaires ou mammifères ordinaires.

Ainsi voilà des animaux qui, tout en restant mammifères par leurs principaux caractères et en ayant, comme les vertébrés de cette classe, des mamelles et le corps recouvert de poils, forment à plusieurs égards une transition évidente des autres mammifères vers les classes suivantes.

Une particularité également digne d'être notée, est la présence, chez l'échidné et l'ornithorhynque, d'ergots cornés propres aux mâles de ces animaux, et auxquels aboutit le canal d'une glande particulière placée sous la peau de leur cuisse.

CHAPITRE XXXVI

UTILITÉ DES MAMMIFÈRES.

Les mammifères ne sont pas seulement les animaux les plus parfaits et ceux dont l'étude attentive peut jeter le plus de jour sur la nature de nos organes ou sur celle de nos fonctions; ils sont aussi les plus utiles et la valeur des produits que nous en retirons est vraiment incalculable.

Fig. 342. — *Bœuf garonnais.*

Plusieurs espèces de cette classe mettent à notre disposition pendant leur vie, soit leur vigilance, comme le chien, soit leur force, comme l'éléphant, le cheval, le bœuf, le chameau, etc. Le lait destiné à la nourriture de leurs petits nous est également livré pour servir à notre propre alimentation, et tantôt nous le consommons immédiatement, tantôt nous en préparons du fromage et du beurre, substances d'un usage journalier chez un grand nombre de peuples. La fourrure de plusieurs

animaux de cette classe, ou leur toison, celle des moutons entre autres,
ne nous est pas moins nécessaire. Enfin les litières sur lesquelles ils ont
reposé deviennent aussi une source de richesses par l'engrais qu'elles
fournissent à l'agriculture.

La chair et différents organes des mammifères sauvages que nous
nous procurons par la chasse sont à leur tour des aliments recherchés.
Mais la civilisation a su multiplier et pour ainsi dire modifier à son gré
certaines espèces rendues domestiques à des époques si anciennes, que
l'histoire n'en a pas conservé le souvenir; et elle trouve dans ces espèces qu'elle s'est appropriées, non-seulement des auxiliaires pendant
leur vie, mais, après leur mort, des sources intarissables de substances
alimentaires et de produits industriels dont la variété nous étonne lorsque
nous essayons d'en faire l'énumération.

Nos animaux de boucherie sont essentiellement des mammifères
domestiques appartenant aux genres bœuf, chèvre, mouton et porc. En
Chine, on mange le chien; sur les bords de la mer Glaciale, on utilise le
renne, et des naturalistes voudraient qu'on en fît de même pour la viande
du cheval, ce qui a déjà reçu, même chez nous, un commencement
d'exécution. Qui ignore, d'autre part, à combien d'usages la graisse des
ruminants, principalement celle des moutons, est employée?

Des quantités considérables de substances comestibles indispensables
à notre espèce nous sont donc fournies par les animaux dont les noms
viennent d'être cités, et certaines de leurs parties qui ne sauraient être
transformées en aliments, comme cela a lieu pour leur chair, leur cer-

velle, leur foie, etc., sont à leur tour affectées à des usages encore différents. Leur peau, macérée pendant un certain temps dans des fosses avec
du tannin, devient le cuir ; leurs os, après avoir fourni la gélatine par l'ébullition, sont encore assez riches en principes organiques pour servir à la
fabrication du noir animal, et le phosphate de chaux en est livré à l'agriculture ; leurs intestins sont recherchés par différentes industries ; leur
graisse est employée pour l'éclairage et à d'autres usages. Enfin les
onglons, les cornes, et jusqu'aux moindres déchets du corps des mammifères, fournissent la matière première d'une multitude d'objets dans lesquels le commerce les transforme suivant le goût ou les besoins du
moment, et lorsque l'emploi prolongé qu'on en a fait semble les avoir
rendus inutiles, leur substance peut encore fournir un engrais avantageux. On les associe aux débris de laine, aux feutrages, aux tissus faits
de poils ayant vieilli, pour les livrer à l'agriculture, qui en tire un
nouveau parti et les rend pour ainsi dire à la vie, mais sous une forme
nouvelle, en employant les matériaux chimiques qui les composent
à activer le développement de nos végétaux cultivés.

Les poils qui recouvrent le corps de presque tous les mammifères
ont pour utilité naturelle de soustraire ces animaux à la déperdition
de calorique qui entraverait l'exercice de leurs fonctions ; l'homme y a
recours pour conserver sa propre chaleur et se garantir contre les ri-
gueurs du climat ou les intempéries des saisons, et chez tous les peuples
la chasse a toujours été le moyen mis en usage pour se procurer la fourrure des carnassiers ou celle des autres mammifères.

Presque tous les animaux terrestres de cette classe ont de la valeur
à ces différents titres, et les peaux qui ne sont pas assez souples ou
dont le poil est trop dur servent à faire des tapis, ou, si ce poil est
épineux, elles deviennent des moyens de défense ou d'autres instruments
également recherchés.

Il y a dans toutes les régions et sous toutes les latitudes des espèces
plus remarquables que les autres par l'élégance ou le moelleux de leurs
téguments. Ce sont ces animaux, ainsi que ceux dont le genre de vie est
à demi aquatique, tels que les loutres, les castors et quelques autres,
qui sont particulièrement recherchés par le commerce comme fourrures.
Ceux qui vivent dans les régions les plus froides du globe sont l'objet
d'une poursuite constante, parce que leur pelage est plus fourni et plus
chaud que celui des autres ; au contraire l'Afrique et l'Inde nous envoient
des espèces plus vivement colorées, comme les panthères, les singes et
beaucoup d'autres que leur élégance fait également rechercher.

Les principales chasses se font dans les régions les plus sauvages de
l'Amérique du Nord et en Sibérie, ou bien encore dans les montagnes
élevées de diverses autres contrées, là où les neiges sont éternelles.
L'Amérique a fourni à l'Angleterre jusqu'à 56 000 peaux de castor dans
une seule année (1794). On tire de la Plata des quantités innombrables
de peaux de myopotame ou coïpou, et du Chili des peaux de chinchilla en si grande abondance, qu'on a dû défendre pendant quelque

temps la capture de ce rongeur. L'Australie possède aussi quelques espèces dignes d'être chassées dans le même but : tels sont plus particulièrement les kangurous et les phalangers renards.

Les principales places pour le commerce des pelleteries sont, en Europe, Londres pour les pelleteries de l'Amérique du Nord; Leipsick et Francfort pour celles des possessions russes. Les peaux de la grande loutre marine, que les marchands russes et anglo-américains vont chercher sur la côte nord-ouest d'Amérique, sont portées en Chine, où elles se vendent à des prix très-élevés.

Fig. 344. — *Moutons* de la race anglaise dite *South-Down*.

On évalue à plus de 5 millions la valeur des pelleteries introduites chaque année en France par le commerce. Les fourrures indigènes, autrefois abondantes, ont considérablement diminué par suite de la destruction croissante des animaux sauvages, conséquence du déboisement des montagnes et de l'extension des cultures. Ces fourrures consistaient principalement en peaux de renard, de genette, de fouine, de martre, de putois, de chat sauvage et de lièvre.

Le commerce des peaux de lapin d'origine domestique a pris de l'extension, tandis que celui des espèces sauvages a successivement diminué, et il constitue de nos jours une branche importante desservant la fourrure, la chapellerie, etc. La facilité avec laquelle on se sert de ces peaux pour imiter celle de plusieurs espèces sauvages, du vison, de la martre, de l'hermine et d'autres encore, les rend véritablement pré-

cieuses, et l'industrie a commencé à en tirer un fort bon parti. Les poils
de lapin sont employés en chapellerie ; la peau du même animal sert
à faire de la colle.

Les bœufs ou d'autres mammifères domestiques redevenus à demi
sauvages dans les grandes plaines de l'Amérique méridionale, et les
toisons des moutons tirées des immenses troupeaux de ces animaux que
l'on élève maintenant dans les mêmes contrées, ainsi qu'en Australie, sont
à leur tour l'objet d'un commerce qui prend chaque année plus d'extension. On fabrique actuellement autant de drap avec des laines venues
par voie de Buenos-Ayres ou de Melbourne qu'avec celles des régions
méditerranéennes ou celles de notre pays, qui, antérieurement aux premières années de ce siècle, se vendaient encore seules sur nos marchés.
Cette facile et prompte multiplication de la race ovine est devenue pour
l'homme un puissant élément de prospérité. L'Australie, qui n'avait pas
un mouton en 1788, produit aujourd'hui des laines fines dont elle retire
annuellement plus de 200 millions de francs. Les troupeaux qu'on y
élève sont d'origine anglaise.

Le porc a aussi été porté par l'homme sur un grand nombre de
points du globe où précédemment il n'existait pas d'animaux du même
genre. En certains lieux, il est, comme les chevaux et les chiens, redevenu sauvage, et il a repris des mœurs ainsi qu'une physionomie rappelant celle des sangliers.

L'ivoire est aussi une production des mammifères. Le plus estimé
nous est fourni par les défenses de l'éléphant, et de temps immémorial
les peuples de l'Afrique et de l'Asie méridionale en ont fait le commerce.
La flotte de Salomon, « avec celle du roi Hiram, faisait voile de trois
en trois ans, et allait en Tharsis, d'où elle rapportait de l'or, de l'argent,
des *dents d'éléphant*, des singes et des paons[1] » (*les Rois*, liv. III, chap. x,
v. 22). On emploie aussi les défenses et les molaires des éléphants fossiles, dont il existe des amas considérables dans les régions polaires et
dans quelques autres parties de notre hémisphère.

L'ivoire provenant des défenses d'éléphant est reconnaissable aux
petites figures à peu près en forme de losanges qui apparaissent à la
surface de cette substance.

D'autres mammifères fournissent également de l'ivoire : tels sont le
morse, l'hippopotame, le macrorhine, le cachalot, le narwal et le dugong.

La partie dense des os est souvent substituée à cette substance. Ainsi
certaines parties du squelette des cachalots sont d'une dureté remarquable, particulièrement les maxillaires inférieurs, et les habitants de la
Nouvelle-Zélande s'en sont pendant longtemps servis pour faire des armes
ou différents instruments à la possession desquels les chefs de ce pays
attachaient un très-grand prix.

---

1. C'étaient plutôt des plumes d'autruche que des plumes de paon, car le pays de
Tharsis et les régions du sud avec lesquels il était en rapport ne possédaient pas d'oiseaux de ce dernier genre ; il est donc probable qu'il y a eu ici quelque erreur de traduction.

Quant aux lamelles cornées des baleines (fig. 60) et même à celles plus courtes des rorquals, que les naturalistes appellent des fanons, elles constituent la substance connue dans l'industrie sous le nom de *baleine*. C'est en grande partie pour se la procurer qu'on fait les armements destinés à la pêche de ces grands cétacés.

Certains mammifères fournissent en outre des principes odorants qui sont recherchés comme parfums, ou comme médicaments. Le musc provient d'une espèce de chevrotain du Tibet un peu inférieure au chevreuil par sa taille. La civette d'Afrique, le zibeth de l'Inde et les genettes, dont une espèce vit dans le midi de la France ainsi qu'en Espagne, portent auprès de l'anus une double poche dans laquelle s'opère une sécrétion également odorante et susceptible d'être employée aux mêmes usages que le musc. La queue du desman possède des glandes dont le produit est de même nature, et l'on s'en sert aussi en parfumerie.

Le castoréum est un médicament produit par les castors (fig. 274), qui nous vient surtout des possessions russes du nord de l'Asie, ainsi que des États-Unis d'Amérique.

Le daman, singulier animal du groupe des jumentés, dont nous avons parlé à propos de cet ordre de mammifères, fournit l'hyracéum, substance également employée en médecine et qui est substituée au castoréum par les médecins du cap de Bonne-Espérance.

L'ambre gris des pharmacies provient des cachalots : on le trouve flottant à la surface des mers dans plusieurs régions du globe, ou bien on le retire directement des intestins de ces gigantesques cétacés quand on en fait la pêche.

CHAPITRE XXXVII

DES OISEAUX EN GÉNÉRAL.

Les OISEAUX nous fournissent l'exemple d'une classe parfaitement naturelle. Aussi, à toutes les époques et dans tous les pays, ces animaux ont-ils été compris sous une dénomination commune. Leur apparence extérieure ainsi que les caractères de leur organisation les font très-aisément reconnaître pour être d'une seule et même grande division, et ne laissent aucun doute sur les affinités que leurs espèces ont entre elles, à quelque ordre qu'elles appartiennent. Cependant c'est avec les reptiles que ces animaux ont le plus de rapport par les particularités principales de leur structure.

Les oiseaux ont le corps couvert de plumes. Leurs membres antérieurs, auxquels s'insèrent des plumes plus développées que celles des autres parties du corps, mais dont on retrouve cependant les analogues implantées sur la queue, forment des ailes (fig. 345); et leurs membres postérieurs, qui servent seuls à la marche, constituent des pattes plus ou moins allongées, ayant les trois métatarsiens principaux réunis en un seul os, et les doigts au nombre de quatre au plus et pourvus d'ongles

Leur bouche est garnie d'un bec corné protégeant les mâchoires; ils n'ont ni lèvres molles comparables à celles des mammifères, ni dents apparentes.

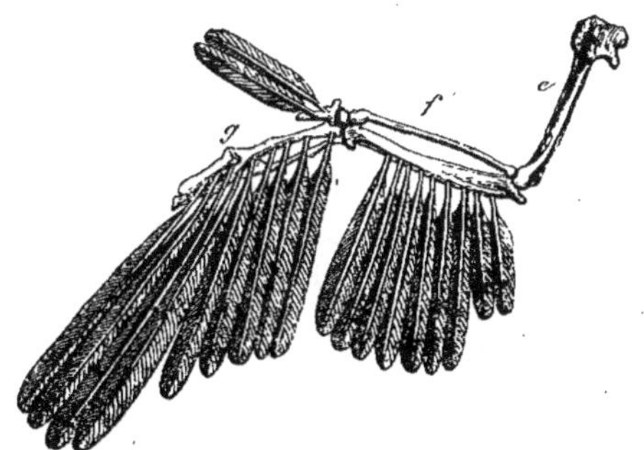

FIG. 345. — Aile du *Moineau* et ses pennes.

On suppose cependant qu'il y a, au-dessous des étuis solides dont le bec est constitué, des dents rudimentaires susceptibles d'être observées pendant le jeune âge de ces animaux. Les denticules dont est bordé le bec des canards et des oies (fig. 346) sont de simples saillies de la matière cornée et non de véritables dents.

Chez les oiseaux, il existe habituellement un jabot situé à la partie

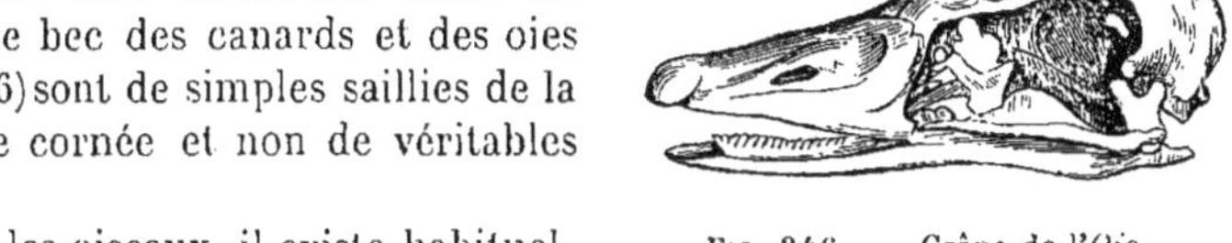

FIG. 346. — Crâne de l'*Oie*.

inférieure de l'œsophage, dont il constitue un renflement. Il y a aussi un ventricule succenturié au lieu d'un simple cardia, comme chez les mammifères, à l'entrée de l'estomac, et, dans beaucoup de cas, un gésier, sorte de pylore bien plus musculeux que celui de ces derniers animaux (fig. 36).

Les intestins des oiseaux ont souvent un double cæcum (fig. 39) au point de jonction de l'intestin grêle avec le gros intestin, et ils se terminent constamment dans un cloaque servant à la fois à l'expulsion des excréments, de l'urine et du produit de la génération, qui consiste toujours en œufs dont le développement se fait au dehors.

Le cœur est pourvu de quatre cavités, comme celui des mammifères, mais les globules sanguins sont toujours elliptiques.

Sauf chez l'aptéryx, oiseau sans ailes, propre à la Nouvelle-Zélande, la cage thoracique des espèces de cette classe n'est séparée de leur cavité abdominale que par un diaphragme rudimentaire, et la pénétration de l'air dans des sacs aériens répandus dans le corps (fig. 98), et jusque dans l'intérieur de la plupart des os, se joint à la structure particulière des poumons pour donner à la respiration une grande activité. C'est ce qui a fait dire que les oiseaux ont la *respiration double*. Il résulte, en effet, de cette disposition, un développement de chaleur vitale supérieure à celle de tous les autres animaux.

Le cerveau des oiseaux (fig. 166 et 175) n'est pas aussi volumineux que celui des mammifères et il est autrement disposé. Les lobes olfactifs y sont rudimentaires ou nuls; les hémisphères manquent de circonvolutions et sont peu développés; les tubercules jumeaux, ou corps optiques, sont réduits à deux au lieu de quatre, et le cervelet a sa partie moyenne ou vermis plus considérable que les lobes latéraux.

Ces animaux n'ont qu'une médiocre intelligence; chez eux c'est l'instinct qui domine. La plupart n'en sont pas moins remarquables par la singularité des actes qu'ils accomplissent, et l'étude de leurs mœurs est des plus attrayantes.

Chez ces vertébrés, les sens restent assez imparfaits, sauf celui de la vue, qui a une grande portée. Celui de l'ouïe leur fournit aussi des indications plus délicates que celles qu'ils tirent de l'odorat ou du goût. Le toucher est peu développé.

Les oiseaux aperçoivent de fort loin. Ils ont dans l'œil un petit appareil, inconnu chez les mammifères, appelé *peigne*, qui paraît destiné à approprier leur organe visuel aux distances. La plupart ont le cristallin plus aplati que celui des mêmes animaux, ce qui est aussi en rapport avec la longueur de leur vue.

Le squelette (fig. 139 à 146) présente plusieurs particularités remarquables.

Les os s'ossifient de bonne heure, et les sutures crâniennes s'effacent très-peu de temps après la naissance. Avec l'âge, la plupart des os longs s'évident et deviennent fistuleux, ce qui permet l'accès de l'air dans leur intérieur et contribue à diminuer d'autant le poids relatif du corps.

Le crâne s'articule avec l'atlas par un seul condyle au lieu de deux, comme nous l'avons vu chez les mammifères, et il y a entre l'articulation de la mâchoire inférieure et le temporal un os détaché de ce dernier, qu'on appelle *os carré* ou *tympanique*, ce qui n'a pas lieu chez les mammifères. C'est cet os, et non la mâchoire, qui porte ici le condyle sur lequel joue l'articulation de cette dernière (fig. 144, 145, 160 et 346).

Les vertèbres du cou sont toujours plus nombreuses que celles des mammifères; celles du dos sont en partie soudées entre elles, et celles des lombes, ainsi que du sacrum, le sont en même temps avec les os iliaques. La queue est courte; elle se compose habituellement d'un petit nombre de pièces, dont les dernières sont presque toujours réunies en un os unique, rappelant par sa forme un soc de charrue.

Les côtes sont osseuses dans leurs deux parties vertébrale et sternale; elles présentent le plus souvent, au bord postérieur de leur partie vertébrale, une apophyse particulière, dite apophyse récurrente, qui manque aux autres vertébrés. Le sternum est en forme de bouclier; sauf chez les autruches et les autres oiseaux du même groupe naturel, comme les casoars et l'aptéryx, il présente une carène longitudinale, placée antérieurement sur sa partie médiane : c'est le brechet, qui sert de point d'appui aux muscles grands et petits pectoraux, acquérant ici un développement considérable en rapport avec l'activité du rôle confié aux ailes dans la locomotion. Les muscles des cuisses sont aussi très-volumineux, les mouvements des oiseaux étant à la fois aériens, grâce à la transformation de leurs membres antérieurs en ailes, et terrestres. Dans ce second cas, ils les accomplissent au moyen de leurs pattes. Certaines espèces sont en même temps aptes à la nage.

Les doigts des membres supérieurs sont incomplets, et c'est moins par les os qui les constituent que par les pennes ou plumes principales qui s'y développent, que ces membres peuvent servir d'ailes et soutenir le vol; cependant on y observe quelquefois un ongle.

L'épaule (fig. 139) est formée de trois os pour chaque côté : l'omoplate, allongée et grêle, placée en arrière; la clavicule, dont la partie droite se soude à la gauche pour former l'os vulgairement appelé la *fourchette*, et le coracoïdien, qui va de l'articulation scapulo-humérale au sommet du sternum.

Aux membres postérieurs, la disposition caractéristique réside dans la réunion des métatarsiens propres aux trois doigts principaux en un seul os, comparable au canon des ruminants; cet os est nommé le *tarse* par les ornithologistes, mais c'est plutôt le métatarse[1]. Le nombre ordinaire des doigts est de quatre. Le postérieur, appelé pouce, a deux phalanges;

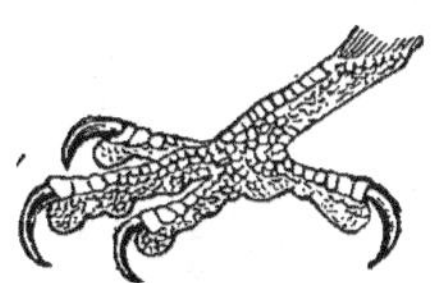

FIG. 347. — Pied de *Harpye*.

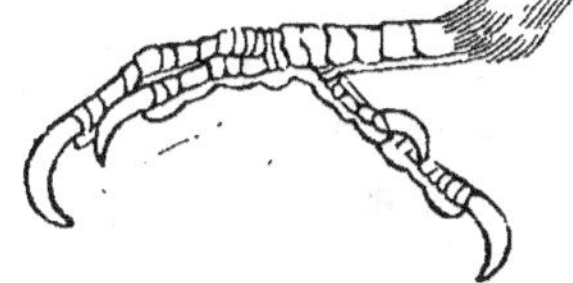

FIG. 348. — Pied de *Pic*.

l'interne en a trois; le médian, quatre, et l'externe cinq. Certaines espèces, comme les perroquets, les pics, les coucous, etc., ont deux doigts dirigés en avant et deux en arrière : ce sont ces oiseaux qui constituent l'ordre des grimpeurs (fig. 348 et 360). D'autres n'ont que trois doigts, par suite de l'absence de pouce, et, chez l'autruche d'Afrique, le nombre de ces organes est réduit à deux.

La jambe des oiseaux est courte ou allongée, suivant leur mode de progression. Chez les espèces aquatiques, les doigts sont réunis plus ou moins complétement par des membranes (fig. 349) ou bordés par de semblables expansions, ce qui les transforme en rames natatoires.

Contrairement à ce qui a lieu chez les mammifères, les oiseaux sont tous ovipares. Ces animaux pondent des œufs, qui ne se développent que sous

FIG. 349. — Pied de *Palmipède*.

l'influence d'une chaleur à peu près égale à la leur; aussi sont-ils dans

1. On peut aussi le regarder comme répondant à la fois au tarse et au métatarse.

l'obligation de couver. On ne cite d'exceptions que pour les autruches africaines, qui peuvent confier aux sables chauds du désert le soin d'entretenir leurs œufs à la température de l'incubation, et pour les talégalles, oiseaux de la Nouvelle-Hollande. Ceux-ci (fig. 350) placent leurs œufs dans des amas de feuilles humides, qui entrent bientôt en fermentation et leur fournissent la chaleur dont ils ont besoin.

Fig. 350. — *Talégalle de la Nouvelle-Hollande.*

Le coucou confie les siens à des oiseaux étrangers à sa propre espèce, ou plutôt il les leur impose, et il a bien soin de choisir des espèces qui soient insectivores comme lui.

Beaucoup d'oiseaux font un nid pour recevoir leurs œufs et servir de berceau à leurs petits.

Œufs des oiseaux. — On sait que les œufs de tous les oiseaux sont enveloppés d'une coque de nature calcaire. La couleur de ces œufs est variable suivant les espèces, et ils ont aussi une forme assez différente, plus allongée ou plus arrondie, ou bien encore dissemblable aux deux extrémités, comme cela se voit dans ceux de la poule, qui nous sont le mieux connus.

Une collection d'œufs est le complément indispensable de toute collection ornithologique.

Les œufs des oiseaux sont un excellent aliment, et l'on fait une grande consommation de ceux de quelques espèces, les unes sauvages, les autres domestiques. Les œufs des autruches sont recherchés avec avidité par les peuples de l'intérieur de l'Afrique, et, dans le nord, on recueille ceux des oiseaux maritimes qui nichent en grand nombre dans les rochers.

Il ne se consomme pas à Paris moins de 175 millions d'œufs par année; ce sont principalement des œufs de poules. Ils sont apportés en grande partie des départements voisins. En outre la France en exporte annuellement plus de 13 millions, qui sont envoyés en Angleterre.

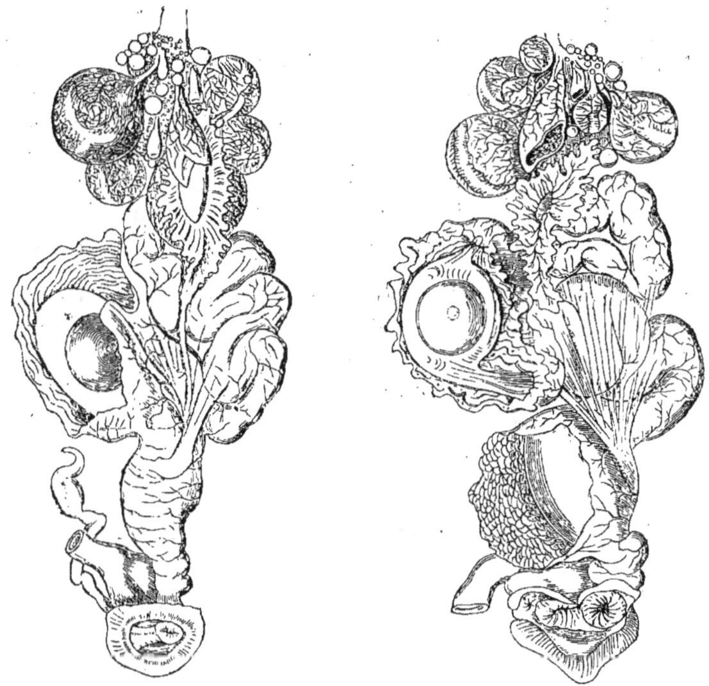

FIG. 351. — Mode de formation de l'œuf chez la *Poule* (*).

L'œuf d'un oiseau, celui d'une poule (fig. 215) pris pour exemple, se compose essentiellement de deux parties :

1° Le *jaune*, ou *vitellus*, substance huileuse formée par un nombre considérable de cellules auxquelles se mêle un principe azoté qu'on nomme la vitelline.

2° Le *blanc*, appelé aussi *albumen*, qui est de l'albumine associée à quelques sels.

Le *jaune*, ou vitellus, est sphérique et renfermé, comme le blanc, dans une membrane propre, mais plus mince, qu'on appelle la *membrane vitelline*.

(*) Ovaire, oviducte et cloaque avec des ovules et des œufs à différents degrés de développement.

Il se forme dans l'ovaire (glande sécrétrice placée dans l'abdomen), qui a l'apparence d'une grappe jaune, et, lorsqu'il y est encore retenu, il renferme dans son intérieur une vésicule très-petite placée à son centre, qui a été découverte par le physiologiste allemand Purkinje; ce qui l'a fait appeler *vésicule de Purkinje*. Une vésicule semblable existe dans l'œuf de tous les autres animaux, quelle qu'en soit la classe.

Une autre partie du jaune qui ne mérite pas moins d'être signalée est la *cicatricule*, petite tache de couleur claire qui se voit à sa surface.

Chez les oiseaux, c'est cette portion du jaune, et non le jaune tout entier, qui se segmente lorsque le travail embryonnaire commence à s'opérer; elle a alors reçu les matériaux de la vésicule de Purkinje, dite aussi *vésicule germinative*, et devient le point de départ de la formation du nouvel être. Une segmentation analogue s'observe dans l'œuf de certains autres animaux, tels que les tortues, les poissons plagiostomes et les mollusques céphalopodes. Chez d'autres, c'est le vitellus entier qui se divise.

Arrivé à son complet développement, le jaune se détache de l'ovaire pour tomber dans l'oviducte, qui devra, chez l'oiseau, le conduire au dehors, après lui avoir fourni les matériaux du blanc.

Le *blanc*, albumen ou glaire, est renfermé dans la membrane spéciale qui tapisse la face interne de la coquille, dont cette membrane peut se détacher vers l'une des extrémités de l'œuf.

C'est là ce qui laisse entre cette membrane et la coquille un espace vide situé au gros bout, et qu'on nomme la *chambre à air*. Cet air ne diffère pas par sa composition de l'air atmosphérique. Il s'introduit petit à petit dans l'œuf pour la respiration de ce dernier et en échange de ce que celui-ci perd par l'évaporation. Aussi la cavité que l'air occupe dans un œuf est-elle d'autant plus considérable, que la ponte remonte à une époque plus éloignée.

Le blanc de l'œuf est formé de couches concentriques, dont les internes ont plus de consistance que celles placées à la périphérie. Dans la plupart des espèces, ces couches ne sont pas régulièrement sphériques; elles ont plus d'épaisseur aux points qui répondent au grand axe de l'œuf, plus aussi à l'un des deux bouts qu'à l'autre. Il en résulte une inégalité des deux diamètres dans les œufs d'un grand nombre d'espèces, ainsi que la prépondérance de l'un de leurs bouts sur le bout opposé.

Le blanc est traversé suivant son grand axe par une substance de même nature que lui, mais contournée en tortillon, qui va de l'enveloppe du jaune à son enveloppe propre en suivant le grand axe : c'est ce qu'on appelle les *chalazes*.

Le blanc est produit dans l'organe interne des femelles que l'on appelle l'*oviducte*.

La coquille ne le recouvre qu'en dernier lieu, au moment où l'œuf doit être pondu, et l'on voit quelquefois les poules faire des œufs dont la coquille n'est pas entièrement solidifiée : ce sont les *œufs hardés*. Les poules dont la nourriture ne renferme qu'une quantité insuffisante de sels calcaires pondent souvent de semblables œufs.

Dans un œuf mis en incubation, l'albumen sert comme le jaune à l'accroissement du poulet.

L'albumen se coagule à 100°; il se transforme alors en une masse blanche et consistante, qui lui a valu son nom de blanc d'œuf.

Le développement du poulet est facile à observer en retirant successivement de dessous une poule les œufs qu'on lui a donnés à couver et dont on connaît le temps d'incubation. On peut également se servir d'une couveuse artificielle dont on entretient la chaleur avec de l'eau maintenue au moyen d'une lampe à la température voulue. Dans l'espèce galline, l'incubation dure de vingt à vingt et un jours; elle exige de 28° à 30° environ.

Un des premiers organes qu'on voit apparaître est le cœur. Il en part bientôt des vaisseaux dans lesquels s'observe déjà du sang. Quant au corps du petit poulet, c'est alors une masse elliptique présentant supérieurement un sillon longitudinal qui indique les premiers linéaments de la colonne vertébrale; ce sillon est destiné à recevoir le système encéphalo-rachidien. En dessous est un autre sillon plus grand que celui-là, qui deviendra la cavité thoraco-abdominale avec laquelle sont en rapport les vésicules allantoïde et vitelline. C'est là que se développent les intestins, les vaisseaux principaux, etc. Les membres se montrent d'abord sous la forme de petits moignons ayant la même apparence en arrière et en avant. Les yeux sont gros et apparents dès les premiers temps.

Lorsque le poulet est complétement formé, il brise l'enveloppe calcaire de son œuf au moyen d'un onglet résistant qui termine sa mandibule supérieure. Il a le corps couvert de plumes comparables à du duvet. Son ventre renferme encore une partie assez considérable de la substance vitelline qui servira à son alimentation concurremment avec les graines qu'il va se procurer.

Le poussin (fig. 352) ou poulet qui vient de naître, marche

FIG. 352. — *Poussins.*

en sortant de l'œuf; il est un exemple des oiseaux qu'on a appelés *précoces (præcoces)*, par opposition à ceux dont le petit naît faible et incapable de prendre lui-même sa nourriture, comme cela a lieu pour les pigeons (fig. 353). Ces derniers ont reçu le nom de *nourriciers* (*altrices*), parce que, dans leurs espèces, les parents nourrissent eux-mêmes les petits jusqu'à ce que ceux-ci aient acquis assez de force pour se procurer seuls leurs aliments.

Les oiseaux ne sont pas moins intéressants à étudier dans les soins

FIG. 353. — *Pigeonneau.*

si variés et si tendres qu'ils donnent à leurs jeunes que dans leur organisation, et l'observation de leurs mœurs est une des parties les plus attrayantes de l'histoire naturelle.

Les nids de beaucoup d'espèces sont construits avec un art admirable, et les collections qu'on en a réunies ont un intérêt égal à celles qui nous font connaître les œufs de ces animaux, la diversité de leurs formes ou les variétés de leur plumage.

La mélodie de la voix chez ceux de ces animaux dont le larynx inférieur est le plus compliqué mérite aussi d'être signalée, et certaines espèces peuvent articuler des sons très-variés, imiter même la parole humaine. Beaucoup d'oiseaux ont un chant agréable, tandis que d'autres se font remarquer par le caractère désagréable de leurs cris.

FIG. 354. — Nid du *Colibri ermite.*

Les changements que subit le plumage suivant l'âge, les saisons et le sexe, méritent aussi une attention particulière; toutefois le nombre des espèces de la classe des oiseaux (environ douze mille) ne nous permettrait pas même de parler des principales, et nous devons nous borner à l'indication de celles qui offrent le plus d'intérêt pour nous.

Disons seulement quelques mots sur les téguments de ces animaux, c'est-à-dire sur leurs plumes.

Les oiseaux, à cause de la température élevée qu'ils produisent, avaient besoin d'être protégés contre le froid de l'atmosphère et contre les autres causes capables de leur faire perdre la chaleur, qui est une des sources de leur activité vitale. La nature a couvert leur corps d'organes particuliers,

appartenant à la catégorie des phanères, que tout le monde connaît sous le nom de plumes. Ces organes, dont nous avons décrit ailleurs la structure[1], n'ont pas toujours une même forme, et on leur reconnaît, suivant les parties du corps qu'elles sont appelées à remplir ou les caractères propres aux espèces étudiées, des apparences assez diverses.

Ainsi que nous l'avons déjà dit, on appelle *pennes*, les grandes plumes des ailes et de la queue qui servent essentiellement au vol ; celles des ailes sont les *pennes rémiges* (fig. 355), et celles de la queue les *pennes rectrices*. Les unes et les autres sont protégées à leur base par des plumes de forme peu différente de celles qui recouvrent le reste du corps, et qu'on nomme les *couvertures*.

Fig. 355. — Les diverses parties du corps de l'*Oiseau* (*).

Chacune des régions du corps a reçu un nom particulier, et les plumes y offrent parfois des caractères spéciaux, soit dans leur couleur, soit dans leur conformation. Ainsi, certaines d'entre elles sont en forme de palettes, ce qui tient à la soudure de leurs barbules et de leurs barbes ; d'autres ont ces parties disjointes et comme indépendantes les unes des autres, et sont dites décomposées : les plumes constituant le duvet sont particulièrement dans ce cas. Mais le plus souvent ces

1. Page 244.

(*) 1) bec ; — 2) mâchoire inférieure ; — 3) pointe du bec ; — 4) mâchoire supérieure ; — 5) joue ; — 6) région postoculaire ; — 7) front ; — 8) vertex ; — 9) occiput ; — 10) région parotidienne ; — 11) gorge ; — 12) dessus du cou ; — 13) devant du cou ; — 14) dos ; — 15) lombes ; — 16) flancs ; — 17) poitrine ; — 18) ventre ; — 19) basventre ; — 20) épaule ; — 21) couvertures des ailes ; — 22) rémiges ou pennes alaires ; — 23) couvertures inférieures de la queue ; — 24) rectrices ou pennes caudales ; — 25) tarse ; — 26) doigts.

plumes présentent la disposition bien connue dans laquelle l'enchevê-trement des barbules donne aux barbes et à la plume entière une certaine résistance, et rend sa surface lisse.

Les jeunes oiseaux diffèrent des adultes par leurs teintes, qui sont moins vives; mais dans beaucoup d'espèces les mâles prennent un éclat particulier, ainsi que des ornements qui concourent à les rendre plus beaux que les femelles et que les jeunes sujets des deux sexes, dont la couleur ressemble le plus souvent à celles de ces dernières.

Les changements qui surviennent sous ce rapport sont le résultat de mues. Les plumes se renouvellent en effet à des époques déterminées, et leur succession peut amener de grandes modifications dans l'apparence extérieure des oiseaux.

Les couleurs qu'affectent les plumes sont aussi très-variables, qu'on les examine aux divers âges d'un même oiseau ou dans la série des espèces constituant les différents ordres de cette classe.

Elles sont blanches, brunes ou noires, ou bien encore colorées plus ou moins vivement en violet, en bleu, en vert, en jaune ou en rouge, ce qui tient alors à la présence de pigments particuliers dans les cellules de nature épidermoïde dont elles sont formées. Dans certaines espèces elles prennent des teintes métalliques ou irisées. Cela est dû à la disposition même de leurs barbules, et s'explique par la théorie des lames minces ou celle des réseaux dont les traités de physique nous donnent l'exposé. Ces teintes métalliques caractérisent plus particulière-ment le plumage des oiseaux propres aux régions chaudes du globe, et elles sont en rapport avec l'intensité de la lumière à laquelle ces oiseaux sont exposés.

Dans nos régions tempérées et dans le Nord, les espèces de cette classe ont en général des couleurs moins vives, mais par compensation certaines d'entre elles ont une voix plus agréable. Au contraire, les espèces des tropiques, pour la plupart si brillamment ornées, sont presque toutes mal douées sous ce dernier rapport.

CHAPITRE XXXVIII

CLASSIFICATION DES OISEAUX.

Malgré les analogies de structure qui les relient entre eux et en font un des groupes les plus compactes du règne animal, les oiseaux présentent de nombreuses différences secondaires en rapport avec leur genre de vie et le rôle que chaque espèce est appelée à remplir. Beaucoup se nourrissent de graines, d'autres mangent des insectes; et il en est un certain nombre qui sont de véritables carnassiers, vivant de rapine à la manière des mammifères auxquels nous avons donné le nom de carnivores. Il faut également remarquer que tous ne sont pas destinés à chercher leurs aliments dans les mêmes conditions, et que certains d'entre eux habitent les endroits secs, se tiennent dans les bois ou sur les montagnes, grimpent sur les arbres, sautillent de branche en branche, ou marchent à terre, tandis que d'autres préfèrent les marécages ou même les eaux de la mer. Ces derniers s'éloignent plus ou moins de la terre ferme, et la puissance de leur vol ou la facilité avec laquelle ils nagent en font des animaux pélagiens. Certaines espèces continentales ont aussi une puissance de vol remarquable : tels sont entre autres les martinets.

Aux différences d'appétit des oiseaux et à leur habitat aérien, terrestre, palustre ou aquatique, correspondent des particularités anatomiques, pour la plupart faciles à saisir, auxquelles on a eu recours pour classer ces animaux. Leur bec est fort et crochu s'ils vivent de proie, et leurs ongles constituent alors des serres puissantes, également destinées à lacérer la chair. Ceux qui fréquentent les marécages ont les tarses longs et le bas des jambes dénudé ; les espèces nageuses ont, d'autre part, les doigts réunis par une membrane et sont palmipèdes. Beaucoup d'autres particularités de valeur secondaire caractérisent aussi les oiseaux et servent à les partager en ordres ainsi qu'en familles. On a également recours à la conformation de leur sternum, qui est, dans certains cas, dépourvu de bréchet, tandis qu'il en possède le plus souvent un, et présente souvent des échancrures inférieures dont la forme et le nombre fournissent aussi d'excellentes indications.

En général, on partage les oiseaux en six ordres, sous le nom d'*Accipitres* ou oiseaux de proie, *Passereaux*, *Grimpeurs*, *Gallinacés*, *Échassiers* et *Palmipèdes;* groupes principaux auxquels de Blainville en a ajouté trois autres, savoir : les *Préhenseurs*, ou perroquets, qu'il sépare des grimpeurs ordinaires tels que les a définis G. Cuvier; les *Pigeons*, retirés des gallinacés parce qu'ils n'en ont pas le genre de vie polygame et que leurs petits gardent le nid au lieu de pouvoir suivre les parents dès l'éclosion; enfin, les *Coureurs*, ou brévipennes, comprenant les autruches et genres voisins, ordinairement réunis aux échassiers à cause de la longueur de leurs tarses, mais qui se distinguent de ces derniers par l'état rudimentaire de leurs ailes et par l'absence de bréchet à leur sternum.

Tout en reconnaissant la justesse de ces modifications, nous conserverons la division en six ordres; mais nous partagerons chacun de ces groupes en catégories secondaires, de manière à en bien faire comprendre les affinités. L'ordre des *Accipitres*, ou oiseaux de proie, est celui dont nous parlerons en premier lieu.

ORDRE I. ACCIPITRES. — Les ACCIPITRES, aussi appelés *Rapaces* ou *Oiseaux de proie*, sont faciles à reconnaître. Ces oiseaux ont tous le bec fort et crochu (fig. 356), et leurs ongles sont en forme de griffes ou serres acérées (fig. 347), ce qui leur permet de saisir leur proie et de la déchirer avec facilité. Ce sont les mieux armés de tous les animaux de la classe qui nous occupe. Ajoutons que la base de leur bec est toujours garnie d'une membrane appelée *cire* (fig. 356).

Fig. 356. — Tête de *Harpye*.

Un premier sous-ordre comprend les *Vautours* (vautours, cathartes, condor, etc.) (fig. 357), oiseaux qui recherchent les cadavres; les *Gypaëtes*, qui vivent dans les grandes chaînes des montagnes et enlèvent des agneaux ou des animaux plus grands encore; enfin les *Falconidés*, ou faucons de toutes sortes, tels que les faucons proprement dits, les gerfauts, les aigles, les aigles-pêcheurs, les balbusards, les harpyes (fig. 356), les autours, les milans, les busards, les crécerelles (fig. 358), les buses et beaucoup d'autres.

Ce sont là les oiseaux de proie auxquels on donne le nom de diurnes, parce qu'ils chassent de jour.

Les falconidés étaient autrefois partagés en oiseaux de proie ignobles et oiseaux de proie nobles, suivant la facilité de leur vol. Les uns ont la première des pennes alaires presque aussi longue que la seconde, qui dépasse les autres, tandis que chez les seconds elle est extrêmement courte. C'est cependant parmi ces derniers que se placent les faucons véritables, dont on a fait si longtemps usage pour la chasse. L'art de la fauconnerie, qui ne subsiste que chez quelques peuples de l'Afrique et de l'Asie, a été beaucoup pratiqué en Europe pendant le moyen âge; il était déjà en usage chez les anciens. On préparait le faucon en le retenant dans l'obscurité et en l'épuisant par un jeûne réglé, puis on l'accoutumait à suivre tel ou tel gibier. Un mois suffisait souvent pour son éducation.

Fig. 357. — *Catharte alimoche*.

La famille des falconidés est très-nombreuse en espèces et elle a des représentants sur tous les points du globe. On y a établi un assez grand nombre de genres, dont un des plus curieux est le serpentaire (fig. 377), appelé aussi secrétaire ou messager, qui ressemble aux échassiers par la longueur de ses tarses.

Il faut rapporter au même ordre, mais en les plaçant dans un sous-ordre à part, les espèces nocturnes, connues sous les noms de chouettes, effraies (fig. 359), chevêches, hiboux, ducs, grands-ducs, etc.

Ce sont encore des oiseaux de proie, mais ils chassent de nuit, et les caractères qu'ils présentent diffèrent à plusieurs égards de ceux des accipitres diurnes.

Fig. 358. — *Faucon crécerelle.*   Fig. 359. — *Effraie.*

Leurs yeux sont volumineux, et ils redoutent toute lumière un peu vive, ce qui fait employer certaines de leurs espèces pour la chasse à la pipée. Leur plumage est aussi plus fin et plus moelleux que celui des oiseaux de proie diurnes, et en volant ils ne font pas le même bruit que ces derniers, ce qui leur permet de surprendre plus sûrement leur proie.

Une des espèces les plus connues de cette division est l'effraie (fig. 359), qui se tient le jour sur les grands bâtiments inhabités, sur les combles des églises, dans les tours, etc. La plus grosse est le grand-duc.

Ordre II. Passereaux. — Ordre III. Grimpeurs. —Ces deux ordres ne possèdent ni l'un ni l'autre des caractères bien tranchés ; mais leurs nombreuses espèces ne sauraient être placées dans aucune des autres divisions de la classe des oiseaux, qui sont plus nettement définies. Les passereaux ont trois doigts dirigés en avant et un en arrière ; les grimpeurs, dont le nom rappelle une des principales aptitudes, celle de grimper le long des arbres, ont deux doigts en avant et

Fig. 360. — Patte de *Perroquet.*

deux en arrière (fig. 348 et 360). On peut, dans l'état actuel et purement provisoire de la classification ornithologique, associer leurs espèces à celles qui forment la série des passereaux véritables et en établir la division en familles de la manière suivante :

1. En tête, les PERROQUETS (fig. 361), qui ont été appelés les singes de la classe des oiseaux. Ce sont les plus intelligents de ces animaux, et, de même que les singes, ils habitent de préférence les pays chauds. On en trouve toutefois en Australie, où n'existe aucun quadrumane.

FIG. 361. — *Ara bleu* et *Ara rouge.*

Leur distribution géographique est assez régulière. Les genres les plus connus de cette division sont les aras (fig. 361), les kakatoës, les amazones, les perruches, etc.

2. Les GRIMPEURS ORDINAIRES, comme les pics (fig. 362), les coucous et les torcols, genres dont il y a des représentants dans nos pays; les

barbus, les toucans, les couroucous, ainsi que les touracos, dont toutes les espèces sont exotiques.

Ces oiseaux et ceux de la division qui précède ont également deux doigts dirigés en avant et deux en arrière.

3. Les Dysodes, dont l'espèce unique, appelée hoazin, avait été rapprochée des faisans par Buffon et nommée par lui faisan de la Guyane. Leur sternum offre une conformation particulière. Ils ont trois doigts en avant et un en arrière.

4. Les Syndactyles, qui ont surtout pour caractère d'avoir le doigt externe soudé à celui du milieu dans une grande partie de sa longueur. Ce sont principalement les calaos, gros oiseaux propres à l'Inde, dont le bec a des formes si singulières et devient très-volumineux dans quelques espèces.

FIG. 362. — *Pic vert.*

On rapporte aussi à cette catégorie les momots et les martins-pêcheurs, bien qu'ils soient très-différents des précédents.

Une espèce de martin-pêcheur habite l'Europe; c'est un de nos plus jolis oiseaux.

Les manakins, espèces fort élégantes qui vivent dans l'Amérique méridionale, rentrent aussi dans la même division, si l'on ne tient compte que de l'apparence de leur sternum.

5. Les Déodactyles, ou passereaux à doigts libres (trois en avant et un en arrière) et à sternum le plus souvent pourvu d'une seule paire d'échancrures à son bord inférieur. Cette cinquième catégorie renferme des espèces bien plus nombreuses que celles qui précèdent.

C'est à elle que répondent les grands groupes de passereaux désignés par Cuvier sous le nom de *fissirostres* [engoulevents (fig. 363), martinets et hirondelles], *conirostres* (corbeaux, pies, moineaux, mésanges, alouettes), *dentirostres* (pies-grièches, tangaras, merles, grives, becs-fins) et *ténuirostres* (huppes et souïmangas).

6. Les Colibris (fig. 354) et les Oiseaux-mouches, subdivision également importante de l'ordre qui nous occupe, ne vivent qu'en Amérique; c'est dans les parties les plus chaudes de ce continent qu'ils abondent. Ils se rapprochent des ténuirostres par la gracilité de leur bec, mais leur sternum ne présente pas d'échancrures.

Ce sont les plus petits de tous les oiseaux et en même temps ceux dont le plumage est le plus brillant. On en connaît près de quatre cents espèces bien caractérisées. Elles sont recherchées comme objets d'ornement à cause des reflets métalliques qui les distinguent; toutes sont remarquables par l'élégance de leurs formes ainsi que par la légèreté de leur vol. Les naturalistes en font maintenant plusieurs genres; on les divisait autrefois en colibris, ou espèces à bec courbe, et oiseaux-mouches, ou espèces à bec droit.

FIG. 363. — *Engoulevent.*

Beaucoup de passereaux sont granivores, et il en est aussi un grand nombre qui se nourrissent d'insectes. Ce n'est que par exception que ces oiseaux ont des appétits carnassiers. On doit cependant citer comme telles les pies-grièches, qui, bien qu'insectivores, attaquent quelquefois d'autres oiseaux ou même de petits mammifères.

ORDRE IV. GALLINACÉS. — La plupart des oiseaux de cet ordre offrent avec

FIG. 364. — *Faisans.*

le coq (*Gallus*) une analogie évidente, et c'est à cela qu'ils doivent leur nom. Ainsi ils ont en général le vol lourd et les échancrures sternales très-grandes; leurs doigts sont réunis, mais seulement à la base, par une très-courte membrane; leur bec est voûté et leurs narines sont recouvertes par une sorte d'écaille molle.

On les partage en deux groupes, les *Gallinacés proprement dits* et les *Pigeons*.

1. Les Gallinacés proprement dits forment plusieurs tribus. La première est celle des phasianidés, comprenant les genres faisan (fig. 364), paon, argus, éperonnier, lophophore, tragopan et coq, dont les espèces sont toutes de l'ancien continent, principalement de l'Asie méridionale.

Les pintades, particulières à l'Afrique, s'en

Fig. 365. — *Lagopède des Saules.*

rapprochent notablement, ainsi que les dindons, originaires de l'Amérique septentrionale.

Une seconde division importante de gallinacés proprement dits est celle des hoccos, pauxis et pénélopes, qui habitent tous l'Amérique méridionale, et dont quelques espèces sont déjà à demi domestiquées.

Fig. 366. — *Colin de Californie.*

Viennent ensuite les mégapodes et les talégalles (fig. 350) de l'Australie; puis les tétras, comprenant les coqs de bruyère, les gélinottes et les lagopèdes (fig. 365); enfin, les perdrix, au groupe desquelles se rattachent les colins (fig. 366), aujourd'hui recherchés par les personnes qui s'occupent d'acclimatation. Les cailles rentrent dans la même famille que les perdrix et les colins.

C'est également auprès de ces oiseaux que se placent les gangas et les attagis; mais ceux-ci s'écartent déjà, à quelques égards, des gallinacés ordinaires, pour se rapprocher des pigeons.

Tous les vrais gallinacés vivent par troupes; ils nous ont fourni la plupart de nos oiseaux de basse-cour et peuvent nous en donner encore d'autres. Dans toutes ces espèces, les mâles ont plusieurs femelles; et, contrairement à ce qui a lieu pour les ordres précédents, ainsi que dans une partie des deux ordres dont il nous reste à parler, les petits sont assez forts au moment de leur éclosion pour suivre la mère; ils sont déjà en état de chercher leur nourriture (fig. 352).

2. Les PIGEONS, que la plupart des auteurs classent néanmoins parmi les gallinacés, font exception sous presque tous les rapports à la caractéristique de cet ordre. Leurs mœurs ainsi que l'état sous lequel naissent leurs petits sont en particulier très-différents de ce que nous voyons pour les poules et les autres gallinacés. Les pigeons ne vivent que par paires et leurs jeunes (fig. 353) sont très-débiles lorsqu'ils naissent : aussi gardent-ils le nid pendant un certain temps. C'est ce qui a conduit les ornithologistes modernes à faire de ces oiseaux un sous-ordre distinct de celui des gallinacés proprement dits, quelquefois même un ordre, et ce nouveau groupe a reçu de Blainville la dénomination de *Sponsores*, signifiant épouseurs, qui fait allusion aux habitudes monogames des espèces qui le constituent.

ORDRE V. ÉCHASSIERS. — Comme leur nom l'indique, ces oiseaux ont habituellement les pattes fort longues. Cela leur permet de marcher à gué dans les cours d'eau ou dans les marécages sans se mouiller le corps. Le bas de leurs jambes est dénudé, et leurs tarses sont le plus souvent fort élevés; beaucoup ont également les doigts allongés : aussi, lorsque leur poids est peu considérable, peuvent-ils courir avec rapidité sur les herbes inondées, sans enfoncer. Mais, parmi les espèces auxquelles cette caractéristique s'applique, il en est qui ont des habitudes différentes et présentent certaines particularités qui permettent de les distinguer aisément.

On peut donc partager les échassiers en plusieurs sous-ordres parfaitement naturels, dont nous parlerons successivement, ainsi que nous l'avons fait pour ceux des ordres précédents : ce sont les *Brévipennes*, les *Hérodiens*, les *Limicoles* et les *Macrodactyles*.

1. Les BRÉVIPENNES ou COUREURS (ordre des *Cursores* de Blainville) sont des échassiers à ailes rudimentaires, et, par suite, incapables de voler.

Ces oiseaux ont tous le sternum dépourvu de bréchet (fig. 140). Ils ne recherchent point les lieux inondés, et se tiennent au contraire dans les plaines arides; leurs longues jambes en font d'excellents coureurs.

C'est parmi eux que nous trouvons les plus grandes espèces d'oiseaux connues. L'autruche d'Afrique (fig. 367), les nandous ou autruches d'Amérique, le casoar des Moluques ou casoar à casque (fig. 368), et les émeus ou casoars de la Nouvelle-Hollande, dont il y a plusieurs espèces, rentrent en effet dans la division des brévipennes.

FIG. 367. — *Autruche d'Afrique.*

Les aptéryx de la Nouvelle-Zélande appartiennent aussi à cette première catégorie des échassiers qui possédait autrefois le genre des dinornis, oiseaux actuellement anéantis dont on trouve les débris à la Nouvelle-Zélande, et le genre épyornis, connu par des ossements et quelques œufs recueillis à Madagascar. Une des espèces du genre dinornis approchait de la girafe par ses dimensions, et les œufs de l'épyornis ont une capacité de neuf litres. Les os du même oiseau qu'on a observés indiquent aussi un animal très-robuste. On les trouve enfouis dans des terrains sableux appartenant à l'époque quaternaire. Les chefs malgaches se servent des œufs d'épyornis pour conserver des liquides.

C'est à ces oiseaux que le voyageur Flacourt fait allusion lorsqu'il parle du *vourou-patra* : « Grand oiseau qui habite les Ampatres et fait des œufs comme l'autruche. » Il ajoute : « Ceux des dits lieux ne peuvent le prendre ; il cherche les lieux les plus déserts. » On n'a aucun document qui permette de supposer que le vourou-patra existe encore, et il en est sans doute de lui comme des dinornis ; il est même probable que son extinction est plus ancienne que la leur.

FIG. 368. — *Casoar à casque.*

Les habitants de la Nouvelle-Zélande savent que les os de dinornis qu'on trouve dans leur archipel proviennent d'oiseaux dont les espèces sont perdues ; ils les indiquent sous le nom de *Moa*.

La disparition de ces grands oiseaux remonte au plus à quelques siècles ; c'est à l'homme qu'elle doit être attribuée. En effet, l'état des os de dinornis que l'on recueille à la Nouvelle-Zélande indique un enfouissement peu ancien, et il ne semble pas douteux que les premiers habitants de cet archipel n'aient vu ces animaux encore vivants. Des instruments de pierre sont enfouis avec les restes osseux des dinornis.

De semblables extinctions ont eu lieu, il y a moins de deux siècles, dans les îles de la Réunion, de Maurice et de Rodrigues, où plusieurs espèces d'oiseaux, au nombre desquelles on cite le dronte et le solitaire,

Fig. 369. — *Dronte de l'île Maurice.*

ont bientôt disparu, lorsque les Européens se sont établis dans ces localités restées jusqu'alors inhabitées. La classification de ces espèces n'a pas encore été arrêtée d'une manière définitive, et cependant on connaît presque entièrement leur squelette. Plusieurs auteurs les rapprochent des pigeons, opinion qui a été d'abord proposée par M. Reinhardt, de Copenhague.

2. Les Hérodiens sont spécialement des oiseaux de rivage. En général, ils ont le bec cultriforme; leur vol est puissant et leurs jambes sont fort longues. Leur sternum est pourvu d'un bréchet auquel la clavicule se soude dans beaucoup d'espèces, mais qui ne présente pas d'échancrures proprement dites à son bord inférieur.

Les grues, les cigognes, les marabouts et les hérons appartiennent à ce groupe. L'agami ou oiseau-trompette, de la Guyane, qu'on élève en domesticité à cause de l'habitude qu'il a de diriger les oiseaux de basse-cour, comme le chien le fait pour les bestiaux, constitue un genre de la même famille.

Fig. 370. — *Baléniceps.*

Le savacou, du Brésil, et le baléniceps (fig. 370), de l'intérieur de l'Afrique, espèce plus singulière encore par l'élargissement de son bec, sont aussi des hérodiens.

3. Les Limicoles, ou oiseaux de marais. Ils sont en général inférieurs en taille aux précédents, moins haut montés sur jambes, et parfois assez peu différents des passereaux par leur apparence extérieure. Leur bec est plus ou moins long, mais il est sans force. Ces oiseaux vivent principalement de vers qu'ils cherchent dans la vase ou dans la terre humide. En général leur sternum est muni de deux petites échancrures de chaque côté de son bord inférieur.

Les principaux genres sont ceux des outardes, des ibis, des courlis, des spatules, des bécasses, des bécassines, des pluviers, des vanneaux, des huîtriers, des échasses, des avocettes, etc.

Les avocettes et les échasses ont les tarses plus longs que les autres espèces du même sous-ordre.

4. Les Macrodactyles, qui sont ainsi nommés à cause de la grandeur de leurs doigts. Leur corps est comprimé; leur bec est souvent conique,

Fig. 371. — *Talève poule sultane.*

et ils ont le sternum garni d'une seule paire d'échancrures, d'ailleurs considérables, s'étendant, comme l'échancrure principale des gallinacés, dans presque toute la longueur de cet os.

Fig. 372. — *Grèbe cornu.*

Ce sont, avec les limicoles, les oiseaux les plus fréquents dans les marécages; quelques-uns seulement vivent dans les endroits secs.

Les macrodactyles forment aussi plusieurs genres, dont les principaux sont ceux des tinamous, propres à l'Amérique méridionale, des jacanas, étrangers à l'Europe, des râles, des poules d'eau, des talèves ou poules sultanes (fig. 371) et des foulques.

Les foulques ont les doigts bordés par des membranes.

Les grèbes (fig. 372), dont la peau fournit une fourrure estimée, se rattachent aux foulques par plusieurs de leurs principaux caractères, en particulier par la conformation de leurs pattes; on doit cependant en constituer une famille à part.

ORDRE VI. PALMIPÈDES. — Les palmipèdes ne sont plus seulement, comme la plupart des échassiers, des oiseaux qui fréquentent les lieux humides, entrent à mi-jambes dans l'eau des marais et des rivières, ou marchent avec facilité sur les herbes inondées : ce sont des animaux véritablement aquatiques, et ils peuvent nager ou même plonger avec une grande facilité. Leurs pieds sont constamment palmés, c'est-à-dire que leurs doigts, les trois antérieurs au moins, sont réunis par une membrane analogue à celle qu'on voit aux pattes des castors, des loutres ou des ornithorhynques, parmi les mammifères. Cette disposition existe déjà chez quelques échassiers, tels que les avocettes, mais elle y est associée à une longueur considérable des pattes et à d'autres particularités qui ne laissent aucun doute sur le caractère échassier de ces oiseaux. Au contraire, le tarse des palmipèdes est de grandeur ordinaire, et le bas de leurs jambes n'est point dénudé. Le flammant fait exception à cet égard; cependant si divers auteurs le classent avec les échassiers, d'autres le regardent, à cause de son bec lamellé et de ses doigts réunis par des membranes, comme un genre de la même famille que les canards.

Les palmipèdes sécrètent une matière grasse qui imprègne leurs plumes et les empêche de se mouiller lorsqu'ils entrent dans l'eau.

Ces oiseaux ne forment pas plus que ceux des ordres précédents un groupe naturel et indivisible. Nous les partagerons, d'après les caractères secondaires qu'ils présentent, en quatre sous-ordres, sous les noms de *Cryptorhines*, *Longipennes*, *Lamellirostres* et *Plongeurs*.

FIG. 373. — *Cormoran.*

1. Les CRYPTORHINES, partie des Totipalmes de Cuvier, ont les quatre doigts compris dans la

palmature; mais cette disposition se retrouvant chez quelques espèces
du groupe suivant, les palmipèdes de ce premier sous-ordre ne sauraient
conserver le nom que l'auteur cité leur avait donné.

Ce qui les distingue avant tout, c'est la petitesse de leurs narines,
qui sont comme cachées dans un sillon de la partie latérale du bec;
leur squelette présente aussi des particularités remarquables.

Les palmipèdes
cryptorhines ne for-
ment qu'une seule
famille, celle des
Pélécanidés, dont
les principaux gen-
res sont connus
sous les noms de
pélican, frégate,
fou, anhinga et cor-
moran (fig. 373).

2. Les Longipen-
nes, ou grands voi-
liers, ont le ster-
num encore autre-
ment conformé;

Fig. 374. — *Pétrel puffin.*

l'ouverture de leurs narines est assez grande; leurs ailes sont appropriées à un vol long et soutenu, et leurs habitudes sont presque complétement maritimes.

C'est parmi eux que se placent les albatros, les pétrels (fig. 374), les
thalassidromes ou oiseaux de tempête, les mouettes ou goëlands,
les sternes ou hirondelles de mer, et les rhynchops, aussi appelés becs
en ciseaux.

Les albatros vivent principalement aux environs du cap de Bonne-
Espérance; ce sont les plus gros oiseaux de cette famille. Les autres
genres ont au contraire des représentants sur nos côtes.

Les phaétons ou paille-en-queue, malgré la disposition totipalme de
leurs pieds, sont aussi des palmipèdes longipennes; ils sont étrangers
à nos pays.

3. Les Lamellirostres, groupe de palmipèdes comprenant les cygnes,
les oies, les canards de toutes sortes, les harles, peut-être aussi les flammants (fig. 375).

Tous ces oiseaux ont le bec pourvu sur ses bords de lamelles cornées, disposées en forme de dents, qui leur servent à tamiser l'eau dans
laquelle ils cherchent leur nourriture (fig. 346).

Une espèce de flammant fréquente les grands marais voisins de la
Méditerranée; elle est nombreuse dans certaines localités et niche dans
quelques-unes, particulièrement dans l'étang de Valcarès, en Camargue.
Il en vient aussi en grand nombre dans l'étang de Saint-Nazaire (Pyrénées-
Orientales).

4. Les Plongeurs. — Ce sont les plus aquatiques de tous les oiseaux. Beaucoup d'entre eux ont le vol difficile, parfois même impossible, et les ailes, dans plusieurs genres, semblent transformées en véritables

Fig. 375. — *Flammants* sur leur nid.

nageoires. Presque tous se tiennent à la mer ; ils passent la plus grande partie de leur vie dans l'eau, étant presque aussi embarrassés lorsqu'ils essayent de marcher que lorsqu'ils veulent voler ; quelques-uns se tiennent debout, mais ils trébuchent fréquemment.

Il y a trois familles principales parmi les palmipèdes plongeurs :

Les Colymbidés, comprenant les plongeons, les guillemots, etc.

Les Alcidés, qui sont les pingouins (*Alca*), tels que le grand pingouin (fig. 8), dont l'espèce paraît aujourd'hui détruite, et les macareux.

Enfin les Apténidés ou les sphénisques, les gorfous (fig. 376) et les manchots (genre *Aptenodytes*).

Les apténidés sont encore plus aquatiques que tous les autres. Leurs tarses, qui sont de forme raccourcie, présentent cette curieuse particularité que les trois métatarsiens qui les composent par leur intime réunion chez les autres oiseaux, ne se soudent ici qu'incomplétement.

Fig. 376. — *Gorfou d'Adélie.*

Cette disposition nous donnerait au besoin la preuve que les tarses des oiseaux sont bien formés par trois os métatarsiens réunis entre eux par synostose.

CHAPITRE XXXIX

UTILITÉ DES OISEAUX.

La classe des oiseaux n'a déjà plus pour nous la même importance que celle des mammifères ; cependant elle nous est encore d'une utilité très-réelle, par ses espèces sauvages aussi bien que par celles dont la domestication s'est emparée. Ces dernières ne servent pas moins à l'alimentation publique que les diverses sortes de gibiers à plumes que nous fournit le même groupe d'animaux.

Ce n'est pas sans raison que dans les pays civilisés on a réglementé la chasse des oiseaux, en tenant compte des époques de leurs passages, du temps de leur ponte et des conditions diverses de leur genre de vie ou de l'emploi que nous en faisons. Des règlements particuliers régissent la capture des oiseaux d'eau, et les espèces nuisibles aux cultures sont abandonnées presque sans réserve à la poursuite des chasseurs. Au contraire, la loi accorde protection à celles qui sont insectivores, parce qu'elles contribuent à débarrasser le cultivateur de ses plus redoutables ennemis, les insectes. On doit les mêmes égards aux oiseaux qui détruisent les rats et autres petits quadrupèdes nuisibles aux végétaux, aux graines ou aux fruits. Il en est de même pour ceux qui poursuivent les serpents, et l'on a transporté aux Antilles, particulièrement à la Martinique, le serpentaire, appelé aussi secrétaire ou messager du Cap (fig. 377).

FIG. 377. — *Secrétaire.*

C'est une espèce de falconidés ayant les allures des échassiers, qui combat avec une sorte de fureur les ophidiens les plus venimeux! Cet essai d'acclimatation avait pour but de débarrasser l'île des redoutables vipères fer-de-lance dont elle est infestée.

Certains oiseaux exécutent de grands voyages, mais il n'en est qu'un petit nombre que l'on retrouve sur tous les points du globe avec des caractères identiques ou à peu près identiques. L'effraie (fig. 359), espèce de la famille des hiboux ou accipitres nocturnes, paraît être dans ce cas.

Les hirondelles nous quittent, lorsque le froid commence, pour aller chercher en Afrique un climat moins rigoureux et retrouver les insectes qui font leur nourriture. Nos cailles, malgré la brièveté de leurs ailes, traversent aussi la Méditerranée à des époques fixes, mais beaucoup succombent en route, et celles qui atteignent l'autre bord sont si fatiguées au moment où elles arrivent, qu'elles s'y abattent et que l'on peut dans certains cas les prendre à la main et en recueillir ainsi des quantités considérables.

Les oiseaux d'eau voyagent également, et l'on en voit souvent passer des troupes innombrables; la plupart se tiennent alors à une grande hauteur. A certaines époques ils se fixent en nombre considérable dans les marécages, soit au milieu des continents, soit sur les bords de la mer, et ils y font un séjour plus ou moins long. Les canards sont dans ce cas; il en est de même des foulques macroules, plus connues sous le nom de macreuses. Ces dernières sont des oiseaux voisins des poules d'eau, mais à doigts garnis de franges membraneuses, dont la chasse se fait en grand dans plusieurs localités, particulièrement sur les étangs saumâtres du bas Languedoc. Il ne faut pas les confondre, comme le font quelques personnes qui ne les ont pas observées, avec les macreuses proprement dites : ces dernières appartiennent à la famille des canards, tandis que les foulques macreuses, ou mieux encore macroules, sont des échassiers pinnatipèdes du sous-ordre des macrodactyles.

Beaucoup de familles de cette classe sont cosmopolites, mais des espèces particulières les représentent dans les différents centres de création, et souvent la répartition de leurs genres est elle-même localisée. Les espèces qui composent ces genres sont cependant moins circonscrites dans leurs aires d'habitation que ne le sont les mammifères ou les reptiles, et l'on constate qu'en général elles s'étendent en latitude ou au contraire en longitude, suivant qu'elles sont granivores ou bien insectivores.

Peu de familles d'oiseaux sont limitées à une seule partie du monde. On remarque toutefois que les colibris et les oiseaux-mouches sont exclusivement américains. La Nouvelle-Hollande manque de plusieurs groupes d'oiseaux propres aux autres continents.

Les oiseaux plongeurs nous offrent un exemple non moins curieux de délimitation géographique. Les plongeons appartiennent aux régions boréales et les manchots aux régions australes.

Plusieurs des principaux groupes de la classe des oiseaux nous ont fourni des espèces domestiques de quelque utilité, et ils peuvent nous en donner beaucoup d'autres encore. On en voit en assez grand nombre dans les ménageries publiques, dans les jardins d'acclimatation et sur la plupart des promenades de nos grandes villes; nous ne saurions donc nous dispenser de rappeler l'intérêt qui se rattache à beaucoup d'entre eux, et nous citerons aussi les noms de quelques-uns.

Aux *accipitres*, ou oiseaux de proie, appartiennent le serpentaire (fig. 377) dont il a été parlé plus haut, ainsi que les faucons, autrefois si employés pour la chasse. L'art de la fauconnerie est resté célèbre dans les fastes de la cynégétique.

Les *perroquets* se voient en grand nombre dans nos oiselleries, où, malgré leurs cris désagréables et leur inutilité apparente, ils attirent l'attention des visiteurs par leur intelligence, par la singularité de leurs allures et par la variété de leur plumage. Ces oiseaux sont presque une société pour l'homme, car il n'est aucune espèce de la même classe qui se mette plus complétement en relation avec lui. La facilité avec laquelle ils imitent la parole les rend surtout intéressants.

Une foule de *passereaux* et certaines espèces de *grimpeurs* sont également recherchés à cause de la beauté de leur plumage, ou encore pour l'agrément de leur chant et l'animation de leurs mouvements. On ne saurait cependant en signaler qu'un fort petit nombre qui soient capables de nous rendre des services réels. Ce sont plutôt des oiseaux d'ornement. Grâce aux facilités fournies aujourd'hui par la navigation, on en apporte chaque jour en Europe qui sont aussi curieux qu'ils étaient rares autrefois, même dans les musées.

Le Sénégal, l'Inde, etc., nous en fournissent de fort jolis, et le Jardin zoologique de Londres, qui dépasse en richesses de ce genre ceux de toutes les autres grandes villes, a possédé en 1862 des oiseaux de paradis rapportés à grands frais de la Nouvelle-Guinée.

La multiplicité de nos variétés domestiques de *pigeons* diminue beaucoup l'avantage qui semblerait se rattacher à la possession des espèces sauvages de ce sous-ordre; aussi ces dernières sont-elles restées des animaux de pure curiosité. Toutefois le goura, qui est notablement plus gros que les autres colombidés, pourrait devenir un oiseau alimentaire si l'on réussissait à le multiplier en captivité.

Les *gallinacés proprement dits* ont pour nous une importance particulière. A côté des variétés presque infinies du coq et de la poule domestiques, nous remarquons les espèces encore sauvages de ce genre, le coq Sonnerat et quelques autres qui habitent l'Inde, berceau principal de la famille des phasianidés. Auprès du paon ordinaire se placent les paons nigripenne et spicifère, qui forment deux espèces à part. Le genre des faisans possède de fort jolies espèces dont nous ne sommes pas encore maîtres; mais il nous en a déjà fourni de très-utiles, et l'ordre des gallinacés nous promet, entre autres oiseaux susceptibles de figurer avec avantage dans nos basses-cours, le lophophore au plumage resplendissant, les tragopans, originaires comme lui de l'Inde, diverses pintades de provenance africaine, comme la pintade commune, mais qui en diffèrent à quelques égards; et, parmi les gallinacés américains, les hoccos, dont la taille approche de celle du dindon, ainsi que les pénélopes et d'autres espèces qu'il serait également utile de posséder. Enfin les colins de la Californie (fig. 366) ont déjà commencé à se répandre dans nos volières; ce sont des oiseaux un peu moins gros que les perdrix, mais plus élégants encore. On en obtient aisément des éclosions, et il est maintenant facile de se les procurer dans le commerce.

Parmi les *échassiers*, on doit citer de préférence les brévipennes, que leurs grandes dimensions et les qualités de leur chair rendraient de véritables oiseaux de boucherie si l'on parvenait à les faire reproduire sans difficulté dans nos fermes. Leurs œufs, toujours d'un volume considérable, seraient aussi une précieuse ressource alimentaire. Les émeus de la Nouvelle-Hollande et les diverses espèces du même genre paraissent se prêter mieux que les autres brévipennes à ces utiles essais. En Europe, particulièrement en Angleterre, des couvées d'émeus ordinaires ont déjà été menées à bonne fin.

Contentons-nous de citer parmi les autres échassiers l'agami, qui a été appelé le chien des oiseaux, parce qu'il maintient l'ordre dans les basses-cours où on le place, et rappelons, pour terminer cette énumération, combien d'espèces précieuses nous pourrions encore tirer du groupe des *palmipèdes*, particulièrement de la famille des lamellirostres. Cette famille nous a déjà fourni le cygne à tubercule ; l'oie, si utile par sa chair, sa graisse et ses plumes ; ainsi que les canards, dont tant d'espèces, différentes du canard ordinaire, se prêtent à la domestication ou à l'ornement des pièces d'eau.

Les cygnes se font surtout remarquer parmi les palmipèdes domestiques, et l'on ajoute aujourd'hui à l'espèce ordinaire de ce genre, c'est-à-dire au cygne à tubercule, le cygne noir de la Nouvelle-Hollande, ainsi que le cygne à cou noir de la Plata.

Les oies constituent des espèces plus nombreuses, et l'oie d'Égypte, l'oie armée du Sénégal, l'oie de Sandwich, ainsi que le céréopse de la Nouvelle-Hollande, sont déjà conquis en partie.

Aux canards appartiennent également des formes qui méritent d'être remarquées. Ces oiseaux se recommandent par l'élégance de leurs allures, en tant que nageurs, ou par la variété de leurs couleurs. Les plus recherchés sont les mandarins, les carolins et les tadornes.

On tire un parti avantageux des plumes d'un grand nombre d'oiseaux, après qu'on les a dégraissées et apprêtées de différentes manières. Celles qui servent à écrire sont principalement des pennes d'oie. Les plumes de lit sont plus petites ; on les tire des oies, des canards et des poules. Les duvets fins sont particulièrement fournis par les espèces de la famille des canards, des cygnes et des oies. Celui de l'eider du Nord (*Anas mollissima*) constitue le véritable édredon et donne lieu à un commerce qui ne manque pas d'importance. On le prend dans les nids mêmes de l'oiseau, après que la femelle s'en est dépouillée pour garantir ses œufs.

Il y a aussi des plumes ou des parties de plumes qui servent à différents usages industriels ou domestiques : les plumeaux sont faits de préférence avec les pennes des nandous ou autruches d'Amérique. Les plumes de beaucoup d'oiseaux sont au contraire employées comme parures, et maintenant plus que jamais on en varie les espèces et l'apprêt.

Les plumes le plus fréquemment utilisées sous ce dernier rapport proviennent des autruches d'Afrique, des marabouts ou cigognes à sac, des aigrettes, des oiseaux de paradis, de la queue des coqs, etc. On emploie également celles d'une foule d'autres oiseaux, et on les désigne dans le commerce sous le nom de plumes de fantaisie. Le paon, le faisan, l'argus, la pintade, l'ibis, le toucan, et beaucoup d'autres, sont dans ce cas. Les oiseaux-mouches et une multitude de passereaux à plumage brillant sont aujourd'hui fort à la mode. La peau des grèbes, des grands manchots, etc., garnie de ses plumes, et celle des cygnes revêtue de son duvet seulement, constituent aussi des fourrures très-estimées.

CHAPITRE XL

CLASSE DES REPTILES.

CARACTÈRES DES REPTILES. — Les REPTILES ont, comme les mammifères

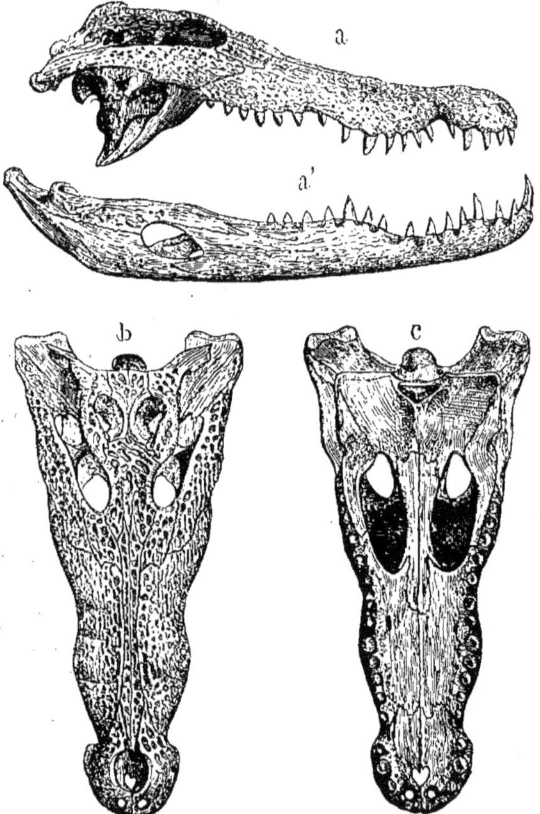

FIG. 378. — Crâne du *Crocodile* (*).

et les oiseaux, la respiration aérienne à tous les âges, mais ils ne possè-

(*) *a*) de profil, avec sa mâchoire inférieure *a'* ; — *b*) en dessus ; — *c*) en dessous.

dent jamais ni mamelles, ni poils, ni plumes; l'épiderme forme l'unique tégument dont leur peau est protégée : il a l'apparence d'écailles. Ces animaux n'ont pas les ventricules du cœur entièrement séparés; et le plus souvent cet organe n'a même que trois cavités, par suite de la fusion complète des ventricules droit et gauche en un seul[1]. Leur température est variable, au lieu d'être fixe et élevée comme celle des espèces propres aux deux premières classes, dont le mode de tégument est si différent du leur et approprié à la conservation d'une température constante. Ils n'ont pas de diaphragme. Leur mode de reproduction est toujours ovipare. Quelques-uns cependant, comme les vipères et certains lézards, font des petits vivants, par le fait d'une sorte d'incubation intérieure, de laquelle il résulte que l'œuf éclôt dans le corps de la mère, mais en suivant les mêmes phases que s'il se développait extérieurement; dans ce cas, les reptiles sont donc simplement ovovivipares, et non réellement vivipares, puisque leur fœtus manque de placenta.

On peut ajouter à cette courte définition que le crâne de ces animaux s'articule toujours avec la colonne vertébrale au moyen d'un seul condyle, et que, comme les oiseaux, ils ont à la mâchoire inférieure un os, appelé *os carré*, qui est tantôt mobile, comme celui des oiseaux, tantôt au contraire soudé au temporal. En outre leur mâchoire inférieure est toujours de plusieurs pièces pour chaque côté.

Ces vertébrés sont beaucoup moins nombreux en espèces que les oiseaux, et même que les mammifères. On en connaît environ deux mille. C'est seulement dans les pays chauds qu'ils pullulent, et c'est là aussi que l'on trouve ceux qui acquièrent la plus grande taille.

REPTILES FOSSILES. — Pendant l'époque tertiaire, les reptiles étaient plus abondants en Europe qu'ils ne

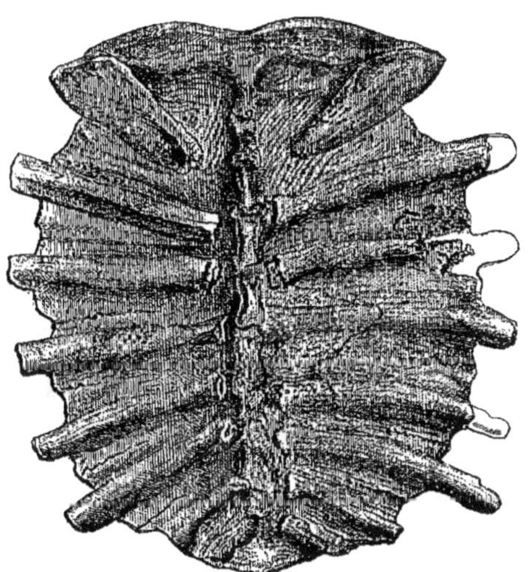

FIG. 379. — Carapace de *Trionyx* fossile, trouvée dans les lignites du Soissonnais.

le sont à présent, ce qui était en rapport avec la température plus élevée de nos régions pendant le même temps; mais ils appartenaient à des genres analogues à ceux du monde actuel. Certains groupes aujourd'hui étrangers à nos pays, comme les trionyx ou tortues de fleuves (fig.379), les crocodiles, diverses familles de sauriens, ainsi que des ser-

1. Fig. 82 et 83.

P. G. 30

pents de grande dimension, avaient même des représentants en France, ce qui n'a plus eu lieu depuis le commencement de la période quaternaire.

La période secondaire a été remarquable par l'abondance encore plus grande des reptiles qu'elle a possédés, et ces reptiles étaient tous plus ou moins différents de ceux des faunes tertiaires ou actuelles. Les particularités de structure qui les distinguaient sont telles qu'on ne saurait classer la plupart d'entre eux dans les genres, ni même dans les familles qui caractérisent les époques géologiques plus récentes.

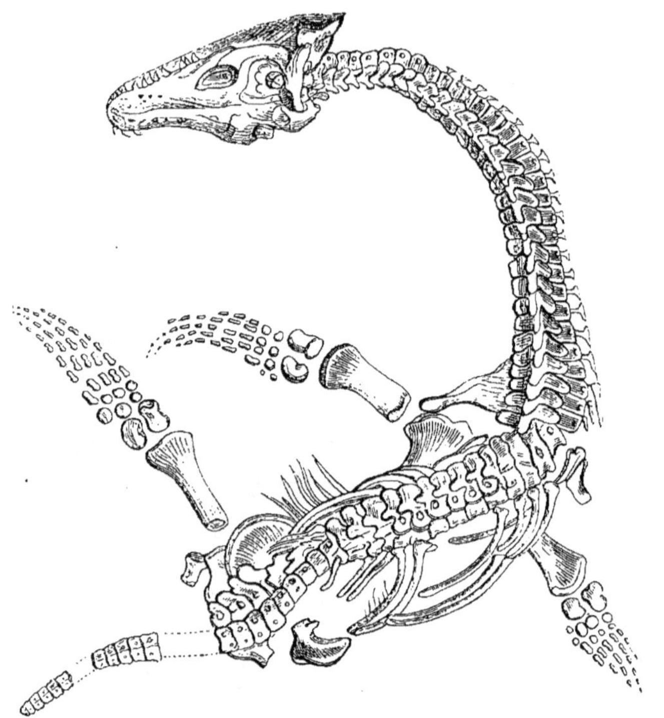

Fig. 380. — *Plésiosaure.*

Depuis le commencement des dépôts triasiques jusqu'à la fin de la série crétacée, il a existé de ces reptiles, différents de ceux d'aujourd'hui ou de la période tertiaire, et il en est parmi eux dont les caractères étaient si singuliers, qu'on a dû établir des ordres à part pour les y classer.

Quelques-uns de ces reptiles étranges étaient de gigantesques sauriens, comparables, par leur taille et même par leurs allures, aux plus grands mammifères ongulés. Comme les ongulés, ils vivaient à la surface des continents; nous citerons parmi eux les iguanodons et les mégalosaures.

D'autres fréquentaient à la fois la terre et les eaux de la mer, ainsi que le font les palmipèdes grands voiliers, et ils avaient, comme ces oiseaux ou comme les chauves-souris, la propriété de s'élever dans les airs : on leur a donné le nom de ptérodactyles. Leur taille était très-variable, et les différences qu'ils présentaient entre eux ont conduit à en faire plusieurs genres.

Il y avait des reptiles, également propres à la période secondaire, qui préféraient le séjour des eaux; mais quelques-uns parmi eux pouvaient encore en sortir, comme le font aujourd'hui les crocodiles, et ils venaient ramper à la surface du sol, sur les plages, ou à une plus grande distance des mers. Ceux-là appartenaient pour la plupart à l'ordre des crocodiliens, mais sans avoir tous les caractères des crocodiles d'à présent; les téléosaures ou mystriosaures étaient de ce nombre. D'autres formaient des groupes encore différents, qui ont été appelés simosaures, dicynodontes, etc.; ils ont principalement vécu pendant l'époque du trias, qui commence la période secondaire.

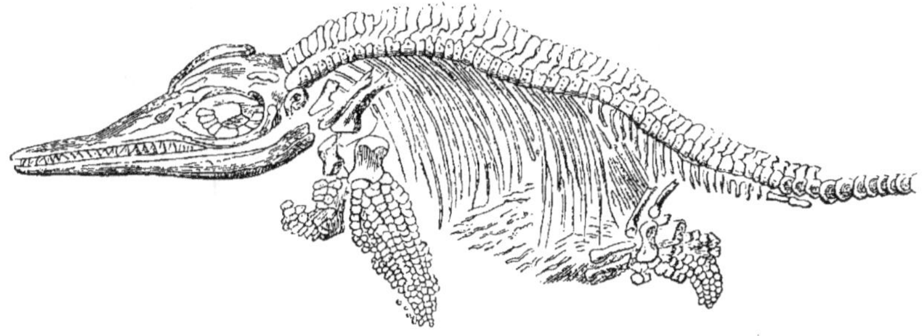

Fig. 381. — *Ichthyosaure.*

Enfin, il en était d'une conformation plus singulière, et ceux-là se tenaient dans les eaux de la mer, sans jamais pouvoir en sortir. Leurs habitudes ressemblaient, à beaucoup d'égards, à celles des cétacés, mammifères dont la race n'avait point encore apparu sur le globe. On les a décrits sous les noms de plésiosaures, pliosaures et ichthyosaures ; leurs pattes étaient conformées en véritables nageoires. Les ichthyosaures (fig. 381) étaient, parmi ces reptiles essentiellement nageurs, les mieux appropriés à la vie maritime, et bien qu'ils aient emprunté leurs principales particularités anatomiques à la classe qui nous occupe, ils peuvent être comparés pour la forme et le genre de vie aux mammifères de la famille des dauphins. Les plésiosaures (fig. 380) avaient un long cou et leurs allures étaient fort différentes.

CLASSIFICATION. — A ne prendre que les plus connus des reptiles actuellement existants, et en se bornant à l'examen de leurs principaux caractères seulement, on peut diviser cette classe d'animaux en quatre ordres, savoir : les CHÉLONIENS ou tortues, les CROCODILIENS, les OPHIDIENS ou serpents, et les SAURIENS, dont les lézards sont, dans nos régions du moins, les principaux représentants.

ORDRE I. CHÉLONIENS. — Ces reptiles sont caractérisés par la présence d'une carapace, dans laquelle beaucoup d'entre eux peuvent rentrer leur tête, leur cou, leurs quatre pattes et leur queue.

Les mâchoires des chéloniens sont dépourvues de lèvres ainsi que de dents, et ils ont un bec corné comparable à celui des oiseaux.

Carapace des chéloniens. — La bizarrerie de sa structure a fait dire que les chéloniens avaient le corps retourné (*animalia corpore reverso*), et que leur squelette, au lieu d'être intérieur, comme l'est celui des autres animaux, était au contraire extérieur. Il n'en est pourtant rien.

Chez les chéloniens, les parties thoraco-abdominales du tronc sont habituellement recouvertes de grandes plaques épidermiques qui constituent l'*écaille* de ces animaux. C'est cette écaille, plus particulièrement celle des carets, que l'on emploie dans les arts. Au-dessous d'elle, le derme ne reste pas simplement fibreux; il s'ossifie, et constitue ce qu'on appelle un dermato-squelette, c'est-à-dire un squelette cutané, lequel, étant immédiatement appliqué sur la partie correspondante du squelette proprement dit, se soude avec lui par endroits et donne naissance à la *carapace* (fig. 147). Cette dernière forme alors comme une sorte de boîte osseuse enveloppant le tronc, et c'est dans son intérieur que la plupart des chéloniens peuvent rentrer leurs parties restées libres, pour les y protéger d'une manière plus ou moins complète contre les atteintes de leurs ennemis.

La boîte osseuse des tortues ou leur carapace montre d'ailleurs, dans son intérieur, des vertèbres et des côtes, répondant à celles des autres animaux vertébrés. Ces pièces sont très-apparentes chez les jeunes des espèces essentiellement terrestres; on les distingue à tous les âges chez les chéloniens propres aux eaux de la mer. De son côté, la partie inférieure de la carapace, ou le *plastron*, est formée par le sternum et par la région sternale des côtes associée à des plaques osseuses d'origine cutanée. Quant aux membres et aux parties que nous avons citées comme restant étrangères à la carapace, on n'y remarque pas d'autres os que ceux qui les constituent dans le squelette des vertébrés ordinaires, et c'est en partie parce que des pièces squelettiques appartenant à la peau endurcie augmentent en avant et en arrière de la carapace l'étendue de cette dernière, que l'épaule et le bassin semblent insérés dans son intérieur, au lieu de conserver la position extérieure à la cage thoraco-abdominale qu'ils ont dans les espèces des deux premières classes.

On partage les chéloniens en quatre familles renfermant chacune des espèces dont le genre de vie est différent. Ce sont :

1° Les TORTUES véritables, ou chéloniens terrestres, dont une espèce, nommée tortue grecque, habite l'Europe méridionale. Leur régime est en grande partie végétal.

2° Les ÉMYDES, qui vivent dans les marécages. Il y en a dans plusieurs parties de la France, principalement en Sologne (cistude européenne, fig. 382). Elles se nourrissent de petits animaux : batraciens, poissons, insectes et mollusques.

3° Les Trionyx, essentiellement fluviatiles et, actuellement du moins, étrangères aux régions européennes, où elles ne sont connues qu'à l'état fossile (fig. 379). Ces chéloniens ont des appétits carnassiers.

Fig. 382. — *Cistude de France.*

4° Les Thalassochéliens, ou chéloniens marins, divisés en chélonées comprenant les mydas, les carets (fig. 383) et les caouannes, ainsi que les sphargis.

Fig. 383. — *Chélonée caret.*

Quelques caouannes se montrent de temps en temps sur nos côtes de l'Europe, aussi bien dans l'Atlantique que dans la Méditerranée. L'écaille est particulièrement tirée de l'espèce à laquelle on donne le nom de caret.

Ordre II. Crocodiliens. — Les crocodiliens ont le corps allongé et pourvu de quatre pattes comme celui des lézards et de la plupart des sauriens; mais le fond de leur organisation doit les faire placer plus près des chéloniens que de ces derniers animaux. Toutefois ils se distinguent des tortues parce qu'ils ont les mâchoires garnies de dents; ces dents sont implantées dans de véritables alvéoles.

Les crocodiles manquent d'ailleurs de véritable carapace; ils atteignent une grande taille. Ce sont des animaux carnassiers qui vivent dans les fleuves, dans les lacs et dans les marais; on en trouve aussi quelques-uns dans la mer, particulièrement aux Antilles et dans la Polynésie. L'Afrique, l'Asie méridionale et les deux Amériques sont les pays où l'on rencontre le plus grand nombre de ces redoutables animaux.

On en a fait plusieurs genres, sous les noms de crocodiles proprement dits, caïmans (fig. 384) et gavials.

FIG. 384. — *Caïman*.

Certains genres de crocodiliens ne sont connus qu'à l'état fossile. Les plus différents de ceux d'à présent ont vécu pendant la période secondaire. Exemple : les téléosaures.

ORDRE III. OPHIDIENS. — Les ophidiens sont les serpents proprement dits. Ces animaux manquent de membres, et l'on ne trouve sous leur peau ni épaule ni bassin. Ils ont les mâchoires dilatables, par suite de l'absence de symphyse à leur mâchoire inférieure et de la séparation des os de leur mâchoire supérieure d'avec le reste du crâne. Leurs yeux manquent de paupières, et la membrane de leur tympan n'est pas visible extérieurement.

Ces reptiles vivent de proie. On les partage en plusieurs familles, en tenant surtout compte de la nature venimeuse ou non de certaines de leurs dents, ainsi que de la disposition de leurs écailles. Les deux principales de ces familles comprennent les vipères et les couleuvres; on leur a donné les noms de *Vipéridés* et de *Colubridés*.

Les VIPÉRIDÉS, ainsi appelés des vipères, espèces propres à l'Europe, sont des ophidiens essentiellement venimeux, qui introduisent leur venin dans les plaies qu'ils font aux animaux au moyen de dents en crochets implantées sur leurs os maxillaires supérieurs (fig. 385, *a* et *b*). Ces dents sont tantôt canaliculées en forme de tubes, tantôt simplement cannelées à leur bord antérieur (fig. 65); le venin leur vient de glandes spéciales placées près des joues.

Les crotales ou serpents à sonnettes, dont la piqûre est si rapidement mortelle; les bothrops ou vipères fer-de-lance des Antilles, qui sont presque aussi redoutables; les trigonocéphales, les cérastes ou vipères cornues de l'Afrique, la vipère minute du même continent et les vipères aspis, berus et ammodyte de l'Europe, appartiennent à la première catégorie.

La seconde comprend les najas ou serpents à lunettes, les élaps ou serpents de corail, et les hydrophis ou serpents marins.

Les dents venimeuses des vipéridés de la première section sont en tubes, coniques, allongées et implantées sur les os maxillaires supérieurs dont la forme est raccourcie; elles forment de longs crochets acérés à leur extrémité et mobiles (fig. 385 *a*, *b*, *c*); celles des najas et genres voisins sont simplement fendues dans la longueur sur leur bord antérieur.

Le venin de ces serpents est sécrété par une glande spéciale et versé dans la plaie à travers les dents canaliculées ou simplement cannelées dont il vient d'être question.

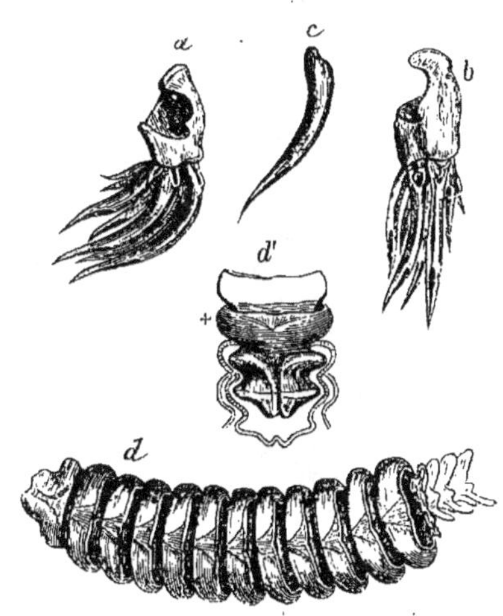

FIG. 385. — Crochets venimeux et sonnette du *Crotale* (*).

Il doit ses propriétés à un principe particulier auquel on a donné le nom d'*échidnine* ou *vipérine*, et que les chimistes savent isoler. De la quantité plus ou moins considérable que la salive vénéneuse en renferme dépendent la rapidité et l'intensité de son action.

Les crotales ou serpents à sonnettes ne se rencontrent qu'en Amérique.. Ils sont ainsi appelés parce que leur queue est terminée par plusieurs étuis cornés, mobiles les uns sur les autres (fig. 385, *d* et *d'*), qui produisent, lorsque ces animaux s'agitent, un bruit de crécelle qui fait aussitôt reconnaître leur présence.

Nous ne possédons que des vipères proprement dites (fig. 386, *a* et *b*).

L'ammodyte (*Vipera ammodytes*) a le museau prolongé en une pointe mobile; ses écailles céphaliques sont petites et uniformes. Elle est de l'Europe centrale et méridionale; on la trouve en France, particulièrement dans le Dauphiné.

(*) *a*, *b*) crochets en place sur l'os maxillaire; — *c*) crochet isolé; — *d*) les anneaux cornés de la sonnette: — *d'*) un de ces anneaux (+) et sa jonction avec les autres.

La vipère commune ou aspis (*Vipera aspis*), dont la tête est également garnie de petites écailles, n'a pas le nez prolongé de la même manière. Elle vit dans presque toute l'Europe, et n'est pas rare chez nous dans les lieux sablonneux et secs.

La vipère berus, aussi nommée pelias et chersea (*Vipera berus*), se rencontre dans le midi de la France, particulièrement dans les endroits montueux. Son museau est court et élargi; ses écailles céphaliques sont grandes et approchent par leur disposition de celles des couleuvres.

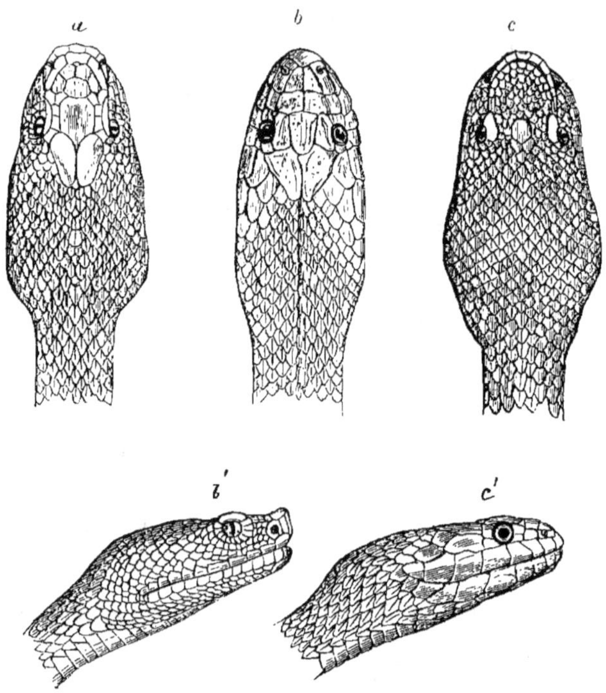

FIG. 386. — *Vipères* et *Couleuvre* (*).

Les vipères sont faciles à distinguer de ces dernières par leur tête plus triangulaire et plus large en arrière; par leurs pupilles verticales et non arrondies; par les plaques plus petites qui couvrent le dessus de leur tête, surtout dans l'ammodyte et l'aspis; enfin par leur queue, qui est courte. Elles ont des crochets venimeux, et les couleuvres en manquent. La couleuvre vipérine leur ressemble cependant par son mode de coloration, mais elle ne possède aucun des caractères qui viennent d'être indiqués. C'est d'ailleurs un animal inoffensif, semblable au reste de nos couleuvres et qui ne distille aucun venin.

(*) *a*) tête de la *Vipère berus* ; — *b* et *b'*) tête de la *Vipère aspis* ; — *c* et *c'*) tête de la *Couleuvre vipérine*.

Les Colubridés, vulgairement appelés couleuvres, ne sont donc pas venimeux du tout, ou bien ils ne le sont qu'à un degré moindre que les vipéridés.

Dans ce dernier cas, ils ont encore des dents cannelées, mais ce sont celles de la partie postérieure des maxillaires. Le *Cœlopeltis insignites*, du midi de la France, plus connu sous le nom de couleuvre de Montpellier, appartient à la première division. C'est la seule espèce de cette catégorie que possède l'Europe. Les cerbères, les scytales et les dipsas sont les principaux représentants exotiques du même groupe.

Les autres colubridés n'ont aucune dent cannelée et ils manquent de glandes à venin. Telles sont les couleuvres ordinaires, parmi lesquelles nous citerons la couleuvre à collier (fig. 65, *f* et *g*), la vipérine (fig. 386, *c* et *c'*), la lisse, la bordelaise, etc., espèces des régions centrales de l'Europe que l'on observe particulièrement en France.

Les plaques de leur tête présentent quelques différences de disposition, à l'aide desquelles on peut les distinguer spécifiquement les unes des autres.

Les pythons et les boas, les premiers essentiellement propres à l'Afrique, et les seconds

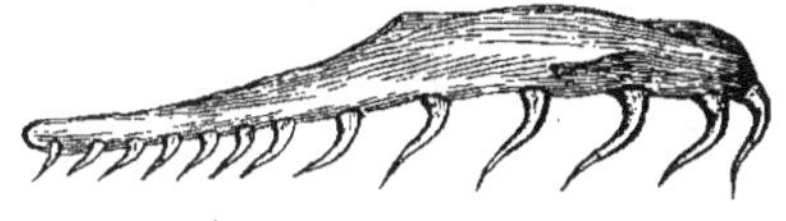

Fig. 387.— Os maxillaire du *Python* et ses dents.

plus particulièrement américains, sont aussi des serpents de cette division : leur taille dépasse celle de tous les autres ophidiens existants.

Les autres familles d'ophidiens n'ont pas de représentants dans nos pays. Ce sont les acrochordes, de Java et de Sumatra ; les uropeltis, également propres aux îles de la Sonde, et les typhlops, qui ont l'apparence extérieure des vers. Ceux-ci sont de très-petite dimension ; ils peuvent être considérés comme les moins parfaits des ophidiens.

Ordre IV. Sauriens. — Les sauriens sont ainsi appelés du nom que le lézard porte en grec (*sauros*), et cela à cause de leur ressemblance avec ce reptile. On se tromperait cependant si l'on supposait qu'ils sont toujours comme lui pourvus de quatre pattes. Les orvets ou serpents de verre, qui sont communs dans beaucoup de localités, les sheltopusicks, qui vivent en Orient, et d'autres encore, n'ont point de membres ou n'en ont que de rudimentaires, mais ils ont sous la peau, malgré la ressemblance de leur corps avec celui des ophidiens, une épaule et un bassin véritables, ce que ne présentent pas ces derniers ; de plus, leurs mâchoires ne sont pas dilatables. Ajoutons que les yeux des sauriens sont en général pourvus de paupières, et que ces animaux ont toujours le tympan de l'oreille visible à l'extérieur, ce qui rend facile de les distinguer des ophidiens, c'est-à-dire des serpents proprement dits.

Les sauriens forment plusieurs familles, comprenant les varans, les chalcides, les scinques, les agames, les caméléons, les iguanes, les lézards et les geckos. On les distingue par la conformation de leurs dents, qui sont pleurodontes ou acrodontes, par la disposition de leurs écailles, etc.

Citons aussi les amphisbènes qui tiennent des ophidiens à plusieurs égards; on n'en trouve qu'une seule espèce en Europe, le *Blanus cinereus*, d'Espagne et de Portugal.

Au contraire, nous avons en France plusieurs espèces de lézards. La plus grosse est le lézard ocellé (*Lacerta ocellata*), propre aux départements du Midi.

Les seps et les orvets sont chez nous les seuls représentants de la famille des scinques, et l'on ne voit de geckos que dans quelques villes situées sur les bords de la Méditerranée : Marseille, Cette, Collioure.

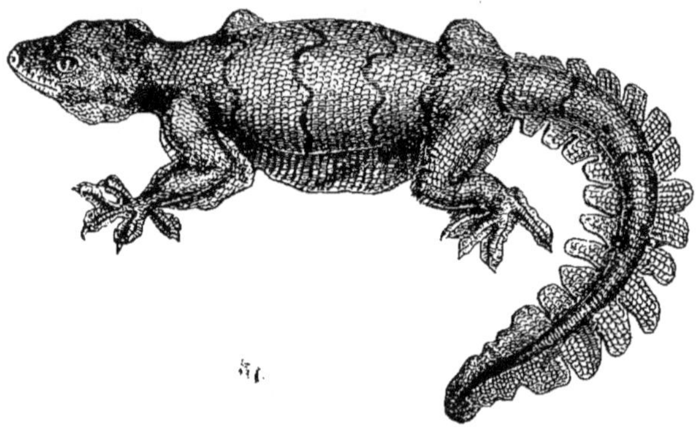

Fig. 388. — *Platydactyle homalocéphale* (*).

Les geckos sont des animaux à peau verruqueuse, plus repoussants encore que les autres reptiles; ils présentent une particularité ostéologique assez curieuse : leurs vertèbres sont biconcaves comme celles de certains batraciens urodèles. Les poissons et beaucoup de reptiles propres à l'époque secondaire possèdent aussi ce caractère, tandis que les sauriens actuels ont en général les vertèbres concaves en avant et convexes en arrière.

En ce qui concerne les sauriens étrangers à la faune française, nous nous bornerons à rappeler les faits suivants :

Il y a des varans dans la région saharienne de nos possessions d'Afrique.

Les dragons sont de petits sauriens de la famille des agames, qui ont la propriété de se maintenir quelques instants en l'air, à la manière des écureuils volants; ils vivent dans l'Inde, et doivent la faculté de voltiger à la présence d'expansions membraneuses, soutenues par leurs côtes postérieures qui s'étalent sur les parties latérales du tronc.

Les caméléons sont aussi très-voisins des agames par plusieurs de leurs caractères, mais ils ont les pieds disposés pour grimper, et leur queue est prenante. Leur langue est aussi très-singulière.

Les caméléons sont plus célèbres encore par la variabilité de leurs couleurs, ce qui tient principalement au jeu du pigment placé au-des-

(*) Espèce de gecko des Antilles.

sous de leur épiderme. Ce pigment peut rentrer complétement dans le derme, ou se montrer, soit en totalité, soit en partie, à la surface de cette couche de la peau, et alors apparaître entre elle et l'épiderme.

Rappelons, en terminant, que la famille des agames est essentiellement propre à l'ancien continent, et que celle des iguanes appartient au contraire à l'Amérique par la presque totalité de ses espèces.

CHAPITRE XLI

CLASSE DES BATRACIENS.

Caractères généraux de cette classe. — Pendant longtemps on a réuni dans une même classe les batraciens et les reptiles ordinaires. Linné avait même placé les salamandres terrestres et les salamandres aquatiques, qui sont les tritons, dans le même genre que les lézards; il nommait les premières *Lacerta salamandra,* et les secondes *Lacerta palustris.* En apportant plus d'attention à l'examen des caractères que présentent ces animaux, et surtout en étudiant les transformations qu'ils subissent, les naturalistes n'ont pas tardé à reconnaître que les grenouilles et les salamandres doivent être séparées des véritables reptiles, non-seulement comme genres et comme ordre, mais aussi comme classe.

Effectivement, leur organisation les rapproche beaucoup plus des poissons que des animaux auxquels on réserve maintenant la dénomination de reptiles. C'est à de Blainville qu'est principalement due la démonstration de ce fait, et les recherches, soit anatomiques, soit embryogéniques, dont les batraciens ont été plus récemment l'objet, ont entièrement confirmé les vues qu'il avait introduites dans la science. Les batraciens sont plus voisins des poissons que des reptiles; ces derniers ont eux-mêmes plus d'analogie avec les oiseaux qu'on ne serait d'abord porté à l'admettre. C'est pourquoi de Blainville disait que ce sont des vertébrés ornithoïdes, c'est-à-dire compa-

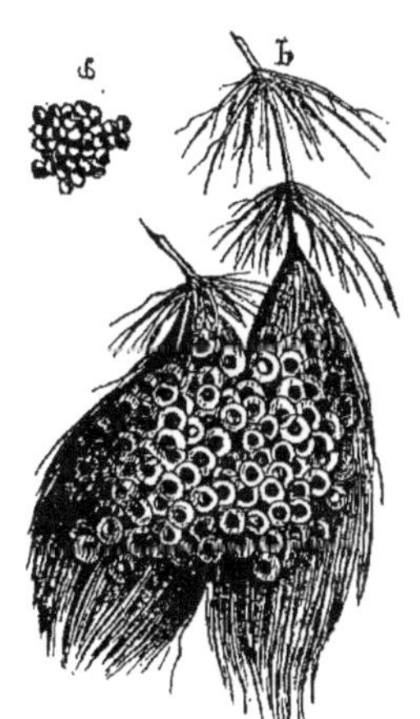

Fig. 389. — Œufs de *Grenouille.*

rables aux oiseaux par les particularités fondamentales de leur structure, tandis qu'il appelait les batraciens des vertébrés ichthyoïdes, pour indiquer leur analogie avec les poissons.

Ainsi les mammifères, les oiseaux et les reptiles, avant de quitter l'œuf dans lequel ils se développent, soit à l'intérieur du corps de leur mère, soit au dehors, possèdent, indépendamment de la vésicule du jaune, ou vésicule abdominale (fig. 215), commune à tous les animaux vertébrés, une vésicule dite allantoïde, qui devient le placenta chez les mammifères, et ils ont en outre un amnios ou poche des eaux. Ce dernier caractère manque aux batraciens; ils n'ont ni allantoïde ni amnios, et sous ce rapport ils sont plutôt comparables aux poissons qu'aux reptiles véritables, auxquels ils ressemblent cependant par leur apparence générale et par la configuration de leurs membres.

On constate d'ailleurs entre les batraciens et les reptiles quelques autres différences importantes. La peau des premiers manque de l'épiderme épaissi et d'apparence écailleuse qui recouvre le corps des derniers; on n'y remarque plus qu'une fine couche épithéliale, et le derme lui-même y est de nature essentiellement muqueuse. Il présente en effet une quantité plus ou moins considérable de glandes exsudant à sa surface une humeur chargée d'un principe âcre, principe qui peut même être vénéneux dans certaines espèces, telles que le crapaud ou la salamandre. Ce venin n'est pas sans analogie avec celui des vipères, mais il est en moindre quantité, et par conséquent moins actif; aussi doit-on l'isoler des mucosités dans lesquelles il entre en dissolution pour expérimenter ses effets. C'est là jusqu'à un certain point la justification des préjugés dont ces animaux sont depuis longtemps l'objet; et si l'on opère avec le principe extrait de la sécrétion cutanée de certains batraciens, on ne peut plus douter de la vénénosité de ces animaux, quelque faible qu'elle soit dans les conditions ordinaires.

La prétendue incombustibilité attribuée aux salamandres a sans doute pour origine l'abondante mucosité que verse la peau de ces batraciens; mais c'est l'exagération d'un fait peu important, et les terreurs que le même animal inspire encore à bien des gens ne reposent sur rien de sérieux, puisque, si sa mucosité renferme un principe irritant, ce principe y est en minime quantité.

Les batraciens ont deux condyles occipitaux au lieu d'un seul, comme les reptiles ou les oiseaux, et leur squelette présente quelques autres particularités caractéristiques (fig. 149).

Mais ce qui les distingue plus nettement des reptiles, c'est qu'à leur naissance les batraciens sont pourvus de branchies, tandis qu'il n'en existe jamais chez les reptiles, et qu'à cette époque de la vie leur respiration est purement aquatique. La circulation des jeunes batraciens est aussi plus semblable à celle des poissons, puisque le sang qui a respiré ne passe pas encore par le cœur[1]. Toutefois cet état de choses n'est que provisoire. Bientôt se montrent des poumons, et il s'en développe même dans le cas où les branchies ne doivent pas disparaître. Cela a lieu chez les derniers batraciens; aussi désigne-t-on les espèces qui sont dans ce cas par le nom de pérennibranches, faisant allusion à la persistance de leurs branchies. Quand les poumons se sont développés, la circulation

1. Fig. 86.

devient semblable à celle des reptiles ordinaires : le sang qui va aux organes respiratoires et celui qui en revient se mêlent alors dans le ventricule du cœur, qui reste unique. Le lépidosirène, de la classe des poissons, présente une conformation assez analogue.

Les batraciens sont en général des animaux propres aux pays chauds. Ils ont aussi quelques représentants dans les régions tempérées, mais les parties voisines des pôles en manquent absolument. Presque tous sont ovipares (fig. 7, 216, 389 et 390).

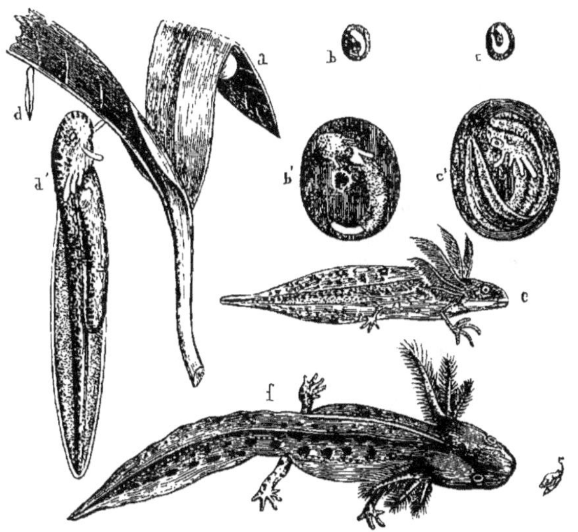

FIG. 390. — Développement du *Triton* (*).

Leur taille reste petite ; cependant certaines espèces exotiques dépassent sensiblement les nôtres en dimensions. Il y a en Amérique des grenouilles et des crapauds assez forts pour manger de jeunes canards, et le Japon nourrit une salamandre qui atteint près d'un mètre de longueur.

Les labyrinthodons étaient des batraciens plus grands encore. Ils ont vécu pendant la période triasique ; on ne les connaît que par leur squelette ainsi que par les pistes qu'ils ont laissées sur le sol à la surface duquel ils marchaient.

CLASSIFICATION DES BATRACIENS. — Tous les batraciens sont loin d'éprouver les mêmes métamorphoses, et l'on peut, en tenant compte de leur manière d'être à cet égard, établir très-convenablement la classification de ces animaux. La série suivant laquelle ils se trouvent alors rangés, place à la fin du groupe ceux qui s'éloignent le moins de la

(*) a) l'œuf ; — b, c) développement de l'œuf ; — b', c') les mêmes figures grossies ; — d) larve au moment de l'éclosion ; — d') la même, grossie ; — e) plus âgée et pourvue de pattes ; — f) encore plus avancée, mais n'ayant pas perdu ses branchies.

forme sous laquelle tous se présentent pendant leur état fœtal, et elle met en tête ceux qui, subissant les métamorphoses les plus complètes, deviennent aussi, avec l'âge, plus différents des poissons, auxquels ils ressemblaient d'abord d'une manière si évidente. Il en résulte que les batraciens des derniers genres, c'est-à-dire les pérennibranches, ou batraciens à branchies persistantes, peuvent être considérés comme subissant un véritable arrêt de développement de l'organisme, si on les compare aux salamandres, et surtout aux grenouilles ainsi qu'aux genres analogues à ces dernières, dont les métamorphoses sont au contraire complètes.

On en jugera par l'énumération suivante.

ORDRE I. ANOURES. — Ces batraciens ont des branchies extérieures pendant leur premier âge. Ils ont alors la tête confondue avec le tronc; ils manquent de pattes, et leur corps est terminé par une longue queue. Se nourrissant de végétaux, ils possèdent aussi un tube digestif fort long[1]. Leurs poumons n'ont point encore apparu, et leur circulation est comparable à celle des poissons : ce sont des *têtards*.

Comme les poissons, ils sont alors complétement aquatiques; mais bientôt la partie extérieure de leurs branchies se flétrit, et en même temps que leurs poumons commencent à se développer, leurs pattes de derrière apparaissent; ils vont aussi posséder des pattes de devant. Le têtard ainsi modifié n'est pas encore une grenouille, mais il est déjà dans un état mixte entre celui qui le caractérisait d'abord et celui qui le distinguera lorsqu'il sera devenu la grenouille proprement dite. Sa métamorphose ne sera complète que lorsqu'il respirera uniquement par ses poumons et qu'il aura perdu ses branchies. A cette dernière époque, la longueur de son canal digestif est sensiblement réduite et sa queue a disparu par résorption. C'est à cette métamorphose que fait allusion le nom d'anoures, signifiant sans queue, qu'on donne aux batraciens de cet ordre (fig. 7).

Une semblable disposition ne caractérise pas seulement les grenouilles, mais aussi les rainettes, les crapauds, les dactylèthres, qui vivent en Afrique, et les pipas, animaux particuliers à l'Amérique.

Certains batraciens présentent plusieurs autres particularités également fort curieuses.

Dans le *pipa* (fig. 391), les œufs sont placés par les mâles sur le dos des femelles aussitôt après la ponte, et la peau de cette partie du corps se gonflant, ils se trouvent logés dans autant de poches dans lesquelles ils se développent. Les petits, lorsqu'ils sortent de ces espèces de nids, ont déjà la forme caractéristique de l'âge adulte, leur métamorphose s'étant accomplie pendant cette sorte d'incubation.

Quelques rainettes américaines (notodelphes, etc.) ont aussi un mode de développement qui rappelle à certains égards la gestation supplémentaire des marsupiaux.

---

1. Fig. 41.

Les anoures sont en général pourvus de langue, et cet organe joue un rôle actif dans le mécanisme de leur respiration. Manquant de côtes, ils sont obligés d'opérer une sorte de déglutition de l'air, comme le font les tortues, chez lesquelles la carapace immobilisée empêche aussi la dilatation du thorax; mais les dactylèthres et les pipas n'ont pas de langue. Chez eux, plusieurs des apophyses transverses des vertèbres thoraciques s'allongent sous la forme de côtes, et, les muscles thoraciques aidant, la respiration s'accomplit à peu près comme chez les autres animaux.

FIG. 391. — *Pipa de la Guyane.*

ORDRE II. CÉCILIES. — Ce sont des batraciens serpentiformes. Les espèces peu nombreuses que l'on en connaît sont étrangères à l'Europe; on les avait d'abord classées parmi les ophidiens, mais un examen plus attentif de leurs différents caractères a dû les faire réunir aux batraciens. Les cécilies sont ovovivipares.

Les métamorphoses de ces animaux n'ont pas encore été observées; il est probable qu'elles s'accomplissent avant la naissance.

ORDRE III. URODÈLES. — Chez ceux-ci, la queue est persistante, et la dénomination qu'ils portent rappelle ce caractère. On reconnaît plusieurs degrés dans les métamorphoses qu'ils éprouvent, ce qui a permis de les partager en trois catégories.

1° Les Urodèles qui subissent le changement le plus complet sont les salamandres et les tritons. Ils perdent leurs branchies et ne conservent même pas la trace des trous par lesquels ces organes sortaient à l'extérieur. Les salamandres et les tritons de nos pays sont dans ce cas.

La grande salamandre du Japon, qui constitue un genre particulier, auquel on a donné le nom de mégatriton, appartient à cette tribu; plusieurs ménageries européennes en possèdent en ce moment des exemplaires. Ce batracien présente, entre autres particularités, celle d'avoir les vertèbres biconcaves, tandis que les salamandres ordinaires et les tritons les ont convexes en avant. Une espèce analogue au mégatriton a existé en Europe pendant la période tertiaire.

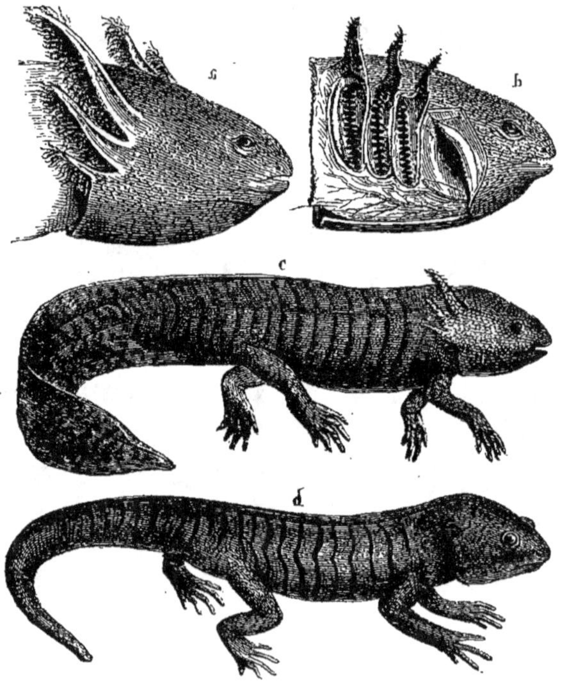

FIG. 392. — Métamorphose de l'*Axolotl* (*).

2° Les Amphiumes et les Ménopomes, batraciens de forme analogue aux salamandres, et qui vivent aux États-Unis, forment une seconde catégorie. Leur métamorphose est moindre encore, puisque, tout en perdant les branchies, ils conservent néanmoins de chaque côté du cou l'orifice par lequel ces organes sortaient au dehors. Ces animaux ont tous les vertèbres biconcaves.

(*) *a*) tête d'un *Axolotl* pourvu de ses branchies externes et internes; — *b*) les branchies extérieures commencent à diminuer; elles ont été relevées pour montrer les arcs branchiaux et les branchies internes; — *c*) sujet dont les branchies extérieures sont encore plus petites; — *d*) le même après la disparition des branchies.

3° Une troisième catégorie est caractérisée par la persistance des branchies à tous les âges, la métamorphose ne consistant plus alors que dans le développement des pattes et des poumons. Ce sont ces animaux, réellement amphibies, que l'on a désignés par le nom de *batraciens pérennibranches*. Leurs différents genres sont les protées, qui vivent dans les eaux souterraines de la Carniole et de l'Istrie; les ménobranches et les sirènes, qu'on trouve dans certains lacs des États-Unis d'Amérique.

Les axolotls (fig. 392), sortes de batraciens urodèles propres aux lacs de Mexico, ont souvent été regardés comme étant également des pérennibranches, mais on a récemment constaté qu'ils subissaient une métamorphose analogue à celle des salamandres et des tritons. Cependant ils sont déjà capables de se reproduire pendant leur état branchifère. Lorsqu'ils se sont transformés, ils offrent tous les caractères du genre américain de salamandres auquel on a donné le nom d'*Ambystomes*. Les axolotls tels qu'on les connaissait antérieurement à cette curieuse observation doivent donc être regardés comme des larves d'ambystomes, et non comme des animaux arrivés à leur état parfait. Cuvier avait déjà pensé qu'il en était ainsi.

CHAPITRE XLII

CARACTÈRES GÉNÉRAUX ET CLASSIFICATION DES POISSONS.

CARACTÈRES GÉNÉRAUX. — Les poissons vivent exclusivement dans l'eau, et ils respirent tous par les branchies; cependant il en est quelques-uns chez lesquels on trouve encore des espèces de poumons. En effet, la vessie natatoire que présentent beaucoup d'espèces de cette classe ne saurait être considérée que comme un poumon réduit à ses parois membraneuses et affecté à des fonctions purement hydrostatiques. Chez quelques-unes, elle joue même un rôle dans la respiration, et ses parois ont une structure gaufrée qui rappelle les poumons des reptiles ou des batraciens, ce qui n'empêche pas les poissons chez lesquels on observe cette particularité d'être pourvus, comme les autres, de branchies véritables. Le caractère tiré de l'absence de poumons chez les poissons n'est donc pas un caractère décisif et constant; d'ailleurs le fût-il, il ne suffirait pas pour séparer ces animaux de ceux de la classe des batraciens, avec lesquels ils ont de commun de manquer à la fois de vésicule allantoïde et d'amnios pendant leur âge fœtal.

On doit cependant remarquer que la présence des branchies (fig. 104) est constante chez tous les poissons à quelque ordre qu'ils appartiennent, et que dans aucun cas ces organes ne tendent à disparaître dans les vertébrés de cette classe, quelle que soit la forme que présente la vessie natatoire. C'est donc un caractère constant chez les poissons que d'être pourvus de branchies, même lorsque leur vessie natatoire peut aussi servir à la respiration.

Cette dernière disposition, dont le lépidosirène nous a déjà montré un exemple (fig. 100 et 101), se retrouve chez les saccobranches (fig. 102 et 103), ainsi que chez d'autres poissons de la famille des silures.

Les poissons se distinguent du reste des vertébrés par d'autres particularités. Leurs membres ne sont jamais disposés sous la forme de pattes; ce sont des nageoires composées d'un nombre considérable de rayons, et ils sont différents des membres tels que nous les voyons chez les vertébrés aériens. Les poissons ont en outre des nageoires impaires placées sur la ligne médiane du corps; elles se voient au dos, à l'extrémité de la queue, et entre celle-ci et l'anus. Ces nageoires impaires sont soutenues par des rayons comparables à ceux qui forment les nageoires membrales. Dans certains cas, ces rayons sont fasciculés et multiarticulés sur leur longueur (rayons mous); dans d'autres, ils sont d'une seule pièce, rigides, sans articulations, et transformés en arêtes susceptibles de déterminer des piqûres souvent dangereuses (rayons épineux).

Le cœur des poissons (fig. 79, 80 et 81) répond à la partie droite de celui des mammifères. On n'y trouve qu'une oreillette et un ventricule, lequel est suivi d'un bulbe artériel contractile pourvu d'un nombre variable de valvules. Le lépidosirène est le seul poisson dont le cœur ait deux oreillettes (fig. 81).

Un autre caractère important est tiré de la disposition du squelette. Chez la plupart des poissons, il prend la consistance osseuse (fig. 150); chez d'autres, il reste au contraire cartilagineux (fig. 151) ou même fibreux; mais, lorsque les corps vertébraux se développent, ils sont concaves à leurs deux faces articulaires, et le crâne est en rapport avec la colonne vertébrale par une articulation simple, qui est elle-même concave comme un corps de vertèbre.

On ne peut signaler à cet égard d'autres exceptions que celle des lépisostées, qui ont les vertèbres convexes en avant et concaves en arrière; des échénéis, qui ont deux condyles occipitaux à peu près semblables à ceux des batraciens, et de la fistulaire, dont le condyle occipital unique est convexe au lieu d'être excavé.

La bouche des poissons est en général susceptible de s'ouvrir largement pour s'assurer la préhension des aliments et donner accès à l'eau nécessaire à la respiration. Cette eau s'échappe par les ouvertures latérales appelées *ouïes*, qui sont habituellement au nombre de deux, une pour chaque côté (fig. 104 et 105); toutefois, chez les plagiostomes et les cyclostomes, il y en a plusieurs paires (fig. 80, 107 et 108).

L'anus s'ouvre quelquefois à une très-faible distance de la bouche, mais le canal digestif peut décrire dans la cavité abdominale un certain nombre de circonvolutions. Le plus souvent son orifice terminal est reporté plus en arrière, quoique toujours séparé de la nageoire postérieure par une autre nageoire placée au-dessous de la queue proprement dite.

Les sens sont très-inférieurs dans leur conformation à ceux des animaux aériens. Cependant les narines possèdent un appareil nerveux bien développé, et les yeux, quoique manquant constamment de paupières, paraissent donner à ces animaux des sensations qui dirigent en grande partie leur vie de relation. Dans quelques espèces seulement, la peau passe au devant d'eux sans s'ouvrir. Leur cristallin y est toujours de forme sphérique (fig. 201).

L'organe de l'ouïe est réduit aux deux parties de l'oreille interne que nous avons décrites sous les noms de vestibule et de canaux demi-circulaires. Il est probable qu'il perçoit plutôt des bruits que de véritables intonations (fig. 210).

Le cerveau est peu développé, et ses quatre paires de ganglions sont moins différentes entre elles par leurs dimensions que chez les vertébrés des deux premières classes. Les raies et les squales sont les poissons qui l'ont le plus volumineux. Ce sont aussi ceux chez lesquels les rapports avec le monde extérieur sont le plus variés, et leurs instincts sont supérieurs à ceux de tous les autres.

FIG. 393. — *Épinoche* et son nid.

Les animaux de cette classe sont essentiellement ovipares. Le plus souvent ils ne donnent aucun soin à leurs œufs; ils se contentent de les placer dans des endroits appropriés à l'éclosion, et les abandonnent à eux-mêmes. Dans la majorité des espèces, le mâle et la femelle ne se connaissent même pas. On cite cependant quelques poissons qui construisent de véritables nids. Les épinoches de nos rivières sont dans ce cas.

Il y a des poissons qui sont ovovivipares, tels que les embiotoques, genre voisin des perches, qui habitent le golfe de Californie ; les pécilies, de l'Amérique équinoxiale ; quelques blennies et certains plagiostomes. Une espèce de ce dernier groupe est déjà citée comme telle par Aristote. Il avait remarqué, ce que J. Müller et d'autres naturalistes modernes ont confirmé, que la vésicule ombilicale de cette espèce présente un développement spécial du système vasculaire, qui fonctionne à la manière d'un placenta. Ce plagiostome ovovivipare est une espèce d'émissole (genre *Mustelus*).

POISSONS ÉLECTRIQUES. — L'organisation des poissons présente une foule de particularités dont l'étude offre le plus grand intérêt sous le double rapport de l'anatomie et de la physiologie. Une des plus curieuses est, sans contredit, la propriété que possèdent certains d'entre eux de dégager une quantité notable d'électricité, et de s'en servir pour foudroyer leurs ennemis ou arrêter la proie dont ils veulent s'emparer. Plusieurs genres de poissons appartenant à des groupes fort différents les uns des autres jouissent de la propriété d'être électriques.

Les torpilles, animaux voisins des raies, dont il y a des espèces sur nos côtes de la Méditerranée et sur quelques points de celles de l'Océan, principalement auprès de la Rochelle, sont de ce nombre. Leur appareil électrique consiste en une multitude de petits prismes d'une structure particulière, qui sont placés de chaque côté de la partie antérieure du corps et munis de nerfs provenant de la cinquième paire ainsi que du pneumogastrique. Le curare, ce poison terrible qui paralyse toute action musculaire, n'enlève pas aux torpilles leurs facultés électriques.

Il existe en Amérique des poissons qui produisent aussi de l'électricité. Ce sont les gymnotes, dits anguilles de Surinam, qui habitent les régions les plus chaudes du nouveau monde. Leurs décharges réunies sont assez fortes pour terrasser les chevaux qui entrent dans les immenses marécages qu'ils habitent, et, dans la chasse qu'on fait à ces quadrupèdes, on les pousse avec intention dans la direction des gymnotes, afin de s'emparer d'eux plus aisément.

Les malaptérures, propres au Nil et à plusieurs autres grands fleuves africains, sont des silures également électriques. Sur les bords du Nil, les Arabes les désignent par le nom de *raasch*, signifiant tonnerre ; ce qui montre qu'ils se font une juste idée de la nature électrique des commotions que donnent ces poissons.

CLASSIFICATION DES POISSONS. — Les espèces de cette classe ne sont pas moins nombreuses que celles des oiseaux. Il y en a dans toutes les parties du globe, et les eaux douces ainsi que les eaux salées en nourrissent également. On les a réunies avec soin dans les collections publiques, et des ouvrages importants ont été consacrés à leur description.

Ces espèces, dont le nombre n'est pas inférieur à douze mille, ont dû être réparties comme celles des autres classes en genres, en familles et en ordres. Certains caractères empruntés à la nature osseuse ou cartilagineuse de leur squelette ; à la conformation épineuse, c'est-à-dire

résistante et d'une seule pièce, ou au contraire molle, flexible et multiarticulée, des rayons qui soutiennent leur nageoire dorsale ; à la disposition des ouïes ou orifices respiratoires, qui sont simples ou multiples et
garnis d'opercules ou au contraire dépourvus de ces moyens de protection ; à la forme des branchies ou à leur mode d'insertion, ainsi qu'à
quelques autres particularités non moins faciles à saisir, ont longtemps
suffi aux ichthyologistes pour caractériser les groupes qu'ils établis-
saient parmi ces animaux.

Rappelons, au moyen d'un tableau, sur quelles bases Cuvier faisait
reposer la classification de ce groupe ; nous exposerons ensuite, comme
nous l'avons fait à propos des autres classes, les principales modifications que les progrès de la science ont apportées à cet arrangement, et
nous donnerons aussi quelques détails sur les ordres aujourd'hui admis
dans la même grande division par les naturalistes.

Cuvier a établi qu'on doit classer les poissons en deux sous-classes,
suivant la nature osseuse ou cartilagineuse de leur squelette. La disposition des branchies, l'état épineux ou mou de la nageoire dorsale, et la
position des membres abdominaux qui restent en arrière du ventre ou
sont ramenés au-dessous de la gorge, lui ont permis d'établir ensuite
divers ordres, ce qu'Artedi avait déjà fait en partie. Le nombre total des
ordres adoptés par Cuvier est de neuf : six pour les poissons osseux et trois
pour les poissons cartilagineux.

TABLEAU DE LA CLASSIFICATION ICHTHYOLOGIQUE DE CUVIER.

I. POISSONS OSSEUX.

    A.) Mâchoire supérieure mobile.
    a.) Branchies en forme de peignes.

      † Nageoires ventrales placées en avant de l'abdomen.
        * Rayons de la nageoire dorsale épineux : 1° *Acanthoptérygiens* (perche)
       ** Rayons de la nageoire dorsale mous : 2° *Malacoptérygiens subbrachiens* (merlan).
      †† Nageoires ventrales placées en arrière de l'abdomen, loin des pectorales :
         3° *Malacoptérygiens abdominaux* (carpe).
      ††† Point de nageoires ventrales : 4° *Malacoptérygiens apodes* (anguille).
    b.) Branchies en forme de houppes : 5° *Lophobranches* (hippocampe).
    B.) Mâchoire supérieure soudée au crâne : 6° *Plectognathes* (baliste).

II. POISSONS CARTILAGINEUX ou CHONDROPTÉRYGIENS.

    a) Branchies libres ; une seule paire d'ouïes : 7° *Sturioniens* (esturgeon).
    b.) Branchies adhérentes par leurs bords ; plusieurs paires d'ouïes.
      * Mâchoire inférieure mobile : 8° *Sélaciens* ou *Plagiostomes* (raie, squale).
      ** Mâchoires soudées en cercle : 9° *Cyclostomes* (lamproie).

M. Agassiz, lorsqu'il a voulu étudier plus complétement qu'on ne
l'avait fait avant lui les poissons propres aux anciennes époques géologiques et les comparer avec les espèces actuellement vivantes, a eu spé-

cialement recours aux écailles (fig. 190), ce qui l'a conduit à distinguer les poissons en quatre catégories principales.

Les écailles des carpes et celles de la plupart des poissons rangés par Cuvier parmi les malacoptérygiens, que ces malacoptérygiens soient abdominaux, comme les carpes elles-mêmes, les brochets, les harengs ou les truites, qu'ils soient au contraire subbrachiens, comme les morues et les merlans, ou bien apodes, comme les anguilles, sont formées de zones concentriques et restent à peu près circulaires. Elles ont été appelées *écailles cycloïdes* (fig. 190, *b* et *c*).

Au contraire, celles des perches et de la plupart des poissons que Cuvier rangeait avec elles dans son ordre des acanthoptérygiens, à cause de la nature épineuse des rayons antérieurs de leur nageoire dorsale, ont leur bord libre comme denticulé ou pectiné, ce qui constitue une seconde forme, celle des *écailles cténoïdes* (fig. 190, *a*) : les pleuronectes, ou poissons plats de l'ordre des malacoptérygiens subbrachiens, et quelques espèces de labroïdes, sont aussi dans ce cas.

Les genres lépisostée et polyptère, associés à tort par Cuvier aux malacoptérygiens abdominaux, ont les écailles autrement conformées. Elles sont rhomboïdales et constituent une sorte de cuirasse enveloppant le corps plutôt qu'une écaillure véritable. Ces écailles, en grande partie osseuses, sont recouvertes par une couche luisante comparable à l'émail des dents ; de là leur nom d'*écailles ganoïdes*, qui rappelle cette apparence (fig. 190, *d* et *d'*).

Chose remarquable, les poissons cycloïdes et cténoïdes, aujourd'hui si nombreux dans les mers ou les eaux douces des différentes régions du globe, sont de plus en plus rares à mesure qu'on descend dans la série des formations géologiques, et l'on cesse d'en trouver des représentants dès le milieu de la période jurassique. Au contraire, les ganoïdes, tels que nous venons de les définir, c'est-à-dire les poissons du même groupe naturel que les lépisostées et les polyptères, ne sont aujourd'hui représentés que par ces deux seules familles constituant les trois genres lépisostée, polyptère et calamichthe, tandis que le nombre de leurs espèces augmente dans les faunes anciennes en même temps que celui des cténoïdes diminue. Dans les étages les plus anciens, ceux qui constituent, par exemple, les dépôts jurassiques et paléozoïques, ces ganoïdes sont aussi nombreux en espèces que variés dans leurs formes génériques. On en distingue même de plusieurs familles particulières.

Une quatrième sorte de productions cutanées caractéristiques des poissons est celle des boucles : ce sont des plaques ou plutôt des bulbes ayant leur enveloppe solidifiée, comme on en voit à la peau des raies et des squales. Ces productions ont reçu le nom d'*écailles placoïdes* (fig. 190, *e, e', e''*).

Elles ont une forme très-différente de celle des écailles cycloïdes et cténoïdes, ainsi que de celle des écailles ganoïdes. La peau des requins et autres squales doit à leur présence le caractère rugueux qui la distingue et qui la fait employer comme chagrin ou galuchat ; c'est également à cause de ce caractère que certaines raies ont reçu le nom de raies *bouclées*. Il y a des poissons placoïdes dans toute la série des formations fossilifères; leur groupe a donc apparu très-anciennement. Les raies et les squales, si nombreux en espèces, sont les représentants actuels les plus connus de cette importante catégorie. On doit aussi y rapporter les chimères.

Dans ces derniers temps on a encore indiqué comme pouvant fournir des documents utiles à la classification naturelle des poissons quelques autres particularités de la structure anatomique de ces animaux, qui méritent en effet d'être prises en considération : telles sont principalement la disposition des valvules du bulbe artériel (fig. 84) et la forme spirale ou non de l'intestin. J. Müller a insisté sur la valeur de ces derniers caractères.

Aussi, sans être aujourd'hui définitivement arrêtée, la classification des poissons a-t-elle fait de rapides progrès, et elle est déjà loin du point où l'avaient portée les efforts successifs d'Artedi, de Linné, de Lacépède, de Duméril et de G. Cuvier.

Nous admettrons cinq ordres de poissons :

1° Les GANOÏDES, qui sont osseux ou cartilagineux, ont le bulbe aortique pourvu de nombreuses valvules, possèdent un intestin spiral, n'ont qu'une seule paire d'ouïes, mais ont le corps protégé par des écailles osseuses souvent recouvertes d'une couche d'émail. La forme de leur queue est également différente de celle des poissons ordinaires par l'inégalité de ses deux lobes (queue hétérocerque).

2° Les SQUAMODERMES, poissons osseux, à branchies pectinées, et n'ayant qu'une seule paire d'ouïes, qui ont les écailles de forme ordinaire, que ces écailles soient cténoïdes ou qu'elles soient cycloïdes. Leur bulbe artériel a trois valvules, dont deux principales (fig. 84, *a*).

3° Les OSTÉODERMES, dont la peau est habituellement endurcie par des pièces osseuses; ils ont le squelette osseux, mais n'ont pas les valvules du cœur multiples, et leur intestin n'est pas de forme spirale. Sous ce double rapport ils se rapprochent des squamodermes. Leur bulbe artériel offre aussi la même disposition que celui des squamodermes.

4° Les PLAGIOSTOMES ou *Placoïdes*, qui joignent à plusieurs caractères importants, tels que des valvules multiples (fig. 84, *b*) et un intestin spiral, d'avoir le corps garni de boucles endurcies. Leur squelette est cartilagineux et ils ont plusieurs paires d'ouïes; en outre leur queue est de forme hétérocerque.

Peut-être devraient-ils, à cause de la supériorité de leur structure anatomique, être classés avant tous les autres poissons.

5° Les CYCLOSTOMES, dont les lamproies forment le genre le plus connu. Ils ont également plusieurs paires d'ouïes, mais leur organisation reste bien inférieure à celle des plagiostomes. Leurs branchies ont la forme de sacs, leur bouche est entourée d'un disque circulaire et leur squelette est en partie fibreux.

Les *Lépidosirènes* (fig. 396) et les *Branchiostomes* (fig. 168 et 420) ont aussi été regardés par plusieurs auteurs comme constituant des ordres particuliers de poissons. Nous parlerons des premiers à propos des ganoïdes. Malgré l'infériorité de leurs caractères anatomiques, les seconds nous semblent devoir être réunis aux cyclostomes.

CHAPITRE XLIII

DESCRIPTION DES PRINCIPAUX GROUPES DE LA CLASSE DES POISSONS.

Ordre I. Ganoïdes. — Il a été dit plus haut que les genres lépisostée et polyptère, placés par Cuvier à la suite des malacoptérygiens abdominaux, à cause de la position de leurs nageoires paires, différaient des autres poissons par leurs écailles à la fois osseuses et recouvertes d'émail.

Il faut ajouter à ces deux genres celui des calamichthes récemment découvert au Vieux-Calabar (côte occidentale d'Afrique).

Les ganoïdes ont le bulbe artériel pourvu de valvules multiples placées sur deux rangs, et leur intestin est disposé spiralement. Quelques autres particularités, non moins importantes que celles-là, montrent aussi qu'on les laisserait à tort parmi les poissons squamodermes. Force est donc de les en séparer, et d'en faire un groupe à part. C'est ce qu'a admis M. Agassiz lorsqu'il a donné à ces animaux le nom de ganoïdes; mais il ne faut point leur associer comme le proposait ce naturaliste, les ostéodermes, dont nous parlerons plus loin.

1° Un premier sous-ordre de ganoïdes comprend les Rhombifères [genre lépisostée, polyptère (fig. 106 et 394) et calamichthes], cités plus haut,

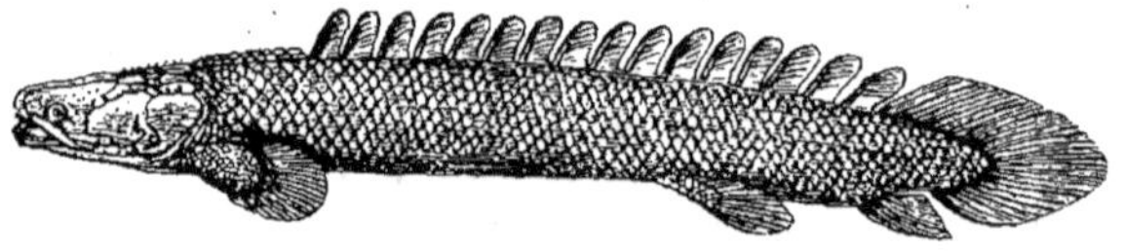

Fig. 394. — *Polyptère.*

auxquels il faut ajouter un nombre considérable de poissons éteints, surtout propres aux formations secondaires et paléozoïques. Ceux-ci ont reçu les noms de *Lepidotus, Palæoniscus, Amblypterus* (fig. 395), *Pycnodus, Gyrodus, Sphærodus,* etc.

Par une exception singulière, la colonne vertébrale de certaines de ces anciennes espèces ne s'ossifiait que dans ses parties apophysaires et les corps vertébraux ne s'y développaient pas, l'axe des vertèbres restant celluleux et sous la forme indivise qui constitue la corde dorsale chez les embryons des espèces propres à l'ordre des squamodermes. Ce caractère les laissait dans une condition évidente d'infériorité par rapport aux animaux du même ordre qui leur ont succédé et dont nous avons cité les trois genres actuellement existants.

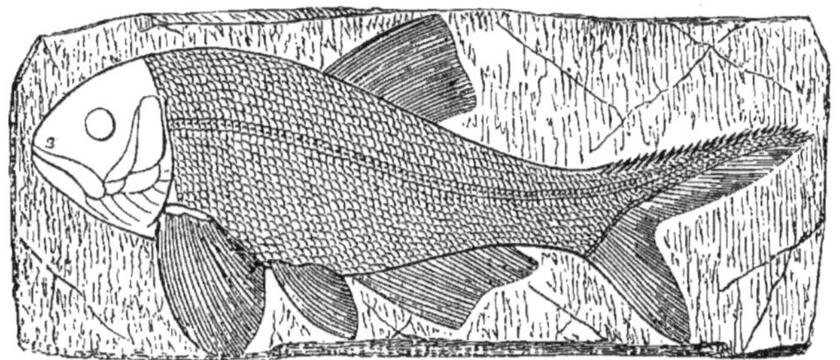

Fig. 395. — *Amblyptère*, ganoïde fossile du terrain houiller.

2° On trouve en partie les mêmes caractères dans les Sturioniens (esturgeons et spatulaires), que l'on peut regarder comme constituant un second sous-ordre des ganoïdes.

Les esturgeons sont surtout nombreux dans les fleuves qui versent à la mer Noire; il y en a également dans l'Europe occidentale, en Asie et en Amérique.

Ils sont de plusieurs genres.

Ces animaux, qu'on prend aussi à la mer, atteignent en général une grande taille; leur chair est fort estimée; leur vessie natatoire donne une colle de poisson (ichthyocolle) de première qualité, et l'on fait avec leurs œufs du *caviar*, aliment très-usité en Russie et dans certaines parties de l'Allemagne.

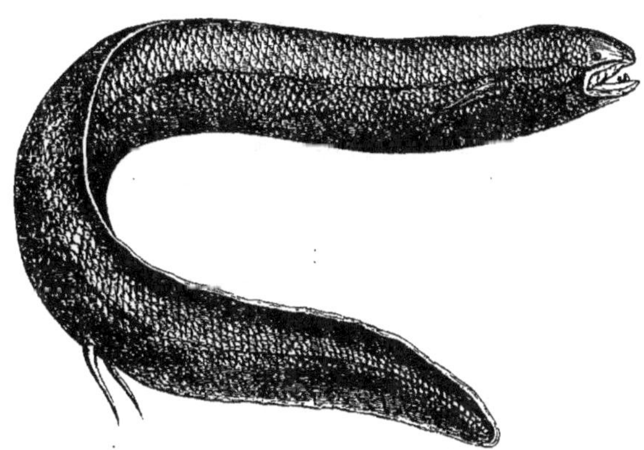

Fig. 396. — *Lépidosirène*.

3° Ainsi que nous l'avons vu, les batraciens pérennibranches établissent une sorte de transition de cette division des vertébrés vers les poissons, et il y a des animaux de cette dernière classe qui ont, comme eux, à la fois des poumons et des branchies (fig. 102 et 103). Aussi, lorsque, en 1837, les naturalistes connurent l'animal du Brésil auquel on a donné le nom de lépidosirène (fig. 396), fut-il pendant quelque temps impossible de décider si ce singulier vertébré devait être classé parmi les batraciens, ou si c'était un poisson véritable.

Les genres lépidosirène et protoptère, que l'on range aujourd'hui parmi les animaux de cette dernière classe, possèdent à la fois des poumons et des branchies (fig. 100). Leur corps a quelque chose de celui des anguilles; ils présentent de même une nageoire dorsale et une ventrale; mais leurs membres se réduisent à deux paires d'appendices qui ressemblent plutôt à des tentacules qu'à des pattes ou à des nageoires, et la structure intérieure de leur corps n'est pas moins bizarre.

Les lépidosirènes ne se rencontrent que dans l'Amérique équatoriale; c'est en Gambie que vivent les protoptères.

Ces animaux ont plusieurs valvules au bulbe artériel; leur cœur a deux oreillettes (fig. 81), et leurs narines communiquent avec l'arrière-bouche. A ces caractères qui les rattachent aux batraciens, il faut ajouter qu'ils ont le condyle occipital unique comme les poissons, que leur colonne vertébrale reste à l'état de corde dorsale, que leurs nageoires impaires sont soutenues par des rayons squelettiques, et que leur intestin est spiral, ce qui ne se voit que chez certains poissons.

ORDRE II. SQUAMODERMES. — Les acanthoptérygiens, poissons à rayons dorsaux épineux, et les malacoptérygiens de toutes sortes, c'est-à-dire les poissons chez lesquels ces rayons sont mous et multiarticulés, peuvent être réunis dans une même division principale, sous le nom de Squamodermes, faisant allusion aux écailles véritables, soit cycloïdes, soit cténoïdes, dont leur corps est couvert. Ce sont de tous les poissons ceux dont la forme nous est le plus connue, et ils ont pour caractères principaux d'avoir les branchies en forme de peignes (fig. 88), l'intestin non spiral (fig. 71 et 72), et le bulbe artériel pourvu de quelques valvules seulement, dont deux principales (fig. 94).

On doit y distinguer comme sous-ordres les *Acanthoptérygiens* ainsi que les *Malacoptérygiens* dits *subbrachiens*, *apodes* et *abdominaux*.

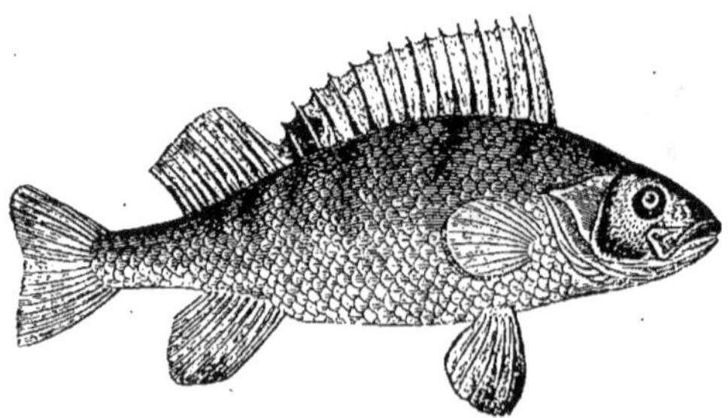

FIG. 397. — *Perche.*

1° Les ACANTHOPTÉRYGIENS, ou squamodermes à nageoire dorsale épineuse, sont les perches fluviatiles (fig. 397), les perches de mer, aussi ap-

pelées bars ou loups, les vives, les serrans, les trigles, les épinoches
(fig. 393), les maigres ou sciènes, les spares, les daurades, les chétodons,
les maquereaux, les thons (fig. 398), les blennies, les labres, et les bau-
droies ou diables de mer.

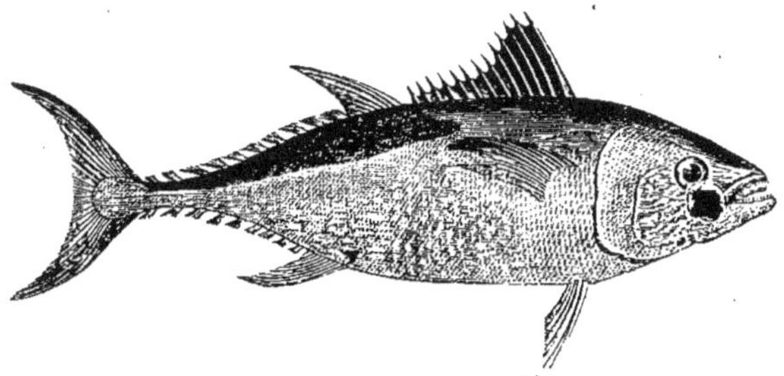

Fig. 398. — *Thon.*

Sauf la perche commune, la gremille, le chabot et quelques épinoches,
ces poissons vivent tous dans nos eaux marines.

Le nombre des espèces alimentaires propres aux eaux salées que le
même sous-ordre de poissons nous fournit est fort considérable, et
plusieurs, comme les maquereaux, les thons, etc., sont l'objet d'une
pêche importante.

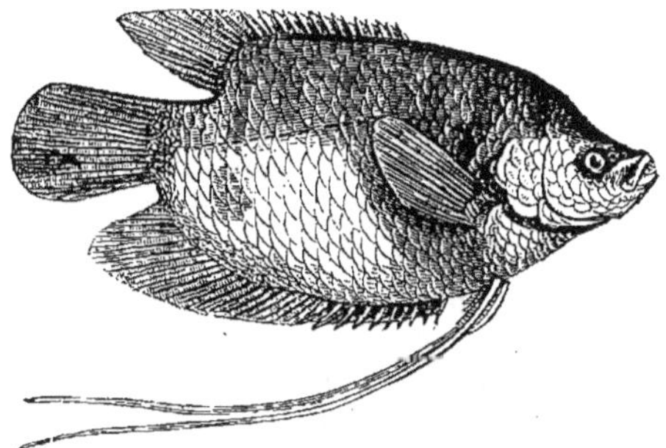

Fig. 399. — *Gourami.*

Parmi les espèces utiles qui appartiennent au sous-ordre des acanthoptérygiens, nous signalerons encore le gourami (fig. 399), originaire de
la Chine, qui a été acclimaté à l'île de France et à Bourbon. Le transport de cette espèce en France a été essayé plusieurs fois, mais jusqu'ici
sans résultat. Comme elle vit dans les eaux douces et qu'on peut l'élever
dans de simples bassins, elle serait d'une utilité plus grande encore dans
les îles de la Polynésie, et la température de ces régions se prêterait
mieux que celle de l'Europe à sa multiplication.

2° Les MALACOPTÉRYGIENS SUBBRACHIENS sont ainsi nommés parce qu'ils
ont la nageoire dorsale de nature molle, et que leurs ventrales sont placées sous les pectorales, par conséquent subbrachiennes. On y distingue

des poissons à écailles cténoïdes, tels que les pleuronectes ou poissons plats, si recherchés comme aliments (sole, turbot, barbue, carrelet, flet, limande, etc.). Ces poissons ont les deux côtés du corps inégaux, l'un décoloré et plat, qui devient inférieur, l'autre légèrement convexe, qui semble être le dos. Ce dernier porte les deux yeux.

D'autres subbrachiens ont les écailles cycloïdes. Ceux-ci sont les gades, dont la principale espèce est la morue (fig. 400), objet d'une pêche extrêmement considérable dans les parages de Terre-Neuve et sur les côtes de l'Islande. Sur notre littoral les morues sont plus rares; elles reçoivent le nom de cabeliau.

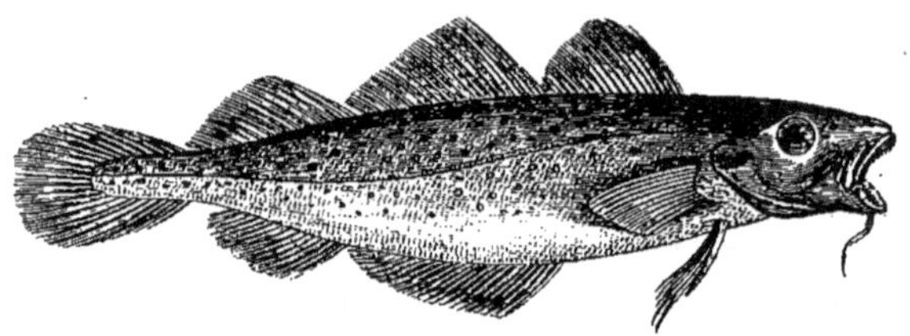

Fig. 400. — *Morue.*

Le merlan, l'aiglefin et d'autres espèces marines appartiennent à la famille des gades; la lotte, qui habite les eaux douces, est aussi un poisson de cette catégorie.

L'échénéis ou remora s'en rapproche à quelques égards.

3° Les Malacoptérygiens apodes. Ils diffèrent surtout des gades par l'absence de nageoires abdominales. Ce sont les congres ou anguilles de mer, les anguilles ordinaires, les gymnotes ou anguilles électriques, et quelques autres.

Les anguilles ne frayent qu'à la mer, encore ignore-t-on dans quelles conditions. Chaque année, des légions innombrables de leurs jeunes, incolores et si minces qu'on les a comparés à des fils, entrent dans les embouchures des rivières. Elles vont s'établir au loin pour s'y développer. On connaît cet alevin d'anguilles sous le nom de *montée*. En en plaçant avec quelque précaution dans des paniers au milieu d'herbes et de mousses humides, il est aisé de l'expédier à de grandes distances pour empoissonner les étangs ou les pièces d'eau.

4° Les Malacoptérygiens abdominaux, ainsi appelés de ce que leurs nageoires ventrales sont placées au delà de l'abdomen, et par conséquent bien en arrière des pectorales, forment la quatrième division des poissons squamodermes.

Ils sont presque aussi nombreux en espèces que les acanthoptérygiens; mais, à l'encontre de ces derniers, ils vivent pour la plupart dans les rivières ou dans les étangs d'eau douce.

C'est à cette division qu'appartiennent les cyprinidés, dont le nom rappelle celui de la carpe (genre *Cyprinus*). Ils comprennent, en outre, les brèmes, les barbeaux, les tanches, les goujons, les ablettes, ainsi que beaucoup d'autres genres compris sous le nom vulgaire de poissons blancs. Il faut y ajouter les poissons rouges, ou cyprins dorés, importés de Chine au dernier siècle, qui se sont complétement acclimatés en Europe.

Les cyprinidés constituent les espèces omnivores de la grande division des malacoptérygiens abdominaux ; les brochets et les salmones en sont les carnassiers. Ces derniers comptent parmi les poissons les plus des-tructeurs.

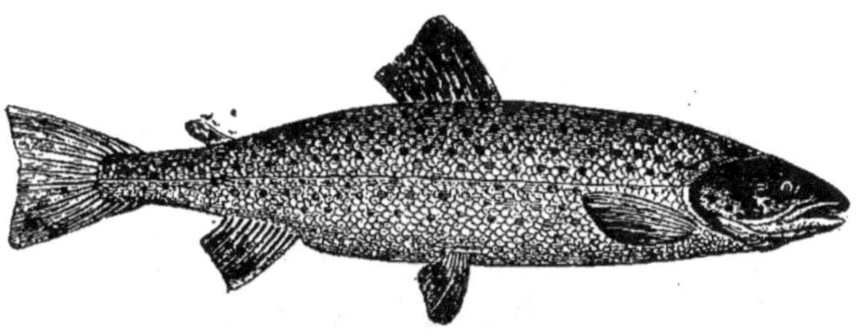

FIG. 401. — *Truite saumonée.*

Les salmones, dont le saumon est l'espèce la plus utile à l'alimentation de l'homme, comprennent aussi les truites, les féras et les éperlans. Ces poissons pondent des œufs (fig. 217) en général plus gros que ceux des autres squamodermes, et qu'on peut faire éclore dans des appareils à l'entretien desquels suffit un simple filet d'eau courante. C'est sur cette pratique que reposent les grands essais de pisciculture entrepris dans ces dernières années sous la direction de M. Coste, et dont l'éta-blissement d'Huningue, dans le Haut-Rhin, est le centre.

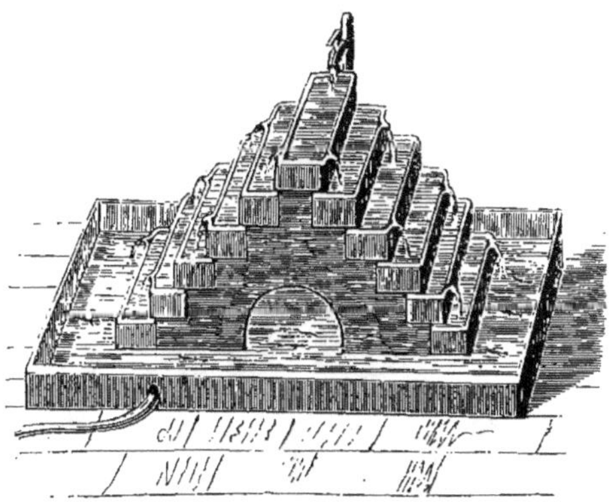

FIG. 402.

On expédie chaque année d'Huningue des millions d'œufs de saumon, de truite, etc., fécondés artificiellement. Ils sont placés dans des boîtes et entourés de mousse humide. A l'arrivée, on les met sur des appareils analogues à celui qui est représenté ici (fig. 402 et 403). C'est ainsi qu'il m'a été possible de faire éclore plus de cent mille saumons et truites, que j'ai ensuite versés durant les années 1857 à 1865 dans l'Hérault et dans les autres rivières du département de ce nom, où ils se sont en partie développés ainsi que le prouvent les captures que l'on continue à en faire de temps en temps. De semblables essais ont été entrepris dans un grand nombre d'autres localités.

Fig. 403.

L'acclimatation du saumon, espèce si commune dans les rivières qui versent leurs eaux dans l'océan Atlantique septentrional, a pu de la sorte être tentée, non-seulement dans les cours d'eau qui se rendent à la Méditerranée, mais aussi en Tasmanie (Australie), où l'on a réussi à transporter des œufs de ce poisson en les conservant dans de la glace, pour en retarder l'éclosion pendant la traversée.

Le saumon et les truites saumonées doivent le caractère qui distingue leur chair à une matière grasse particulière (acide salmonique) qui se trouve mélangée dans leurs muscles à de l'acide oléophosphorique. A l'époque de la ponte, une quantité considérable de ce principe est mise en œuvre pour la formation des œufs, qui en prennent la teinte, tandis que la chair se décolore notablement et perd en grande partie sa saveur.

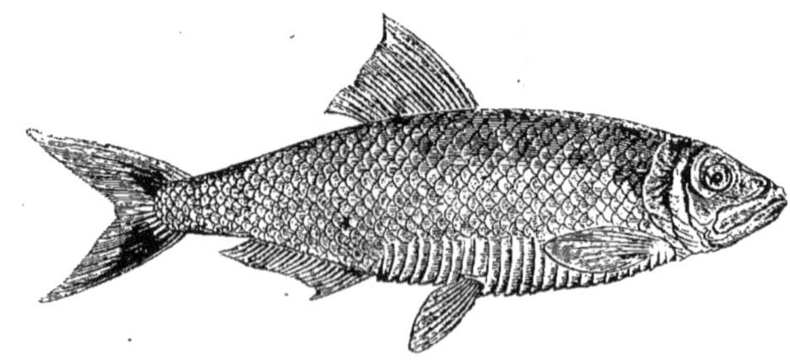

Fig. 404. — *Alose.*

Une autre famille fort utile de malacoptérygiens abdominaux est celle des clupes, dont font partie les aloses (fig. 404), les harengs, les sardines, les anchois.

Les aloses ne vivent dans la mer que pendant une partie de l'année. Chaque printemps elles remontent les fleuves par bandes nombreuses et deviennent pour les riverains une précieuse ressource alimentaire. Il s'en prend dans les rivières qui portent leurs eaux à l'océan Atlantique et dans la mer du Nord, ainsi que dans celles qui les versent à la Méditerranée. Aux États-Unis, on a réussi à en faire des éducations artificielles, comme nous le pratiquons en France pour les saumons et les truites.

Le hareng est un poisson exclusivement propre aux eaux salées, qui se montre chaque année par bancs immenses sur les côtes de l'Europe septentrionale, et s'étend jusque dans la Manche, où il apparaît en hiver.

On le mange frais et l'on en fume ou l'on en sale une grande quantité; il devient ainsi l'objet de transactions considérables. Des flottes entières se livrent à cette pêche qui fournit à l'alimentation publique une denrée non moins utile que la morue. Le commerce en porte de même sur presque tous les points du globe.

On a aussi attribué à la division des malacoptérygiens abdominaux les SILURIDÉS (silures, loricaires et malaptérures), poissons ayant des formes très-différentes de celles des autres, et qui vivent principalement dans les eaux douces des pays méridionaux, en Afrique, en Asie, dans l'Amérique et à la Nouvelle-Hollande.

Le saluth ou wels (*Silurus glanis*), de la région du Rhin, en est le seul représentant européen.

Les siluridés, quoique abdominaux comme les poissons précédents, mériteraient sans doute d'être séparés de ces derniers pour former une division à part. Ils ne sont pas réellement squamodermes; leur squelette présente plusieurs particularités qui ne se retrouvent pas chez les abdominaux véritables, et leur peau est en partie recouverte par des plaques osseuses.

Il y en a de formes très-bizarres. Quelques-uns ont la vessie natatoire transformée en poumon; c'est en particulier le cas des saccobranches (fig. 102 et 103).

ORDRE III. OSTÉODERMES. — Cet ordre résulte de la réunion des Plectognathes et des Lophobranches de Cuvier. Au lieu d'être revêtus d'écailles comme ceux qui précèdent, ces poissons ont la peau ossifiée et leur corps est souvent renfermé dans une sorte de boîte ou carapace osseuse. D'ailleurs, leur squelette et les principales particularités de leur cœur ainsi que de leurs intestins ne les éloignent que médiocrement des squamodermes. Leur queue est également homocerque. Ils ont cependant des formes singulières. Ces poissons ne sont d'aucune utilité réelle à l'homme; la chair de quelques-uns est même vénéneuse.

Ceux que Cuvier appelait *Plectognathes* sont les diodons ou hérissons de mer, les tétrodons, les triodons, les moles ou poissons-lunes, les balistes et les coffres.

Ses *Lophobranches* sont les pégases, les hippocampes ou chevaux marins (fig. 405), et les syngnathes. Ils ont pour principal caractère d'avoir les branchies en forme de houppes.

FIG. 405. — *Hippocampe.*

ORDRE IV. PLAGIOSTOMES. — Les raies et les squales, réunis depuis longtemps sous le nom commun de PLAGIOSTOMES ou SÉLACIENS, et les chimères, qui s'en rapprochent à tant d'égards, semblent supérieurs aux autres poissons par la disposition de leur système nerveux et par celle de plusieurs autres parties importantes de leur organisme. Ce sont aussi des animaux à bulbe artériel garni de nombreuses valvules (fig. 84, *b*), et ils ont également l'intestin disposé en spirale (fig. 40); mais leurs branchies sont fixes (fig. 108), et leur peau se distingue par la présence de ces petits organes, à certains égards comparables aux dents, auxquels nous avons donné le nom de *boucles* (fig. 190, *d'*, *e*, *e'*). C'est ce dernier caractère qui les a fait appeler poissons placoïdes. Leur nom de *plagiostomes* est tiré de la position de leur bouche, élargie et inférieure à la tête, au lieu d'être terminale.

Les plagiostomes sont essentiellement marins. On en connaît un nombre assez considérable d'espèces, dont quelques-unes, comme les requins, sont fort redoutées à cause de leur férocité; ils ont aussi fourni des espèces aux anciennes mers du globe.

Les requins sont des plagiostomes célèbres par leurs appétits carnassiers; quelques-unes de leurs espèces atteignent une grande taille, et l'époque tertiaire moyenne en a nourri une plus grande encore, c'est le *Carcharodon megalodon*, dont on trouve les dents fossiles dans les terrains de molasse et dans les faluns.

Beaucoup de plagiostomes fournissent une chair susceptible d'être mangée sans inconvénient ou qui est même agréable au goût; chaque jour on voit plusieurs espèces de ce groupe de poissons sur les marchés de nos grandes villes.

Les raies sont préférées à tous les autres plagiostomes; mais divers genres de squales, tels que les lamies, les aiguillats et les roussettes, fournissent aussi un bon aliment.

ORDRE V. CYCLOSTOMES. — La dernière grande division des poissons est celle des Cyclostomes, ainsi nommés de la ventouse circulaire dont leur bouche est entourée. Ces animaux ont le corps allongé et de forme cylindrique, plutôt comparable à celui des vers qu'à celui des autres vertébrés. On ne leur voit aucune trace de nageoires paires comparables aux membres des autres poissons, mais seulement deux nageoires dorsales et une caudale. Presque tous leurs organes semblent être dans un état de dégradation si on les compare à ceux des autres poissons, et tandis que les plagiostomes peuvent disputer le premier rang aux poissons squamodermes, les cyclostomes doivent au contraire être placés après tous les autres animaux de la même classe.

Leur peau est nue et visqueuse; elle passe au devant des yeux sans y former d'ouverture, et ces organes peuvent être tout à fait rudimentaires. Leurs oreilles sont encore plus simples que celles des poissons ordinaires. Leurs branchies occupent des cavités en forme de sacs, et l'eau en sort par sept paires d'orifices latéraux ouverts sur les côtés de la partie antérieure du corps (fig. 80). Le squelette est en grande partie fibreux.

Les cyclostomes ont l'intestin disposé en spirale, comme les poissons des familles précédentes. Ils se nourrissent principalement de substances animales; leur ventouse leur sert à se fixer sur les êtres dont ils sucent le sang ou mangent la chair. Ils recherchent aussi les viandes en putréfaction, et l'on a recours à ces substances pour les pêcher.

Leur principal genre est celui des lamproies, dont une espèce, plus grande que les autres, vit dans l'Océan et dans la Méditerranée; elle remonte aussi dans nos rivières. C'est la grande lamproie (fig. 107).

Les ammocètes, dont on faisait, il y a quelques années encore, un genre à part, sont regardés maintenant comme constituant le premier âge de la lamproie.

Après ces poissons, il ne nous reste plus, pour clore la liste des animaux vertébrés, qu'à citer les BRANCHIOSTOMES, ou Amphioxes, qui se rattachent aux cyclostomes par plusieurs de leurs caractères principaux.

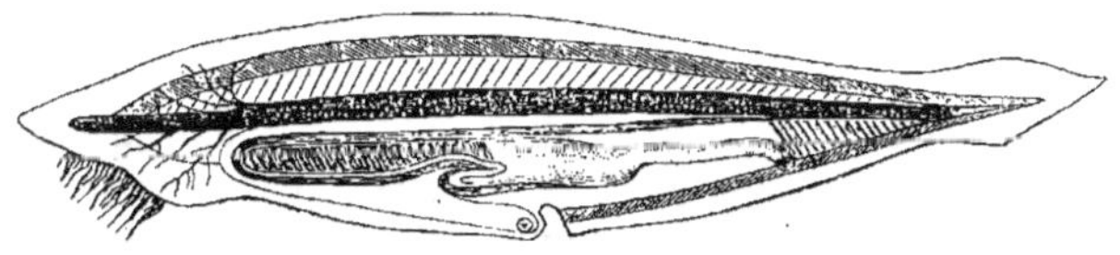

FIG. 406. — *Branchiostome* (*).

Les branchiostomes (genre *Branchiostoma* ou *Amphioxus*) ont été décrits sous le nom de *Limax lanceolata* par Pallas, mais ce sont bien des vertébrés. Seulement ils ont le squelette fibreux, et leur axe vertébral reste à l'état de corde dorsale.

Leur système nerveux (fig. 168) est aussi fort dégradé, et la partie céphalique s'y distingue à peine de la moelle épinière.

(*) La transparence du corps permet de voir les différents organes, savoir, en allant du dos au ventre, la peau, les muscles, les arcs neuraux du système vertébral, le système nerveux encéphalo-rachidien (*sn*, de la fig. 168) donnant naissance à différents nerfs, la corde dorsale (*cd*), le tube digestif précédé du sac respiratoire ainsi que de la cavité buccale, et autour de cette dernière les tentacules buccaux. Sous le ventre, vers le milieu du corps, est le pore ventral, et en avant des muscles inférieurs de la queue, l'anus.

En outre, ils n'ont pas de cœur, mais simplement des points pulsatiles placés en plusieurs endroits du système vasculaire, et leur sang reste incolore. Un de ces points pulsatiles est placé entre les veines caves et l'artère branchiale.

Le mode de développement des branchiostomes est tout aussi singulier.

Ces animaux sont les moins parfaits de tous les vertébrés, et ils nous représentent la forme la plus inférieure à laquelle descende l'organisation des espèces de ce grand embranchement.

Leur étude présente, sous ce rapport, un intérêt spécial pour l'anatomie et la physiologie comparées ; c'est pourquoi les naturalistes se sont appliqués d'une manière tout à fait attentive à en faire connaître les principales particularités (fig. 168 et 406).

On trouve des branchiostomes sur différents points du littoral européen ; il en existe aussi dans d'autres parties du monde. Ces poissons préfèrent les fonds vaseux et sont partout des animaux marins.

CHAPITRE XLIV

ANIMAUX ARTICULÉS. — ARTICULÉS CONDYLOPODES. — CLASSE DES INSECTES.

1. — Caractères généraux.

Le second embranchement du règne animal est celui des ARTICULÉS (*Entomozoaires*, Blainv.), dont les principaux caractères sont de manquer constamment de squelette intérieur, d'avoir le corps presque toujours articulé extérieurement, et d'être pourvus d'un système nerveux sans moelle épinière, qui se prolonge, dans la plupart des espèces, au-dessous du tube digestif en une chaîne ganglionnaire dont les différents ganglions fournissent à chacun des anneaux du corps les nerfs sensibles et moteurs.

Certains animaux articulés sont pourvus de pattes également articulées. Ils forment un premier sous-embranchement auquel on a donné le nom de CONDYLOPODES ou ARTHROPODES. Ce sont les *Insectes*, les *Myriapodes*, les *Arachnides* et les *Crustacés*, à la suite desquels on place les *Systolides*.

D'autres manquent de pattes articulées : tels sont les VERS, dont font partie les *Annélides*, les *Entozoaires* ou *Vers intestinaux*, et quelques autres groupes d'une organisation peu différente et à corps également vermiforme. Les vers sont pour la plupart des animaux aquatiques.

Certains articulés condylopodes ont le même genre de vie et respirent par des branchies : ce sont, en particulier, les crustacés. D'autres sont au contraire aériens et possèdent des trachées, ainsi que nous le voyons pour les insectes : ces derniers sont les plus nombreux.

C'est par les condylopodes, ou animaux articulés pourvus de pattes articulées, que nous commencerons l'étude de ce second embranchement du règne animal.

Classe des Insectes.

Caractères généraux. — Les Insectes forment la première classe des animaux articulés. On les appelle quelquefois *Articulés hexapodes*, parce que c'est un de leurs caractères principaux d'être pourvus de six pattes. Leur corps se divise en trois parties : la *tête*, le *thorax* et l'*abdomen*.

La tête porte les appendices buccaux, savoir : la lèvre supérieure, les mandibules, les mâchoires et la lèvre inférieure ; en tout, quatre paires d'appendices spécialement destinés à la manducation et au milieu desquels la bouche est ouverte. Elle montre aussi les antennes, organes d'olfaction, qui sont au nombre de deux, et les yeux, tantôt simples ou en ocelles, tantôt composés, et affectant parfois chez une même espèce l'une et l'autre de ces dispositions.

Le thorax se divise en trois articles ou anneaux qui possèdent chacun une paire de pattes. On nomme ces articles *prothorax*, *mésothorax* et *métathorax*. Dans beaucoup d'espèces, le mésothorax et le métathorax présentent des expansions membraneuses, servant au vol, que l'on appelle les *ailes*.

Certains insectes manquent tout à fait d'ailes et sont dits aptères ; il y en a de plusieurs sortes. D'autres, les diptères, n'ont qu'une seule paire de ces organes.

Parmi les insectes qui en ont deux paires, des différences tirées de la conformation de ces organes ont fait distinguer plusieurs groupes, dont les principaux sont ceux des *Coléoptères* (hanneton), *Orthoptères* (sauterelle), *Hémiptères* (pentatome, cigale, puceron), *Névroptères* (libellule, termite), *Hyménoptères* (abeille, guêpe, ichneumon), et *Lépidoptères* (papillon).

L'abdomen des insectes se partage en général en neuf ou dix articles ; et comme cette particularité se retrouve habituellement dans leur premier âge, même chez ceux qui changent de forme aux diverses époques de leur vie, elle est importante à constater, puisque, jointe à la présence de trachées et de mâchoires, elle permet de distinguer les insectes, même lorsque leur forme approche le plus de celle des vers, d'avec les espèces de ce sous-embranchement. Dans quelques cas, en effet, on rencontre certains insectes dans des conditions analogues à celles où vivent ces derniers animaux : par exemple, dans le corps de mammifères ; c'est même le séjour habituel des larves de plusieurs genres de diptères. Les caractères que nous venons de rappeler ne permettront pas de confondre ces larves parasites, appartenant à la classe des insectes, avec les entozoaires ou vers intestinaux, qui sont de véritables vers.

Les insectes ne manquent pas de circulation, comme on l'a dit souvent; mais cette fonction n'acquiert jamais chez eux le même degré de développement que chez la plupart des autres animaux (fig. 94).

Tous les insectes respirent d'ailleurs par des trachées (fig. 112 à 115), et leur organe principal de circulation est un vaisseau dorsal; ce double caractère peut également servir à les distinguer des vers lorsqu'ils sont encore à l'état de larves.

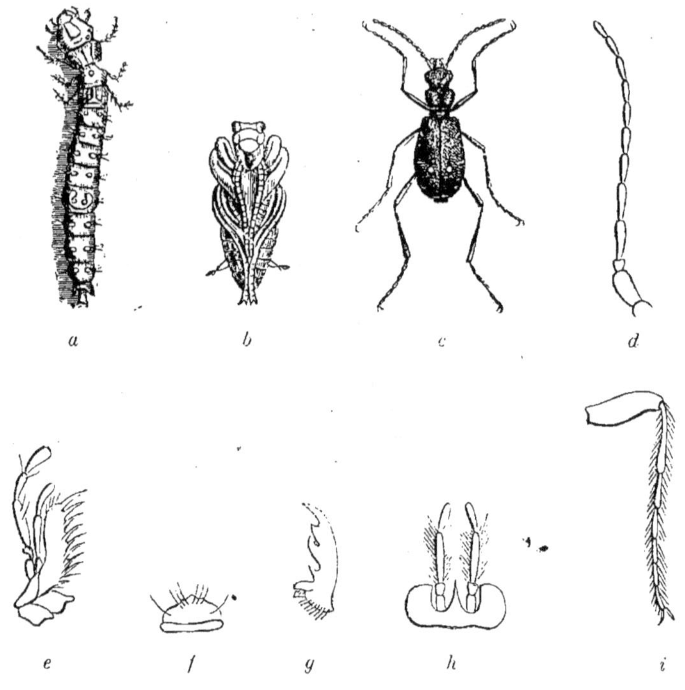

FIG. 407. — *Cicindèle champétre* (*).

Beaucoup de ces animaux éprouvent avec l'âge des changements de forme, qu'on a appelés leurs *métamorphoses*. Ainsi que nous l'avons déjà dit, ces métamorphoses sont complètes, incomplètes ou nulles. Dans le premier cas, l'insecte se montre successivement sous le double état de *larve* ou chenille, et de *nymphe* ou chrysalide, avant de devenir insecte parfait, c'est-à-dire avant d'acquérir sa forme définitive, de posséder des ailes et d'être capable de reproduire son espèce.

Les coléoptères, parmi lesquels nous citerons la cicindèle (fig. 407) et le hanneton (fig. 408), éprouvent de semblables transformations. Il en est de même des névroptères, des hyménoptères, des lépidoptères, dont le

(*) a) larve ; — b) nymphe ; — c) l'insecte métamorphosé ; — d) antenne ; — e) mâchoire ; — f) labre ; — g) mandibule ; — h) palpes labiaux ; — i) patte.

bombyx du mûrier (fig. 426 à 430), plus connu sous le nom de ver à soie, nous offre un exemple, et des diptères ainsi que des puces, qu'on peut joindre aux insectes de ce dernier ordre, bien qu'elles restent aptères.

Dans le cas de métamorphoses incomplètes, l'animal naît au contraire sous l'état de nymphe; il ne subit guère d'autre modification apparente que d'acquérir les ailes, organes dont il était d'abord privé. C'est ce qui a lieu pour les orthoptères, groupe d'insectes dont les sauterelles font partie, et pour les hémiptères, qui comprennent entre autres espèces les punaises et les cigales.

Enfin, les insectes sans métamorphoses sont ceux qui naissent sous la forme de nymphes et restent pendant toute leur vie privés d'ailes ; aussi n'éprouvent-ils aucun changement apparent à quelque âge qu'on les examine. Il en est ainsi pour les poux, parasites des mammifères et les ricins des oiseaux, pour les podures et pour les lépismes.

Arrivés à leur état définitif, les insectes ont les parties du corps plus différentes les unes des autres que cela n'a lieu pour le reste des animaux articulés. On les considère, à cause de la diversité même des parties qui les constituent, comme formant la classe la plus élevée de cet embranchement.

Les trois régions principales dont ils sont extérieurement formés, c'est-à-dire la tête, le thorax et les divers anneaux de l'abdomen, sont, ainsi que les pattes et les ailes, soutenues par une substance dure, de nature particulière, à laquelle les chimistes donnent le nom de *chitine*.

La bouche des insectes présente une grande diversité dans la disposition de ses parties, suivant que ces animaux broient leur nourriture ou qu'ils la pompent par succion ; mais on y retrouve toujours les mêmes éléments anatomiques.

Il en est de même de leur corps, dont les anneaux, formés d'un nombre déterminé de pièces, ont ces articles variables dans leur développement respectif, ce qui occasionne ainsi des modifications expliquant les innombrables différences dont le thorax des insectes et les autres parties de leur corps sont le siége.

Les pattes des insectes possèdent à leur tour un nombre déterminé d'articles qui portent aussi des noms particuliers. Leur portion terminale est le tarse.

Le canal digestif de ces animaux est assez compliqué; ils ont pour organes de sécrétion des tubes grêles, les uns hépatiques, les autres urinifères, rattachés à ce canal, et auxquels on a donné le nom de tubes de Malpighi (fig. 43 et 44).

Nul groupe d'animaux n'est aussi remarquable par la variété de ses instincts que celui des insectes. L'utilité que présentent certains d'entre eux, le tort que beaucoup d'autres nous causent, sont un nouveau motif pour les étudier avec soin, et à toutes les époques ils ont été de la part des savants l'objet d'une observation attentive. Les recherches de Redi, de Réaumur, de de Geer, et celles de divers naturalistes plus récents, ont donné lieu à des ouvrages pleins d'intérêt.

CLASSIFICATION DES INSECTES. — Geoffroy, auteur d'une *Histoire des insectes qui vivent aux environs de Paris*, est, avec quelques autres naturalistes du dernier siècle, le fondateur de la classification entomologique.

Dans sa méthode, les ailes ont été choisies comme fournissant les caractères principaux, et il a également eu recours à la conformation de la bouche et aux métamorphoses. De là la répartition des insectes en plusieurs ordres, dont nous avons déjà donné les noms, mais sur les caractères desquels nous devons revenir.

La classification de Fabricius est différente de celle qu'ont proposée Geoffroy et de Geer, et que Latreille ainsi que la plupart des entomologistes actuels ont acceptée en lui faisant subir certaines modifications de détail. Elle repose principalement sur la considération de la bouche, dont les parties sont en effet différemment disposées suivant que l'animal broie ses aliments, qu'il les suce ou qu'il les prend d'une manière encore différente.

II. — Tableau de la classification des Insectes.

ORDRE I. COLÉOPTÈRES. — Ces insectes ont les ailes supérieures en forme d'étuis résistants, et ces étuis recouvrent les ailes inférieures, qui sont repliées transversalement au-dessous d'eux ; on leur donne le nom d'*élytres*.

Ce premier ordre comprend un nombre très-considérable de genres et d'espèces.

Les carabes, cicindèles (fig. 407), dytiques, gyrins, staphylins, buprestes, lampyres ou vers luisants, dermestes, hannetons (fig. 408), hydrophiles (fig. 42), scarabées, lucanes ou cerfs-volants, pimélies, blaps, hélops, mordelles, cantharides, charançons et autres rhynchophores, scolytes, bostryches, capricornes, coccinelles, psélaphes, etc., font partie de l'ordre des coléoptères.

On a divisé ce groupe en quatre sous-ordres, nommés *Pentamères, Hétéromères, Tétramères* et *Trimères*, d'après le nombre des articles des tarses dans les espèces propres à chacune de ces divisions secondaires.

Tous ces insectes ont les pièces de la bouche disposées pour broyer, et ils subissent des métamorphoses complètes.

Les dermestes sont des coléoptères destructeurs des substances animales ; les scarabées et les hannetons, de la famille des pentamères lamellicornes, nuisent plus particulièrement aux végétaux. Les dytiques sont aquatiques comme les hydrophiles (fig. 42).

Les hannetons (fig. 408), dont les larves sont connues sous le nom de *vers blancs*, sont des coléoptères pentamères, très-nuisibles aux cultures. On redoute surtout le hanneton ordinaire (*Melolontha vulgaris*).

Les lampyres sont aussi des pentamères ; ils possèdent un organe phosphorescent qui leur a valu la dénomination de *vers luisants ;* quelques-uns manquent d'ailes.

On peut citer comme offrant un intérêt particulier, parmi les hétéromères ou coléoptères dont les tarses postérieurs ne sont composés que
de quatre articles, tandis que les autres en ont cinq, les cantharides,
employées à cause de leurs propriétés vésicantes. Les charançons, type

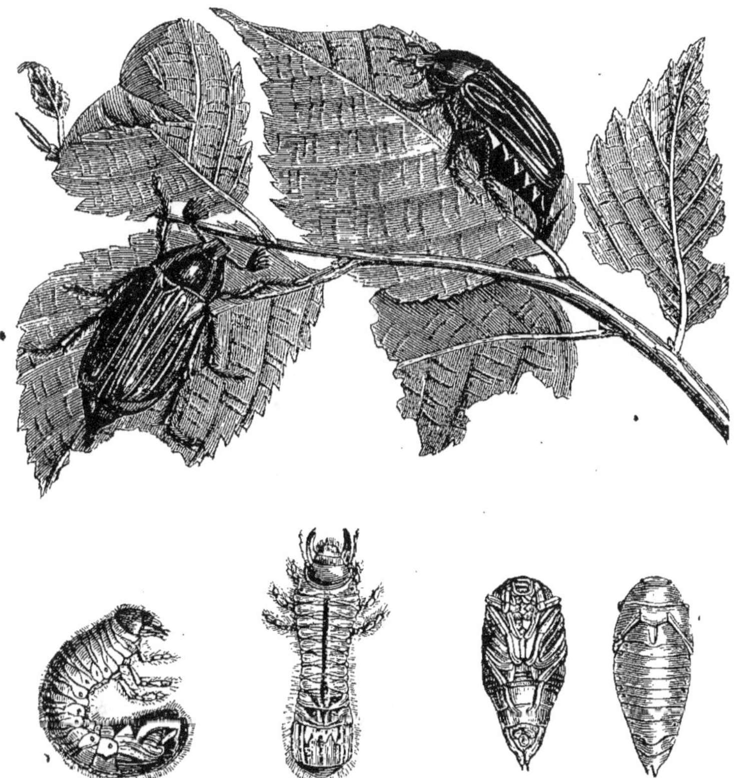

Fig. 408. — Hanneton et ses métamorphoses.

de la grande famille des rhynchophores, ainsi que les capricornes, rentrant dans celle des longicornes, sont au contraire des tétramères. Aux
trimères appartiennent particulièrement les coccinelles, vulgairement
appelées *bêtes à bon Dieu*, et les psélaphes.

ORDRE II. ORTHOPTÈRES. — Ailes demi-membraneuses et droites;
appendices buccaux disposés pour broyer; métamorphoses incomplètes.
Ces insectes naissent à l'état de nymphe.

Tels sont les forficules, les blattes, les mantes, les sauterelles, les cri-
quets, les grillons, etc.

Dans certains pays, particulièrement en Afrique, les sauterelles sont si nombreuses, qu'elles détruisent toute végétation, et, lorsqu'elles meurent, elles infectent l'air par la décomposition de leurs cadavres ; aussi peuvent-elles devenir à la fois une cause de disette et une cause de peste.

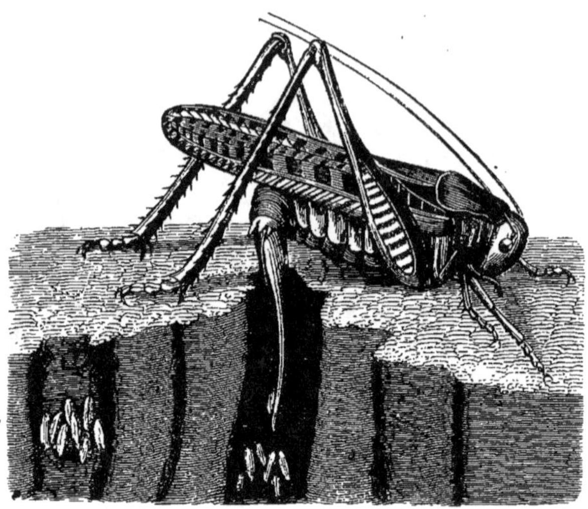

Fig. 409. — *Sauterelle verrucivore*, pondant.

Ordre III. Hémiptères. — Insectes pourvus de demi-élytres, tels que les punaises, les réduves, les pentatomes, les nèpes et les notonectes, ou

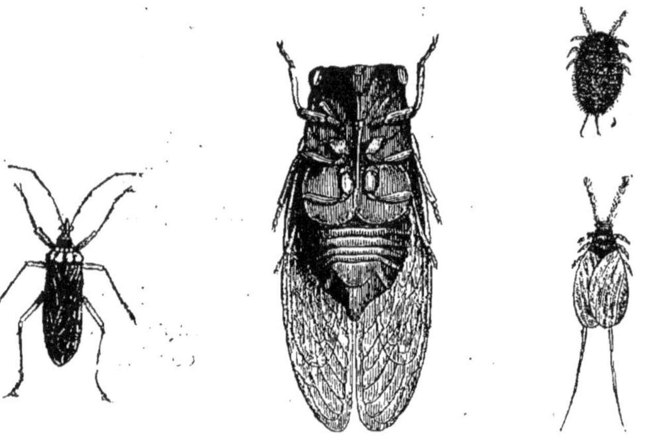

Fig. 410.

Fig. 411. — *Cigale*, vue en dessous.

Fig. 412. — *Cochenilles*, grossies.

d'ailes membraneuses et semblables entre elles, comme les cigales, les pucerons, les cochenilles : on les nomme alors *Homoptères*.

Comme les orthoptères, les hémiptères et les homoptères, qui en sont une simple subdivision, n'ont que des demi-métamorphoses.

Tous ces insectes ont la bouche disposée en suçoir, ce qui ne permet pas de les confondre avec ceux des autres ordres.

Les cigales (fig. 411) possèdent sous le ventre un organe particulier, susceptible d'entrer en vibration, avec lequel elles produisent le bruit strident que l'on nomme leur chant.

ORDRE IV. NÉVROPTÈRES. — Insectes ayant les ailes membraneuses et parcourues par des nervures.

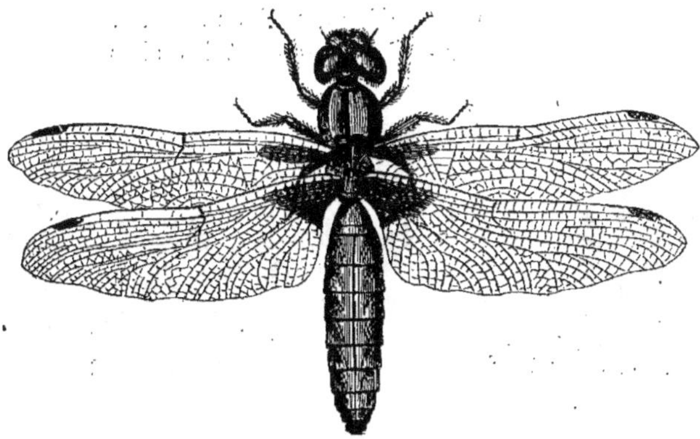

FIG. 413. — *Libellule.*

FIG. 414. — Métamorphose des *Libellules.*

Les libellules (fig. 413 et 414), les éphémères, les panorpes, les four-milions, les semblides (fig. 94), les hémérobes et les friganes en sont autant d'exemples. Ils joignent au caractère tiré de la disposition de leurs ailes d'avoir la bouche propre à broyer et d'éprouver en général des métamorphoses complètes.

Au même ordre appartiennent les termites ou fourmis blanches, vivant principalement dans les pays chauds, et dont les sociétés se composent de plusieurs sortes d'individus : ouvriers et soldats, termites neutres, auxquels il faut ajouter les mâles et les femelles propres à la reproduction. Il s'en est établi en Europe, et dans plusieurs circonstances cette invasion a occasionné des dégâts considérables. Les villes de Rochefort et de la Rochelle ont eu particulièrement à en souffrir.

Ordre V. Hyménoptères. — Insectes dont les ailes sont membra-

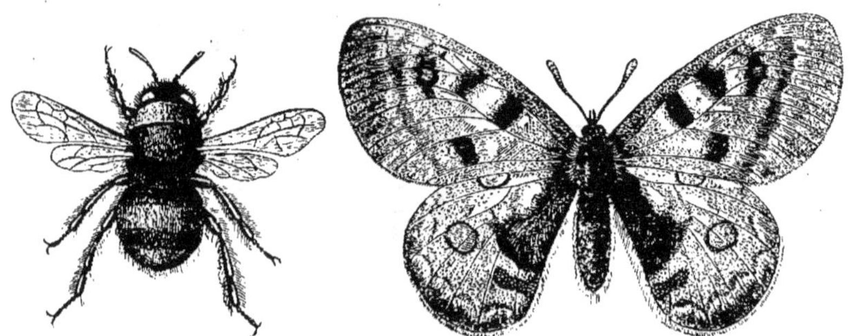

FIG. 415. — *Bourdon terrestre,*
femelle.

FIG. 416. — *Parnassien Apollon.*

neuses comme celles des précédents, mais simplement veinées, au lieu d'être réticulées; leur bouche est appropriée à la mastication; ils subissent des métamorphoses complètes.

FIG. 417. — *Sphinx du Tithymale.*

Ce sont les abeilles, les guêpes, les sphex, les fourmis, les chrysis, les chalcides, les ichneumons et les tenthrèdes.

Les abeilles sont cultivées à cause de leur miel. Mais il y a beaucoup d'espèces du même groupe qui ne nous rendent aucun service : tels sont les bourdons (fig. 415), les anthocopes, les mégachiles, et d'autres auxquelles on donne le nom d'abeilles solitaires, par opposition aux abeilles proprement dites, dont les sociétés sont connues de tout le monde.

Les ichneumons attaquent les autres insectes et détruisent surtout beaucoup de chenilles. Sous ce rapport ce sont des animaux utiles à l'agriculture.

Les cynips ont, comme un grand nombre d'hyménoptères, l'abdomen

FIG. 418. — *Petit Paon de nuit*, **femelle.**

terminé par une tarière avec laquelle ils perforent différentes parties des végétaux pour y placer leurs œufs. Les excroissances qui en résultent constituent des galles et des bédégars ou mousses des rosiers. La galle des chênes est la noix de galle, dont on tire l'acide gallique.

ORDRE VI. LÉPIDOPTÈRES. — Insectes à ailes recouvertes sur leurs deux faces par de petites écailles colorées. Ils ont les mâchoires allongées et disposées en forme de trompe ; ils éprouvent aussi des métamorphoses complètes.

On les divise : 1° en *Diurnes* ou papillons (fig. 416) ; 2° en *Crépusculaires* ou sphinx (fig. 417) ; et 3° en *Nocturnes* ou phalènes, bombyces (fig. 418), noctuelles, teignes (fig. 419), ptérophores, etc.

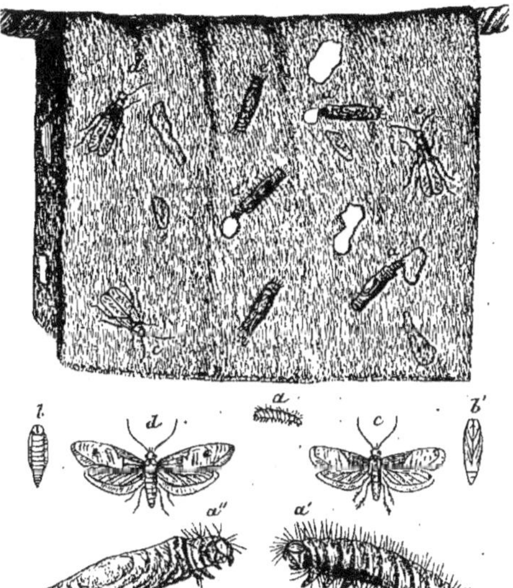

FIG. 419. — *Teigne des draps* et ses métamorphoses (*).

ORDRE VII. DIPTÈRES. — Insectes n'ayant que deux ailes, tandis que les précédents en ont quatre (fig. 420).

(*) *a, a', a''*) chenilles ; — *b, b'*) chrysalides ; — *c, c, c*) papillons mâles ; — *d, d'*) papillons femelles ; — *e, e'*) fourreaux vides.

Cette division est nombreuse; elle répond aux diverses familles des cousins, des tipules, des asiles, des anthrax, des taons, des œstres, des mouches, des hippobosques, etc., insectes dont la bouche a la forme d'une trompe et est disposée pour la succion. Les diptères naissent sous une forme différente de celle qu'ils auront étant adultes, et on leur reconnaît les trois états de larve, de nymphe et d'insecte parfait.

Les œstres passent leur état de larve sous la peau des mammifères, ou encore dans les narines de ces animaux et jusque dans leurs intestins; mais il est facile de les distinguer des entozoaires véritables au moyen de caractères que nous avons déjà indiqués : nombre des anneaux du corps, trachées, etc.

Une espèce du genre lucilie (fig. 420), genre qui rentre dans la même famille, et d'autres diptères de genres encore différents, se développent parfois sur l'homme.

Les cousins piquent à l'aide de leurs mandibules et de leurs mâchoires qui sont allongées et finement dentelées en scie. Ils tirent une petite quantité de sang et déterminent en même temps une irritation des plus vives. Ils

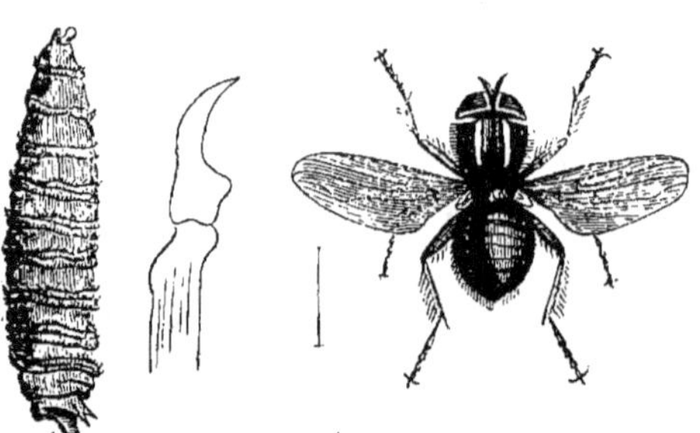

FIG. 420. — *Lucilie hominivore.*

sont surtout nombreux dans les pays chauds, particulièrement sur les bords des rivières ou dans les marécages; leurs piqûres sont parfois intolérables.

Ordre VIII. Aptères, ou insectes privés d'ailes.

Latreille a partagé les insectes aptères en trois ordres appelés :

Thysanoures (lépismes et podurelles); — *Parasites* (poux et ricins); — *Suceurs* (puces).

Mais, depuis l'établissement de sa classification entomologique, on a été conduit à penser que les insectes aptères devaient être rangés dans les ordres précédents, comme en constituant des formes imparfaites susceptibles d'être rapportées à chacun d'eux, si l'on tient compte de leurs autres caractères.

Il est, en effet, aisé de démontrer les affinités des puces avec les diptères, auxquels elles ressemblent par la conformation de leur bouche et par leurs métamorphoses. La même observation avait été déjà faite au sujet des nyctéribies qui vivent sur les chauves-souris : ce sont aussi des diptères aptères, et Latreille, qui a fait un ordre à part pour y classer les puces, n'éloignait pas les nyctéribies (fig. 421) de ses diptères pupipares, dont font partie certaines espèces également parasites des mammifères ou d'autres vivant sur les oiseaux.

Des remarques analogues ont été faites au sujet des lépismes, que l'on a rapprochés des névroptères, au sujet des ricins, qui ont dès lors été classés avec les orthoptères, et au sujet des poux, actuellement réunis aux hémiptères.

Parmi les auteurs qui ont le plus contribué à perfectionner la classification des insectes, nous avons cité le naturaliste français Latreille, dont un des meilleurs ouvrages, publié quelque temps après

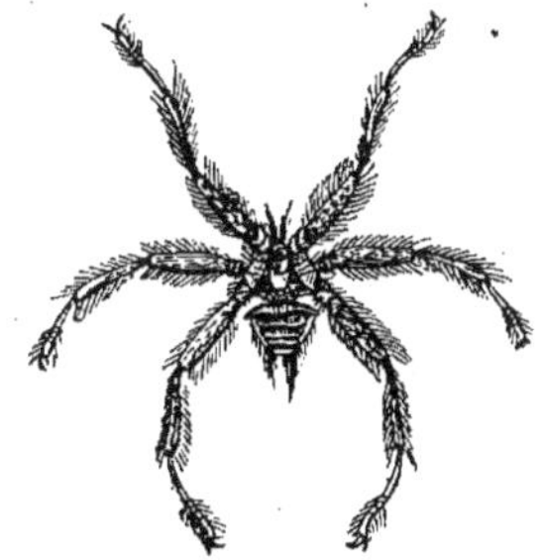

Fig. 421. — *Nyctéribie.*

le *Genera plantarum* d'A. L. de Jussieu et sous l'influence des vues formulées par ce grand botaniste, porte le titre de *Genera Crustaceorum et Insectorum* [1].

III. — Applications agricoles de l'entomologie.

La branche de la zoologie qui s'occupe spécialement des insectes s'appelle l'*entomologie*.

Le nombre des animaux dont elle a entrepris l'histoire est véritablement immense; en effet, il y a plus de cent mille espèces dans le seul ordre des coléoptères, et plusieurs autres ordres de la même classe, ceux des diptères et des lépidoptères, par exemple, présentent aussi des formes très-multipliées. Quoique tous les insectes envisagés dans leur organisation et dans leurs mœurs méritent une égale attention de la part des naturalistes, il en est qui offrent pour le but que nous nous proposons plus d'intérêt que les autres, à cause des désagréments qu'ils occasionnent ou des avantages que l'on peut en retirer. C'est ce qui a conduit à des recherches plus spéciales que celles de l'entomologie ordinaire, recherches qui servent de base à l'entomologie appliquée.

Le but de cette branche de l'entomologie est plus particulièrement de faire connaître les insectes utiles, et ceux, en beaucoup plus grand nombre, qui nous sont nuisibles, soit qu'ils attaquent notre propre personne, nos substances alimentaires et les objets dont nous nous servons dans nos habitations, soit qu'ils exercent leurs dégâts sur nos animaux domestiques, ou bien encore sur les végétaux que nous cultivons et sur les produits que nous employons dans l'économie domestique, dans l'industrie et dans les arts.

Chaque mammifère, chaque oiseau et chaque sorte de plantes sont souvent tourmentés par plusieurs espèces d'insectes. Les produits organiques

1. Paris, 1806 et 1807.

que nous tirons de différentes classes d'êtres vivants pour notre alimentation, ou que nous employons, soit à nous vêtir, soit à orner nos appartements, sont aussi exposés aux attaques de ces animaux. En observant avec soin les mœurs des insectes et les conditions de leur multiplication, on a plus de chances de les arrêter dans leur développement et d'empêcher leurs dégâts. On réussit encore à obtenir plus aisément leur reproduction et leur multiplication s'ils nous sont utiles. Mais cette étude fournirait à elle seule la matière de plusieurs volumes; et nous devons nous borner à quelques exemples seulement.

Le premier sera tiré des *insectes qui font du tort à la vigne*, non pas que nous ayons la possibilité de nous occuper ici de tous ceux que l'on devrait citer comme étant dans ce cas, mais pour en signaler les principaux.

Des cantons vignobles d'une étendue considérable sont parfois ravagés par des coléoptères, contre lesquels le vigneron doit lutter.

L'*Altise* (fig. 422) dévore les bourgeons de la vigne au moment où ils vont s'ouvrir; l'*Eumolpe* (fig. 423), à l'état

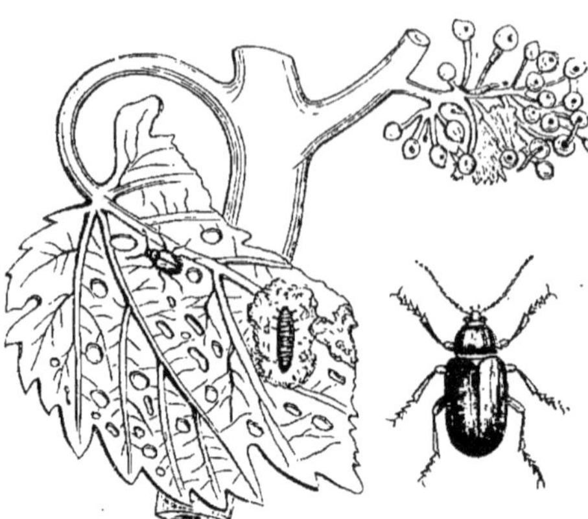

FIG. 422. — *Altise luisette.*

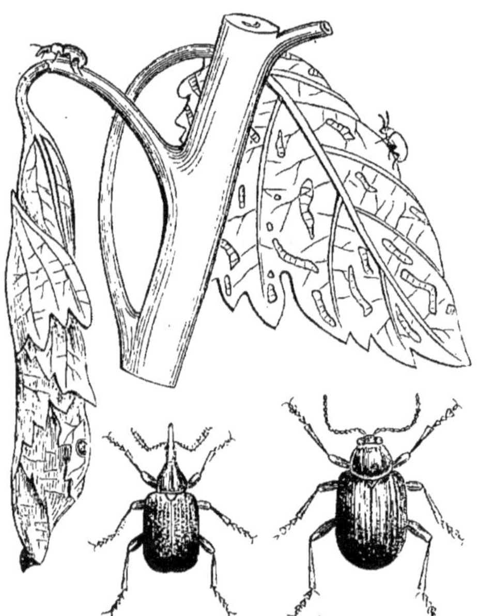

FIG. 423. — *Rhynchites cigareur et Eumolpe écrivain.*

de larve, perce les feuilles en traçant à leur surface des découpures qui lui ont fait donner le nom d'*écrivain ;* le *Rhynchites Bacchus*, vulgairement nommé *cigareur* (fig. 423), les roule en forme de cigare pour y abriter ses œufs.

Ces dégâts, joints à ceux que produisent des insectes encore différents et à la maladie redoutable occasionnée par le petit champignon appelé *oïdium*, diminuent singulièrement la récolte, et empêchent souvent le propriétaire de retrouver, lors de la vendange, les dépenses qu'il a faites pour la culture de ses vignes. Dans d'autres circonstances, ce sont de petites chenilles appartenant à un lépidoptère nocturne du genre des *Pyrales* (fig. 424) qui font tout le mal. On n'a guère d'autre moyen de les combattre que d'en détruire les œufs avec soin, afin d'apporter un obstacle à leur propagation. Ajoutons qu'il est en ce moment question d'une maladie nouvelle, appelée *pourriture des racines*, que l'on attribue à un petit puceron du genre des *Phylloxères*.

Le blé nourrit plusieurs parasites qui sont aussi de la classe des insectes; il en est de même pour toutes nos autres plantes alimentaires. Les fruits, les graines diverses, qui servent à notre nourriture ou à celle des animaux domestiques, sont infestés de la même manière; il en est également ainsi de nos plantes fourragères. La luzerne, par exemple, est parfois

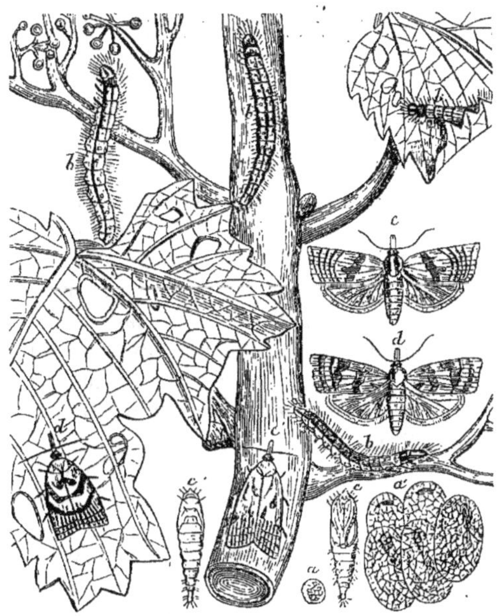

FIG. 424. — *Pyrale* de la vigne (*).

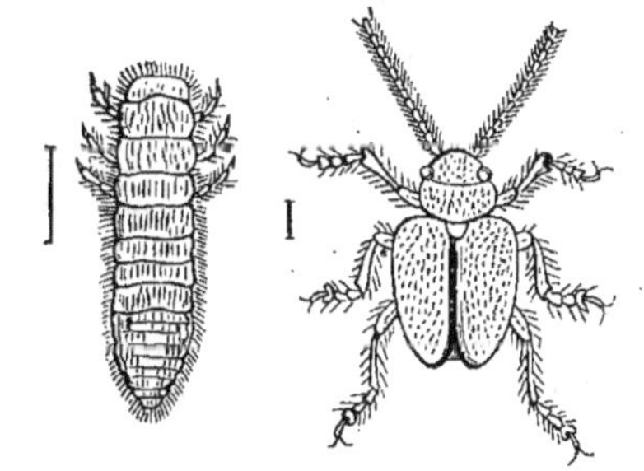

FIG. 425. — *Colaspis de la luzerne*; larve et état adulte.

dévastée par la larve du *Colaspis atra*, espèce de l'ordre des coléoptères (fig. 425), et beaucoup d'autres espèces d'insectes sont nuisibles aux récoltes.

L'olivier n'est pas moins exposé. Les larves de deux autres sortes de

(*) *a, a'*) œufs; — *b*) chenilles; — *c, c'*) chrysalides; — *d, d'*) papillons mâles; — *e, e'*) papillons femelles.

coléoptères (*Hilimius oleiperda* et *Phloiotribus Oleœ*) vivent dans ses branches et sur ses rameaux qu'elles dessèchent. Le *Coccus Oleœ*, vulgairement nommé *pou de l'olivier*, est une espèce de cochenille qui suce la séve des branches et les fait périr. Un puceron du genre des psylles s'en prend aux fleurs et fait avorter les fruits. Un diptère du genre *Dacus* passe son état de larve dans les olives mêmes et gâte la qualité de l'huile; en outre, deux lépidoptères viennent se joindre à ces différents parasites, et leurs chenilles occasionnent encore de nouveaux dégâts.

Nous ne finirions pas si nous voulions rappeler tous les dommages que les insectes font éprouver aux horticulteurs et aux agriculteurs, ainsi que le tort qu'ils causent aux intérêts engagés dans la sylviculture. Ceux dont l'économie domestique a également à souffrir ne sont pas moins nombreux, et, pour rembrunir encore le tableau, nous n'aurions qu'à parler des insectes qui vivent sur le corps même de l'homme et dont quelques-uns, comme le pou du phthiriasis ou la puce pénétrante, sont l'occasion de maladies parfois mortelles; mais nous préférons nous arrêter sur deux animaux de cette classe qui sont au contraire une source de richesse. Ce sont le *Bombyce* ou *Ver à soie* et l'*Abeille*, auxquels on pourrait ajouter la *Cochenille du nopal* et quelques autres espèces encore.

BOMBYCE DU MURIER OU VER A SOIE. — Le bombyce du mûrier (*Bombyx Mori*), dont la chenille file une soie destinée à former le cocon dans lequel elle passe son état de chrysalide, est un lépidoptère de la division des nocturnes. Il vient de Chine, où son espèce est domestique depuis un temps immémorial. Sous Justinien, au VIe siècle, des missionnaires grecs rapportèrent de l'Inde à Constantinople les œufs des premiers vers à soie cultivés en Europe. La graine en fut transportée plus tard à Naples, vers l'époque des croisades. A la fin du XVIe siècle, on commençait à élever de ces bombyces en France. Sully encouragea cette industrie nouvelle, qui devait bientôt prendre une si grande extension, et qui est aujourd'hui une source de richesse pour toute la région méditerranéenne. Nos départements du Midi produisent annuellement plus de 30 millions de kilogrammes de cocons, ce qui, en portant le prix moyen du kilogramme à 5 francs seulement, donne un revenu total de 150 millions de francs.

La graine des vers à soie, c'est-à-dire les œufs de ces insectes, était autrefois produite dans le pays ou apportée de divers points de l'Espagne, dont le climat diffère peu de celui des Cévennes; on la tire aujourd'hui en grande partie de l'Italie, de l'Orient et du Japon. Pour faire éclore celle que l'on destine à une même éducation et avoir des vers qui monteront simultanément sur les bruyères qu'on leur apprête dans les magnaneries pour former leurs cocons, on a recours à une incubation artificielle qui dure quelques jours.

Les vers une fois éclos, on leur donne immédiatement à manger. Leur unique aliment consiste en feuilles du mûrier, arbre dont il existe de grandes plantations dans tous les pays séricicoles. L'éducation dure environ trente-quatre jours. Pendant ce temps les vers subissent plusieurs mues, appelées maladies par les personnes qui se livrent à cette intéressante industrie. Le nombre des mues est ordinairement de quatre ; mais il y a quelques variétés de vers qui n'en subissent que trois. Elles durent environ une trentaine d'heures chacune. L'animal passe ce temps sans manger. Quelques jours après la dernière mue, il cesse encore de prendre des aliments, mais alors d'une manière définitive ; bientôt après il va commencer à filer (fig. 426 et 427).

Fig. 426. — *Bombyce du mûrier* (*Ver à soie*).

La soie dont il forme son cocon est une substance de composition quaternaire renfermant une petite quantité de soufre et qui a beaucoup d'analogie avec les principes albuminoïdes. Elle se produit dans une paire de longues glandes tubiformes (fig. 428, A), plusieurs fois repliées sur elles-mêmes, qui suivent intérieurement la face ventrale du corps.

La soie (fig. 428, D) y est à l'état liquide. Elle est filée à travers un petit appareil percé à son sommet d'un orifice unique et très-fin. Cet appareil (fig. 428, B et C) est placé auprès de la bouche, dont il constitue la lèvre inférieure ; on lui donne le nom de *filière*. Le ver attache d'abord quelques brins de soie aux corps environnants pour s'assurer des points d'appui. Il trame ensuite son cocon, qui est d'un seul fil, contourné et replié de telle manière qu'il enveloppe bientôt l'animal comme dans une sorte de prison, au sein de laquelle ce dernier passera son état de chrysalide (fig. 426). On a calculé que le fil de chaque cocon n'a pas moins de quatre à cinq cents mètres de longueur.

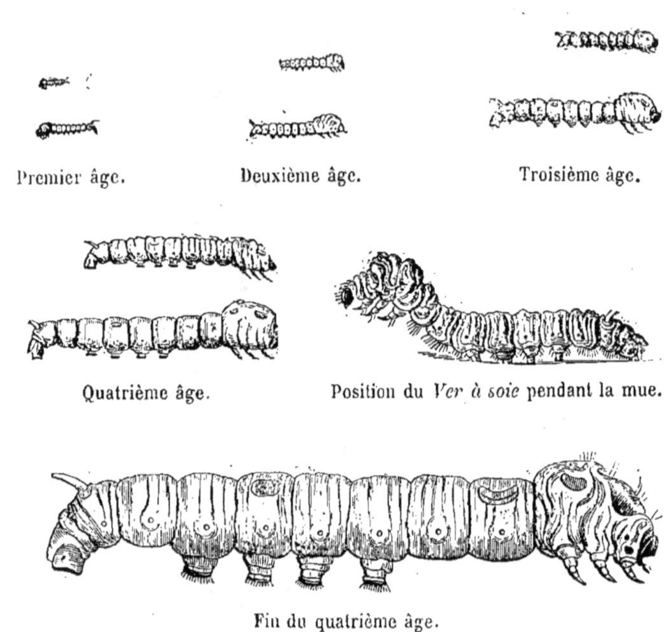

FIG. 427. — Différents âges du *Ver à soie.*

Si l'on veut utiliser les cocons pour leur soie, on y étouffe les chrysalides. On les dévide ensuite plusieurs ensemble, ce qui donne les écheveaux de *soie grége*, destinés à la fabrication des tissus. Les fils de soie sont naturellement recouverts d'une matière gélatineuse dont on doit débarrasser ceux qu'on destine à cet usage, surtout si l'on se propose d'en faire des étoffes souples et qu'on veuille teindre ces étoffes avec soin. La soie encore recouverte de sa matière gélatineuse est la *soie écrue;* l'opération par laquelle on l'en débarrasse est appelée *décreusage.*

Les cocons destinés à la reproduction sont mis à part jusqu'à ce que la chrysalide y soit parvenue à l'état de papillon. L'animal perce alors son enveloppe et se montre au dehors. Sous sa forme ailée (fig. 429 et 430) il n'a pas besoin de nourriture. Sa fonction principale est maintenant d'assurer la propagation de l'espèce.

Les vers à soie sont exposés à diverses maladies qui rendent singulièrement précaires, depuis quelques années surtout, les bénéfices qu'on se promet en les élevant. Plusieurs de ces maladies sont aujourd'hui

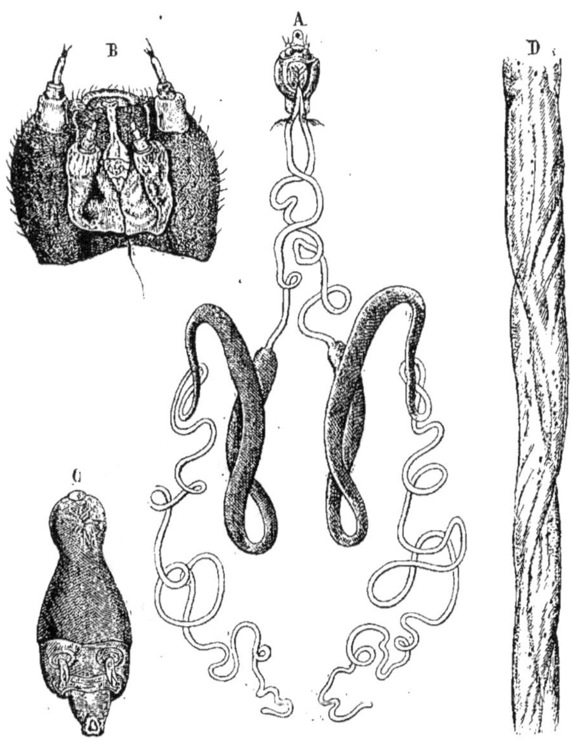

FIG. 428. — Appareil sécréteur de la soie (*).

mieux connues dans leur nature, et l'on a trouvé le moyen de combattre victorieusement quelques-unes d'entre elles, plus particulièrement la *muscardine*, qui résulte de l'invasion du corps de l'animal par un cryptogame du genre *Botrytis*. Actuellement c'est la *pébrine* qui exerce ses ravages.

(*) A) appareil de la soie ; vu dans ses différentes parties et isolé du reste du corps. On y distingue la filière, en communication avec le tube sécréteur, qui se divise presque immédiatement en deux branches fort longues, en partie contournées et repliées l'une sur l'autre dans leur portion moyenne, ainsi transformée en réservoir. — B) tête du ver; vue en dessous pour montrer la filière et le fil de soie qui en sort. — C) la filière ; vue séparément ; son orifice est dirigé inférieurement. — D) soie décreusée ; vue au microscope : les fils en sont irrégulièrement aplatis; leur épaisseur varie entre $0^{mm},007$ et $0^{mm},015$.

La maladie des vers pébrinés est due à la présence dans leurs humeurs et dans tous leurs tissus de corpuscules mobiles de très-petite dimension, qui ont reçu le nom de *corpuscules de Cornalia*, en souvenir d'un savant italien, M. Cornalia, de Milan, qui a beaucoup contribué à les faire connaître [1]. M. Pasteur en a entrepris une étude attentive.

Ce sont des microphytes, c'est-à-dire de très-petits végétaux, et ils paraissent voisins des algues inférieures. On les compare aux psorospermies qui infestent parfois les poissons, et l'observation démontre qu'il s'en trouve non-seulement dans les vers ou les papillons malades, mais encore dans la plupart des œufs d'où naissent les chambrées infestées; ce qui oblige à faire de ces œufs un examen attentif. Le microscope permet d'arriver sous ce rapport à des données très-précises. La graine envahie éclôt plus difficilement que celle qui est saine, et les vers qui en sortent meurent pour la plupart avant de filer leur cocon; aussi s'applique-t-on à employer de bonne graine et l'on en vérifie préalablement les qualités par l'observation microscopique. La première règle à suivre est de n'employer que des œufs obtenus de papillons sains.

<table>
<tr><td>Fig. 429. — *Bombyce* mâle.</td><td>Fig. 430. — *Bombyce* femelle, en train de pondre.</td></tr>
</table>

Parmi les causes qui ont amené l'état de souffrance dans lequel se trouve placée l'industrie séricicole, on doit citer le peu de soin donné à la production de la graine, et la condition dans laquelle se trouve toute graine étrangère, apportée dans nos contrées, de supporter les chances d'une acclimatation nouvelle. Le retour à la graine du pays, faite avec des garanties suffisantes et au moyen de mâles pris dans d'autres chambrées que les femelles, afin d'éviter la consanguinité, permettrait sans doute de triompher de cette situation, ou du moins d'en atténuer beaucoup la gravité.

On a tenté depuis plusieurs années l'acclimatation dans nos climats de quelques bombyces différents de celui du mûrier (fig. 431).

Ces nouveaux insectes producteurs de la soie sont également des

1. M. Lebert les a aussi décrits sous le nom de *Panhistophyton ovatum*.

lépidoptères nocturnes ; ils peuvent devenir fort utiles à l'industrie, c.
déjà la soie de plusieurs d'entre eux a trouvé son emploi. Par contre, la
plupart des autres lépidoptères sont des insectes nuisibles à l'agriculture
qui a beaucoup à souffrir des atteintes de leurs larves. Les procession-
naires sont des chenilles de bombyces dont les poils sont urticants.

Fig. 431. — OEufs, chenilles et cocons de l'*Attacus de l'Ailante*.

Les larves des teignes, petites espèces du même ordre, s'établissent dans
nos habitations et détériorent nos tissus de laine, nos fourrures et divers
objets d'habillement ou d'ameublement (fig. 419). Une autre espèce
attaque les blés. L'aglosse vit dans les matières grasses, plus particulièrement dans le lard.

ABEILLES (genre *Apis*). — Les abeilles forment, parmi les hyménoptères
aiguillonnés, un genre type de la division des Apididés sociétaires, division qui comprend aussi les mélipones, les bourdons, les andrènes, etc.
Le genre des abeilles, auquel est restée en propre la dénomination
d'*Apis*, étendue par les naturalistes du temps de Linné aux autres
insectes de la même famille, réunit plusieurs espèces, toutes originaires
de l'ancien monde, qui vivent en sociétés. Chacune de ces espèces est
formée de trois sortes d'individus, savoir : des mâles, appelés *faux-
bourdons* ; des femelles, dites *reines* (chaque société ou ruche n'en possède qu'une seule) ; et des neutres, appelés aussi *ouvrières*, qui sont des
femelles stériles et pourvues d'un aiguillon.

Les ouvrières ont le premier article des tarses postérieurs en forme de carré long, garni à sa face interne de plusieurs rangées de poils qui le transforment en une espèce de *brosse* (fig. 432). La *corbeille* est un enfoncement bordé de poils existant au côté interne de la cuisse des mêmes pattes.

Fig. 432. — *Abeille*; brosse, très-grossie.

Cette double disposition est utile aux abeilles dans la récolte du pollen et du nectar des fleurs qui leur servent à la fabrication du *miel*. C'est aussi au moyen de ces petits organes que les ouvrières se procurent la *propolis*, substance qu'elles tirent également des végétaux, et avec laquelle elles mastiquent leurs habitations. Quant à la *cire*, elle suinte des parois mêmes du corps de ces insectes par un certain nombre de pores glanduleux situés entre les articles de l'abdomen.

Les abeilles emploient la cire à la construction des loges dans lesquelles les reines doivent déposer leurs œufs. Ces loges forment des amas de cellules hexagonales, serrées les unes contre les autres, et opposées base à base sur deux rangs, dont l'ensemble représente une sorte de gâteau. Il y a des alvéoles à part pour les œufs destinés à fournir des femelles, pour ceux d'où naîtront des mâles, et pour ceux qui donneront de simples ouvrières. Les alvéoles des œufs royaux sont les plus grands. Réaumur a constaté qu'une seule reine peut pondre, au printemps et dans l'espace de vingt jours seulement, jusqu'à douze mille œufs; elle fait plusieurs pontes par an.

Lorsque de nouvelles femelles, c'est-à-dire des reines, naissent dans une ruche, une grande agitation ne tarde pas à se produire; celle qui avait précédemment l'autorité s'éloigne suivie de faux-bourdons et d'un nombre considérable d'abeilles ouvrières. Cette colonie va s'établir ailleurs; elle constitue ce qu'on nomme un *essaim*.

Le *miel* est une provision alimentaire destinée à la nourriture des abeilles. Il leur sert aussi pour la nourriture des larves, et c'est à cette intention qu'elles en remplissent leurs alvéoles ou gâteaux de cire.

Ce sont précisément ces deux substances, l'une de nature grasse, la cire, l'autre sucrée et d'un goût agréable, le miel, qui nous portent à élever les abeilles en domesticité. Autrefois elles avaient dans l'économie domestique une importance bien plus considérable encore que celle qu'elles ont aujourd'hui. Les bougies de cire étaient le seul éclairage de luxe avant qu'on employât l'acide stéarique, la paraffine ou le gaz, et les anciens, qui ne possédaient pas le sucre proprement dit, faisaient un grand usage de miel comme principe édulcorant. Il leur servait aussi à préparer par la fermentation une liqueur enivrante appelée hydromel.

Il y a plusieurs espèces d'abeilles, toutes originaires des parties chaudes ou tempérées de l'ancien continent. Les animaux de ce genre quon possède en Amérique y ont été apportés d'Europe.

MÉLIPONES. — Cependant il existe dans le nouveau monde des hyménoptères mellifères, susceptibles de fournir à l'homme les mêmes produits que nos abeilles : ce sont les mélipones (*Melipona*), qui ressemblent beaucoup aux abeilles du genre *Apis*, mais chez lesquelles les ouvrières ou femelles stériles n'ont pas d'aiguillon. Ces espèces d'abeilles ne piquent donc pas, mais Auguste de Saint-Hilaire a cité une mélipone qui laisse échapper par l'anus une liqueur brûlante.

La cire dite des Andaquies est de la cire de mélipones, et le miel de ces insectes est utilisé dans plusieurs parties de l'Amérique équinoxiale.

CHAPITRE XLV

MYRIAPODES ET ARACHNIDES.

Classe des Myriapodes.

La classe des MYRIAPODES réunit un certain nombre d'animaux arti-

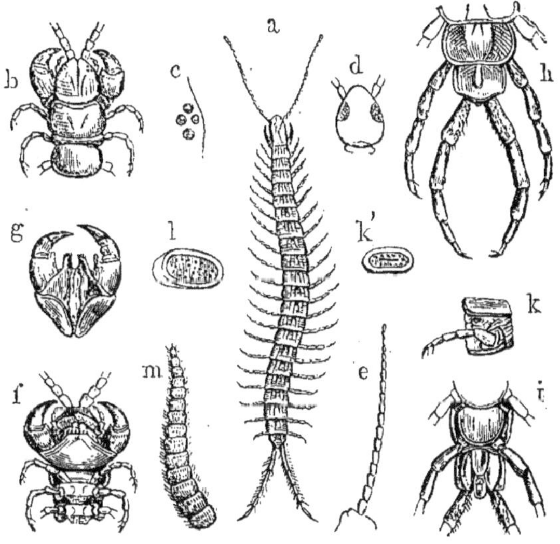

FIG. 433. — *Scolopendre* et genres voisins (*).

(*) a) *Cryptops des jardins*, grossi ; — b) *Scolopendre*, partie antérieure du corps ; vue en dessus ; — c) yeux du côté droit ; — d) *Scutigère*, tête ; — e) *Scolopendre*, antenne ; — f) *Scolopendre*, partie antérieure du corps et bouche ; vues en dessous ; — g) *id.*, ses pinces buccales ; — h) *id.*, partie postérieure du corps ; vue en dessus ; — i) *id.*, en dessous ; — k) un des anneaux montrant le stigmate trachéen et une patte ; — k') stigmate isolé ; — l) stigmate en forme de crible d'une scolopendre du genre *Hétérostome* ; — m) antenne de *Géophile*.

culés condylopodes, respirant, comme les insectes, par des trachées; ayant comme eux la tête distincte du reste du corps et surmontée de deux antennes, mais dont les anneaux où zoonites sont en général bien plus nombreux que chez les vrais insectes, et presque tous pourvus de pieds; de là la dénomination de *Mille-pieds* par laquelle on désigne vulgairement les myriapodes. Ce caractère peut aussi les faire distinguer des insectes, qui n'ont jamais plus de trois paires d'appendices locomoteurs. On ne saurait d'ailleurs reconnaître aux myriapodes un thorax et un abdomen nettement séparables l'un de l'autre par leur forme, comme cela se voit chez les insectes hexapodes.

Les principaux genres de cette classe sont :

1° Ceux des gloméris, des polydèmes, des iules et des polyzonies, formant l'ordre des *Diplopodes*, ainsi nommés parce que leurs anneaux portent presque tous deux paires de pattes.

2° Ceux des scutigères, des scolopendres, des cryptops, des lithobies et des géophiles, constituant l'ordre des *Chilopodes*.

La morsure des scolopendres est fort douloureuse. Ces myriapodes vivent de proie.

Les iules répandent une odeur particulière due à des glandes placées sur les côtés de leur corps; ils mangent principalement des substances végétales.

Classe des arachnides.

Les ARACHNIDES ont, en général, le corps divisé en deux parties : un céphalothorax, répondant à la tête et au thorax des insectes hexapodes unis l'un à l'autre, et un abdomen. Elles manquent d'antennes et sont aussi privées des pièces buccales propres aux insectes proprement dits. Leurs appendices sont au nombre de six paires, dont les deux antérieurs servant, par leur base, à la mastication, sont appelés pinces et palpes, tandis que les quatre autres, uniquement affectés au service de la locomotion ordinaire, conservent la dénomination de pattes. C'est à cause de la présence de ces huit pattes ou appendices ambulatoires que les arachnides ont quelquefois été nommées *Octopodes*. Ces animaux ne subissent pas de véritables métamorphoses.

Ils respirent tantôt par des trachées, tantôt, au contraire, par des organes circonscrits et feuilletés, placés sous leur abdomen, qui sont renfermés dans des espèces de sacs, et auxquels on étend, à tort peut-être, la dénomination de poumons, parce qu'ils servent à la respiration aérienne. Les scorpions et les araignées sont pourvus de semblables organes; les faucheurs et les mites ou acares possèdent au contraire des trachées.

Latreille s'était fondé sur cette différence dans les organes de la respiration pour établir deux ordres distincts d'arachnides, les pulmonaires et les trachéennes; mais Dugès, savant naturaliste de Montpellier, a fait voir que les araignées des genres dysdère et ségestrie, au lieu d'avoir deux paires de pseudo-poumons, comme les autres espèces de ce groupe, ont deux de ces organes seulement qui méritent ce nom, tandis que les deux autres sont de véritables trachées.

Les principaux groupes d'arachnides sont les *Scorpions*, les *Araignées*, les *Galéodes*, les *Phalangides* et les *Acares*.

Les Scorpions ont les palpes, ou deuxième paire d'appendices buccaux, disposés en pinces, très-développés et rappelant les pinces des homards. Leur abdomen est caudiforme dans sa partie terminale, et pourvu d'un aiguillon avec lequel ils occasionnent des piqûres fort douloureuses.

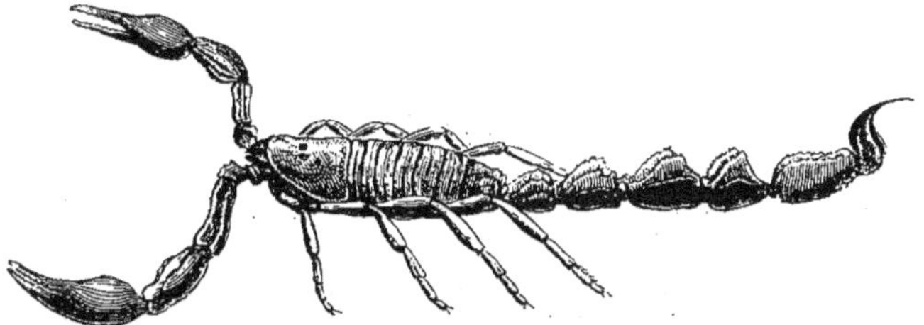

FIG. 434. — *Scorpion tunisien.*

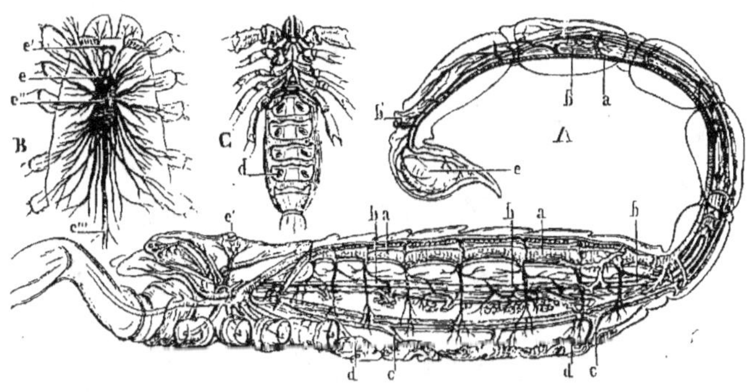

FIG. 435. — Anatomie du *Scorpion* (*).

Les pinces ou chélifères sont de petites arachnides dépourvues de partie caudiforme et d'aiguillon, qui ressemblent du reste beaucoup aux scorpions, mais ne sont pas venimeuses comme ces derniers; elles

(*) **A** = disséqué pour en montrer les différents organes.

a) le vaisseau dorsal et les principales artères auxquelles il donne naissance ; — *b*) tube digestif ; — *b'*) anus ; — *c*) la chaîne des ganglions nerveux ; — *c'*) un des deux yeux principaux et son nerf optique venant du cerveau; les yeux latéraux sont placés plus en avant ; — *d, d*) sacs pseudo-pulmonaires ; — *e*) aiguillon et sa glande vénéneuse.

B = le système nerveux céphalo-thoracique.

c) partie sous-œsophagienne du cerveau ; — *c'*) yeux principaux et leurs nerfs optiques ; — *c''*) ganglions nerveux du thorax réunis en une masse unique ; — *c'''*) premiers ganglions nerveux de l'abdomen.

C = le dessous du corps, montrant les appendices buccaux, ainsi que la base des pattes, et, en *d*, l'un des huit orifices des sacs pseudo-pulmonaires.

respirent par des trachées, tandis que les scorpions ont des pseudo-poumons.

Fig. 436. — *Épeire diadème*, mâle et femelle.

Les ARAIGNÉES piquent avec leurs mandibules. Elles ont les palpes

Fig. 437. — *Migale maçonne* et son tube.

tentaculiformes, et leur abdomen, qui est renflé, porte en arrière un appareil destiné à la sécrétion des fils soyeux au moyen desquels elles tissent leur toile. Chaque fil est la réunion de plusieurs brins secondaires émis par les différents orifices de la filière.

Les Galéodes, ou *Solpuges*, constituent une division des arachnides qui a principalement ses représentants dans les pays chauds ; elles sont remarquables par leur voracité. On en trouve déjà en Espagne.

Les Phalangides, ou *Faucheurs*, dont plusieurs espèces vivent dans nos contrées, sont nombreux en espèces et ont parfois des formes très-bizarres. C'est dans les pays intertropicaux qu'on trouve les plus singuliers.

Les Acares, ou *Mites*, n'ont que six pattes lorsqu'ils éclosent, et ils subissent de la sorte une demi-métamorphose au moyen de laquelle leur appareil locomoteur se complète, les adultes ayant huit pattes comme les autres arachnides. Les acares constituent la dernière division principale des arachnides. Très-nombreux en espèces, ils sont presque tous de très-petite dimension. Ce sont des animaux fort répandus et qui sont très-variés dans leurs formes.

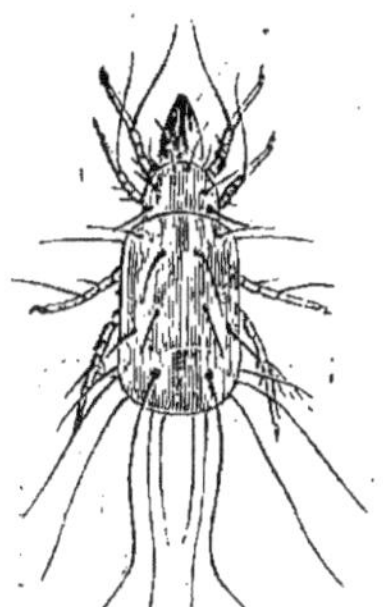

Fig. 438. — *Tyroglyphe du fromage de Gruyère.*

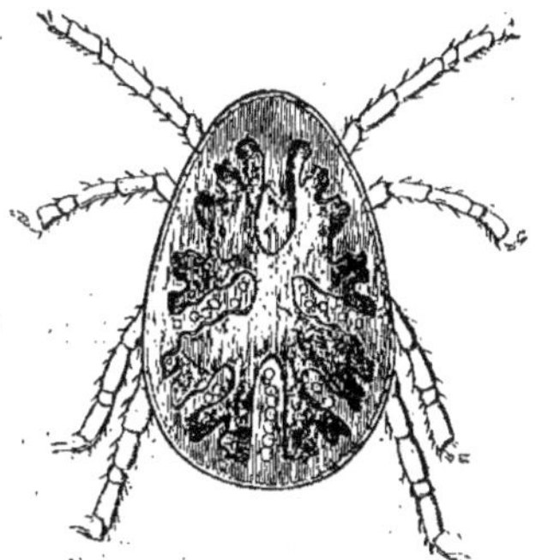

Fig. 439. — *Dermanysse des poules* et autres oiseaux de basse-cour.

Plusieurs sortes de mites méritent une mention particulière. Celles du fromage de Gruyère appartiennent au genre tyroglyphe (fig. 438); l'acare des poules et des autres oiseaux de basse-cour est du genre dermanysse (fig. 439); celui des petits oiseaux de volière en est congénère.

La gale de l'homme est occasionnée par une espèce d'acare du genre sarcopte ; celle des animaux l'est par des espèces du même genre ou de celui des psoroptes [1] (fig. 440). Ces parasites peuvent la communiquer d'un individu à un autre, et même d'une espèce à une autre espèce.

Un animal de la même famille vit dans les follicules sébacés ou tannes des ailes du nez, chez l'homme; il a servi de type à un genre à part nommé demodex ou simonée.

C'est encore à la division des acares (ancien genre *Acarus* de Linné et famille des Acarides pour les naturalistes actuels) qu'appartiennent les petits animaux de la mousse des toits, auxquels on donne le nom de

1. Comprenant une espèce particulière au cheval.

Tardigrades (fig. 441). On sait que ceux-ci peuvent revenir à la vie après avoir été desséchés à une température supérieure à 100 degrés.

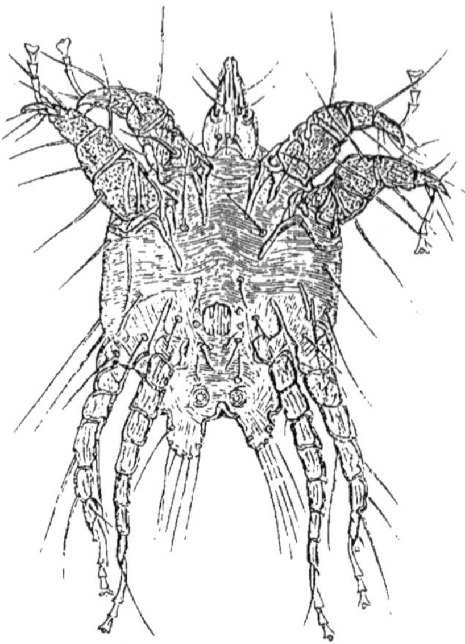
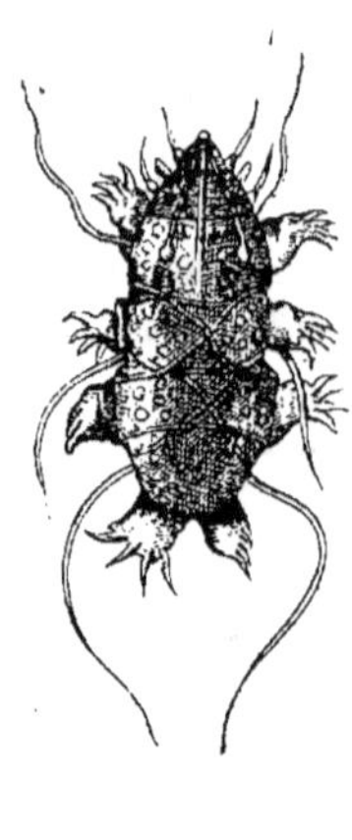

Fig. 440. — *Psoropte* (acare de la gale du cheval).   Fig. 441. — *Tardigrade.*

Il nous reste à parler des Limules, que quelques auteurs ont rapportées à la classe des Arachnides, tandis que d'autres les placent parmi les Crustacés à cause de leurs branchies.

Ces animaux ont une forme des plus bizarres; ils dépassent de beaucoup, en dimensions, ceux dont nous venons de parler, et sont marins. Leur énorme céphalothorax porte en dessous un nombre d'appendices égal à celui que possèdent les arachnides (six paires), semblablement disposés et servant aussi, les deux premiers à la mastication, les quatre autres à la locomotion. Sous leur abdomen sont placées de grandes branchies foliacées, qui répondent aux faux poumons des scorpions, mais sont extérieures et ont leur partie basilaire multiarticulée. En outre, le corps des limules est terminé en arrière par un appendice droit et allongé, qui a valu au groupe que ces animaux constituent le nom de *Xiphosures*, signifiant queue en épée. Cet appendice n'existe pas encore dans les embryons des limules. Les yeux sont sessiles, comme ceux des scorpions.

Ces animaux vivent assez longtemps dans les aquariums, et il est facile de les y étudier.

CHAPITRE XLVI

CLASSE DES CRUSTACÉS.

Les Crustacés constituent une réunion considérable d'articulés condylopodes, pour la plupart marins, dont la forme est assez variée, suivant les groupes que l'on étudie, mais qui ont tous pour caractère de manquer de trachées. Leurs organes de respiration sont des branchies dépendant des pattes ou placées sur les pattes elles-mêmes; quelques-uns respirent uniquement par la peau. Ils ont habituellement deux paires d'antennes. Certains d'entre eux subissent des demi-métamorphoses.

Il existe, entre les divers groupes naturels qui composent la classe des Crustacés, des différences remarquables d'organisation, et l'on peut considérer ces groupes comme constituant autant de sous-classes que nous indiquerons successivement. La première est celle des crustacés auxquels on a donné le nom de Podophthalmaires, parce qu'ils ont les yeux supportés par des pédicules.

1° Crustacés dont les yeux sont portés sur des pédicules ou crustacés podophthalmaires.

Ordre des Crustacés décapodes. — Les plus grandes espèces de crustacés, comme les crabes, les maias, les langoustes, les homards, les écrevisses et les palémons, sont aussi les plus parfaits des animaux de cette classe, et elles joignent quelques autres caractères importants à celui d'avoir les yeux pédiculés.

Leur tête et leur thorax sont soudés et forment un céphalothorax; en outre, leur bouche présente des organes spéciaux de mastication, et ils ont un certain nombre de pieds appropriés au même usage, ce qui a fait appeler ces organes des pieds-mâchoires. Ces pieds modifiés précèdent les pieds spécialement locomoteurs, qui sont à leur tour au nombre de cinq paires. C'est ce dernier caractère qui a valu aux décapodes le nom qu'ils portent.

Les branchies de ces animaux (fig. 111) sont placées à la base des pattes et protégées par un rebord du céphalothorax, sous lequel elles se trouvent enfermées dans une sorte de chambre respiratrice. Leur abdomen est tantôt raccourci, comme par exemple dans les crabes et espèces analogues qui forment, par leur réunion, le sous-ordre des *Brachyures;* tantôt, au contraire, allongé, comme on le voit chez les langoustes, les écrevisses et les autres décapodes constituant le sous-ordre des *Macroures*.

Les caractères extérieurs des crustacés décapodes indiquent une supériorité évidente dans l'organisation et dans les fonctions de ces animaux, comparés aux autres espèces de la même classe. Leurs caractères profonds sont aussi dans ce cas (fig. 173 à 176).

Ainsi, leur artère aorte se renfle en un point déterminé, placé à la partie postéro-supérieure du céphalothorax, pour constituer un cœur véritable dont les contractions chassent dans les différentes parties du corps le sang que les veines pulmonaires ramènent des branchies (fig. 88 à 93).

Leur système nerveux et leurs organes des sens sont aussi plus parfaits que dans les autres crustacés, et chez ceux d'entre eux qui ont le corps court, comme les crabes, les ganglions thoraciques sont réunis en une masse commune de laquelle partent les nerfs qui vont aux membres.

Certains décapodes subissent des changements de forme après leur naissance. On n'en remarque ni chez les écrevisses, ni chez les homards, et les crabes terrestres paraissent en être également dépourvus; mais il y en a chez les autres espèces.

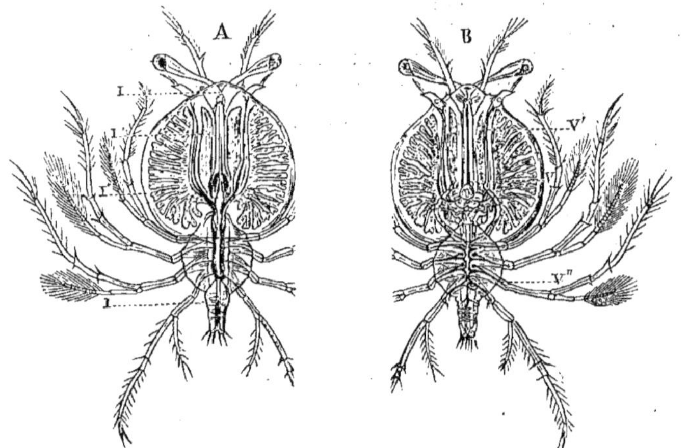

FIG. 442. — *Phyllosome* (larve de *Langouste*) (*).

Les langoustes, quoique très-semblables en apparence aux autres macroures, en éprouvent qui sont très-profonds; à tel point qu'on a d'abord classé dans un autre ordre (celui des Stomapodes), sous le nom générique de phyllosomes, les jeunes des crustacés de ce genre (fig. 442).

C'est aux décapodes brachyures, ceux dont l'abdomen est raccourci, qu'appartiennent les pinnotères, petites espèces de crustacés vivant dans les huîtres, les jambonneaux et les moules comestibles. On les accuse à tort des accidents que ces dernières déterminent chez certaines personnes.

Un grand nombre d'espèces de décapodes sont des animaux alimentaires. Les maias ou crabes araignées, les crabes ordinaires, les crabes tourteaux (fig. 443), qui sont des brachyures; les pagures ou bernards ermites (fig. 444), les homards, les langoustes, les scyllares ou cigales de

---

(*) A) vu en dessus; — B) vu en dessous.

ii) est l'intestin. Les expansions (*i'*) en forme de culs-de-sac visibles dans la partie antérieure du céphalothorax, et qui sont en communication avec l'estomac, constituent le foie; — *v''*) est la partie du céphalothorax qui porte les pattes.

mer, les palémons, les salicoques ou crevettes de table, et beaucoup d'autres encore, en sont autant d'exemples.

Fig. 443. — *Crabe tourteau.*

Les écrevisses, dont on connaît plusieurs espèces, sont aussi des crustacés décapodes, et elles comptent parmi les animaux les plus utiles de cet ordre. On en rencontre dans plusieurs parties du monde. En France, on a commencé à leur égard des essais de culture qui semblent promettre d'excellents résultats.

Les décapodes sont, pour la plupart, des animaux marins; mais quelques-uns peuvent quitter l'eau pendant un certain temps, et on les voit souvent courir sur la plage ou aux environs des étangs salés : tels sont les crabes enragés (*Cancer mœnas*), qui sont communs sur nos côtes.

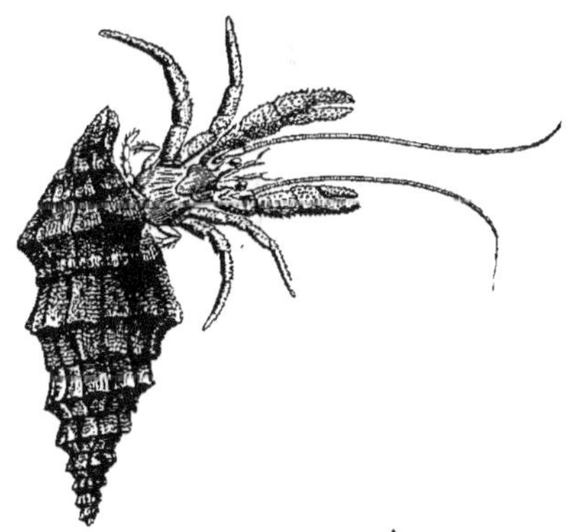

Fig. 444. — *Pagure* (dans une coquille de cérithe).

Les écrevisses, quelques genres de crabes, au nombre desquels sont les telphuses, et divers macroures voisins des palémons, vivent dans les eaux douces.

Les tourlourous sont des espèces de crabes propres aux Antilles, qui s'éloignent de la mer et voyagent dans l'intérieur de ces îles, comme pourraient le faire des animaux terrestres doués d'une respiration

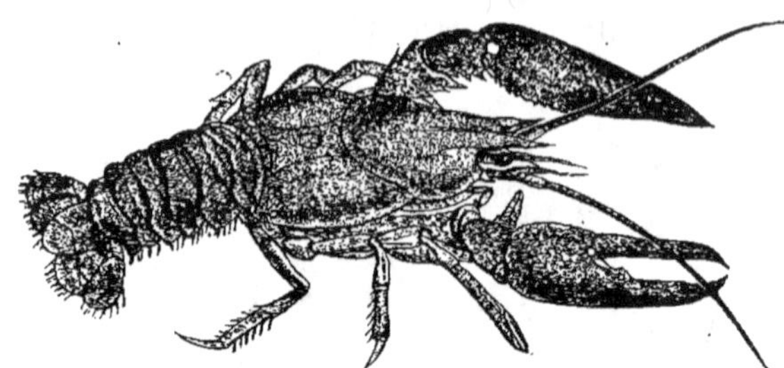

FIG. 445. — *Écrevisse commune.*

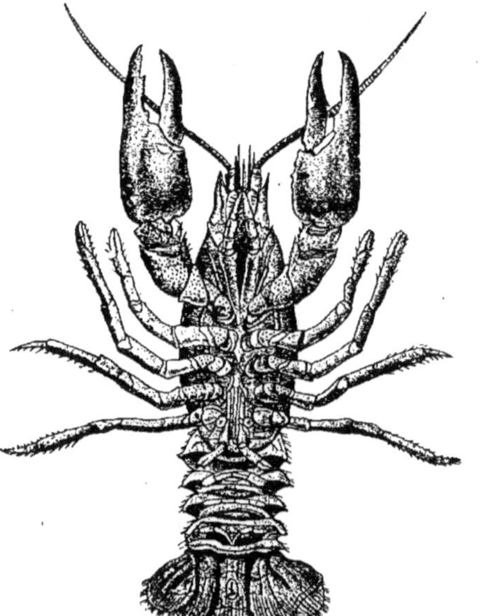

FIG. 446. — *Écrevisse commune*; mâle,
vu en dessous.

FIG. 447. — Appareil digestif
de l'*Écrevisse* (*).

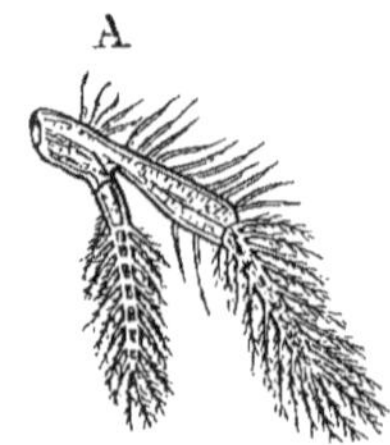

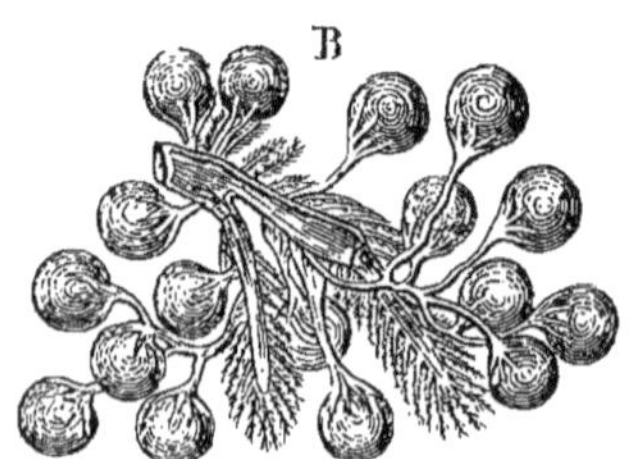

FIG. 448. — Une des fausses pattes abdominales de l'*Écrevisse* femelle (**).

aérienne. L'appareil branchial de ces crustacés conserve pendant ce
temps la quantité d'eau nécessaire à leur respiration.

(*) *e*) estomac ; — *m, m'*) ses muscles ; — *f*) foie ; — *i*) intestin ; — *a*) anus.
(**) A) sans œufs ; — B) chargée d'œufs.

ORDRE DES STOMAPODES. — Il continue, pour ainsi dire, celui des décapodes, et les espèces, comme les squilles et autres, qui s'y rapportent, ont encore les yeux pédiculés de ces derniers; mais leurs branchies ne sont pas protégées par le thorax, la tête reste distincte de celui-ci, et il n'y a plus de véritable cœur. L'aorte remplace cet organe et reste sous la forme d'un simple vaisseau dorsal sans renflement sur sa partie moyenne.

2° Crustacés dont les yeux sont sessiles, ou Crustacés édriophthalmaires.

Cette catégorie montre des signes d'une dégradation déjà évidente, et les yeux y sont toujours sessiles, ce qui lui a valu le nom d'ÉDRIOPHTHALMAIRES. On en partage l'ensemble en plusieurs groupes auxquels on donne la valeur d'autant d'ordres distincts.

En première ligne se placent les ISOPODES, dont font partie les cloportes, qui vivent à terre; les aselles, particuliers aux eaux douces, et un nombre assez considérable d'espèces marines, dont quelques-unes habitent en parasites sur les poissons, dont elles sucent le sang, tandis que d'autres attaquent ces animaux lorsqu'ils sont morts ou retenus dans les filets des pêcheurs, et en dévorent la chair. Nous citerons parmi les isopodes marins les genres sphérome, idotée, cymothoé et bopyre, dont il y a des espèces sur nos côtes.

Les gammares ou fausses crevettes, qu'il ne faut pas confondre avec les crevettes alimentaires appartenant aux décapodes macroures, sont aussi de la grande division des édriophthalmaires, mais d'un ordre particulier nommé AMPHIPODES. Il y a de ces fausses crevettes dans nos eaux douces.

Les chevrolles (fig. 449), dont la forme est allongée; les phronymes, vivant dans un tunicier pélagien propre à la Méditerranée, dont nous parlerons, à propos des mollusques, sous le nom de barillet; les cyames ou poux de baleine, et les pycnogonons, petites espèces en apparence fort insignifiantes, mais chez lesquelles une étude attentive a révélé des particularités physiologiques très-curieuses, méritent aussi d'être signalés.

FIG. 449. — *Chevrolle.*

Le canal digestif des pycnogonons est muni d'expansions tubiformes qui se prolongent jusque dans leurs membres. Quelques auteurs placent les crustacés de ce genre parmi les arachnides, parce que leurs pattes sont au nombre de huit.

3° Crustacés branchiopodes.

Une troisième série de crustacés est celle des BRANCHIOPODES, animaux chez lesquels les pattes sont transformées en branchies natatoires. Nous citerons, comme lui appartenant, les apus, espèces propres aux eaux douces, qui sont assez semblables aux limules par leur apparence générale, mais ont une organisation bien différente de la leur. Il faut également y rapporter les branchipes, dont une espèce formant aujourd'hui le genre *Artemia*, pullule dans les marais salants. Les branchipes ordinaires vivent dans les eaux lacustres ; on en trouve parfois dans de très-petites flaques, et il suffit que la pluie ait rempli quelques excavations pour qu'ils y apparaissent bientôt.

Les TRILOBITES, singuliers crustacés à corps trilobé, que l'on ne connaît qu'à l'état fossile, et seulement dans les terrains paléozoïques ou primaires, se rapprochaient beaucoup des branchiopodes par leur organisation. Leur étude est d'une grande utilité pour la géologie stratigraphique. Il a vécu des trilobites sur tous les points du globe, et leurs espèces ont été fort nombreuses. On en a formé différents genres dont les principaux sont ceux des *Asaphus, Calymene, Ogygia* et *Bronteus*.

Plusieurs gisements de trilobites ont été signalés en France.

4° Entomostracés.

En continuant la série décroissante des crustacés, on arrive aux ENTOMOSTRACÉS, petites espèces aquatiques qui pullulent dans toutes les eaux, jusque dans les baquets d'arrosage établis dans les jardins. Ils sont de deux familles principales, les cypris, à carapace bivalve, et les daphnies, vulgairement appelées puces d'eau.

5° Crustacés suceurs.

On place encore au-dessous les crustacés principalement parasites des poissons, qui constituent les genres calige, argule (vivant sur les épinoches) et lernée. Ce sont des animaux suceurs. Ceux des deux premiers genres ont toujours été considérés comme étant de la classe qui nous occupe ; mais les lernées, dont les femelles se déforment en se fixant et dont les mâles sont restés pendant longtemps inconnus, avaient été rangées parmi les mollusques par Linné, et par Cuvier avec les vers intestinaux. La notion de leur mode de développement a permis à de Blainville de lever tous les doutes qu'on avait au sujet de leurs véritables affinités. Ce sont bien des crustacés, mais des crustacés d'une organisation inférieure.

6° Cirrhipèdes.

C'est également l'étude du développement et la connaissance des métamorphoses qui ont fait reporter dans la classe des crustacés les cirrhipèdes ou cirrhopodes [genres anatife (fig. 450), balane, coronule (fig. 451), etc.], longtemps rangés parmi les mollusques, et regardés alors comme étant des mollusques à coquille plurivalve.

Les cirrhipèdes passent la plus grande partie de leur vie fixés aux rochers ou aux corps sous-marins, mais ils ont bien certainement les principaux caractères anatomiques des crustacés, et l'on s'étonne que l'on ait si longtemps tardé à les réunir à ces animaux, ou tout au moins aux articulés condylopodes, lorsque l'on examine les appendices dont leur corps est pourvu, ainsi que leur système nerveux qui forme une chaîne ganglionnaire placée au-dessous du tube digestif. Cependant leur place dans la classification n'a été fixée qu'à partir du moment où l'on a pu constater qu'ils ont, en sortant de l'œuf, une forme tout à fait analogue à

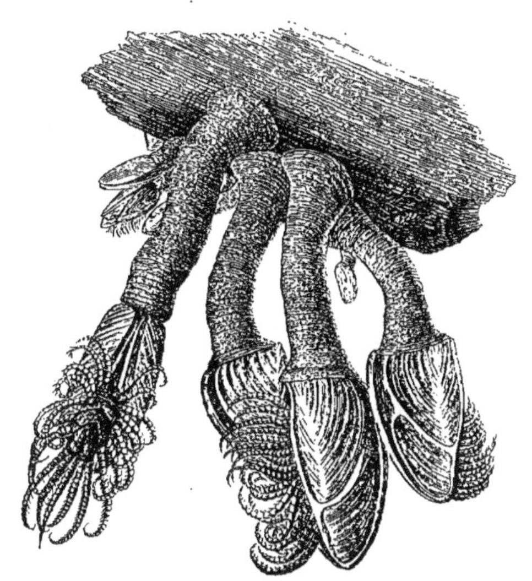

Fig. 450. — *Anatife pouce-pied.*

celle des larves de certains crustacés inférieurs, et il a fallu bien connaître leur mode de développement pour juger de leurs véritables affinités.

Après avoir subi leurs métamorphoses, ces crustacés se fixent et restent dès lors adhérents. Il y en a qui vivent sur certains animaux, et l'on établit parmi eux plusieurs genres assez différents les uns des autres.

On trouve des cirrhipèdes analogues aux balanes sur les écailles de certaines espèces de chéloniens aquatiques; d'autres s'enfon-

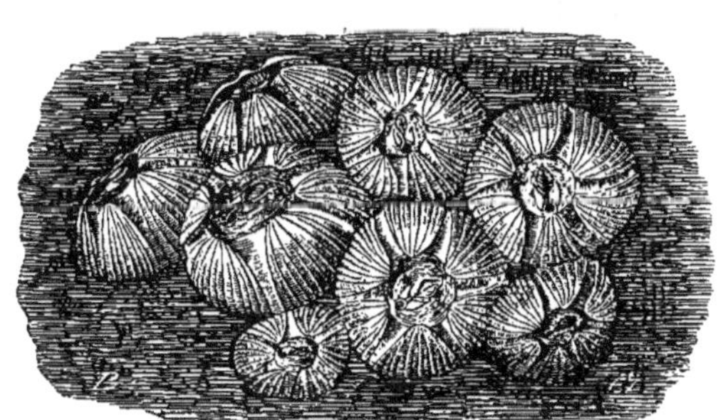

Fig. 451. — *Coronules.*

cent dans la peau des cétacés, plus particulièrement dans celle des baleines : ces derniers constituent les deux genres coronule (fig. 451) et tubicinelle.

On connaît des cirrhipèdes fossiles, principalement dans les terrains tertiaires moyens du midi de l'Europe; mais c'est à tort qu'on a placé dans ce groupe les *Aptychus*, des terrains secondaires, qui ne sont bien certainement que des opercules d'ammonites.

2° Animaux voisins des crustacés.

Diverses autres espèces d'animaux articulés ont également dû être rapprochés des crustacés ou même classés avec eux. De ce nombre sont les *Linguatules*, vivant à la manière des entozoaires, et dont une espèce est parasite de l'homme; les *Myzostomes*, parasites des crustacés décapodes et des échinodermes; enfin les *Rotateurs* ou Systolides. Ces derniers ont même été regardés par plusieurs naturalistes comme devant constituer une classe à part.

Le groupe des ROTATEURS, ou *Systolides*, comprend les rotifères (fig. 35, B), les brachions et d'autres animaux de très-petite taille qu'on avait d'abord réunis aux infusoires; mais ils ont une organisation bien plus compliquée que la leur, et c'est évidemment de la division des articulés condylopodes qu'ils doivent être rapprochés : ce sont toutefois les derniers de ces animaux.

CHAPITRE XLVII

SOUS-EMBRANCHEMENT DES VERS. — ANNÉLIDES ET VERS INTESTINAUX.

Les VERS, animaux à corps articulé, mais dépourvus de pieds articulés, constituent le second sous-embranchement de la grande division à laquelle appartiennent aussi les insectes, les arachnides et les crustacés dont nous venons de parler.

Certains d'entre eux échappent par l'infériorité de leur structure à la définition que nous avons donnée de l'embranchement des articulés. Ainsi il en est dont le corps ne présente plus de divisions, et chez quelques-uns la chaîne ganglionnaire sous-intestinale est même réduite à une paire de simples filets nerveux, sans renflements sur son trajet : c'est ce que nous présentent les planaires. Chez d'autres, il n'y a plus de tube digestif, et tout le reste de l'organisme participe à cet état d'infériorité; aussi le système nerveux est-il encore plus rudimentaire que chez les précédents. C'est en particulier ce que nous observons dans le ténia ou ver solitaire.

Au contraire, chez les annélides véritables, telles que les serpules, les néréides, les lombrics et les sangsues, l'annélation du corps est évidente, et la chaîne des ganglions nerveux facile à constater. De plus, il existe chez ces animaux un canal intestinal complet, leur appareil circulatoire est toujours notablement compliqué, et l'ensemble de leur organisation présente une supériorité relative qui avait d'abord fait illusion aux naturalistes et les avait engagés à classer les annélides en tête des articulés.

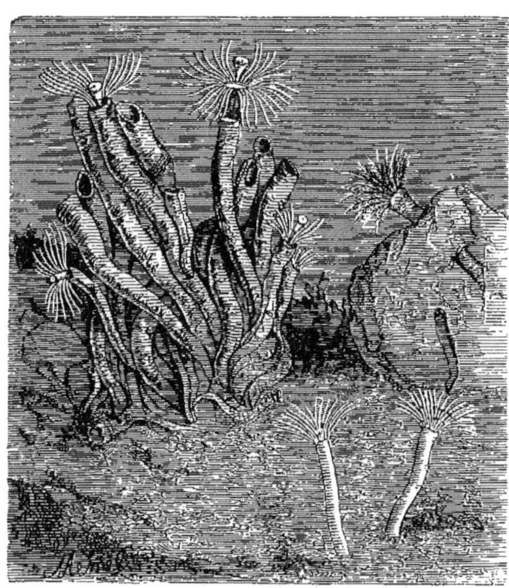

Fig. 452. — *Serpules* et *Amphitrites*.

Cette manière de voir a dû être abandonnée, lorsqu'on a reconnu les affinités qui rattachent ces animaux aux entozoaires et aux autres vers inférieurs.

Classe des Annélides.

Les Annélides sont des vers dont l'annelation est toujours évidente. Ils ont le corps formé d'articles successifs, rappelant ceux des articulés condylopodes, et auxquels on a quelquefois donné le nom de *zoonites*, mais ils manquent de véritables membres. Leur système nerveux se compose, indépendamment du cerveau, d'une chaîne ganglionnaire sous-intestinale, comparable à celle des classes précédentes et de même reliée au cerveau par un collier œsophagien (fig. 182, A); ils ont en outre, du moins dans la majorité des cas, le plasma sanguin de couleur rouge, ce qui les a fait appeler *vers à sang rouge* par plusieurs auteurs.

I. Les uns sont pourvus de soies servant à la locomotion, et ils ont souvent des branchies. Ce sont les Chétopodes, ou *Vers sétigères*, dont certains genres vivent habituellement dans des tuyaux que leur peau sécrète, ce qui les a fait nommer *tubicoles* (fig. 452).

Ceux-ci ont le corps divisible en tête, thorax et abdomen, et leurs branchies sont insérées sur la première de ces régions. Les plus connus sont les serpules (fig. 452 et 453, B), dont le tube est calcaire, et les amphitrites (fig. 452), chez lesquelles il reste membraneux. Cette catégorie porte, dans quelques ouvrages, le nom de *Céphalobranches*.

D'autres vers sétigères ou chétopodes ont les anneaux du corps de plus en plus semblables entre eux, et la plupart de ces anneaux possèdent des branchies ; ce qui les a fait appeler *Dorsibranches*. Un grand nombre

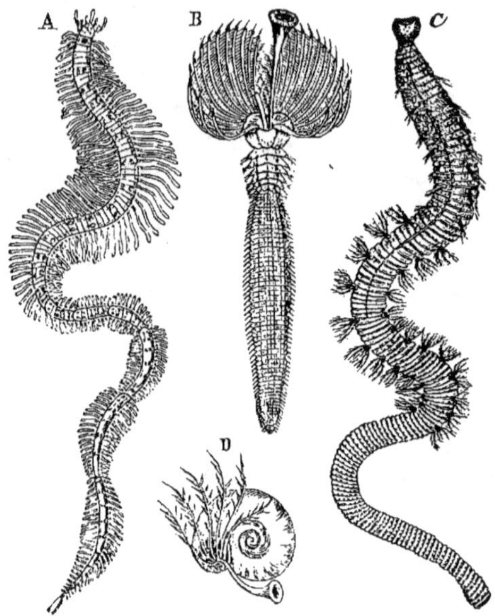

FIG. 453 (*).

d'annélides marines appartiennent à cette division. Nous nous bornerons à citer, comme s'y rapportant, les arénicoles (fig. 453, C) et les néréides, que les pêcheurs recherchent pour amorcer leurs lignes. Ces animaux vivent dans la vase, dans les pierres, etc., mais sans s'astreindre à rester au même lieu. Aussi leur applique-t-on souvent la dénomination d'*Annélides errantes*.

Une troisième division des vers sétigères comprend ceux dits *Abranches*, dont le caractère principal, ainsi que ce nom l'indique, est de manquer de branchies. Les lombrics, ou vers de terre (fig. 219, *g-i*), et les naïs, espèces plus petites, vivant dans les eaux douces ou dans la terre humide, en font partie.

(*) A = *Myrianide* (genre de néréides) en voie de multiplication parthénogénésique ou gemmipare ; de nouveaux individus se sont développés en arrière du premier.
B = *Serpule* retirée de son tube.
C = *Arénicole des pêcheurs*.
D = *Spirorbe* (genre de serpules) et son tube calcaire.

II. On doit séparer des annélides précédentes certaines espèces entièrement privées de soies, et qui se meuvent au móyen de ventouses placées aux deux extrémités de leur corps; elles forment la division des APODES. Les sangsues en constituent le genre principal.

Contrairement à ce qui a lieu dans la plupart des chétopodes, annélides presque toutes propres aux eaux de la mer, les sangsues ne subissent pas de changement avec l'âge. Les lombrics et les naïs, qui pour la plupart vivent également dans les eaux douces, sont aussi dépourvus de métamorphoses. Ces espèces sortent de l'œuf avec leur forme définitive.

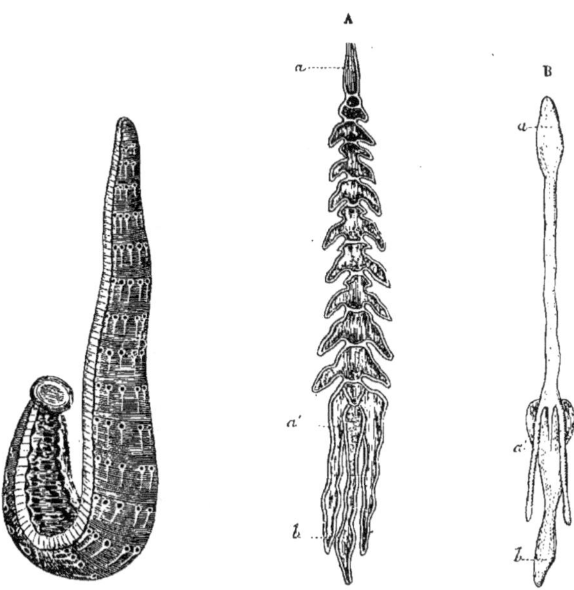

FIG. 454. — *Sangsue*.   FIG. 455. — Tube digestif des *Hirudinées* (*).

Les sangsues médicinales (fig. 182, C, D, F, fig. 454 et 455, A) ont la bouche garnie de trois petites mâchoires dentelées en scie avec lesquelles elles entament la peau des animaux sur lesquels elles s'appliquent. Leur ventouse buccale, quoique moindre que celle qu'elles ont à la partie postérieure du corps, leur permet en outre de sucer le sang en pratiquant le vide autour de la plaie faite par leurs mâchoires; elles peuvent ainsi se gorger en peu de temps. La petite cicatrice étoilée qui subsiste aux endroits du corps qu'elles ont piqués, est due à l'action de ces trois mâchoires.

(*) A = *Sangsue médicinale*. — B = *Hœmopis* ou *Sangsue de cheval*.
a) l'œsophage, suivi de plusieurs chambres stomacales distinctes, dans la *Sangsue médicinale*; — *a'*) les deux cæcums placés en avant de l'intestin; — *b*) l'intestin.

Classe des Helminthes.

Les différents ordres que l'on comprend sous la dénomination générale d'Helminthes sont faciles à distinguer de ceux dont se compose la classe des annélides; cependant ils s'éloignent assez les uns des autres, et les caractères communs qu'on pourrait leur assigner sont en petit nombre. Nous en parlerons sous le nom de *Nématoïdes*, *Térétulaires*, *Trématodes* et *Cestoïdes*.

Ordre I. Nématoïdes. — Les nématoïdes sont des vers à corps fusiforme, allongé ou même filiforme, sans appendices locomoteurs d'aucune sorte. Leur peau est élastique et souvent annelée plutôt que réellement articulée.

Ils ont toujours les sexes séparés, et leur canal intestinal est habituellement complet. On reconnaît chez la plupart d'entre eux un cordon nerveux sous-intestinal, ainsi qu'une paire de longs vaisseaux suivant les deux côtés du corps.

Ces vers ne subissent pas de métamorphoses. Ils sont fort nombreux en espèces, et la plupart vivent en parasites dans l'intérieur du corps des autres animaux. Ce sont alors de véritables entozoaires, c'est-à-dire des vers intestinaux.

L'homme en nourrit de plusieurs sortes. Ainsi les ascarides (fig. 219, *a-f*), appelés à tort vers lombrics, que l'on rend quelquefois avec les excréments; les oxyures, beaucoup plus petits, et qui se tiennent dans le rectum des enfants, sont des nématoïdes parasites de notre espèce. Il en est de même des strongles, des trichocéphales et de quelques autres.

Le dragonneau, ou ver de Médine, qui attaque notre espèce dans les régions équatoriales, est aussi un helminthe de cet ordre; il vit dans des abcès sous-cutanés déterminés par sa présence.

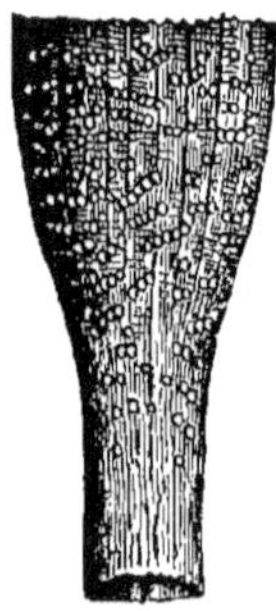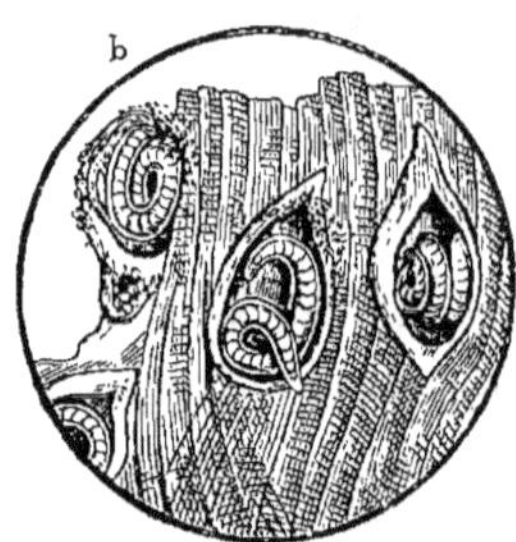

Fig. 456. — *Trichines* (genre de nématoïdes) et muscles infestés par ces parasites (vus au microscope).

Les trichines qui infestent la chair du porc dans certaines localités, et peuvent passer de cet animal à l'homme, font également partie des nématoïdes. Enfin, on rapporte encore au même groupe les anguillules ou vers de vinaigre, de la colle et du blé niellé (fig. 35, C), animaux de très-petites dimensions auxquels on a quelquefois donné le nom de vibrions, aujourd'hui réservé à certains microphytes de la division des algues diatomées.

Ordre II. Térétulaires. — Cet ordre se compose de vers plats à corps souvent fort long et couvert de cils vibratiles, dont le tube digestif n'a dans certaines espèces qu'un seul orifice. Ses principaux genres sont ceux des némertes ou borlasies, des prostomes et des planaires.

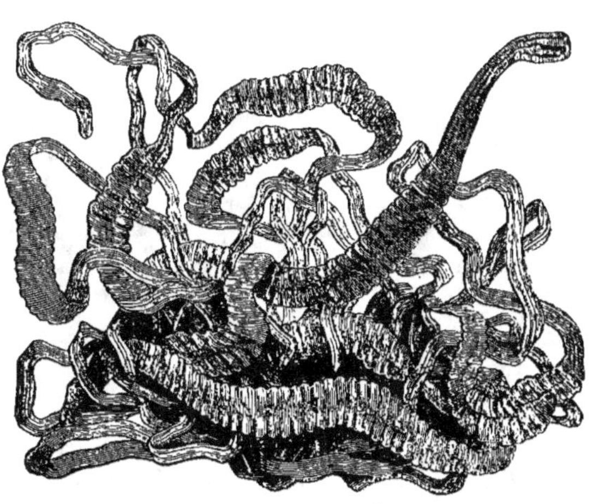

Fig. 457. — *Némerte* ou *Borlasie.*

Ces helminthes vivent dans l'eau ou, plus rarement, sur terre ; dans ce dernier cas, ils recherchent les endroits humides.

Leurs espèces marines ont souvent des couleurs très-vives, et il y en a dont le corps est long de plusieurs mètres (fig. 457). Aux espèces fluviatiles appartiennent plusieurs genres de planaires.

Ordre III. Trématodes. — Un troisième groupe de vers a reçu le nom de trématodes. Les espèces qu'on y réunit ont une assez grande analogie avec celles de la division précédente. Leur corps est également plat, mou et inarticulé, mais il manque de cils vibratiles à sa surface. Elles sont parasites et vivent tantôt sur le corps de ces animaux, tantôt dans l'intérieur de leurs organes : ce sont les polystomes et les douves.

Les trématodes épizoïques, c'est-à-dire ceux qui vivent aux dépens des animaux, mais en restant fixés à la surface extérieure de ces derniers, attaquent plus particulièrement les poissons. Quelques-uns semblent relier l'ordre des helminthes, auquel ils appartiennent, à la famille des Hirudinées ou sangsues, qui constitue la division des Annélides apodes.

Une espèce de douves (genre *Distoma*) s'observe assez souvent chez l'homme, dont elle envahit les canaux biliaires; on la retrouve chez le mouton et le bœuf; il y en a aussi chez d'autres vertébrés.

Les vers de ce genre subissent des métamorphoses remarquables, dont l'étude a singulièrement éclairé la théorie de l'infection vermineuse en fournissant des notions exactes sur la manière dont les entozoaires s'introduisent dans le corps des animaux, ainsi que sur les différents milieux dans lesquels ils peuvent vivre, ou sur la facilité avec laquelle leurs œufs résistent dans bien des cas aux causes de destruction. Ils attendent, pour se développer, d'avoir été portés dans les conditions qui leur sont favorables.

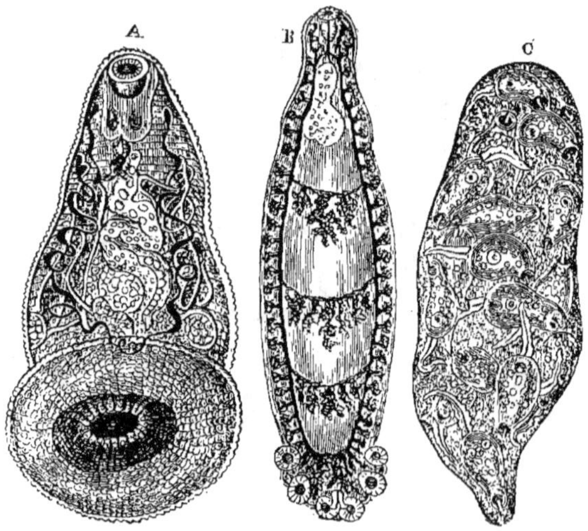

Fig. 458. — *Trématodes* divers (*).

On a démontré que les cercaires, longtemps décrites comme étant des infusoires, et qui habitent dans l'eau, ne sont que les larves de certaines espèces de la famille des douves. Après avoir vécu pendant quelque temps sous cette première forme, elles se transforment en effet en douves véritables et deviennent parasites des animaux vertébrés. Or, ce sont les œufs des trématodes qui donnent ces cercaires. Disons cependant que les métamorphoses de l'espèce de douve qui est parasite de l'homme n'ont pas encore été observées, et que les recherches auxquelles nous faisons allusion ont été principalement faites sur les douves des oiseaux.

Ordre IV. Cestoïdes. — Ils ont de commun avec les trématodes leur corps mou et aplati; mais, au lieu d'être inarticulés, comme le sont tous les trématodes ordinaires, ils sont formés d'une succession souvent

(*) A = *Amphistome;* très-grossi.
B = *Polystome des grenouilles ;* très-grossi.
C = Sac à *Cercaires*, parasite de la paludine ; très-grossi.

considérable d'articles attachés les uns aux autres et formant dans leur ensemble une sorte de ruban.

La partie antérieure de ces articles est appelée la *tête ;* elle diffère des autres par son organisation aussi bien que par ses fonctions. Ainsi elle est pourvue de ventouses; habituellement on y distingue aussi des crochets chitineux. Son usage est de fixer le ver aux parois du canal digestif de l'animal aux dépens duquel il doit vivre, et dont il utilise à son profit les sucs élaborés par la digestion.

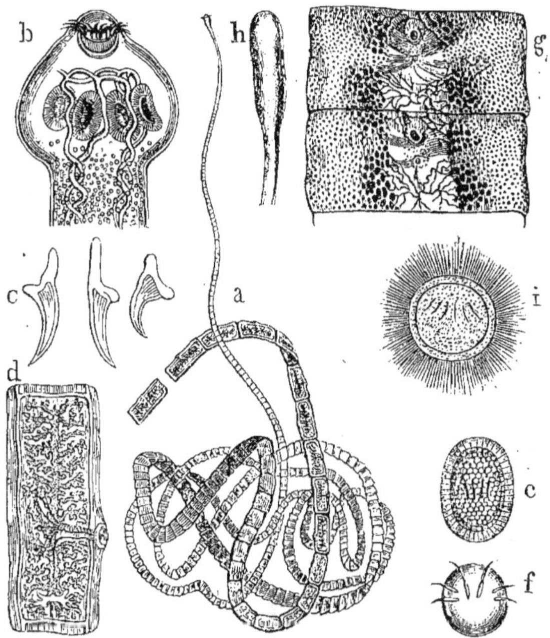

FIG. 459. — *Ténia et Bothriocéphale* (*).

Les autres anneaux du corps des cestoïdes ne sont que des organes de reproduction, et, à la maturité des œufs, ils se séparent pour être rejetés par l'anus, hors du corps des sujets qui en sont infestés, et vivre pendant un certain temps à l'extérieur. Leur destination est de disperser les œufs de ténias ou de bothriocéphales pour que, d'autres animaux les prenant ensuite avec leurs aliments, ces œufs fournissent à leur tour de nouveaux parasites.

La tête ou partie antérieure d'un cestoïde a la propriété de fournir de nouveaux articles reproducteurs tant qu'elle n'a pas été détruite. Voilà pourquoi, lorsque les médecins font rendre un ténia ou ver solitaire, ils ne manquent jamais de s'assurer si la tête fait partie de la portion expulsée.

Une observation importante a été faite à propos du mode de propagation des ténias. On a constaté que leurs œufs ne donnent naissance qu'à des sujets encore incomplets et dont la forme rappelle la partie de ces vers appelée la tête. Lorsque cette partie se fixe dans le parenchyme de quelque organe, au lieu d'arriver directement dans le tube digestif, où elle doit se compléter et produire dans sa partie postérieure des anneaux reproducteurs, tels qu'on en voit dans la presque totalité du corps des ténias, elle se transforme provisoirement en *hydatide*, sorte de poche remplie de sérosité, dans laquelle la tête du ver se trouve alors encapuchonnée comme dans une outre remplie d'eau.

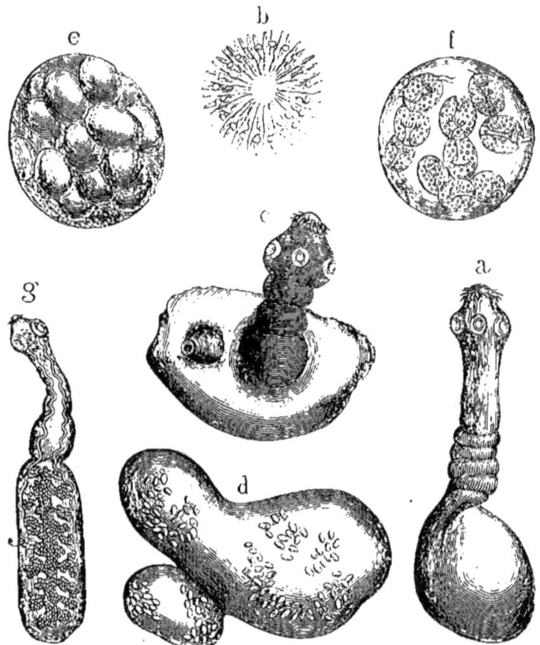

Fig. 460. — *Hydatides* (*).

Le cénure du cerveau des agneaux, qui cause, par sa présence, la maladie de ces ruminants appelée le *tournis*, et le cysticerque, formant les poches caractéristiques de la ladrerie du porc, sont des ténias encore à l'état d'hydatides, c'est-à-dire imparfaitement développés, mais dont

a) *Cysticerque de la ladrerie*, sorti de son enveloppe ; — *b*) sa couronne de crochets ; — *c*) portion d'un *Cénure de mouton* ; — *d*) cénure entier, avec les têtes multiples rattachées à sa vésicule ; — *e*) vésicules d'*Échinocoques* ; — *f*) une de ces vésicules grossie pour en montrer les têtes multiples ; — *g*) *Ténia nain*, provenant du développement d'une des têtes à crochets de l'échinocoque.

on peut opérer la transformation en ténias complets si on les introduit
dans l'estomac d'autres animaux. C'est alors seulement que leurs anneaux
deviennent nombreux, et ces anneaux sont précisément les parties du
ver qui vont se charger d'œufs et servir à la propagation de l'espèce.

L'expérience a démontré que les hydatides naissent constamment des
œufs des ténias, mais elles ne deviennent à leur tour des ténias véritables, c'est-à-dire pourvus d'articles produisant des œufs, que lorsqu'elles
passent de l'organe dans lequel elles s'étaient enkystées, dans l'estomac
d'un autre sujet, par exemple du corps d'un lapin dans celui d'un chien
ou d'un loup qui aura mangé ce lapin et avalé les hydatides qu'il nourrissait.

Cette métamorphose a lieu, pour les hydatides de la ladrerie, lorsque
nous mangeons de la viande de porcs ladres dans laquelle elles n'ont pas
été tuées par la cuisson, ou de la viande de bœuf ou de mouton renfermant aussi des parasites analogues, ce que les bouchers appellent des
bouteilles. Le suc gastrique n'agit pas plus sur les larves de ténias que
sur ces entozoaires eux-mêmes, et ces sortes de larves, c'est-à-dire les
hydatides, ingérées dans de semblables conditions, ne tardent pas à se
compléter en reproduisant des anneaux qui se chargeront bientôt
d'œufs, et à devenir, par suite de leur séjour dans les intestins, les ténias
tels qu'on les connaît.

C'est de la même manière que les trichines peuvent passer du porc
à l'homme. La cuisson des viandes alimentaires est le plus sûr moyen
d'empêcher cette dangereuse propagation.

Le fait de la transmission du ténia ou ver solitaire des animaux à
notre espèce, au moyen des hydatides, paraît avoir été connu des
Hébreux; il nous explique pourquoi la loi de Moïse interdit à cette
nation l'usage de la viande du porc.

C'est en vue de cette transmigration, et pour y mettre obstacle, que,
sur nos marchés, on défend sévèrement la vente des cochons ladres. Des
experts appelés *langueyeurs* sont chargés de l'examen des animaux mis
en vente, et, s'ils les soupçonnent d'être atteints de cette maladie, ils
doivent faire rejeter leur viande comme insalubre.

D'autres larves de ténias ont été décrites comme constituant un
genre à part d'hydatides sous le nom d'*échinocoques*. Une même vésicule de ces échinocoques renferme un grand nombre de têtes et peut
donner naissance à autant de ténias, mais ceux-ci sont toujours de petite
dimension (fig. 460, *e-g*). On en a constaté la présence dans les intestins
du chien et dans ceux de l'homme. Quant aux échinocoques encore
à l'état d'hydatides, ils peuvent former des masses volumineuses qui se
développent dans les différentes parties du corps. On en trouve assez
fréquemment dans le foie et dans les reins.

Les cénures ont une conformation analogue, mais les têtes portées
par leurs vésicules hydatiques sont plus grosses que dans les échinocoques. C'est particulièrement dans le cerveau des agneaux (fig. 461)
qu'ils se développent et, comme nous l'avons déjà rappelé, ils y devien-

nent la cause de la maladie de ces ruminants signalée plus haut sous le nom de tournis [1].

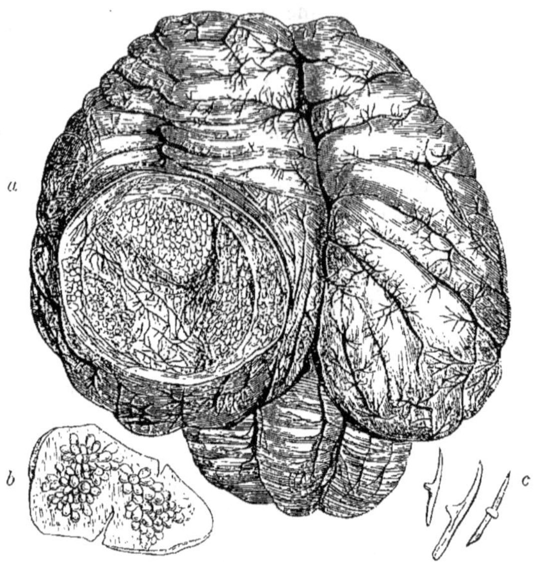

FIG. 464. — *Cénure*, dans le cerveau d'un *Mouton* (*).

Les vers cestoïdes sont les moins parfaits de tous les animaux articulés. Leur système nerveux est tout à fait rudimentaire, et ils n'ont pas de tube digestif. Ils constituent la dégradation extrême de l'embranchement de ces animaux auxquels certains de leurs caractères les rattachent néanmoins. Nous trouverons dans les mollusques, même dans ceux des dernières classes, une organisation bien moins imparfaite que la leur et que celle de beaucoup d'autres espèces du sous-embranchement des Vers.

CHAPITRE XLVIII

ANIMAUX MOLLUSQUES. — LEURS DIFFÉRENTES CLASSES. — MOLLUSQUES CÉPHALOPODES ET CÉPHALIDIENS.

Troisième embranchement du règne animal, les MOLLUSQUES manquent du squelette intérieur propre aux vertébrés et n'ont pas, comme les ani-

1. Nous renvoyons, pour plus de détails au sujet de ces parasites et de ceux dont il a été question précédemment, à l'ouvrage que nous avons publié en commun avec M. le professeur Van Beneden, de l'université de Louvain, sous le titre de *Zoologie médicale*.

(*) *a*) cerveau de mouton dont l'hémisphère gauche renferme un *Cénure*; — *b*) partie de ce cénure isolée; — *c*) crochets de l'une des têtes granuliformes qui en dépendent.

maux articulés, le corps annelé extérieurement. Leur enveloppe cutanée forme une espèce de sac ou manteau habituellement membraneux, et ils n'ont jamais d'appendices locomoteurs comparables aux membres des vertébrés ou des articulés. Leur système nerveux central affecte presque toujours l'apparence d'un collier œsophagien, mais ils n'ont ni moelle épinière, ni chaîne ganglionnaire sous-intestinale.

Ces animaux, dont la plupart sont protégés par des coquilles calcaires, sont nombreux en espèces. L'étude de leurs fossiles n'est pas moins importante que celle de leurs représentants actuels, parmi lesquels nous trouvons un certain nombre d'espèces utiles.

On partage les mollusques en six classes, qui ont reçu les noms de *Céphalopodes*, *Céphalidiens*, *Conchifères* ou *Lamellibranches*, *Brachiopodes*, *Tuniciers* et *Bryozoaires*.

Classe des Céphalopodes.

Les CÉPHALOPODES sont les premiers de tous les mollusques, et en même temps ceux de ces animaux dont la structure offre la complication la plus grande. Leur cerveau est protégé par un petit cartilage comparable à un crâne; leurs yeux ont une disposition approchant de celle des yeux des poissons, et

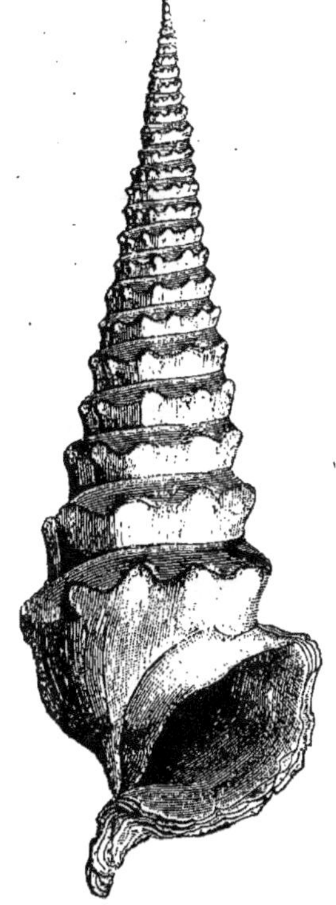

FIG. 462. — *Cerithium giganteum* (*).

leur corps est divisé par un étranglement très-marqué en deux parties : l'une est la tête; l'autre répond au tronc et constitue le manteau. Leur appareil circulatoire (fig. 87) est aussi plus compliqué que celui des autres mollusques, et ils ont deux ou quatre branchies.

Ces mollusques se meuvent d'avant en arrière en utilisant l'eau qui a servi à leur respiration. Ils la chassent avec force devant eux à travers une sorte d'entonnoir qui précède la poche abdominale dans laquelle ces organes sont renfermés, et ils s'assurent ainsi un agent moteur qui les pousse par saccades, mais en les faisant reculer à chaque contraction. Leur tête est surmontée d'expansions habituellement brachiformes, que l'on a comparées à des membres, mais elles n'ont pas ce caractère; ce sont ces espèces de tentacules qui ont valu aux animaux qui nous occupent le nom de *Céphalopodes*, signifiant tête garnie de pieds.

Les céphalopodes se divisent en deux ordres, appelés *Dibranches* et *Tétrabranches*, d'après le nombre de leurs branchies.

1. A un tiers de la grandeur naturelle.

ORDRE I. DIBRANCHES. — Ils sont aussi nommés *Acétabulifères*, parce que leurs expansions céphaliques, au nombre de huit ou de dix, sont garnies de ventouses qui leur servent pour s'attacher fortement aux autres corps. Ces céphalopodes n'ont qu'une seule paire de branchies.

Les uns manquent de véritable coquille, comme les poulpes, et n'ont que huit appendices céphaliques. A cette famille appartiennent également les argonautes, dont les femelles sécrètent au moyen de leurs bras palmés une sorte de nid calcaire ayant tout à fait l'apparence d'une coquille.

Les autres ont, en outre des huit appendices propres aux poulpes et aux argonautes, deux longs tentacules également garnis de ventouses dans leur partie terminale, qui est élargie en massue; de plus, ils ont toujours une coquille plus ou moins développée.

Dans certains d'entre eux, comme les calmars, cette coquille forme une simple lamelle penniforme enfermée dans le dos; chez les seiches, elle constitue un osselet semblablement disposé, mais plus épais et soutenu par des couches calcaires; enfin, chez les spirules, elle a la forme d'une coquille véritable, mais reste cependant intérieure. Dans ce dernier genre elle est multiloculaire et siphonée.

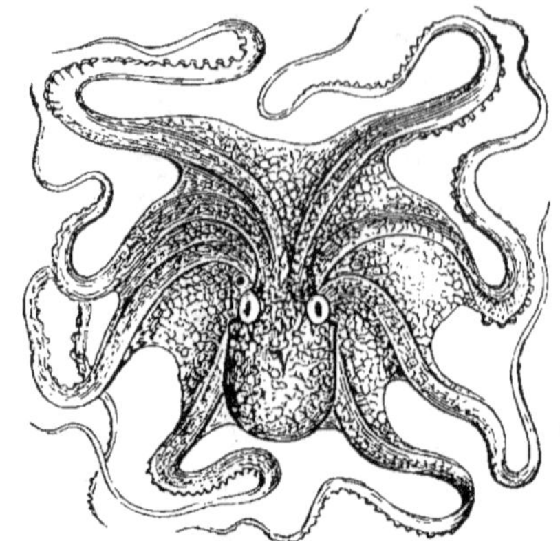

Fig. 463. — *Poulpe.*

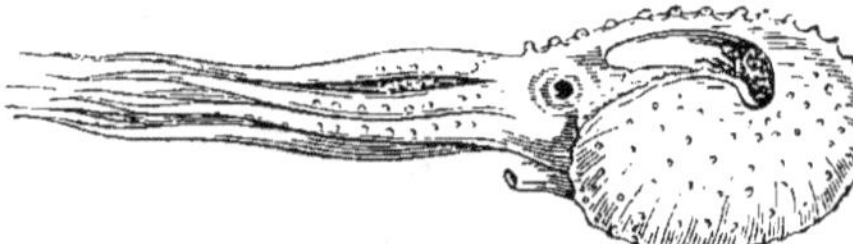

Fig. 464. — *Argonaute* femelle.

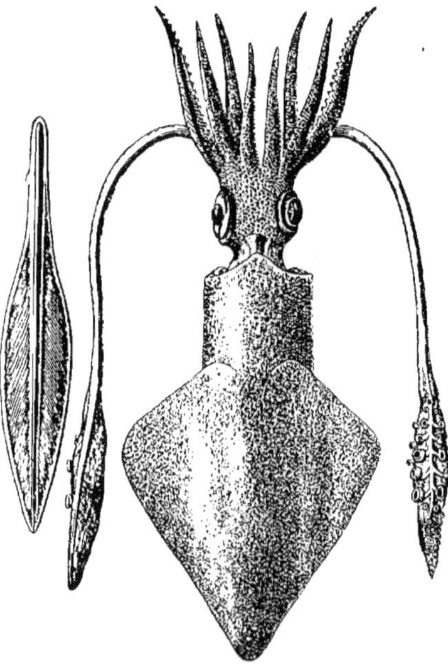

Fig. 465. — *Calmar* et son osselet (coquille).

Les sépioles (fig. 466) sont de petites espèces de céphalopodes appar-

tenant à la même famille. On les mange, ainsi que les poulpes, les calmars et les seiches.

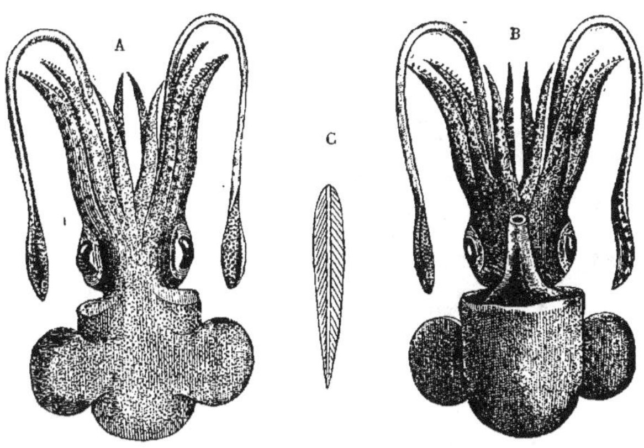

Fig. 466. — *Sépiole* (*).

Il y a de ces animaux dans toutes les mers. Une des particularités les
plus remarquables qu'ils présentent est la facilité avec laquelle ils chan-

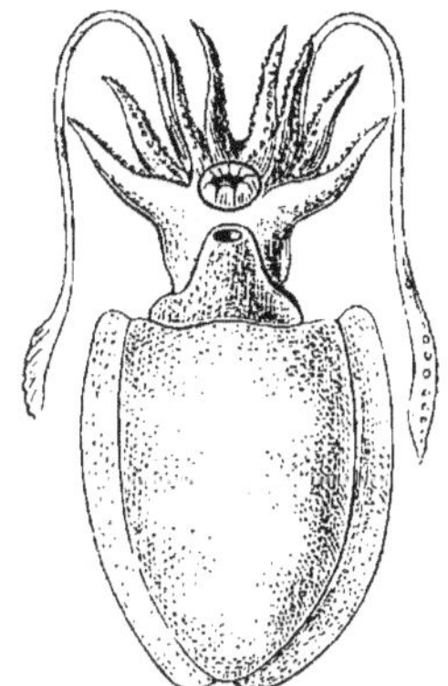

Fig. 467. — *Seiche*, vue en dessous.

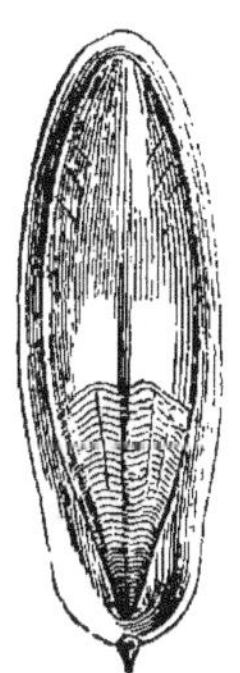

Fig. 468. — Os de *Seiche* (la coquille),
vu en dessous.

gent de couleur. Cela tient à un système de nombreux petits sacs pigmentaires doués de contractilité, dont leur peau est garnie. Ces petits sacs
peuvent apparaître instantanément à la surface du derme, ou au contraire
se cacher dans ses mailles ; ils ont reçu le nom de *chromatophores*.

Les bélemnites, qui ont vécu pendant la période secondaire, étaient
aussi des céphalopodes dibranches.

On ne les a longtemps connues que par une partie de leur coquille, ce

(*) A) vue en dessus ; — B) en dessous ; — C) son osselet dorsal.

P. G.   35

qui n'avait pas permis de s'en faire tout d'abord une idée exacte; aussi a-t-on émis sur leur véritable nature les idées les plus bizarres.

FIG. 469. — OEufs de *Seiche*, vulgairement nommés raisins de mer.

FIG. 470. — *Bélemnite mucronée* (de la craie).

On sait aujourd'hui qu'une bélemnite entière se compose de trois portions : une loge viscérale ayant la forme d'un entonnoir; une partie chambrée, c'est-à-dire multiloculaire, répondant à la coquille des spirules, et une armature terminale en forme de cône allongé (fig. 470), qui est la bélemnite telle qu'on la rencontre habituellement.

ORDRE II. TÉTRABRANCHES. — Les TÉTRABRANCHES, ainsi appelés de ce qu'ils sont pourvus de quatre branchies, ont leurs expansions cépha-

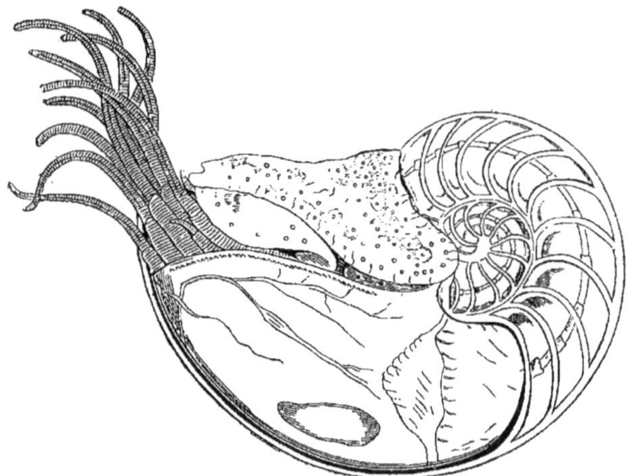

FIG. 471. — *Nautile*. (La coquille a été sciée pour en montrer les loges que traverse le siphon; l'animal occupe la dernière de ces loges.)

liques dépourvues de ventouses et très-différentes dans leur disposition de celle des dibranches.

Les NAUTILES, dont on connaît quatre espèces dans les mers actuelles, forment le seul genre de tétrabranches aujourd'hui existant. Ce genre a fourni de nombreuses espèces aux anciennes faunes et plusieurs groupes éteints (orthocères, etc.) appartenant à la même famille que lui fournissent des espèces propres aux plus anciennes formations géologiques.

C'est aussi dans le même ordre qu'il faut classer les AMMONITES, famille entièrement perdue, dont les espèces ont été contemporaines des bélemnites.

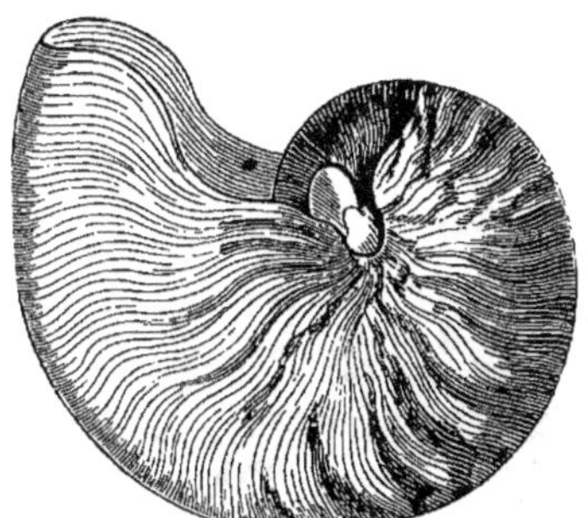

FIG. 472. — *Nautile flambé*.

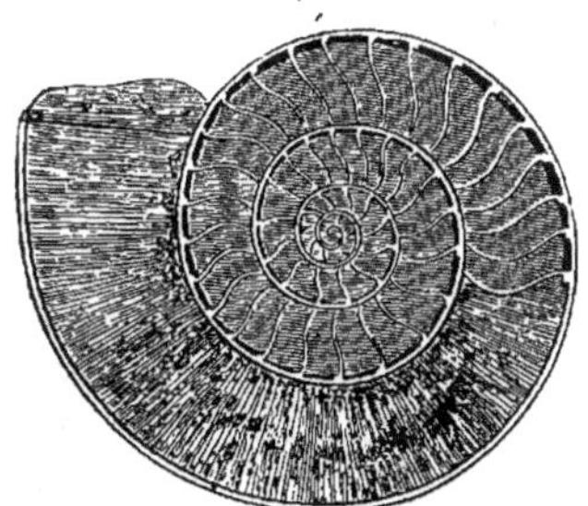

FIG. 473. — *Ammonite* (coupe montrant le siphon et les cloisons).

Les coquilles des ammonites et celles des nautiles sont cloisonnées et siphonées, caractère qui se retrouve aussi dans la coquille des bélemnites et dans celles des spirules, des orthocères, etc. ; mais les ammonites ont leurs loges séparées par des cloisons lobulées et comme décomposées, tandis que celles des nautilidés sont simples. En outre, leur siphon est placé le long du bord extérieur de la coquille ; celui des nautiles, ainsi que des autres genres de la même famille, est au contraire central.

Les ammonites se partagent en plusieurs tribus, dont la plus nombreuse est celle des ammonites proprement dites. Auprès d'elles prennent place les goniatites, espèces à cloisons simplement anguleuses, qui sont caractéristiques de la période paléozoïque.

Classe des Céphalidiens.

Ces mollusques ont encore la tête apparente, mais elle est à peine séparée du corps et acquiert un volume beaucoup moindre que celle des céphalopodes. Le nom de CÉPHALIDIENS, qu'on leur donne, signifie animaux à petite tête ; il rappelle donc un de leurs caractères principaux.

Les céphalidiens manquent des expansions brachiformes qui existent au devant de la tête des céphalopodes. Des quatre tentacules que la plupart présentent, les deux plus grands portent ordinairement les yeux.

La coquille, dont ils sont en général pourvus, est constamment uni-

valve et monothalame, c'est-à-dire d'une seule valve et sans cloisons intérieures ni siphon.

Beaucoup de céphalidiens ont un opercule, soit corné, soit calcaire,
destiné à fermer l'orifice de cette coquille lorsque leur corps s'est abrité
dans son intérieur; les autres manquent d'opercule, mais ils peuvent
sécréter, comme le font les hélices ou escargots, une sorte de couvercle
n'adhérant pas à l'animal, et cependant capable de le clore herméti-
quement : c'est ce qu'on nomme un *épiphragme*.

On distingue trois ordres de mollusques céphalidiens : les *Gastéropodes*,
les *Hétéropodes* et les *Ptéropodes*.

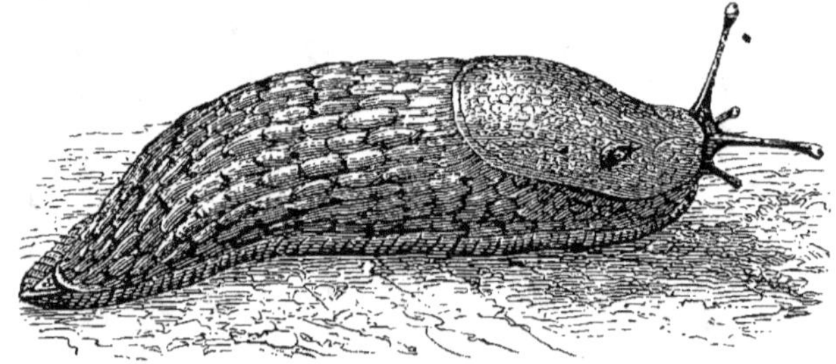

FIG. 474. — *Limace rousse* (genre *Arion*).

ORDRE I. GASTÉROPODES. — Les GASTÉROPODES ont pour caractère principal d'avoir, au-dessous du corps, un plan musculaire contractile, fonctionnant comme un pied.

FIG. 475. — *Escargot des vignes.*

Il y a des gastéropodes *pulmonés*, c'est-à-dire à respiration aérienne.
Parmi ces animaux, les uns vivent à l'air libre, comme les limaces
(fig. 474), les hélices ou colimaçons (fig. 475) et les cyclostomes (fig. 476);
les autres se tiennent dans l'eau, comme les planorbes (fig. 477), les limnées (fig. 478) et les ampullaires. Les ampullaires ont en même temps
des poumons et des branchies.

D'autres mollusques du même ordre respirent par des branchies seulement; ils emploient donc l'air dissous dans l'eau au lieu de respirer
directement l'air atmosphérique.

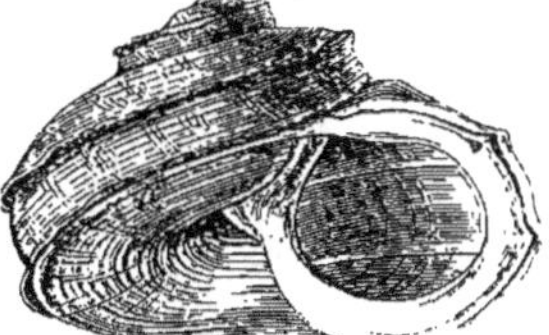

FIG. 476.—*Cyclostome de Cuvier*.

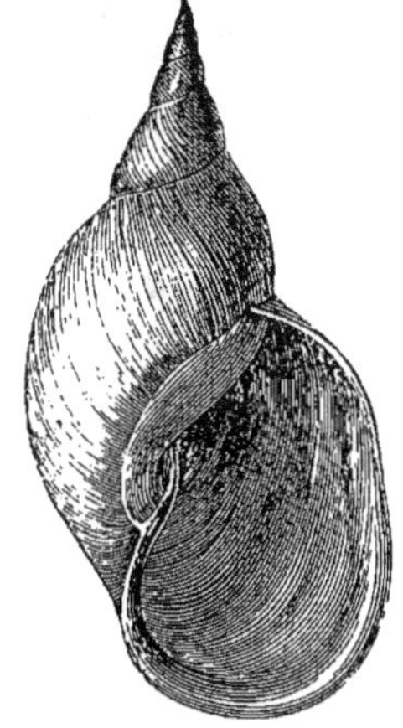

FIG. 477. — *Planorbe corné*   FIG. 478. — *Limnée stagnale*.

Quelques gastéropodes branchifères habitent les eaux douces : tels
sont les paludines (fig. 479), les ancyles et les néritines.

FIG. 479. — *Paludine vivipare*.   FIG. 480. — *Monodonte*.   FIG. 481. — *Pourpre*.

Les autres sont marins; leur nombre est très-considérable. Nous citerons, parmi eux : les littorines (fig. 45 et 185), les turbos, les monodontes
(fig. 480), les pourpres (fig. 481), les porcelaines (fig. 220), les rochers
(fig. 482), les cônes (fig. 483), les volutes, les ptérocères (fig. 484), les
strombes, les haliotides (fig. 485), les patelles, etc.

Les dentales (fig. 486) et les oscabrions (fig. 487) sont aussi des
gastéropodes marins dont les coquilles figurent dans toutes les collections.

Presque tous les genres de gastéropodes marins dont il vient d'être
question ont les branchies pectiniformes, et pendant leur premier âge
ils subissent une véritable métamorphose.

Ils sont dioïques, c'est-à-dire les uns mâles et les autres femelles pour chaque espèce, tandis que ceux qui suivent ont les deux sexes portés

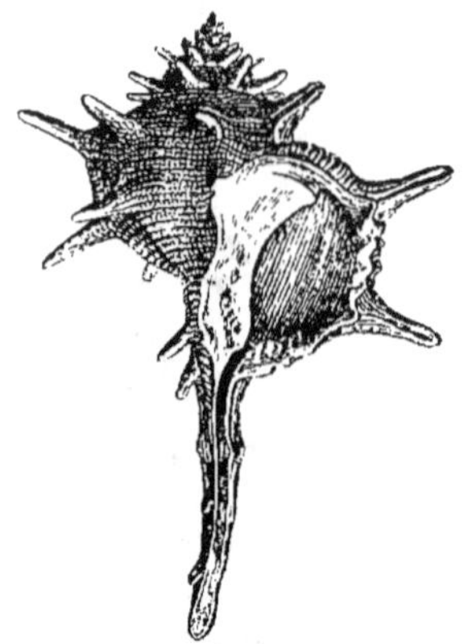

FIG. 482. — *Rocher*.

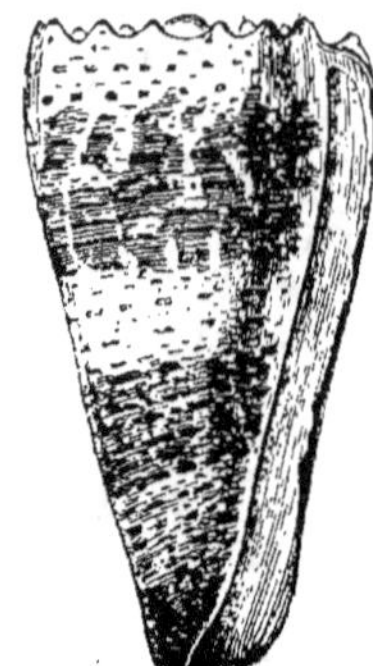

FIG. 483. — *Cône*.

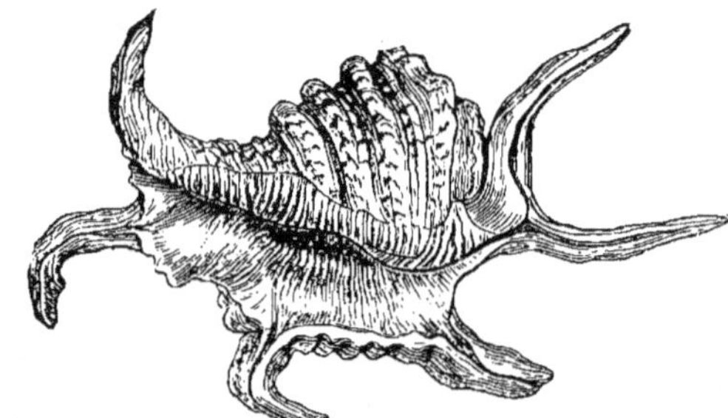

FIG. 484. — *Ptérocère*.

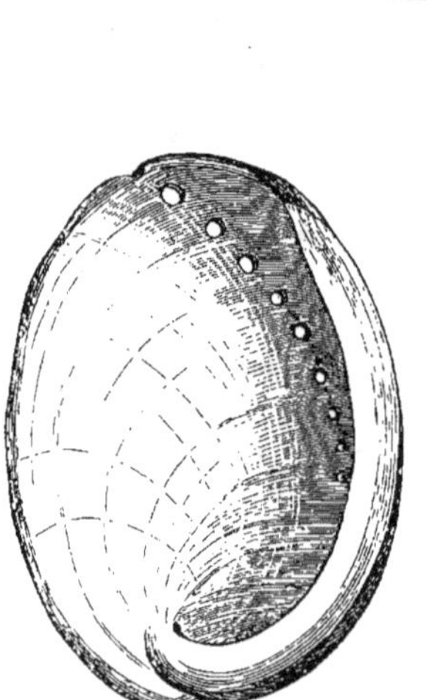

FIG. 485. — *Haliotide*.

FIG. 486. — *Dentale*.

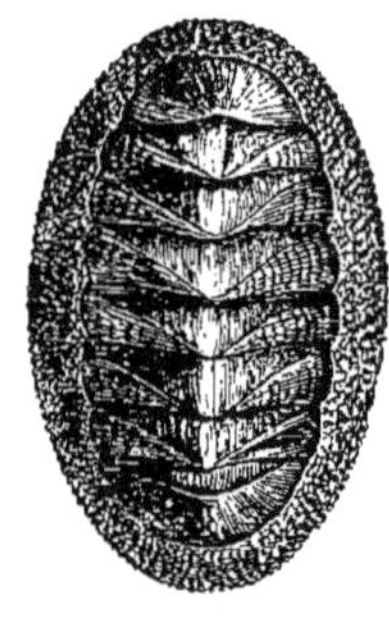

FIG. 487. — *Oscabrion*.

par le même individu, et sont par conséquent monoïques. La coquille des oscabrions (genre *Chiton*, fig. 487) est formée de plusieurs articulations successives, disposition bizarre que ne présente aucune autre famille des mollusques.

Les gastéropodes marins qui sont monoïques forment plusieurs genres, dont les principaux sont ceux des bulles, des aplysies, des doris, des tritonies (fig. 488) et des éolides (fig. 489 et 490).

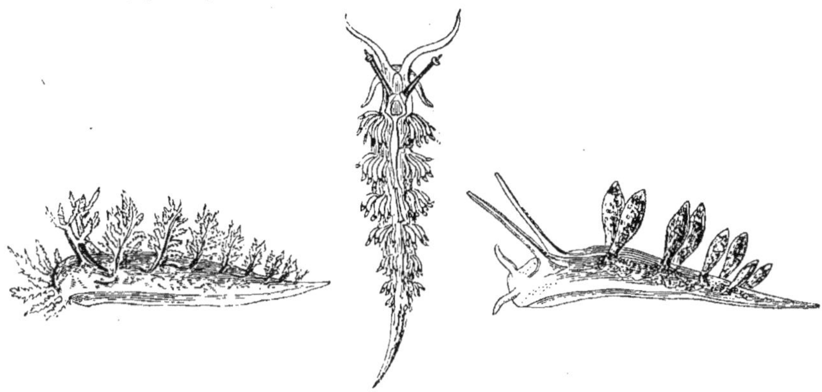

FIG. 488. — *Tritonie.*   FIG. 489 et 490. — *Éolides.*

Plusieurs de ces genres sont entièrement nus lorsqu'ils ont acquis leur forme définitive ; ils rentrent dans la division des gastéropodes appelés *nudibranches.*

De même que les autres gastéropodes marins, les nudibranches subissent une métamorphose, et présentent en outre la particularité d'être pourvus, au moment de leur naissance, d'une petite coquille qu'ils perdront en acquérant leur forme adulte (fig. 224, *c*).

Certains genres de gastéropodes sont employés comme aliment, et, sur les bords de la mer, on ne les estime pas moins qu'ailleurs les escargots, dont les habitudes sont terrestres. Les coquilles d'un grand nombre de mollusques du même ordre sont recherchées à cause de l'élégance de leurs formes ou de la vivacité de leurs couleurs ; il en est qu'on emploie à divers usages. Certaines espèces de pourpres et divers rochers fournissent une liqueur qui a été longtemps utilisée en teinture : c'est la pourpre, que les anciens estimaient particulièrement. Elle était tirée de quelques coquillages de la Méditerranée, parmi lesquels nous citerons la pourpre hémastome (*Purpura hœmastoma*) (fig. 481) et le rocher épineux (*Murex brandaris*) (fig. 482). Les coquilles de certains gastéropodes sont employées à la fabrication des camées.

Les terrains sédimentaires sont riches en débris de ces mollusques, et leurs coquilles entrent souvent pour une fraction considérable dans la masse qui les compose. En France, les gastéropodes de la période tertiaire ont été l'objet d'une étude attentive de la part des naturalistes, plus particulièrement de celle de Lamarck et de M. Deshayes.

Ceux des dépôts éocènes indiquent, par leur taille et leur analogie avec les espèces actuellement tropicales, que la température des eaux marines était alors plus élevée qu'elle ne l'est aujourd'hui. Une des plus remarquables parmi ces coquilles est la cérithe géante (*Cerithium giganteum*), qu'on trouve particulièrement aux environs de Paris (fig. 462).

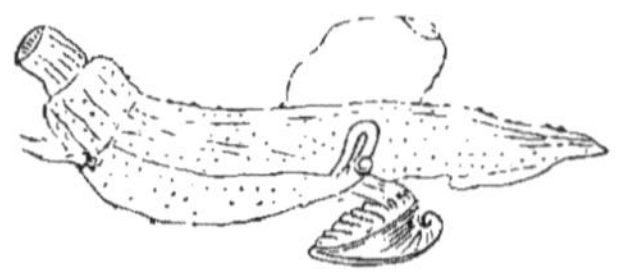

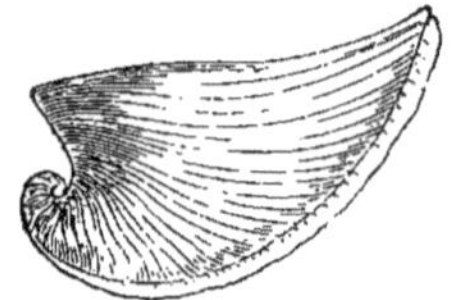

Fig. 491. — *Carinaire* et sa coquille.

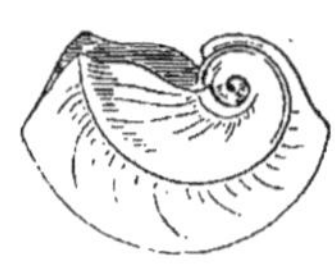

Fig. 492. — *Atlante* et sa coquille.

Fig. 493. — Coquille de l'*Atlante*; vue de face.

Fig. 494. — La même; vue de profil.

Ordre II. Hétéropodes. — On réunit dans cet ordre quelques genres de céphalidiens dont le pied est en forme de gouvernail et sert à nager. Ce sont des animaux pélagiens, dont la plupart ont le corps et la coquille remarquables par leur transparence; ce qui permet d'en examiner les différents organes avec une grande facilité.

Les atlantes (fig. 492 à 494), les carinaires (fig. 491) et les firoles font partie des hétéropodes.

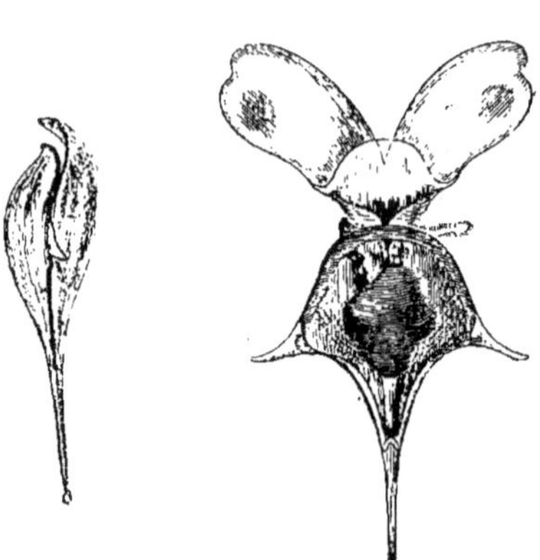

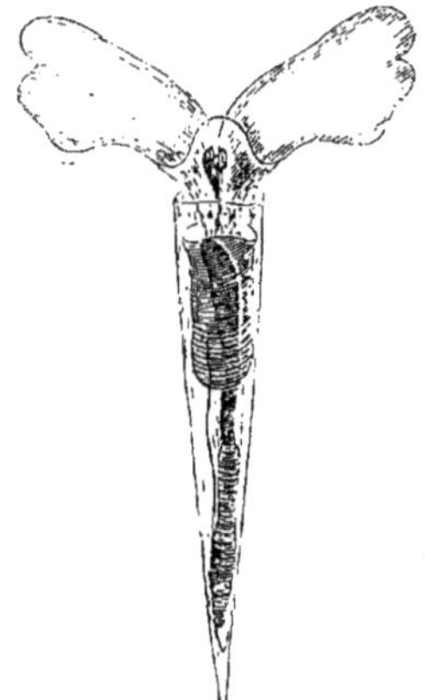

Fig. 495. — *Hyale* (*).

Fig. 496. — *Cuviérie*.

Ordre III. Ptéropodes. — Les ptéropodes vivent également en pleine

(*) L'animal avec sa coquille vue en dessus; — la coquille; vue de profil.

mer, et, par leur manière de nager, ils rappellent à quelques égards les papillons. La partie antérieure de leur corps est pourvue de deux expansions membraneuses en forme d'ailes. Ce sont les hyales (fig. 495), les cléodores, les cuviéries (fig. 496), les limacines, les clios, les pneumodermes, les cymbulies, etc. Ils sont tous de petite dimension. Plusieurs se tiennent réunis par bancs; et les clios ainsi que les limacines, des régions polaires, constituent une grande partie de la nourriture des baleines franches.

Comme les céphalidiens de l'ordre qui précède, les ptéropodes subissent une métamorphose.

CHAPITRE XLIX

MOLLUSQUES ACÉPHALES.

Les Mollusques acéphales forment plusieurs classes distinctes, dont nous allons parler successivement sous les noms de *Conchifères* ou *Lamellibranches*, *Brachiopodes*, *Tuniciers* et *Bryozoaires*. Ainsi que l'indique leur nom, ils ont pour caractère commun de manquer de tête, ou pour mieux dire de n'avoir point cette partie distincte du reste du corps, comme cela a lieu chez les céphalopodes et même chez les céphalidiens.

Les Conchifères ou Lamellibranches commencent la série des mollusques acéphales.

Classe des Conchifères.

Ils sont protégés par une coquille bivalve dont les deux moitiés sont placées l'une à droite, l'autre à gauche du corps. Leurs organes de respiration consistent en lamelles comparables à des peignes, et sont situés dans le sens des valves, qui les protègent aussi bien que le reste de l'animal. Beaucoup d'entre eux ont à la partie postérieure deux tubes

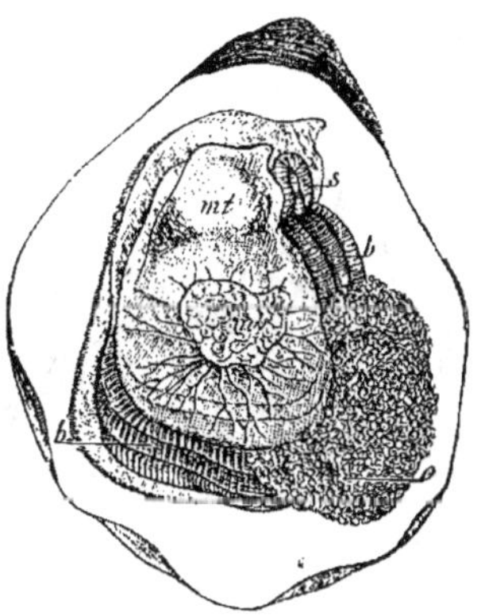

Fig. 497. — *Huître*, chargée de naissain (*).

rétractiles qui permettent l'accès et le renvoi de l'eau destinée à leur respiration, ainsi que l'expulsion des fèces.

(*) *b*) branchies; — *m*) muscle servant à la fermeture des valves; — *mt*) manteau; — *o*) naissain ou amas d'œufs et d'embryons formant une masse laiteuse; — *s*) palpes buccaux et bouche.

Les mêmes animaux sont souvent pourvus d'un appendice charnu, en forme de soc contractile, qui leur sert de pied.

Ces mollusques produisent une quantité considérable d'œufs qui éclo-

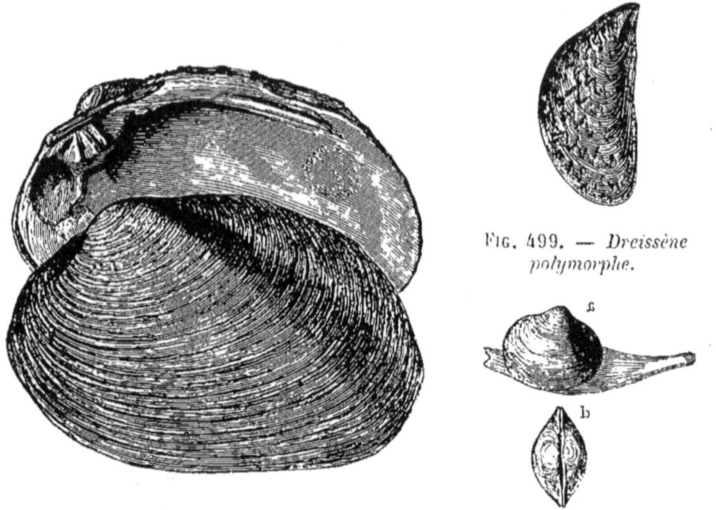

FIG. 499. — *Dreissène polymorphe.*

FIG. 498. — *Mulette margaritifère.*

FIG. 500. — *Cyclade cornée* (*).

sent, en général, dans leurs branchies. Ces œufs et les jeunes qui en sortent forment d'abord un amas comparable à du lait; les individus

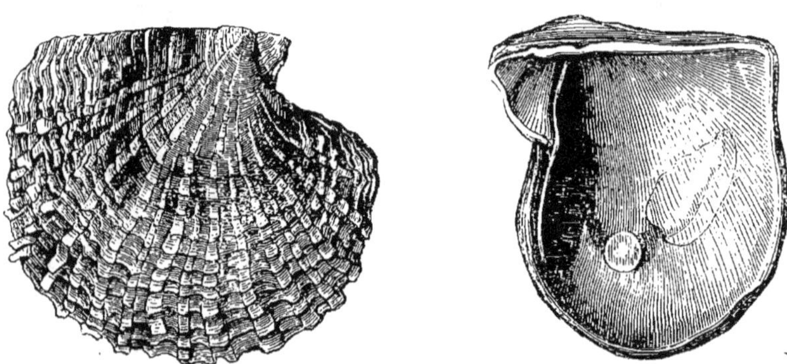

FIG. 501. — *Pintadine* ou *Huître à perles.*

qui sont pourvus de ce naissain peuvent être avantageusement utilisés pour la multiplication de leur espèce, si on les place dans des conditions favorables. C'est sur ce fait que sont fondés les essais de propagation des

(*) *a*) de profil ; montrant ses tubes et son pied ; — *b*) en dessus.

huîtres que l'on a essayé de mettre en pratique sur plusieurs points de
notre littoral (fig. 497).

La forme des jeunes lamellibranches est d'abord assez différente de

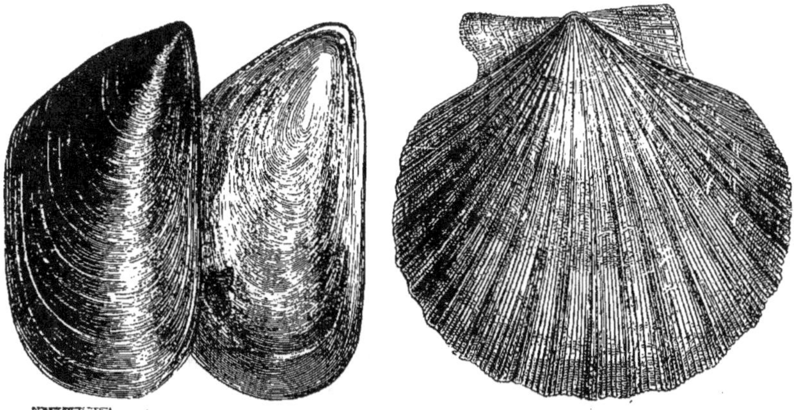

FIG. 502. — *Moule.*   FIG. 503. — *Peigne*

celle des adultes ; il existe même chez ces mollusques une sorte de méta-

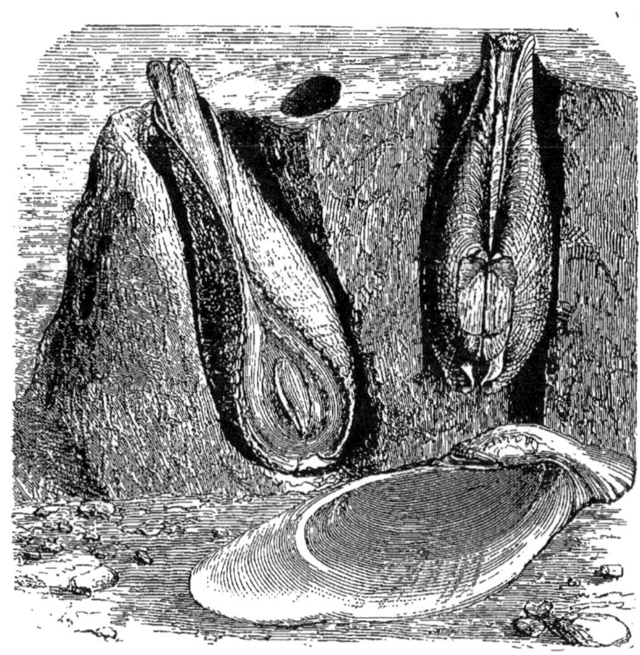

FIG. 504. — *Pholades.*

morphose, et, dans les premiers temps qui suivent l'éclosion, ils sont pourvus d'un appareil cilié qui leur permet de nager librement (fig. 221, D).

On a partagé les conchifères en plusieurs ordres et en diverses familles. Leurs principaux genres sont ceux des unios ou mulettes (fig. 498), anodontes, dreissènes (fig. 499) et cyclades (fig. 500), qui vivent

FIG. 505. — *Vénus verruqueuse* (*).

dans nos eaux douces, ainsi que des huîtres (fig. 186 et 497), pintadines ou huîtres à perles (fig. 501), avicules, jambonneaux, moules (fig. 502), peignes (fig. 503), arches, cames, bucardes (fig. 507), vénus

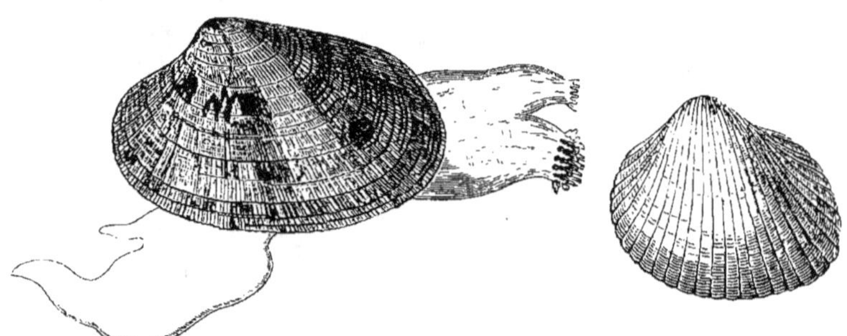

FIG. 506. — *Vénus palourde* (**).   FIG. 507. — *Bucarde coque* (***).

(fig. 505 et 506), saxicaves, tellines, mactres, myes, pholades (fig. 504) et arrosoirs, dont les espèces sont toutes marines.

Les vénus fournissent les espèces alimentaires connues sous les noms de clovisses, praires (fig. 505), palourdes (fig. 506), etc. Celles des étangs

(*) *Venus verrucosa*; la *Praire double* des Toulonnais.
(**) *Venus decussata*; de l'étang de Thau.
(***) *Cardium edule*.

marins de la Méditerranée et de la rade de Toulon sont particulièrement
estimées. Les coques (fig. 507), du genre bucarde, et
d'autres bivalves alimentaires le sont moins.

Quant aux huîtres et aux moules, tout le monde
les connaît et sait quels soins on apporte aujour-
d'hui à leur culture.

Les coquilles fossiles des lamellibranches ne sont
pas moins intéressantes au point de vue paléontologique et zoologique que celles des gastéropodes
ou des céphalopodes. Les hippurites (fig. 508) sont
au nombre de celles qui s'éloignent le plus des
espèces actuellement existantes.

Fig. 508. — *Hip-
purite.*

Classe des Brachiopodes.

Les acéphales de cette classe sont pourvus d'une coquille à deux
valves; mais ces valves, au lieu d'être placées sur les côtés du corps de
l'animal, sont l'une supérieure et l'autre inférieure. En outre, leurs
branchies ne forment plus des organes spéciaux comme celles des conchifères ou lamellibranches : ce sont de simples dépendances du manteau. Il faut ajouter qu'il existe chez les brachiopodes deux longs palpes
labiaux ciliés, placés à droite et à gauche de la bouche, qui ont la forme
de tentacules ou de bras enroulés en spirale; de là vient le nom de BRA-
CHIOPODES qui a été donné aux mollusques de cette classe. Ces bras
sont tantôt mobiles, tantôt fixes.

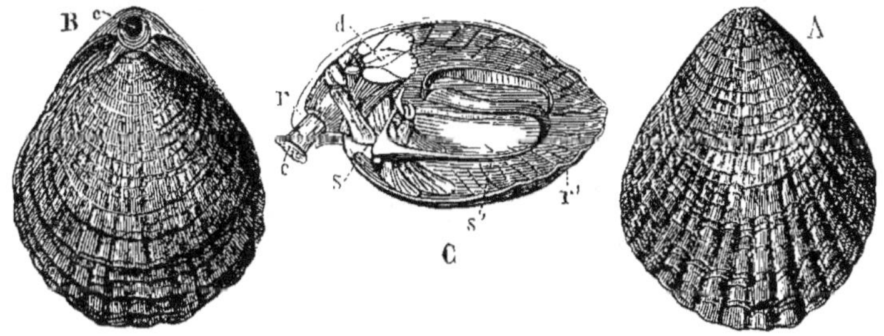

Fig. 509. — *Térébratule* du sous-genre *Waldheimie* (*).

Les autres systèmes d'organes des brachiopodes possèdent encore
quelques particularités remarquables, qui justifient la séparation de ces

(*) A = la coquille; vue par sa valve supérieure ou grande valve.

B = vue par sa face inférieure; en *c* est l'ouverture de la grande valve par laquelle sort
le pédoncule servant à attacher l'animal aux corps sous-marins.

C = coupe longitudinale permettant de voir : *c*) le pédoncule d'attache; — *d*) l'ensemble des muscles servant à ouvrir les valves et à les fermer; — *r*) la partie de la
grande valve par laquelle sort ce pédoncule; — *ss'*) l'armature solide destinée à supporter
les bras.

mollusques d'avec les conchifères; ils sont représentés en partie sur les figures ci-contre.

Fig. 510. — Anatomie de la *Térébratule* (*Waldheimia australis*) (*).
L'animal est retiré de sa coquille.

Tous les brachiopodes sont marins; en général, ils se tiennent à de grandes profondeurs; ils sont fort rares dans nos mers.

Fig. 511.

Fig. 512.

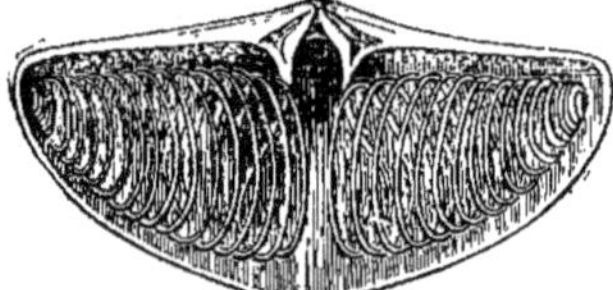

Fig. 513.

Fig. 511. — *Rhynchonelle.* — 512. *Productus.* — 513. *Spirifère.*

Ces mollusques constituent différents genres connus des naturalistes sous les noms de térébratules, waldheimies (fig. 509 et 510), rhynchonelles (fig. 511), orbicules, lingules, etc.

(*) *a, a*) manteau ; — *b*) œsophage ; — *c, c*) pédoncule et sa capsule ; — *d, d', d''*) principaux muscles servant aux mouvements des valves de la coquille (voyez fig. 509, *c, d*), l'ensemble de ces muscles) ; — *e*) estomac sur lequel on voit l'insertion des canaux biliaires qui ont été coupés ; — *i i'*) intestin ; — *k*) cœur ; — *l* et *m*) vaisseaux sanguins ; — *n, n'*) les bras tentaculaires dont les bords sont frangés ; — *o*) oviducte.

Il y en a également eu dans les anciennes mers, et beaucoup de leurs espèces éteintes sont citées en géologie comme caractéristiques de différentes formations. Plusieurs d'entre elles ressemblent aux térébratules, aux rhynchonelles, etc., et appartiennent aux mêmes genres ou à des genres très-peu différents; d'autres ont servi à l'établissement de coupes génériques aujourd'hui sans analogues.

Les productus (fig. 512), ainsi que les spirifères (fig. 513), brachiopodes des formations géologiques les plus anciennes, sont plus particulièrement dans ce cas. Les térébratules nous offrent l'exemple remarquable d'un genre d'animaux qui a eu de nombreux représentants à toutes les époques géologiques, et dont les différentes espèces sont souvent fort difficiles à distinguer les unes des autres.

Classe des Tuniciers.

Les Tuniciers sont aussi des acéphales, mais ils manquent de coquille, et leur organisation s'éloigne à plusieurs égards de celle des deux classes précédentes. Leur corps est protégé par une peau coriace, qui forme une tunique résistante, percée de deux orifices seulement. L'un de ces orifices conduit au sac branchial, au fond duquel est située la bouche; l'autre sert de cloaque. Le système nerveux de ces animaux ne fournit pas de véritable collier œsophagien; on n'y remarque qu'un seul ganglion duquel partent les nerfs destinés aux différents organes. Le cœur est allongé en forme de vaisseau, et la circulation y est oscillatoire.

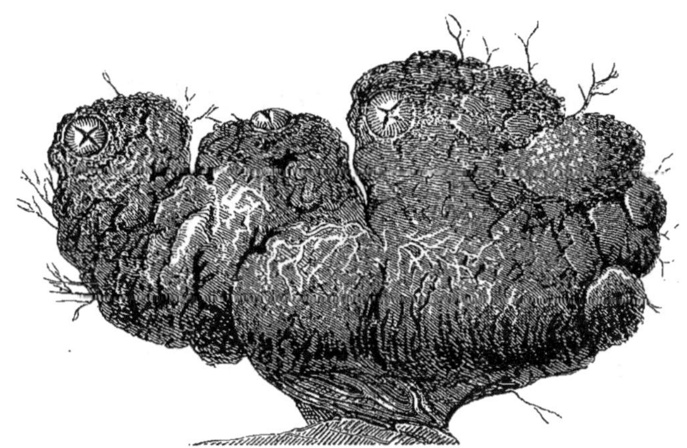

Fig. 514. — *Ascidie microcosme* (*).

Beaucoup de tuniciers restent habituellement fixés aux corps sous-marins, sauf toutefois pendant leur premier âge, durant lequel ils sont mobiles et pourvus d'un prolongement caudiforme rappelant la queue des têtards ou celle des cercaires : ce sont les Ascidies.

(*) Plusieurs individus rapprochés et en partie greffés. Espèce alimentaire.

Il y a des espèces d'ascidies dont les individus restent isolés (fig. 514);
d'autres qui sont des agrégations d'individus (fig. 515) réunis au moyen
d'une tige commune, et d'autres qui résultent de l'association intime de
plusieurs sujets confondus sous une enveloppe unique, ce qui les a fait
appeler ascidies composées (fig. 516).

FIG. 515. — *Ascidie agrégée.*   FIG. 516. — *Ascidie composée* (*).

Les pyrosomes, si phosphorescents pendant la nuit, sont aussi des
tuniciers composés : ils ressemblent à de jeunes ascidies qui se seraient
soudées les unes aux autres; leurs colonies sont libres et flottent au
sein des mers.

Les SALPES ou *Biphores* (fig. 517) sont une autre forme de tuniciers
hydrostatiques. L'étude de ces mollusques a mis les naturalistes sur la
voie des phénomènes de génération alternante. Dans ce mode de reproduction, l'espèce est tour à tour gemmipare ou pourvue de sexe, et les

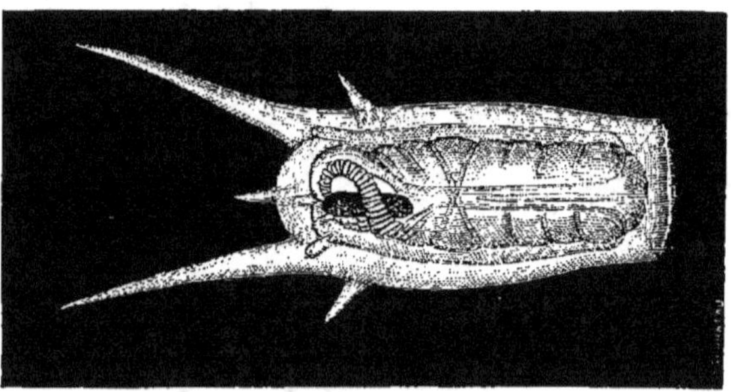

FIG. 517. — *Biphore.*

individus d'une première génération ont souvent une forme très-différente de ceux qui appartiennent à la seconde. Cette alternance, constituant une sorte de *dimorphisme animal,* donne l'explication de faits très-
nombreux qu'on avait d'abord mal interprétés, et qui avaient, dans
plusieurs circonstances, conduit à décrire comme appartenant à des

(*) Sur une fronde de fucus.

ordres, ou même à des classes différentes, des animaux que l'on sait aujourd'hui constituer les deux formes de certaines espèces douées de génération alternante.

Plusieurs genres d'annélides [syllis, myrianide (fig. 453, A), naïs, etc.], les douves, de l'ordre des trématodes (fig. 458, *c*), les ténias (fig. 459) et autres vers rubanés, les polypes, de la classe des acalèphes, sont, comme les tuniciers de la famille des salpes ou biphores, des animaux à génération alternante.

Les barillets de la Méditerranée (g. *Doliolum*) appartiennent au groupe des tuniciers. Ils restent isolés les uns des autres à la manière des ascidies simples. Ces animaux semblent former la transition des mollusques aux cestes, callianires et béroés constituant la division des cténophores, que l'on classe parmi les zoophytes.

Les barillets sont pélagiens; ils sont aussi remarquables par la bizarrerie de leur forme que par la transparence de leurs tissus, et sous ce rapport ils ressemblent donc aux acalèphes. Leur corps sert de refuge à un petit crustacé édriophthalme du genre phronyme, qui en est le parasite habituel.

Classe des Bryozoaires.

Cette classe termine l'embranchement des mollusques; les animaux qu'on y rapporte sont tous de très-petite dimension. Le plus souvent ils sont agrégés et vivent réunis en communauté. La plupart présentent une assez grande analogie avec les tuniciers, mais leurs branchies (fig. 110 et 518), d'ailleurs placées en avant de la bouche, forment une sorte de panache, dont les filaments restent séparés les uns des autres, tandis que celles des tuniciers représentent une véritable poche dont l'ouverture est fort petite et simplement mamelonnée. Ce panache peut rentrer dans la gaîne protectrice du corps ou se montrer à l'extérieur.

On les a quelquefois pris pour des polypes et réunis à ces animaux; mais leur corps binaire, l'état complet de leur tube digestif (fig. 518), et leurs autres caractères principaux, ont dû les faire reporter parmi les

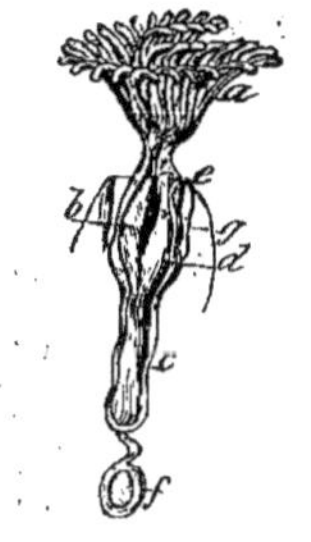

Fig. 518. — *Plumatelle* (*).

mollusques. Ce sont des mollusques véritables, quoique imparfaits, et la plupart des caractères distinctifs qu'ils présentent sont en rapport avec l'infériorité du rang qu'ils occupent dans ce vaste embranchement.

Nous avons plusieurs genres de bryozoaires dans nos eaux douces [cristatelle (fig. 110), alcyonelle, plumatelle (fig. 518), frédéricelle, paludicelle, etc.]; ceux qui vivent dans les eaux marines sont bien plus nombreux. Il y en a parmi eux dont les cellules s'encroûtent d'un dépôt

(*) *a*) panache branchial; — *b*) œsophage; — *c*) estomac; — *d*) intestin; — *e*) anus; — *f*) œuf suspendu à l'ovaire.

calcaire destiné à les protéger, ce qui forme une sorte de polypier : ce sont les eschares, les rétépores, les tubulipores, etc., genres dont il existe des espèces dans nos mers.

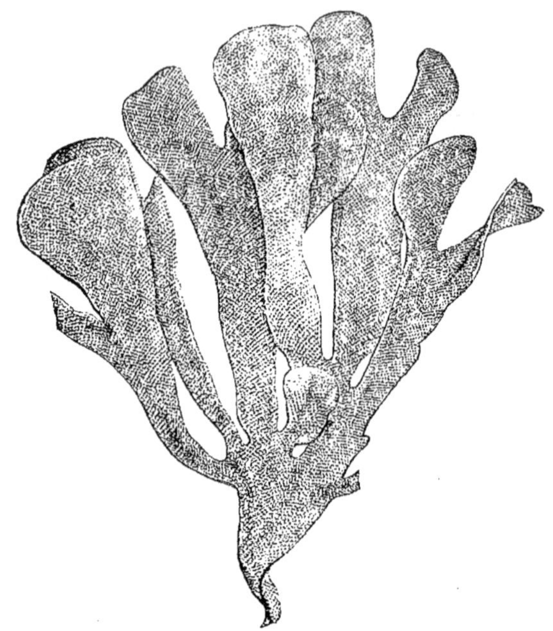

FIG. 519. — *Flustre.*

Chez un certain nombre d'autres bryozoaires marins, les téguments conservent au contraire une consistance analogue à celle du parchemin ou restent flexibles. Les flustres (fig. 519) sont de ce nombre.

Plusieurs terrains sont riches en débris fossiles de bryozoaires à test calcaire, dont les paléontologistes ont commencé à donner la description dans ces dernières années.

CHAPITRE L

ANIMAUX RAYONNÉS : ÉCHINODERMES ET POLYPES.

Les animaux rayonnés se reconnaissent à la forme de leur corps toujours divisible en plus de deux parties qui sont situées comme autant de secteurs autour d'un axe central, au lieu d'être, comme dans les embranchements qui précèdent, au nombre de deux seulement, et placées à droite et à gauche du plan médian. Leur système nerveux forme autour de la bouche un cercle de ganglions d'où partent des filets allant aux différents organes. Cette disposition a été plus particulièrement observée chez les échinodermes.

L'embranchement des RAYONNÉS, ou quatrième embranchement du règne animal, se partage en deux catégories secondaires, constituant l'une et l'autre un sous-embranchement. Nous en parlerons sous les noms d'*Échinodermes* et de *Polypes*.

Sous-embranchement des Échinodermes.

Les ÉCHINODERMES doivent ce nom aux pièces dures, assez souvent en forme de piquants, dont leur peau est hérissée. Ce sont :

1° Les spatangues (fig. 520), les clypéastres, les scutelles, les cidaris (fig. 521), et les oursins de toutes sortes (fig. 522) formant la classe des *Échinides ;*

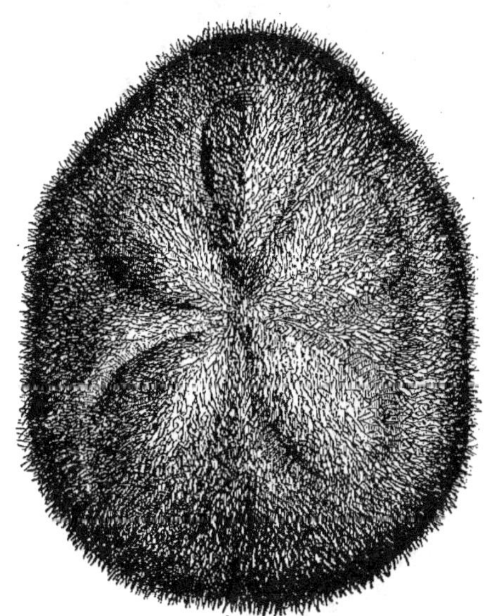

FIG. 520. — *Spatangue.*

2° Les astéries ou étoiles de mer (fig. 222 et 523), les ophiures, les euryales (fig. 524), les comatules et les encrines (fig. 525), dont la réunion constitue les *Stellérides ;*

Et 3° les *Holothurides*, divisés à leur tour en holothuries proprement dites, synaptes (fig. 526), etc.

La forme de ces animaux présente de singulières différences. Tantôt ils sont globuleux comme les oursins (fig. 522), dont certaines espèces portent les dénominations de melons de mer, châtaignes de mer, etc.; tantôt ils sont aplatis et ressemblent à des écussons ou à des boucliers, ce qui a lieu pour les scutelles.

Fig. 521. — *Cidaris*; vu en dessous.

Fig. 522. — *Oursin*.

Les astéries, ou étoiles de mer, doivent leur nom à leur apparence étoilée, et les ophiures, qui s'en rapprochent, ressemblent à des queues de serpents qui seraient soudées autour d'un disque commun. De leur côté, les euryales sont remarquables par les nombreuses subdivisions de leurs rayons principaux. Quant aux encrines (fig. 525), elles ont l'apparence de fleurs à pétales multiarticulés, et sont portées sur un pédicule mobile dont les comatules sont aussi pourvues, mais dans leur premier âge seulement[1].

FIG. 523. — *Astérie rougeâtre*.

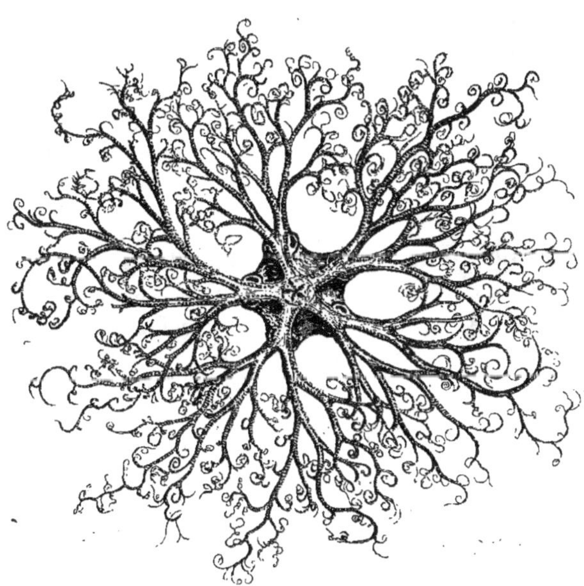

FIG. 524. — *Euryale*.

Enfin, les holothuries sont allongées, et il est certains genres de cette

1. Le *Pentacrinus europæus*, primitivement décrit comme appartenant à la division des encrines, est une jeune comatule encore pourvue de son pédicule.

dernière catégorie qui pourraient être pris pour des vers, si l'on ne tenait compte de leur structure anatomique : les synaptes (fig. 526) sont plus particulièrement dans ce cas.

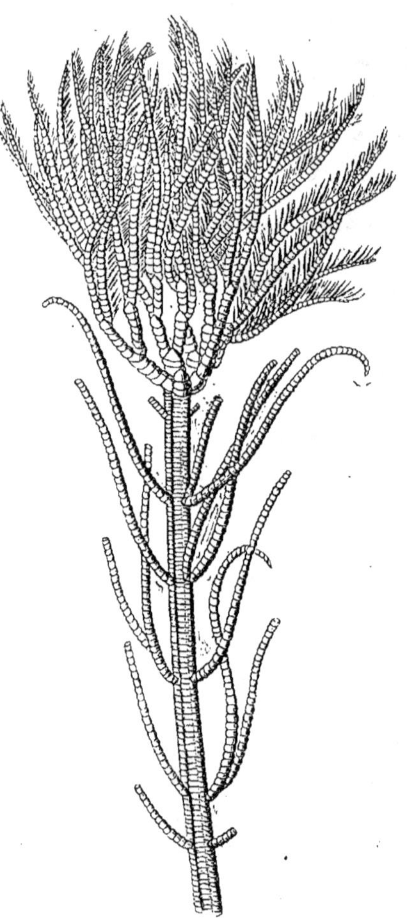

FIG. 525. — *Encrine des Antilles.*

Malgré cette diversité de leurs formes, les échinodermes sont faciles à caractériser. Leur peau est soutenue par des pièces dures, de nature calcaire, qui sont quelquefois serrées les unes contre les autres de manière à simuler une sorte de marqueterie fort régulière enveloppant l'animal d'un véritable test protecteur. La surface en est à son tour hérissée de piquants. Les oursins nous présentent cette disposition d'une manière très-évidente, et leur test, ainsi que leurs piquants, qui sont plus développés dans certaines espèces que dans d'autres, fournissent d'excellents caractères lorsqu'on cherche à les distinguer entre eux. Les piquants des cidaris (fig. 521) sont plus forts que ceux des autres échinides.

On trouve fréquemment sur les bords de la mer des tests d'oursins. Ceux des espèces propres aux anciens âges géologiques ne sont pas moins faciles à reconnaître. Les géologues les recherchent avec soin dans les terrains qui nous les ont conservés, et ils en tirent d'excellentes indications pour la classification chronologique de ces terrains. La présence de semblables débris dans une roche est une preuve certaine de son origine marine.

Le test des échinodermes est habituellement percé de trous disposés avec régularité, par lesquels sortent des cirres tentaculiformes, espèces de papilles douées de contractilité, dont la fonction la plus apparente est de servir d'attache à ces zoophytes, lorsqu'ils veulent adhérer à d'autres corps. Chez les échinides, ces cirres ont pour orifices les ambulacres, nombreuses perforations dont l'ensemble forme cinq figures à peu près elliptiques, qui ressemblent à une rosace.

Ils paraissent être aussi des organes de respiration; mais l'eau aérée qui s'introduit dans l'intérieur du corps des échinodermes concourt également à hématoser leur sang. Ces animaux ont des vaisseaux et quelquefois un organe contractile comparable à un cœur. Leur tube digestif est le plus souvent complet.

Fig. 526. — *Synapte.*

On a constaté la présence du système nerveux chez plusieurs d'entre eux. Il forme autour de la bouche un collier composé d'autant de petites masses ganglionnaires qu'il y a de divisions au corps. Chaque ganglion représente une sorte de petit cerveau duquel partent les filets nerveux destinés aux différentes parties avec lesquelles ce ganglion correspond. Les étoiles de mer montrent à l'extrémité de leurs rayons de petits organes qui sont de véritables yeux.

Les sexes des échinodermes sont tantôt séparés, tantôt portés par le même individu. Leur reproduction est habituellement ovipare, et pendant leur premier âge ils ont une forme très-différente de celle qu'ils devront acquérir plus tard. Ces métamorphoses (fig. 527) ont été, de la part de J. Müller, l'objet d'un examen attentif, et elles lui ont fourni le sujet de plusieurs mémoires remarquables.

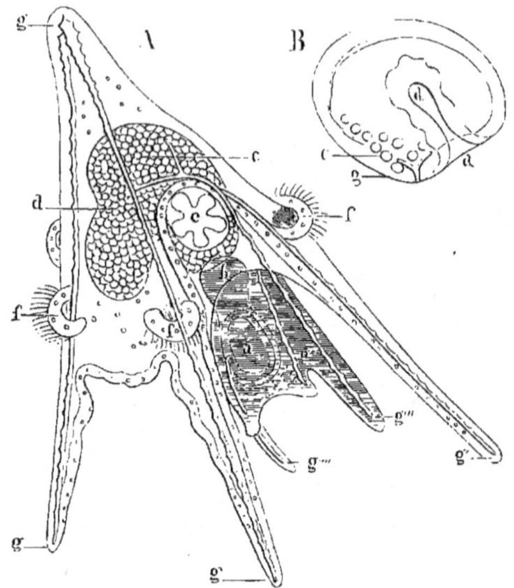

FIG. 527. — Larves d'*Oursins* (*).

On mange quelques espèces d'oursins : ce sont les glandes génitales de ces animaux qu'on recherche. Le goût en est agréable et elles ont des qualités apéritives.

En Chine, une holothurie, nommée *trépang*, est aussi employée comme aliment; elle y est l'objet d'un commerce considérable. C'est surtout sur les côtes malaises qu'on la pêche.

Sur certains rivages on recueille les astéries rejetées par la mer, mais pour les employer comme engrais.

Sous-embranchement des Polypes.

Il existe dans presque toutes les eaux douces de l'Europe, particulièrement dans celles qui sont stagnantes, un petit animal fort singulier.

(*) A = larve mobile, grossie 166 fois. — *a*) bouche; — *b*) estomac; — *c* et *d*) intestin; — *e*) plaque calcaire appelée *disque échinodermique*; — *f*) organes ciliés servant à la natation et à la respiration; peut-être les futurs ambulacres; — *g, g', g'', g'''*) tiges calcaires servant de charpente au corps de l'animal.

B = larve âgée de deux jours seulement. — *a*) bouche; — *b*) cavité stomacale; — *c*) emplacement de l'intestin; — *d*) les tiges calcaires à peine développées.

Il est mou et inarticulé ; n'a pour organes digestifs qu'une simple cavité
pourvue d'un orifice unique, lequel est entouré de tentacules contractiles.
Ce petit animal se multiplie par bourgeons comme une plante, mais
il produit des œufs. Quand on le coupe, chacun des morceaux qu'on en
a faits devient lui-même un être semblable à celui dont il provient. Ses

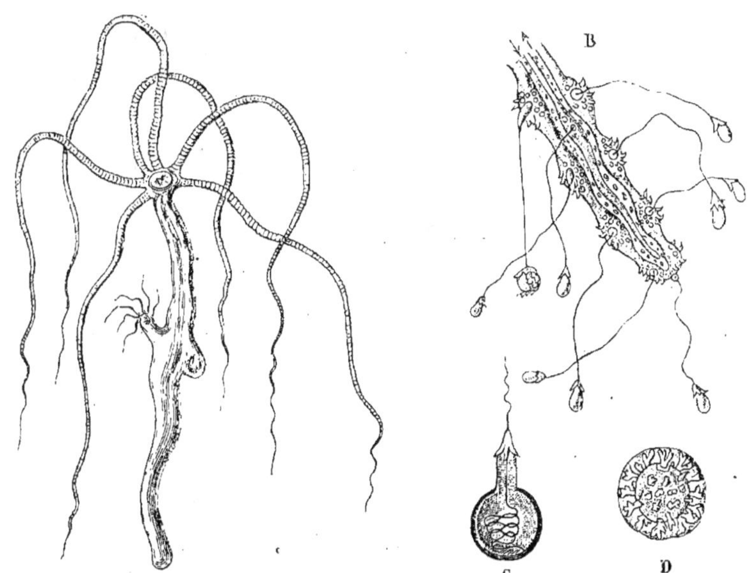

FIG. 528. — *Hydre* ou *Polype à bras*.   FIG. 529. — Bras et œuf de l'*Hydre* (*).

œufs sont surtout destinés à passer l'hiver au fond des eaux ou dans la
vase, pour donner au printemps suivant naissance à de nouveaux sujets.
Sa forme est rayonnée et il a une structure anatomique fort simple. C'est
le *polype à bras* (fig. 1, 528 et 529), décrit avec tant de soin par Trembley
dans un ouvrage publié en 1744, et dont on a formé depuis lors un
genre distinct auquel Linné a donné le nom d'hydre (*Hydra*).

L'étude suivie qu'on en a faite a porté l'attention des savants sur une
foule de productions marines ayant une analogie apparente avec les
végétaux, mais dures et pierreuses, malgré leur structure organisée, ce
qui les avait fait appeler *lithophytes*. Ces productions, qu'on nomme
aujourd'hui *polypiers*, sont dues à l'incrustation d'une portion des tissus
de certains animaux assez semblables par la disposition de leurs organes
mous à des hydres, et de même pourvus de tentacules disposés radiaire-
ment ; mais ces tentacules sont pleins, au lieu d'être creux comme ceux
des hydres.

(*) B) bras très-grossi pour montrer les organes urticants dont il est pourvu ; — C) une
des capsules urticantes dont le fil suspenseur n'est encore qu'en partie déroulé ; très-grossie ;
— D) est un œuf hibernal de l'hydre ; très-grossi.

Réaumur, Guettard et les naturalistes contemporains de Trembley,

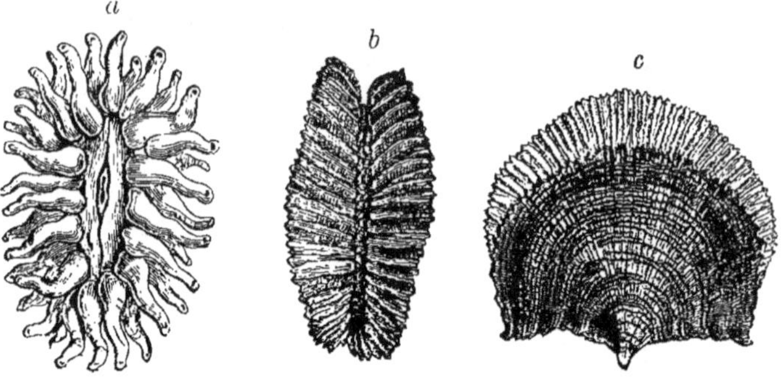

FIG. 530. — *Flabelline* (*).

FIG. 531. — *Actinie œillet.*

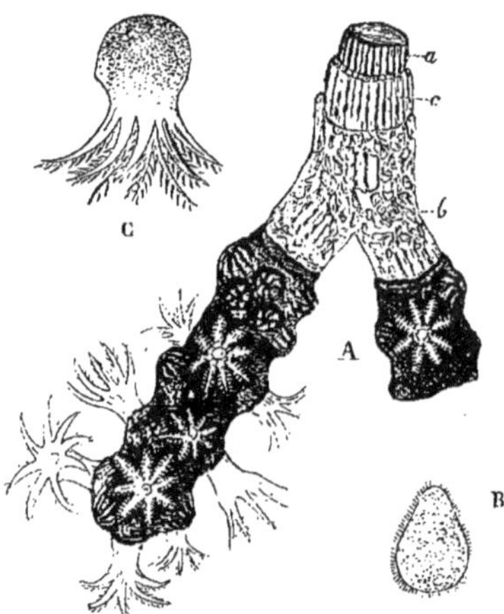

FIG. 532. — Structure et développement du *Corail* (**).

ont à cause de cela étendu la dénomination de *polypes*, détournée par

(*) *a*) l'animal avec ses tentacules et sa bouche ; — *b*) son polypier, vu par la face supérieure ; — *c*) le même, vu de profil.

(**) A = branche de corail détachée du reste de la colonie. — *a*) l'axe du polypier constituant la partie rouge et solide employée dans les arts ; — *b*) la couche des vaisseaux réticulés ; — *c*) la couche des vaisseaux longitudinaux, placée entre la précédente et la partie solide intérieure. Les polypes, autrefois pris pour des fleurs à cause de leur forme, sont en rapport direct avec l'enveloppe sarcoïde ou corticale qui recouvre les deux couches *b* et *c*. Cette couche sarcoïde, c'est-à-dire d'apparence charnue, est teintée en noir dans la présente figure. On y voit quelques polypes épanouis et d'autres contractés sur eux-mêmes en forme de mamelons.

B = larve ciliée du corail.

C = larve ayant déjà pris la forme de polype et prête à se fixer. Elle est dès lors capable de donner naissance à une nouvelle colonie, en produisant par gemmation de nouveaux individus qui ne se sépareront pas d'elle et dont l'ensemble sera soutenu par la sécrétion pierreuse formant le polypier. Ses tentacules sont dirigés en bas.

eux de la signification qu'elle avait chez les anciens, aux animaux dont proviennent les lithophytes, et les espèces de concrétions dues à ces polypes ont dès lors été appelées des polypiers.

Il y a des polypes, comme les actinies ou anémones de mer (fig. 223 et 531), qui ne produisent pas de polypiers. La facilité avec laquelle on les transporte hors de l'eau sans qu'ils périssent, permet de les expédier à d'assez grandes distances, et l'on s'en sert pour peupler les aquariums, dont ils sont un des principaux ornements.

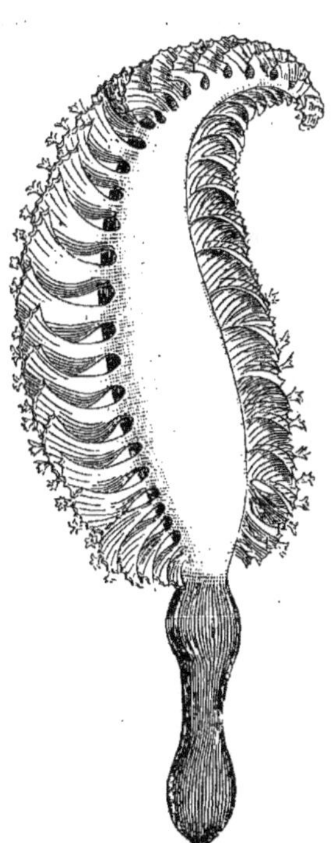

FIG. 533. — *Pennatule.*				FIG. 534. — *Vérétille.*

Toutefois on constate de grandes différences entre les polypes comparés les uns aux autres, et il y a non-seulement plusieurs genres, mais encore plusieurs ordres, peut-être même plusieurs classes parmi ces animaux.

Le corail (fig. 532) est un polype à polypier propre à la Méditerranée, dont la partie calcaire, d'une belle couleur rouge ou rose, est depuis très-longtemps employée en joaillerie.

Les polypes du corail vivent en société, et un même rameau en porte un nombre considérable, qui se voient à la surface de sa partie corticale comme autant de petites fleurs qui seraient insérées sur l'écorce d'un arbre. Ils sont de couleur blanche et plus ou moins apparents, suivant qu'ils sont sortis ou rentrés dans la partie corticale entourant le polypier durci dont on se sert comme objet d'ornement.

Certains polypes, peu éloignés du corail, ne produisent pas de partie calcaire comparable à la sienne. Toute la substance de leur polypier est charnue ou coriace; la masse en est soutenue par une multitude de petits corpuscules de formes très-variées, auxquels on donne le nom de *spicules*. Nous en avons des exemples sur nos côtes, et parmi eux les pennatules (fig. 533) ainsi que les vérétilles (fig. 534). Les ombellulaires des côtes du Groenland ont une forme plus bizarre encore; mais tous ces polypes voisins du corail ont pour caractère principal d'avoir les tentacules festonnés.

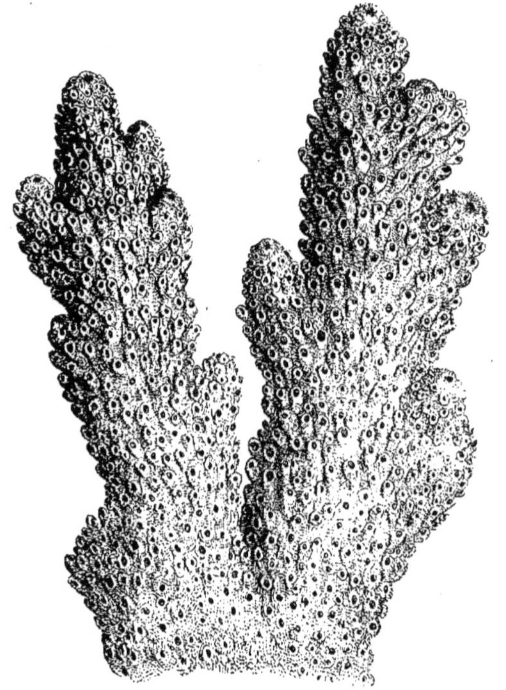

FIG. 535. — *Madrépore.*

La plupart des polypiers sont pierreux, mais ils sont en général trop grossiers pour servir aux mêmes usages que le corail; ils méritent toutefois de nous intéresser à d'autres titres. Dans les mers des pays chauds, il en existe une grande diversité, et les animaux qui les produisent pullulent avec une telle rapidité, qu'en certains endroits leur réunion

forme des masses assez compactes pour qu'on puisse y tailler des matériaux de construction. Ailleurs ils sont l'origine de récifs dangereux, et
certains îlots d'une forme spéciale ne sont autre chose que des amas de
polypiers simulant une sorte de couronne autour des monticules sous-
marins : on les appelle quelquefois des îles madréporiques, par allusion
au genre madrépore (fig. 535), qui est une des principales formes de
polypiers qu'on y trouve. Ces îles portent également le nom d'attoles :
elles sont nombreuses dans l'Océanie.

Les millépores, les fongies (fig. 536), les astrées, les méandrines, etc.,
sont aussi des polypes pourvus de parties solides ou polypiers.

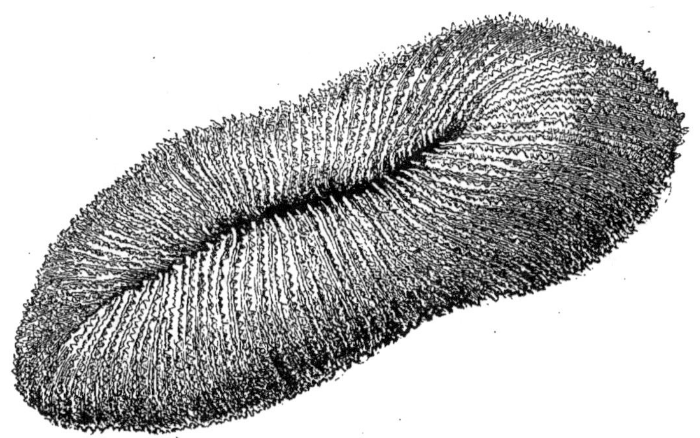

FIG. 536. — *Fongie.*

Tous ces polypes ont un genre de vie sédentaire ; dans certaines
localités, ils forment au fond des eaux comme des buissons ou des tapis
comparables aux pelouses qui garnissent le sol dans nos campagnes et de
nos prairies. Il en est d'autres qui sont au contraire pélagiens, voguent
dans la haute mer en nombre souvent considérable et nagent avec élégance pendant les temps calmes. La tempête disperse ou fait échouer
sur la plage ces colonies flottantes que nous appelons des méduses,
des vélelles, des physalies, des stéphanomies, etc. Dans la classification,
ces animaux singuliers sont souvent associés aux béroés sous le nom
plus général d'*Acalèphes*.

On les a en effet réunis dans une classe différente de celle des polypes
sédentaires, que de Blainville appelait *Zoanthaires*, c'est-à-dire animaux-
fleurs : exemple, l'actinie. Mais les acalèphes eux-mêmes sont aussi des
polypes, et les observations dont ils ont été l'objet de nos jours ont singulièrement élucidé leur histoire.

Ces zoophytes se propagent d'une manière analogue à celle que nous
avons déjà signalée comme étant propre à certains vers intestinaux, tels

que les ténias ou les douves, et dont plusieurs annélides sétigères nous
ont aussi offert le modèle. Ils se reproduisent alternativement par œufs,
et par gemmes ou bourgeons. Les méduses sont, comme les cucurbitins,
des moyens de reproduction d'où naîtront bientôt les œufs destinés
à fournir de nouveaux polypes agames. De même les fleurs auxquelles le
fruit succède sont des individus sexués qu'engendrent par agamie,
c'est-à-dire en dehors de toute fécondation, les rameaux verts des
plantes, et, chez les plantes, ces rameaux jouent dans le développement
un rôle analogue à celui des polypes agames chargés d'engendrer des
acalèphes.

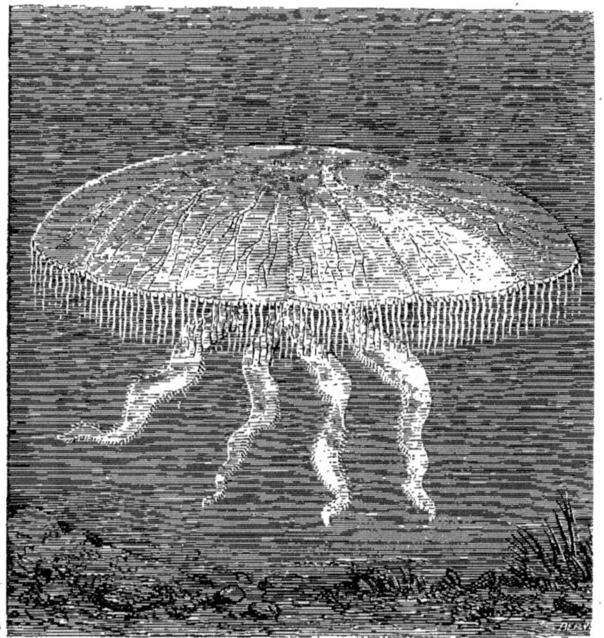

FIG. 537. — *Méduse* du genre *Aurélie*.

Ces derniers ne doivent donc pas être séparés des polypes dans la
classification, puisqu'ils ne sont que l'état sexué de certains de ces
animaux.

Voici comment les choses se passent en ce qui concerne les *méduses*. Ces
êtres, dont la consistance semble purement gélatineuse, et qui ont, dans
beaucoup d'espèces, une transparence égale à celle du cristal, affectent
la forme d'une ombrelle surmontant des prolongements de même consistance, au milieu desquels est percée la bouche, ou qui possèdent eux-
mêmes de petits orifices en communication avec des canaux d'une nature
intermédiaire aux vaisseaux circulatoires et à l'intestin. Sur le dessus

du corps des méduses se voit une rosace constituée par l'appareil reproducteur, soit mâle, soit femelle.

On a cru longtemps que ces animaux formaient des êtres à part, distincts de tous ceux qu'on avait classés parmi les polypes. C'est ainsi que les considérait Rondelet, savant naturaliste de Montpellier, qui a publié vers le milieu du XVIe siècle un ouvrage rempli de faits curieux relatifs aux animaux marins ; c'est aussi l'opinion qu'en avaient conservée Cuvier et de Blainville.

Fig. 538. — *Méduse* du genre *Rhizostome*.

Mais des observations plus récentes ont montré que les méduses naissent de certains polypes d'abord classés parmi les polypes ordinaires sous les noms de campanulaires (fig. 539), de tubulaires et de corynes.

Si l'on met un de ces polypes à métamorphoses dans un aquarium, on ne tarde pas à voir apparaître dans le même vase des méduses, celles-ci n'étant autre chose que les capitules qui couronnent les rameaux de ces polypes détachés, devenus libres et parvenus à leur phase reproductrice.

Qu'on se représente les fleurs des végétaux se séparant des parties vertes au moment de la fécondation, comme cela a d'ailleurs lieu pour les fleurs mâles de vallisnéries, qui sont des plantes aquatiques propres au midi de l'Europe, et l'on aura une idée exacte du mode suivant lequel les méduses prennent naissance. La partie sédentaire des polypes dont elles se détachent pour aller au loin produire des œufs continue à s'ac-

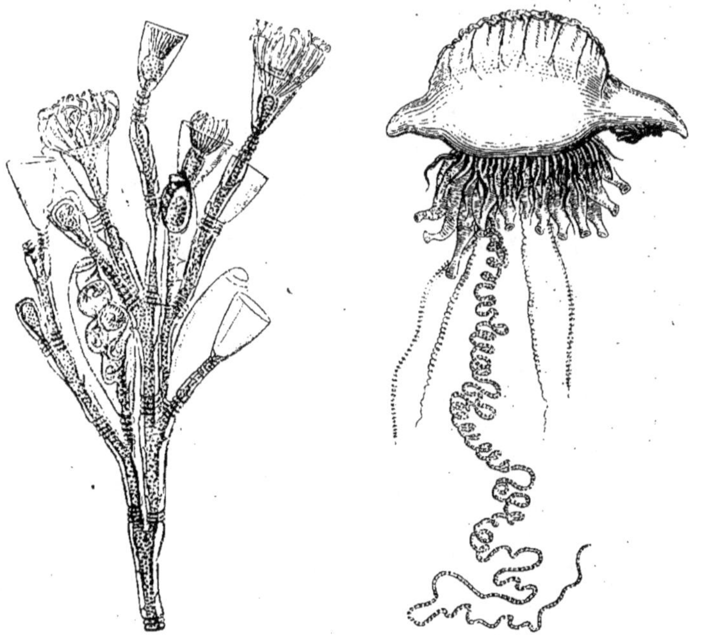

Fig. 539. — *Campanulaires.*　　　Fig. 540. — *Physalie.*

croître par bourgeonnement, ou, comme on dit aujourd'hui, par génération agame, absolument comme le font les rameaux verts des plantes, c'est-à-dire les parties de ces dernières issues des bourgeons ordinaires. Les méduses, ou individus libres et pourvus de sexes, naissent au contraire de la même manière que les boutons à fleur, et sont destinées au même rôle que les véritables fleurs. Ce sont, comme elles, les individus sexués de la colonie dont elles font partie.

On connaît des méduses de formes très-différentes les unes des autres et dont on a fait un assez grand nombre de genres. Celles de nos côtes rentrent dans les genres aurélie (fig. 537), pélagie, cyanée, chrysoare, rhizostome (fig. 538), etc.

L'histoire des *Siphonophores* n'est pas moins curieuse. Ces animaux, que Cuvier appelait des acalèphes hydrostatiques, flottent en pleine mer comme les méduses, mais ils ont une forme bien différente. Ce sont des

espèces de guirlandes comparables aux passementeries les plus délicates; on les dirait faits avec du cristal et des pierreries associés sous
les formes les plus élégantes. Dans certains parages, on les voit, par

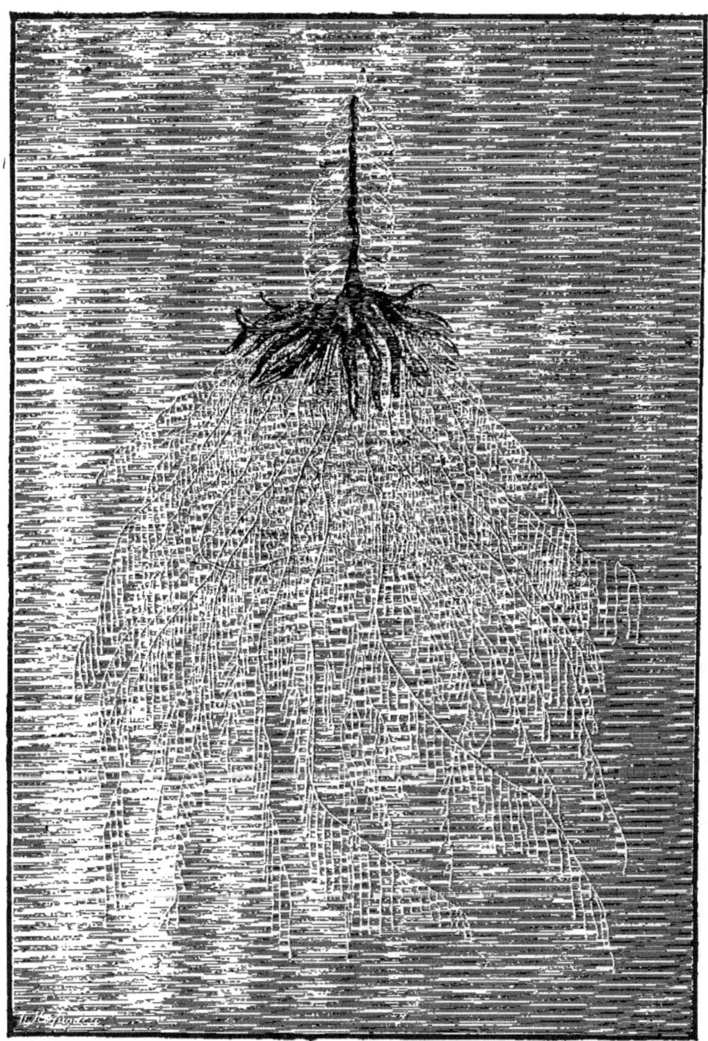

FIG. 544. — *Physophore hydrostatique*.

les temps de calme, flotter à la surface de la mer. Les eaux du golfe
de Villefranche, près de Nice, en possèdent des espèces fort curieuses,
appartenant à plusieurs genres.

P. G.

37

Ce ne sont plus, comme les méduses, des animaux isolés; ils forment au contraire de véritables colonies, et l'on a reconnu que chacune de ces guirlandes animées se compose d'individus de plusieurs sortes. Les

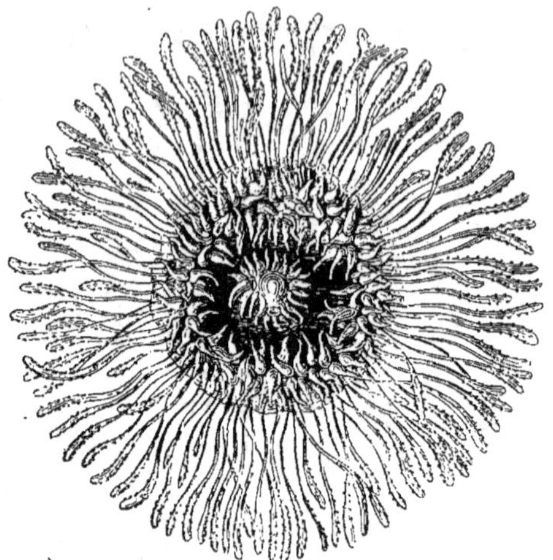

Fig. 542. — *Porpite.*

uns, placés à la tête de l'association, sont destinés à servir de flotteurs : leur forme est vésiculaire. Les autres, munis d'organes urticants, sem-

Fig. 543. — *Vélelle.*

blent préposés à la défense générale. D'autres encore sont chargés de nourrir la communauté, et il en est dont la fonction est de produire les œufs.

Ces œufs engendrent à leur tour de nouvelles associations, dans lesquelles les diverses sortes d'individus qui viennent d'être énumérés apparaissent par bourgeonnement en arrière des individus vésiculifères fonctionnant comme flotteurs.

Les porpites (fig. 542), les vélelles (fig. 543), les physalies (fig. 540), les stéphanomies, les physophores (fig. 541), les prayas (fig. 544) et les diphyes (fig. 545) sont les principaux genres de cette classe de polypes.

Fig. 544. — *Praya.*

Les béroés (fig. 546 et 547) se rapprochent déjà sensiblement des physophores, et on les classe généralement parmi les acalèphes. C'est aussi à ce groupe de radiaires que l'on rapporte les callianires, les cestes, etc., malgré la symétrie binaire de leur forme extérieure.

Mais nous devons nous contenter de citer ici ces animaux, sans entrer à leur égard dans aucun détail étendu.

CLASSIFICATION DES POLYPES. — Il résulte des données précédentes qu'il y a plusieurs catégories bien distinctes de polypes.

I. — Une première répond à peu près à la classe des ACALÈPHES de Cuvier, et comprend les *Cténophores*, les *Siphonophores*, les *Polypoméduses*, les *Sertulaires* et les *Hydres.*

1° Les *Cténophores* sont des acalèphes vivant isolément, dont le corps est garni à l'extérieur de plusieurs rangées de cils disposés verticalement ; leur apparence générale et quelques-uns de leurs caractères principaux les rattachent à certains tuniciers hydrostatiques au nombre desquels on peut citer les barillets. On les a nommés cestes, callianires et béroés (fig. 546 et 547).

2° Les *Siphonophores* forment des colonies composées d'individus de plusieurs sortes, et sont flottants au sein des mers. Exemple : les physalies (fig. 540), les physophores (fig. 541), les prayas (fig. 544), les porpites (fig. 542) et les vélelles (fig. 543).

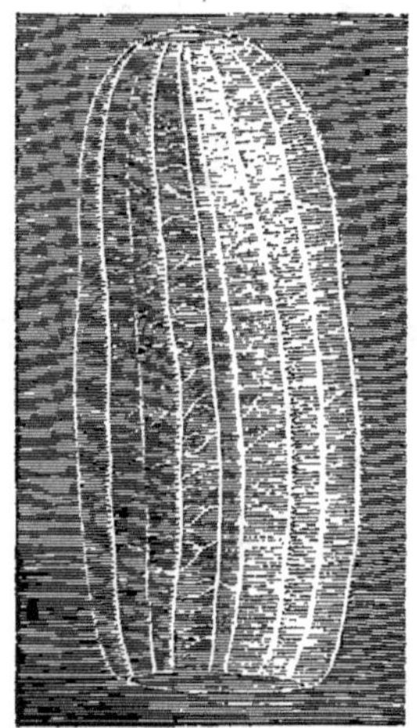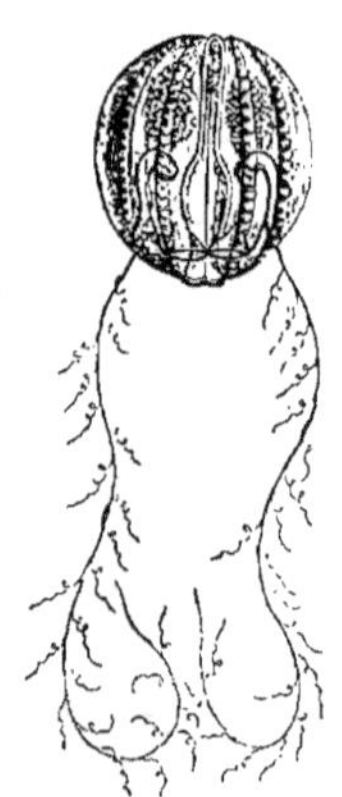

Fig. 545. — *Diphye.*   Fig. 546. — *Béroé de Forskäl.*   Fig. 547. — *Béroé globuleux.*

3° Les *Polypo-méduses* sont d'abord fixés et rameux. Sous cet état, ils constituent les animaux auxquels on a donné les noms de campanulaires (fig. 539), de corynes, etc., lesquels donnent ensuite naissance par génération agame aux méduses, individus pourvus de sexes, qui se détachent des colonies au sein desquelles elles ont pris naissance et nagent librement. Il existe des formes très-différentes parmi ces méduses; on en a fait des genres assez nombreux dont nous avons cité les principaux, mais il est encore impossible de les rattacher pour la plupart aux polypes campanuliformes qui leur donnent naissance.

4° Les *Sertulaires* sont d'autres polypes qui paraissent conserver la forme de polypes rameux à tous les âges.

5° Quant aux *Hydres* ou polypes des eaux douces (fig. 1, 528 et 529), elles se rapprochent à plusieurs égards des méduses, mais elles n'accomplissent pas de métamorphoses, et leurs colonies ne possèdent qu'une seule sorte d'individus.

II. — Une seconde classe est celle des polypes qu'on a nommés ZoanTHAIRES. Ils ne subissent pas de transformations analogues à celles des acalèphes proprement dits.

On les partage en actinies, madrépores et autres polypes mous ou à polypiers pierreux, dont nos mers fournissent un nombre d'espèces bien moindre que celles des pays chauds. Leurs tentacules sont toujours nombreux, lisses et filiformes.

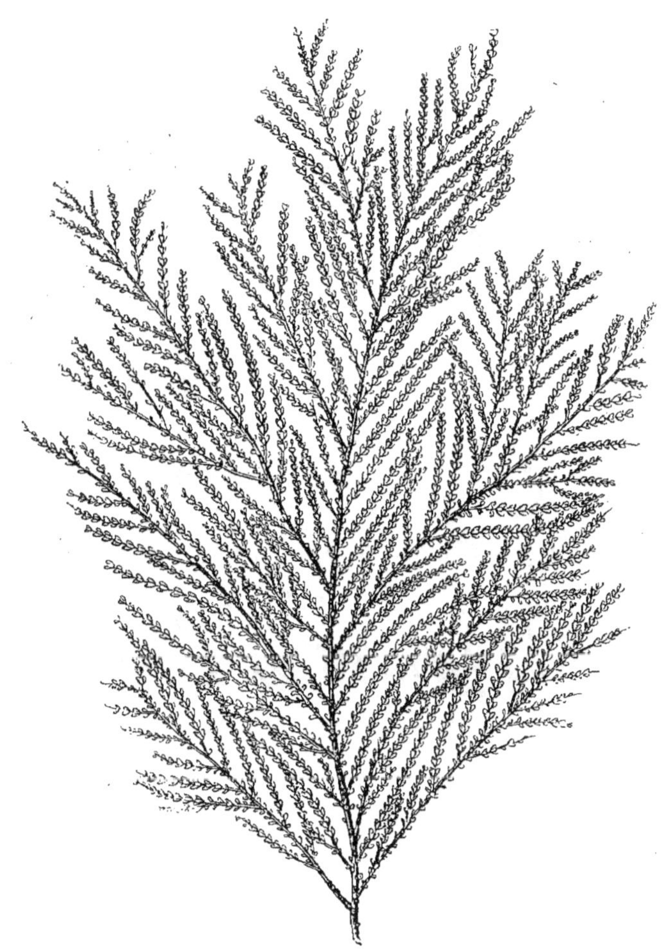

Fig. 548. — *Gorgone verticillée.*

III. — La troisième classe des polypes est celle des Cténocères ou *Coralliaires*, qui ont les tentacules plus courts et festonnés sur leurs bords.

Le corail proprement dit (fig. 532) appartient à cette division, dont les gorgones ou arbres de mer (fig. 548), les lobulaires, les vérétilles (fig. 534) et les pennatules (fig. 533), représentés sur nos côtes par diverses espèces, font également partie. Leur apparence extérieure est souvent fort singulière, et leur parenchyme est soutenu par des spicules ou cristaux comparables aux raphides des végétaux et dont les formes sont également très-variées. Ces spicules peuvent être réunis en polypiers solides et compactes au moyen d'une pâte commune, de nature calcaire, comme cela se voit dans le corail, ou isolés dans le parenchyme de l'animal, ce qui est le caractère des lobulaires. Chez les gorgones, la substance intérieure du polypier a une consistance comparable à celle de la corne.

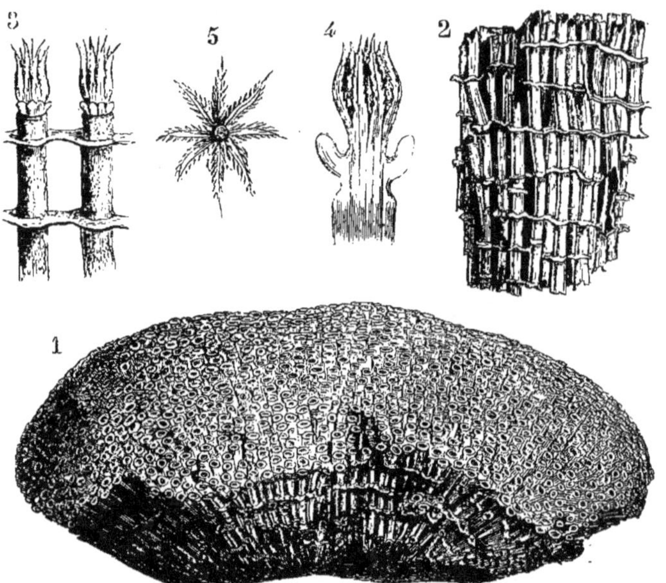

FIG. 549. — *Tubipore musique* (*).

Ajoutons à la liste ci-dessus les tubipores (fig. 549), à polypiers d'un beau rouge, dont les loges ressemblent à de petits tuyaux d'orgue.

Les antipathes, dont l'axe solide fournit le corail noir, se rapprochent des gorgones à plusieurs égards, mais sans avoir tous les caractères anatomiques de ces animaux, et quelques auteurs les réunissent aux zoanthaires.

(*) 1) le polypier, composé de tubes reliés entre eux, dans lesquels sont renfermés les polypes ; — 2) quelques-uns de ces tubes, vus à part ; — 3) polypes dans leur tube ; — 4) corps et tentacules du polype ; — 5) tentacules au centre desquels est la bouche.

CHAPITRE LI

PROTOZOAIRES : SPONGIAIRES, FORAMINIFÈRES, INFUSOIRES.

Animaux diversiformes, agrégés ou isolés, n'ayant, dans bien des cas, que de petites dimensions et dont la structure est toujours plus ou moins homogène ; aussi ne distingue-t-on que difficilement les organes qui les constituent, et leur substance est souvent de nature sarcodaire. Ils sont aquatiques. Certains d'entre eux donnent lieu à des productions calcaires ou siliceuses, comme le test des foraminifères et les spicules des spongiaires, qui peuvent jouer par leur accumulation au fond des eaux un rôle considérable dans la formation de certaines roches. D'autres participent aux phénomènes importants de la décomposition des corps organisés ainsi que des substances dont ces corps sont formés, et ils apparaissent en grand nombre dans les matières en fermentation ou en putréfaction (infusoires). Il en est aussi qui nous fournissent des objets utiles (éponges).

Les PROTOZOAIRES, aussi appelés *Sphérozoaires*, constituent le dernier échelon de la série animale.

Classe des Spongiaires.

Les éponges usuelles, dont nous utilisons la partie chitineuse après les avoir débarrassées de la substance animale qui l'enveloppe et des spicules calcaires qui soutenaient leur masse, sont formées par un amas de filaments tubiformes anastomosés entre eux dans toutes les directions, et qui, bien préparés, se laissent aisément imbiber : c'est cette propriété qui les fait rechercher. Les plus fines proviennent des côtes de Syrie, des îles Bahama et de quelques autres localités.

Les animaux de cette classe n'ont ni tentacules ni tube digestif, mais leur apparence rappelle à certains égards le parenchyme des derniers polypes, c'est-à-dire des polypes cténocères, et on les a quelquefois considérés comme étant la dégradation extrême de ce groupe d'animaux. Leurs spicules ne sont pas toujours calcaires, comme ceux des éponges usuelles ; beaucoup en ont de siliceux, et il est certains genres dont tout le parenchyme est soutenu par une sorte de feutrage entièrement formé de cette dernière substance.

La multiplication des éponges s'opère de deux manières différentes : d'abord par des germes ciliés et mobiles qui ressemblent assez à des infusoires ; ensuite par des espèces de sporanges comparables aux germes des végétaux cryptogames. Ce double mode de propagation a été observé dans plusieurs espèces marines ; on le retrouve aussi dans les éponges propres aux eaux douces, qui diffèrent des éponges usuelles en ce qu'elles manquent de la partie chitineuse qui fait le mérite de ces dernières, et que leurs spicules sont siliceux au lieu d'être calcaires.

FIG. 550. — *Éponge usuelle.*

Quelques auteurs placent les éponges dans la division des polypes; mais, ainsi que nous l'avons dit, il est impossible de leur reconnaître, ni canal digestif, ni bouche, ni tentacules, et cette manière de voir ne semble pas fondée. La seule analogie qu'on puisse leur reconnaître avec les radiaires réside dans la présence de spicules parfois comparables à ceux qu'on observe dans le polypier des coralliaires.

Le genre particulier de spongiaires qui vit dans les eaux douces est celui des spongilles, dont nous avons reproduit ailleurs (fig. 16) les principaux caractères. On n'en tire aucun parti.

Classe des Foraminifères.

Ces animaux présentent le plus souvent un test calcaire composé d'une ou de plusieurs loges très-diversement empilées les unes sur les autres et qui communiquent habituellement entre elles par un petit orifice; de là leur nom de FORAMINIFÈRES, signifiant qu'ils sont comme perforés.

La forme de ces espèces de protozoaires a souvent une singulière ressemblance avec celle des coquilles de certains mollusques, particulièrement avec celle des nautiles vivants ou fossiles; mais, ainsi que nous l'avons déjà dit, cette analogie n'est qu'apparente, et l'organisation des foraminifères n'a aucun rapport avec celle des céphalopodes. C'est donc à tort qu'on les a classés pendant longtemps avec ces derniers. Leur étude a occupé un grand nombre de savants.

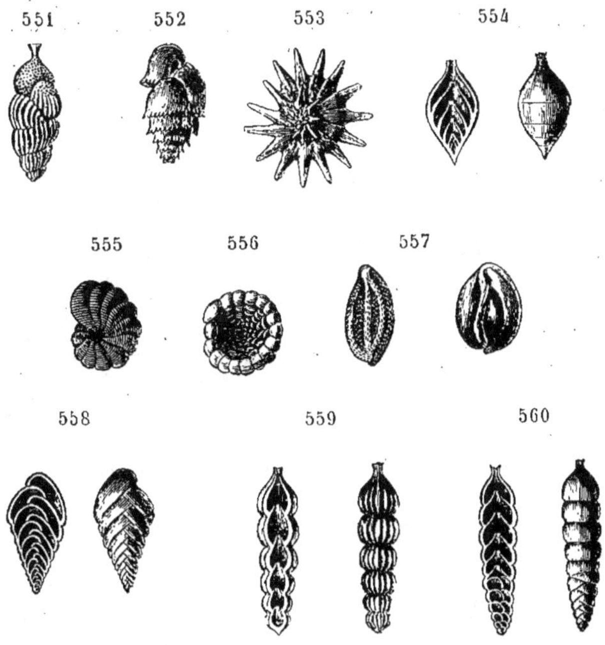

FIG. 551 à 560. — Différents genres de *Foraminifères* (*).

Les parties molles, renfermées dans l'intérieur des loges dont résulte le test de ces protozoaires, consistent en un tissu d'apparence homogène qui émet au dehors des filaments sarcodiques très-ténus, de forme extrêmement variable, qui leur servent à la fois de moyen d'attache et d'appareil locomoteur (fig. 24, B et C).

Les foraminifères vivent principalement dans les eaux salées, et dans beaucoup de localités on trouve leurs petites coquilles mêlées au sable de la mer, ainsi qu'aux autres sédiments qu'elle dépose; par endroits, elles en constituent presque entièrement le fond.

A Rimini, dans l'Adriatique, et sur quelques points du littoral de la Corse, des Antilles, etc., le sable des plages est riche en coquilles de foraminifères. On en retire également au moyen de sondes jetées à de grandes profondeurs au milieu de l'Océan, et aux époques géologiques

551) Uvigérine; — 552) Bulimine; — 553) Calcarine; — 554) Glanduline; — 555) Planorbuline; — 556) Cristellaire; — 557) Triloculine; — 558) Textulaire: — 559) Nodosaire; — 560) Bigénérine.

qui ont précédé la nôtre, il en a de même existé de nombreuses espèces. Elles ont eu, par l'accumulation de leurs carapaces, une grande influence sur la formation de différents terrains.

Ainsi les nummulites (fig. 561) constituent, dans plusieurs parties du monde, d'immenses bancs dont le dépôt remonte aux premiers âges de la période tertiaire. La craie, qui appartient à une époque plus ancienne et dont l'étendue est si considérable en Europe, en Asie et dans l'Amérique septentrionale, où elle forme des bancs extrêmement puissants, est de même presque entièrement formée de débris de foraminifères ; ceux-ci sont pour la plupart microscopiques (fig. 5).

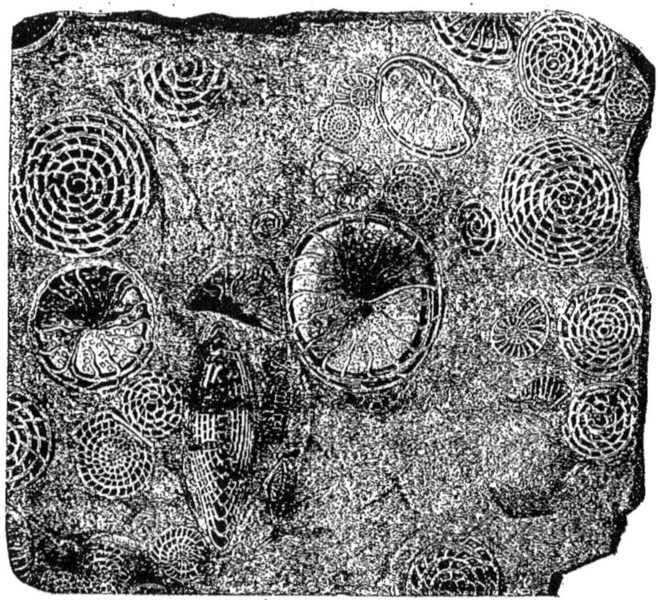

FIG. 561. — Calcaire à *Nummulites*.

On trouve aussi des quantités innombrables de ces petites coquilles dans un terrain tertiaire d'apparence crayeuse propre aux environs d'Oran, et il en a été également observé dans des assises différentes de celles-là : ainsi le calcaire à miliolites, qui fournit une partie de la pierre employée sous le nom de moellon pour les constructions à Paris et dans les environs de cette ville, n'est qu'un immense amas de coquilles de foraminifères appartenant au genre miliole, dont il existe aussi des espèces dans les mers actuelles (fig. 24, C).

Ces foraminifères sont des animaux particuliers aux eaux salées, et les fossiles du même groupe dont on a décrit un nombre considérable d'espèces étaient aussi dans ce cas. Il y a toutefois dans les eaux douces des espèces qui s'en rapprochent par leur structure, mais sans avoir de test calcaire. Telles sont les difflugies (fig. 24, B) et les arcelles.

Le volume des foraminifères, quoique généralement très-peu considérable, peut, dans certains cas, l'être davantage. Il y a des nummulites (fig. 561) qui ressemblent à des pièces de monnaie et ont jusqu'à trois ou quatre centimètres de diamètre. Les foraminifères de ce genre ne sont connus qu'à l'état fossile.

Classe des Infusoires.

Les INFUSOIRES, aussi nommés *Microzoaires* ou animaux microscopiques, parce que le microscope permet seul de les apercevoir, tant ils sont petits, sont des êtres d'une organisation fort simple, qui vivent en quantité innombrable dans les substances en décomposition, ainsi que dans les eaux, soit douces, soit marines, dans lesquelles pourrissent des corps organisés. Les infusions faites au moyen de ces substances permettent de se procurer, pour ainsi dire à volonté, de semblables animalcules; c'est même à cause de cela que ceux-ci ont reçu le nom qui sert habituellement à les désigner.

Quoique les infusoires aient des organes de reproduction, divers auteurs ont pensé que ces protozoaires se développent dans certains cas par génération spontanée, c'est-à-dire sans parents ni germes, et que les agents physiques peuvent suffire à leur apparition. Et ce qui permettrait de supposer qu'il en est réellement ainsi, c'est que les infusions en fournissent après qu'on les a exposées à une température très-élevée, capable même de détruire tous les germes qu'elles auraient pu contenir. Mais l'eau maintenue absolument pure et les matières organiques soustraites au contact de l'atmosphère sont impuissantes à fournir des infusoires. L'air qu'on y ajoute ne peut pas davantage leur donner cette propriété, si l'on a pris la précaution de lui faire préalablement traverser un tube chauffé au rouge, ou si on l'y a amené en le lavant dans un vase qui renferme de l'acide sulfurique.

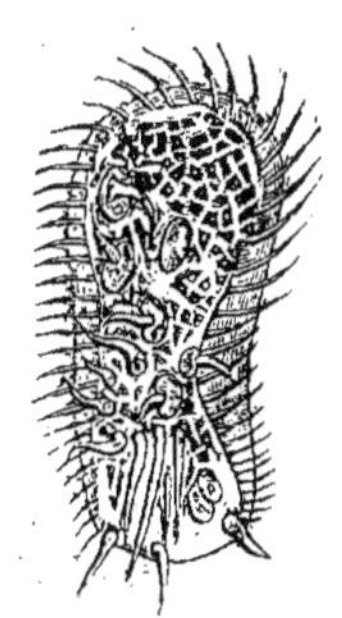

FIG. 562. — *Plesconic.*

On est donc fondé à penser que dans le cas où les germes ont été préalablement détruits, c'est l'air pris à l'atmosphère sans les précautions que nous venons d'indiquer, qui fournit la semence des infusoires, et l'on a depuis longtemps comparé l'atmosphère elle-même à une sorte de mer chargée de particules vivantes qui n'attendent, comme des œufs ou des graines, pour se développer, que de rencontrer les circonstances favorables à leur germination. Les infusoires étant du nombre des êtres qui peuvent se multiplier d'une façon parthénogénésique, c'est-à-dire par gemmation ou division et sans le concours des sexes, un seul individu, par conséquent un seul germe, est capable, dans beaucoup d'espèces, de fournir en peu de temps un très-grand nombre de ces êtres.

Le nombre des genres de cette classe est assez considérable, mais il a été possible de les partager en deux ordres, suivant qu'ils ont tout le corps garni de cils vibratiles ou simplement pourvu d'un ou de deux filets analogues, mais beaucoup plus allongés. Toutefois de nouvelles observations sont nécessaires pour en assurer définitivement la classification, car il n'est pas certain, par exemple, que beaucoup d'infusoires pourvus d'un ou de deux longs cils seulement, c'est-à-dire les infusoires flagellifères, ne soient pas un premier état de certaines algues : les phacus (fig. 565 rentrent en particulier dans cette catégorie. Dans d'autres cas, on a été trompé par les métamorphoses que plusieurs genres d'infusoires subissent.

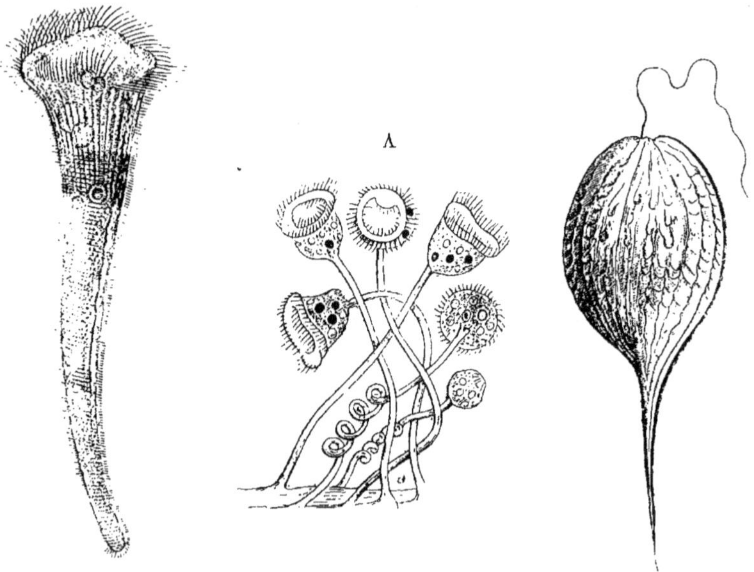

FIG. 563. — *Stentor*.   FIG. 564. — *Vorticelles* (*).   FIG. 565. — *Phacus*.

Les observations des micrographes ont montré que différents infusoires possèdent une bouche, parfois même un anus, et que la substance qui les constitue est creusée intérieurement de plusieurs vésicules pulsatiles. Ces vésicules avaient d'abord été prises pour des estomacs véritables; c'est là ce qui avait conduit M. Ehrenberg à donner aux animaux microscopiques dont nous parlons l'épithète de polygastriques, faisant allusion à la multiplicité supposée de leurs prétendus estomacs; mais cette interprétation a été vivement combattue en France par le savant micrographe Dujardin.

On classe encore parmi les protozoaires, mais dans des catégories différentes de celles qui viennent d'être énumérées, plusieurs autres groupes d'animalcules. Tels sont :

(*) Plusieurs individus fixés par leurs pédicules contractiles.

1° Les *Amibes* (fig. 24, A et A'), microscopiques diffluents, quelquefois nommés protées à cause des variations incessantes de leur forme.

2° Les *Noctiluques* (fig. 224), animaux marins qui apparaissent parfois en quantité extraordinaire dans les eaux marines et sont la cause principale de leur phosphorescence ;

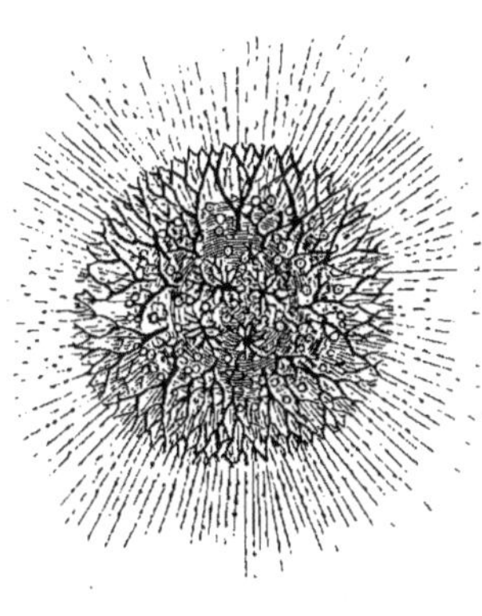

FIG. 566. — *Cladococcus cervicorne.*

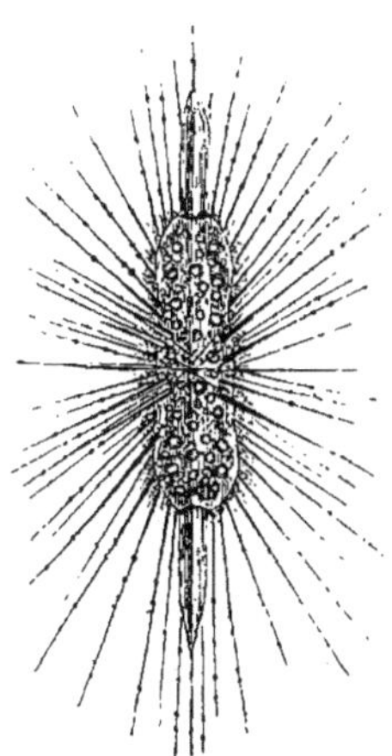

FIG. 567. — *Amphilonche hétéracanthe.*

3° Les *Radiolaires* ou *Polycystines*, animalcules également marins, dont les jolies carapaces calcaires se mêlent dans le sable ou la vase à celles des foraminifères ; nous en représentons de deux formes différentes (fig. 566 et 567) ;

4° Les *Grégarines*, qui sont parasites des insectes ainsi que des crustacés. Elles semblent devoir être placées au dernier rang de l'animalité, et c'est par elles que nous terminerons cet exposé de la classification zoologique.

FIN.

ERRATA

Page 312, ligne 2, au lieu de *Quadrumanes* lisez *Primates*

Page 308, figure 225, au lieu de *Xiphodon* lisez *Anoplotherium*. La figure du Xiphodon porte le n° 316.

Page 309, figure 226, au lieu de *Sarigue dorsigère* lisez *Sarigue opossum*

Page 327, ligne 30, au lieu de *globule* lisez *globe*

Page 504, lisez : Fig. 410. — *Réduye.*

TABLE DES MATIÈRES

CHAPITRE VIII.

DE LA CIRCULATION ET DE SES ORGANES.

CHAPITRE IX.

DE LA RESPIRATION.

CHAPITRE X.

SÉCRÉTION URINAIRE.

CHAPITRE XI.

CHALEUR ANIMALE.

CHAPITRE XII.

DES FONCTIONS DE RELATION EN GÉNÉRAL, ET DES DIFFÉRENTS ORGANES PAR LESQUELS ELLES S'EXÉCUTENT.

CHAPITRE XIII.

ORGANES DE LA LOCOMOTION, ET PARTICULIÈREMENT DU SQUELETTE.

CHAPITRE XIV.

MUSCLES ET AUTRES ORGANES ACTIFS DE LA LOCOMOTION.

CHAPITRE XV.

SYSTÈME NERVEUX.

CHAPITRE XVI.

DE LA PEAU.

CHAPITRE XVII.

DES ORGANES DES SENS, ET PARTICULIÈREMENT DU TOUCHER.

CHAPITRE XVIII.

DES SENS DU GOUT ET DE L'ODORAT.

CHAPITRE XIX.

SENS DE LA VUE.

CHAPITRE XX.

SENS DE L'OUÏE.

CHAPITRE XXI.

DE LA PHONATION.

CHAPITRE XXII.

PRINCIPES GÉNÉRAUX DE CLASSIFICATION.

CHAPITRE XXIII.

CARACTÈRES DES MAMMIFÈRES. — CLASSIFICATION DE CES ANIMAUX.

CHAPITRE XXIV.

L'HOMME. — PRINCIPAUX TRAITS ET SUPÉRIORITÉ DE SON ORGANISATION. — RACES HUMAINES.

CHAPITRE XXV.

ANCIENNETÉ DE L'HOMME EN EUROPE. — ÉPOQUES PRÉHISTORIQUES.

CHAPITRE XXVI.

SINGES ET LÉMURIENS.

CHAPITRE XXVII.

ORDRES DES CHEIROPTÈRES, INSECTIVORES ET RONGEURS.

CHAPITRE XXVIII.

ORDRE DES CARNIVORES.

CHAPITRE XXIX.

ORDRE DES PROBOSCIDIENS.

CHAPITRE XXX.

ORDRE DES JUMENTÉS.

CHAPITRE XXXI.

ORDRE DES BISULQUES (RUMINANTS ET PORCINS).

CHAPITRE XXXII.

ORDRE DES ÉDENTÉS.

CHAPITRE XXXIII.

MAMMIFÈRES MARINS.

CHAPITRE XXXIV.

MAMMIFÈRES MARSUPIAUX.

CHAPITRE XXXV.

MAMMIFÈRES MONOTRÈMES.

CHAPITRE XXXVI.

UTILITÉ DES MAMMIFÈRES.

CHAPITRE XXXVII.

DES OISEAUX EN GÉNÉRAL.

CHAPITRE XXXVIII.

CLASSIFICATION DES OISEAUX.

CHAPITRE XXXIX.

UTILITÉ DES OISEAUX.

CHAPITRE XL.

CLASSE DES REPTILES.

CHAPITRE XLI.

CLASSE DES BATRACIENS.

CHAPITRE XLII.

CARACTÈRES GÉNÉRAUX ET CLASSIFICATION DES POISSONS.

CHAPITRE XLIII.

DESCRIPTION DES PRINCIPAUX GROUPES DE LA CLASSE DES POISSONS.

FIN DE LA TABLE DES MATIÈRES.

PARIS. — IMPRIMERIE DE E. MARTINET, RUE MIGNON, 2.